L'ÉLEVAGE

EN EUROPE ET EN AMÉRIQUE

BIBLIOTHÈQUE DE LA SOCIÉTÉ DES AGRICULTEURS DE FRANCE

L'ÉLEVAGE
EN EUROPE ET EN AMÉRIQUE

MÉTHODES D'EXPLOITATION — AMÉLIORATIONS
RENDEMENTS — ALIMENTATION
PRIX DE REVIENT — PRIX DE VENTE — DÉBOUCHÉS

PAR

Le Vicomte M. de VILLEBRESME

Ouvrage couronné par la Société des Agriculteurs de France
Prix Henri Schneider (1904)

PARIS

LUCIEN LAVEUR, ÉDITEUR
13, RUE DES SAINTS-PÈRES (VIᵉ)

1910

CONDITIONS ÉCONOMIQUES
DE L'ÉLEVAGE

AVANT-PROPOS

Les espèces animales, dont la domestication a commencé
en Europe dès l'âge du renne, apparaissent à la période
quaternaire en même temps que l'homme. Loin d'avoir subi
des transformations antérieures, dont une certaine école
philosophique cherche en vain à établir la succession, nous
voyons au contraire que les caractères spécifiques des espèces actuelles n'ont jamais varié. En effet, les ossements
fossiles des équidés, des bovidés, des ovidés et des suidés,
pour ne citer que ceux-là, trouvés dans les alluvions, dans
les tourbières, dans les grottes paléolithiques ou néolithiques
du monde entier et dans les palafittes, sont identiques à
ceux de nos espèces contemporaines.

Un autre fait important ressort de l'examen des ossements fossiles. Les espèces se subdivisent dès l'origine en
races, qu'on trouve constamment dans une aire géographique particulière où chacune d'elles s'est conservée à l'état
de pureté et paraît avoir été créée. En s'éloignant du centre

de cette aire géographique et à mesure que la nature du sol
se modifie, les races subissent un changement de taille et
de volume. De là, les variétés naturelles qui conservent toujours cependant les caractères craniologiques et rachidiens
de la race à laquelle elles appartiennent.

Les aires des races ne peuvent être tangentes. Il existe
nécessairement entre elles des zones plus ou moins étendues,
où les types se confondent et forment des populations métisses, hétérogènes, sans caractères fixes, appelées races du
pays dans les régions où elles se trouvent. Tel est par exemple le bétail connu sous le nom de race mancelle, produit
par le mélange de la race bretonne, de la race normande et
de la race vendéenne. Par l'effet de la réversion, les animaux présentent tour à tour une partie des caractères spécifiques des trois races dont ils dérivent, mais on ne peut
obtenir leur fixité. C'est l'effet habituel des croisements
incohérents et leur danger.

Jusqu'à une époque récente on a cru, d'après une fausse
interprétation de la Bible, que les espèces provenaient des
hauts plateaux de l'Asie et s'étaient modifiées en formant
des races, à mesure qu'elles peuplaient la terre et s'adap-
taient aux différents milieux. Les monogénistes, sans vouloir se l'avouer, partagent ainsi certaines théories des trans-
formistes, théories que la fixité des caractères spécifiques
des races ne permet pas d'admettre.

Le texte de la Bible ne parle que des régions connues et
habitées par les proto-sémites ; il ne mentionne jamais
celles qui étaient peuplées par la race jaune et par la race
rouge.

A propos du cataclysme partiel qui a affecté l'Asie Occidentale, il cite les animaux renfermés dans l'Arche ; mais

les espèces des continents alors inconnus ne pouvaient évidemment s'y trouver. Moïse dit bien que toutes les races du monde étaient représentées ; toutefois les expressions qu'il emploie sont propres au style métaphorique oriental et, en maintes circonstances, le récit biblique ne doit être pris que dans un sens infiniment moins général. Tous les massorètes sont aujourd'hui d'accord sur ce point, comme ils le sont sur la non-universalité du déluge.

Il est donc permis de supposer que la création a été multiple. Ce qui confirme encore l'hypothèse du polygénisme, c'est que le Nouveau Monde ne possédait pas, avant l'arrivée des Conquistadores, les mêmes espèces que celles de l'Ancien Monde. Ainsi, le cheval était inconnu en Amérique et l'espèce bovine n'était représentée que par le bison.

L'ancien continent océanien, dont les hauts sommets émergent seuls aujourd'hui, avait également une faune autochtone spéciale ; qu'il nous suffise de nommer l'aptérix, le kangourou, le dingo, l'ornithorynque, etc., dont on ne trouve aucune trace dans l'Ancien Monde.

Le cosmopolitisme des races animales asiatiques a aussi contribué à faire admettre l'unité d'origine des espèces. Ces races se sont en effet répandues jusqu'aux confins de l'Asie et de l'Europe, à la suite des migrations préhistoriques, en absorbant parfois les races indigènes et en se substituant à elles. Nous voyons encore aujourd'hui la race bovine des steppes, implantée dans la Camargue et en Italie ; la race chevaline arabe, dans l'Auvergne, le Morvan, la Bretagne centrale, etc.

Ces considérations ont une valeur capitale pour l'élevage et l'on ne saurait en tenir un assez grand compte. L'insuccès fréquent des tentatives d'importation des races est d

à la méconnaissance des lois de la géographie zoologique.
On dépayse au hasard des géniteurs étrangers, on les trans-
porte dans une contrée quelconque et l'on croit que leurs
aptitudes y persisteront. Il n'en est jamais ainsi et la dégénérescence ne tarde pas à se manifester par la réduction du
type et les maladies des voies respiratoires. Cette dégénérescence est particulièrement active lorsqu'on introduit des
variétés sélectionnées au sud de la ligne isotherme de la
région où elles ont été obtenues. Est-il besoin de rappeler,
par exemple, que le Durham, variété améliorée de la race
bovine des Pays-Bas, ainsi que les races chevalines du
Nord, perdent leurs aptitudes et leur volume dans le
Midi. Pour qu'une race ne dégénère pas, il faut au moins
que les effets du changement en latitude soient corrigés par
l'altitude, et que les qualités du sol restent équivalentes à
celles de l'aire géographique de ces variétés ou de ces
races.

« L'industrie humaine, dit Elie de Beaumont, a profité
des circonstances qui dévoilent la composition intérieure du
sol ; mais elle a dû, dans chaque contrée, se conformer à
leur nature et les moyens variés qu'elle a pris pour les mettre à profit n'ont fait, en général, que les rendre plus appa-
rents. Les facilités toujours croissantes des communications,
l'établissement des chemins de fer pourront rapprocher les
villes et prolonger pour ainsi dire les faubourgs de Paris
jusqu'aux frontières du royaume, mais ces puissants instruments d'une civilisation perfectionnée, tout en devenant
pour les campagnes une source nouvelle de fécondité, ne
pourront faire que les cultures établies sur des fonds différents s'identifient plus qu'elles ne l'ont fait jusqu'à ce
jour. »

Le savant géologue ne prévoyait pas alors que la science
allait permettre de fertiliser tous les terrains aussi bien
les sables de la Sologne que les fagnes des Ardennes,
les terres granitiques de Bretagne et la craie de la Champagne. Cette transformation de la culture a eu un effet
réflexe immédiat sur les races domestiquées qui, trouvant dans les fourrages les éléments nécessaires, ont acquis
plus de volume et de précocité. La richesse du pays en
bétail s'accroît donc, car elle est fonction de sa production
fourragère, et les cultivateurs commencent à mettre en pratique les méthodes culturales qui ont réussi dans les sols
analogues aux leurs, en France et à l'étranger.

La recherche des moyens d'améliorer l'élevage nécessite
non seulement l'examen des procédés usités dans les différents pays, mais aussi celui des conditions géologiques, climatériques, économiques et agricoles.

Pour chaque région, nous étudierons donc successivement la nature du sol, le climat, l'état cultural, puis les races
indigènes, leurs rendements, les perfectionnements dont
elles sont susceptibles, les industries locales qu'elles alimentent, les prix de revient des animaux et les débouchés.

La détermination des races et de leurs variétés est d'une
grande importance pour l'élevage, car, en ne tenant pas
compte des caractères spécifiques dans les accouplements,
on opère des métissages funestes à la conservation des
types purs. Telle variété, au contraire, peut être avantageusement unie à une autre variété de même race, sans qu'on
ait à redouter les effets d'un mélange hétérogène. Il en est
ainsi par exemple pour les bovins hollandais, les durhams
et le bétail de la République Argentine, parce qu'ils sont
de la même race, celle des Pays-Bas.

CHAPITRE PREMIER

Terrains primitifs et primaires.

Quand notre planète, encore à l'état de masse ignée, fut suffisamment refroidie, sa surface se couvrit d'une couche solide de gneiss qui fut traversée par des éruptions successives de granites, de porphyres, de diorites, de schistes cristallins, etc., suivant les lignes de soulèvement des principales chaînes de montagnes.

Le gneiss et le granite qui forment la charpente des continents se composent de quartz ou silice pure indécomposable, de mica silicate d'alumine, de fer et de potasse, enfin de feldspath, silicate qui, outre l'alumine, renferme, selon les variétés, de la potasse, de la soude, de la chaux et du fer. Dans la classe des feldspaths, l'orthose est riche en potasse, l'albite en soude et l'oligoclase en chaux.

Certaines roches cristallines contiennent aussi des sulfures qui, en s'oxydant, se transforment en sulfates et fournissent aux plantes le soufre dont elles ont besoin.

Suivant la proportion et la composition de leurs éléments principaux, les roches granitoïdes se décomposent plus ou moins facilement et produisent des terres dont la fertilité est variable. Le quartz et le mica restent intacts, mais les feldspaths forment des carbonates qui sont dissous et entraînés par les eaux ; une partie de la silice disparaît en même temps et il reste de l'argile, silicate d'alumine hydraté.

Les feldspaths se décomposent d'autant plus vite qu'ils contiennent moins de silice et plus de chaux.

La nature des terres granitiques, avons-nous dit, n'est pas uniforme ; ainsi, la prédominance du quartz dans les Cévennes cause la stérilité du sol ; dans le Limousin, au contraire, celle du feldspath fournit une couche fertile de terre végétale.

Toutes ces terres sont brûlantes en été, tandis qu'en hiver elles regorgent d'eau, à cause de l'imperméabilité du sous-sol. Des tourbières ou des prairies trop humides se trouvent dans toutes les dépressions du sol ; leur herbe peu nourrissante est plus favorable à l'élevage qu'à l'engraissement. Les sources sont nombreuses et de faible débit, ce qui nécessite la dissémination des habitations, alors que, dans les terrains perméables jurassiques, la population est obligée de se grouper par villages le long des cours d'eau et de pratiquer la vaine pâture sur les plateaux. La petite culture caractérise les pays granitiques.

On appelle formations primaires celles qui se succèdent depuis la consolidation primitive du globe jusqu'au moment où l'atmosphère, étant purifiée par une végétation exubérante, permit l'apparition des animaux à respiration aérienne.

Les formations primaires comprennent quatre systèmes :

1° Système *Cambrien*, constitué par des schistes argileux, talqueux, satinés, verts ou rouges, des poudingues et des phillades ;

2° Système *Silurien*, représenté par le grès armoricain, et les schistes ardoisiers ou ampéliteux ;

3° Système *Dévonien*, formé par des schistes plus ou moins argileux et quartzeux, des grès noirs ou rouges et des calcaires noirs ;

4° Système *Carbonifère*, constitué par des porphyres granitoïdes, des grès lustrés, des grès feldspathiques anthracifères et du calcaire carbonifère.

Les roches de transition présentent les mêmes caractères chimiques que les roches primitives dont elles ont emprunté les éléments. Les unes et les autres sont généralement pauvres en chaux et en acide phosphorique. Cependant, le système dévonien renferme des îlots de calcaire qui fournissent de la chaux pour les amendements.

Les roches primitives et de transition constituent la Bretagne, le Cotentin, le Maine, l'Anjou, une partie de la Vendée, le Plateau Central, le Morvan et les Ardennes. Dans le Midi, elles n'occucupent que des surfaces peu étendues sur les sommets des Alpes et des Pyrénées, dans les Maures et dans l'Estérel.

Les premiers végétaux, fougères, conifères, etc., que nous retrouvons aujourd'hui sous forme d'anthracite et de pétrole, sont apparus pendant la période dévonienne.

A l'époque carbonifère qui suivit, la végétation prit un énorme développement, décomposa une partie de l'acide carbonique de l'atmosphère, et les plantes enfouies sous des dépôts de sable et d'argile produisirent les houilles, qui nous fournissent la force et la chaleur.

Les principaux bassins houillers de l'Europe se trouvent en Angleterre, en France, en Belgique et dans le bassin de la Rühr. En Angleterre, l'étage houiller repose sur une couche de grès millstonegritt) et supporte des calcaires carbonifères (Mountain limestone) très fertiles.

Dans le Nord de la France, la houille se rencontre sous une couche de terrains crétacés ou tertiaires de 80 m. à 150 m. de puissance, qu'il faut traverser pour l'atteindre.

La culture ne s'exerce donc pas sur l'étage houiller. Il en est de même dans une partie de l'Autunois, où la couche superficielle appartient au trias.

Dans le département de la Loire, les couches carbonifères affleurent souvent; leurs schistes et leurs grès tendres se décomposent facilement et produisent un sol favorable aux herbages.

Les poudingues, les grès lustrés et les schistes plus durs ne forment que des terrains arides et secs. On ne peut faire de prairies ailleurs qu'au fond des vallées et à la base des coteaux dont le sommet est couvert de bruyères et de champs de seigle; le chaulage est très efficace dans ces terres.

Roches volcaniques.

Bien que les roches volcaniques soient en général classées à la suite des formations primitives, il nous a paru préférable de les examiner après l'étage primaire. En effet, les laves et les basaltes sont plus récents et forment avec les trachytes des terrains qui diffèrent essentiellement des terrains primitifs et primaires.

Les roches éruptives, trachytes, basaltes et laves, se distinguent des roches granitiques par la présence de la chaux et des phosphates. Il en résulte, pour les terres produites par leur décomposition, une plus grande fertilité.

L'Auvergne est une des contrées les plus intéressantes pour l'étude des roches volcaniques; on y trouve les trachytes anciens, ainsi que les laves modernes, au-dessus des roches granitiques qui forment la base du plateau central et ont été traversées par les éruptions.

Les trachytes se composent d'une pâte rugueuse de petits cristaux de feldspath vitreux. Ceux du Mont Dore contiennent 2,40 de chaux; 4,110 de potasse et 0,217 d'acide phosphorique.

La domite, variété de trachyte qui constitue la masse du Puy-de-Dôme, est très friable et renferme 2,104 de chaux; 3,112 de potasse, 0,096 d'acide phosphorique.

Les basaltes appartiennent aux formations tertiaires; peut-être même sont-ils plus récents. Leur composition est très variable; on remarque que les plus riches en potasse sont les plus pauvres en chaux et réciproquement.

Les terres volcaniques sont très chaudes, à cause de leur couleur foncée. Aussi, sur les montagnes basaltiques, les cultures atteignent-elles une plus grande altitude que sur les autres montagnes.

Les laves ont la même composition que les basaltes ; elles n'en diffèrent que par une plus forte proportion de chaux.

La perméabilité et le manque de stratification des terrains volcaniques s'opposent à l'établissement des cours d'eau superficiels. Les eaux les traversent et s'accumulent à leur pourtour où des sources abondantes se trouvent à une faible profondeur. M. Truchot donne l'analyse suivante, par litre et en milligrammes, des eaux du Puy-de-Dôme.

	Silice	Chaux	Potasse	Acide phosphorique
Nohanent	33	traces	1,4	0,873
Lac Pavin	25	id.	1,2	1,080
Couze d'Issoire	17	id.	1,5	0,850

Ces eaux, riches en potasse et en acide phosphorique, sont très utiles pour l'irrigation des prairies (1).

Après avoir exposé rapidement les caractères généraux des roches primitives et primaires, nous allons passer en revue les régions granitiques, ainsi que les races domestiques qui y sont adaptées.

Terrains primitifs et primaires en France.

PLATEAU CENTRAL

Le plateau granitique, qui forme en quelque sorte l'ossature de la France, occupe près du cinquième de la surface totale du territoire. Il se compose d'une série de vallées et de croupes arrondies dominées par les Puys, montagnes d'origine volcanique.

Sauf dans la Haute-Vienne, où le feldspath abonde et dans les terrains volcaniques qui ont une composition plus complète, on

1) Risler, *Géologie agricole*. Passim.

constate partout la rareté de la chaux et de l'acide phosphorique.

Les départements de la Corrèze, de la Haute-Vienne et de la Creuse appartiennent en totalité aux terrains primitifs. La Lozère et l'Aveyron présentent, tantôt des plateaux arides de calcaires jurassiques, tantôt des ségalas granitiques riches en sources, mais pauvres en éléments fertilisants. Enfin, dans le Cantal, le Puy-de-Dôme et l'Ardèche, les terrains volcaniques sont les plus nombreux.

Les plateaux granitiques du Plateau Central, déboisés au XVIe et au XVIIe siècle sont souvent couverts de landes improductives. On devrait les reboiser, maintenant que les moyens de transport ont créé des débouchés.

Autrefois on pratiquait la culture extensive et l'écobuage. Après avoir obtenu quelques maigres récoltes de sarrasin et de seigle, on abandonnait de nouveau le sol à la bruyère. L'assolement biennal a remplacé cette méthode primitive.

De 1840 à 1870 il y a eu, dans la Creuse et dans la Corrèze, accroissement de la surface cultivée en froment et en pommes de terre, correspondant à la diminution de celle du seigle et du sarrasin. Depuis cette époque, la diminution a été générale par suite de l'émigration dans les villes de la population masculine. Par contre, la culture du trèfle, du maïs, et des racines progresse à mesure que les terres s'améliorent par l'emploi de la chaux et des phosphates.

Après avoir traversé les arènes de la surface, les eaux s'accumulent dans les parties basses, y rendent la culture difficile et favorisent dans les prairies le développement du jonc aux dépens des graminées. Il faut donc draîner et irriguer.

Depuis un demi-siècle, la surface consacrée aux prairies dans la Creuse, la Corrèze et la Haute-Vienne a beaucoup augmenté, ainsi que le rendement en foin.

Si l'on considère la richesse relative des différents départements du territoire, la Haute-Vienne vient au 48e rang, la Corrèze au 73e, la Creuse au 75e. La quotité moyenne du bétail en France est de 196 kg. par hectare. Dans la Haute-Vienne, elle est de 209 kg.; dans la Corrèze de 237 kg., et dans la Creuse de 193 kg.

Le Limousin.

Voici, d'après les statistiques officielles, quels ont été dans le Limousin les rendements moyens en hectolitres :

	1840	1852	1862	1879
Froment	10,07	11,29	12,37	12
Maïs	9,48	11,39	11,99	10
Avoine	10,65	17,64	18,74	20

Lorsqu'on examine les rendements de toutes les années, on voit qu'ils sont toujours faibles; mais varient parfois du simple au double. Ainsi pour le froment on a obtenu :

1860	12 hectol.
1861	8 —
1874	18 —
1875	9,90

Pour le sarrasin les écarts sont encore plus considérables :

La culture n'étant pas rémunératrice, il fallait augmenter l'élevage et les prairies; c'est ce que l'on a fait.

Lors de l'enquête de 1878, le département de la Haute-Vienne avait déjà :

Prairies arrosées	60.877 hectares.
Non arrosées	16.079 —
Pacages arrosés	32.185 —
Non arrosés	24.063 —

Nous emprunterons au compte-rendu des Primes d'honneur un exemple d'amélioration d'un domaine du Limousin.

La terre de Ligoure, située à 16 km. au sud de Limoges, a une contenance de 400 hectares. Lorsque M. Le Play l'acheta, en 1856, elle était dans un grand état d'abandon et divisée en 9 domaines.

M. le D^r Le Play la loua à son père en 1869, moyennant un fermage de 12.000 fr. et transforma trois métairies en une ferme unique, qu'il cultive lui-même. L'autre partie est restée en métairies à colonage partiaire.

Les trois métairies, d'une contenance de 126 hectares, exploitées par M. Le Play, rapportaient avant 1867 entre 4.000 et 6.000 francs.

Le sol est constitué par un massif de gneiss plus ou moins décomposé, avec filons de pegmatite, de diorite, de granite, etc. Après avoir réparé les bâtiments, ouvert des chemins, irrigué les prairies au moyen de sources, etc., M. le D^r Le Play adopta l'assolement quadriennal, comportant huit soles ainsi réparties :

(1) Pommes de terre avec 70.000 kilogr. de fumier.
(2) Froment.
(3) Vesce, puis sarrasin avec 400 kilogr. de phosphate.
(4) Froment avec 100 kilogr. de guano.
(5) Betteraves et maïs-fourrage avec 70.000 kilogr. de fumier.
(6) Avoine de printemps.
(7) Trèfle.
(8) Froment avec 200 kilogr. de guano.

L'étendue totale des terres soumises à l'assolement est de 44 hectares ; chaque sole est de 5 à 6 hectares.

En ce qui concerne l'espèce bovine, voici ce que dit M. Le Play : « Les qualités de la race limousine, comme aptitudes au travail et à l'engraissement, sont trop bien appropriées à nos besoins pour que nous ayons intérêt à importer chez nous des animaux étrangers. Les tentatives de ce genre qui ont été faites dans le pays sont peu à peu abandonnées. Les dépenses en achats de fourrages et de farineux imposées à certaines étables pour l'entretien de bestiaux de premier ordre m'ont aussi éloigné de me livrer à l'élevage des animaux dits de concours. Je me suis attaché à améliorer l'ancienne race que j'ai trouvée à Ligoure et qui me donne de bons animaux de commerce et des bœufs de travail de première force.

« Je trouve avantageux d'élever moi-même mes bœufs. Je garde tous les ans quatre veaux et j'engraisse quatre vieux bœufs de six ans ; j'ai donc toujours vingt-quatre bœufs de différents âges. L'étable comprend en outre vingt vaches, une dizaine d'élèves et les jeunes bêtes qui tètent encore. Le poids des animaux de mon étable au 31 décembre était de 28.991 kilogr. ; en prenant le poids de 500 kilogr. comme type, le poids total représenterait 58 têtes de gros bétail. Les produits annuels sont : deux paires de bœufs gras, une paire de vaches grasses ou suitées et une douzaine de jeunes bêtes de différents âges. Mes vaches travaillent fort peu ; j'exige d'elles un produit tous les ans. Elles sont couvertes deux mois après la mise bas, à la première chaleur. Elles sont toujours nourrices et c'est ce qui explique qu'elles ne sont jamais grasses.» — Le troupeau a été amélioré avec un peu de sang Southdown.

Mais, dit M. Le Play : « Je ne veux pas que mes moutons dépassent une certaine taille, car ils ne seraient plus en rapport avec le régime alimentaire que je veux leur conserver. Mon troupeau est destiné à utiliser des pâturages médiocres où les vaches ne vivraient pas, et à passer dans les champs récoltés avant que la charrue ne les ait retournés.

« La bergerie donne environ 120.000 kilog. de fumier. Chaque bête pèse en moyenne 22 kilogr. et donne 1 kilogr. 250 de laine. Le poids total du troupeau est de 6.000 kilogr., équivalant à douze têtes de gros bétail.

« Les porcs appartiennent à la variété Oxford. Une partie des portées est vendue : vingt porcs sont réservés annuellement à l'engraissement. Ils sont vendus à dix-huit mois et pèsent 300 à 350 kilogr.

« Voici les résultats financiers obtenus par l'exploitation directe :

Revenu ancien des 3 domaines	3 800 fr.
Intérêts des sommes déboursées pour mise en état.	1.000 —
Bénéfice net de la nouvelle exploitation	7.740 —
Revenu brut de la ferme de Ligoure	12.540 —

« La surface exploitée est de 117 hectares environ ; la culture par métayage donnait un revenu net de 34 fr. par hectare. La culture actuelle en donne un de 98 francs. »

Dans toutes les fermes examinées dans le Limousin par la commission des irrigations et par celle de la Prime d'honneur, on a constaté que l'élevage du cheval est devenu presque nul.

VARIÉTÉ BOVINE DU LIMOUSIN.

L'ancien bétail du Limousin appartenait à la race vendéenne; petit, à ossature très fine comme celle de toutes les races des pays granitiques, il a été remplacé par la race d'Aquitaine, depuis que la production fourragère a gagné en qualité et en quantité. Le centre de son élevage se trouve aux environs de Limoges, mais il commence à suivre les progrès de la culture dans tout le Limousin, une partie de l'Angoumois et du Poitou et jusque dans le Berry.

MM. Corblin et Gouin fournissent des chiffres qui permettent de juger l'accroissement pris en un siècle par l'élevage, dans la Haute-Vienne, accroissement d'autant plus considérable que la précocité et le poids moyen par tête se sont accrus dans de grandes proportions.

1808		1868	
Bœufs ordinaires..	18.464	Taureaux...........	5.766
Bœufs à l'engrais.	8.728	Bœufs de travail..	16.314
Vaches de travail.	45.836	Bœufs à l'engrais..	4.750
Vaches à l'engrais.	3.363	Bouvillons........	13.074
Veaux et génisses.	36.660	Vaches...........	84.834
	113.051 têtes.	Génisses.........	17.654
		Elèves..........	50.362
			192.754 têtes.

Le bétail est plus amélioré dans la Haute-Vienne, où le feldspath fournit un terrain profond et fertile, que dans la Corrèze, où les gneiss prédominent. Le rapide perfectionnement du bétail dans la Haute-Vienne est dû aussi pour une large part à M. de Léobardy qui consacra son existence à propager les méthodes rationnelles d'élevage.

La variété limousine de la race d'Aquitaine, une des meilleures que nous ayons en France, est de taille moyenne. Sa tête est légère, le rein et les hanches sont larges. La couleur froment foncé est la plus recherchée ; toute autre couleur enlève aux animaux une partie notable de leur valeur marchande. La peau est fine et souple ; le fanon a presque entièrement disparu ; l'ampleur de la poitrine et de la culotte a été considérablement améliorée.

Quelques taureaux Shorthorn et Devon ont été introduits dans le Limousin, mais on n'a pas tardé à y renoncer, car les croisements limousin-durham ou limousin-devon donnaient des produits délicats, exigeants, sujets aux maladies des voies respiratoires et mauvais travailleurs.

Le nombre des bœufs est très faible comparativement à celui des vaches. Cette disproportion est due à ce fait que les vaches sont conservées pour la reproduction et les travaux culturaux, tandis que les bouvillons sont vendus à un an aux cultivateurs du Poitou et de la Saintonge, contrées moins favorables à l'élevage, et dont la culture exige beaucoup de bœufs. L'élevage est donc la principale spéculation de la Haute-Vienne.

Voici d'après M. Reclus la façon dont il est pratiqué :

« Dans les deux tiers du département on entretient six ou huit vaches sur chaque domaine, et une ou deux paires de bœufs quand les terres sont très fortes ou que l'on effectue des défrichements. Les vaches font tous les travaux de l'exploitation et donnent à peu près chaque année un produit que la mère nourrit ; une partie du lait est en outre prélevée pour les besoins du colon.

« Les produits sont sevrés à six mois, sauf pour les animaux destinés à la reproduction, qu'on ne sèvre qu'à sept ou huit mois et que l'on nourrit plus fortement après le sevrage. Les génisses peuvent remplacer, soit dans le domaine, soit dans la région, les vieilles vaches réformées ou engraissées, ou bien être mises en état et expédiées sur les marchés de Paris, Lyon, Saint-Etienne.

Les veaux qui ne sont pas gardés ou vendus comme reproducteurs vont, à douze ou quatorze mois, faire des bœufs de travail dans le Périgord, les Charentes et le Poitou.

« L'arrondissement de Bellac, en Haute-Vienne, ne se livre pas à l'élevage, mais à l'engraissement des bœufs de quatre à cinq ans. Ce sont les cantons d'Aix et de Saint-Léonard qui font surtout des reproducteurs de choix, vendus chaque année principalement à la foire d'avril, aux autres cantons des départements voisins. »

« A l'âge de 12 ou quatorze mois, disent MM. Corblin et Gouin, les jeunes animaux sont achetés de 360 à 450 fr. la paire, et deux ou trois ans plus tard, ils sont revendus de 700 fr. à 1.000 fr. Le bénéfice net est par suite considérable si l'on admet que le travail et le fumier paient l'entretien. »

« Les marchands de la Dordogne, écrit M. Charles Girard, vont acheter en Limousin les jeunes qu'ils amènent par bandes sur les marchés du département. Ils sont généralement vendus à de petits cultivateurs qui ont juste assez de fourrages pour deux veaux ou bien à de petits métayers qui, avec leurs deux gros bœufs de travail, ne peuvent pas engraisser une autre paire et se constituent un petit bénéfice par le croît de ces élèves. Cette jeune paire grandit ; le métayer occupe ses loisirs à l'habituer au joug, à la dresser à l'obéissance ; puis, lorsqu'elle a atteint une certaine taille, lorsque son appétit dépasse les ressources fourragères, il la mène sur le marché. Les cultivateurs des contrées pauvres en fourrages ou de terres peu étendues, les métayers des coteaux en deviennent acquéreurs et terminent leur dressage, les emploient à des travaux qui n'exigent pas une grande force de traction.

« Le bœuf reste chez eux jusqu'à l'âge de trois ans ou trois ans et demi. Alors les ressources fourragères sont insuffisantes : les bœufs consomment trop, il faut s'en défaire. Ils passent entre les mains du métayer des pays riches des plaines, qui dispose d'une quantité plus considérable de foins et racines. Ces bœufs, nourris abondamment, font pendant près d'un an tous les travaux de la métairie, puis ils sont mis à l'engrais. On les a fait travailler modérément, on les a nourris copieusement, si bien qu'après la période de travail le bœuf est en parfait état et tout à fait apte à l'engraissement, lequel dure de trois à six mois, suivant aussi le degré de graisse qu'on veut obtenir. On amène ensuite sur le marché ces bœufs énormes et magnifiques que tout le monde admire et que les bouchers se disputent. En résumé, vers l'âge de cinq ans, le bœuf a terminé sa carrière, et il est rare de rencontrer de vieux bœufs sur les marchés.

« Le métayer a plus de soin de ses bœufs que l'ouvrier salarié, parce que les conséquences d'une négligence sont plus graves pour le métayer qui participe aux pertes et aux profits.

« L'alimentation du bœuf suit exactement la culture. L'assolement le plus répandu est l'assolement biennal. Première année, blé ; deuxième année, plantes sarclées, betteraves, pommes de terre, maïs-grain et maïs-fourrage, tabac. Outre les céréales et les plantes sarclées, on fait une culture dérobée de raves, quelquefois de seigle vert. En dehors de l'assolement, se trouvent les prairies permanentes et temporaires : luzerne et quelquefois topinambours.

« Pendant l'été, les bœufs reçoivent du foin à volonté avec luzerne et trèfle vert. Vers la fin de cette saison, à ces fourrages secs on adjoint le maïs vert, qui est mangé avec avidité, puis on ajoute successivement à la ration des feuilles de betteraves, des betteraves, et enfin les raves et les topinambours.

« Les racines et tubercules bouillis ensemble et additionnés de son de froment constituent la ration d'engraissement, à laquelle les bœufs de travail ne participent pas. Les bœufs d'engrais sont généralement vendus fin de décembre-janvier ; les betteraves sont alors épuisées, les greniers à peu près vides ; on attend avec impatience la pousse des prairies pour recommencer le cycle. Dans les métairies riches et dans les bonnes années, on fait quelquefois un second engraissement, du mois de janvier au mois de mars.

« Ainsi, le système d'alimentation est le suivant :

« 1º On nourrit les bestiaux avec les premiers fourrages de l'année ;

« 2º A mesure que le maïs cultivé en vert est bon à couper, on le donne au bétail ;

« 3º Les betteraves et les raves sont consommées. C'est alors le commencement de l'hiver et aussi la période intensive de l'engraissement. Vers la fin on ajoute du son de froment ; on chauffe pour ainsi dire l'animal avant de le présenter au marché. Celui-ci, on le voit, est nourri seulement par les ressources de la métairie ; à part le son, aucune importation n'est à constater. L'agriculture se trouve ainsi à la merci des circonstances atmosphériques ; survienne une sécheresse, la récolte des betteraves est diminuée dans de fortes proportions, les semis de raves ne peuvent s'effectuer, les regains manquent, il faut vendre. L'offre est considérable et la demande restreinte ; dans ces conditions le bétail est très bon marché. »

Les jeunes animaux sont également achetés par les cultivateurs poitevins à douze ou quatorze mois et employés aux labours jusqu'à cinq ou six ans. Ils sont alors vendus aux herbagers de la Vendée, qui les engraissent et les expédient sur le marché de la Villette avec un bénéfice de 70 à 100 fr. par tête.

Les vaches limousines font tous les travaux culturaux, alors que les bœufs labourent les départements voisins. Elles sont fortes, énergiques et, bien que médiocres laitières, nourrissent suffisamment leurs veaux. D'après M. Cornevin, leur rendement moyen en lait est de 1.450 litres. Il augmenterait si elles étaient mieux nourries et surtout si l'on n'en exigeait pas une somme considérable de travail.

« Comme bêtes de boucherie, dit M. Sanson, les bœufs limousins comptent parmi les plus remarquables qui existent sous le rapport de la quantité et de la qualité de viande produite. Des recherches comparatives faites sur les animaux primés dans les concours l'ont mis en évidence d'une façon péremptoire, au grand déplaisir, il faut bien le dire, des partisans exclusifs des animaux anglais. »

Voici quelques résultats fournis par les limousins dans divers concours.

Age de l'animal et poids vif.	Proportion du poids net au poids vif.	Proportion du poids du suif au poids vif.	Proportion du poids du cuir au poids vif.
kilog.	kilog.	kilog.	kilog.
41 mois 805	557 ou 69,19 0/0	69 ou 8,57 0/0	57 ou 7,08 0/0
47 mois 915	545 ou 59, 5 0/0	101 ou 11,03 0/0	67 ou 7,33 0/0
5 ans 1060	729 ou 68,77 0/0	118 ou 11,13 0/0	66 ou 5,94 0/0

Un bœuf limousin troisième prix au concours de 1889 a fourni les rendements suivants :

Age : 46 mois.

Poids vif..........................	1040 kilog.
Poids net..........................	695 —
Rendement A.......................	66,71 0/0
— B.......................	70,98 0/0
— C.......................	74,29 0/0

Le rendement A a été obtenu en comparant le poids des quatre quartiers sans dégras, au poids vif. Le rendement B, en comparant le poids des quatre quartiers avec dégras, au poids vif. Le rendement C est le rapport du poids des quatre quartiers avec dégras au poids vif de l'animal dont on a retranché le poids des viscères.

M. Teisserenc de Bort estime que le rendement moyen des animaux limousins est compris dans les limites suivantes :

Par 100 kilog. de poids vif.

Bœufs choisis........................	62 à 66
1re qualité..........................	57 à 61
2e qualité...........................	50 à 56
Génisses lourdes.....................	62 à 66
— légères...................	60 à 62
Vaches jeunes : 1re qualité..........	54 à 58
— 2e —..................	46 à 52
Taureaux avec dents de lait, choisis.....	64 à 67
— 1re qualité...............	58 à 62
— 2e —..................	50 à 56

M. Sanson compare un bœuf nivernais, prix d'honneur du concours, avec un bœuf limousin, 1ᵉʳ prix de sa catégorie

« Le bœuf nivernais, âgé de 47 mois, pesait vif, dans un état extrême d'engraissement, 965 kilog. ; il a rendu 620 kilog. de viande nette ; 84 kilog. 500 de suif ; 50 kilog. de cuir et 32 k. 200 de dégras. Sur ces 620 k. de viande nette, il y avait 225 k. de 1ʳᵉ catégorie, 192 kilog. de 2ᵉ catégorie et 180 kilog. de 3ᵉ catégorie, avec une certaine perte, comme on le voit. Cela fait, suivant les anciens errements, un rendement de 68,77 o/o. Mais l'analyse montre que sur 100 de cette viande nette, il n'y en avait que 75,7 de comestible, contenant seulement 31,46 de matière nutritive pour cent.

Le limousin, âgé de 66 mois, pesait vif 967 k. ; il a rendu 666 k. de viande nette ; 77 k. de suif ; 68 k. de cuir et 9 k. de dégras. Sur les 666 k. de viande nette, il y en avait 272 k. de 1ʳᵉ catégorie, 181 k. de 2ᵉ et 189 k. de 3ᵉ. Le rendement était donc de 72 o/o. Sur 100 k. de viande nette, 86,87 étaient comestibles avec 36 de matière nutritive, pour 100.

« Le bœuf limousin a donc rendu à la fois plus de viande nette, plus de viande comestible et plus de matière nutritive, et cela dans des proportions très notables. Il s'est montré ainsi supérieur sous tous les rapports, car, dans les détails ainsi exprimés, se trouve impliquée, en outre, la saveur de la viande. Du reste, en faisant la même comparaison avec les durhams, la supériorité du limousin au même âge est encore plus marquée. Pour la méconnaître, il faut laisser tout à fait de côté le point de vue pratique. »

On ne peut se contenter de comparer les rendements en viande, qui n'intéressent guère que le boucher ; les animaux ayant une précocité bien différente, il est aussi nécessaire de comparer leur accroissement.

A cet effet, nous établirons leurs coefficients en divisant le poids vif et le poids net par l'âge exprimé en mois, ce qui donnera l'accroissement mensuel. Divisant ensuite le poids net par le poids vif, nous aurons le rendement ou le rapport du poids net au poids vif.

Nivernais.

Coefficient de poids vif................ 20
— — net................... 13,18
Rapport du poids net au poids vif........ 0,61

Limousin.

Coefficient du poids vif................ 14,65
— — net................ 10
Rapport du poids net au poids vif....... 0,66

On voit par là que si le limousin a un meilleur rendement à la boucherie que le nivernais, ce dernier a produit une plus grande quantité de viande dans l'unité de temps.

Aux derniers concours généraux, le coefficient moyen de poids vif des bœufs gras limousins a été :

Animaux de 30 à 36 mois................ 23
— de 36 à 48 mois................ 20

Le maximum de 29 a été constaté chez un de 25 mois pesant par conséquent : 725 kilog. (25×29).

Un herd-book de la variété limousine a été institué en 1886 dans des conditions qui assurent la conservation du type pur. Du reste, nous avons vu que les éleveurs du Limousin n'ont pas persisté dans les essais de croisements et éliminent avec soin tous les animaux présentant des signes d'impureté.

Les Américains ont importé chez eux quelques géniteurs limousins ; mais le manque de publicité et de réclame n'a pas permis encore d'ouvrir un débouché de ce côté. En 1877, un éleveur de la Plata a acheté un taureau, une vache et son veau au prix de 7.000 francs.

On a tenté d'acclimater les animaux limousins en Algérie ;

mais, ainsi qu'il eût été facile de le prévoir, l'opération a complètement échoué.

Autrefois, la race bovine vendéenne peuplait les départements de la Vienne, de la Creuse et de l'Indre ; elle s'étendait même plus loin. Aujourd'hui, on trouve encore le bétail connu sous le nom de race marchoise, aux environs de Guéret. Cette variété de la race vendéenne ne dépasse pas 1 m. 35 Son squelette est grossier, sa peau épaisse et dure ; ses masses musculaires sont peu développées et ses membres presque toujours déviés.

Les vaches sont rustiques et donnent de 1.400 à 1.500 litres de lait par an, lorsqu'elles ne travaillent pas et reçoivent les soins nécessaires, ce qui est rare.

Les bœufs marchois sont bons travailleurs ; durs à engraisser, ils font plus de suif que de graisse. Dans les exploitations améliorées de la Creuse, le bétail indigène est remplacé par des animaux charolais et limousins.

VARIÉTÉ CHEVALINE DU LIMOUSIN

Il semble probable qu'avant l'invasion des Sarrasins, en 732, la population chevaline du Sud-Ouest de la France était déjà de race arabe. Bien qu'on n'ait jamais trouvé aucun crâne suffisamment conservé pour en déterminer les caractères, les ossements des cavernes paléolithiques et néolithiques des Pyrénées et du Périgord semblent provenir de la race arabe.

Que les chevaux abandonnés par les Sarrasins après leur défaite de Poitiers aient simplement fourni un nouveau contingent à la variété arabe du Limousin, ou qu'ils aient absorbé par la puissance de leur hérédité la population indigène, il n'en est pas moins certain que, depuis bien des siècles, le cheval limousin jouissait d'une grande réputation de sobriété, d'énergie et de rusticité. C'était, par excellence, le cheval de cavalerie légère et, pendant les guerres de l'Empire, il était particulièrement estimé. En Russie, les chevaux limousins supportèrent mieux que tous les autres les fatigues, les privations et les intempéries ; on les appelait les Cosaques de l'armée. La célèbre Lisette, au général de Marbot, était limousine. Le cheval noir de Charles VIII et celui que Bayard montait à Ravenne avaient la même origine ainsi que les chevaux de selle des écuries royales sous Louis XV.

La décadence du cheval limousin date de la révolution. Un officier prussien nommé Neigebauer, interné à Limoges en 1813, comme prisonnier de guerre, a publié à Berlin en 1817 une brochure où il fait la description du Limousin et de ses chevaux (1).

« Les belles routes créées par les ingénieurs du siècle dernier, dit-il, sont dans un état effroyable par suite de l'incapacité de l'administration révolutionnaire. Je n'ai rien trouvé de plus détestable dans mes voyages en Allemagne, où j'ai cependant si souvent risqué de me casser le cou... On a ruiné comme à plaisir l'industrie chevaline. L'Assemblée nationale, dans sa rage de tout détruire, abandonna les mesures qui avaient été prises pour maintenir et conserver la pureté de cette noble race. Les réquisitions de 1793 pour la Vendée ont achevé l'œuvre commencée en 1789, et nulle part les beaux chevaux ne sont plus rares que dans cette province. »

Si le cheval limousin avait toutes les qualités de son ancêtre oriental, comme lui il était de petite taille. L'administration n'a pas manqué de chercher à le grandir en croisant les juments limousines avec les étalons de pur sang anglais et de demi-sang. On n'obtient nécessairement que des produits aux longues jambes dont les articulations et les tendons sont trop faibles pour résister à un travail sérieux.

Les éleveurs limousins, découragés par les mécomptes résultant de ces croisements malencontreux et n'ayant pas à leur disposition des étalons arabes, qui seuls conviendraient, ont renoncé en grand nombre à la production chevaline pour se consacrer à l'élevage du bétail. Il n'y a plus aujourd'hui que 15.000 chevaux dans la Haute-Vienne et 10.000 dans la Corrèze.

(1) Bibliothèque Nationale.

Après avoir constaté les déplorables effets de ses errements, l'Administration a, dans une certaine mesure, repris, au haras de Pompadour, les traditions du passé en revenant à l'élevage du pur sang arabe.

« Dans cet établissement, dit M. Vidalin, le sol granitique produit des herbes aromatiques, mais peu nourrissantes, qui donnent aux chevaux du nerf et de la légèreté, sans développer en eux une puissance de muscles indispensable à leurs usages actuels. Il y avait donc à reprendre l'amélioration du sol par les chaulages déjà tentés vers 1840 pour l'ancienne jumenterie.

« Depuis cette époque, M. de Molon a mis en lumière l'action bienfaisante des phosphates de chaux sur la végétation. Utile à tous les sols, cette substance précieuse convient surtout aux terrains granitiques, auxquels elle apporte un élément qui leur fait défaut. La production chevaline dans le Midi, et particulièrement à Pompadour, trouve maintenant dans le phosphate de chaux le moyen d'améliorer le fourrage et par suite de donner au squelette des animaux un développement qu'il ne pouvait atteindre autrefois. »

L'apport de l'acide phosphorique ne saurait que produire un excellent effet sur les animaux, mais il ne peut remédier à l'action du climat. Par suite, on n'arrivera jamais à produire les races exigeantes dans le Limousin ; toute tentative de ce genre doit nécessairement échouer.

Le haras de Pompadour est situé dans la partie N.-O. du département de la Corrèze et dans le canton de Lubersac, dont le sol est granitique. Fondé en 1764, il n'avait, au début, que des reproducteurs d'origine arabe, dont les produits jouissaient d'une grande réputation.

En 1791, les chevaux et une partie du domaine furent vendus. L'établissement, reconstitué en 1803, comprenait : 6 étalons arabes ; 4 espagnols, 1 anglais, 4 limousins, 5 juments arabes, 6 limousines, 2 baudets toscans, 4 buffles mâles et femelles, 2 taureaux et 4 vaches de Roumanie, 4 bœufs limousins et un troupeau de mérinos.

« En 1825, l'Administration établit, dans une succursale du haras, une jumenterie destinée à l'élevage de la race arabe pure ; mais l'engouement pour le pur sang anglais, qui date de cette époque, fit modifier le programme et l'on ne s'occupa que de la production des anglo-arabes. Cette situation dura 27 ans. Nouvelle orientation en 1860. La jumenterie fut supprimée ; on vendit 10 poulinières arabes, 3 poulains et 7 pouliches arabes, 22 pouliches anglo-arabes ; total 42 animaux.

« A la suite d'un vote de la Chambre des députés, en 1881, on reconstitua la jumenterie. Il y avait, en 1897, 60 poulinières, dont 6 de pur sang anglais, 24 de pur sang arabe, 20 anglo-arabes et 85 produits presque tous anglo-arabes, destinés à fournir des étalons améliorateurs à la région du Midi.

« L'effectif du haras comprend 11 pur sang anglais, 15 pur sang arabes, 20 anglo-arabes, 18 demi-sang du midi, 22 anglo-normands, 1 demi-sang vendéen, 1 norfolk-breton.

« On s'étonne que l'établissement de Pompadour ne donne guère que des chevaux défectueux ; il ne peut cependant en être autrement, et cela pour deux raisons. Le climat et le sol ne conviennent pas aux races exigeantes. Le pur sang anglais particulièrement donne, avec les juments arabes, des produits plus grands, mais dégingandés ; les chevaux réussis sont l'exception et les autres coûtent plus à élever qu'on ne peut les vendre.

« L'Administration ne veut pas le comprendre et ne s'attache qu'à obtenir des produits de hasard ; rien n'est plus capable de décourager les éleveurs.

« La faveur dont jouit le cheval de course a nui d'une autre façon à la production du cheval limousin, car les grands éleveurs, voulant obtenir des succès de turf, ont abandonné l'élevage du cheval indigène. Il est malheureusement certain que l'anglo-arabe considéré dans l'ensemble ne remplacera pas cet admirable type de cavalerie légère.

« A l'établissement de Pompadour est annexée une exploitation agricole en régie qui devrait être en quelque sorte une ferme-modèle dans laquelle on pratiquerait les meilleures méthodes de culture, afin de les répandre dans la région. Au grand étonnement des paysans eux-mêmes, on en est encore à la culture d'il y a 5o ans. Malgré les énormes quantités de fumier dont dispose la Régie, l'avoine récoltée suffit à peine à la nourriture des animaux du haras. Voici ce que nous lisons dans un rapport de la commission de la Chambre des députés, en 1889 : « La commission croit qu'il serait possible de diminuer les frais de culture des domaines du Pin, de Pompadour, etc. Elle appelle d'une manière toute particulière l'attention de M. le Ministre sur ce point spécial, car elle ne saurait admettre que 41.000 fr. de dépenses de culture ne donnent que 35.000 fr. de recettes. »

Le prix de revient des chevaux arabes et anglo-arabes du Limousin est le même.

En comptant la nourriture sans avoine à 0,70 c. par jour, l'animal coûte environ 75o fr. à 3 ans 1/2. S'il a reçu un peu d'avoine, 3 litres, par exemple, il aura consommé 3.285 litres ; à 10 fr. l'hectolitre, cela représente une dépense supplémentaire de 32o fr., en chiffres ronds.

La remonte paie les chevaux de légère 85o fr. en moyenne ; à ce prix :

Le bénéfice sur le cheval non avoiné est de........   100 fr.
La perte sur le cheval avoiné...................   22o fr.

Nous avons supposé tous les chevaux réussis ; or, on compte pour les arabes $\frac{1}{10}$ de déchet et pour les anglo-arabes $\frac{6}{10}$.

Les chevaux manqués de l'un et de l'autre type ne valent que 4oo fr., à 3 ans 1/2.

En faisant le compte de deux lots de chacun dix chevaux, nous avons :

Arabes.

9 chevaux vendus 850 fr..............	7.650 fr.
1 cheval vendu 400 fr................	400 —
	8.050 fr.

Anglo-arabes.

4 chevaux vendus 850 fr.............	3.400 fr.
6 chevaux vendus 400 fr.............	2.400 —
	5.800 fr.

Bénéfice sur les dix arabes sans avoine..	550 fr.
Perte sur les dix arabes avoinés........	2.650 —
Perte sur les dix anglo-arabes sans avoine.	1.700 —
Perte sur les dix anglo-arabes avoinés...	4.900 —

Admettant que l'on conteste la proportion des chevaux manqués anglo-arabes, il n'est pas moins certain que l'élevage de ce type se traduit toujours par une perte.

Si les éleveurs calculaient la valeur des fourrages récoltés sur la ferme, ils renonceraient complètement, dans les conditions actuelles, à la production de l'anglo-arabe. La remonte ne peut acheter que les chevaux élevés sans avoine, car les autres reviennent à plus de 1.100 fr. et le tarif maximum pour la légère n'est que de 1.200 francs. Pour avoir un bénéfice, il ne faudrait donc obtenir que des chevaux de tête.

Le cheval limousin est trop faible pour les travaux de la culture; c'est se qui rend son élevage si peu rémunérateur. On ne peut l'utiliser que pour la selle, et, en France, on ne monte plus. La remonte est donc le seul débouché.

Les achats effectués annuellement par le dépôt de Guéret sont de :

20	chevaux	de tête;
2	—	de carrière;
6	—	de réserve;
56	—	de ligne;
179	—	de légère;
37	—	de trait léger;
29	—	de trait.

Total : 329. (Ces chiffres sont ceux de 1890.)

De cet ensemble il faut déduire les chevaux de réserve, de ligne et de trait qui proviennent des départements voisins.

La remonte n'achète, en somme, que 179 chevaux limousins, ce qui est absolument insuffisant pour encourager la production ; elle ne peut que se restreindre de plus en plus.

Auvergne.

On trouve en Auvergne deux zones géologiques et agricoles distinctes ; à la base, l'étage granitique qui constitue le Plateau Central, et, au-dessus, la région volcanique. Cette dernière est formée par la chaîne des Puys qui s'étend autour du Puy-de-Dôme et a déversé ses laves vers les vallées de l'Allier et de la Sioule, puis, par le massif du Mont-Dore, dont les éruptions se sont répandues au sud jusqu'à l'Aubrac.

Les herbages s'appellent montagnes. Ainsi on dit une montagne de 20, 3o, 4o têtes pour exprimer que 20, 3o, 4o têtes ou leur équivalent peuvent y être nourris. Une tête d'herbage comprend un bœuf ou une vache, ou deux élèves d'un an.

La surface nécessaire à une tête est en moyenne de 7.000 mq., dans les bons herbages volcaniques ; elle est de plus d'un hectare sur les sols granitiques.

Les nombreux cours d'eau, affluents de l'Allier, du Lot et de la Dordogne, arrosent les prairies basses, qui fournissent le foin nécessaire à la nourriture du bétail pendant l'hiver.

En général, les herbages sont bien irrigués et entretenus ; on les fume en faisant parquer les animaux dans des enclos mobiles qu'on déplace tous les jours.

« Le manteau basaltique du Cantal, dit M. de Lapparent, forme à l'ouest le plateau de Salers et de Mauriac, et au sud le plateau de la Planèze, qui s'étend, par Saint-Flour, jusqu'aux massifs de la Margeride et que l'on a surnommé le grenier du Cantal, à cause de sa fertilité.

« En certains points, la nappe de basalte est directement super-
posée au gneiss et au micaschiste, dont la sépare une souche d'argile colorée souvent en rouge vif. C'est un contraste remarquable
que celui de la fertilité des prairies auxquelles donne lieu l'alté-
ration superficielle du basalte, avec l'absolue stérilité des landes
de bruyères assises sur les affleurements du micaschiste. »

Comme exemple d'amélioration, nous citerons le domaine de
Laroussière, pour lequel M. Peschaud a obtenu en 1866 la Prime
d'honneur du département.

Ce domaine, acheté 79.000 francs en 1852 avait alors une contenance de 109 hectares ; il donnait à peine 700 quintaux de foin
et ne produisait pas les grains nécessaires à la nourriture du personnel. Le cheptel comprenait 25 vaches, 12 moutons, 3 porcs et un
cheval. Le produit net du domaine ne fut que de 1.306 fr. en 1853.

« M. Peschaud acheta encore une pièce de terre de 4 hectares
pour 2.500 fr. et sur ce total de 113 hectares, il créa des pâturages et des prairies, à la place de rocailles volcaniques presque
improductives, rendit presque toutes ces prairies irrigables, porta
ainsi le rendement annuel du foin à 1.600 quintaux et put augmenter beaucoup le cheptel. En 1866, il y avait sur le domaine
58 vaches de race auvergnate rendant en moyenne 220 fr. brut
par an, moins 150 fr. de frais ; au total 4.060 fr. net. (Chaque
vache donne 1.500 litres de lait par an, dont 400 litres pour les
veaux et 1.100 litres pour 140 kilogr. de fromage à 1 fr., et 7 kilogr. de beurre à 1 fr. 50 c.)

En 1866 il y a eu { Produit brut........   15.151 fr.
                  { Frais.............   5.033 —

                    Produit net.......   10.118 fr.

Intérêts de { 79.000 fr. d'achat.
            { 13.388 fr. dépenses d'achat et d'amélioration.

            92.388 fr.

Les améliorations de M. Peschaud représentent donc un place-
ment de capital à plus de 10 o/o (1).

(1) Risler, *Géologie agricole.*

RACE BOVINE D'AUVERGNE.

La race bovine auvergnate ou de Salers se trouve surtout entre Mauriac, Salers et Riom. En s'éloignant de ce centre volcanique, elle se dégrade progressivement à mesure que le sol devient moins riche sur les granites.

Les animaux restent dans les pâturages pendant toute la belle saison. Dès que l'hiver commence, c'est-à-dire à la fin de septembre, ils sont entassés dans des étables basses, et nourris parcimonieusement avec du foin. Les vaches y ont leur veau avant leur départ pour la montagne, où elles ont été saillies l'année précédente par un taureau de 15 à 18 mois qui vit au milieu du troupeau. La règle générale est, depuis un temps immémorial, la consanguinité, et jamais la dégénérescence ne s'est manifestée. Ce fait prouve que la consanguinité n'offre d'inconvénients que pour les variétés améliorées, dont les aptitudes à l'engraissement diminuent la rusticité et les facultés prolifiques.

En allant à la montagne, dans la dernière quinzaine de mai, les vaches ne sont accompagnées que d'un nombre restreint de veaux, en général, un pour deux vaches. Les autres ont été livrés à la boucherie à peine âgés de trois semaines.

On ne laisse téter aux veaux qu'environ le sixième du lait fourni par deux vaches; le reste étant réservé à la fabrication du fromage. La précocité des animaux se ressent toujours de cet allaitement insuffisant.

A la fin de l'été, presque tous les veaux sont vendus comme « bourrets » à des marchands qui les emmènent dans le Poitou, en Vendée et dans la Saintonge, où se tiennent les foires dites « de la descente des veaux ».

Les veaux sont alors bistournés, mis dans les prairies et dressés au joug à 18 mois. Ils changent ensuite plusieurs fois de mains, jusqu'à ce qu'ils soient achetés par les herbagers du Marais qui les engraissent et les expédient à la Villette.

En général, les bœufs ont alors 5 ans et ils ont donné un travail utile de 3 ans.

Les vaches réformées sont engraissées sur place et contribuent, avec le petit nombre de bœufs conservés en Auvergne, à l'approvisionnement du marché de Lyon.

Les bouvillons, encore pourvus de leurs dents de lait, valent de 250 à 280 fr. suivant les années; quand ils sont achetés pour la boucherie, leur prix s'est doublé.

La durée de la lactation des vaches est de 280 jours et le rendement annuel est de 1.400 à 1.600 litres.

D'après les analyses de M. Truchot, ce lait contient en moyenne 3,5 de beurre; 4,9 de caséine sur 12,9 de matière sèche pour cent.

On trouve dans le Puy-de-Dôme une variété bovine qui ne diffère de la race des Salers que par le manque d'uniformité du pelage et un développement un peu moindre. Les élèves restent dans le pays, labourent jusqu'à 10 ou 11 ans et sont engraissés pour la boucherie des villes voisines, ainsi que les vaches réformées.

Ces animaux étant tués trop vieux, leur viande est de mauvaise qualité. Bien que le coefficient de poids vif des bœufs de 10 ans ne dépasse pas 7, l'utilisation de leur force motrice compense cette infériorité.

Les pesées opérées par M. Cornevin sur un bœuf salers pris sur le marché et sur un durham de concours nous permettront de comparer les rendements de ces deux animaux. Le poids absolu est le poids vif (P.V.) et le poids relatif (P.R.) le rapport des poids à 100 du poids vif.

	Bœuf durham (41 mois)		Bœuf salers (60 mois)	
	P. A.	P. R.	P. A.	P. R.
	kg.	kg.	kg.	kg.
Poids vif...........	850	100	690	100
Poids net.........	533	62,71	436	63,19
Suif.............	129,30	15,24	40	5,80
Cuir.............	45,50	5,35	64	9,28

Sang...............	17	2	20	2,90
Organes internes....	61,19	7,20	61,74	8,95
Parties accessoires..	12,49	1,47	13,80	2
Déchets............	23,33	2,74	7,46	1,08

On voit que le salers a un poids relatif des organes internes plus considérable que le durham. Cela tient à ce que, l'engraissement du premier étant moins poussé, les organes internes sont restés proportionnellement plus lourds.

Le tableau suivant indique la proportion de la chair, des os et de la graisse dans le poids net des 2 animaux.

	Poids net	Poids de chair	Poids des os	Poids de la graisse-déchet
	kg.	k.	kg.	kg.
Durham..........	533	323,52	54,83	165
Salers...........	436	314,65	60,44	57,32

Poids pour cent des poids nets à l'étal.

	Rapport du poids de chair à 100 des morceaux	Rapport du poids des os à 100 des morceaux	Rapport du poids de graisse-déchet à 100 des morceaux
Durham....	59,14	10,09	30,37
Salers.....	70,37	16,42	13,21

De ces chiffres, il résulte que le durham donne le plus faible rapport du poids de chair à 100 des morceaux. On remarquera aussi que cet animal, s'il a un poids d'os moindre, produit par contre une quantité considérable de graisse-déchet.

Les salers engraissés en Auvergne pour la boucherie de Lyon sont inférieurs à ceux qui, vendus bourrets, ont été engraissés pour le marché de la Villette, après avoir travaillé dans le Poitou. Les premiers ont un rendement de 59 o/o et les seconds un de 66, 34 o/o. — Ainsi au concours de Paris, un salers de 48 mois a fourni :

	kg.		kg.	
Poids vif	845		(231 de 1re catégorie.	
Poids net	590	dont..	{ 154 de 2e	—
			(139 de 3e	—

Poids du suif............	76,500
Poids du cuir............	57,800
Rendement..............	67,0/0
Coefficient du poids vif..	17,59
Coefficient du poids net..	12,29
Rapport du poids net....	0,69

M. Magne cite un bœuf salers de 5 ans pesant 990 kilogr.; il a fourni 695 kilogr. de viande nette, soit un rendement de 70,20 p. 100 :

Si ces chiffres sont exacts, cet animal est exceptionnel comme rendement net.

Les coefficients moyens de poids vif des salers au Concours général des animaux gras sont voisins de 19 à 4 ans et de 15 à 5 ans.

Variété d'Aubrac.

L'Aubrac est une région basaltique de peu d'étendue, qui forme le groupe le plus méridional des volcans d'Auvergne. A l'ouest et à l'est, la région est granitique; au sud, entre Espalion, Sainte-Geniès et la vallée du Lot, le sol appartient au jurassique. Les plateaux de l'Aubrac, trop froids pour la culture, sont couverts de pâturages où vivent, pendant l'été, 30.000 bovins et 40.000 moutons.

M. Sanson considère la population bovine de l'Aubrac comme une variété de la race vendéenne. « Les populations, dit-il, que nous rangeons sous la dénomination commune de variété d'Aubrac, parce qu'elle est la variété la plus connue, occupent l'extrémité S.-O. de l'aire géographique de la race vendéenne. Leur ensemble a reçu sur les lieux divers noms. Les habitants du sud du Cantal, du Lot, de l'Aveyron, du Tarn, de la Lozère et de la Haute-Loire distinguent ce qu'ils nomment les races d'Aubrac, de Laguiole, d'Angles, de la Causne, du Quercy, du Ségalas, du Rouergue, du Gévaudan, du Vélay, du Vivarais. Il n'y a entre tout cela que des nuances insaisissables dans leurs transitions, et cet ensemble se groupe de la façon la plus naturelle autour de l'Aubrac, où la variété atteint son plus grand développement. Elle se dégrade là où le sol est d'une moindre fertilité ; voilà tout... Le pelage est rarement d'une seule nuance ; pour l'ordinaire, il en présente plusieurs fondues. Les plus estimés tirent sur celle du poil de lièvre ou du blaireau, et le noir de suie ou marron avec mélange de roux et de gris. »

La tête de maure avec le mufle entouré d'une auréole blanchâtre est très recherchée, dit M. Rodat.

Les vaches d'Aubrac donnent 1.500 litres de lait, et ne pèsent guère que 400 kilogr.

Les bœufs gras arrivent à peser vifs de 800 à 900 kilogr. et les vaches grasses de 450 à 500 kilogr. Leur viande est estimée lorsque les animaux ne sont pas tués trop vieux, ce qui est le cas le plus général.

D'après M. Cornevin, le rendement moyen en viande nette des bœufs d'Aubrac est de 51 o/o, mais il est plus élevé lorsqu'ils ont été bien nourris.

Les veaux ne disposent guère que de 3 litres de lait pendant 2 mois et demi ; durant le premier hiver on ne leur donne qu'un peu de foin. A 2 ans et demi, ils sont castrés, mis au travail et vendus à d'autres cultivateurs qui, après les avoir utilisés quelques années, les revendent dans le Mézenc, où ils sont engraissés.

Le manque de précocité des animaux de l'Aubrac provient de leur nourriture très insuffisante dans la première année et du séjour constant dans les pâturages de la montagne où ils sont sans abris. L'hiver on n'a que peu de foin à leur donner et malgré cela on exige d'eux beaucoup de travail.

La valeur moyenne d'une paire de bœufs de cinq ans est de 800 francs.

La population bovine de la région située à l'est et au sud de l'Aubrac porte le nom de race du Mézenc.

Les différents auteurs ne s'accordent pas sur son origine. M. Sanson la considère comme formée de métis et les preuves qu'il en fournit semblent probantes. « La population en question présente un mélange des caractères spécifiques des races auvergnate et vendéenne qui, par leur croisement, ont contribué et contribuent encore à la former. Elle ne se borne pas à vivre côte à côte avec les variétés susnommées de ces deux races ; elle en dérive et les reproduit indifféremment dans ses variations désordonnées. »

M. Borie estime que c'est une race pure et bien distincte. M. le marquis de Charnacé, enfin, dit que ce sont des Aubrac, nés près de la Guiole, utilisés pour le travail dans la Lozère et finalement engraissés sur les riches pâturages volcaniques du Mézenc. « La Guiole produit ; les Canourgats font travailler, et le Mézenc engraisse. »

L'industrie du Mézenc est l'élevage et l'engraissement. Après le sevrage, les veaux valent de 75 fr. à 110 fr. ; les élèves se vendent le plus ordinairement à 18 mois de 150 fr. à 180 fr. On ne garde, jusqu'à 5 ans, qu'un petit nombre de bœufs pour les travaux de la culture ; ils sont ensuite engraissés avec du foin et des racines.

Industrie laitière.

La fabrication du fromage est une des principales industries de l'Auvergne. Nous emprunterons au « Cultivateur Aveyronnais » une étude de M. Rodat sur les fromageries.

« Il faut, pour une vacherie, un chef de chalet appelé « cantalès » ; pour les veaux, un petit garçon appelé « védelier », et des pâtres pour les vaches.

« Pour un troupeau de 100 vaches, la totalité des salaires s'élève à 400 fr.; le cantalès gagne 108 fr. ; le védelier 52 fr. ; les pâtres, 80 fr., chacun. Il n'en est pas ici comme dans les exploitations de culture, où le paiement des salaires et de toute main-d'œuvre échoit avant que le grain ne soit emmagasiné, souvent même fort longtemps avant la vente. Les salaires des employés de fromageries sont payés à la fin de la campagne avec les produits de la récolte. Ils ne constituent pas une avance qui vienne s'ajouter au capital circulant. Celui-ci se compose des claies de parc, des gerles (espèces de seaux de bois pour traire les vaches), des comportes, des cuves, des jattes, des pressoirs, des tables et des moules pour le fromage, le tout pour une somme de 140 fr. Cela revient à un peu plus de 6 fr. par vache. Le lait des vaches fournit le surplus de la nourriture. On sent qu'à mesure que les troupeaux sont plus nombreux cette proportion diminue. Un védelier, par exemple, garde aussi bien 60 vaches que 50 ou 55.

« Ajoutez à cette première mise de fonds les frais de construction du chalet, appelé « Mazuc », pour une somme de 1.000 ou de 1.200 fr. Autrefois ces mazucs étaient de mauvaises huttes, construites avec des piquets tressés par des rameaux de chêne, couvertes et revêtues par des pièces de gazon. Aujourd'hui, ce sont des maisonnettes qui ont une longueur de 10 mètres sur six mètres de large, une hauteur de 5 mètres divisée par un plancher, ce qui fournit un rez-de-chaussée et un grenier. Derrière et adossé au terrier, se trouve la cave pour les fromages. Sa longueur est aussi de 10 mètres, et sa largeur de 3 mètres, le tout recouvert en ardoises. A part, et tout auprès du chalet, il y a une petite loge à cochons. »

Dans toute l'Auvergne, les ustensiles, les laiteries et les gens sont d'une malpropreté révoltante : cela n'a guère changé depuis 1829, où Yvart écrivait : « Les hommes, les fromages, le beurre et le lait, quelquefois même les chiens, y font ordinairement un échange continuel d'exhalaisons aussi nuisibles aux uns qu'aux autres. »

La quantité de lait nécessaire pour produire 1 kilogr. de fromage varie avec la saison, la qualité des herbages et les soins donnés au bétail. Voici les chiffres indiqués par différents auteurs :

1° 200 litres de lait fournissent environ 45 kilogr. de fromage ; la production annuelle d'une vache est de 75 kilogr. de fromage et de 12 à 15 kilogr. de beurre (marquis de Dampierre) ;

2° 100 à 120 litres de lait donnent 8 kilogr. de fromage et 1 kilogr. 250 de beurre (Bartin);

3° Au printemps, il faut 100 à 110 litres de lait pour 10 kilogr. de fromage; à l'automne, 60 litres seulement. Ce lait fournit en plus 7 à 8 kilogr. de beurre. La production annuelle d'une vache est de 150 à 200 kilogr. de fromage et 6 à 7 kilogr. de beurre (Anjollet);

4° En moyenne les vaches d'Auvergne produisent 150 kilogr. de fromage, fournis par 1.500 litres de lait, ce qui fait 1 kilogr. de fromage par 10 litres de lait.

Le petit lait sert à fabriquer un peu de beurre de qualité inférieure, connu sous le nom de beurre de montagne (Pouriau).

« Le fromage du Cantal, dit M. Borie, a été coté pendant les dernières années au prix moyen de 120 fr. les 100 kilogr.; la valeur du beurre et la part de chaque vache à la nourriture de l'exploitation, à l'allaitement du veau et à l'engraissement des porcs, le tout étant évalué à 3,50 o/o du rendement total en lait. On voit que les vaches donnant 2.400 litres produisent 324 fr. de revenu brut (non compris la valeur du veau), et que celles qui donnent 1.800 litres produisent 243 fr. Le prix du lait ressort donc environ à 0 fr. 135, comme dans les principales fruitières de Suisse. »

Les fromages d'Auvergne se conservent assez mal et il serait nécessaire d'en perfectionner la fabrication.

On a essayé de substituer l'industrie beurrière à l'industrie fromagère, mais il est difficile de modifier des habitudes invétérées et l'on dit que les vaches auvergnates sont plus fromagères que beurrières.

M. Duclaux a analysé le lait des vaches du Cantal dans des conditions qui permettent d'en bien connaître la composition. Il a en effet examiné le lait d'une étable, celle de Fau, puis le mélange des laits apportés à la fromagerie de Cuelhes :

	FAU *Eléments*		CUELHES *Eléments*	
	en suspension	en dissolution	en suspension	en dissolution
Matière grasse.......	4,30	»	4,28	»
Sucre de lait....	»	5,37	»	4,81
Caséïne........	3,53	0,37	3,38	0,59
Sels insolubles.......	»	0,40	»	0,38
Phosphate de chaux...	0,23	0,17	0,22	0,16
	8,06	6,31	7,88	5,94
	14,37		13,82	

D'après le même auteur, voici quelle est la composition du beurre frais et du beurre salé du Cantal, analysé immédiatement après sa fabrication :

Composition du beurre.		*Composition de la matière grasse*	
Eau.............	13,40	Oléïne, palmitine et stéa-rine...................	73
Matière grasse..........	84,30		
Sel marin.......... .,..	0,94	Butyrine...............	4,4
Sucre de lait........ ...	0,60	Caproïne...............	2,5
Caséïne et sels....	0,76	Capryline et caprine.....	0,1

On fabrique aussi en Auvergne des fromages façon de Hollande, dits tête de maure.

En 1860, à la fromagerie de Saint-Angeau (Cantal), 100 kilogr. de fromage, façon Edam (demi-gras), se vendaient 160 fr., en moyenne. On comptait 10 litres de lait, en partie écrémé, pour 1 kilogr. de fromage. Le produit brut du lait était ainsi de 0 fr. 16, sans compter la valeur du beurre provenant de l'écrémage préalable et celle du petit lait.

En 1895, les 100 kilogr. de ce fromage valaient : Hollande extra, 200 fr., 1re qualité, 190 francs.

Avant l'application des droits protecteurs, la Hollande inondait notre marché de fromages artificiels fabriqués avec de la margarine et vendus 100 fr. les 100 kilogr. Nos producteurs qui payaient le lait 0 fr. 09 le litre, ne pouvaient soutenir cette concurrence frauduleuse ; ils se mirent alors à fabriquer des fromages artificiels où le beurre est remplacé par l'oléo ou l'huile d'arachide. Ces fromages sont assez bons frais, mais ils rancissent au bout de quelques jours et se vendent presque aussi cher que les autres. Cette fabrication n'offre donc pas l'avantage, comme on l'a prétendu, de fournir un aliment nutritif bon marché pour la classe pauvre ; elle ne peut que nuire à la réputation de nos produits. Il en est de même pour le beurre et la margarine.

Il y a 50 ans, on fabriquait les fromages du Mont-Dore avec le lait de chèvre ; aujourd'hui tous ceux qui sont vendus sous le nom de Mont-Dore sont faits avec du lait de vache. Les premières opérations sont les mêmes que pour le brie et le camembert ; mais au séchoir, à chaque retournement, les Mont-Dore sont frottés avec une solution saturée de sel marin qui s'oppose à la production des mucédinées. L'affinage ne résulte donc que des modifications provoquées par les fermentations internes sur la caséine, ce qui donne à ces fromages une saveur spéciale.

Depuis quelques années, on fait des fromages façon Mont-Dore, dans le Rhône, l'Isère, l'Eure, l'Oise, etc. Ces produits sont de qualité très inférieure, car on n'emploie que du lait plus ou moins écrémé et émulsionné avec de l'huile d'arachide.

Les prix sont les suivants aux Halles de Paris : 1re qualité, de 25 à 40 fr. le cent ; ordinaire, de 6 fr. à 23 fr. le cent.

Population chevaline d'Auvergne.

La variété chevaline indigène d'Auvergne est d'origine arabe. Le climat, le manque de soins et la nature montagneuse du pays ont altéré le type primitif. La tête paraît forte à cause de la petitesse de la taille ; la croupe est basse et coupante ; enfin les jarrets sont clos, comme chez tous les chevaux de montagne.

Le cheval d'Auvergne est resté remarquablement énergique, sobre et rustique. L'Administration des haras a cherché à augmenter sa taille au moyen d'étalons de pur-sang anglais et de demi-sang ; mais le résultat a été le même que dans le Limousin ;

on n'a obtenu que des animaux décousus, irritables et insuffisamment membrés. On essaie aujourd'hui des croisements plus rationnels, mais les conditions générales du pays sont défavorables
à l'élevage du cheval à deux fins ; on ne pourra jamais produire
avantageusement que le type de légère de race arabe.

Le dépôt d'Aurillac achète chaque année 260 chevaux dont :
10 de tête, 59 de ligne, 166 de légère et 24 de trait léger (1). Le
demi-sang fournit donc à peine 60 chevaux de ligne, et un certain nombre de légère, payés de 750 fr. à 900 fr. Les uns et les
autres ont tous les défauts des métis élevés dans un milieu qui
ne leur convient pas.

Les meilleurs chevaux du dépôt de remonte d'Aurillac sont nés
d'étalons arabes avec des juments du pays. Les chevaux de trait,
presque toujours mal conformés, proviennent du croisement
d'animaux de toutes les races.

On produit aussi des mulets, plus petits que ceux du Poitou et
de moindre valeur.

Race ovine du Plateau central.

La race ovine du Plateau Central, qui peuple le Limousin, la
Marche, l'Angoumois et l'Auvergne, est petite sur les sols granitiques et atteint 0 m. 60 sur les terrains calcaires.

Dans la Marche, leur poids moyen est de 22 kilogr.; engraissés, ils pèsent 30 kilogr. et rendent 15 à 18 kilogr. de viande
excellente. La toison est grise, parfois noire ou brun foncé ; elle
pèse 600 grammes.

Sur le calcaire du Poitou ou de la Charente, les moutons gras
dépassent 40 kilogr., et la toison est uniformément blanche, ce
qui tient à des croisements répétés avec la race de la Loire. Tous
ces animaux sont envoyés en grand nombre au marché de la
Villette.

Depuis cinquante ans, la variété du Limousin et de la Marche

(1) Chiffres de 1890.

a été beaucoup améliorée, mais le croisement avec le southdown n'a pas donné de bons résultats. La race indigène est toujours préférée à cause de sa rusticité et de la qualité de sa viande.

On trouve dans la Creuse, dans les exploitations améliorées, quelques troupeaux de la Charmoise. Les animaux pèsent 40 à 45 kilog. Ils se vendent maigres à 7 ou 8 mois de 30 à 35 francs.

Les moutons sont peu nombreux en Auvergne, car ils y contractent la cachexie aqueuse. Presque tous proviennent du Limousin, de la Marche et des Causses. Dès qu'ils sont engraissés, on les envoie sur les marchés de Paris et de Lyon.

Race porcine du Plateau Central.

La race porcine du Plateau Central est une variété de la race ibérique qui se trouve dans tout le midi de l'Europe, en Franche-Comté, en Lorraine, et dans les Flandres, où elle a été introduite par les Espagnols.

En Auvergne, les animaux ont conservé la couleur noire de la race pure; mais, en s'avançant vers le Poitou, ils présentent de plus en plus des taches blanches, résultant de croisements avec la race craonnaise ou celtique.

Dans le Limousin, on a établi en 1894 un livre généalogique de la variété locale, bien qu'elle ait quelques signes secondaires de métissage. Les caractères exigés sont : le chanfrein droit, les oreilles horizontales pointant en avant, la coloration de la peau et la direction des poils. Sur la croupe, les soies doivent rayonner autour d'un point central; c'est ce qu'on appelle la virade. Les soies de la tête ont la direction ordinaire et sont couchées vers la queue jusqu'au niveau du cou; là elles se rencontrent avec les soies de la virade et forment une collerette dite la reboulée. Enfin les plaques noires caractéristiques sont désignées sous le nom d'écussons.

Chaque ferme limousine a une ou deux truies et 20 ou 30 petits et gros, nourris avec les produits de la ferme; racines, farines, fruits, châtaignes, etc. La moyenne des portées est de 8, mais ce chiffre va jusqu'à 12. L'allaitement par la mère dure de 2 à 3 mois, après quoi les jeunes animaux sont insuffisamment nourris et deviennent extrêmement maigres. A 12 ou 15 mois, après la récolte des pommes de terre, on commence à les engraisser; ils reçoivent en plus, du sarrasin, des châtaignes, des carottes et des betteraves. Au bout de 4 à 5 mois d'engraissement ils pèsent en moyenne 150 kilogr., mais atteignent parfois jusqu'à 250 kilogr.

D'après M. le docteur Hector George, le rendement d'un animal de 200 kilogr. est de : lard, 100 kilogr.; pannes, 7 kilogr. 500; viande, 60 kilogr.; tête et pieds, 12 kilogr. 500. Déchets, 20 kilogr.

Les porcs limousins donnent beaucoup de lard et de saindoux et par suite sont très utiles dans les contrées où la cuisine se fait à la graisse.

On élève aussi des porcs en Auvergne, où ils sont nourris comme dans le Limousin. Ils sont marcheurs, peu précoces, mais faciles à engraisser quand ils ont un certain âge. Leur chair est fine, serrée et savoureuse. Le prix moyen des porcs gras varie entre 90 fr. et 110 fr. les 100 kilogr.

On a cherché à augmenter la précocité des variétés du Plateau Central au moyen de croisements avec des verrats anglais; on y a renoncé, car la chair de ces derniers est molle, gonflée de lymphe et entrelardée d'épaisses couches de lard; salée ou fraîche, elle est de mauvaise qualité.

Par la sélection on a beaucoup augmenté la précocité, surtout dans le Limousin.

Race caprine d'Auvergne.

L'exploitation des chèvres présente en Auvergne un certain intérêt, car elle procure aux petits cultivateurs des bénéfices relativement importants. Sur le Mont-d'Or, les chèvres sont en stabulation; on les nourrit avec des fourrages de légumineuses, des choux, des pampres pressés et fermentés, du marc de raisin, des racines, du son, etc.

Ainsi traitées, dit M. Martegoute, elles donnent deux litres de lait par jour pendant neuf mois. Chaque chèvre vaut de 20 fr. à 3o fr. Une chèvrerie de 24 têtes rapporte 2.918 fr. en chevreaux et fromages. Le total des dépenses étant de 2.000 fr., il reste un bénéfice de près de 1.000 fr., soit 42 fr. par tête.

Il y a cinquante ans, dit le même auteur, le nombre des chèvres du Mont-d'Or lyonnais dépassait 11.000, et chaque chèvre donnait en 24 heures, pendant neuf mois de l'année, 2 litres de lait en moyenne, quantité suffisante pour la fabrication de deux fromages valant ensemble o fr. 40 dans les chèvreries. Aujourd'hui, cette industrie tend à disparaître, ou du moins les fromages vendus sous le nom de Mont-d'Or, sont fabriqués avec du lait de vache.

Dans les pays pauvres, dans les régions où la brebis ne pourrait trouver à subsister, les chèvres sont très utiles, car elles se nourrissent de plantes ligneuses sur les sommets inaccessibles aux troupeaux.

Ainsi qu'on le voit, aucun élevage n'est aussi rémunérateur, proportionnellement, que celui des chèvres.

Beaujolais. Lyonnais. Forez.

A l'est des monts d'Auvergne, on trouve des massifs cristallins qui constituent la ligne de partage des eaux, entre le Mont Mézenc et la Côte-d'Or.

Les porphyres occupent les sommets les plus élevés, tandis que les pentes des vallées de la Loire et de la Saône sont granitiques et que leurs thalwegs sont remplis par des alluvions.

« Les prairies du Beaujolais, dit M. le docteur Guyot, se créent facilement partout où l'on peut avoir un moyen d'irrigation, soit par des dérivations des ruisseaux torrentiels, dont les pentes rapides permettent de tirer des filets d'eau, même au flanc des montagnes, soit par des caniveaux ou drainages, obliques aux rampes qui recueillent les eaux souterraines et les versent en haut et au travers des prairies qui sont généralement excellentes, grâce aux feldspaths potassiques répandus dans les terrains primitifs du Beaujolais.

« Les prairies fournissent une bonne nourriture aux vaches, qui,dans ce pays,servent d'animaux de trait, sans que la production de leur lait en soit trop tarie. Ce sont les vaches qui cultivent les terres arables, transportent les pailles, les fumiers, les échalas, la vendange, les matériaux de construction; elles nourrissent en partie la famille qu'elles chauffent pendant l'hiver, et donnent à peu près tout le fumier nécessaire aux vignes. »

Dans le massif du Lyonnais, le porphyre formé d'albite produit sur les plateaux des terres sableuses pauvres en tout; dans les bas-fonds seulement, l'abondance des sources permet d'obtenir d'assez bonnes prairies.

Entre la Loire et l'Allier, la chaîne du Forez est également constituée par des roches cristallines, et quelques ilôts de dévonien fournissent de la chaux à la culture. Au fond des vallées, les débris des roches des sommets sont couverts de prairies si peu fertiles qu'il faut plusieurs hectares pour nourrir une bête à cornes.

Sur les plateaux arides, on pratique encore la vaine pâture; mais la vente des communaux et le reboisement en réduisent chaque année l'étendue.

Le bétail de cette contrée est à l'état de variation et ne jouit par suite d'aucune aptitude spéciale. A l'exception de quelques domaines, où le sol a été amélioré, les animaux sont petits, durs à engraisser et n'offrent aucun intérêt aux points de vue zootechnique ou économique.

Comme exemple d'amélioration, nous citerons le domaine de Fabriges, dans la Lozère, situé sur le plateau qui sépare l'Allier du Champeauroux, rivière qui naît dans les montagnes de Châteauneuf-Randon, et se jette dans l'Allier. En 1845, ce domaine de 416 hectares, dont 204 hectares de terres labourables louées à des fermiers, était épuisé par une mauvaise culture. Le propriétaire, M. le comte de Morangiès, se décida à l'exploiter lui-même. Dès le commencement de son administration, il restreignit la culture des céréales, afin de concentrer les fumures, reboisa les plus mauvais coteaux et développa considérablement la production fourragère.

Lorsque la Prime d'honneur du département fut décernée à M. le marquis de Morangiès en 1866, le domaine comprenait :

Terres en culture.....................	102 ha. 50
Terres à reboiser et pâtures...........	134
Prairies naturelles...................	60
Bois..................................	120
Total.......	416 ha. 50

Sur les terres en culture, le cheptel était en 1845 de 90 bêtes à cornes, 230 moutons adultes valant 12 fr. en moyenne et 90 agneaux à 9 francs.

En 1865 il y avait : 139 bêtes à cornes ; 760 moutons adultes, métis southdowns, valant 18 fr. et 220 agneaux à 12 francs.

Les moutons à l'engrais sont menés au pâturage ; ils reçoivent la nuit un supplément de nourriture sèche et des raves. A la fin de l'engraissement, on leur donne une ration de grain que l'on fait crever dans l'eau bouillante.

On distribue du sel à tous les animaux. Le troupeau parque des premiers jours de mai à la fin de septembre.

Les vaches et les porcs ne sont pas l'objet de spéculations particulières ; ils n'existent sur la propriété que pour les besoins de la ferme. Le revenu net des 102 hectares de terres labourables était en 1864 de 11.000 fr., alors que, 20 ans auparavant, les 204 hectares loués à des fermiers ne rapportaient que 6.000 fr. (Compterendu des Primes d'honneur. Passim.)

Le Morvan.

Au nord du détroit jurassique de la Côte-d'Or, on rencontre un autre massif cristallin, celui du Morvan, formé de porphyres et de granites dont l'orthose, l'oligoclase et l'apatite fournissent aux terres résultant de leur décomposition, une certaine quantité de chaux et d'acide phosphorique.

Les hauteurs et les pentes les plus escarpées sont couvertes de forêts ; dans les vallées, on ne voit que des prairies arrosées par une quantité de filets d'eau.

Comme dans tous les pays granitiques, les fermes sont disposées près des sources, au milieu des prairies et des « ouches » plus fertiles que les terres des pentes, où l'on cultive le seigle, l'avoine et le sarrasin, après avoir abandonné pendant quelques années le sol à la végétation spontanée.

Les fourrages acides des prairies ne conviennent qu'à l'élevage et n'engraissent pas les animaux.

Voici ce que Guy Coquille, seigneur de Romenay, disait en 1600 dans son Histoire du Morvan :

« Vray est que la chair et la gresse des bœufs et des vaches au Morvan n'est pas savoureuse et n'est pas sitôt acquise aux bestes, comme en celles qui sont nourries en plat pays, pour ce qu'en plat pays il y a plus de soleil et l'herbe est naturelle ; et en la montagne, à cause des bois et de la hauteur de la montagne, il y a beaucoup d'ombre et peu de soleil, et l'herbe y vient par force d'arrosement. Aussi, les marchands sont soigneux d'enquérir de quelle part vient le bestial qu'ils veulent engresser et s'ils le mettent en l'herbe du plat pays et ils viennent du Morvan, ils sont assurés de l'avoir incontinent gras et bon ; mais s'il vient du pays bas, ils se garderont de le mettre en herbes du Morvan, encore qu'elles soient très abondantes, parce que le bestial accoutumé à meilleures herbes, jeusnerait auprès. »

Le proverbe est ancien qui conseille de ne pas mettre sa vache du pré dans la lande.

Population bovine du Morvan.

Le type indigène qui peuplait autrefois le Morvan est petit, robuste, rustique et remarquablement apte au travail. M. Sanson le considère comme une variété de la race des Pays-Bas, réduite par l'influence du milieu.

Comme cette variété ne se trouve plus que dans les arrondissements de Château-Chinon et d'Avallon, nous emprunterons son histoire à M. Delafond.

« Depuis l'invention du flottage en 1547, jusqu'à 1830 à peu près, les transports de bois avaient été faits exclusivement par le bœuf morvandeau. C'est qu'en effet la sobriété, la force, le courage, l'adresse, la patience, la docilité, et, je ne dois point l'oublier, la souplesse, l'épaisseur, la dureté et la solidité de l'ongle du bœuf du Morvan, le faisaient considérer à juste titre comme l'animal seul capable d'exécuter ces charrois dans des lieux souvent très escarpés, à travers les bois, ou en suivant des chemins peu fréquentés, défoncés, boueux et presque impraticables, notamment dans les années pluvieuses. Dans le Bazois, dans les vallées de l'Yonne et de Montenoison, ces transports étaient faits concurremment avec les bœufs du Morvan élevés dans le pays. A l'automne, ces charrois étant terminés, bœufs et conducteurs regagnaient leurs montagnes pour y passer l'hiver. Les plus âgés de ces bœufs restaient dans le Bazois pour y être engraissés. Mais à partir de 1830, époque à laquelle la Nièvre fut sillonnée par de bonnes routes, arrivant à peu de distance des rivières flottables, à dater surtout de la communication de l'Yonne avec la Loire par l'ouverture sur toute la ligne du canal du Nivernais, qui raccourcit considérablement les distances des lieux d'exploitation aux lieux de navigation, les transports devinrent plus faciles, moins longs et surtout moins pénibles. A dater de ce moment, le bœuf du

Morvan ne fut plus considéré comme l'animal absolument indispensable pour faire les transports des produits des forêts. Le bœuf
charolais, déjà très répandu dans le Nord de la Nièvre, excepté
le Morvan, réunissant à la qualité d'excellent travailleur la qualité non moins précieuse d'engraisser vite et bien, soit à l'herbage,
soit à l'étable, et, par cela même, d'être vendu plus cher aux herbagers du pays que le bœuf morvandeau, fut bientôt utilisé très
avantageusement, et en concurrence avec le bœuf du Morvan,
au transport des bois, par tous les petits cultivateurs. Mais cette
cause n'est pas la seule. A la même époque, la race chevaline légère du Morvan avait disparu et était remplacée par la
grosse race franc-comtoise propre au travail de trait. Or, cette
race fut utilisée aussi concurremment avec les bœufs, et on l'utilise encore aujourd'hui pour le transport des bois des vals d'Yonne,
de Montenoison et du Bazois aux ports du canal du Nivernais
particulièrement.

« L'ouverture du canal du Nivernais dans l'Yonne, le perce-
ment des routes furent le signal de la coupe des grandes forêts de
Vincence, de Biches, de la Gravelle, et surtout de la destruction
des hautes futaies conservées intactes jusque-là. Les coups de
hache y retentirent surtout depuis la construction des chemins de
fer, que l'on pourrait aussi nommer des chemins de bois. Les
ventes procurèrent de nombreux capitaux qui furent reportés sur
l'agriculture et concoururent aux perfectionnements des cultures.
Or, ces circonstances diverses contribuèrent à l'abandon du bœuf
de travail du Morvan et à son remplacement par le bœuf charolais, bon travailleur aussi, mais qui réunissait à cet avantage
celui d'être bon consommateur.....

« Il y a plus, dans tous les bas étages du Morvan, comprenant
les cantons de Lormes, de Châtillon et de Moulins-Engilbert, les
vaches morvandelles sont livrées aux taureaux charolais, et les
descendants de ce croisement, déjà très appréciés pour le travail
et l'engraissement,sont en grand nombre employés aux charrois,
jusqu'à ce qu'ils soient à leur tour remplacés par la race charo-

laise dans tous les lieux où l'agriculture recevra un notable perfectionnement. Il est donc probable que, dans un temps peu éloigné, tous les transports des versants N. et N.-E. de la Nièvre
seront presque entièrement exécutés par des bœufs charolais et
par des chevaux. »

Population chevaline du Morvan et du Nivernais.

L'ancienne variété chevaline du Morvan était d'origine arabe
comme celle d'Auvergne. Petite, assez misérable, mais très énergique et rustique, elle a été remplacée par la variété comtoise
pure, ou croisée avec des étalons anglo-normands, percherons,
boulonnais, etc.

Toute cette population manque complètement d'homogénéité et
n'est guère utilisable que pour le trait. On obtient exceptionnellement des chevaux de réserve et de ligne, mais un bon nombre
de sujets propres à l'artillerie.

Depuis quelques années, la société d'agriculture du Nivernais
s'efforce de diriger l'élevage dans des voies rationnelles en encou-
rageant la production d'une variété percheronne. L'administration recommande de son côté l'emploi des étalons anglo-normands
ou des métis dits du Norfolk qui ne jouissent d'aucune puissance
d'hérédité. Les éleveurs ont tout intérêt à s'en tenir au type percheron.

Les poulains restent dans les pâturages jusqu'au moment où
ils sont utilisés ; on ne les rentre à l'écurie que pendant les neiges
et ils n'y reçoivent qu'une alimentation insuffisante, ce qui nuit à
leur développement.

Les Vosges.

Le massif des Vosges est constitué par des granites et des porphyres qui ont soulevé avec eux le grès de l'étage secondaire.

Du côté de la Lorraine, les Vosges s'abaissent peu à peu en formant trois étages appelés : la Montagne, la Vosges et la Plaine. La culture ne s'exerce que sur ces deux dernières régions, car la montagne est couverte de forêts.

Dans toutes les vallées on utilise les sources et les ruisseaux pour arroser les prairies ; mais ces eaux qui sortent des granites sont très pauvres en chaux et en acide phosphorique. Par suite, les herbages ne sont pas nourrissants et les animaux n'y engraissent pas. Les fourrages ne conviennent qu'à l'élevage des bêtes à cornes et à l'alimentation des chevaux.

Le grès des Vosges se compose de grains de quartz agglutinés par un ciment ferrugineux qui donne à la masse une couleur rouge. La décomposition de cette roche fournit un sol sablonneux qui, sur les pentes, coule sous l'action des eaux.

Comme sur les granites, la culture occupe les pentes douces et les prairies, le fond des vallées où l'argile accumulée forme une couche épaisse. On y récolte par hectare 2.000 à 3.000 kilogr. de foin peu nourrissant, car les légumineuses y sont en très petite quantité.

On suit en général dans les Vosges le système semi-pastoral. Après une période de culture dont la durée varie avec la quantité de fumier dont on dispose, on laisse le sol s'enherber, ce qui fournit des pâturages.

Les récoltes de pommes de terre, d'avoine, de seigle et de sarrasin donnent de faibles rendements ; le blé et le trèfle ne réussissent que dans les terres enrichies par des apports d'engrais chimiques et principalement de cendres lessivées dont on fait un grand usage.

La quotité de bétail à l'hectare n'est que de 187 kilogr. dans le département des Vosges.

Population bovine.

Le bétail des Vosges n'appartient pas à une race déterminée et résulte du mélange des trois races voisines : Jurassique, des Alpes et des Pays-Bas. Ces métis sont de petite taille, mal conformés, mais bons travailleurs ; transportés sur des sols plus riches, ils engraissent facilement. Les vaches sont en grande majorité, car la laiterie est la principale industrie de la région. Elles vivent pendant la plus grande partie de l'année dans les pâturages des montagnes ; l'hiver, elles ne reçoivent à l'étable qu'une quantité insuffisante de foin. Elles donnent, relativement à leur faible poids, de forts rendements de lait, avec lequel on fabrique du beurre et des fromages estimés.

On a essayé d'améliorer ce bétail au moyen de croisements avec des taureaux précoces et de grande taille ; mais par suite du climat et de la mauvaise qualité des fourrages, les résultats ont été déplorables.

Le seul moyen rationnel serait de s'en tenir à l'élevage de la race des Alpes ou de celle du Jura, sans les mélanger, puis de les améliorer par sélection et une meilleure alimentation, lorsque les progrès de la culture le permettront. Mais il ne peut suffire, comme on le fait aujourd'hui, de sélectionner dans le sens de la seule aptitude laitière ; on n'obtient ainsi aucun caractère fixe et les animaux n'ont que des qualités individuelles plus ou moins développées.

L'école de laiterie de Saulxures (Vosges) a fait faire de grands progrès à l'industrie fromagère dans la région. Le meilleur fromage est celui de Gérardmer (ou Gérômé) ; sa pâte molle est souvent anisée.

D'après M. Vacca, il faut en moyenne 7,5 à 8 litres de lait pour obtenir 1 kilogr. de fromage ; une bonne vache peut fournir annuellement 260 kilogr. de fromage. Celui-ci se consomme dans le pays et dans les grandes villes, où il est recherché à cause de son bon marché.

Certains détails de fabrication auraient besoin d'être perfectionnés, ce qui augmenterait la valeur du fromage. Ainsi l'école de Saulxures vend ses produits 150 fr. les 100 kilogr., tandis que les fromages du pays ne valent que 90 fr. à 100 fr. Dans le premier cas, le lait ressort à 0,21 c. le litre ; dans le second à 0,12 c. seulement.

Population chevaline.

Les chevaux indigènes sont petits, sobres, rustiques, mais mal conformés. On rencontre aussi des percherons, des francs-comtois, des ardennais, etc. La nature du sol ne convient pas à l'élevage du cheval, et les demi-sang normands du haras de Rosières n'y sont guère à leur place. Le dépôt de Suippes ne trouve dans les Vosges aucune ressource pour l'armée, bien que la population chevaline soit de 35.000 têtes.

La Bretagne.

La partie N.-O. du territoire français, c'est-à-dire la Bretagne, le Cotentin, le Bocage normand, le Maine, l'Anjou et le Bocage vendéen, appartient aux étages primitifs et de transition.

La Bretagne comprend deux régions ; au centre, un massif de transition s'étend jusqu'à Brest et à Douarnenez. Sur le littoral, les granites forment une bande plus ou moins large, continue sur la côte ouest jusqu'à la zone jurassique de la Vendée, mais interrompue par des îlots primaires sur le littoral nord.

La texture et la composition des roches cristallines sont très variables en Bretagne. Ainsi, aux environs de Ploumanac'h et de Quintin, le granite contient de grands cristaux d'orthose rose ; à Paimpol et à Bréhat, il devient porphyroïde et passe à la syénite qui produit des terres plus riches en chaux. Dans le Finistère, un granite à grains fins, très propre à la sculpture, et connu sous le nom de kersanton, est formé d'oligoclase, de mica noir et de quartz, avec l'augite et le calcaire comme éléments accessoires. Le kersanton est parfois poreux et ses cellules sont remplies de calcaire de formation plus récente, qui donne à la masse la propriété de faire effervescence avec les acides.

Dans le département d'Ille-et-Vilaine, le gneiss prédomine et, en se décomposant, il produit des terres privées de chaux et d'acide phosphorique, comme le granite du Morbihan formé de petits grains de quartz, de mica bronzé et d'orthose.

L'étage primaire est représenté dans la Bretagne centrale par les systèmes cambrien, silurien, dévonien et carbonifère ; mais ces deux derniers n'ont que peu d'importance.

Le cambrien s'étend de Ploërmel à Pontivy et se retrouve associé au silurien, au sud et à l'est de Rennes, dans le Maine et l'Anjou.

Comme composition chimique, les terrains cambriens et siluriens sont analogues aux terrains granitiques. Les engrais azotés qu'on y met doivent toujours être complétés par la chaux et l'acide phosphorique. ,

Si le sol de la Bretagne est pauvre en chaux et en acide phosphorique, le littoral fournit une mine inépuisable d'engrais et d'amendements avec ses varechs, ses tangues et ses sables coquilliers. Les bancs des baies et des estuaires sont constitués par des sables renfermant de 25 à 80 0/0 de carbonate de chaux, dû au test des coquilles.

Les algues nullipores qui couvrent les rochers ont la faculté de secréter du carbonate de chaux qu'elles puisent dans les eaux de la mer et qui entoure leurs tissus d'un dépôt calcaire. Chaque année au mois de mars, on récolte les goëmons fixés aux rochers ; ceux qui se sont détachés d'eux-mêmes sont recueillis toute l'année sur le rivage. On les emploie à l'état frais, ou mélangés avec le fumier de ferme.

La tangue se trouve en bancs considérables à l'embouchure de la Sélune, de la Sée, du Couesnon, de la Rance, de l'Arguenon, etc. Elle est composée d'argile fine mélangée avec des sables, des coquilles brisées et des débris organiques. A Moidray, au fond de la baie du Mont Saint-Michel, sa composition est, d'après M. Isidore Pierre, pour 1000 de matière sèche :

Chlore	7,4
Acide sulfurique	3,4
Acide phosphorique	13,8
Carbonate de chaux	392,5
Magnésie	1,9
Soude et potasse soluble	22,5
Alumine et oxyde de fer	13,3
Sable et argile	504,3
Matières combustibles et volatiles	29,6
Azote	1,12

La bande de terre qui est enrichie au moyen des engrais de mer a une largeur de 20 kilomètres environ ; c'est ce qu'on appelle la ceinture dorée de la Bretagne, dont la fertilité contraste avec la pauvreté de l'intérieur.

La région la plus riche est le Léonnais où l'on fait de l'élevage et de la culture maraîchère. Les terres se louent, autour de Saint-Pol-de-Léon, 600 fr. à 700 fr. l'hectare par an. On voit par là ce que deviendrait la Bretagne si les engrais de mer pouvaient pénétrer dans l'intérieur. Malheureusement les tarifs élevés des chemins de fer qui appartiennent à des compagnies rivales, et leur tracé parallèle à la côte ne le permettent pas.

Le canal de Nantes à Brest ne dessert qu'une partie du Morbihan et du Finistère ; la batellerie apporte dans cette région de la chaux provenant des calcaires dévoniens du département de Maine-et-Loire, mais, en général, la Bretagne centrale doit se contenter de cultures n'exigeant que peu de chaux et d'acide phosphorique.

En Bretagne, on appelle lande, non seulement les terres en friche, mais les plantes qui y poussent spontanément, telles que l'ajonc épineux, le genêt, la bruyère et quelques graminées. Dans les fonds humides et tourbeux, on ne trouve que les carex, les fougères, la bruyère des marais et une sorte d'arbrisseau, le putanais.

L'ajonc pilé fournit une bonne nourriture pour les bêtes à cornes et les chevaux, mais exige beaucoup de main-d'œuvre. On n'a pu trouver encore le broyeur à grand travail réclamé par les agriculteurs. L'ajonc cultivé dure de 10 à 12 ans ; il est plus tendre que celui qui pousse spontanément ; à surface égale on le considère comme l'équivalent d'une prairie. L'ajonc, dit M. Léonce de Lavergne, est la luzerne de la Bretagne.

La lande, coupée de temps en temps, fournit de la litière aux animaux. Le peu de chaux et d'acide phosphorique qu'elle a extrait du sol est restitué à la culture par les fumiers. Les terres cultivées ou terres chaudes sont donc enrichies par les éléments de fertilisation empruntés aux terres froides ou landes. C'est ce que M. de Gasparin appelait le système celtique ou hétérositique, parce que les terres, au lieu de s'améliorer par elles-mêmes, le sont aux dépens des autres. Cette coutume très ancienne était générale en Gaule sur les sols pauvres.

Les terres chaudes sont divisées en champs d'une petite étendue par des murs en pierre sèche, des fossés et des haies plantées de têtards, d'épines et d'ajoncs. Dans les Côtes-du-Nord et le Finistère, ces clôtures sont formées d'énormes talus. Il ne faut rien moins que ces véritables fortifications pour que le bétail ne les franchisse pas. On ne peut le tenir au piquet ou le conduire en mains qu'avec une sorte de caveçon en bois, appelé balloche, dont l'usage remonte à la plus haute antiquité, car cet instrument est représenté sur les situles de l'âge du bronze dans la vallée du Danube et il est encore employé dans les montagnes de la Sardaigne.

La culture a fait d'immenses progrès en Bretagne depuis un demi-siècle et les meilleures landes ont toutes été défrichées.

Autrefois on étrépait, c'est-à-dire qu'après avoir pelé la surface on en faisait des composts qui permettaient d'obtenir de maigres récoltes de blé noir, de seigle et d'avoine. Actuellement on emploie le noir animal, mais surtout les phosphates minéraux et les scories de déphosphoration dont l'effet est plus persistant et qui coûtent moins cher.

Voici, d'après M. de Molon, comment on procède pour les défrichements :

« Après un labour aussi profond que possible, on répand 5 à 6oo kilogr. de phosphate fossile par hectare et on sème du sarrasin, puis, successivement, du seigle ou de l'avoine, des racines, des choux, etc. Certains préfèrent mettre le seigle en tête d'assolement parce que le sarrasin gèle souvent.

« Ensuite on complète le fumier par un chaulage de 25 hectolitres à l'hectare et l'on sème du blé avec du trèfle. »

Sur le littoral où l'on dispose de sables coquilliers, on opère autrement. Ainsi, à Belle-Ile-en-Mer, M. Trochu, père du général, acheta, en 1807, 133 hectares de landes à raison de 8o fr. l'hectare. Le plateau de Belle-Ile est particulièrement ingrat, sec et balayé par le vent. Comme les engrais chimiques n'étaient pas encore connus, M. Trochu utilisa les sables coquilliers du rivage, qui contiennent 8o o/o de carbonate de chaux et un peu de phosphate. Afin d'obtenir du blé après le défrichement, il mit par hectare 5o mètres cubes de sable et 4.5oo kilogr. de fumier ; la seconde année, 18.ooo kilogr. de fumier avec 20 mètres de sable pour plantes sarclées ; la troisième année, encore 20 mètres cubes de sable pour une avoine ; la quatrième année, 18.ooo kilogr. de fumier et 20 mètres cubes de sable pour ray-grass d'Italie avec seigle ou fourrage (1).

Le cheptel se composait d'animaux bretons. Les vaches donnaient un litre de lait par 1 kilogr. 35o de fourrage consommé.

Le domaine de Treulan (2), près de Sainte-Anne d'Auray (Morbihan), appartenant à M. Bonnemant, a une contenance de 35o hectares. La réserve est de 2oo hectares ainsi répartis :

Terres labourables....................	8o hectares.
Prairies naturelles....................	5o —
Bois et futaies........................	35 —
Landes................................	25 —
Bâtiments, chemins....................	1o —
	2oo hectares.

(1) Risler, *Géologie agricole*.
(2) Prime d'honneur du département en 1867.

Les terres sont granitiques ou tourbeuses. Au début, M. Bonnemant faisait valoir 70 hectares de terres labourables et 50 hectares de prairies. Les bâtiments suffisaient à peine à cette exploitation ; il les augmenta et la dépense s'éleva à 55.000 fr. Au mois de mars 1859, l'inventaire s'élevait à 37.110 fr. Au premier janvier 1866 sa valeur atteignait 119.300 fr. ou 918 fr. par hectare de terres labourables et de prairies naturelles.

L'assolement est le suivant :

(1) Pommes de terre avec 60.000 kilogr. de fumier et des engrais minéraux ;

(2) Céréales ; froment, seigle, orge, avoine ;

(3) Fourrages verts ; trèfle, choux, vesce, etc.

Il n'y a dans cette sole que 12 hectares de trèfle, afin que sa rotation ne revienne que tous les 8 ans.

Les soles n'ont que 25 hectares parce que 5 hectares hors de la rotation sont occupés par des colzas, des rutabagas, etc.

Rendements et résultats des améliorations :

	1864	1865	1866
Blé..............	18 hl.	25 hl.	26 hl.
Avoine............	20 hl.	25 hl.	35 hl.
Pommes de terre...	150 hl.	200 hl.	250 hl.
Trèfle.............	3.000 kg.	3.500 kg.	4.500 kg.
Choux branchus...	40.000 kg.	50.000 kg.	75.000 kg.
Prairies naturelles..	3.000 kg.	3.000 kg.	4.000 kg.

M. Bonnemant a défriché 60 hectares de landes ; ce travail a coûté 200 fr. par hectare et a été fait par des bœufs bretons.

Lorsque l'abondance et la qualité des fourrages permirent de remplacer la race indigène par des animaux plus avantageux, M. Bonnemant choisit la race d'Ayr (1) ; les vaches furent croisées avec des taureaux durham, afin d'obtenir plus de précocité.

Les vaches sont nourries, partie à l'étable, partie au pâturage après la fenaison. Depuis le mois de juillet jusqu'à la fin de sep-

(1) Nous résumons toujours les comptes rendus des [Primes d'honneur sans discuter les méthodes suivies.

tembre, elles sortent de 6 à 8 heures par jour et reçoivent, suivant la saison, des choux, des fourrages verts ou des résidus de distillerie ; chaque ration est complétée par du foin et de la paille.

Comme l'importation des animaux d'Ayr coûte fort cher, on les élève, mais nécessairement aux dépens de la fabrication du beurre qui, jusqu'en 1860, était l'industrie dominante à Treulan. Ce beurre mettait le lait à 0,10 c. le litre. M. Bonnemant se décida alors à faire du fromage de Gruyère, puis, en 1866, du fromage d'Edam ou de Hollande, qui se vend facilement dans la région.

Le petit lait est utilisé pour l'alimentation des porcs de la variété berkshire.

Voici le résultat des opérations de la fromagerie.

FROMAGE DE GRUYÈRE

	1864	1865	1866
Lait entré........	91.700 lit.	107.000 lit.	115.000 lit.
Fromages vendus.	14.336 fr.	14.548 fr.	15.221 fr.

FROMAGE D'EDAM

	1867	1868	1869
Lait entré........	150.000 lit.	106.000 lit.	108.000 lit.
Fromages vendus.	16.500 fr.	16.750 fr.	17.300 fr.

Le litre de lait ressort à :

	fr.	
1864.........	0,156	
1865.........	0,136	moyenne 0 fr. 141 (Gruyère).
1866.........	0,132	
1867.........	0,157	
1868.........	0,157	moyenne 0 fr. 156 (Edam).
1869.........	0,155	

La différence en faveur du fromage de Hollande est donc de 0 fr. 015 par litre de lait.

100 litres de lait donnaient en moyenne 8 ou 9 kilogr. de gruyère qu'on vendait 150 fr. les 100 kilogr. ; la même quantité produit 10 à 11 kilogr. de fromage d'Edam, valant 160 fr. les 100 kilogr.

L'effectif du cheptel de Treulan a quadruplé en quelques années par suite de l'extension donnée aux fourrages.

	1859	1866
Bœufs et chevaux de travail...	4 têtes	12 têtes
Bovins.....................	28 —	104 —
Porcs.......................	5 —	44 —

VALEUR DES ANIMAUX.

	1859	1866
	fr.	fr.
Bêtes à cornes.........	18.000	37.000
Animaux de travail.....	2.400	4.500
Porcs..................	1.000	2.750

Les résultats financiers sont remarquables. En 1860 le capital engagé se résumait ainsi :

	fr.
Prix d'achat en 1853...............	179.966
Améliorations de 1853 à 1860.......	29.966
Constructions, drainages, etc......	68.000
	277.932

Valeur en 1866, 450.000 fr., soit une augmentation de 10.000 fr. par an. Le bénéfice net moyen de l'exploitation était de 11.211 fr. par an, soit un intérêt de 12 o/o du capital d'exploitation.

Le Rapporteur de la commission de la Prime d'honneur termine ainsi : « Dans le Morbihan, les propriétaires méconnaissent trop souvent les conditions naturelles du sol et du climat et ils s'attachent à cultiver des céréales sur la plus grande étendue possible. Ils commettent par là une erreur économique et pratique ; ils agiraient plus sagement en multipliant et en améliorant les prairies et les pâturages, cultures qui leur permettraient d'avoir un bétail mieux nourri et produisant plus d'engrais.

« Le domaine de Treulan offre la réalisation complète de ces conditions principales de succès. »

La terre de Talhouët, située sur le plateau de Lanvaux, près de

Rochefort-en-Terre, nous fournit un autre exemple d'améliorations faites sur une grande échelle.

Il y a 5o ans, ce domaine ne comprenait que des landes humides, couvertes d'énormes blocs de granite et quelques fermes exploitées par des cultivateurs du pays.

Le propriétaire, M. le comte de Danne, eut donc à faire de grands travaux de défrichement et de drainages. Les bœufs bretons étant trop faibles, il croisa les vaches du pays avec des taureaux durhams achetés dans les meilleures étables d'Anjou. Bien que les bœufs durhams soient souvent mauvais travailleurs, ce croisement donna des animaux vigoureux. Mais, ainsi que le prévoyait M. de Danne, ces métis dégénérèrent. Il les croisa alors avec des taureaux charolais dont les produits, excellents travailleurs, sont gardés jusqu'à 6 ou 7 ans. Grâce à l'emploi des phosphates, ils atteignent un bon développement, s'engraissent facilement et sont pour cela très recherchés par les marchands, qui les vendent en Normandie et dans le Nord.

Si l'on n'avait pas besoin à Talhouët de forts animaux pour les travaux, il y aurait évidemment intérêt à vendre les bœufs plus jeunes, car, après l'âge adulte, ils ne produisent plus d'augmentation de capital.

L'exploitation directe de Talhouët a une contenance de 2oo hectares. Les rendements moyens sont de :

Froment { Vieilles terres : 24 hectolitres ;
{ Landes défrichées : 17 hectolitres ;
Seigle (sur lande) : 15 hectolitres ;
Sarrasin (sur lande) : 14 hectolitres ;
Orge (vieilles terres) : 2o hectolitres ;
Betteraves (vieilles terres) : 4o mètres cubes ;
Pommes de terre : très variable ;
Choux et trèfle : bonne production, mais difficile à apprécier ;
Rutabagas : 4o mètres cubes ;
Prairies naturelles et artificielles : 4.5oo kg. de foin.

La comparaison de ces rendements avec ceux des fermes du domaine montre l'importance des améliorations.

RAPPORT DU GRAIN A LA SEMENCE

Fermiers indigènes.

Froment............................. 2,5 pour un.
Seigle.............................. 4,3   —
Avoine.............................. 4,1   —
Blé noir............................ 9,2   —

Fermiers nantais amenés en Bretagne.

Froment............................. 6,6 pour un.
Seigle.............................. 4,8   —
Avoine.............................. 6,3   —
Blé noir........................... 16,5   —

On voit d'après cela que le plus sûr moyen de modifier la culture d'un pays est de faire venir des fermiers de contrées plus avancées. Les indigènes restent toujours attachés à leur routine et n'y renoncent que difficilement, quoi qu'on fasse. En Bretagne, la culture était la même il y a un siècle qu'au temps de Charlemagne.

Le cheptel du faire valoir de Talhouët comprend, comme nous l'avons dit, des bretons, — durhams, — charolais à raison de 250 kilogr. par hectare. Il y a en outre quelques chevaux et 45 porcs New-Leicester.

La ferme-école de Kerwazek-Trévarez, dirigée par M. Louis de Kerjégu, est située dans la commune de Saint-Goazec, canton de Châteauneuf-du-Faou (Finistère). Le terrain appartient au système silurien.

Lors de l'acquisition de ce domaine en 1850, la moitié était en culture et la moitié en landes.

Le prix du fermage variait entre 20 fr. et 30 fr. l'hectare. En 1868, il était de 60 à 70 francs.

La contenance est de 188 hectares, savoir :

ha.

Terres labourables...................... 39,95
Prés arrosables......................... 16,56
Landes..................................   2,20
Porcs, jardins.......................... 11,23
Bois et marais.......................... 118,34
                                          ―――――
                                          188,35

Les terres sont généralement profondes, faciles à travailler, sauf dans les dépressions, où elles sont humides.

Le capital d'exploitation s'élevait, au 1er novembre 1867, à 39.844 fr., ou par hectare de terre labourable et de prairies à 703 francs.

Ce capital se décomposait comme il suit :

	fr.
Instruments aratoires	3.587
Mobilier des bâtiments	335
Mobilier de la ferme-école	1.645
Bovins	8.336
Chevaux	2.270
Porcs, volailles	1.205
Engrais en magasin	2.160
Engrais en terre	2.181

Les engrais en terre comprennent les fumiers, la chaux et les sables de mer.

Les déjections des animaux sont soigneusement recueillies. On porte dans les étables les fumiers des chevaux, pour que cet engrais se mêle au fumier des bêtes à cornes.

Généralement, le fumier séjourne 20 jours sous les bêtes à cornes. On répand sur les pailles, une ou deux fois par semaine, de la chaux, du sel et du phosphate de chaux.

Les ajoncs, les bruyères, les feuilles, la tourbe, la boue qui sort des tranchées de drainage servent aussi à fabriquer de grandes masses d'engrais. Les racines et fourrages verts sont fertilisés avec des composts de chaux ou de sable coquillier, du fumier de ferme et un mélange de cendres et de phosphates de chaux. On applique toujours du phosphate de chaux pour les céréales; une demi-fumure ordinaire et une demi-dose de phosphate de chaux et de nitrate de potasse pour le colza; enfin, on répand sur les prairies naturelles et les trèfles, du fumier et du terreau.

L'assolement est le suivant :

(1) Racines, choux, fourrages verts;

(2) Froment; moitié d'hiver, moitié de printemps;

(3) Trèfle, fourrages verts;

(4) Froment et méteil;

(5) Pommes de terre, colza, fourrages verts;

(6) Froment, méteil et avoine, suivis de navets et de culture dérobées sur 3 ou 4 hectares.

Ainsi, sur une étendue de 59 hectares (terres, prés et jardins), Kerwazek possède annuellement 38 hectares de plantes fourragères et 32 hectares consacrés à la culture des céréales.

Les travaux sont faits par 14 chevaux ou juments de la race du Léon.

M. de Kerjégu repousse le croisement normand et préfère le croisement percheron. On attelle les produits à 18 mois. Les juments sont vendues de 5oo à 8oo fr., avant qu'elles aient 7 ans, et lorsqu'elles ont donné 3 poulains.

Au début, M. de Kerjégu posséda un troupeau de vaches dont les 3/4 appartenaient à la petite variété cornouaillaise et 1/4 à la variété du littoral. En 1856, on importa 7 vaches et un taureau d'Ayr, des vaches et un taureau durham.

La race bretonne sélectionnée et bien nourrie a produit : 1° des vaches pesant 200 à 250 kilogr. à 3 ans et donnant annuellement de 1.000 à 1.600 litres de lait; 2° des bœufs donnant 3oo kilogr. de viande nette, après avoir été engraissés à l'âge de 36 mois. Les durhams-bretons, sans consommer davantage, ont pesé vivants de 75o à 9oo kilogr. Les vaches sont bonnes laitières lorsque le croisement est judicieusement opéré.

L'exploitation de Kerwazek possède de bons porcs dérivés des races hamsphire, new-leicester, yorkshire et windsor.

Le revenu moyen de la ferme a été de 7.353 fr. Une seule année, celle de 1862-1863, s'est soldée en perte.

Par contre, l'exercice 1866-1867 a donné un bénéfice de 9.141 fr., ou 127 fr. par hectare (1).

(1) Extrait du rapport de la Commission de la Prime d'honneur, 1868.

Race bovine.

La race bovine bretonne est une variété de la race irlandaise dont l'aire géographique a été fractionnée par la convulsion géologique qui a formé la Manche.

Les autres variétés de cette race sont celles connues en Angleterre sous les noms de Devon, de Kerry et d'Ayr. La variété bretonne, dit M. Borie, est comme toutes les races anciennes ; « elle a été créée par le sol et pour le sol où elle vit ».

Les animaux ont l'ossature très fine, la tête petite et expressive, l'encolure de cerf, le garrot étroit et saillant, la poitrine serrée, la croupe coupante, les cuisses minces, la peau fine et souple, les mamelles bien développées.

Un herd-book a été créé en 1885 ; les caractères exigés pour les inscriptions sont les suivantes :

« Robe pie-noire, les plaques noires parfaitement nettes, non grisonnées ; le bout de la queue blanc, les plaques blanches et les mamelles sans taches circulaires noires de la peau. La trop grande étendue du blanc entraîne l'exclusion.

« Les caractères laitiers doivent être de premier ordre : finesse de la peau, grand développement des veines mammaires, bonne conformation des mamelles et des trayons, écusson étendu, finesse des os et des cornes.

« La conformation générale doit être parfaite ; la petitesse de la taille et la maigreur n'entraînent pas l'exclusion. »

Certains auteurs rattachent à la race bretonne les populations bovines de la région rennaise et des environs de Pontchâteau, mais ces animaux sont des métis comme il s'en produit toujours aux confins des aires géographiques de deux races.

La variété bretonne est parfaitement homogène et les différences de taille tiennent uniquement à l'état cultural. Le bétail de la ceinture dorée est le plus grand ; celui de l'intérieur, le plus petit.

La taille des bœufs est ordinairement de 1 m. 25 à 1 m. 30 c., plus élevée que celle des taureaux et des vaches.

On reproche aux bœufs bretons de n'être pas assez forts pour les travaux de la culture et surtout pour les défrichements. C'est pour cela que, dans les grandes exploitations, on a des bœufs, vendéens ou des métis. Mais les produits de croisement, s'ils sont bons travailleurs, présentent l'inconvénient de dégénérer rapidement. De plus, ils sont exigeants et ne peuvent réussir que dans les cultures améliorées. Toutes choses égales d'ailleurs, les animaux bretons ont le meilleur rendement économique. On parle, il est vrai, des durhams et des durhams-bretons qui donnent de beaux sujets, mais si l'on tient compte de ce qu'ils ont coûté à produire, on voit que les bretons purs procurent plus de bénéfices à l'éleveur.

Il ne peut suffire de dire, avec tant de tonnes de fourrages on a nourri tant d'animaux ; il faut encore calculer le prix de revient de ces fourrages, savoir si leur transformation en viande est rémunératrice, et surtout si les améliorations, telles que drainages, emploi d'engrais chimiques, etc., ne seraient pas plus profitables à la race indigène qu'à des variétés dépaysées. On ne peut contester que les animaux bretons ressentent vite les effets d'une meilleure alimentation, tandis que les variétés étrangères dégénèrent toujours, car, malgré les engrais, le sol granitique reste plus pauvre que le lias du Charolais ou que le mountain limestone du comté de Durham.

Par la sélection, on améliore une race indigène, par le croisement on la fait disparaître et les produits n'ont ni fixité, ni aptitudes déterminées.

Dans une exploitation, il faut surtout considérer le poids vif à l'hectare ; que l'on ait 10 animaux de 900 kilogr., ou 20 de 450 kilogr., on obtient la même quantité de viande et de fumier ; mais en Bretagne ceux de petite taille sont préférables, car ils se nourrissent de peu, tandis que les autres exigent une alimentation qu'on peut rarement leur donner.

Les animaux domestiques, il ne faut pas l'oublier, ne sont que des machines à transformation. Les meilleurs ne sont donc pas nécessairement les plus grands et les plus lourds. Si les individus de la race locale sont de bonnes machines, il y a tout avantage à les conserver au lieu de les remplacer par des machines à grand rendement.

Les premiers essais d'amélioration de la race bretonne par les croisements datent du xvie siècle. En 1759, 1762, 1763 et 1767, les États généraux de Bretagne firent venir de Parthenay des taureaux vendéens qui furent répartis chez des cultivateurs. Ces importations n'eurent pas de succès. Leur atavisme se manifeste encore dans la couleur froment ou pie-jaune de sujets assez nombreux dans le Finistère.

A Grand-Jouan, M. Riefel a essayé des croisements avec le durham ; mais les vaches perdirent leurs qualités laitières ; il ajouta le sang d'Ayr et obtint ainsi des résultats plus satisfaisants. Cette expérience peu pratique n'a pas été poursuivie.

Rendements des bœufs bretons de concours.

	54 mois	6 ans	7 ans
	kg.	kg.	kg.
Poids vif................	500	568	600
Poids net...............	321	330	354
Rendement.............	64,20	58,18	59,14
Coefficient de poids vif...	9,25	7,88	7,14
Coefficient de poids net...	5,94	4,58	4,21
Rapport du poids net....	0,64	0,58	0,58

Des métis dont on ne donne pas l'âge ont fourni :

	Durham-bretons		Durham-Ayr-Bretons
	kg.	kg.	kg.
Poids vif.......	760	580	550
Poids net.......	527	385	370
Rendement.....	69,34	66,37	67,27

Voici, d'après M. Basset-Villéon, de quelle façon on élève les bœufs bretons :

« Le bœuf est élevé, jusqu'à l'âge de deux ans et demi ou trois ans, par un fermier qui le vend à cette époque pour être attelé ;

souvent aussi il le garde. Deux ou trois ans plus tard, c'est-à-dire à 5 ou 6 ans, il est vendu maigre à un autre cultivateur qui le paie, terme moyen, o fr. 80 c. le kilogr., il pèse à peu près 15o à 175 kilogr. (1). Il lui faut deux mois d'abondante nourriture pour le mettre mi-gras. Le même cultivateur achève l'engraissement ou, le plus souvent, le vend à un autre au prix de o,90 le kilogr. Celui-ci le termine, conduit ses bœufs aux différentes foires et les vend en moyenne 1 fr. à 1 fr. 20 c. le kilogr. (2).

« Le bœuf pèse alors 215, 225, 250 kilogr.

« Aux Iles on accorde une préférence marquée aux bœufs bretons sur les autres ; ils s'y sont trouvés en concurrence avec des bœufs de diverses contrées, et quoique coûtant o fr. 10 c. plus cher par kilogr., ils ont tous été vendus avant qu'on n'ait pu en placer un seul des autres.

« Les bœufs susceptibles d'être engraissés s'achètent en septembre, octobre et novembre. Copieusement nourri, un bœuf peut devenir mi-gras en deux mois et gras en cinq mois.

«, Deux modes d'engraissement sont suivis en Bretagne : l'engraissement mixte et l'engraissement de pouture. Le premier n'est pratiqué que dans l'arrondissement de Guingamp.

« Les premiers jours d'octobre, on commence à préparer les bœufs pour l'engrais. On les nourrit au regain pendant les mois d'octobre et de novembre, puis au foin, à la paille et aux choux jusqu'à la fin d'avril. A cette époque, on leur donne du seigle vert. On engraisse depuis le premier mai jusqu'à la fin de septembre. Pendant le jour, les bœufs sont à l'étable et reçoivent alternativement de l'herbe, de l'avoine verte et des choux.

« En août et septembre, on leur donne du blé noir de Sibérie coupé en vert. A 6 h. du soir, on les conduit dans des pièces de terre qui sont sous veillon et là ils pâturent jusqu'à 7 h. du matin.

« L'engraissement de pouture est celui qui est le plus générale-

(1) Il est évidemment question des petits bœufs du Morbihan ; malgré cela, les poids nous paraissent bien faibles.
(2) L'auteur écrivait en 185o. Aujourd'hui les bœufs maigres valent o fr. 75 c. le kilogr. et les gras o fr. 85 c.

ment répandu dans la Bretagne. A Corlay et à Moncontour, arrondissement de Saint-Brieuc, on engraisse à l'étable pendant les mois de septembre, octobre et novembre. La nourriture des bœufs consiste en foin, avoine et farine. Le même mode est usité dans le Morbihan, mais pendant un plus long espace de temps. Ainsi, dans ce département, on engraisse durant les mois d'octobre, novembre, décembre, janvier, février, mars et avril. En suivant cette méthode, l'engraissement ne dure que deux mois pour les bœufs mi-gras et 3 ou 4 mois pour les bœufs maigres.

« C'est pendant les mois de décembre, janvier, février, mars et avril, que l'on engraisse dans le Finistère. Les bœufs sont constamment à l'étable et sont nourris de navets, choux et panais ; ces derniers sont la nourriture préférée. Deux mois suffisent pour terminer l'engraissement. Les bœufs gras se vendent facilement à toutes les époques de l'année.

« Les contrées les plus renommées pour l'engraissement des veaux sont Louargat et Plédern, arrondissement de Guingamp ; puis Ploeuc et Quintin, arrondissement de Saint-Brieuc.

« Les veaux sont livrés à la boucherie à l'âge de 2 mois ; ils pèsent alors 75 à 100 kilogr. On en expédie beaucoup pour les îles de Jersey et de Guernesey, et l'on en consomme également dans le pays. Tous ces veaux sont laissés sous la mère jusqu'à l'époque de la vente. »

Les vaches vivent presque toute l'année dans la lande ; elles donnent en moyenne 1.000 litres de lait par an.

Les métis breton-durhams sont assez bons travailleurs, mais nécessairement ils consomment une quantité de nourriture proportionnelle à leur taille, et beaucoup sont tuberculeux. D'autre part, si les croisements se généralisaient, on se trouverait bientôt en présence d'une population bovine en variabilité qui dégénérerait rapidement et qu'on ne pourrait plus améliorer.

L'introduction du durham en Bretagne ne peut donc que nuire à l'élevage et au perfectionnement rationnel de la race indigène.

Nous ne parlons pas des étables de durhams purs dans lesquelles les animaux sont entretenus à grands frais et sans tenir compte de la dépense.

Les vaches et la laiterie.

Il n'est pas rare, dans la ceinture dorée, de trouver des vaches qui donnent annuellement plus de six fois leur poids de lait. Ce lait contient 15 o/o de matière sèche et 5,70 de beurre. Lorsque les vaches sont mises dans de riches herbages ou reçoivent une alimentation trop nourrissante, elles engraissent et perdent leur aptitude laitière.

Bien que de grands progrès aient été réalisés en Bretagne par l'industrie beurrière, celle-ci pourrait prendre une plus grande extension si les procédés perfectionnés de fabrication se généralisaient. Sans écrémeuses centrifuges, les cultivateurs ne peuvent produire du beurre de qualité supérieure. Il faudrait créer un grand nombre de sociétés coopératives dans le genre de celles qui ont si bien réussi en Danemark, dans les Charentes, et même sur certains points en Bretagne, dans l'Ille-et-Vilaine et le Finistère.

Aux environs de Morlaix, il en existe quelques-unes qui paient le lait de 8 à 9 centimes aux producteurs, et leur rendent le lait écrémé qu'on estime à 3 centimes. Cela met le lait à 12 centimes.

Dans la beurrerie particulière de M. Forest, député du Morbihan, on obtient 1 kilogr. de beurre avec 24 litres de lait, au moyen du centrifuge. Le beurre se vend 3 fr. le kilogr., ce qui fait ressortir le litre de lait à 0 fr. 12 c.

Les veaux sont vendus 6 fr. à 5 jours ; on ne garde que les femelles nécessaires à l'entretien du troupeau. Celles-ci sont séparées de leur mère le sixième jour et nourries avec du lait écrémé et de la fécule.

L'alimentation des vaches consiste en ajonc pilé, choux, betteraves et pâturages.

D'après M. Pouriau, les quantités de beurre retirées de 100 kilogr. de lait sont en moyenne :

kg.

Par écrémage spontané.................. 3,535

—   centrifuge................ 4,199

Quant à la qualité et aux prix, lorsque le beurre centrifuge vaut à Paris 3 fr. le kilogr., les petits beurres de ferme ne dépassent pas 2 fr. 30 à 2 fr. 40.

Par la méthode centrifuge 100 kilogr. de lait rapportent 12 fr.59 ; par l'écrémage spontané, 8 fr. 48 au plus, soit une différence de 4 fr. 12 par 100 kilogr. de lait. Ces chiffres sont malheureusement ignorés des cultivateurs qui ne réfléchissent pas à l'avantage de vendre leur lait aux beurreries et de donner à leurs animaux le petit lait traité par le centrifuge. Ils préfèrent fabriquer eux-mêmes un beurre médiocre qui leur laisse un petit lait toujours plus ou moins acide. Les intermédiaires qui achètent leurs beurres à bas prix et les revendent avec un gros bénéfice en les mélangeant à d'autres les encouragent à persister dans leur routine, dont ils profitent.

La Bretagne est le seul pays en France où l'on fabrique parfois le beurre par le battage direct du lait ; cette méthode permet d'obtenir un beurre très parfumé, sans attendre la formation de la crème. Mais cette économie de temps est bien compensée par la plus longue durée du barattage, par la plus grande dépense de force pour opérer sur la masse du liquide et par la perte du beurre qui reste dans le petit lait en assez grande proportion.

L'Angleterre, qui était notre principal débouché, ne veut plus de nos beurres, et préfère maintenant les centrifuges de Danemark. Ainsi, le seul port de Saint-Malo a embarqué en 1883 pour l'Angleterre 10.629 tonnes de beurre, et à peine 2.760 tonnes en 1893. Cependant, le beurre breton bien fabriqué est supérieur à tous les autres. D'après la feuille d'informations du ministère de l'Agriculture, les Etats-Unis font de grands efforts pour développer l'exportation des beurres américains. Un agent a été envoyé en Europe pour étudier les procédés de fabrication, et acheter des échantillons de toutes qualités dans les meilleurs pays de production. Cet agent est revenu avec des beurres danois, français et anglais qui ont été examinés avec soin. Les beurres bretons et du Minnesota ont été classés au 1er rang avec 96 points ; ensuite venaient les danois avec 95, et les Massachussets avec 94 points. Les autres ne dépassaient pas 90 points.

Sur le marché de Paris, les beurres des Charentes et de Bretagne sont les seuls en augmentation aujourd'hui.

Les beurres bretons forment 3 catégories.

		fr.	fr.
1º Laitiers bretons vendus de.......		2.70 à 3.30	le kg.
2º Bretons marchands —		2.10 à 2.60	—
3º Petits beurres doux —		1.90 à 2.40	—
— salés —		1.40 à 1.90	—

La préférence accordée aux beurres bretons correspond à la création de beurreries particulières ou coopératives, dont les procédés de fabrication donnent des produits excellents.

Si les statistiques officielles sont exactes, le nombre des vaches augmente en France de 200.000 par période décennale. La production du lait, qui était de 6 millions d'hectolitres en 1882, serait actuellement de plus de 9 millions d'hectolitres. Les droits protecteurs dont on a frappé les beurres de Suisse, du Tyrol et d'Italie ont arrêté sur notre marché l'avilissement des prix, mais ont aussi contribué à nous fermer des débouchés.

On ne peut donc espérer le relèvement des cours, mais les beurres frais bretons peuvent prendre leur place sur le marché anglais à un prix au moins égal à celui des beurres danois, car nous sommes avantagés sous le rapport de la distance.

A Londres, les beurres centrifuges danois et les bretons se sont vendus en 1895, les premiers 104 fr. à 112 fr. les 50 kilogr. ; les seconds, 1re qualité, 84 fr. à 86 fr. ; 2e qualité, 80 fr. à 82 fr. ; ordinaires, 76 fr. à 78 fr. Ces écarts tiennent à ce que les beurres bretons, obtenus par l'écrémage spontané, rancissent très vite par les temps orageux. D'un jour à l'autre leur prix varie de 5, 10, et 15 o/o, ce qui n'arrive pas avec les beurres centrifuges. Les marchands les paient en proportion des risques qu'ils courent.

La création de nombreuses associations coopératives peut donc seule ouvrir des débouchés aux beurres bretons.

Les laitiers des environs de Paris ont beaucoup de vaches bretonnes qu'ils ont soin de rationner afin de les empêcher d'engraisser. Ils les nourrissent l'hiver avec du regain, de la luzerne, des betteraves, des choux branchus et 3 litres de son.

L'été, on les laisse constamment dans les prairies les moins bonnes. A midi et le soir, elles reçoivent en plus un peu d'herbe.

M. le marquis de Dampierre indique les rendements obtenus dans l'exploitation de M. Paturle, à Lormois (Seine-et-Marne). Les vaches laitières bretonnes y ont donné du 1er janvier au 31 décembre 4 litres 800 par tête et 1 litre par 1 kilogr. 450 de fourrage consommé, bien qu'elles ne soient pas parfaitement acclimatées.

Il résulte d'un rapport adressé au Comice agricole de Corbeil sur les rendements constatés dans un grand nombre d'exploitations que des vaches autres que des bretonnes donnent 1 litre de lait par 2 kilogr. 430 ou 2 kilogr. 450 de fourrages.

Dans la ferme de Lormois, une vache bretonne grasse a été vendue à la criée de Paris. Elle avait coûté 88 fr. Ses quatre quartiers pesaient 146 kilogr. 500, et sa viande a rapporté :

	fr.
Viande à la criée..........................	112.50
Cuir (17 kg.)	12.20
Suif (33 kg. 500)...........................	24.43
	149.13

Les prix des vaches bretonnes a beaucoup augmenté depuis 20 ans ; on ne peut en avoir une bonne à moins de 200 à 250 fr.

Variétés chevalines de Bretagne.

On trouve en Bretagne deux variétés chevalines distinctes et sans aucune affinité, bien qu'elles vivent en contact, et appartiennent au même étage géologique. Ce fait démontre que les races n'ont pas une origine commune et que leurs caractères spécifiques ne résultent pas des influences du milieu.

VARIÉTÉ DU LÉON.

La variété du Léon appartient à la race irlandaise dont l'aire géographique a été fractionnée, comme celle de la race bovine irlandaise. Ses ossements ont été trouvés dans les alluvions post-pliocènes du Mont-Dol, associés à ceux du Mammouth. C'est donc bien une variété indigène, qui ne descend pas, comme on l'a prétendu, des chevaux importés au v° siècle par les Bretons insulaires. Ceux-ci n'ont pu qu'amener un contingent de même race.

Le cheval du Léon a le corps trapu, le rein large et mou, les côtes très arquées, la croupe double, avalée, et fortement musclée, les articulations larges, les pâturons courts, l'épaule droite, la ganache prononcée.

« Les chevaux des Côtes du Nord, dit M. Gayot, ont des allures courtes, il est vrai, mais vives et faciles ; leur physionomie accentuée respire l'énergie et la force. »

Dans le Finistère, aux environs du Conquet, le type est plus distingué, mais dans l'ensemble il n'y a pas à tenir compte de différences secondaires dues à un mélange avec la variété de la lande.

La production du Léon est hors de proportion avec les ressources fourragères, aussi exporte-t-on la plus grande partie des poulains après le sevrage. Les uns vont en Normandie, les autres en Beauce, dans le Perche, et dans le Centre où ils changent d'état civil, et deviennent chevaux percherons, bien qu'ils n'en aient pas les caractères spécifiques.

Aujourd'hui, on appelle « percherons » tous les chevaux de trait léger, ce qui n'a pas été sans nuire à la réputation des vrais percherons.

Le commerce et l'industrie réclament un cheval énergique, vite et fort. Les éleveurs bretons ont donc intérêt à se rapprocher le plus possible du type percheron. Le cheval du Léon, élevé en Bretagne, manque de taille, de distinction et de légèreté ; il s'agit de le perfectionner.

Les poulains transportés en Beauce, dans le Perche et en Normandie acquièrent, sous l'influence de milieux plus favorables, une taille et un volume tels qu'on peut à première vue, les confondre avec de vrais percherons. Puisque le breton se développe sur le calcaire, réciproquement le percheron se réduit en Bretagne.

Au lieu d'encourager les croisements rationnels, l'Administration des haras a recommandé tour à tour l'emploi du pur sang, de l'anglo-normand, du belge, du percheron, du norfolk, etc. Pour l'instant, ce dernier paraît tenir la corde, et passe pour l'élément améliorateur par excellence. On serait bien embarrassé cependant pour définir ce type obtenu par des croisements compliqués. Peu importe ; un étalon norfolk (Corlay) a bien rencontré avec les juments de sang de la montagne, cela suffit !

En ce qui concerne l'intervention du pur sang, M. Gayot, ancien directeur général des haras, reconnaît que « l'expérience n'a pas été heureuse….. Dans une partie considérable du Finistère, on a très souvent employé le cheval de sang, mais en tâtonnant, diversement, au hasard des idées de chacun, plus qu'en suivant un plan réfléchi ou déterminé ; on a un peu procédé à l'instar de l'éleveur du norfolk, et plusieurs ont réussi, de ci et de là, plus ou moins complètement, à produire des chevaux, genre norfolk ; avec plus d'entente dans la manière de faire, on serait arrivé sur ce point à une très heureuse imitation.

« Pour ma part, j'y ai poussé de toutes mes forces, et du jour où le produit n'a plus été seulement une exception dans la population locale, je l'ai appelé : norfolk-breton. »

C'est aller un peu vite. Du reste, M. Gayot condamne lui-même son système quelques lignes plus loin, car il dit que « la race du littoral a une telle affinité pour le sang qu'elle devient un écueil ; pour l'ordinaire, elle oblige à revenir immédiatement en arrière.

Partout où l'expérience a été faite, elle a décidé dans le même sens ».

Cela revient à dire que le croisement des juments du Léon avec le pur sang donne des sujets haut montés sur des membres grêles. Pour que M. Gayot l'avoue, il faut que l'échec ait été complet.

L'Administration a eu alors l'idée d'essayer des étalons demi-sang. Le résultat a été encore plus déplorable, car, outre les effets du milieu, trois atavismes au moins se sont trouvés en présence; il en est résulté des produits absolument disparates. Le norfolk ne fera pas mieux, car ce métis ne jouit d'aucune fixité et ne possède pas le pouvoir améliorateur.

Les poulains du Léon se vendent au sevrage de 350 fr. à 450 fr. Ceux qui sont élevés dans le pays valent, comme petits postiers, de 900 fr. à 1200 fr.; les chevaux communs 850 fr. en moyenne.

VARIÉTÉ DE LA LANDE.

La variété de la lande de Bretagne appartient à la race arabe. Elle a toutes les qualités de distinction, d'énergie, de sobriété et de rusticité de son ancêtre oriental, mais une misérable alimentation et le manque de soins ont encore réduit la taille dans les régions pauvres de la montagne.

On ne pouvait espérer l'améliorer par le croisement avec une variété sélectionnée, exigeante, telle que le pur sang anglais. C'est cependant ce qu'a tenté l'Administration des haras. On n'a nécessairement obtenu que des individus nerveux, irritables, à poitrine étroite, haut montés sur des membres grêles et insuffisants. Les haras ont même essayé des étalons anglo-normands. N'en parlons pas..... Enfin, on a fini par où l'on aurait dû commencer, et le pur sang arabe a donné de remarquables produits.

Mais ce n'était pas assez; il fallait un cheval plus grand, ayant du gros. C'est alors que le norfolk fit son apparition, et que la faculté amélioratrice lui fut concédée, parce qu'un étalon, Corlay (issu d'un étalon norfolk importé, Flying-Cloud, et d'une jument de la lande très près du sang) avait bien produit avec les juments de sang.

Or, qu'est-ce qu'un norfolk? on l'obtient en Angleterre par le croisement alternatif de juments des races britannique et irlandaise avec le pur sang. On élève aussi beaucoup de poulains métis nés dans le Holstein de juments germaniques. Le norfolk apparaît donc, suivant la proportion du sang, sous les formes du hackney, du black-horse ou du suffolk-punch. Certains individus ont la tête busquée, d'autres le chanfrein droit, par l'effet de la réversion. Il y en a, comme on le voit, pour tous les goûts, sans, bien entendu, qu'aucun de ces genres offre la moindre fixité. Ce sont de gros chevaux trottant bien parfois et rien de plus.

Le norfolk n'a réussi qu'avec les juments bretonnes ayant trop de sang anglais; cela tient à ce qu'il donne du gros aux produits.

C'est en somme un croisement à l'envers. Mais, avec les juments bretonnes de race pure, le norfolk ne peut convenir, car, nous le répétons, son type n'est pas fixé et comporte plusieurs atavismes. Son emploi ne peut qu'amener la variation.

Voici ce que disait M. le comte de Robien à la session générale de la Société des Agriculteurs de France, le 26 février 1902 :

« L'un des points que je crois avoir le mieux observé dans la production chevaline est l'insuffisance du pouvoir améliorateur, en Bretagne, de tout étalon qui ne s'appuie pas de très près sur le sang pur, et plus spécialement peut-être sur le sang oriental.

Je prétends dénier à l'étalon norfolk actuel, qui répond à la dénomination nouvelle de hackney, toute aptitude d'amélioration par lui-même.

« La race norfolk ou hackney n'est pas suffisamment fixée, malgré les efforts d'éleveurs compétents (dont un des principaux, récemment disparu, sir Walter Gilbey, était bien connu), pour se croiser avec une race aussi ancienne que la race bretonne, quelque mélange de sang qu'elle ait pu subir. En unissant deux races distinctes qui n'ont pas à un degré rapproché une affinité de sang, je prétends qu'on fait un essai malheureux, et qu'on pose des fondations sur un sol mouvant... »

Ces observations sont parfaitement justes, mais M. le comte de Robien devrait être plus affirmatif encore lorsqu'il dit que « tout étalon qui ne s'appuie pas de très près sur le sang pur, et plus spécialement sur le sang arabe »,ne peut améliorer la variété bretonne. En effet, l'étalon arabe jouit seul de la véritable puissance amélioratrice, car la variété anglaise, obtenue par le croisement continu dans un milieu spécial, a perdu les aptitudes d'adaptation de son ancêtre oriental. Ses produits avec les juments bretonnes manquent nécessairement de membres et de substance. Son intervention n'a qu'un effet momentané suivi d'un retour en arrière ou de dégénérescence, suivant qu'on cesse ou qu'on continue l'infusion du sang anglais.

La race arabe pure, au contraire, améliore véritablement la variété bretonne, et cela pour deux raisons : elle se contente du sol granitique, et il y a communauté d'origine. Il en résulte que les produits sont homogènes et ne tendent pas à dégénérer si les conditions d'alimentation restent les mêmes ; ils acquièrent plus de développement si la culture se perfectionne.

Lorsqu'on parle de la race arabe, on entend généralement désigner la race asiatique, considérée comme la plus parfaite. On perd de vue trop souvent la race africaine ou dongolawi, dont les qualités sont incontestables. Il est bon de rappeler que, vers 1860, sur la demande du Conseil général du Finistère, des chevaux de la variété algérienne furent mis à la disposition des éleveurs dans l'arrondissement de Châteaulin. Bien que défectueux, ces étalons ont laissé dans le pays une empreinte remarquable. Convenablement choisis, des étalons africains pourraient augmenter le nombre insuffisant des étalons asiatiques, et servir à améliorer les populations chevalines des régions les plus pauvres de la Bretagne centrale.

Les chevaux de l'intérieur ne se vendent pas avant 3 ans. Ceux de race pure valent de 700 fr. à 900 fr. Quant aux produits de croisement, comme ils diffèrent tous de modèle, le prix en est très variable. On vend difficilement ceux qui sont manqués ; les autres peuvent aller exceptionnellement jusqu'à 1.800 fr. pour l'attelage de luxe. La remonte paie certains fils de l'étalon Corlay 1.200 fr. comme chevaux de tête de légère, mais le prix moyen est de 1.000 francs.

Sauf dans le Léon et les environs de Corlay, les éleveurs bretons donnent des soins insuffisants à leurs chevaux et les font travailler trop jeunes. Les écuries sont basses, obscures et mal aérées. Les poulains vivent dans la lande, où l'herbe est rare et peu nourrissante. A l'écurie, ils reçoivent de la paille, du foin et de l'ajonc pilé ; jamais d'avoine. Ces conditions rendent les animaux très rustiques, mais nuisent à un bon développement de l'organisme.

La population chevaline de Bretagne est ainsi répartie.

Ille-et-Vilaine	64.151 têtes
Côtes-du-Nord	83.472 —
Finistère	112.000 —
Morbihan	40.000 —
Loire-Inférieure	40.000 —
Total	339.623 têtes

dont 70.000 poulinières.

Le dépôt de remonte de Guingamp achète environ 800 chevaux par an.

Cotentin.

La zone granitique de Bretagne se prolonge dans le département de la Manche, mais le Cotentin n'appartient pas exclusivement à l'étage cristallin. Sur le littoral oriental, dans le Pinème, se trouve une large bande d'alluvions modernes couverte de riches herbages. Aux environs d'Orglandes, et au S.-O. de Carentan,

on voit d'importants dépôts pliocènes ; enfin, le Bocage normand est limitrophe du jurassique sur la longitude de Falaise.
Le littoral du Cotentin, particulièrement dans l'Avranchin, fournit en abondance à la culture des sables coquilliers et de la tangue qui ont permis d'améliorer les terres. Le bétail de la Manche
ne peut donc être partout de même valeur ; il présente des différences de taille et de volume assez sensibles pour faire admettre
l'existence de deux races bovines : la grande, très recherchée autrefois pour la boucherie, et la petite, remarquable par ses aptitudes
laitières. En fait, ces apparences disparaissent de plus en plus, et
le type tend à devenir uniforme, par suite des échanges incessants
entre les contrées les plus riches et les plus pauvres.

Les herbages de la Manche, autres que ceux du Pinème, sont
de qualité moyenne, mais le climat maritime leur est très favorable.

Les industries principales dans la Manche sont l'élevage et la
fabrication du beurre. La quotité du bétail est de 240 kilogr. par
hectare.

La variété bovine du Cotentin appartient à la race germanique,
introduite par les invasions ; elle est considérée comme la plus
pure de Normandie. Sa taille est très élevée et les bœufs dépassent parfois 1 m. 80.

Le squelette des animaux est grossier ; les reins et les hanches
manquent de largeur ; la poitrine est étroite et le dos tranchant.
Les vaches ont les mamelles irrégulières et volumineuses. Le pelage bringé est le plus fréquent. On trouve aussi des mélanges de
blanc, de rouge et de noir produisant ce qu'on appelle le pagne,
le caille et le gâre.

Autrefois, on recherchait avant tout la taille et le volume ; on
obtenait des bœufs énormes qui sont restés célèbres. En 1845, le
bœuf gras de Paris, âgé de 6 ans (Père Goriot), pesait 1.970 kilogr. ;
il rendit 999 kilogr. de viande nette et 125 kilogr. de suif, ce qui
donne :

Coefficient de poids vif.................... 27.05

—   —   net.................. 13.87

Rapport du poids net.................... 0.50

Cet animal avait donc un très mauvais rendement à la boucherie.

Ceux des années suivantes ne lui étaient pas inférieurs comme taille, et on en a vu qui dépassaient 2 m. de hauteur.

Depuis 30 ans, les éleveurs de la Manche cherchent à diminuer le squelette et à augmenter la précocité. Ils ne l'ont fait qu'avec une extrême prudence, car ils craignaient de restreindre les facultés laitières des vaches. M. le comte d'Osseville écrivait à ce sujet : « Sans doute, vous pourrez chercher à corriger ce que notre famille cotentine, qui possède pourtant des types accomplis, a de trop anguleux dans les hanches et dans la pointe des ischions, mais gardez-vous de trop élargir les épaules, car vous enlèveriez à la race laitière un des caractères de son aptitude. »

M. Baudement a établi que ce préjugé était sans fondement, car il n'y a aucun rapport nécessaire entre la capacité pulmonaire et la sécrétion des mamelles. Une variété ne perd ses facultés laitières que quand l'aptitude à l'engraissement a été trop développée, comme, par exemple, chez certaines familles de shorthorns. D'ici longtemps, il n'y a rien à craindre de semblable dans la Manche, où l'on porte peu d'attention au choix des géniteurs et à l'alimentation.

Dans quelques grandes étables, on a essayé des croisements avec le Durham ; si ce système permet d'améliorer rapidement les individus pour la boucherie, il offre le grand inconvénient de détruire la race et de lui faire perdre sa rusticité.

Comme dans les pays où l'industrie laitière est prédominante, les éleveurs de la Manche ont la déplorable habitude de réduire au minimum la durée de l'allaitement des veaux, qui, peu de temps après leur naissance, ne reçoivent que du lait additionné d'eau. Ce régime nuit à leur précocité.

Le bétail reste presque constamment dans les herbages, et n'est rentré à l'étable que dans les grands froids.

Le rendement en lait des cotentines est considérable, environ 3.600 litres, mais on ne s'accorde pas sur sa richesse. M. le marquis de Dampierre reproche à ce lait d'être séreux, de renfermer peu de butyrum, et il cite les constatations de M. de Sainte-Marie d'après lesquelles il faudrait 35 litres pour faire 1 kilogr. de beurre.

M. Magne dit que 30 à 33 litres en donnent 1 kilogr. 500. M. de Kergorlay a obtenu 1 kilogr. 250 avec 23 litres. Ces divergences tiennent à ce qu'on a examiné des laits provenant de régions différentes. Il est bien évident que le lait doit être plus abondant sur les alluvions du littoral et plus butyreux dans l'intérieur. On peut cependant admettre qu'en général le lait du Cotentin renferme 4,6 o/o de beurre et 3,4 de caséine.

On estime qu'une vache laitière laisse, tous frais de nourriture payés, et son veau nourri, un bénéfice annuel de 150 francs.

L'industrie du beurre a une grande importance dans la Manche ; les principaux marchés sont ceux de Saint-Lô, Valognes, Carentan et Périers, où chaque semaine les fermiers des environs envoient plusieurs milliers de kilogrammes de ce produit. Là, il est acheté par des commerçants qui le préparent pour l'exportation en le mélangeant trop souvent avec des beurres de qualité inférieure et même avec de la margarine.

D'après M. Guénaux, on apporte à chaque marché de Carentan 18.000 kilogr. de beurre, et 15.000 kilogr. à ceux de Valognes et de Périers. Nous ne parlerons pas d'Isigny, qui appartient à une autre région géologique.

Les exportations annuelles par Cherbourg et Saint-Waast représentent une valeur de 55 millions de francs.

Les beurres frais du Cotentin sont estimés en Angleterre ; les beurres salés le sont moins que ceux du Danemark et même d'Australasie, mieux fabriqués. Nos exportations ont beaucoup diminué et nous avons perdu depuis dix ans la première place sur le marché de Londres, ainsi que nous le verrons ultérieurement (1).

Les chevaux dans la Manche.

L'ancienne population chevaline du Cotentin a presque entièrement disparu depuis un demi-siècle, par suite des croisements. Autrefois on élevait trois types ayant chacun son centre de production. Les bidets d'allure et les poneys de la Hague, assez semblables aux chevaux bretons, se trouvaient dans les régions les plus pauvres ; les grands carrossiers de la race germanique, si célèbres autrefois, étaient élevés dans les riches herbages des terrains d'alluvion. Aujourd'hui, ces variétés sont remplacées par des métis anglo-normands de toutes tailles et de tous modèles.

On reproche aux chevaux du Cotentin d'avoir des formes trop empâtées et de manquer de lignes. Comme chez tous les métis, il y a beaucoup de sujets décousus, haut montés sur des membres insuffisants.

On produit surtout dans les arrondissements de Valognes, de Coutances et de Cherbourg, où les herbages d'excellente qualité occupent une large place. C'est là que se trouve l'élite des poulinières et que l'Administration envoie ses meilleurs étalons. Dans les arrondissements de Saint-Lô et d'Avranches, où les terres cultivées couvrent une surface supérieure à celle des herbages, on pratique l'élevage proprement dit, les chevaux sont plus communs et soumis à un travail souvent excessif lorsqu'ils sont jeunes.

Le pâturage en liberté est le régime habituel des animaux ; il est très favorable aux poulinières et les cas de viduité sont rares. Les juments sont saillies pour la première fois à 2 ans et conduites à l'étalon neuf jours après la naissance du poulain. Celui-ci vit au pâturage avec la mère, ce qui facilite la transition entre le régime lacté et le régime végétal.

Les poulains qu'on ne pourrait nourrir pendant l'hiver sont

(1) Voir la suite à l'article concernant le bétail de Normandie, page 145.

vendus à l'automne ; les mâles d'origine trotteuse sont achetés par les éleveurs de la plaine de Caen ; les autres, qui sont les plus nombreux, vont dans tous les départements voisins, en Angleterre, en Belgique et en Allemagne. Les pouliches sont conservées pour la reproduction. Le prix des poulains d'origine trotteuse varie de 700 fr. à 2.000 fr. ; celui des poulains de bonne origine, destinés à faire des étalons, de 500 fr. à 1.000 fr. ; les individus communs se paient de 300 fr. à 450 francs.

Les principales transactions pour les poulains se font aux foires de Lessay, le 12 septembre ; de Montebourg, les 16 et 17 septembre ; de Bréccy, le 7 octobre ; d'Argentan, le 28 novembre, et de Mortagne, le 30 novembre.

Dans chaque centre d'élevage, il y a des concours de juments suitées, où des primes importantes sont distribuées. Ainsi à Montebourg, l'Administration dispose de 8 primes d'honneur de 500 fr., 8 premières primes de 400 fr. ; 20 primes de 300 fr. ; 10 primes de 200 fr. ; 11 primes de 150 fr. et 12 primes de 100 fr. Quel que soit l'âge auquel le poulain est acheté, il reste entendu qu'il doit être livré au sevrage, et en bon état. Les sujets d'un prix élevé et de grande origine reçoivent seuls de l'avoine.

L'effectif du dépôt de Saint-Lô est d'environ 395 étalons, dont 32 de pur sang et 363 de demi-sang ; 6 pur sang et 55 demi-sang sont réservés pour quelques stations du Calvados. Il reste donc 26 pur sang et 308 demi-sang pour les juments de la Manche.

En 1900, les étalons du dépôt de Saint-Lô ont sailli 23.614 juments ; les étalons approuvés et autorisés 8.500 ; soit un total de 32.114 juments. Le nombre des étalons de tête de l'Administration est trop restreint et ne s'accroît pas comme celui des bonnes juments. Il en résulte que d'excellentes poulinières ne reçoivent pas le cheval qui leur convient ; on est obligé de tirer au sort les cartes de saillie, et d'avoir recours aux étalons approuvés et autorisés. L'industrie étalonnière ayant à lutter contre la concurrence de l'Administration ne peut avoir des sujets de grand mérite. L'élevage se ressent de cette situation. L'Etat pourrait fournir tous les étalons nécessaires en supprimant des dépôts, inutiles tout au moins. Dans le cas contraire, il serait à souhaiter que toute liberté fût rendue à l'industrie privée.

Au sujet de l'Administration des haras, M. Sanson dit avec raison : « L'Administration elle-même est dirigée par l'un des Inspecteurs généraux, qui siège au ministère de l'Agriculture. Il est assisté par un Conseil supérieur des haras, appelé une fois par année à donner son avis sur les questions qui lui sont posées. Le conseil est composé de sénateurs, de députés ou d'autres personnages plus ou moins connus pour s'intéresser à la production chevaline. De ce conseil, en France, comme partout ailleurs où il en existe d'analogues, l'élément scientifique a été jusqu'ici à peu près complètement exclu.

« Il est évident qu'une *organisation ainsi centralisée ne peut manquer de faire régner dans l'Administration une doctrine dogmatique et exclusive, qui sera nécessairement celle adoptée par le directeur général.....*

« Si, comme cela s'est vu durant longtemps, il est admis en haut lieu que le pur sang anglais est la source nécessaire de toute amélioration, tous les dépôts, et par conséquent toutes les stations en seront pourvus à des degrés divers. S'il est admis, au contraire, comme cela semble l'être à présent, que le sang arabe doit avoir sa part, cette part lui sera faite. Mais dans tous les cas la décision aura le caractère absolu, et les éleveurs n'auront qu'à s'y soumettre, dans l'impossibilité où ils se trouveront de faire concurrence aux étalons de l'Administration, en raison du bas prix que, systématiquement, celle-ci exige pour leurs saillies.

« A tous égards donc, l'institution des étalons nationaux est condamnable, comme étant pour le moins inutile à l'intérêt public. Si leur choix est approprié aux exigences d'une bonne production, il n'y a pas de raison valable pour justifier la dépense qu'imposent au budget de l'Etat leur entretien et leur administration, puisqu'il est démontré par les faits que cette production s'effectuerait sans eux. Si ce choix est au contraire défectueux, ce qui est le cas le plus général; s'il a pour conséquence de placer l'industrie dans laquelle ils fonctionnent dans un état d'infériorité notoire, par rapport à celles qui se suffisent toutes seules, à la dépense superflue qu'elle fait peser sur les contribuables, l'institution des étalons nationaux ajoute l'obstacle qu'elle oppose à l'essor de l'industrie privée, seule capable, par la nature même des choses, d'assurer la production dans les meilleures conditions.

« Les gouvernements des pays dans lesquels elle existe n'ont en conséquence rien de mieux à faire que de la supprimer. »

Iles Normandes.

Les îles de Jersey, de Guernesey, de Serq et d'Aurigny appartiennent à l'étage primitif. La culture y atteint un haut degré de perfection, mais on ne trouve de prairies que dans les vallons.

Les côtes escarpées de ces îles permettent de voir l'état de décomposition des roches de la surface; c'est d'abord une couche végétale d'environ 1 m. d'épaisseur, puis des fragments de granite ou de quartzite plus ou moins altérés; enfin, à 3 m. de profondeur, la roche est intacte.

L'amplitude des marées d'équinoxe est de 11 m. 80, ce qui permet aux cultivateurs de recueillir facilement les engrais de mer, varechs et sables coquilliers. Grâce à ces engrais, la laborieuse population des îles a transformé le sol granitique en terres fertiles au moins égales à celles de la ceinture dorée de la Bretagne.

Sur les pentes exposées au midi, on cultive surtout la pomme de terre hâtive, qui est l'objet d'un commerce considérable. Au mois de mai, et à chaque marée, plusieurs navires partent pour l'Angleterre chargés de pommes de terre.

On estime que l'hectare rapporte ainsi 600 fr. à 800 fr. net, et que l'exportation des tubercules atteint 10 millions de francs.

Population bovine.

La population bovine des îles est petite et à ossature très fine comme la race bretonne. On l'appelle en Angleterre race d'Alderney (Aurigny). D'après M. Sanson, ce bétail résulterait d'anciens croisements. « On y reconnaît en effet facilement, même dans les groupes peu nombreux, les types naturels qui ont contribué à la former et qui s'y montrent à chaque instant par réversion.

« Aux expositions de reproducteurs du Concours général agricole en 1883 et 1884, de deux taureaux jersyais qui, seuls, figuraient à chacune de ces expositions, l'un était nettement du type irlandais, l'autre, du type germanique. Il est probable que les croisements entre la variété normande et celle de Jersey remontent à une époque reculée. Ils n'ont été signalés nulle part à notre connaissance, mais ils n'en sont pas moins certains, attestés ainsi par la craniologie. »

On dit souvent qu'il est oiseux de rechercher si des animaux sont de race pure ou résultent de croisements. La question offre cependant un grand intérêt pour l'élevage, car une race pure transmet intégralement ses caractères et ses aptitudes aux produits, alors que des animaux à l'état de variation manquent d'homogénéité et de puissance d'hérédité.

C'est en prenant comme base de sélection les caractères laitiers, que les éleveurs des Iles Normandes sont parvenus empiriquement à obtenir de précieux animaux chez lesquels le type tend à devenir plus uniforme.

M. Priaulx a pendant 5 ans fait des observations sur des vaches jersyaises. Le rendement moyen a été de 160 kilog. de beurre, soit un peu plus de 3 kilogr. par semaine ; en général, cependant, il n'est que de 125 kilogr., mais ce beurre est remarquable par sa saveur et sa belle couleur jaune. On attribue ces qualités aux panais et aux mucilages qui entrent pour une large part dans l'alimentation du bétail.

La durée de la lactation chez les vaches jersyaises est de 340 jours et le rendement d'environ 1.900 litres. Le lait contient 5,704 o/o de beurre sur 16,252 de matière sèche.

Dans l'étable de M. John Halb, disent MM. Corblin et Gouin,

les vaches ont donné pendant une période de 12 ans une moyenne
par semaine et par tête de 58 litres de lait. Les rations par semaine sont les suivantes :

	FARINES	FOIN	SON	ENSILAGE	CAROTTES ET PANAIS
Janvier à mars...	19 kg. 250	25 kg. 100	10 litres	90 kg.	36 litres
Avril à juin.....	23 kg. 170	25 kg.	»	»	»
Juillet à sept.....	17 kg. 28	»	»	»	»
Octobre à déc....	18 kg. 19	13 kg.	»	»	»

« M. Edwin Trinder a, dans sa ferme de Perrots-Brook, 130
jersyaises qui lui donnent, chacune, 165 kilogr. de beurre par
an. Elles passent l'été au pâturage, et reçoivent 500 gr. de tourteau à chaque traite. A l'automne on les rentre la nuit.

« En hiver elles reçoivent à l'étable la ration suivante :

	kg.
Tourteau de lin......................	0,900
Tourteau de coton......................	0,900
Farine de maïs, orge, fèves, avoine, son, poudre de malt (on varie)..............	2,700
Racines pulpées......................	5,500
Foin entier......................	3
Paille et foin hachés...................	36 litres.

« M. Galmiche Bouvin remportait en 1888 un 4e prix, section
des vaches laitières, au concours d'Epinal, avec une jersyaise.

« Il en présentait 4, nées et élevées chez lui. Deux d'entre elles
furent soumises à l'expérience dont nous résumons les résultats
dans le tableau suivant.

	Jolie			Songette		
	Née en mars 1884, vêlée le 16 juillet.			Née en nov. 1885, vêlée le 19 juill.		
TRAITES	MATIN	MIDI	SOIR	MATIN	MIDI	SOIR
25 sept..	5 litres	3 litres	2 litres 5	4 litres 5	2 litres	2 litres
26 » ..	4,5	2,5	3	4,5	1,5	2,5
27 » ..	4,5	2,6	2.5	3,5	2,	2
28 » ..	4	2,6	2,5	3,5	2,	2
Moyenne.	4,5	2,7	2,6	4	1,9	2,2
Moy. par jour.		9 litres 8			8 litres 1	

« Avec la nourriture d'hiver dont la composition suit, elles ont donné, du 9 au 14 novembre, 1 kilogr. de beurre pour 16 litres 9 de lait :

	kg.
Foin de fléole	2,500
Regain de prairie naturelle	2,500
Betteraves	26
Drèches de brasserie	16
Son	2,500
Menue paille	1
Tourteau de coton ou d'arachide	2,500

Ces renseignements sont empruntés à un article de M. Léouzon (*Journal d'agriculture pratique*).

Bien que les vaches jersyaises soient très sensibles aux changements de climat, on a essayé de les acclimater dans différents pays.

Un journal allemand cité par MM. Corblin et Gouin donne les rendements suivants d'une étable de 44 vaches jersyaises pendant les 7 premières semaines de 1888.

	kg.		kg,	
1re semaine......	105	de beurre	1.843	de lait
2e —	106	—	1.807	—
3e —	99,3	—	1.756	—
4e —	98,6	—	1.686	—
5e —	98,2	—	1.680	—
6e —	102	—	1.813	—
7e —	104	—	1.841	—

Cela fait environ 1 kilogr. de beurre pour 17 kilogr. de lait. Il n'y a pas de bœufs dans les îles et on ne tue que les vaches et les taureaux réformés. Presque toute la viande provient de Normandie et surtout de Bretagne.

Les règlements locaux, afin d'empêcher les croisements et l'introduction des maladies épidémiques, prescrivent qu'aucun bovin ne peut entrer vivant.

La Société royale d'agriculture de Jersey a créé en 1886 un herd-book qui a eu une grande influence sur le perfectionnement de la population bovine. On a sélectionné les animaux avec le plus grand soin, de façon à développer les facultés laitières au détriment de l'aptitude à l'engraissement.

Les bovins jersyais atteignent parfois des prix de fantaisie qui sont hors de proportion avec leur valeur économique ; on cite des taureaux et des vaches vendus jusqu'à 30 000 fr. Mais une vache ordinaire ne vaut aujourd'hui que 400 fr. en moyenne.

On n'élève pas de chevaux à Jersey : tous proviennent de France et d'Angleterre.

Bocage vendéen.

Au nord-ouest du Plateau central, dont il est séparé par le détroit jurassique du Poitou, l'étage de transition reparaît dans le Bocage vendéen et le Maine, puis se relie au soulèvement de la Bretagne et du Cotentin.

Le Bocage vendéen est constitué par des granites, desgneiss, des diorites et des schistes argileux. Les terrains résultant de la décomposition de ces roches sont donc pauvres en chaux et en acide phosphorique. Sur les confins du Bocage, à Montjean, à Chalonnes, dans la vallée du Layon, etc., on trouve d'abondants dépôts dévoniens de calcaire ampéliteux qui fournissent de la chaux à toute la région.

Il y a un siècle à peine, le Bocage vendéen était encore couvert de bois et de genêtières. Le manque de routes ne permettait pas d'y transporter les amendements calcaires.

Les fours à chaux de Chalonnes et de Montjean n'existaient pas encore, et l'on ignorait même l'utilité du calcaire.

Les Vendéens pratiquaient alors le système semi-pastoral, et s'adonnaient principalement à l'élevage des bêtes à cornes.

Depuis le dernier soulèvement de 1832, l'aspect du pays et son agriculture se sont complètement modifiés. Les routes stratégiques ouvertes dans tous les sens ont remplacé les chemins creux remplis de fondrières, et les jachères ont disparu. Il en est résulté une période de prospérité qui a pris fin lorsque le blé a baissé.

M. Ayraud a publié un travail très documenté sur l'exploitation de son domaine du Lys (Vendée). Nous y puiserons des renseignements sur les prix de revient des cultures et des animaux. Cette monographie peut s'appliquer à tout le Bocage, en modifiant les chiffres suivant les conditions locales (1).

Le domaine du Lys a une contenance de 106 hectares, dont 82 constituent la partie agricole. Sur ces 82 hectares, il y a 13 hectares de prairies naturelles et 3 hectares de luzerne. La partie agricole est divisée en 3 corps d'exploitation ; un de 39 hectares environ ; un de 33, et le troisième, de 10 hectares.

Pour les calculs de prix de revient des produits, nous ferons un bloc de l'ensemble, afin d'avoir des moyennes,

L'assolement proprement dit comprend donc 66 hectares, qui sont soumis à une rotation septennale.

    (1) Vesce : trèfle incarnat ou pacage d'hiver auxquels succèdent en été des plantations de choux ;
    (2) Plantes sarclées (bettes champêtres, pommes de terre, carottes), maïs pour fourrages, blé noir pur ou mélangé de pois ;
    (3) Froment ;
    (4) Trèfle de 3 ans ;
    (5) Trèfle, choux moelliers ou navets ;
    (6) Froment ;
    (7) Avoine.

Chaque sole a en principe 9 hect. 40 ares. Le froment occupe 19 hectares par année ; l'avoine, environ 9 hectares ; les plantes sarclées ou fourragères, 37 à 38 hectares ; soit en fourrages 53 à 54 hectares, en y comprenant les prairies naturelles et les luzernes. C'est à peu près 1/3 en céréales, et 2/3 en productions fourragères.

Les prairies naturelles sont fumées avec les purins et reçoivent

(1) Système de culture du domaine du Lys (Vendée).

par quart 2.000 kilogr. de phosphate fossile coûtant 120 fr., soit annuellement 15 fr. par hectare.

Prairies. — Le produit d'un hectare de prairies est de 3.500 kilogr. de foin ; après l'enlèvement des foins, le pacage est estimé à 5.000 kilogr. d'herbe équivalant à 1.000 kilogr. de foin. Le loyer du terrain, les engrais, la main d'œuvre étant de 184 fr., le foin revient à 4 fr. 09, et l'herbe à o fr. 82 les 100 kilogr. A la moyenne de 8 kilogr. 500 de protéine par quintal de foin, c'est de la protéine à o fr. 48 le kilogr. L'herbe du pâturage (en admettant 3 kilogr. 100 de protéine par quintal) fait ressortir la protéine à o fr. 264.

Luzerne. — Les composts pour l'entretien de la luzerne reviennent à 13 fr. 20 par hectare. En y ajoutant le loyer de la terre et la main-d'œuvre, la dépense par hectare est de 109 fr. 20. Le rendement est de 20.000 kilogr. pour deux coupes, plus 4.000 kilogr. de pacage, soit o fr. 455 le quintal de fourrage vert. La protéine étant estimée à 4,5 0/0 coûte o fr. 10 le kilogr.. c'est-à-dire près de 5 fois moins que la protéine des prairies naturelles.

Pacage d'avoine. — Pour les terrains envahis par le chiendent et le millefeuilles, M. Ayraud fait à la fin de septembre un léger labour, et répand une demi-semence d'avoine qui fournit jusqu'à fin avril un excellent pacage d'hiver, donnant 6.000 kilog. par hectare. Les frais étant de 65 fr. 50 pour le loyer et la main-d'œuvre, le quintal revient à 1 fr. 09 et la protéine à o fr. 454 le kilogr.

Vesces. — Les vesces coûtent, loyer et main-d'œuvre compris, 122 fr. 50 l'hectare. Le rendement est de 25.000 kilogr. de fourrage vert, soit o fr. 49 les 100 kilogr. A 3 kilogr. 700 par quintal, la protéine ressort à o fr. 132 le kilogr.

Trèfle incarnat. — Les dépenses sont les mêmes que pour la vesce, et le rendement est de 20.000 kilogr. Prix du quintal o fr. 587 ; de la protéine o fr. 21 le kilogr.

Le compte des choux s'établit de la façon suivante par hectare :

	fr.
3 labours............................	60
2 hersages..........................	10
Loyer de la terre.....................	65
Plantation, engrais...................	13,50
14.000 plants à 1 fr. le mille..........	14
10 sacs de phosphate de chaux à 6 fr. les 100 kg.........................	60
Buttage d'été.......................	12
Cueillette des feuilles................	100
Transport à l'étable..................	25
Total............	359,50

Un hectare fournit 650 quintaux, ce qui met le quintal à 0 fr. 553. Si le quintal de choux donne 1 kilogr. 700 de protéine, celle-ci ressort à 0 fr. 325 le kilogr. Les choux sont donc plus avantageux que les prairies naturelles.

Pommes de terre. — L'hectare de pommes de terre coûte 329 fr. 50, et donne 135 hectolitres pesant 65 kilogr. l'un : par hectare 8.775 kilogr. Les 100 kilogr. reviennent donc à 3 fr. 76. Les matières azotées de la pomme de terre étant de 2 kilog. par quintal, la protéine coûte 1 fr. 88 le kil. C'est un produit très cher.

Betteraves. — Les betteraves champêtres coûtent 292 fr. 50 ; le rendement étant en moyenne de 350 quintaux, le quintal revient à 0 fr. 836 et la protéine à 0 fr. 76 (1 kilogr. 100 par quintal).

Comme les bettes champêtres ont un pouvoir nutritif trois fois moindre que les choux, il est plus avantageux de cultiver des choux moëlliers. On ne fait donc des bettes champêtres que pour remplacer les choux s'ils venaient à geler.

Maïs-fourrage. — Le maïs-fourrage est une culture épuisante qui présente aussi l'inconvénient de favoriser l'envahissement des mauvaises herbes. On y remédie en lui associant du blé noir. Le maïs seul, dans les bonnes terres du Lys, donne 40.000 kilogr. à l'hectare ; les frais étant de 277 fr. 50, le quintal revient à 0 fr. 694 et la protéine (1 kilogr. 500 par quintal) à 0 fr.463.

Lorsqu'on y mélange du blé noir, il n'y a qu'à ajouter 4 fr. de semence (40 litres).

Le rendement en fourrage est un peu supérieur, mais en somme le quintal revient sensiblement au même prix.

Quant à la protéine, il est difficile de l'estimer; en Vendée tout au moins, le mélange de maïs et de sarrasin est moins nourrissant que le maïs seul.

Carottes.—L'hectare de carottes revient à 309 fr. 50 et produit 250 quintaux, ce qui met le quintal à 1 fr. 238, et les matières azotées à 0 fr. 952 (1 kilogr. 300 de protéine par quintal).

Trèfle violet. — Le trèfle violet, semé dans le blé avec du ray-grass, pour empêcher les météorisations (12 kilogr. 500 de trèfle et 5 kilogr. de ray-grass par hectare) est pacagé après l'enlèvement de la récolte, et employé au printemps pour la nourriture à l'étable, concurremment avec le trèfle incarnat et les vesces. On peut admettre qu'une moitié seulement des trèfles de cette sole est utilisée en vert, le reste sert à faire du foin. Il en est de même de la seconde coupe.

La partie consommée en vert fournit des fourrages à 0 fr. 412 le quintal et de la protéine à 0 fr. 11 le kilogr. (3 kilogr. 700 pour 100 kilogr. de fourrage).

Le foin ressort à 1 fr. 72 le quintal et la protéine à 0 fr. 128 (13 kilogr. 400 par quintal).

Le trèfle serait donc le fourrage le plus économique si la terre pouvait en produire toujours, mais dès la seconde année le produit diminue considérablement.

Quand les trèfles sont tous réussis, ce qui est rare, on les conserve 2 ans. On compte qu'en moyenne un quart des soles de trèfle est manqué; il faut donc changer la destination de 2 hectares par sole dès la 1re ou la 2e année. On fait en remplacement des navets, puis, les navets mangés pendant l'hiver, on met des choux moelliers, qui sont à leur tour enlevés de terre dans les premiers jours de novembre, et remplacés par du froment.

Les trèfles de la 2e année servent au pacage des jeunes animaux.

Le fourrage revient à o fr. 4o le quintal et la protéine à o fr. 10 le kilogr., car il n'y a d'autre dépense que le loyer de la terre.

Navets. — Les navets remplacent chaque année un quart de trèfles manqués, avons-nous dit. Le compte d'un hectare de navets (loyer de la terre, labours, engrais, etc.) est de 228 fr. Le produit d'un hectare est d'environ 5o,ooo kilogr., dont un quart de feuilles. Prix du quintal o fr. 456.

Le pouvoir nutritif des navets paraît être le tiers de celui du bon foin ou 2,5 o/o d'éléments azotés, ce qui mettrait la protéine à o fr. 182 le kilogr.

Choux moëlliers. — Aux navets consommés dans l'hiver, on fait succéder des choux moëlliers qui, plantés vers le 15 juin, occupent le sol jusqu'au 1er novembre. Ils sont effeuillés en septembre et en octobre, puis coupés au pied, et entassés dans des hangars bien aérés. Ils se conservent ainsi une partie de l'hiver. Les frais de culture sont les mêmes que pour les choux ordinaires, mais ceux de récolte sont réduits de moitié.

Le prix de revient d'un hectare est donc de 3o9 fr. 5o; le produit étant de 6o.ooo kilogr., le quintal de fourrage ressort à o fr.516 et la protéine à o fr. 3o4, en admettant que les choux moëlliers n'aient pas un pouvoir nutritif supérieur à celui des choux ordinaires, ce qui est loin d'être vrai.

Avoine. — L'hectare d'avoine revient à 201 fr. 4o; le produit est de 3o hectolitres valant 8 fr. = 24o fr., soit un bénéfice de 1 fr. 29 par hectolitre.

Bien que la culture du froment sorte du cadre de cette étude, il est cependant nécessaire de s'y arrêter, afin d'en comparer les bénéfices avec ceux résultant de l'élevage et de la production de la viande.

Le froment de la 3e sole fournit le compte suivant :

	fr.
Loyer de la terre...........................	65
Labour............,.......................	20
Hersage..................................	5
Demi-fumure (2o mc. à l'hectare)...........	8o

Hersage de mars...........................   5
2 hectolitres de semence....................   36
Sarclage.................................   5
Moisson..................................   25
Transport des gerbes, battage................   35
                                             ———
                                             276

Rendement 19,5 hectol. pesant 76 kilogr. l'hectol. Paille 3.500 kilogr.

Dans cette sole, l'hectolitre revient donc à 14 fr. 15.

La fumure du froment de la 6ᵉ sole se fait avec des composts de chaux, de fumier frais et de terre, coûtant 170 fr. par hectare (40 fr. de chaux, 100 fr. de fumier, 30 fr. de main-d'œuvre).

Remarquons, en passant, que le mélange de la chaux et du fumier n'est pas un procédé à recommander.

Le compte du froment de la 6ᵉ sole s'établit ainsi :

                                                  fr.
Loyer de la terre.........................   65
Labour...................................   25
Fumure, épandage........................   170
8 doubles-décalitres de semence.............   32,40
Hersage..................................   5
Hersage de printemps......................   5
Sarclage.................................   5
Moisson..................................   25
Transport des gerbes, battage................   35
                                             ———
                                             367 40

Le rendement moyen étant de 19,5 hectol., l'hectolitre ressort à 18 fr. 84.

En comparant maintenant les chiffres des dépenses et des rendements du froment et de l'avoine dans les métairies, puis les comptes du propriétaire et du métayer, nous voyons que, sur les 18 hectares 80 en froment, le propriétaire a dépensé (loyer de la terre, moitié des semences et engrais) une somme de 2.577 fr. 48. La moitié du produit étant de 2.932 fr. 80, il reste un bénéfice de 355 fr. 52, soit environ 18 fr. par hectare, en plus du prix de location de la terre.

Vte de Villebresme. — L'Élevage.

Pour l'avoine, la dépense du propriétaire est de 678 fr. 68 ; le produit = 1.128 francs. Bénéfice 449 fr. 32, soit environ 2 fr. 30 par hectolitre de grains lui revenant pour sa moitié.

Le métayer fournit la main-d'œuvre, la moitié de la semence et des engrais.

	fr.
Dépenses......................	4.684,96
A déduire 1/2 des produits............	4.060,80
Différence..........	624,16

Les métayers perdent donc 624 fr. 16, soit 537 fr. 68 sur le froment, et 86 fr. 48 sur l'avoine.

Il est vrai qu'ils consomment directement une partie de leurs grains, et il n'y a perte, à proprement parler, que pour ce qu'ils vendent au commerce.

Ces chiffres sont établis sur les données suivantes :

Froment à 16 fr. l'hectol. avec un rendement de 19 hectol. 5.
Avoine   8   —   —   —   30   —

Au Lys, la production fourragère est faite, comme nous l'avons dit, sur 13 hectares de prairies naturelles et 3 hectares de luzerne en dehors de l'assolement. Le reste des fourrages est produit par 4 soles : la 1re, la 2e, la 4e et la 5e, comprenant 37 h. 60.

Mais comme la 1re et la 2e soles produisent 3 récoltes en 2 ans, c'est une contenance de 9 h. 40, qui s'ajoute au total. En réalité, les fourrages occupent chaque année environ 53 hectares.

« Les fourrages secs, foins naturels, foins de trèfle et pailles d'avoine, donnent 990 quintaux et le surplus 15.618 quintaux.

« Les foins et la paille contiennent 844,50 quintaux de matière sèche, les autres 2.350 quintaux, en chiffres ronds. Le poids total des aliments produits chaque année étant de 16.608 quintaux, le poids de la matière sèche de 3.194,37 quintaux, les fourrages contiennent plus de 13.000 hectolitres d'eau » qui jouent un rôle important dans la digestibilité des aliments.

Le prix total de ces fourrages est de 11.692 fr. 40, ce qui met le prix de revient d'un quintal de matière sèche à 3 fr. 66.

On n'emploie pas d'autres aliments pour les animaux, à l'exception de quelques doubles décalitres de farine, de fèves, d'orge ou d'avoine pour finir l'engraissement des animaux.

Lors de l'inventaire du 9 janvier 1895, sur les 82 hectares de sa partie cultivable, le domaine du Lys nourrissait :

		kg.
20 bœufs à 500 kg. l'un	....	10.000
18 vaches à 420 kg. l'une	....	7.560
20 taureaux ou génisses arrivant à 2 ans	..	7.200
20 veaux d'un an à 190 kg	....	3.800
2 veaux de lait (15 jours et 2 mois)	......	100
	Total........ ..	28.660

A ce nombre il faut ajouter :

		kg
3 juments poulinières de 500 kg	....	1.500
1 poulain de lait	....	250
26 brebis mères à 40 kg	....	1.040
6 porcs à l'engrais et 3 truies à 100 kg	..	900
6 jeunes porcs de 40 kg	....	240
	Total général........	3.930

ou un peu plus de 400 kilogr. par hectare.

Les bovins appartiennent à la race vendéenne, variété parthenaise ; les juments à la race mulassière ; les ovidés, à la race de la Loire et à celle de Southdown, qui est destinée à remplacer la première ; les suidés, à la race craonnaise.

On vend chaque année 4 bœufs gras de 5 ans arrivant à six ; 4 jeunes bœufs arrivant à 3 ans ; 6 ou 7 vaches ou génisses réformées ; enfin 5 ou 6 taureaux de 2 ans. Les 8 plus beaux taureaux de 2 ans sont conservés chaque année pour remplacer les bœufs.

Les poulains sont vendus de 6 à 8 mois ainsi que les agneaux ; les porcelets à 2 mois et les porcs gras vers 10 mois.

Les bœufs font les travaux culturaux et les charrois. Après le sevrage des veaux, le lait des vaches est converti en beurre ou consommé dans la ferme.

Le régime des bœufs est la stabulation permanente. Les vaches vont tous les jours, pendant quelques heures, au pâturage, mais reçoivent la plus grande partie de leur nourriture à l'étable. Les élèves pâturent plus longtemps.

Les poulinières vont aussi au pacage, mais on leur donne de la nourriture à l'écurie.

Les ovidés paissent toute l'année ; quand l'herbe est insuffisante dans les champs, ils ont un supplément à la bergerie.

Les porcs ne sortent de leurs toits que pour prendre l'air dans les cours.

Nous avons vu que la matière sèche produite est de 3.194 quintaux et le poids vif des animaux de 33.590 kilogr. On peut donc disposer chaque jour de 2 kilogr. 605 de matière sèche et de 0 kilogr. 359 de protéine par 100 kilogr. de poids brut.

D'après M. Sanson, il faudrait 3 kilogr. de matière sèche et au moins 300 gr. de protéine pour nourrir au maximum par jour 100 kilogr. de poids vif. Dans ces conditions, il y a au Lys un petit déficit de matière sèche, mais la quantité de protéine est plus que suffisante.

Les 4 bœufs à l'engrais appartiennent à deux métairies : ceux de la Cour pesaient au début 1.310 kilogr., et ceux du Petit-Logis 1.109 kilogr. Ils ont été nourris de la manière suivante :

Métairie de la Cour
Du 20 octobre au 24 décembre

	kg.	Matière sèche kg.	Protéine kg.	Prix fr.
Choux mœlliers.....	100	12	2	0,516
Bettes champêtres...	120	14,400	1,320	1
Foin...............	16	14,710	1,360	0,634
Totaux......	236	41,110	4,680	2,150

Du 25 décembre au 10 janvier, les deux ont reçus.

	kg.	Matière sèche kg.	Protéine kg.	Prix fr.
Choux mœlliers .:..	80	9,600	1,600	0,413

	kg.	Matière sèche kg.	Protéine kg.	Prix fr.
Bettes champêtres...	100	12	1,100	0,837
Pom. de terre cuites.	15	3,750	0,300	0,564
Foin................	16	14,710	1,360	0,634
Farines de fève et d'avoine.........	6,250	5,420	1,198	1
Totaux......	217,250	45,480	5,558	3,448

Par suite de gelée et de verglas, il a fallu modifier momentanément les rations du 9 au 24 janvier, et remplacer les choux par une augmentation de foin et de farine.

La ration est alors devenue :

	kg.	Matière sèche kg.	Protéine kg.	Prix fr.
Bettes champêtres...	120	14,400	1,320	1
Foin..............	20	17,140	1,700	0,792
Pommes de terre....	15	3,750	0,300	0,564
Farines de fèves et d'avoine........	9,35	8,152	1,968	1,500
Totaux......	164,35	43,442	5,288	3,856

La relation nutritive de la première ration est 1/5,1. La proportion des matières grasses par rapport à la protéine = 1/4,7.

La relation nutritive de la 2e ration = 1/4,9. La proportion des matières grasses relativement à la protéine 1/4,9.

Pour la 3e ration, la relation nutritive = 1/5,5. La proportion entre la protéine et les matières grasses = 1/4,7.

Les deux bœufs du Petit-Logis ont eu, depuis le 20 octobre jusqu'au 28 décembre :

	kg.	Matière sèche kg.	Protéine kg.	Prix fr.
Feuilles de choux....	80	8,720	1,360	0,442
Navets.............	100	15	2,500	0,406
Foin..............	16	14,710	1,369	0,634
Totaux......	196	38,430	5,229	1,532

A partir du 29 décembre jusqu'au 10 janvier.

	kg.	Matière sèche kg.	Protéine kg.	Prix fr.
Foin..............	20	17,140	1,700	0,792
Navets............	40	6	1	0,182
Bettes...........	40	4,800	0,440	0,335
Carottes..........	20	2,820	0,260	0,500
P. de terre bouillies.	15	3,750	0,300	0,564
Farine de fèves....	7,500	6,442	1,875	1,200
Totaux....	142,500	40,952	5,575	3,573

La modification de la ration de ces deux bœufs a été faite de
la manière suivante, à cause de la gelée.

	kg.	Matière sèche kg.	Protéine kg.	Prix fr.
Bettes...........	100	12	1,100	0,837
Foin..............	20	17,140	1,700	0,792
Pommes de terre...	15	3,750	0,300	0,564
Farine de fèves....	10,750	9,234	2,698	1 721
Totaux....	145,750	42,124	5,798	3,914

Relation nutritive de la 1re ration = 1/3,7. Rapport des matières grasses à la protéine = 1/3,7.

Relation nutrive de la 2e ration = 1/4,4. Rapport des matières
grasses à la protéine = 1/5.

Relation nutritive de la 3e ration = 1/4,3. Rapport des matières grasses à la protéine = 1/6,3.

Les deux bœufs du Petit-Logis ont été remis aux choux le
25 février.

Il y a lieu de remarquer que M. Ayraud n'a pas analysé ses
fourrages et a établi ses calculs d'après les tables. Or, on sait que
la composition des végétaux, et par suite leur valeur nutritive
varient considérablement suivant les terrains. Ainsi M. Ayraud a
constaté que le pouvoir nutritif de ses choux moëlliers n'est pas
celui indiqué par les tables. Il porte la matière sèche qu'ils contiennent à 12 kilogr. par quintal au lieu de 10 kilogr. 900, et la
protéine 2 kilogr. au lieu de 1 kilogr. 700.

« En considérant les rations auxquelles nos bœufs à l'engrais ont été soumis, nous constatons que ces rations ont varié plusieurs fois pour les motifs que nous allons indiquer, et particulièrement parce qu'il arrive constamment à la fin de l'engraissement que les sujets perdent leur appétit, si l'on ne varie pas leur nourriture et si l'on ne donne pas des aliments plus appétissants..... Malgré les soins que l'on apporte dans le choix des fourrages, il est à peu près de règle que les matières nutritives sont moins assimilées à la fin qu'au commencement. »

Les 4 bœufs du Lys ont été soumis à l'engraissement du 20 octobre au 8 février, soit 112 jours. Les animaux, qui pesaient, les premiers 1.310 kilogr., et les seconds, 1.109 kilogr. au début, ont pesé, 96 jours après, les 2 premiers 1.560 kilogr. et les autres 1.380 kilogr. L'augmentation a donc été de 250 kilogr. pour les uns, et de 271 kilogr. pour les autres. Pour les 4, l'augmentation a été de 521 kilogr. La nourriture absorbée pendant ces 96 jours a été :

	Matière sèche	Protéine	Prix
	kg.	kg.	fr.
Du 20 oct. au 24 déc.........	76,540	9,909	3,672
Du 24 déc. au 10 janv.......	86,432	11,133	7,021
Du 10 janv. au 23 janv.......	85,566	11,086	7,770

Pendant la durée de ces 3 périodes, nous avons :

	Matière sèche	Protéine	Prix
	kg.	kg.	fr.
1re 66 jours................	5249,640	653,994	242,35
2e 17 jours..............	1469,344	189,261	119,36
3e 13 jours..............	1112,378	144,118	101,01
Totaux............	7831,362	987,373	462,72

Les 521 kilogr. de l'augmentation du poids vif ayant été obtenus avec 7.831 kilog. 362 de matière sèche, nous avons.

$$\frac{7.831,362}{521} = 15 \text{ kilogr. } 200$$ pour obtenir 1 kilogr. brut de viande.

Quant à la protéine, nous obtenons $\frac{287,373}{521} = 1$ kilogr. 895.

Pour ce qui est du prix de revient, nous avons:

$$\frac{462 \text{ fr. } 72}{521} = 0 \text{ fr. } 888.$$

Mais le résultat est loin d'avoir été le même dans les 3 périodes. Nous constatons en effet qu'entre les deux pesées, du 20 octobre au 17 décembre, il s'est écoulé 58 jours, pendant lesquels les 4 bœufs ont consommé :

```
Matière sèche....................  4.613 kg. 320
Protéine.........................    574 kg. 722
Prix ............................    212 fr. 98
```

Or, dans cette période, les animaux ont augmenté de la différence entre les deux pesées ou 396 kilogr.

Il a donc fallu, dans cette période, pour obtenir 1 kilogr. de poids vif $\frac{4.613 \text{ k. } 320}{396} = 11$ kilogr. 650 de matière sèche.

Les 4 bœufs ayant dépensé dans ces 58 jours 212 fr. 98 pour produire les 396 kilogr. de poids vif, le kilogr. est donc revenu à 0 fr. 538.

En ce qui concerne les substances albuminoïdes nous avons :

$\frac{574 \text{ k. } 722}{396} = 1$ kilogr. 451 pour la même quantité de poids brut.

Dans la 2⁰ et la 3⁰ période réunies, pendant les 38 jours entre les deux pesées, les animaux ont absorbé :

```
Matière sèche....................  3.218 kg. 042
Protéine.........................    412 kg. 651
Prix ............................    249 fr. 75
```

L'augmentation de leur poids ayant été seulement de 125 kilogr., nous avons pour la matière sèche : $\frac{3.218 \text{ k. } 042}{125} =$ 25 kilogr. 744, et pour la protéine : $\frac{412 \text{ k. } 651}{125} = 3$ kilogr. 301.

Le kilogramme de poids brut est revenu, pendant ces 38 jours, à :

$\frac{249 \text{ fr. } 75}{125} = 1$ fr. 918.

Ces 38 jours ont été un véritable insuccès, dû très probablement aux deux causes que nous allons signaler, car les animaux n'ont cessé de jouir d'une parfaite santé. Il faut attribuer ce résultat, moins que satisfaisant, à l'abaissement considérable de la température et à la quantité insuffisante de fourrages verts, au manque de choux ou de navets que les bettes champêtres ne peuvent remplacer qu'incomplètement.

Si nous comparons pendant les 58 premiers jours les 2 animaux de la métairie de la Cour, ayant eu des bettes champêtres dans leur ration, et ceux du Petit-Logis qui, au lieu de bettes champêtres, ont consommé des navets, nous voyons que les premiers ont fait une dépense de 2 fr. 15 par jour, et de 2 fr. 15 $\times$ 58 = 124 fr. 70.

Cette somme divisée par l'augmentation du poids des 2 animaux = 195 kilogr. nous donne de la viande brute à o fr. 639. Tandis que ceux du Petit-Logis qui n'ont dépensé que 1 fr. 522 par jour, et pour les 58 jours 88 fr. 28, avec une augmentation de poids de 201 kilogr., ont produit du poids vif à o fr. 439.

Les animaux étant également bons mangeurs, c'est évidemment aux prix de revient différents des navets et des bettes champêtres et à la proportion différente de protéine que contiennent ces aliments qu'il faut attribuer cette différence.

RATIONS DES VACHES.

Les vaches des 3 métairies ont été nourries d'une façon différente et leur nourriture a changé vers le 1er décembre. Pour celles du Petit-Logis, le foin a été remplacé par la paille d'avoine à partir du 25 janvier. A dater de ce moment, les choux, feuilles et troncs réunis, ont succédé aux feuilles seules, donnant ainsi une nourriture plus substantielle.

Chacune des 8 vaches du Petit-Logis a reçu du 1er octobre au 1er décembre :

	kg.	Matière sèche kg.	Protéine kg.	Prix fr.
Feuilles de choux.....	40	4,360	0,680	0,221
Foin.................	5	4,285	0,425	0,198
Pacage.............	3	0,843	0,093	0,025
Totaux......	48	9,488	1,198	0,444

$$\text{Relation nutritive} = \frac{1}{4,2}.$$

A partir du 1er décembre, on leur a distribué :

	kg.	Matière sèche kg.	Protéine kg.	Prix fr.
Feuilles de choux...	25	2,725	0,425	0,138
Foin..............	10	8,570	0,850	0,396
Totaux.....	35	11,295	1,275	0,534

$$\text{Relation nutritive} = \frac{1}{4,5}.$$

Les vaches de la Cour ont eu du 1er octobre au 1er décembre, chacune :

	kg.	Matière sèche kg.	Protéine kg.	Prix fr.
Feuilles de choux....	27	2,943	0,459	0,150
Paille d'avoine......	12	10,284	0,300	»
Pacage.............	3	0,843	0,093	0,025
Totaux.....	42	14,070	0,852	0,175

$$\text{Relation nutritive} = \frac{1}{7,7}.$$

A partir du 1er décembre, on leur a donné :

	kg.	Matière sèche kg.	Protéine kg.	Prix fr.
Feuilles de choux....	25	2,725	0,425	0,138
Choux moëlliers.....	12	1,440	0,240	0,062
Paille d'avoine......	7	6	0,175	»
Totaux.....	44	10,165	0,840	0,200

$$\text{Relation nutritive} = \frac{1}{6}.$$

On a distribué aux 4 vaches du garde, à partir du 1ᵉʳ octobre, à chacune :

	kg.	Matière sèche kg,	Protéine kg.	Prix fr.
Feuilles de choux. .	42,500	4,632	0,722	0,235
Foin.................	5	4,285	0,425	0,198
Pacage..............	4	1,024	0,124	0,033
Totaux.....	51,500	9,941	1,271	0,466

$$\text{Relation nutritive} = \frac{1}{4,2}.$$

A dater du 1ᵉʳ décembre, chacune a reçu :

	kg.	Matière sèche kg.	Protéine kg.	Prix fr.
Foin.................	8	6,856	0,680	0,317
Feuilles de choux...	25	2,725	0,425	0,140
Bettes champêtres...	12,500	1,500	0,137	0,105
Totaux.....	45,500	11,081	1,242	0,562

$$\text{Relation nutritive} = \frac{1}{4,6}.$$

Toutes les vaches du Lys allaitent leurs veaux pendant 4 mois ou 4 mois 1/2, sauf deux, dont les veaux sont vendus à 2 mois.

Le régime alimentaire des vaches, plus abondant pendant la production du lait, qui a lieu du reste au moment des regains, est à peu près de 2 kilogr. 800 de matière sèche pour 100 kilogr. de poids vif.

Le poids moyen des vaches étant de 420 kilogr., leur nourriture, conforme aux rations indiquées, est chaque jour, à raison de 2 kilogr. 800 par 100 kilogr., de 11 kilogr. 760 de matière sèche.

Les 2 vaches entretenues 7 mois pour leur lait consomment chacune 2.504 kilogr. 880, soit pour les deux 5.010 kilogr. Les 16 autres, pendant 4 mois 1/2, consomment 1.611 kilogr. chacune, et

25.776 kilogr. de matière sèche pour les 16. Les 18 consomment donc 308 quintaux, coûtant 1.127 fr. 28.

Les vaches produisent 16.560 litres de lait ; on compte 26 litres pour obtenir 1 kilogr. de beurre.

C'est donc une production de 637 kilogr. de beurre valant 2 fr. le kilogr. ; soit au total 1.274 fr. Bénéfice 146 fr. 72, plus le petit lait.

RATIONS DES ÉLÈVES DANS LEUR 2ᵉ ANNÉE.

Les 10 élèves du Logis ont consommé par jour jusqu'en décembre, chacun :

	kg.	Matière sèche kg.	Protéine kg.	Prix fr.
Choux	24	2,616	0,408	0,133
Paille d'avoine	6	5,142	0,150	»
Pacage	3	0,843	0,093	0,024
Totaux	33	8,601	0,651	0,157

Relation nutritive $= \dfrac{1}{6}$.

A partir de décembre, on leur a donné :

	kg.	Matière sèche kg.	Protéine kg.	Prix fr.
Choux	25	2,725	0,425	0,140
Foin	5	4,285	0,425	0,198
Paille d'avoine	2	1,714	0,050	»
Totaux	32	8,724	0,900	0,338

Relation nutritive $= \dfrac{1}{4,9}$.

Les 8 de la métairie de la Cour ont reçu d'abord :

	kg.	Matière sèche kg.	Protéine kg.	Prix fr.
Choux	20	2,180	0,340	0,110
Paille d'avoine	10	8,570	0,250	»
Pacage	3	0,843	0,093	0,024
Totaux	33	11,593	0,683	0,134

Relation nutritive $= \dfrac{1}{8}$.

Vers le 1er décembre, leur régime est devenu :

	kg.	Matière sèche kg.	Protéine kg.	Prix fr.
Choux..............	25	2,725	0,425	0,140
Paille d'avoine......	10	8,570	0,250	»
Totaux.....	35	11,295	0,675	0,140

Relation nutritive $= \dfrac{1}{8}$.

Les élèves de un à deux ans ont été nourris en moyenne avec 10 kilogr. de matière sèche; la ration journalière ne dépasse pas 0 fr. 20 et pour l'année 73 fr. Or, à la fin de la 1re année, les veaux pèsent à peine 240 kilogr.; à 2 ans, 400 kilogr.; l'augmentation pour la 2e année est donc de 160 kilogr. coûtant 73 fr.; c'est du poids vif revenant à 0 fr. 456.

RATIONS DES VEAUX DE L'ANNÉE.

Les veaux de 4 mois et demi pèsent en moyenne 130 kilogr. Du 14 septembre au 16 octobre, les 20 veaux des trois exploitations, nés dans le courant de l'année, ont reçu :

	kg.	Matière sèche kg.	Protéine kg.	Prix fr.
Foin...............	1,500	1,285	0,127	0,060
Choux.............	10	1,090	0,170	0,055
Pacage de luzerne....	10	2,470	0,450	0,045
Totaux......	21,500	4,845	0,747	0,160

Relation nutritive $= \dfrac{1}{2,9}$.

A partir du second mois, ces jeunes animaux ayant augmenté de poids, il a fallu augmenter leur nourriture : ils ont reçu chacun par jour :

	kg.	Matière sèche kg.	Protéine kg.	Prix fr.
Choux................	10	1,090	0,170	0,055
Bettes...............	10	1,200	0,110	0,083
Foin................	2,500	2,142	0,212	0,099
Pacage de trèfle......	10	2,070	0,370	0,041
Totaux.....	32,500	6,502	0,862	0,278

$$\text{Relation nutritive} = \frac{1}{4,1}$$

Malgré la période de froid pendant laquelle il a fallu supprimer la nourriture verte et la remplacer par du foin, les 13 veaux présentent une augmentation de poids de 707 kilogr. en 145 jours, soit par jour 0 kilogr. 375 par animal. Le poids vif est revenu à 0 fr. 666 le kilogr.

Compte du cheptel.

		fr.
Vente de	4 bœufs gras..................	2.400
—	4 bœufs de charrue............	1.600
—	6 vaches ou génisses...........	1.650
—	6 taureaux de 2 ans...........	1.650
—	6 brebis......................	270
—	24 agneaux...................	600
—	2 poulains de l'année..........	600
—	12 porcs gras.................	1.200
—	40 porcelets..................	800
—	40 kg. de laine...............	120
	Total.............	10.890

	f..
A quoi il faut ajouter 800 mc. de fumier...	3.200
Total.............	14.090

	fr.
Part du propriétaire..................	6.400
100 kg. de beurre fourni par moitié par les vaches du garde.....................	200
Total.............	6.600

	fr.
Les frais incombant au propriétaire (loyer des terres, moitié des semences, engrais, frais généraux)......................	6.214,20

<pre>
Bénéfice net du propriétaire sur les bestiaux.   385,80
Part des métayers (moitié des ventes)......   6.066
Les 5/6 du produit des porcs.............   1.634
537 kg. de beurre......................·.....   1.074
                                                 ────────
                                                 8.774
</pre>

Dépenses au compte des métayers :

<pre>
                                                    fr.
Main d'œuvre.................... ....   4.621,30
Moitié des semences....................   309,20
Moitié des engrais supplémentaires........   474
Moitié des engrais de ferme..............   752
Moitié des frais généraux................   350
Frais de pansage.......................   1.200
                                                 ────────
                                                 7.706,50

Bénéfice net des métayers................   1.067,50
</pre>

<pre>
En résumé, le bétail rapporte au propriétaire....   385,80
    —   —   aux métayers......   1.068,50
                                                  ────────
                          Total.........   1.474,30
</pre>

« Considérations à l'égard des intérêts réunis du propriétaire
et des métayers.

<pre>
                                                    fr.
Nous avons vu que les revenus bruts du pro-
    priétaire étaient de.....................   6.600
Et ceux des métayers de........ ....   8.774
                                                  ────────
             Total...... ......   15.374
                                                    fr.
La dépense du propriétaire étant de........   6.214 20
    —   des métayers   — 7.706 50
                                                  ────────
             Total.............   13.920 70
</pre>

Il reste un bénéfice de 15.374 fr. — 13.920 fr. 70 = 1.453 fr. 30.

« Ce bénéfice serait celui du fermier à prix certain. Il montre
l'avantage assez sensible qui existe à élever du bétail plutôt que
de cultiver des céréales lorsque le blé vaut moins de 18 francs
et ne rend pas plus de 20 hectolitres. »

Ainsi que le montrent les calculs de M. Ayraud, le métayage
est plus avantageux pour le propriétaire que le fermage ; au Lys,
le revenu est de 89 fr. par hectare, alors que la terre se loue en

moyenne 6o fr. dans le pays. Mais M. Ayraud fait profiter ses métayers de ses conseils et de sa grande expérience. Des fermiers ne recueilleraient pas les mêmes bénéfices.

Lorsque le propriétaire sait diriger ses métayers, la pratique du métayage est préférable pour les deux parties. Dans le cas contraire, comme dans le fermage du reste, les cultivateurs ne peuvent que très difficilement joindre les deux bouts, aux cours de la viande et des céréales en 1895. Ce qui leur manque surtout, c'est de savoir compter et calculer le prix de revient de chaque produit. Or, sans comptabilité, on ignore quel est le résultat financier de telle culture ou de telle industrie agricole.

Les propriétaires de la région des Mauges, entre Cholet, Beaupréau et la Loire, s'occupent en général assez peu des questions agricoles. Le métayage disparaît presque partout, car les cultivateurs, n'étant pas conseillés, préfèrent le fermage. Par suite du manque de capitaux et d'instruction technique, ils exploitent mal leurs fermes, et en sont réduits à vivre au jour le jour. Il y a 4o ans, le pays des Mauges était très riche, et les métayers avaient des économies ; aujourd'hui ils sont presque tous endettés.

Poussés par le besoin d'argent, ils vendent leurs bestiaux avant d'en avoir tiré profit. Dès qu'ils ont réalisé un petit bénéfice, ils achètent dans le Craonnais des manceaux-durhams, mauvais travailleurs, qu'ils revendent sans bénéfice peu de temps après. Les labours sont donc insuffisants ainsi que les fumiers.

Le rendement du froment n'atteint guère que 2o hectolitres et celui de l'avoine 29 ou 3o. Si les propriétaires se décidaient à s'occuper sérieusement de l'agriculture, le métayage bien pratiqué modifierait rapidement la situation. Il faudrait en même temps revenir à la race bovine vendéenne ou introduire une race plus viandeuse et apte au travail, augmenter le cheptel, et réduire la culture des céréales, qui, avec d'aussi faibles rendements, ne donne aux cours actuels aucun profit.

Une bonne ferme des environs de Chemillé nous a fourni les données suivantes :

Contenance................... 30 hectares
Valeur de la terre........... 1.800 fr. l'hectare.
Prix du fermage............. 60   —

Cultures.

hl.
Blé............ 8 hectares. Rendement 24 à l'hectaré.
Avoine......... 3   —   32   —
Seigle......... 1   —
Orge........... 1   —
Choux.......... 4   —
Prairies naturelles 5   —
Diverses....... 8   —

Les prairies des Mauges sont de mauvaise qualité et fournissent une herbe peu nourrissante. Il y aurait tout intérêt à les remplacer par des prairies artificielles et des plantes fourragères.

Cheptel.

kg.
4 bœufs de 4 ans pesant.................... 650
4   —   3   —   550
4   —   2   —   400
5 vaches   —   500
6 élèves
3 chevaux ou juments valant............... 500 fr. l'un
1 poulain................................ 150   —
4 porcs craonnais.
8 moutons.
Lait par vache et par an.................. 1.500 litres
Quantité de lait pour faire 1 kg. de beurre (1). 35   —
Age d'engraissement des bœufs, 5 à 6 ans.

L'engraissement se fait à l'étable ; il dure 4 mois l'hiver et 3 mois l'été.

Nourriture d'engraissement : choux, navets, foin, pommes de terre. Prix de la ration d'engraissement : 1 fr. 10 environ.

Nourriture d'entretien : choux, trèfle, vesce, foin et paille. Prix de la ration, 0 fr. 35 à 0 fr. 45. Valeur d'un bœuf de 5 ans 490 fr. environ. Augmentation de poids par l'engraissement 100 kilogr.

La période d'engraissement étant de 105 jours, la dépense est

(1) Par l'écrémage spontané.

Vte de Villebresme. — L'Élevage.

de 115 fr. 50. A 0 fr. 80 le kilogr. vif cela faisait une perte de 35 fr. si l'on n'avait pas le fumier. L'élevage est plus avantageux, car, tout en travaillant, les jeunes bœufs gagnent de 100 kilogr. à 150 kilogr. de poids vif par an.

Ainsi que nous le verrons ultérieurement un bœuf vendéen de 5 ans, pesant 650 kilogr., rapporte par son accroissement, son travail et le fumier qu'il produit un bénéfice de 736 fr. ou 0 fr. 43 par jour.

On a la mauvaise habitude en Vendée d'atteler sur les charrues 2 bœufs de 4 ans, 2 de 3 ans, 2 de 2 ans, et en arbalète 2 chevaux. Cela fait une longeur de plus de 16 mètres. Dans de pareilles conditions, on ne peut employer le brabant qui permettrait l'économie d'un homme.

D'autre part, les champs ont une surface très restreinte ; à chaque aboutée, tout l'effort est supporté par les 2 premiers bœufs, précisément dans les endroits les plus difficiles, à cause des charroyères, des sentiers et des racines des haies ; les chevaux ne fournissent aucun travail utile tout en se fatiguant beaucoup. Ce système mixte d'attelage est irrationnel et désavantageux à tous égards.

Les cultivateurs vendéens ne font jamais de labours profonds et se contentent de remuer la surface. Ils sont convaincus que le sous-sol, formé le plus souvent d'un schiste argileux, est et restera infertile. Par suite, les plantes qui demandent du fond ne peuvent réussir, et la surface meuble s'appauvrit.

Le personnel d'une ferme de 30 hectares comprend : le fermier et sa femme ; deux hommes toute l'année payés 450 fr. à 500 fr. chacun ; une fille de ferme ou un jeune garçon payés 215 fr. Ces domestiques sont logés et nourris. L'été, on prend un autre homme pour la moisson.

On voit d'après cet exposé qu'un cultivateur ne peut joindre les deux bouts tant que ses enfants ne sont pas en âge de l'aider et de remplacer les domestiques.

Race bovine vendéenne.

La race bovine vendéenne est une des plus grandes et des plus lourdes qui existent. Ses principales variétés sont celles de Parthenay, du pays nantais, du marais vendéen, des environs de Savenay, où elle est connue sous le nom de race Lérone, enfin celle de l'Aubrac.

La race vendéenne est de haute taille et fournit une viande qui a été classée en première ligne dans les expériences comparatives faites entre les différentes races par M. Baudement. Les bœufs, excellents travailleurs, sont attelés à la charrue ou à la charrette au moyen de jougs. On attache donc une grande importance à la disposition des cornes.

Autrefois en Vendée, on faisait travailler les bœufs jusqu'à 7 ou 8 ans, et on obtenait avec l'engraissement de superbes animaux valant 1.800 à 2.000 fr. la paire. Aujourd'hui on préfère engraisser à 5 ans.

Les bœufs vendéens sont précoces lorsqu'ils ont été bien alimentés. Ainsi M. le marquis de Charnacé en cite un de 4 ans qui pesait 900 kilogr. et 838 kilogr. au moment de l'abattage; il a rendu 570 kilogr. de poids net. Cela fait un coefficient de poids vif de 17,45. Coefficient de poids net 11,87. Rapport du poids net 0,68.

M. Sanson donne les rendements de 2 bœufs vendéens de concours âgés de 64 mois.

No 1.

	kg.
Poids vif......................................	865
Poids net......................................	534,600
Il y avait 195 kg. de 1re catégorie, 168 kg. 900 de 2e et 160 kg. 400 de 3e.	
Poids du suif..................................	91,500
Poids du cuir	58,500
Coefficient de poids vif.......................	13,5
Coefficient de poids net.......................	8,35
Rapport du poids net..........................	0,61
Matière sèche nutritive........................	38,65 o/o

N° 2.

	kg.
Poids vif..	950
Poids net..	584
Il y avait 222 kg. de 1re catégorie, 160 kg. de 2e et 165 kg. de 3°.	
Poids du suif....................................	88
Poids du cuir	60
Coefficient du poids vif.........................	14,84
Coefficient du poids net........................	9,12
Rapport du poids net............................	0,61

Matière sèche nutritive 33,38 o/o, dont 22,36 de protéine et 11,02 de graisse.

La relation entre la graisse et la protéine étant d'environ $\frac{1}{2}$, cela prouve que la chair est bien persillée.

Les vaches du Bocage sont peu laitières; leur rendement ne dépasse pas 1.600 litres par an. Dans le Marais, elles donnent 1.900 litres et 1 kilogr. de beurre pour 21 à 22 litres de lait. Ces vaches sont donc remarquablement beurrières.

Depuis l'organisation des coopératives, on cherche dans le Marais à améliorer les facultés laitières des vaches par voie de sélection; plus au nord et dans la Plaine, on s'attache au contraire à augmenter la précocité et l'aptitude à l'engraissement au moyen du croisement continu avec le taureau nivernais. Dans la région de Fontenay-le-Comte et des Deux-Sèvres, on ne voit plus guère aujourd'hui que des bœufs blancs.

Population chevaline du Bocage.

La population chevaline du Bocage est à l'état de variabilité; on n'y trouve que des individus extrêmement communs et sans qualités.

L'Administration des haras encourage le croisement des juments du pays avec des étalons de pur sang et de demi-sang. Le nombre des produits réussis ne peut manquer d'être insignifiant. Malgré cela, beaucoup de cultivateurs, dans l'espoir d'obtenir un cheval pour la remonte, donnent leurs juments aux étalons de l'Administration, sans réfléchir que des chevaux de sang ne peuvent leur rendre aucun service.

Le prix des chevaux du Bocage ne dépasse pas 550 fr. ; à 3 ans, ils ont coûté 700 fr. La remonte en prend quelques-uns qu'elle paie de 850 fr. à 1.000 fr.; ceux qui sont refusés sont difficilement vendus au commerce et à perte.

On voit quelquefois aux environs de Cholet des chevaux, généralement truités, et présentant le type arabe bien accusé; ils descendent sans doute des chevaux ramenés d'Egypte par le général Belliard. Les juments de ce genre donneraient d'excellents produits avec des étalons arabes, mais le cheval léger n'est pas à sa place dans ce pays.

Comme dans tout croisement, les étalons de sang donnent parfois avec les juments vendéennes des produits réussis, et c'est sur cette infime minorité que compte l'Administration pour fournir le contingent annuel à la remonte. Peu lui importe si, en moyenne, ces chevaux coûtent plus cher qu'on ne peut les vendre.

L'élevage du cheval dans le Bocage n'offre donc aucun intérêt. Il ne peut devenir rémunérateur tant qu'il ne sera pas pratiqué d'une façon rationnelle.

Maine et Craonnais.

Cette région appartient presque exclusivement à l'étage de transition. Les terrains siluriens prédominent, puis viennent les terrains cambriens et des gisements dévoniens de calcaires noirs qui fournissent de la chaux pour les amendements. « L'importance de la chaux pour les engrais, dit M. Dufrénoy, a fait rechercher cette roche avec beaucoup de soins; tous les gisements sont mis à profit et sur chacun d'eux on a construit des fours à chaux qui, par leur ensemble, sont d'un haut intérêt pour le géologue.

« Constamment placés sur la lisière du terrain ardoisier, ces fours forment une ligne continue, parallèle à la stratification générale du terrain et à celle du schiste en particulier, et fournissent autant de points de repère qui guident dans l'étude des terrains siluriens. »

Comme en Vendée, la création des routes a permis l'emploi de la chaux dont, parfois même, on a abusé. Les cultivateurs ignoraient au début que la chaux est un amendement, et non un engrais. Maintenant qu'ils savent l'employer, la culture fait de rapides progrès et est plus avancée que sur la rive gauche de la Loire.

Le nombre et la qualité des animaux ont augmenté, par suite les fumiers, ce qui permet d'obtenir de bons rendements des céréales.

Les fermes ont en général une contenance de 30 hectares. Tous les champs sont entourés de fossés et de talus plantés d'épines, de têtards et d'arbres de haute futaie qui constituent des clôtures infranchissables. Voici un type de ferme de 30 hectares des environs de Château-Gontier.

Contenance	30 hectares.
Valeur totale	60.000 fr.
Montant du fermage	2.400 —

Assolement.				*Rendement à l'hectare.*
Froment	8 hectares.			Maximum, 35 hl.; minimum, 20 hl.
Avoine	1	—		— 42 — 30
Orge	4	—		— 32 — 20
Choux poitevins	1	—	50	En moyenne 600 quintaux.
Choux moëlliers	1	—		Variable.
Pommes de terre	0	—	50	128 à 144 hectolitres.
Betteraves	1	—		300 à 400 quintaux.
Prairies naturelles	10	—		Variable.
Luzerne et trèfle	3	—		Au moins le double des prairies naturelles.

Cheptel.

4 juments de 3 à 15 ans valant de 400 fr. à 1.000 fr. ;
1 poulain   —   —   300 fr. à 400 fr. ;

12 bœufs de 18 mois à 42 mois dont :
4 de 800 fr. à 900 fr. la paire, pesant 600 kg. à 650 kg. l'un ;
4 de 600 fr. à 700 fr. ;
4 de 400 fr. à 590 fr. ;
6 vaches de 300 fr. l'une ;
1 taureau de 400 fr. à 600 fr. ;
7 élèves de 150 fr. en moyenne ;
3 truies ;
2 porcs à l'engrais pesant à 18 mois 175 kg., valeur 175 fr. l'un.
12 porcelets ;
3 brebis ;
1 bélier ;
6 élèves.

Soit environ 400 kilogr. de poids vif à l'hectare.

Voici quels sont en moyenne les prix de revient de la matière sèche et de la matière azotée des principaux fourrages dans le pays segréen.

	Matière sèche	Matière azotée
	le kg.	le kg.
Prairies	0,03	0,42
Luzerne	0,03	0,17
Choux	0,03	0,27
Navets	0,08	0,46
Trèfle	0,03	0,19
Vesces d'hiver	0,05	0,26
Avoine de printemps	0,06	0,53
Pois. Sarrasin	0,03	0,22
Betteraves	0,05	0,72
Pommes de terre	0,13	1,51

On voit, d'après cela, que, suivant les fourrages employés, le prix de la nourriture est très variable.

Population bovine.

Le Craonnais, le Maine et la région de Rennes n'avaient pas de race bovine pure.

Les trois races voisines, bretonne, normande et vendéenne, ont contribué par leur mélange à la formation d'un bétail à l'état de variation, sans aptitudes déterminées et connu sous le nom de race mancelle.

Parlant de la « race mancelle », qu'il a connue avant qu'elle ait été remplacée par le durham-manceau, M. Leclerc-Thouin disait en 1840 (1) : « Sa couleur est d'un rouge blond uniforme, tirant plus ou moins sur l'une ou l'autre teinte ; tantôt, et c'est le plus ordinaire, d'un rouge blond maculé de blanc. La tête est particulièrement dessinée de cette couleur qui forme nettement l'entourage des yeux et se reproduit sur les naseaux ; les cornes, d'un blanc jaunâtre ou verdâtre, sont assez grosses à leur base, ouvertes régulièrement dans leur légère courbure, et ne dépassant pas d'ordinaire 22 ou 23 centimètres de longueur ; le front est large ainsi que le poitrail ; les flancs sont développés ; la croupe est épaisse, carrée, formant jusqu'à la distance du jarret, dans l'attitude du repos, une ligne plutôt droite que convexe ; les cuisses ne sont détachées qu'à une faible hauteur du jarret.

« On rencontre d'abord cette race au nord-est de Baugé, aux approches et aux environs de Durtal, où elle m'a paru fort belle sur les bords du Loir (2). De là, elle se propage au sud comme au nord de Châteauneuf jusqu'au delà de Segré, tantôt pure ou à peu près, tantôt diversement modifiée par son croisement avec la race suisse, dont M. de la Lorie avait introduit quelques beaux taureaux vers la fin du xviiie siècle.

« Dans la propriété qui porte ce nom, on reconnaît encore le type paternel à sa couleur noire ou rouge brun, à sa haute stature ; aux membres plus osseux, plus gros, au cornage plus vigoureux des individus. »

Remarquons en passant qu'à l'heure actuelle encore les descendants de ces animaux ont encore les muqueuses noires, tant l'hérédité d'une race pure persiste dans une population hétérogène.

(1) Il ne faut pas oublier qu'à l'époque où M. Thouin écrivait on n'avait pas encore déterminé les caractères spécifiques des races.

(2) La région du Durtal appartient à la formation jurassique ; les herbages y sont donc plus nourrissants que sur les terrains de transition du Craonnais.

« En traversant au sud les terres fraîches et fécondes de la petite plaine qui s'étend de la Chapelle à Saint-Gemmes-d'Andigné, il est facile de faire la même remarque. Toutefois, les caractères manceaux l'emportent sur les caractères suisses, ou du moins, si la première race a gagné en corpulence, ce qui peut être dû, par parenthèse, tout aussi bien à la richesse des herbages qu'au croisement, elle a conservé la disposition qui fait son principal mérite. Il n'est pas rare de voir sortir de cette partie de la contrée des animaux maigres de 5 ans, au prix de 800 fr. et 1.000 fr. la paire. M. du Mas, dans le voisinage du Lion d'Angers, en a vendu jusqu'à 1.000 francs.

« A l'ouest de Segré, on retrouve encore des bœufs de race mancelle bien caractérisée, sur quelques exploitations suffisamment affourragées où elle prospère ; mais généralement, elle décroît en taille et elle se perd dans ses croisements avec la race bretonne, jusqu'à ce qu'elle domine à son tour dans le pays.

« Les bœufs manceaux ne sont pas ordinairement ardents au travail ; par contre, ils engraissent facilement et assez promptement, même dans la jeunesse. Les herbagers normands en font un cas particulier. Lorsque je parcourais la vallée d'Auge, j'ai pu me convaincre qu'ils y arrivaient souvent les derniers, et qu'ils sortaient cependant les premiers pour l'alimentation de la capitale.

« Les engraisseurs de Maine-et-Loire sont persuadés que leurs bœufs engraissent moins bien à la crèche qu'au pâturage ; quelques-uns de ces cultivateurs l'ont même, disent-ils, éprouvé. Que les essais auxquels ils se sont livrés aient ou non une valeur décisive, il est à remarquer que ces animaux pénètrent tout aussi peu dans l'arrondissement de Beaupréau que ceux de la race choletaise ne se répandent dans les herbages normands. »

M. le marquis de Dampierre dit que « les vaches mancelles nourrissent à peine leur veau et tarissent complètement après le sevrage. C'est donc une race peu estimable, qu'il est inutile de conserver dans sa pureté et qui, circonscrite dans une petite contrée, dans le voisinage de races aussi précieuses que celles de Cholet, de Normandie et de Bretagne, disparaîtra sans doute dans un avenir peu éloigné. Aucune race ne me semble plus apte à s'améliorer par le croisement avec la race durham. »

Ces appréciations sont parfaitement justes en ce sens que la population bovine du Craonnais et du Maine ne peut être améliorée par la sélection, puisqu'elle n'appartient pas à une race pure.

En effet, lorsqu'on examine un lot d'animaux manceaux, on remarque que, s'ils ont une certaine similitude résultant des mêmes alliances sur un même sol, les têtes offrent tour à tour la craniologie des 3 races d'origine. C'est au point qu'au dernier concours de Laval on a proposé de créer un herd-book afin de reconstituer la « race mancelle »; mais on n'a pas pu tomber d'accord sur les caractères spécifiques à exiger pour l'inscription des animaux.

Le bétail manceau ne peut donc posséder aucune puissance d'hérédité. On en voit la preuve dans les produits de croisements; ceux-ci empruntent constamment les principaux caractères des reproducteurs de race pure dont l'hérédité prédomine, comme dans la descendance des taureaux de la Lorie, importés il y a 150 ans.

Les bovins manceaux ne pouvant être améliorés par la sélection, on a cherché à développer leur précocité et leur aptitude à l'engraissement par voie de croisement. Depuis ce temps, on ne fait plus travailler les bœufs.

Il y a 50 ans le durham était la meilleure machine à transformation. Ce sont donc des reproducteurs de cette variété que l'on a choisis.

Les avis sont très partagés aujourd'hui sur les avantages et les inconvénients du durham : il a des admirateurs et des détracteurs passionnés. On ne saurait nier que le sol du Maine est très inférieur à celui des bords de la Tees; de plus, le climat maritime d'Angleterre est humide et froid, celui du Maine relativement

sec et chaud. Le shorthorn trouve donc dans ce nouveau milieu
des conditions défavorables, aussi son accroissement est-il beaucoup plus faible qu'en Angleterre.

Quoi qu'il en soit, grâce à l'introduction du durham par MM. de
Falloux, Daudier, de la Valette, Després, etc., le croisement continu a donné naissance dans la Mayenne et le canton de Châteauneuf (M.-et-L.) à une belle variété de shorthorn, appelée improprement race durham-mancelle. Les bœufs se vendent vers trois
ans et demi et pèsent en moyenne 650 kilog. Coefficient d'accroissement : 15,4.

Comme tous les durhams, ces animaux font beaucoup de suif
et leur chair n'est pas persillée.

Dans la région de Segré (M.-et-L.), la population bovine étant
restée en complète variation malgré le voisinage de l'étable du
Bourg d'Iré, beaucoup d'éleveurs ont, depuis quelques années,
introduit le taureau nivernais en vue de créer une variété niver-
naise-angevine. Les produits, très recherchés par les herbagers
de Normandie et du Nord, à cause de leur aptitude à l'engraissement et de leurs qualités viandeuses, font prime sur le marché
et sont vendus vers 30 mois. Ils pèsent alors environ 600 kilogr.
Coefficient : 20.

Nous avons pesé dernièrement quelques bœufs métis nivernais
d'une bonne étable des environs de Segré ; ils ont donné : Age
moyen : 30 mois. Poids moyen : 610 kilogr. Coefficient de poids vif :
20,33. Accroissement journalier : 0 kilogr.716. Le plus jeune,
âgé de 27 mois, pesait 645 kilogr., soit un coefficient de 23,88.

Ces animaux ont été pesés à jeun. Ils n'ont jamais reçu d'aliments concentrés.

On remarquera que l'accroissement journalier moyen du bœuf
de 27 mois est de 0 kilogr. 796.

Les animaux ont été vendus 0 fr. 80 le kilogr. vif (26 sept. 1903).

Il y a peu d'années encore, l'Amérique du Sud achetait dans le
Craonnais, et à des prix élevés, les géniteurs dont elle a besoin.
Les éleveurs de la République Argentine préféraient ces durhams,

plus rustiques que ceux élevés en Angleterre. Ce débouché est fermé aujourd'hui, sous prétexte que nos bovins sont souvent injectés à la tuberculine et ne réagissent plus à leur arrivée, lorsqu'ils sont tuberculeux. Notre gouvernement n'a rien fait pour conserver ce débouché à l'élevage du durham français et les conséquences n'ont pas tardé à se traduire par la suppression de quelques étables célèbres, comme celle du Bourg d'Iré, à M. le comte de Blois.

Voici des renseignements que nous devons à l'amabilité de M. le comte de Quatrebarbes, sur son domaine de la Motte-Daudier, près de Craon, où son beau-père, M. Daudier, créa une remarquable étable de durhams en 1857.

Ce domaine a une contenance de 350 hectares. Le sol appartient à l'étage cambrien. Une partie est exploitée directement par le propriétaire, le reste par des fermiers. Les terres valent 1.800 fr. à 2.000 fr. l'hectare, et se louent de 75 fr. à 85 francs.

L'assolement comprend 1/3 en céréales, 1/3 en prairies, et 1/3 en racines, coupages, etc.

Le blé rend 32 à 35 hectolitres; les betteraves 25.000 kilogr.; les prairies 2.500 kilogr. à 3.000 kilogr. de foin.

On compte un cheval par 5 hectares pour les labours et une tête au moins de bétail par hectare. Dans l'exploitation directe, on élève des reproducteurs durhams qui se vendent en France et à l'Etranger.

Le bétail des fermes ne comprend aussi que des durhams purs. A 30 ou 40 mois une paire de bœufs se vend entre 950 fr. et 1.000 fr.

Les vaches donnent 12 litres de lait en pleine lactation.

M. le comte de Quatrebarbes élève des porcs de la race craonnaise qui se vendent comme reproducteurs, les mâles 60 fr. à 65 fr.; les femelles 50 fr. à 55 fr. à l'âge de 8 ou 9 semaines.

Les porcs conservés pour la consommation pèsent, à 2 ans, 275 kilogr. On les nourrit avec du lait, du son, de la farine d'orge, des topinambours, des choux, des betteraves et des carottes.

Il y a aussi quelques moutons de la race du pays croisés avec le dishley.

Population chevaline.

Nous ne pourrions que répéter, pour l'élevage du cheval dans le Maine et le Craonnais,ce que nous avons dit au sujet du Bocage vendéen.

Dans toute cette région, la population chevaline se trouve à l'état de variation, et n'est propre qu'aux travaux de la culture. Les juments donnent avec l'étalon percheron de bons chevaux de trait : avec le pur sang ou le demi-sang, on n'obtient qu'une très faible proportion d'individus réussis et suffisamment membrés.

Les cultivateurs auraient tout intérêt à faire le cheval de trait léger ; la culture est assez avancée pour qu'on puisse produire le percheron.

Depuis qu'on ne fait plus travailler les bœufs dans le Craonnais et qu'ils sont spécialisés pour la boucherie, il n'y a dans les fermes que des juments dont les poulains amortissent la dépréciation annuelle. Les chevaux perdraient chaque année une partie de leur valeur, sans autre compensation que le travail produit.

Les juments des fermes, ne travaillant guère que 180 jours par an, sont nourries sans avoine et leur force motrice ressort à un prix très minime.

	Dépense fr.	Recettes fr.
Amortissement, ferrure, entretien des harnais...	127	
Nourriture...	130	
1/2 poulain..		200

soit 57 fr. par jument et par an.

CHAPITRE II
Terrains secondaires.

L'étage secondaire comprend trois systèmes :
1° Le système triasique ;
2° Le système jurassique ;
3° Le système crétacé.

I. — SYSTÈME TRIASIQUE

La Lorraine.

Les grès du trias se trouvent principalement dans les Vosges et
la Lorraine : ils forment des montagnes carrées et aplaties qui
vont de Saverne au mont Tonnerre. A leur pied s'étend une plaine
de calcaire coquillier et de marnes irisées, limitées à l'ouest par
les calcaires jurassiques qui séparent la Lorraine de la Champagne.

Dans les Vosges, les grès fournissent un sol aride et sablonneux, pauvre en chaux et en acide phosphorique, extrêmement
mobile ; par suite, on ne peut mieux faire que de boiser les pentes.
Nous avons déjà eu l'occasion de parler de l'élevage dans les
Vosges ; comme il se pratique de la même façon sur les porphyres
et sur les grès, nous n'avons pas à y revenir. Signalons cependant
les améliorations faites par M. Chevandier de Valdrôme dans
ses domaines de Meurthe-et-Moselle, améliorations qui lui ont
valu la prime d'honneur en 1877.

Il résulte de ses expériences que, dans les parties sèches, le sel de potasse de Strassfurt, mélangé avec des cendres lessivées, donne les meilleures récoltes.

Dans les parties humides, les cendres sont préférables, mais à la condition de ne pas irriguer ; elles y développent les légumineuses, et améliorent la valeur nutritive des fourrages. Enfin l'irrigation fait un meilleur effet que les sels de Strassfurt.

M. Chevandier de Valdrôme emploie comme litière pour le bétail, un mélange d'argile et de sciure de bois. On laisse mûrir ce compost sous un hangar, et on en répand 56 m. cubes par hectare de prairies. Avec ce traitement, elles donnent 3.ooo kilogr. à 3.3oo kilogr. de foin par hectare.

Le calcaire coquillier, deuxième étage du trias, forme en Lorraine une bande qui contourne le massif de porphyres et de grès. A la montagne succède une plaine fertile et couverte de villages. La population, qui est dans les Vosges de 70,6 habitants, est de 82,5 dans le département de Meurthe-et-Moselle.

Le calcaire coquillier fournit des terres argileuses, souvent mélangées d'alluvions et de sables fins provenant de la décomposition des grès des hauteurs.

Après avoir traversé le calcaire, les eaux de pluie sont chargées de carbonate de chaux.

Les argiles du trias sont très favorables aux prairies permanentes et artificielles.

Voici, d'après M. Grandeau, la composition d'une terre provenant d'Ablainville (Meurthe).

	P. 100
Eau	4,77
Matières combustibles	4,88
Alumine et oxyde de fer	10,88
Chaux	0,48
Magnésie	0,36
Potasse	0,82
Soude	0,06
Acide phosphorique	0,75
Résidu insoluble	77

On voit que cette terre est riche en acide phosphorique et en potasse. Une grande partie de la chaux a été entraînée par les eaux de pluie, mais le calcaire en se délitant en fournit suffisamment.

A l'ouest du calcaire coquillier, les marnes irisées forment une zone qui, entre Mirecourt et Sarreguemines, constitue la plus grande partie de la plaine lorraine. Ces marnes sont en général fertiles, bien que pauvres en acide phosphorique. « En temps de sécheresse, dit M. Burat dans sa géologie de la France, ces marnes argileuses se dessèchent, et présentent un sol incohérent, formé de petits fragments polyédriques, fendillés par une multitude de fissures de retrait.

« Leurs surfaces, à moins qu'elles n'aient été modifiées par des amendements, forment des steppes secs, dont les couleurs grisâtres bariolées de veines d'un rouge sale attristent la vue. Les vents violents mettent en mouvement les petits fragments marneux, de telle sorte que la mobilité du sol, renouvelant les surfaces, ajoute un nouvel obstacle à la végétation.

« Il semblerait que la saison des pluies va ramener le sol à des conditions normales : mais ces marnes sont très argileuses; elles se renflent en absorbant l'eau, tous les fragments se soudent et constituent bientôt des surfaces imperméables sur lesquelles les eaux restent en flaques stagnantes. »

Parfois les argiles sont recouvertes par des sables provenant du grès vosgien qui ameublissent la couche superficielle, mais le sous-sol reste imperméable. On en a profité pour créer des étangs poissonneux.

Les larges vallées, à faible pente, sont couvertes de prairies souvent marécageuses qui auraient besoin d'être drainées.

La quotité de bétail est de 187 kilogr. dans les Vosges, et de 164 kilogr. dans la Meurthe-et-Moselle.

La culture a subi de grandes modifications en Lorraine depuis 40 ans. On a défriché beaucoup de terres incultes, drainé les sols humides, desséché des marais et créé plusieurs milliers d'hectares de prairies.

En 1870, il y avait dans le département de Meurthe-et-Moselle 1.200 exploitations de 1 à 5 hectares, et 2.400 de 5 à 10 hectares.

Depuis ce temps, le nombre des petits cultivateurs exploitant eux-mêmes leurs terres augmente de 0,5 par an, tandis que les grandes propriétés gérées par des régisseurs diminuent constamment. Ce morcellement de la propriété foncière a favorisé la mise en valeur des terres incultes, mais s'oppose aux améliorations de la culture et de l'élevage, car le petit cultivateur n'a pas à sa disposition les moyens de mettre en pratique les bonnes méthodes.

Dans un pays morcelé, l'agriculture doit nécessairement rester stationnaire.

La création rapide de nombreuses prairies en Lorraine, avant qu'on ait préparé un programme réfléchi, avant qu'on sût si l'on ferait de l'élevage, de l'engraissement ou de l'industrie laitière, a nécessité l'introduction de toutes les races. Les uns ont choisi le durham pour la production de la viande, les autres, des vaches suisses, hollandaises ou normandes afin d'obtenir du lait. Presque partout le durham a dégénéré. Les vaches suisses, suivant qu'elles proviennent des riches vallées de Berne et de Fribourg, ou des cantons pauvres, s'acclimatent plus ou moins bien, et leurs aptitudes sont très différentes. Les premières ont de l'ampleur, des formes régulières, des masses musculaires bien développées et sont bonnes laitières; les secondes n'ont que l'aptitude laitière. Les hollandaises et les normandes donnent beaucoup de lait, mais leurs produits laissent très à désirer comme animaux de boucherie.

Le mélange de toutes ces races a formé une population hétérogène, sans caractères et aptitudes déterminés. L'industrie laitière est celle qui conviendrait le mieux à la qualité des herbages. On vendrait le lait en nature dans les centres, et lorsque cette ressource fait défaut, on le transformerait en beurre et en fromage. Mais l'élevage ou l'engraissement ne peuvent, dans les conditions

Vte de Villebresme. — L'Élevage.

actuelles, et tels qu'ils sont pratiqués, donner des résultats satisfaisants.

Nous citerons comme type d'une grande exploitation en Lorraine, la ferme de Tomblaine, près Nancy, que M. Louis père cultivait en 1856. Elle était louée 53 fr. l'hectare. Lorsque son fils lui succéda, il payait 69 fr. 70.

3/6 des terres sont argilo-calcaires à sous-sol argileux imperméable ; 1/6 est argilo-siliceux à sous-sol argileux imperméable ; 2/6 est sableux et silico-argileux à sous-sol perméable.

Au début, M. Louis fils suivit l'assolement triennal de son père. Blé, 20 hectares ; avoine, 20 hectares ; jachère, 10 hectares ; pommes de terre, 16 hectares ; betteraves, 4 hectares ; prairies artificielles, 5 hectares.

Les rendements étaient mauvais : M. Louis se décida à profiter du voisinage de Nancy ; il acheta 14 vaches et éleva quelques veaux. Il vendait déjà pour 25 fr. de lait par jour quand une épidémie de péripneumonie ravagea son étable. A partir de ce jour, M. Louis fit inoculer tous ses animaux.

Après avoir reconstitué son troupeau, il vendait 40 litres de lait par jour ; à ce moment son bail fut augmenté. M. Louis fit alors plus de plantes sarclées et de prairies artificielles; il eut ainsi davantage de fumiers, car il avait accru au fur et à mesure le nombre de ses animaux. Malgré cela, il acheta chaque jour deux voitures de gadoues, ce qui lui causa une dépense annuelle de 4.500 fr. Le rendement des cultures, et surtout celui de la pomme de terre, devint très satisfaisant. Il monta une féculerie qui, outre les bénéfices en argent, fournit de grandes quantités de nourriture pour les animaux. M. Louis abandonna alors l'élevage et fit de l'engraissement. Les étables contenaient 40 vaches achetées fraîches vêlées et revendues grasses après avoir fourni leur contingent de lait, ainsi que 300 moutons achetés maigres et revendus gras.

En 1870, le typhus et l'ennemi firent perdre à M. Louis tout son bétail : il ne lui resta qu'une vache. A la paix, il se remit

courageusement à l'œuvre, acheta 4o vaches et reprit l'industrie
laitière.

En 1884, le cheptel de Tomblaine comprenait : 5o vaches ;
26 chevaux ; 31 poulains; 1 étalon; 2 juments; 180 moutons ;
160 brebis; 160 agneaux; 2 béliers; 8 porcs, soit un équivalent
de 163 têtes de gros bétail.

Au début, M. Louis avait 64 têtes pesant 25.600 kilogr., soit
moins de 1/2 tête à l'hectare; en 1884, les 163 têtes pesaient
80.000 kilogr., ou 1 tête 1/6 à l'hectare.

Le fumier produit est de 500.000 kilogr.; celui acheté, de
2.100.000 kilogr., ce qui permet de fumer à raison de 70.000 kilogr.

Les cultures sont ainsi réparties :

		kg.
Prairies naturelles.....	42 hect. rendant	3.750 à l'hect.
— temporaires...	4 —	
— artificielles....	27 —	7.500 —
Cultures fourragères...	6	
Betteraves...........	11 —	55 à 60.000 —
Pommes de terre......	17 —	18 à 20.000 —
Blé.................	28 —	22 à 40 qx. suiv. espèce
Avoine..............	14 —	55 quintaux.
Vigne..............	3 —	
Jardin.............	1	

(Extrait du Compte rendu de la Prime d'honneur.)

Population chevaline de Lorraine.

L'ancienne population chevaline de Lorraine était d'origine
arabe. Elle a été conservée et améliorée pendant longtemps par
des étalons turcs et hongrois introduits par les ducs de Lorraine,
par les étalons arabes du haras de Rosières, au milieu du XVIIIe siècle, enfin par ceux du haras grand-ducal de Deux-Ponts.

Malgré leur petite taille et leurs formes irrégulières dues au
manque de soins et à l'excès de travail, les chevaux lorrains jouissaient d'une grande réputation de rusticité et d'énergie; ils ont
à peu près disparu depuis que l'Administration des haras et les

sociétés d'agriculture ont encouragé tour à tour et sans réflexion l'emploi des étalons ardennais, franc-comtois, anglais, anglo-normands, etc. On utilise trop souvent aussi des étalons rouleurs belges, « généralement massifs et communs, lourds, grêles de membres, atteints de tares et de vices transmissibles, sans puissance d'hérédité, ni appropriation aux conditions du milieu, prédisposés aux engorgements des extrémités, aux eaux aux jambes, et à la fluxion périodique (1) ».

Tous ces croisements irrationnels ont donné naissance à une population hétérogène.

La meilleure chose à faire serait de sélectionner le type indigène et de l'améliorer par l'étalon arabe, ou si l'on veut le cheval de trait, d'élever le percheron léger ou le breton du Léon. Mais avant tout, il serait nécessaire d'exiger moins de travail des jeunes chevaux, et de leur donner une meilleure alimentation, car en hiver ils ne reçoivent que de la paille, et en été, du trèfle, de la luzerne et du sainfoin. A un pareil régime, aucune race ne peut acquérir de qualités.

Pour donner une idée de l'incohérence qui préside à la direction de l'élevage en Lorraine, voici quel est l'effectif du haras de Rosières, qui fournit des étalons aux départements de Meurthe-et-Moselle, de la Meuse et des Vosges.

Pur-sang anglais	1
Pur-sang arabe	1
Demi-sang du Midi	2
Anglo-normands	64
Demi-sang vendéens	3
Norfolk breton ?	1
Percherons	5
Boulonnais	6
Ardennais	7

Inutile de faire remarquer que l'anglo-normand qui constitue la grande majorité de l'effectif est à tous égards le type qui convient le moins dans cette région ; ses produits sont hauts sur jambes et manquent de membres.

(1) Dr Servoles. *Etude des chevaux de la Meuse.*

Le dépôt de Suippes n'achète en Lorraine qu'un petit nombre de chevaux de trait léger et de cavalerie légère.

Ainsi donc, non seulement l'Administration n'améliore pas la production chevaline en Lorraine, mais elle n'obtient même pas les quelques chevaux à deux fins pour lesquels elle sacrifie tout.

En Lorraine, son système n'a pas l'excuse d'un succès partiel, comme dans d'autres régions, où il est cependant condamné par l'expérience.

Populations ovine et porcine.

La population ovine est très disparate : elle comprend un mélange de mérinos, de champenois, de southdowns et de dishleys. Il y a aussi quelques troupeaux de métis du Bourbonnais.

Ces animaux sont assez grossiers de forme, osseux et hauts sur jambes ; ils ont le rein mal soutenu, la tête énorme avec le chanfrein busqué, les oreilles larges et pendantes.

On tire plus ou moins bon parti de ces animaux en donnant aux brebis des béliers dishleys et southdowns dont les produits sont assez satisfaisants. Mais ce n'est pas ainsi qu'on obtiendra une amélioration sérieuse et durable. On n'y parviendra qu'en adoptant une race pure, telle que les mérinos, et en la sélectionnant.

Les suidés indigènes, qui deviennent rares, résultent du mélange des races ibérique et celtique. Ces animaux sont durs à engraisser, marcheurs, hauts sur jambes et minces de corps. Ils ont la tête forte, le groin démesurément allongé, et les os gros. Afin d'augmenter leur précocité, on les croise avec les variétés anglaises Yorkshire, Berkshire, Prince-Albert, etc.

En résumé, l'élevage de toutes les espèces se fait sans méthode en Lorraine, par suite il ne peut être rémunérateur.

II. — SYSTÈME JURASSIQUE

Le système jurassique, qui tire son nom des montagnes du Jura, où il prédomine, forme autour du bassin de Paris une ceinture ouverte au nord et au nord-ouest. Les étages successifs constituent des zones concentriques dont les couches les plus anciennes se trouvent sur le périmètre.

Les limites des terrains jurassiques sont : au nord-est, le massif primaire des Ardennes ; à l'est, le trias des Vosges, au sud et à l'ouest, les massifs granitiques du Plateau central, de la Vendée, du Bocage normand et du Cotentin.

Au nord-ouest et au sud-est, des dépôts presque continus de jurassique relient le bassin de Paris avec celui d'Aquitaine par le détroit du Poitou, et avec celui du Jura par le détroit de la Côte-d'Or.

Au nord, la Manche fractionne ces dépôts que l'on retrouve avec des caractères identiques dans la partie sud-est de l'Angleterre.

Les calcaires formés au fond de la mer jurassique ont parfois une puissance de 1.200 m. à 1.500 m. ; formés d'organismes tels que les foraminifères et les coraux, ils diffèrent des terrains primitifs et primaires par l'abondance du carbonate de chaux. On les distingue entre eux par les organismes et les fossiles qui s'y trouvent, ainsi que par des mélanges variables d'argiles, de sable et de limons tertiaires ou quaternaires accumulés par les courants.

Bien que presque toujours ces dépôts soient superposés au jurassique, et en modifient les caractères, ces trois formations sont trop différentes pour que nous puissions les examiner en même temps. Mais il ne faut pas perdre de vue que le jurassique apparaît rarement à la surface des plaines où la culture s'exerce sur des alluvions, plus ou moins épaisses et fertiles selon leur origine.

Le Charolais et le Nivernais.

Le lias, premier étage du jurassique, convient particulièrement aux herbages ; c'est à lui qu'est adaptée la belle variété charolaise qui se répand de proche en proche dans l'intérieur de la France, en suivant les progrès de la culture.

Les premières améliorations importantes ont été faites dans le Nivernais par M. le comte de Bouillé, sur le domaine de Villars, commune de Saint-Parize-le-Châtel.

Voici ce qu'en dit M. Risler.

« Une partie des terres est argileuse, à sous-sol imperméable ; il a fallu en draîner 40 hectares.

« Ces terres sont consacrées aux prairies et aux herbages. Une autre partie du domaine se compose de terrains calcaires et secs qui ont permis à M. de Bouillé de joindre l'élevage du mouton à celui des bêtes à cornes. Son troupeau de moutons southdowns a encore plus de réputation que ses charolais, et fournit aux éleveurs des plateaux oolithiques, qui s'étendent au-dessus des marnes du lias, des reproducteurs qui servent à améliorer l'ancienne race berrichonne.

« En 1863, année où M. de Bouillé a obtenu la Prime d'honneur du département, il y avait sur les 124 hectares de la ferme de Villars, 63 hectares d'herbages et prairies naturelles, 30 hectares de racines et fourrages artificiels et 26 hectares de céréales. Le reste était occupé par une vigne, le jardin, et les bâtiments d'exploitation. Avec ces ressources fourragères, on nourrissait 3 taureaux, 30 vaches, 12 génisses et 22 veaux ; de plus, 629 béliers, brebis et agneaux.

« En 1854, quand M. le comte de Bouillé devint propriétaire de la ferme de Villars, elle était estimée 178.000 fr. et rendait 5.300 fr. par an en moyenne. Peu à peu ce revenu s'était élevé à 25.000 fr. et même à 30.000 fr. Il est vrai que cette augmentation considérable provient en grande partie des hauts prix auxquels se vendent les reproducteurs.

« C'est un revenu exceptionnel qui dépasse de beaucoup la moyenne des terres analogues du centre de la France. Mais partout cette moyenne a doublé, quelquefois triplé, dans le lias du Nivernais et du Cher, depuis que les herbages y ont pris de l'extension, depuis que les chemins de fer ont facilité la vente des produits. »

Variété bovine charolaise.

La variété charolaise de la race jurassique peuple l'arrondissement de Charolles (Saône-et-Loire) depuis un temps immémorial. Elle a acquis sur les riches herbages du lias de cette région, un corps ample, un squelette réduit, une poitrine profonde et des cuisses fortement musclées. La peau est restée épaisse, mais remarquablement molle et souple.

Les animaux vivent constamment dans les herbages, et ne sont rentrés qu'en cas de froids rigoureux et de neige. Les moins bonnes prairies nourrissent les vaches et le jeune bétail ; les autres, appelées embouches, sont consacrées à l'engraissement.

Les vaches sont peu laitières, et dans les exploitations où l'on veut du lait, on fait venir des normandes ou des schwitz.

L'aptitude principale, de la variété est donc la production de la viande, mais les bœufs sont excellents travailleurs. Autrefois on ne les engraissait qu'à 7 ou 8 ans ; maintenant ils le sont à 4 ou 5 ans, et travaillent depuis l'âge de 18 mois.

Après avoir parlé des qualités du lias dans le Charolais, M. Chamard écrit :

« C'est dans ces conditions extrêmement avantageuses que la race charolaise a acquis depuis des siècles les caractères et la finesse des tissus qui l'ont de tout temps fait préférer à toute autre pour la boucherie de Lyon.

« L'impulsion, donnée par les premiers éleveurs à la production en grand du bétail, développa bientôt cette industrie sur une très large échelle, et quelques esprits actifs, secondés du reste par la fertilité des herbages et la facilité extrême de la race à se bourrer de chair et de graisse, se lancèrent dans la spéculation des embouches.

« En quelques années, cette nouvelle manière d'exploiter devint générale, et fut appliquée à tous les meilleurs fonds ; l'élevage en grand dut, pour rester avantageux, s'éloigner de plus en plus des centres qu'il avait primitivement occupés. Cependant les bénéfices réalisés à court terme dans la nouvelle industrie devinrent tellement considérables qu'on vit affermer certains herbages à raison de 140 fr. par bœuf, soit environ 280 fr. par hectare, net pour le propriétaire, l'hectare pouvant dans un grand nombre de cas, engraisser jusqu'à deux têtes... Mais cet état de choses ne pouvait durer longtemps. La diminution de l'élevage et la concurrence entre les engraisseurs, dans les foires des bœufs maigres, amena une hausse soutenue dans les prix ; d'autre part, la location des herbages allant toujours croissant, les profits s'amoindrirent et quelques fermiers pensèrent à porter plus loin leur industrie.

« Vers cette époque, en 1770, autant qu'il est permis de préciser, un des Mathieu, de la famille des Mathieu d'Oyé, dont le fils, Mathieu (Antoine), fut connu plus tard en Nivernais sous le nom de Mathieu d'Aulnay, vint s'établir dans la terre d'Anlezy, magnifique ferme située près du village du même nom, à 24 kilomètres de Decize, amenant avec lui son bétail charolais et le mode d'exploitation par herbages. Le sol frais et fertile d'Anlezy le servit à merveille dans ses combinaisons, et bientôt, à la place de terrains dont la culture dispendieuse ne laissait aux détenteurs qu'un bénéfice illusoire, on vit s'étendre d'immenses prairies couvertes de bêtes blanches, dont l'exploitation dans sa plus grande simplicité n'occupait plus que quelques domestiques.

« Les résultats financiers de cette entreprise furent si satisfaisants que de nouveaux fermiers charolais vinrent occuper dans la Nièvre les positions les plus fertiles.

« Mais pendant que ces faits s'accomplissaient, et que le sol frais et fertile de la Nièvre se convertissait en herbages sous la main des nouveaux venus, les agriculteurs nivernais ne restaient point inactifs. Doués généralement d'un esprit entreprenant et hardi, ils eurent bientôt compris l'excellence d'un système qui s'appliquait si bien au pays, et les avantages d'une race aussi apte au travail que la race locale, mais infiniment plus propre à l'engraissement; ce fut comme une traînée de poudre. »

Lorsque l'élevage du charolais prit encore plus d'extension, il s'étendit, comme nous l'avons vu, sur les granites du Morvan ; puis on le trouve gagnant du terrain vers l'ouest, sur les sables de Sologne, dans l'Indre, le Maine-et-Loire, et jusqu'en Bretagne.

Pour donner une idée de la transformation de l'élevage dans le Nivernais, due à l'arrivée des fermiers charolais, lorsque M. Mathieu prit la ferme d'Aulnay, celle-ci comprenait des terres en plaine, cultivées en céréales et un gros mamelon isolé qui, par suite de l'affleurement de couches imperméables, était à l'état de marécage. Sur ce mauvais pâturage on entretenait une douzaine de mauvais bœufs et 2 ou 3 vaches du pays, c'est-à-dire de la variété morvandelle. Aidé de son propriétaire, M. Mathieu draina le mamelon au moyen de rigoles, et, quelques années, après, le marécage était transformé en une immense et magnifique prairie où l'on engraisse chaque année 400 bœufs pour le marché de Paris.

On ne s'en tint pas à l'introduction du bétail charolais dans le Nivernais; ce fut à qui aurait les meilleurs animaux.

Mais au lieu d'améliorer par la sélection, on commit la faute de céder à la mode du jour. M. Brière d'Azy eut le premier l'idée, en 1825, d'importer des taureaux et des vaches durhams, puis des herefords ; ces derniers ne réussirent pas.

Vers 1830, M. le comte de Bouillé acheta des taureaux durhams à M. Brière d'Azy, et dans son domaine de Villars, entreprit leur croisement avec ses vaches charolaises. Une épidémie de péripneumonie lui fit abandonner cet essai en 1843 ; mais, dit M. San-on, « l'élevage de Villars a eu de nombreux émules, parmi lesquels trois ou quatre occupent aujourd'hui le premier rang avec lui, et luttent avec des fortunes diverses aux concours annuels de ieunes taureaux, institués à Nevers par l'heureuse initiative du comte Charles de Bouillé. C'est tantôt l'un, et tantôt l'autre qui, durant une série d'années, reste en possession de la première place, comme réalisant le mieux le type idéal cherché, et qui consiste en un mélange pondéré des qualités des deux souches croisées, alliant l'aptitude au travail moteur avec celle à l'engraissement facile. Les hasards de l'hérédité, en ces opérations de métissage, rendent le succès précaire.

« Si grande que soit l'habileté pratique des éleveurs, il leur échappe forcément à un moment donné, et il faut recommencer sur de nouveaux frais, en revenant dans le choix des taureaux, soit au type du durham, soit à celui du charolais, selon le sens dans lequel la réversion s'est prononcée. Les uns s'en tiennent néanmoins aux métis, les autres retournent résolument au pur durham. Et ainsi se perpétue ce mode de reproduction aussi aléatoire que compliqué. »

Depuis que M. Sanson a écrit ces lignes, les éleveurs du Nivernais et du Bourbonnais ont reconnu leur erreur; renonçant aux métissages, ils se sont appliqués à améliorer leur bétail par voie de sélection. On en voit la preuve dans ce fait que les caractères spécifiques du shorthorn ont complètement disparu chez les animaux nivernais et ces derniers constituent bien une variété fixe, douée d'aptitudes viandeuses absolument remarquables. C'est au point qu'aucune race ne peut lui disputer la première place à cet égard. Les limousins eux-mêmes ne viennent qu'au second rang. Au concours général, dans la 1re classe, 1re catégorie, on voit des nivernais de deux ans et demi pesant 1,000 kilogr. Coefficient 33. La plupart atteignent à cet âge le coefficient 26. Ce sont là des résultats très supérieurs à ceux fournis en France par le durham.

L'intervention du taureau shorthorn ne peut donc avoir exercé aucune action sur le perfectionnement de la variété nivernaise, dû à la mise en pratique des méthodes rationnelles.

D'ailleurs, M. Baudement disait à propos du concours de 1857 que « la race charolaise reste supérieure en qualité aux croisements durham-charolais ; sa moyenne est égale à 17, alors que la moyenne est de 15,4 pour le croisement. Ce fait se présente trois fois sur les cinq concours dont je me suis occupé, et dans un des deux autres concours, celui de 1854, la race charolaise et le croisement durham-charolais sont presque sur la même ligne. En ce qui concerne la qualité de la viande, elle est supérieure chez le charolais pur à celle des métis et du durham ».

Un vénérable agriculteur du Nivernais, âgé de 86 ans, M. Bellard, qui a contribué pour une large part aux améliorations faites dans ce pays, a bien voulu nous donner les renseignements suivants. Il prend comme type une ferme de 125 hectares :

Assolement.

	hectares.
Blé...	24
Orge et avoine....................................	23
Betteraves.......................................	4
Pommes de terre et haricots......................	3
Jachères, vesces, maïs...........................	6
Luzerne et trèfles...............................	10
Herbages...	55

Soit 63 o/o de prairies ou cultures fourragères.

Prix de la terre 1.000 fr. à 2.000 fr. l'hectare.

Prix de location des terres labourables 35 fr. à 60 fr. l'hectare.

Prix de location des herbages 100 fr. à 150 fr. l'hectare.

Cheptel.

4 juments ;
2 pouliches, une de 2 et une de 3 ans ;
1 taureau ;
12 bœufs ;
12 vaches ;
36 élèves ;
2 truies donnant 2 portées par an ;
50 brebis suitées.

On vend chaque année 4 bœufs, 2 châtrons de 3 ans, 2 vaches et 4 génisses de 3 ans, si le fermier ne les engraisse pas lui-même.

Poids moyen des bœufs.

	kg.
1 an	200
2 ans	400
3 ans	550
4 ans	650
5 ans	750
6 ans	800

Poids moyen des vaches.

	kg.
1 an	150
2 ans	250
3 ans	400
4 ans	500
5 ans et au-dessus	550

Les vaches ont leur veau du 1er janvier au 15 avril.

On fait ordinairement travailler les bœufs jusqu'à 6 ans, ce qui est un peu tard, car l'accroissement est presque nul entre 5 et 6 ans.

La nourriture des bovins est la suivante :

Du 15 avril au 15 novembre, pâturage.

Du 15 novembre au 15 avril, les animaux sont à l'étable et reçoivent de la paille, du foin, puis du trèfle et de la luzerne.

Prix de la nourriture journalière : 0 fr. 60.

Rations d'engraissement.

	kg.		fr.
Foin	6	valant	0,30
Farine d'orge	4	—	0,80
Tourteaux	1	—	0,20
Betteraves	40	—	0,40
Soins	»		0,20
			1,90

La durée de l'engraissement est de 105 jours, pendant lesquels les bœufs gagnent 150 kilogr.

L'augmentation de valeur est de 150 fr. à 180 fr. ; la dépense d'engraissement de 199 francs.

L'opération se traduirait donc par une perte si l'on n'avait le fumier, soit 3o fr. environ.

Dans les embouches, on engraisse trois bœufs sur 2 hectares ou un bœuf et demi par hectare. Chaque bœuf fait 15o fr. d'écart, soit 22o fr. pour 1 hectare et demi.

Les dépenses sont de :

```
                                                      fr.
Fermage d'un hectare d'herbage............          15o
Frais pour Paris d'un bœuf et demi et intérêt
   de l'argent (36 fr. + 15)................          51
```

Reste un bénéfice de 19 fr. par hectare ou pour un bœuf et demi. L'élevage est beaucoup plus lucratif.

A deux mois, les veaux de boucherie se vendent 100 fr.; ceux qu'on élève valent, les mâles de 200 fr. à 25o fr. ; les femelles, de 15o à 200 francs.

Enfin les veaux destinés à faire des reproducteurs se vendent, à un an, suivant qualité, de 4oo fr. à 1.000 fr., parfois même 1.200 fr. et 1.5oo francs.

Les animaux vivant dans les embouches piétinent et gaspillent beaucoup d'herbe. M. Bouthier de la Tour trouve infiniment plus avantageux de faire couper l'herbe et de la donner à l'étable. Il nourrit ainsi le double de têtes sur la même surface.

Les labours sont très dispendieux dans le Nivernais où les terres sont fortes et humides. On attelle sur chaque charrue six bœufs dont 2 de 4 ans devant, 2 de 3 ans au milieu, et 2 de 5 ans derrière. Il faut 3 jours pour labourer un hectare et ce travail est estimé 24 francs.

Population chevaline.

A Solutré, près de Mâcon, MM. Arcelin et de Ferry ont découvert, à la base d'une haute falaise bajocienne, une station préhistorique où l'on voit une quantité prodigieuse d'ossements de chevaux, brisés et calcinés, mêlés à des os de mammouths et de rennes.

Bien qu'on n'ait pu trouver aucun crâne de cheval suffisamment conservé pour en établir les caractères, M. Sanson identifie cependant ces ossements à la race chevaline belge.

Il est donc probable qu'aux époques paléolithique et néolithique les chevaux chassés par l'homme du Mâconnais et régions voisines appartenaient à la race belge.

Par suite de croisements de toutes sortes, et du manque de soins, la population chevaline du Nivernais et du Mâconnais était très dégradée, quand l'Administration des haras entreprit de la régénérer au moyen d'étalons anglo-normands. On n'a obtenu ainsi qu'un très petit nombre de sujets propres au service de l'armée; presque tous sont, ou trop petits, ou trop gros, pour faire des chevaux d'armes.

Le percheron, introduit par la Société d'Agriculture du Nivernais, donne de bons produits qui rendent de grands services à l'agriculture et se vendent facilement. On les sélectionne pour obtenir la robe noire.

Dans le Nivernais et le Charolais, les jeunes chevaux sont nourris dans les embouches avec les bœufs, mais comme ils gaspillent beaucoup d'herbe, on n'en met que cinq dans un herbage de 15 à 20 hectares.

On trouvait autrefois dans toute la région nivernaise beaucoup de chevaux morvandiaux, très rustiques et énergiques. Ils ont malheureusement disparu, car l'Administration n'a rien fait pour les conserver, bien au contraire.

Nous avons vu encore, il y a 20 ans, des produits remarquables d'un étalon arabe, avec des juments morvandelles. Il y avait donc un excellent parti à tirer de ces dernières, mais, suivant son système, l'Administration voulait le cheval à 2 fins.

L'insuccès a conduit l'élevage à faire des chevaux de trait qui rapportent plus que les bêtes à cornes. « Un poulain, dit M. Bellard, brise plus d'herbe qu'un bœuf, mais il fait au moins le double d'écart. »

Normandie.

« Le terrain jurassique, dit Elie de Beaumont, constitue, en Normandie, une région naturelle distincte, dont les limites sont nettement tranchées. La nature du sol, ses productions, son relief sont des circonstances qui le signalent au premier abord, à l'observateur, et lorsque, d'un point élevé, il en embrasse l'ensemble, il peut facilement en dessiner les contours.

« Ce terrain forme une large plaine dont l'uniformité n'est interrompue que par de légères éminences et quelques vallées.

« Le contact immédiat des calcaires jurassiques avec les terrains de transition du Cotentin et de la Bretagne, dont le sol montueux est sillonné de petits ruisseaux, apporte une opposition qui rend les caractères que nous venons de signaler encore plus frappants ; aussi, de tout temps, a-t-on distingué ce pays en deux régions naturelles, le Bocage et la Plaine. »

La Normandie est principalement constituée par l'oolithe inférieure recouverte de dépôts tertiaires et quaternaires.

A l'est du Cotentin, le lias forme les fertiles collines couvertes d'herbages, au pied desquelles s'étendent les alluvions du littoral ; les marnes liasiques se trouvent aussi dans le Bessin, mélangées à des argiles oolithiques et au calcaire de Caen. Ce dernier constitue la fertile plaine de Caen.

Les herbages du Merlerault sont sur le bathonien et sur les calcaires ferrugineux de l'oxfordien, qui s'étendent de Séez à Argentan, puis à l'est du département du Calvados.

Aux argiles oxfordiennes de l'oolithe moyenne appartiennent les pâturages du pays d'Auge, région accidentée, coupée de vallées larges et profondes, séparées par des plateaux d'une altitude de 100 m. au-dessus du niveau de la mer.

Cet étage est surtout développé entre Mortagne, Mamers et Bellesme ; presque partout on voit d'excellents herbages.

L'oolithe moyenne se retrouve près de Trouville et de Dives où elle est représentée par un calcaire marneux gris et un calcaire rempli d'oolithes rouges et blanches; aux environs de Lisieux, ce sont des sables jaunes avec rognons de grès calcarifère.

Dans les vallées de la Touques et de la Vire, l'oolithe des thalwegs est en partie recouverte par des débris de craie et d'argile à silex provenant des coteaux. Ce mélange produit des herbages plus nourrissants encore et plus sains que ceux des argiles et des alluvions du littoral.

Il en est de même dans le pays de Bray, îlot de l'oolithe supérieure, qui se distingue des plateaux crétacés environnants par sa fertilité et l'abondance de ses eaux.

Les plaines crétacées et tertiaires de la Picardie interrompent l'oolithe qui reparaît dans le Boulonnais avec les mêmes caractères agricoles qu'en Normandie.

Population bovine de Normandie.

« La race normande, dit M. l'Inspecteur de Lapparent, tient le premier rang en France, comme nombre de têtes, comme poids vif total et comme champ d'expansion.

« On peut, en effet, porter à plus de 1.600.000 (sans compter les veaux au-dessous de 6 mois) le nombre des animaux qui composent ce groupe, et à près de 500.000 tonnes le poids vif total. »

Dans les départements de l'ancienne province de Normandie, la quotité moyenne de bétail à l'hectare est de :

Orne, 187 kilogr.; Seine-Inférieure, 208 kilogr.; Eure, 200 kilogr.; Manche, 245 kilogr.; Calvados, 276 kilogr.

Nous avons vu que le type le plus pur de la variété normande de la race germanique se trouve dans le Cotentin, où l'on fait surtout de l'élevage et de la laiterie.

Les animaux du pays d'Auge sont en général mieux conformés, mais ont plus d'aptitude à l'engraissement que pour la production du lait.

La population bovine du pays de Caux, qui est peu à peu remplacée par la variété cotentine, résulte du mélange des variétés picarde et flamande de la race des Pays-Bas ; il ne faut donc pas la confondre avec la variété cotentine.

C'est encore le type cotentin que l'on trouve dans la plaine de Caen, mais avec moins de finesse.

Dans toute la Normandie, le défaut des bovins est le manque de précocité, mais on pourrait y remédier. Au moyen d'une bonne alimentation, à Grignon, des génisses avaient leur dentition permanente à 40 ou 42 mois.

On remarque dans les concours que les bovins normands manquent d'uniformité. Certains ont été améliorés par une bonne alimentation et la sélection, d'autres ont plus ou moins de sang durham.

Le croisement avec le durham est une opération dangereuse qui amène la variation, l'apparition de la tuberculose, et diminue la rusticité, ainsi que l'aptitude laitière, surtout lorsqu'on emploie des reproducteurs ayant de grandes propensions à l'engraissement. La variété cotentine ne peut à la fois produire beaucoup de lait et de viande ; il faut nécessairement choisir entre les deux aptitudes. Or, en Normandie, l'industrie laitière est celle qui rapporte et surtout pourrait rapporter le plus de bénéfices, si elle était pratiquée avec méthode comme en Danemark.

L'engraissement est une opération beaucoup moins lucrative et n'exige pas en tous cas des animaux indigènes. La plus grande partie des bœufs que l'on voit dans les herbages proviennent du Maine et de l'Anjou. En Normandie, on doit donc chercher à perfectionner la production laitière par la sélection. Il ne peut être avantageux d'élever les veaux mâles, et le meilleur est de les envoyer le plus tôt possible à la boucherie. Du reste, que ferait-on des bœufs, puisqu'on ne les attelle pas ? Il ne faut donc garder que les reproducteurs. Mais pour les vaches, il importerait d'obtenir l'homogénéité et le maximum de rendement en lait. Ces résultats ne sauraient résulter que d'un allaitement abondant dans les premiers mois et d'une sélection attentive. On peut donc s'étonner à juste titre des attaques dont la création d'un herd-book normand en 1883 a été l'objet. Ainsi que le dit très justement M. Henri Blin, « si l'on s'en remet aux conceptions différentes que peuvent se faire certains éleveurs à l'endroit des caractères constitutifs de la race pure, on ne pourra obtenir que des résultats médiocres sinon négatifs, et l'utile institution qu'est le herd-book sera fatalement vouée à l'impuissance.

« Dans les concours, on constate que le bovin normand témoigne des croisements avec le sang durham à un degré plus ou moins développé. Ces croisements ont été essayés afin d'obtenir plus de finesse dans la conformation générale ; il en est résulté une diminution des aptitudes laitières. Ces animaux ne devraient pas être admis à concourir avec les normands purs. »

Fort heureusement la pratique des croisements ne s'est pas généralisée en Normandie, mais il est regrettable que dans les concours on prime les métis à cause de leur belle conformation sans tenir compte des autres aptitudes, et de l'industrie du pays. De quelle utilité peuvent être pour l'élevage ces animaux privés de toute puissance d'hérédité? Dans ces conditions, les concours sont plus nuisibles qu'utiles, car ils faussent le jugement des éleveurs.

A l'exception de la plaine de Caen, dont nous ferons une étude spéciale, et sauf quelques habitudes locales sans importance, les bovins sont nourris de la même façon dans toute la Normandie. Ils restent constamment à l'herbage, où ils reçoivent du foin si la neige couvre la terre.

On distingue en Normandie plusieurs qualités d'herbages, dont la valeur a considérablement diminué depuis 30 ans ; leur prix de location varie de 100 à 200 fr. par hectare. Les herbages des grands fonds servent à l'engraissement des bœufs et sont les plus estimés. Ceux qui se trouvent à flanc de coteau ne sont pas aussi profitables aux animaux, et les bouchers voient facilement à la mollesse du maniement ceux qui en proviennent : ils les paient moins cher.

La 3e catégorie d'herbages se trouve sur le haut des pentes :
on n'y engraisse pas.

L'industrie de l'herbager consiste à acheter des animaux maigres dans l'Avranchin, le Maine, l'Anjou, et jusque dans le centre de la France, puis à les engraisser pour les revendre à la boucherie. Afin de l'exercer avec profit, l'herbager doit disposer de
capitaux importants et posséder des connaissances pratiques qui
exigent une longue expérience. Il s'agit en effet d'acheter le moins
cher possible des bêtes maigres, susceptibles de s'engraisser vite,
et par suite d'être revendues avec bénéfice. L'engraissement lui-
même ne rapporte rien. L'opération n'est donc fructueuse que si
les animaux sont bien choisis et achetés bon marché.

Un herbager doit d'un coup d'œil juger le poids d'un bœuf,
le poids qu'il est susceptible d'acquérir dans la période d'engraissement, connaître la qualité des différents herbages, afin
de mettre les animaux dans les fonds qui leur conviennent, et
une foule d'autres détails secondaires qui, s'ils étaient négligés,
lui feraient éprouver des pertes importantes.

Il a soin de ne pas mettre immédiatement dans les grands
fonds des animaux habitués à une nourriture médiocre, ou fatigués ; il ménage la transition et les prépare progressivement
avant de leur donner à discrétion une herbe succulente dont la
relation nutritive est aussi étroite que celle des aliments concentrés.

Les herbages sont « chargés » de février à mai, et les animaux
vendus gras 5 ou 6 mois après. Ils profitent surtout au printemps
car, pendant les chaleurs, ils engraissent peu. A la fin de septembre, ils atteignent leur maximum, et sont prêts pour la boucherie. On les remplace par un chargement d'hiver ; ces bœufs
dits « trembleurs » passent l'hiver dehors, et pour qu'ils ne souffrent pas trop de la température, on les choisit dans la région. Si
la saison est rigoureuse et l'herbe gelée, on leur donne deux bottes de foin par tête et par jour.

Ce chargement d'hiver comporte nécessairement moins d'animaux que le chargement d'été ; ainsi dans un herbage capable d'engraisser 20 bœufs en un an, le chargement d'été sera de 16 bœufs, et celui d'hiver de 4.

Les animaux n'engraissent guère pendant l'hiver, mais dès que l'herbe commence à pousser, ils profitent rapidement, et sont vendus au mois de mars. Leur viande est particulièrement estimée.

Les petits herbagers et les fermiers qui ne peuvent laisser dormir longtemps leurs capitaux font 2 et quelquefois 3 chargements d'été. Les animaux sont simplement mis en bonne chair. Tout compte fait, ce système paraît le plus lucratif, car aujourd'hui la viande à moitié grasse ne se vend guère moins cher que la viande grasse et avec plusieurs chargements, on obtient plus de poids qu'avec un seul ; en même temps, la spéculation sur un grand nombre de bêtes maigres offre plus de chances de bénéfices.

La surface nécessaire à l'engraissement d'un bœuf varie avec la qualité des herbages. On compte en général qu'un bœuf de grande taille consomme une quantité d'herbe équivalente à 3.000 kg. de foin, pendant la période d'engraissement. Dans les très bons fonds, cela représente un hectare pour 2 bœufs ; dans les fonds ordinaires, un hectare par bœuf.

Aujourd'hui, beaucoup d'herbagers achètent les animaux maigres en janvier et février, et les mettent immédiatement à l'herbage en leur donnant en plus une ration de foin. Ces bœufs sont envoyés à Paris à partir de la fin de juin.

Pour que l'herbager gagne par ce système, il faut qu'il y ait au moins o fr. 20 d'écart par kilogr. entre le prix d'achat, et celui de vente ; ainsi, ce qu'il a payé o fr. 60 le kilogr. maigre doit être revendu o fr. 80 c. Par exemple, un bœuf de 500 kilogr., acheté 375 fr. ou o fr. 75 le kilogr. maigre, prendra environ 150 kilogr. à l'herbage ; il pèsera 650 kilogr. quand il sera bon à vendre. Or, l'herbager est en perte si ces 650 kilogr. ne sont vendus que o fr. 75, car les frais sont les suivants ·

	fr.
Prix de l'herbage : de 70 fr. à 100 fr. par bœuf, en moyenne......	85
Commission, par tête......	10
Transport pour Paris......	12
Intérêt de l'argent à 6 o/o......	9
Accidents à l'herbage et pendant le voyage de 3 à 7 o/o : moyenne 5 o/o......	24,35
Total......	140,35

de frais pour obtenir 150 kilogr. d'accroissement de poids.

En revendant l'animal gras o fr. 80 le kilogr. vif, le bénéfice est donc de :

1° 4 fr. 65 si le maigre est payé 0,75, ce qui revient à dire que l'engraissement ne rapporte rien par lui-même ;

2° 79 fr. 65, si le bœuf de 500 kilogr. maigre est payé o fr. 60 le kilogr. et après l'engraissement o fr. 80 le kilogr. vif.

Aux prix actuels du maigre et du gras, l'industrie de l'engraissement est donc peu rémunératrice et l'herbager ne peut gagner s'il n'a beaucoup d'habileté professionnelle.

Rendement en viande.

Nous avons dit que les bovins normands avaient peu d'aptitude à l'engraissement, et manquaient de précocité. Voici les résultats fournis par des animaux sur lesquels des pesées ont été faites.

Bœufs gras de Paris (Normands).

Age	Poids vif	Poids net	Coeffic. du poids vif	Coeffic. du poids net	Prop. du poids net
	kg.	kg.			
3 ans......	790	522	21,99	14,5	0,61
55 mois......	1.100	670	20	12,18	0,60
5 ans......	970	594	16,16	9,9	0,61
6 ans......	1.145	698	15,91	9,65	0,60
6 ans......	1.175	727	16,31	10,09	0,61
6 ans...... (Père Goriot).	1.970	999	27,36	13,84	0,50
8 ans......	1.162	727	12,10	7,57	0,62

M. Baudement a trouvé, en examinant un lot de bœufs cotentins de concours, des poids vifs moyens de 985 kilogr. rendant 630 kilogr. de viande nette, soit 63,95 o/o. Le suif pesait 103 kilogr. 333 et la peau 52 kilogr. 667. Mais le rendement net des bœufs ordinaires ne dépasse guère 56 o/o.

Dans les tableaux qui suivent, le poids absolu est le poids vif, et le poids relatif, le rapport à 100 du poids vif.

Bœuf de concours (64 mois).

	Poids absolu kg.	Poids relatif
Poids vif................	1.010	100
Poids net................	645	63,86
Poids du suif............	128	12,18
Poids du cuir...........	55	5,45
Poids du sang...........	33	3,27
Organes internes........	78,500	1,83
Déchet.................	9,110	0,89

Bœuf ordinaire (72 mois).

	Poids absolu kg.	Poids relatif
Poids vif................	850	100
Poids net................	489	57,63
Poids du suif............	67	7,81
Poids du cuir...........	57	6,70
Poids du sang...........	36	4,24
Organes internes........	87,38	10,28
Déchet.................	22,14	2,61

On voit que le bœuf de concours a rendu 63,86 p. 100 de viande nette, et le bœuf ordinaire 57,63 p. 100.

Le bœuf de concours a produit par mois 15 kilogr. 780 de poids vif; celui du marché 11 kilogr. 800. La différence est de 3 kilogr. 980 par mois ou 132 grammes par jour.

M. Sanson dit qu'avec une nourriture intensive les bovins normands prennent bien la graisse. Ainsi, à titre d'expérience, il a engraissé une vache à l'étable. Elle pesait 588 kilogr. au début, et 691 kilogr. au bout de 94 jours, soit un gain de 1 kilogr. 950 par jour.

Voici les rendements d'un animal de 33 mois élevé pour les concours.

Poids vif	Poids net	Coeffic. du poids vif	Coeffic. du poids net
kg.	kg.		
865	543	26,19	16,45

Rapport du poids net au poids vif = 0,62.

Il est inutile de faire remarquer que ce bœuf est un animal exceptionnel et élevé à grands frais. Il est hors de doute que son prix de revient est supérieur au prix de vente.

La laiterie en Normandie.

Les vaches normandes atteignent un poids vif de 550 kilogr. à 650 kilogr. et donnent une moyenne par an 3.400 litres de lait pour une période de lactation de 340 jours. Mais on en voit qui après le vélage ont jusqu'à 40 litres par jour.

En admettant qu'une livre de lait représente en mesure de capacité o litre 485, cela fait une production annuelle de 3.500 kilogr.; c'est-à-dire qu'une vache normande donne en moyenne chaque année près de 6 fois son poids en lait.

Voici les résultats d'une analyse de lait de vache normande.

Densité à 16°..	1,032
Beurre..	41,50
Albumine...	13,84
Caséine...	16,16
Sucre de lait..	55,49
Sels..	8,01
Eau..	865,00
	1000,00

D'après les analyses de M. Marchand, de Fécamp, il y a pour 11.465 de substance sèche totale, 5,622 p. 100 de beurre, avec 3,407 de caséine et albumine. Nous avons vu, à propos des vaches

du Cotentin, que, suivant la qualité des herbages, la quantité de
lait nécessaire pour faire 1 kilogr. de beurre varie très sensiblement.

Le Bessin est, comme le Cotentin, une immense fabrique de
beurre. Rien que sur le marché d'Isigny, on en apporte 5.000 kilogr.
par semaine, valant aujourd'hui de 1 fr. 90 à 6 fr. 40 le kilogr.
Le beurre de Gournay (Seine-Inférieure) ne vaut que 1 fr. 40 à
2 fr. 60. Ces écarts considérables tiennent plus à la fabrication
qu'à la qualité des herbages. Nous étudierons ultérieurement cette
question en comparant les différents procédés usités dans chaque
région. Qu'il nous suffise de dire que la Normandie n'occupe
plus la première place sur le marché de Londres, et qu'elle perd
chaque jour du terrain, même sur le marché de Paris, où ses
beurres sont supplantés par ceux des Charentes et de Bretagne.

Ainsi que le dit M. Guénaux, « il y aurait grand profit à
moderniser en Normandie la fabrication des beurres de qualité
moyenne. Pour les obtenir, il serait nécessaire de rompre avec
les vieux usages et d'appliquer les méthodes qui ont permis à
divers pays, en particulier au Danemark, de prendre en peu de
temps une prépondérance marquée sur le marché de Londres.
On ne saurait trop, pour stimuler l'activité et l'amour-propre des
agriculteurs normands, comparer leur pays au Danemark qui
est leur plus sérieux concurrent ; les deux contrées ont à peu près
la même superficie ; l'été, le climat présente une grande analogie, et les habitants ont une origine commune ; mais le Danemark, plus entreprenant, est beaucoup plus avancé dans la voie
du progrès agricole. Les Danois, comprenant que les efforts col-
lectifs sont mieux utilisés que les tentatives isolées, ont recours
depuis 1882 à la coopération ; un vaste réseau d'associations
diverses couvre leur pays, et englobe les populations rurales ;
des associations d'éleveurs dirigent attentivement la production
du bétail ; les reproducteurs sont sévèrement sélectionnés ; on
veille partout à l'hygiène des animaux ; aussi la population bovine
est-elle arrivée à acquérir une aptitude laitière tout à fait remar-

quable. Pour utiliser le produit des étables, la coopération s'est portée vers l'industrie laitière et la fabrication du beurre ; on compte aujourd'hui en Danemark plus d'un millier de laiteries coopératives, réunissant 148.000 associés ; en très peu de temps l'exportation du beurre s'est élevée de 4 millions et demi de kilogrammes à 55 millions en 1899, ce qui est prodigieux pour un pays d'aussi faible étendue.

« Il serait donc désirable de voir adopter en Normandie les écrémeuses perfectionnées à grand travail, ce qui n'est possible que par l'association des capitaux et par l'abondance de la matière première. De puissantes sociétés coopératives seraient mieux placées que des particuliers pour lutter contre la concurrence des beurres étrangers, que l'on doit considérer comme la véritable cause de la dépréciation de nos produits sur le marché anglais. » M. Martin dit à son tour : « Le fermier devra donner plus de temps et plus de soins à la fabrication et à l'empaquetage. Il faut plus de fermeté, plus de corps au produit ; point de bouquet à effet, mais un goût plus franc, plus net, plus durable. La couleur est trop foncée, une couleur paille ou même pâle serait préférée ; surtout peu ou point de couleur artificielle ; moins de saumure ; on élimine de plus en plus le sel. Il faut se servir de lait pasteurisé et n'avoir que des réactifs purs pour hâter la fabrication. De bonnes qualités présentées sous forme de mottes d'une livre ou d'une demi-livre ont plus de chances, et il faut tenir compte, dans ce cas, de l'évaporation, car la loi anglaise est très stricte au point de vue du poids annoncé des mottes. Avec une grande régularité dans la qualité et dans les expéditions, maints marchands anglais pourront pousser l'article et réussir à le placer dans les meilleures conditions. »

Non seulement les beurres normands sont souvent mal fabriqués, mais les marchands les mélangent parfois avec des beurres inférieurs et de la margarine. « Un semblable produit, dit M. le Dr Louise, directeur de la station agronomique de Caen, si soigneusement qu'il soit composé, sera en général trouvé inférieur

aux beurres danois, par exemple, qui n'ont subi aucun mélange ;
il y a là une cause de dépréciation très réelle. »

Industrie fromagère.

Depuis bien des siècles, la fabrication du fromage prédomine
sur celle du beurre dans certaines régions de la Normandie.

Le camembert se fabrique dans le Calvados et l'Orne. C'est à
Camembert, près Vimoutiers (Orne), qu'en 1790 une femme Harel
découvrit la manière de l'obtenir.

Ce fromage a ordinairement o m. 10 de diamètre sur o m. o3
de hauteur, et sa fabrication exige des soins minutieux.

M. Pouriau cite les chiffres obtenus sur l'exploitation de
M. Paynel, au Mesnil-Mauger (Calvados). Le rendement moyen
des vaches est de 3.000 litres de lait. Il faut 2 litres de lait pour
faire un fromage de 3oo gr. se vendant à Paris o fr. 9o ou 1 fr.
La production journalière est de 5oo fromages vendus à Paris
7 fr. la douzaine en moyenne. Nous voyons qu'au cours du
10 juin 1902 ils ne valent que :
Camembert en boîte   10 fr. à 55 fr. le cent.
—   en paillons 10 fr. à 20 fr. le cent.
Une vache donne donc 1.5oo fromages représentant un produit brut de 875 fr. (au prix de M. Pouriau), ce qui met le lait à
29 centimes le litre, plus le petit lait.

En déduisant de 875 fr. une somme de 375 fr. pour frais de
nourriture, de fabrication, etc., une bonne vache pouvait donner un produit net de 5oo fr. en camembert. Au cours d'aujour-
d'hui ce bénéfice est réduit de moitié.

Les fromages façon camembert se fabriquent dans beaucoup
de départements, particulièrement dans l'Ille-et-Vilaine (Noyal,
Coëtlogon, etc.), le Nord, l'Eure et les Charentes.

Le lait est ordinairement acheté aux cultivateurs par les fromageries o fr. 14 à o fr. 15 le litre en hiver.

Le fromage de Livarot tire son nom du bourg de Livarot, à

15 kilom. de Lisieux, où se trouve le centre de sa fabrication.

Ce fromage a pour objet l'utilisation du lait plus ou moins écrémé qui provient de la fabrication du beurre.

« A l'origine, dit M. Pouriau, le livarot était fabriqué avec un mélange de 90 de lait écrémé au centrifuge et de 10 de lait entier de première qualité.

« M. Abaye, propriétaire d'une grande laiterie de l'Eure, le vendait en hiver 20 fr. la caisse de 3 douzaines, et en été, 11 francs.

« Après affinage, il valait 35 à 40 fr. Dans ces conditions, 100 kilogr. de lait rendaient :

Beurre : 3 kg. 600 à 3 fr. 50 le kg.........	12,60
Babeurre : 9 kg. à 0 fr. 02 c. —	0,18
Fromage : 10 kg. à 0 fr. 58 c. —	5,80
Petit lait : 78 kg. à 0 fr. 012 —	0,95
Total.........	19,53

« Ce qui faisait ressortir le produit brut du kilogr. de lait à 0 fr. 195.

« Pendant l'été, le prix de 20 fr. les 36 fromages descendait à 11 fr., ce qui mettait le prix d'un fromage à 0 fr.30 seulement, et le produit brut des 100 kilogr. de lait à 16 fr. 70.

« Les prix étant venus à baisser à 10 fr. en hiver et à 9 fr. 50 en été, le produit brut des 100 kilogr. de lait ressortait à 15 fr., chiffre qui se traduisait par une perte. Dans ces conditions il fallut renoncer à la fabrication du fromage maigre.

« Règle générale, quand, en défalquant du produit brut d'un kilogr. de lait entier, les frais de toute nature qui incombent à la double fabrication du beurre et du fromage, ce produit brut descend au-dessous de 0 fr. 15, il est plus avantageux de s'en tenir à la fabrication du beurre, et de donner le lait écrémé aux porcs. »

D'après M. Morière, le produit brut d'une vache dont le lait sert à fabriquer du beurre et du livarot varie entre 600 fr. et 650 fr.; le produit net, entre 350 fr. et 400 francs.

Au cours du 10 juin 1902, les livarots valaient de 60 fr. à 125 fr. le cent, ce qui met les 36 de 21 fr. 60 à 45 francs

Le fromage de Neufchâtel se fabrique dans la Seine-Inférieure. Il y a 2 espèces affinées : 1° le fromage « à tout bien » fait avec du lait naturel. Il pèse environ 125 gr. Un litre de lait donne en moyenne 225 gr. de pâte. La 1ʳᵉ qualité vaut en hiver 12 à 15 fr. le cent, ce qui fait ressortir le prix du litre de lait à 0 fr. 24 ou 0 fr. 25.

2° Le fromage maigre, fait avec du lait écrémé, vaut 5 à 10 fr. le cent.

Dans la Seine-Inférieure, et notamment dans le pays de Bray, on fabrique beaucoup de fromages maigres que l'on fait passer dans du foin humide, et qui, pour cette raison, s'appellent fromages de foin. Ce produit ressemble beaucoup comme goût au livarot de 3ᵉ qualité et est consommé dans le pays. Pour ces fromages, on compte que 100 kilogr. de lait maigre donnent 6 kilogr. de fromage affiné. Le prix moyen des fromages de foin est de 1 fr. 20 le kilogr.

Le fromage de Pont-l'Evêque, connu depuis le XIIIᵉ siècle, s'appelait autrefois « Angelot », de la vallée d'Auge, où on le fabriquait. On en compte trois espèces qui diffèrent entre elles par la quantité de crème contenue dans le lait.

Le fromage de 1ʳᵉ qualité se fait avec du lait entier, pendant les mois de septembre et d'octobre : celui de 2ᵉ qualité se fabrique en été avec du lait en partie écrémé et celui de 3ᵉ qualité avec du lait maigre.

Il faut 4 litres de lait pour un fromage de 1ʳᵉ qualité. Une bonne vache peut fournir deux fromages par jour, et rapporter ainsi 350 fr. de bénéfice par an.

Les Pont-l'Evêque valent aujourd'hui de 20 à 63 fr. les 100 kilogr.

Plaine de Caen.

Nous avons dit que le sol de la plaine de Caen était constitué par un calcaire bathonien. Autrefois on y faisait beaucoup de colza, mais la concurrence du pétrole a fait abandonner cette culture.

Presque partout, en Normandie, la surface est formée d'une couche plus ou moins épaisse de limon des plateaux, produisant une terre silico-argileuse qui, en se mélangeant au sous-sol, est très favorable aux céréales et aux prairies artificielles.

La prime d'honneur du département a été obtenue en 1867 par M. de la Ville qui exploitait lui-même son domaine de Bretteville-sur-Odon, d'une contenance de 146 hectares 19 ares dont 75 hectares en terres labourables, et 39 hectares en herbages. 15 hectares de ces herbages sont situés dans la vallée d'Auge, sur le bord de la Dives.

Le sol de la ferme de Bretteville est une alluvion silico-argileuse reposant sur le calcaire bathonien. En 1866, le capital d'exploitation était de 1.514 fr. par hectare.

M. de la Ville ne suit pas un assolement régulier, parce qu'il dispose de beaucoup de fumier, et peut restituer à ses champs ce que les récoltes ont enlevé. D'une manière générale, voici comment se succèdent ses cultures.

1o Racines, colza, trèfle incarnat ;

2o Blé d'hiver, avoine d'hiver ;

3o Sainfoin ou trèfle ordinaire ;

4o Sainfoin et froment ;

5o Blé d'automne et avoine d'hiver.

Ces deux dernières céréales sont suivies par du trèfle incarnat pâturé et du colza semé en pépinière.

Chaque charrue est traînée par 3 jeunes chevaux anglo-normands, car les terres sont de consistance moyenne ; les percherons sont réservés aux gros charrois de la ferme.

Il y a à Bretteville trois spéculations différentes :

1o Entretien des vaches laitières ;

2o Engraissement des bœufs ;

3o Elevage des chevaux.

Les vaches appartiennent à la race normande pure ou croisée avec le durham ; leur lait est consommé sur l'exploitation.

Les riches herbages que M. de la Ville possède dans la vallée d'Auge lui permettent d'engraisser 50 à 60 bœufs en suivant les usages de la Normandie. C'est aussi dans ces herbages que M. de la Ville met ses poulains anglo-normands, achetés chaque année à l'automne ; ces jeunes animaux, au nombre de 40 en moyenne, ont alors 6 mois ; ils proviennent du Calvados, de l'Orne et de la Manche, et sont destinés à la reproduction. Leur prix varie de 800 fr. à 1.500 fr., selon leur origine et leur qualité. Quand le temps est mauvais, ils se mettent à l'abri dans des écuries ouvertes où ils reçoivent une ration de foin et d'avoine. Au printemps ils prennent un grand développement sous l'influence de l'herbage, mais comme ils n'y acquerraient pas d'énergie et de vigueur, on les ramène à Bretteville à 18 mois, c'est-à-dire à l'arrivée des poulains de l'année.

Les animaux destinés aux haras sont mis en boxes ; les autres sont rentrés dans les écuries, où ils reçoivent une abondante alimentation de foin, paille et avoine. Quand le trèfle incarnat est assez développé, on les met au piquet ; en général, ils mangent peu à cause de la chaleur et des mouches. 60 chevaux mangent par jour 18 à 20 ares de trèfle.

On pique ensuite les chevaux sur la 2e pousse de sainfoin et sur les vesces d'été. Ce pâturage dure 3 mois.

A la fin de l'été on les rentre dans les écuries, on les ferre et on commence leur éducation ; ils ont 2 ans et demi. Pendant cet hiver, ils font de légers travaux ; les plus turbulents sont mis à la charrue. Pendant ce second hivernage, la ration se compose de foin, avoine et son. Au printemps suivant, on les pique de nouveau. Ceux qui doivent être présentés au 1er novembre aux haras sont rentrés à l'écurie au commencement de juillet, et mis en condition. Les chevaux carrossiers sont alors attelés et les chevaux de selle montés fréquemment.

La vente ordinaire a lieu depuis les derniers jours d'août jusqu'à la fin de septembre, ou à la foire franche de Caen le 1er lundi de carême.

Les chevaux élevés à Bretteville sont, comme ceux de la région, de trois catégories : les grands carrossiers au-dessus de 1 m. 70 ; les carrossiers entre 1 m. 58 et 1 m. 64, les chevaux de phaëton de 1 m. 52 à 1 m. 55.

La valeur des étalons est très variable. L'Administration les paie en moyenne 5.000 fr. ; ceux qui sont achetés par l'Espagne, la Belgique et le Wurtemberg, 6.000 à 8.000 francs. Les chevaux invendus sont castrés et livrés au commerce ou à la remonte.

M. de la Ville n'élève pas de chevaux de pur sang : son élevage s'applique exclusivement aux chevaux de demi-sang anglo-normands, de ce qu'on appelle race trotteuse.

Toutes choses égales d'ailleurs, cette industrie présente parfois de grands mécomptes. En deux années seulement, M. de la Ville a perdu 21 chevaux d'une valeur totale de 38.000 francs.

La ferme de Bretteville possède :

> 100 chevaux de 18 mois à 40 mois ;
> 4 vaches laitières ;
> 6 vaches normandes durham ;
> 1 taureau durham ;
> 6 chevaux de trait ;
> 10 à 12 chevaux de commerce ;
> 50 à 60 bœufs à l'engrais.

En 1866, M. de la Ville avait : 39 étalons de 3 ans ; 23 chevaux entiers de 2 ans ; 21 poulains d'un an ; 9 chevaux de 4 ans castrés et destinés à la remonte ; 6 juments de demi et 1 de pur sang.

Les opérations de la ferme et celles de l'établissement hippique, qui sont solidaires, se résument ainsi :

	1864 fr.	1865 fr.
Recettes......................	61.834 10	63.182 95
Dépenses......................	33.033 50	34.236 50
Bénéfice....................	28.800 60	28.946 45

L'établissement hippique donne des résultats qui varient chaque année selon la réussite des poulains.

Les deux spéculations réunies ont donné en 1865 les résultats suivants.

	fr.
Capital engagé......................	222.936 75
Vente d'animaux et de denrées........	366.502 75
Bénéfice brut...	143.566 75
A déduire : dépenses générales.......	82.015 04
Bénéfice net........................	61.551 71

Soit, 421 fr. par hectare.

(Extrait du rapport de la Prime. d'honneur 1866 Passim.)

Il s'agit là d'une grande exploitation. Dans les fermes, la culture et l'élevage se font d'une façon un peu différente et plus économique.

Les bovins de la plaine de Caen appartiennent à la variété cotentine; mais, élevés au piquet, dans les herbages artificiels privés d'eau, ils ont moins de finesse et atteignent un moindre développement que dans le Bessin et le Cotentin.

Pour conserver le type, les bons éleveurs sont obligés de régénérer leur étable en achetant chaque année des génisses dans la Manche.

Dans la plaine de Caen on n'a que des vaches laitières dont le nombre varie avec l'importance des fermes. Elles fournissent le beurre nécessaire au personnel et l'excédent est envoyé sur le marché. On conserve seulement les plus belles génisses pour remplacer les vaches réformées, et les mâles sont tous livrés à la boucherie à 4 ou 5 semaines.

Les veaux qu'on garde sont parcimonieusement nourris avec 5 litres de lait caillé auquel on ajoute du son; ils sont sevrés à 5 mois et conduits sur les regains des prairies artificielles.

Pendant la belle saison, les vaches sont mises au piquet et rentrées le soir; lorsqu'il fait très chaud on les laisse la nuit dans les champs.

La nourriture d'hiver consiste en betteraves, pommes de terre, foin et paille.

Dans la région côtière, où elles vivent en stabulation, elles reçoivent 25 litres de racines coupées, 10 kilogr. de foin et 10 litres de son.

Les éleveurs de la plaine de Caen produisent le cheval de remonte, le carrossier, le trotteur et les étalons destinés aux haras. Les poulains sont achetés à 7 ou 8 mois dans la Manche, et passent leur premier hiver sous des hangars et dans des cours où ils ont la liberté de leurs mouvements. Ils reçoivent 3 litres d'avoine, 4 kilogr. de foin, de la paille et de l'eau blanchie.

Au printemps ils sont mis au piquet dans les prairies artificielles.

On compte que chaque animal pâture 30 à 33 mètres carrés par jour.

L'hectare de prairie coûte 130 fr., loyer et main-d'œuvre compris. La nourriture revient donc à 0 fr. 42 par jour et par tête. En novembre, les poulains ont 18 mois; ils sont rentrés et on commence leur dressage. Leur ration est portée à 6 litres d'avoine, 4 kilogr. de foin, paille à discrétion et eau blanchie.

À la fin de l'hiver, les jeunes chevaux ont deux ans et sont attelés à la charrue. Le limon qui couvre la plaine étant léger et facile à labourer, les animaux ne se fatiguent pas, et éprouvent un effet salutaire de ce travail.

En avril, ils sont remis au piquet, et, sous l'action d'une herbe très nourrissante, acquièrent un grand développement. En août, on les rentre à l'écurie où leur ration consiste en 8 litres d'avoine, 5 kilogr. de foin, paille à discrétion et eau blanchie.

Pendant l'été et l'hiver suivant, ils sont employés aux travaux de la culture.

Au printemps, les chevaux ont 3 ans; ils sont remis au piquet jusqu'au mois d'août, puis préparés pour la vente. A ce moment, ils ont consommé :

		fr.	
2.175 kg. d'avoine à 19 fr. les 100 kg......		413	25
2.610 kg. de foin à 7 fr. —	......	182	70
3.590 kg. de paille à 4 fr. —	......	143	60
300 kg. de son à 13 fr. —	......	39	00
Prairies artificielles (au piquet)...........		199	20
Total.........		977	75

Le jeune cheval a travaillé pendant 300 jours environ ; on ne peut guère estimer sa force motrice qu'à 2 fr. par jour, soit 600 francs.

D'autre part, le poulain a coûté en moyenne 500 fr. Nous avons donc :

	Dépenses	Recettes
	fr.	fr.
Nourriture.................	977 75	
Achat......................	550 00	
Travail....................		600
Fumier.....................		150
Prix de vente.............		1.300
Totaux.........	1.527 75	2.050

Bénéfice : 522 fr. 25.

Les demi-sang d'origine trotteuse, destinés à paraître sur les hippodromes ou à être vendus aux haras, sont envoyés à 7 ou 8 mois dans la vallée d'Auge, et y restent un an. Parfois, afin qu'ils n'aient pas à souffrir pendant l'hiver, ils n'y vont qu'au commencement du printemps. Dans ces riches herbages, ils acquièrent un grand développement, mais deviendraient mous et lymphatiques si on les y laissait. Le prix de la pension est de 300 fr. pour un an et de 200 fr. pour la saison d'été.

Les jeunes chevaux arrivent dans la plaine de Caen à 18 mois et sont élevés comme les chevaux ordinaires ; ils reçoivent seulement plus d'avoine en hiver. A deux ans, ils sont mis en boxes et dressés. A trois ans on les prépare à subir les épreuves imposées aux étalons présentés aux Haras ; elles ont lieu au commencement d'octobre.

A ce moment les chevaux ont consommé :

	fr.
Herbages de la vallée d'Auge (1 an)......	300
Avoine, 2.430 kg.......................	461
Foin, 2.760 —	193 20
Paille, 4120 —	164 80
Son, 335 —	43 55
Prairies artificielles (au piquet)..........	50 40
Total........	1212 95

En comptant le travail à 600 fr. et le prix d'achat à 900 fr. en moyenne, on a

	Dépenses fr.	Recettes fr.
Nourriture...............	1212 95	
Achat...................	900	
Fumier..................		120
Travail.................		600
Prix de vente aux Haras.....		6.000
Total........	2112,95	6.720

Bénéfice : 4.000 fr.

Si le cheval est refusé par les Haras, il est castré et vendu à perte à la remonte ou au commerce.

Nous n'avons pas tenu compte des soins et des frais de toutes sortes, car ils varient dans chaque écurie, ni des primes décernées par l'Administration.

Après avoir examiné la production chevaline dans la Manche où l'on fait naître, et dans la plaine de Caen où l'on élève, il nous reste à parler du Merlerault et de la région d'Alençon, où les deux opérations sont combinées.

Les chevaux nés et élevés dans le Merlerault sont plus petits et plus énergiques que ceux de la plaine de Caen. Dans la première de ces régions, les herbages sont clos de haies et de fossés; les chevaux peuvent s'ébattre en liberté, ce qui est aussi favorable à leur développement que la qualité des herbes. Ainsi que le dit M. du Hays, « ces herbes vives, énergiques et nutritives, ces eaux saines et toniques, qui donnent aux os du volume et de la densité, aux muscles de la force et de la résistance, poussent assez peu à

la taille. Aussi le Merlerault ne fait-il pas indistinctement des
chevaux de tous les genres. Voulez-vous y trouver quelque chose
de parfait? ne demandez au sol que ce qu'il peut produire. Mais
depuis le hunter solide et musculeux jusqu'au cheval brillant
de phaëton et au petit carrossier, le Merlerault ne redoute aucune
rivalité.

« Exiger plus de taille, c'est forcer la nature, et tous ceux qui,
dans cette contrée, ont voulu sacrifier à la mode du grand carrossier ont échoué complètement. »

Dans le Merlerault et la région d'Alençon on élève principalement des trotteurs destinés à courir ou à être vendus aux Haras.
Le commerce et la remonte achètent les chevaux qui n'ont pas
assez de vitesse ou ont été refusés par l'Administration.

Les animaux vivent constamment dans les herbages où ils disposent d'abris et reçoivent une ration d'avoine et de foin. Comme
ils ne travaillent jamais, ils reviennent à un prix très élevé. Lorsqu'il est présenté aux Haras un cheval n'a pas coûté moins de
3.200 fr. de nourriture, soins, frais d'entraînement, etc. Par suite,
une écurie qui n'a pas remporté de prix importants ou vendu des
étalons est en déficit. C'est pour compenser dans une certaine
mesure les risques des éleveurs que l'Administration donne des
primes considérables. Les subventions ont atteint en 1900 les
chiffres suivants pour l'Orne, le Calvados, la Manche, la Seine-
Inférieure et l'Eure.

	fr.
Aux poulinières......................	267.575
Aux poulains..	116.450
Aux étalons approuvés................	135.250
Aux écoles de dressage...............	64.600
Aux courses au trot..................	423.250

A ces sommes il faut ajouter 821.200 fr. réservés aux courses au
trot de Vincennes, Caen, Rouen, etc., où ne paraissent que des
trotteurs normands.

Ce n'est pas tout. « Chaque année, dit M. Guénaux, la commission des Haras achète à Caen environ 170 étalons pour une

somme de plus d'un million. En 1893, ces achats se montaient à
150 chevaux représentant une valeur de 968.600 fr. (moyenne
6.450 fr.); en 1900, elle a acquis 177 étalons pour la somme de
1.166.000 fr.; dans ce nombre étaient compris 31 étalons trotteurs
achetés pour la somme de 296.000 fr. (moyenne 9.500 fr.). Il convient d'ajouter à ce chiffre les trois trotteurs achetés après le
prix du ministère de l'Agriculture, conformément au droit réservé
à l'Administration des Haras. D'après les conditions de ce prix,
tous les poulains qui y ont pris part peuvent être achetés d'office
pour la somme de 20.000 fr. pour le compte du Gouvernement.
Au total, 34 trotteurs ont donc été achetés pour la somme de
356.000 fr. En 1891, 30 trotteurs ont été achetés pour 315.000 fr.,
ce qui est la somme la plus élevée consacrée jusqu'ici par l'Etat
à ses achats; avec les 4 trotteurs achetés après le prix du ministère de cette même année, on arrive à un total de 395.000 francs.

« Ce débouché rémunérateur a incité les éleveurs à produire de
plus en plus d'étalons et les présentations atteignent tous les ans
le chiffre de 500; l'Administration des Haras a ainsi un choix
nombreux à sa disposition, et peut faire ses achats dans les meilleures conditions. Mais cet afflux d'étalons n'est pas sans inconvénients; plus de 300 chevaux entiers restent entre les mains de leurs
propriétaires. Ceux-ci sont obligés pour s'en défaire de les castrer
à un âge trop avancé et de les soumettre à un dressage sommaire,
ce qui rend leur vente peu facile et peu avantageuse. »

Il est vrai qu'un certain nombre d'étalons refusés sont achetés
par l'étranger ou par les étalonniers français.

Ceux qui ont été pris par l'Administration ont des qualités
individuelles incontestables; ce sont des animaux irréprochables.
Mais par là même qu'ils sont métis, ils ne jouissent d'aucune
puissance améliFratrice. Envoyés dans toutes les parties de la
France, leur croisement avec des juments de toutes les races ne
peut que jeter les populations chevalines dans la variation. En
Bretagne, dans le Limousin, en Auvergne, dans le Midi, etc., ils
ne produisent rien de bon. Dans le Perche et le Boulonnais, on

n'en veut pas, car ils détériorent les races pures. Encourager l'élevage en Normandie est une excellente chose, mais il est déplorable de voir l'Administration chercher à développer la production du demi-sang dans des contrées où elle ne peut être rémunératrice, parce que le sol, le climat et l'industrie locale ne le permettent pas. C'est à peine si en Normandie les éleveurs obtiennent des bénéfices suffisants, bien que toutes les conditions soient favorables. Ailleurs l'élevage du demi-sang ne peut donner que des déceptions.

Nous n'avons calculé que le prix de revient des sujets d'élite élevés à l'avoine et destinés aux haras, aux courses et au luxe.

Mais en général les chevaux sont nourris à l'herbage dans le Calvados et la Manche; cette alimentation insuffisante ne leur donne ni muscles ni énergie et ils ne sont pas susceptibles de faire un bon service avant 6 ou 7 ans, alors que les animaux avoinés sont utilisables à 4 ans.

Les chevaux nourris à l'herbage se vendent en moyenne 1.100 fr. à 3 ans et demi, mais ils n'ont coûté que 800 fr. pour l'alimentation et 500 fr. d'achat à 7 mois. D'autre part, le travail a rapporté 600 fr.; reste un bénéfice de 400 francs.

Dans toutes les catégories de chevaux, il faut compter un dixième de déchet au moins provenant de sujets manqués, des accidents, etc. On voit que, même en Normandie, si l'élevage du demi-sang n'était pas encouragé par des primes, il ne rapporterait aucun bénéfice.

Population chevaline de Normandie.

L'ancienne population chevaline de Normandie était une variété de la race germanique qui occupe l'Allemagne du Nord. La région entre la Seine et l'Escaut est peuplée par la variété boulonnaise de la race britannique, et le bassin de la Meuse, par la race belge. L'ancienne variété normande était donc en dehors de son aire géographique naturelle. Elle a été introduite dans sa nouvelle patrie par les invasions des Barbares du Nord. Afin de la régénérer, Colbert fit venir du Danemark des géniteurs dont le type à tête busquée a été popularisé par les artistes du xviiie siècle.

Vers 1820, la mode, l'esthétique et les besoins s'étant modifiés, on commença à croiser les juments normandes avec des étalons de pur sang anglais. Depuis ce temps, ces croisements se sont généralisés, et aujourd'hui on ne trouve en Normandie que des métis plus ou moins près du sang, chez lesquels se représentent par atavisme les caractères spécifiques des deux souches. On est cependant parvenu à éliminer en partie la tête busquée du cheval germanique et à faire prédominer le chanfrein droit de la variété anglaise.

« Les opérations de croisement et de métissage, dit M. Sanson, toujours difficiles à exécuter, dans les races chevalines surtout, ne produisent pas souvent la fusion des caractères que l'on cherche à réaliser. Aussi voit-on parfois réunis, sur le même individu, le train antérieur de l'ancien normand avec le train postérieur de l'anglais, et réciproquement. Ceux-là méritent bien le titre qui leur est donné de demi-sang, en tant que l'expression puisse signifier qu'ils sont moitié normands, moitié anglais.

« Les familles anglo-normandes comptent assez souvent des rejetons *décousus*, c'est le mot vulgaire dont on se sert pour caractériser ces individus qui semblent faits de deux pièces mal soudées ensemble... Le reproche qui leur est adressé par ceux-là mêmes qui font le plus de cas du demi-sang, c'est d'être *enlevés, haut montés*, c'est-à-dire de manquer de gros, d'avoir un corps svelte sur des membres faibles, ce qui est sans doute justement attribué à l'abus de l'étalon de course... Mais au milieu de ces produits manqués, à divers degrés, dont la sorte choisie peut être surtout étudiée dans nos régiments de cavalerie, il existe une élite dont les caractères, en vérité, sont ceux du cheval anglais non entraîné. C'est sur cette élite qu'on s'appuie pour chanter la louange de la prétendue race de demi-sang. Nous n'avons pas à mêler, pour notre compte, une note discordante au concert. Nous ferons observer seulement que, dans ce cas, la race est de sang tout entier, en notant cependant la réserve du double atavisme. »

Les éleveurs normands ayant adopté le métissage avec l'étalon anglais comme système d'amélioration de la race indigène, il est trop tard pour créer une variété au moyen du croisement continu de l'étalon arabe avec la jument germanique. On aurait obtenu ainsi un type fixe dans le genre du pur sang anglais, mais en ne sélectionnant pas dans le sens exclusif de la vitesse, la variété normande serait restée ample et étoffée, qualités que n'a plus le cheval anglais.

Le grand défaut du métissage est d'exiger de la part des éleveurs une attention soutenue et une grande expérience. Les produits, soumis à deux atavismes, sont très différents entre eux, et il est absolument impossible d'obtenir un type homogène. On ne peut que faire prédominer dans l'ensemble tels ou tels caractères des ascendants. Si l'on n'infuse pas assez de sang anglais, les produits manquent d'énergie et de distinction ; dans le cas contraire, on obtient des *ficelles*. Le juste milieu, c'est-à-dire le cheval étoffé, puissant et bien membré est une exception due au hasard. Une année on aura un bon poulain, et l'année suivante, les mêmes géniteurs donneront un sujet très différent.

Il faut donc expérimenter les affinités de chaque jument et de chaque étalon, leur façon de se reproduire, combattre les défauts de l'un par les qualités de l'autre, mesurer aussi exactement que possible le degré de sang nécessaire, etc. Mais en prenant toutes les précautions possibles, on réussit rarement, car un cheval ne se fabrique pas comme un produit chimique.

Le croisement continu n'aurait pas présenté les mêmes inconvénients. En n'imitant pas la méthode suivie par les Anglais pour créer leur variété de pur sang, l'Administration des Haras a lancé notre élevage dans une voie compliquée et dangereuse, surtout ailleurs qu'en Normandie.

Le recrutement des étalons parmi les chevaux de course a pour effet de donner aux produits trop de légèreté. Au point de vue financier, le prix de revient d'un cheval de sang est considérable, car, pour qu'il devienne bon, il lui faut une alimentation dispendieuse, et on ne peut guère l'utiliser pour les travaux agricoles.

Si les Haras et la remonte le refusent, on ne sait comment en tirer parti s'il n'a pas du gros, et encore dans ce cas il est vendu souvent à perte au commerce.

Le type du demi-sang trotteur est celui qui trouve le plus de débouchés ; c'est le vrai cheval à deux fins propre à l'attelage, et faisant, quoi qu'en dise une certaine école, un excellent cheval de selle, léger, souple, maniable et galopant bien. M. Guénaux en fournit une preuve convaincante.

« En 1897, la remonte a acheté 62 chevaux de tête qui ont été payés 2.000 fr. à 3.000 fr. ; parmi eux, 28 étaient issus directement de trotteurs, et les 2 ou trois chevaux qui ont été payés le plus haut prix, 3.000 fr. par tête, étaient des fils d'étalons trotteurs ; tous les chevaux issus d'étalons de pur sang n'avaient pas dépassé le prix de 2.000 francs. »

Mais, nous le répétons, l'élevage du demi-sang ne peut réussir que sur les terrains très riches et spécialement en Normandie, parce que c'est là seulement qu'on trouve une grande habileté chez les éleveurs, un climat et un sol favorables, des géniteurs de choix et des encouragements sous toutes les formes.

Le Marais et la Plaine. Le Poitou.

Sur la rive gauche de la Loire, à l'est et au sud du massif granitique de la Vendée, l'étage jurassique constitue une partie du département de la Vendée, puis les Deux-Sèvres, la Vienne, la Charente et la Charente-Inférieure.

Dans la Plaine, vaste surface nue et sans clôtures, la culture et les labours ont produit une couche végétale assez fertile. Le sol très perméable est facile à travailler ; il n'y a guère de prairies que sur le bord des rivières et des ruisseaux, mais les prairies naturelles se répandent de plus en plus sous l'influence de l'école pratique d'agriculture de Pétré, située près de Luçon.

L'assolement le plus usité dans la Plaine orientale est le suivant :

1º Froment ;

2º Orge d'hiver ou méteil ;

3º Orge distique ou baillarge ;

4º Jachère annuelle.

Dans la Plaine occidentale, les terres sont généralement partagées en deux soles cultivées et laissées en jachère annuelle :

1º Froment, dans les terres reposées de l'année précédente ;

2º Froment ou méteil ;

3º Jachère.

L'assolement de l'école de Pétré, qu'on commence à adopter aux environs, est triennal et intensif :

1º Betteraves, pommes de terre ou trèfle incarnat suivi de maïs-fourrage ou trèfle ordinaire ;

2º Froment ;

3º Avoine ou orge. Sur la moitié de la sole, on sème au printemps du trèfle ; sur l'autre moitié on fait en culture dérobée des choux-fourrages que l'on repique après la moisson. On leur donne un peu d'engrais phosphatés.

Une partie des prairies est fauchée, et donne de 3.000 kilogr. à 4.500 kilogr. de foin ; le reste est pâturé.

Dans la Charente, l'oolithe inférieure composée de calcaires durs qui servent à fabriquer de la chaux grasse est peu fertile et d'une grande sécheresse.

Les terres, presque toujours recouvertes de sables, pauvres en tout, ne produisent guère que des pâturages à moutons.

Seules, les assises de l'oolithe moyenne forment un sol argilo-calcaire favorable aux cultures et aux prairies artificielles.

« Autrefois, dit M. Risler, un golfe dont la surface peut être évaluée à plus de 50.000 hectares s'étendait au sud des plaines calcaires de la Vendée et du Poitou jusqu'à l'emplacement où se trouve la ville de Niort, mais il était resté au milieu de ce golfe un certain nombre d'îlots ; Maillezais, Vix, Vouillé, Chaillé, Triaize, Saint-Michel-en-l'Herm, Marans, etc., témoins dont la constitution géologique rappelle les calcaires jurassiques de la Plaine et que les gens du pays nomment des *buttes*...

« Les alluvions déposées par la mer sont venues se joindre à celles qu'amenaient la Sèvre Niortaise, la Vendée, le Lay et l'Authise pour combler cette vaste déchirure (1)... »

Ce limon, que l'on appelle Brie, est très fertile, mais compact et imperméable ; à l'état de marais jusqu'à la fin du xvie siècle, il a fallu le dessécher pour l'utiliser.

Les travaux furent commencés par ordre de Henri IV et sous la direction de l'ingénieur Bradley, originaire de Berg-op-Zoom, qui amena avec lui des ouvriers des Pays-Bas.

On commença par faire « le canal des Hollandais » qui limite les marais du Poitou au nord, relie les canaux de Champagne, de la Vienne, de la Grenetière, du Claix, etc., et dessèche la région comprise entre le canal de Luçon et le cours inférieur de la Vendée. La mort de Bradley en 1612 amena la dispersion de ses associés qui acceptèrent des concessions dans la Camargue, à l'embouchure de la Gironde, de la Charente et de la Sèvre Niortaise.

Les marais des environs de Marans furent desséchés en 1642, et prirent le nom de Petit-Poitou ; leur superficie est de 5.470 hectares. Tous les travaux ont aussi été exécutés par des ouvriers spéciaux venus de Hollande, qui introduisirent dans les fermes du Marais les habitudes de propreté de leur patrie.

Dans le marais du Petit-Poitou, l'arpent valait 75 livres en 1680, ou, suivant les mesures actuelles, 125 fr. l'hectare. Aujourd'hui, leur valeur moyenne est de 2.500 fr., et atteint 3.500 fr. dans le marais de Vix, protégé par l'endiguement de la Sèvre Niortaise.

Les marais du Poitou sont entretenus par des syndicats qui s'administrent à leur guise. Au dire de M. Ayraud, il y en a beaucoup trop, et ils se nuisent les uns aux autres.

(1) Le Marais poitevin appartient à la formation moderne et ne se trouve pas ici à sa place. Mais comme les industries agricoles de cette région sont liées à celles de la Plaine, il est nécessaire de les examiner en même temps.

La couche végétale du Marais a une épaisseur très variable ; elle est riche en azote, mais pauvre en chaux, et en acide phosphorique.

Cette région, couverte d'un réseau de canaux, est plate et complètement privée d'arbres. Les maraîchins n'ont d'autre combustible que les « bouses » de leurs bêtes à cornes séchées au soleil.

La culture s'exerce principalement autour des fermes, mais elle tend à se réduire au profit des prairies qui rapportent davantage.

Les terres labourables sont divisées en deux soles alternativement cultivées et laissées en jachère annuelle. La 1ʳᵉ sole est ensemencée en froment, orge ou avoine. La 2ᵉ sert après la récolte, en automne et au printemps suivant, à nourrir les jeunes bovins et des troupeaux de moutons. Toutefois, en février et mars, un tiers de cette sole est ensemencé en fèves, puis, à l'automne de la même année, en froment. On laboure les jachères à la fin de mai en attelant sur les charrues 8 ou 10 bœufs, car la terre, compacte, tassée par les pluies et les animaux, se lève en mottes énormes qui ne se délitent qu'après les pluies d'orage alternant avec la sécheresse. Elles se réduisent alors en poussière et on peut les herser.

Le parcage des moutons est le seul engrais ; le fumier fait, dit-on, verser les récoltes et ne sert qu'au chauffage.

Les prairies ne demandent d'autres soins que d'être inondées en hiver pour préserver l'herbe de la gelée. On obtient cependant d'excellents résultats avec la chaux et les scories de déphosphoration qui favorisent la végétation des légumineuses (1).

Dans beaucoup de fermes on substitue le trèfle et la luzerne aux cultures de céréales dont les rendements diminuent sur les anciens marais soumis à un assolement épuisant.

Pour arrêter cette décadence, il faudrait rendre à la terre les éléments qui lui ont été enlevés, principalement les phosphates.

L'assolement le plus usité dans le Marais est le suivant :

(1) « Au sud de la Loire, le chaulage était déjà pratiqué avant la conquête romaine. « Pictones calce uberrimos fecere agros » (Pline, liv. XVII, 4, 8).

1º Guéret ou fèves ;

2º Froment ;

3º Orge d'hiver ou avoine.

La moitié des terres est en fourrages et principalement en luzernes et prairies naturelles. Par suite du manque de bras, le foin est de mauvaise qualité ; on le met trop lentement en « berges ».

Sur les relais de mer inondés à chaque marée par le flux et qui se trouvent en dehors des digues, pousse la misotte (Glycerina maritima) dont les bêtes à cornes sont très friandes.

Population bovine.

La population bovine est représentée par deux variétés de la race vendéenne. Dans la Plaine elle est plus grande que celle du Bocage, mais en diffère peu. Entre la baie de Bourgneuf et l'embouchure de la Gironde, les animaux atteignent un fort poids et une grande taille ; ils ont la poitrine ample, les côtes bien arquées, le dos droit et large, les cuisses musclées, mais le squelette est grossier et trop volumineux.

Par suite de leur vie en plein air, leur pelage devient épais, dur et de nuance brune ; c'est ce qu'on appelle le pelage maraîchin, très différent de celui des variétés de la Plaine et du Bocage, toujours de couleur froment.

Les bœufs sont engraissés à 5 ou 6 ans, et pèsent vifs 900 kilogr. ; ils rendent environ 500 kilogr. de viande nette. Leur peau pèse 50 kilogr. Des animaux de concours âgés de 60 mois ont donné :

Coefficient de poids vif...................... 16,08
Coefficient de poids net...................... 9,15
Rapport du poids net...................... 0,56

On engraisse aussi dans le Marais beaucoup de bœufs de Salers qui, achetés bourrets en Auvergne, ont travaillé pendant 2 ou 3 ans dans le Poitou.

Aux environs de la Rochelle, on a essayé d'augmenter la précocité des animaux maraîchins au moyen de croisements avec le durham, mais on n'a pas tardé à y renoncer, les métis étant peu rustiques et sujets à la tuberculose.

L'industrie laitière a pris un énorme développement dans les Charentes depuis 20 ans.

« La création des laiteries coopératives des Charentes et du Poitou, dit M. Martin (1), ne remonte qu'à 1877 et à l'envahissement du phylloxéra. En 1882 déjà, 129.000 hectares de vignes étaient dévastés, ce qui jeta la population dans une misère profonde.

« C'est alors que des hommes d'initiative créèrent des prairies artificielles, bien que l'opinion générale contestât la possibilité de la réussite ; bientôt, à la place des vignobles détruits, le sainfoin et la luzerne donnèrent d'abondantes récoltes.

« Ce nouveau système de culture se généralisa, et l'exploitation des animaux, dont l'alimentation était devenue possible, prit un développement parallèle. Des industriels s'installèrent dans la région pour transformer le lait acheté aux cultivateurs et ces derniers, certains du débouché, augmentèrent leurs apports.

« L'initiative de la coopération laitière revient à M. Eugène Biraud, qui créa en 1887 à Chaillé, commune de Saint-Georges, du Bois, une beurrerie par association. Au début, on traitait seulement 400 litres par jour avec une écrémeuse à bras ; aujourd'hui on transforme journellement jusqu'à 7.000 litres. La création de M. Biraud causa la hausse générale du lait, jusqu'alors payé o fr.08 à o fr. 09 par les laiteries particulières, et les producteurs, convaincus des avantages de l'association, s'empressèrent de se syndiquer pour la fabrication du beurre. »

Auparavant, le beurre fait dans les fermes du Poitou était de qualité inférieure et se vendait à bas prix. On comptait 28 à 32 litres de lait pour 1 kilogr. de beurre, par l'écrémage spontané, alors que les coopératives n'en emploient que de 19 à 22.

Par suite de cette plus-value, les cultivateurs poitevins ne fabri-

(1) Les Industries laitières des Charentes.

quèrent plus eux-mêmes le beurre et cessèrent de vendre leur lait aux établissements industriels pour travailler en commun leurs produits.

Les territoires occupés par les laiteries peuvent se classer en trois régions.

1º Les formations jurassiques des environs de Niort, Saint-Jean d'Angély et Surgères;

2º Les rives de la Sèvre, ou marais mouillés, ainsi nommés parce qu'ils sont submergés en hiver. Dans cette région, par suite de la richesse des herbages, les beurres atteignent les plus hauts prix;

3º Les marais desséchés de la Charente-Inférieure aux environs de Rochefort et de Marans. Les villages de Saint-Michel-en-l'Herm, Puyravault, Champagné, Sainte-Radegonde, qui possèdent des coopératives, émergent sur des îlôts calcaires très fertiles en plein marais.

La population bovine est représentée par les deux variétés maraîchine et parthenaise.

Les tentatives de croisements durhams et normands ont échoué.

Dans les Deux-Sèvres, les animaux vivent au pâturage et reçoivent un complément de nourriture composé de trèfle incarnat, vesces et maïs-caragua.

Les vaches du Marais reçoivent l'herbe verte à l'étable, et ne sont mises au pâturage qu'au commencement de l'automne, jusqu'à la période des inondations.

Aux environs de Niort, la ration d'une vache pendant l'hiver se compose de :

	kg.
Foin ou trèfle......................................	10
Betteraves ou choux............................	30

On ajoute souvent du son.

Les choux constituent dans la région un appoint très important. Leur valeur, au point de vue de la qualité des produits, est très controversée. A Irleau, où le beurre jouit d'une grande réputation, les statuts de la coopérative interdisent cette nourriture. Mais, en général, on ne croit pas à l'action nuisible des choux, sauf au moment de la floraison.

Aux environs de Niort, on estime le rendement des vaches parthenaises à 1.500 ou 1.800 litres. Les maraîchines produisent 1.800 à 2.200 litres dans la vallée de la Sèvre et la Charente-Inférieure.

Le lait des vaches vendéennes est très riche en matière grasse. Voici les chiffres fournis par le Dr Roux pour les différentes vaches dans ce pays.

Races et croisements	Moyenne du beurre par litre
	gr.
Parthenaises ;	47,26
Parthenaises-Durham ;	45
3/4 Durham ;	42,94
Durham pures.	43,85

' La race vendéenne est travailleuse, beurrière et fournit une viande excellente ; on ne peut donc sur le littoral que perdre aux croisements. D'ailleurs, la plupart des laiteries n'acceptent que le lait des vaches vendéennes de race pure.

La création d'une coopérative nécessite des statuts fixant les conditions de fonctionnement. La fabrication du beurre est le but unique ; quelques coopératives seulement fabriquent du fromage.

Le capital nécessaire à l'installation de l'entreprise est couvert au moyen d'un emprunt ; les participants souscrivent des obligations portant intérêt à 3 fr. 50 ou 4 p. 100, remboursées par voie de tirage au sort.

Certaines sociétés possèdent des porcheries qui utilisent le lait écrémé.

Lorsque les résidus sont rendus aux fournisseurs, on fait une retenue de 1 centime par litre.

Les dépenses d'installation varient nécessairement avec l'importance de l'établissement. Pour une laiterie traitant 6.000 litres par jour, on compte de 30.000 à 50.000 fr. Une porcherie revient à 15.000 ou 20.000 francs.

Dans la plupart des coopératives, les membres sont tenus à s'assurer contre la mortalité des vaches ; il n'y a pas de prime fixe, et l'indemnité versée varie de 75 à 80 o/o *ad valorem*.

En cas d'épizootie locale, ces petites mutuelles seraient incapables de faire face aux demandes ; les statuts prévoient alors la réduction des indemnités ou même la suspension de l'effet de l'assurance pendant la durée de l'épizootie.

Si toutes les coopératives se réassuraient entre elles, de façon à répartir les pertes sur un grand nombre d'adhérents, il y aurait toutes garanties pour les pertes.

D'après M. Martin, directeur de l'école d'industrie laitière de Mamirolle, la coopérative de Surgères (Charente), fondée en 1894, a commencé à fonctionner le 1er novembre de la même année. Il y avait à ce moment 263 sociétaires possédant 586 vaches, et fournissant 2.700 litres de lait. Un an après, les sociétaires étaient au nombre de 300 ; ils avaient 829 vaches donnant journellement 4.460 litres.

Les dépenses d'installation ont été les suivantes.

	fr.
Terrains de l'usine....................	3.850
Bâtiments de la laiterie...............	16.837 70
Porcherie, hangar, etc...............	22.414 42
Matériel............................	17.038·45
Tonneaux à purin, voitures, bidons....	4.184 26
Total............	64.324 83

La vente des sous-produits dans le même exercice 1894-95 a rapporté 17.364 fr. 12, qui ont servi à amortir une partie de la dette. Le 1er novembre 1895, celle-ci se trouvait réduite à 46.960 fr. 71. Elle a été remboursée en 1898.

Les porcs des coopératives sont généralement de la variété dite des Pyrénées ; on les achète à Mirande (Gers) et à Rabastens-de-Bigorre (Hautes-Pyrénées). Les frais de transport et de commission s'élèvent à 5 fr. par tête. Ces animaux sont, paraît-il, plus rustiques, mais moins précoces que les limousins. On leur donne 15 à 20 litres de petit lait avec du son et de la farine de lin ; ils sont vendus au bout de 4 à 5 mois.

L'utilisation du petit lait pour l'élevage des porcs le met de o fr. 015 à o fr.02 le litre, lorsque le prix des animaux est élevé, mais en général on l'estime à 1 centime. Ce rendement atteint o fr. 25 chez les fournisseurs et il serait encore plus rémunérateur si on pouvait l'employer à l'élevage et à l'engraissement des veaux ; mais il serait nécessaire que le petit lait fût absolument doux.

On estime que les frais généraux d'une coopérative, amortissement du capital engagé, entretien du matériel, salaires, transport du lait, etc., ressortent de 5 à 7 o/o des recettes, ou encore à o fr. 006 par litre traité.

La quantité de lait nécessaire pour obtenir 1 kilogr. de beurre varie avec les saisons et même entre les laiteries, suivant la qualité de la matière première.

La moyenne est de 21 litres 5 en Vendée, de 20 litres 60 dans la Charente-Inférieure, et de 19 litres 62 dans les Deux-Sèvres.

Le maximum de rendement se constate en juin, juillet et août ; le minimum en novembre, décembre et janvier.

Les beurres des Charentes et du Poitou sont expédiés en majeure partie aux halles de Paris. Les frais de transport, d'octroi et de vente s'élèvent à o fr. 37 par kilogr.

Les prix du beurre varient beaucoup suivant l'époque de l'année et la provenance ; on peut admettre une moyenne de 3 fr. Nous voyons qu'au 1er avril 1903 il se vendait de 2 fr. 80 à 3 fr. 80 aux Halles.

Le produit d'une vache est estimé à 200 fr., plus la valeur du veau 60 fr. La valeur moyenne du lait est de o fr. 09 le litre, plus pour le petit lait o fr. 02 à o fr. 03.

Bien que le rapport du lait ait baissé sensiblement depuis quelques années (1), par suite de la diminution des rendements et du prix du beurre, le nombre des coopératives ne peut qu'augmenter, car elles donnent un bénéfice élevé et certain.

M. Martin cite encore l'usine de Marans, qui traite par jour près de 20.000 litres de lait, et emploie les ferments lactiques ; en 1894, le lait a été payé en moyenne 0 fr. 115.

En résumé, dans les Charentes et le Marais vendéen, les industries particulières ont dû céder la place aux coopératives. Dans la seule année 1893, les arrivages aux Halles, de cette contrée ont augmenté de 27 o/o, ce qui correspond à l'organisation des premières sociétés.

Population chevaline.

La population chevaline du Poitou descend des géniteurs amenés par Bradley en 1600 ; c'est donc une variété de la race frisonne qui forme ce qu'on appelle la race mulassière. Ces chevaux ont l'œil petit, les joues plates, l'encolure forte et pourvue d'une épaisse crinière, le garrot élevé et empâté, le dos bas, les hanches saillantes, la croupe massive, la queue attachée haut, la poitrine profonde mais plate, les membres gros, les canons longs et couverts de crins, les articulations fortes, le pied large et plat.

On le voit, le type n'a rien de séduisant ; c'est, suivant l'expression de Maître Jacques Bujault, le célèbre cultivateur de Chalouë, « une barrique montée sur quatre soliveaux. Elle ne doit être bonne qu'à faire des mules. Il y en a qui veulent une jument bien figurée ; c'est une sottise. D'autres achètent des juments à deux fins pour les vendre aux gens de cavalerie et de diligence, si elles

(1) La diminution de rendement du lait provient de ce que certains fournisseurs ajoutent de l'eau. Cette fraude, qui porte préjudice à tous les associés, va devenir impossible, grâce à un instrument nouveau qui permet de mesurer rapidement la richesse du lait.

Ce paragraphe a été écrit en 1903. Depuis cette époque, le lait est payé suivant sa teneur en matière grasse, et des Syndicats d'élevage se sont constitués pour perfectionner la variété bovine du Marais.

ne prennent du baudet ; mauvaise manière de se monter, bonne façon de se ruiner. La bête qui a le corps long ou l'échine de goret ne prend guère du baudet. La grande jument, celle qui est haute sur jambes ou qui a le corps mince, la croupe courte, qui est efflanquée, tout ça ne vaut rien ».

Aujourd'hui la variété poitevine de la race frisonne a presque entièrement disparu. M. Ayraud dit à ce sujet : « Deux causes, agissant dans le même sens au berceau de la race, ont amené l'une, une dégénérescence, l'autre, une transformation. La première est le croisement avec les chevaux pur sang et demi-sang, opéré par les haras de Saint-Maixent d'abord, et de Napoléon-Vendée ensuite, d'où est né le métis anglo-poitevin, et dont je me plais à reconnaître les qualités, quelle que soit la peine que j'éprouve à attester un fait qui a porté tant de préjudice à notre race mulassière, car toute jument ayant du sang anglais ou normand dans les veines est *impropre à la production du mulet.*

« La transformation qui s'est opérée dans la race par le seul fait des dessèchements généraux ou partiels a été bien moins préjudiciable, c'est-à-dire que, quoique la race ne soit un peu allégée (je dis, *un peu*, parce que, dans une famille aussi vieille, les caractères typiques ne s'effacent pas aussi vite qu'on pourrait le croire, et nous trouvons encore quelques étalons de deux ou trois ans qui ont toutes les qualités de l'ancien poitevin), elle n'en conserve pas moins sa précieuse spécialité de faire les meilleurs mulets qu'il y ait au monde. »

M. Gayot trouve naturellement que la disparition de la variété poitevine n'est pas à regretter, puisqu'elle est remplacée par une population métisse qui fournit des chevaux pour l'armée. A ce point de vue, il a raison, mais il se trompe absolument lorsqu'il prétend que des juments quelconques peuvent produire de bons mulets. Voici ce que dit à ce sujet l'ancien Directeur général des Haras :

« La race poitevine n'a probablement jamais compté au de là de 20 à 25.000 existences. Sa disparition, causée par sa transformation en chevaux d'une autre sorte, n'a occasionné ni pertes ni vides. Les bretons, les percherons et les boulonnais, mâles et femelles, se sont substitués au mulassier et à la mulassière, et en tiennent lieu sans qu'il n'y ait rien à regretter. »

Cette opinion est si peu justifiée, la disparition de la race mulassière a porté un tel préjudice à la production du mulet que la Société d'Agriculture de Poitiers a nommé en 1898 une commission chargée de rechercher les moyens propres à remédier à la situation. Nous résumerons les conclusions du rapporteur, M. Jacotin, vétérinaire principal de l'armée :

« 1° L'une des causes principales de la disparition de la jument poitevine est l'essai d'amélioration de la race par le pur sang anglais ;

« 2° La création à Chef-Boutonne, en 1894, d'un dépôt d'étalons de l'Etat, destinés à donner aux mules poitevines plus de sang et d'élégance, est considérée par la majorité des vrais éleveurs poitevin comme devant produire et ayant produit déjà les mêmes effets néfastes que le haras de Saint-Maixent, *ce haras maudit* ce haras *du diable*, comme l'appelait maître Jacques, et qui, aidé de celui de Napoléon-Vendée, a fait disparaître notre race mulassière, pour la remplacer par cette race *bâtarde*, race du *Directeur*, selon l'expression méprisante de Jacques Bujault ;

« 3° Les juments bretonnes (du Léon), normandes, boulonnaises, etc., que l'on a prétendu substituer impunément à l'ancienne mulassière, n'ont donné que des produits défectueux ;

« 4° Il importe de revenir au plus vite aux reproducteurs qui ont fait la réputation de nos mulets poitevins. »

Nous n'en sommes plus à compter les fautes de l'Administration des Haras, mais, dans le cas qui nous occupe, elles sont inexcusables. Que dans d'autres régions elle cherche à obtenir le cheval de remonte, comme c'est sa mission, cela se comprend. C'est aux éleveurs de savoir ce qu'ils ont à faire. Mais la production du mulet est indispensable à l'armée. Or, la preuve en est faite ;

on ne peut obtenir de bons mulets qu'avec la race mulassière ; malgré cela l'Administration s'entête à la détruire.

Le résultat est lamentable : en 1883 nous avons exporté 19.078 mulets et 9.594 seulement en 1902 ; c'est une diminution de moitié en moins de 20 ans.

Cette perte n'est malheureusement pas compensée par la qualité des chevaux métis, qui, s'ils sont parfois d'un beau modèle, manquent complètement d'énergie, par suite du mode d'élevage.

En général, on fait naître dans la Plaine, et on élève dans le Marais.

Pour la race mulassière, la monte se faisait en liberté dans les herbages, et on n'avait qu'à se louer de ce système. On donnait 30 à 40 juments à chaque étalon. La monte durait de la fin de mars aux premiers jours de juillet, chaque jument restant environ un mois avec l'étalon. Ce mois d'herbage et le prix de la saillie se payaient 25 francs.

Aujourd'hui la monte se fait le plus souvent à la main. Ensuite, les juments restent constamment à l'herbage, et malgré les intempéries, les cas d'avortement et de viduité sont très rares.

Après sa naissance, le poulain vit pendant 8 ou 10 mois avec sa mère, et est sevré au commencement de l'hiver. On sépare les jeunes animaux dans leur 2e année afin d'éviter les accouplements prématurés.

Le climat et la nature des herbages rendent les chevaux lymphatiques. Lorsqu'on les sort du Marais, et qu'ils sont soumis à un autre régime, leur tempérament se modifie et ils fournissent un large tribut à la maladie. Ceux qui survivent font de bons chevaux à 6 ou 7 ans, mais reviennent à un prix excessif. « On se souvient encore, dit M. Sanson, d'un temps où les dépôts de Saint-Maixent et de Saint-Jean-d'Angély livraient à la réforme et à l'équarrisseur plus de sujets qu'ils n'en envoyaient dans les régiments, pour n'avoir pas compris les soins particuliers exigés par le tempérament peu robuste des chevaux qu'ils achetaient dans les marais..... Depuis quelque temps, instruit par l'expérience, on s'est décidé à suivre une autre voie. On a mieux choisi les étalons, et des écoles de dressage ont été établies. Il en est résulté la production d'un certain nombre de sujets d'élite, dont quelques-uns se montrent même aptes à être admis comme étalons. »

Les Haras mettent à la disposition des éleveurs des étalons de pur sang et de demi-sang divers. Les produits sont donc soumis à trois atavismes au moins, ce qui leur enlève toute homogénéité.

Comme toujours dans les croisements, on obtient en Vendée un petit nombre de sujets réussis ; l'Administration s'en déclare satisfaite, car elle n'a pas à s'occuper du prix de revient des animaux.

Il n'en est plus de même pour les éleveurs. Un cheval de sang leur coûte 7 ou 800 fr., s'il ne mange pas d'avoine, mais il a un mauvais tempérament; lorsqu'on le nourrit bien, il revient à un prix moyen trop élevé.

Un animal de gros trait gagne plus que son entretien par son travail à partir de 18 mois. Si l'on tient compte de la nourriture à l'herbage, de l'amortissement du prix de la poulinière, du prix de la saillie, on voit qu'il n'a coûté qu'environ 350 fr. à 400 fr. et il se vend de 700 fr. à 1000 fr. Pour le demi-sang il y a donc déficit, et pour le second, un bénéfice important.

En résumé, l'élevage du cheval fin est trop difficile et trop onéreux dans le Marais, où les herbages ne peuvent convenir qu'à la race mulassière adaptée aux sols humides.

Anes et mulets du Poitou.

La variété asine du Poitou appartient à la race d'Europe (Eq. A. Europæus) dont les nombreux ossements trouvés dans les cavernes paléolithiques et néolithiques du midi de la France ont été attribués indûment à une race chevaline de petite taille et même à un hémionien, le kertag, qui n'a jamais existé que dans l'Asie centrale, où il a été découvert il y a vingt ans à peine.

La variété asine du Poitou est la plus grande et la plus estimée de la race d'Europe, et on cherche à l'introduire dans tous les pays où l'on veut implanter l'industrie des mulets. On la trouve dans tout le Poitou, mais principalement dans l'arrondissement de Melle (Deux-Sèvres). Il n'était pas rare, lorsque l'industrie mulassière était florissante, d'y voir des baudets valant plus de dix mille francs. Les ânesses sont d'un prix beaucoup moins élevé. Ces dernières sont saillies à l'arrière-saison, car les baudets qui ont été accouplés avec elles refusent les juments. Il faut donc attendre que la monte de celles-ci soit terminée, et l'ânon naît à une époque peu favorable.

Afin d'obtenir des mâles en provoquant la prépondérance sexuelle, les éleveurs poitevins privent les ânesses de nourriture et les maintiennent dans un grand état de maigreur. Une fois né, le petit est tenu éloigné de sa mère afin de ne pas téter le colostrum auquel on prête bien à tort une action nuisible, et on le nourrit pendant les premières semaines avec du lait mêlé de farine. Ensuite on le rend à sa mère et le tempérament rustique de l'espèce répare les erreurs commises qui causent la mort de beaucoup d'ânons. Ceux-ci, nés à une époque avancée, souffrent du froid et on est obligé de les envelopper de couvertures; mais par un préjugé inexplicable, on s'abstient de les panser; on tient même à ce que leurs poils se feutrent et pendent en longues mèches, en *cadenettes*. De là des maladies de peau tenaces et fréquentes.

Il faudrait donc mieux nourrir les ânesses, laisser téter les petits dès leur naissance, et panser les animaux avec soin. On ne peut malheureusement pas avancer l'époque de la saillie.

On sait que le mulet naît de l'accouplement d'un baudet avec une jument, et le bardot de celui d'un cheval avec une ânesse. Dans le Poitou on ne fait que des mulets.

On croit généralement que les mules sont infécondes, mais il existe de nombreux exemples du contraire, et les mulets eux-mêmes se reproduisent parfois. De leur accouplement, il ne peut résulter de race de mulets ; la loi de réversion s'y oppose. Les produits, en admettant qu'on puisse les obtenir régulièrement, feraient vite retour à l'un des types des ascendants.

Par leur tempérament, les mulets tiennent davantage de l'âne que du cheval ; ils vivent vieux, sont remarquablement sobres, et fournissent un rendement mécanique considérable.

L'élevage des mulets est très rémunérateur, car ils coûtent peu à nourrir, travaillent à 18 mois, et valent à 4 ans de 900 fr. à 1.800 francs.

Il est très regrettable que l'Administration des Haras ait compromis l'industrie mulassière en détruisant par des croisements la race chevaline frisonne, dont les produits sont très supérieurs à ceux des autres juments, surtout de celles ayant du sang. Nous avons vu qu'en moins de 20 ans les exportations sont tombées, de 18.078 têtes en 1883 à 9.594 en 1902. C'est une perte de plus de 10 millions pour l'élevage, en ne comptant qu'à 1.200 fr. le prix moyen des mulets exportés. En même temps le prix des baudets a considérablement diminué, et les plus beaux ne valent pas plus de 4.000 francs.

Guyenne et Languedoc.

Au sud-ouest et au sud du Plateau central, les calcaires jurassiques constituent les plateaux de la Dordogne, du Lot-et-Garonne et du Lot, puis les causses du Larzac, du Méjean et de Sévérac, au milieu desquelles le Tarn et ses affluents se sont creusé des vallées profondes. Ces calcaires présentent une grande uniformité, toutefois les causses sont particulièrement arides et pierreux.

Le contraste entre ces plateaux desséchés et les montagnes granitiques qui les avoisinent est frappant. Sur ces dernières, c'est le ségala, pays d'élevage de bêtes à cornes et de petite propriété, arrosé par des sources nombreuses. Sur les causses, au contraire, il n'y a ni eaux, ni verdure, ni arbres. Les rares habitations ne se trouvent qu'aux points où affleurent les bancs de marnes et d'argiles.

Les fermes ont de grandes étendues, mais on ne cultive que les champs les plus rapprochés de la maison; cependant, la culture tend à s'améliorer avec les semis de sainfoin, de trèfle et de luzerne. La principale industrie est l'élevage des moutons qui, pendant la belle saison, pâturent les plateaux et sont parqués le soir.

Le sol de cette région est parsemé de *bétoires*, dépressions formées par des courants d'eau souterrains permanents ou temporaires. Parfois, pendant les grandes pluies, lorsque le canal ne peut suffire à l'écoulement de ces eaux, elles jaillissent par les bétoires qui indiquent le parcours des courants.

Les puits doivent être plus ou moins profonds suivant l'altitude du lieu, car l'eau se trouve partout au niveau des vallées.

Le retrait du sol et les érosions des eaux souterraines ont aussi donné naissance à des cavernes qui ont souvent plusieurs kilomètres de longueur, et sont remplies de stalactites et de stalagmites dues aux dépôts des eaux calcaires. Elles renferment des cours d'eau, lorsqu'elles sont au niveau des vallées; plus haut, elles sont à sec. C'est dans ces cavernes que se trouvent les fromageries de Roquefort, dont nous parlerons plus loin.

Variété ovine des Causses.

La population ovine des causses est une variété de la race des Pyrénées; celle du Larzac est particulièrement remarquable par ses formes et ses aptitudes laitières. La poitrine est un peu étroite, mais les reins et la croupe sont très développés. Les mamelles volumineuses ont souvent quatre mamelons ouverts.

La toison, fine et étendue, pèse entre 2 kilogr. et 2 kilogr. 500.

Au point de vue de la production de la laine, la variété a été améliorée, il y a un siècle, par le croisement avec les mérinos des bergeries impériales de la région, mais les formes corporelles ne se sont pas modifiées.

Les agneaux mâles et femelles qu'on ne veut pas conserver sont vendus à 3 semaines pour la boucherie au prix de 6 fr. l'un. Le pays en produit 250.000.

Autrefois, les brebis étaient nourries sur les causses, où elles trouvaient une herbe rare qu'elles seules pouvaient utiliser. Depuis que la consommation du fromage de Roquefort, fabriqué avec leur lait, a pris une énorme extension, il a fallu augmenter leur nombre, et, pour les nourrir, faire des trèfles, des sainfoins et des luzernes. Mieux alimentées, les brebis donnent plus de lait.

D'autre part, le concours annuel institué à la Cavalerie (Aveyron) a excité l'émulation des éleveurs et hâté le perfectionnement des animaux. A ce concours, dont le règlement a été élaboré d'une façon très pratique, on doit faire figurer au moins les deux tiers du troupeau, et produire l'état des livraisons faites aux fromageries de Roquefort. De cette façon, les animaux exceptionnels, préparés spécialement pour les concours, se trouvent éliminés, de même que les reproducteurs de races étrangères. La variété de Larzac est ainsi conservée dans toute sa pureté ; on l'améliore uniquement par la sélection et une meilleure alimentation.

Le nombre des sujets exposés à la Cavalerie dépasse le plus souvent 14.000 têtes.

En 1780, on entretenait dans le Larzac 150.000 moutons ; il y en a aujourd'hui plus de 700.000, dont 450.000 brebis laitières. Celles-ci sont traites matin et soir ; il faut 7 personnes pour 200 brebis.

Les expériences faites par la Société des Caves réunies ont montré que 100 kilogr. de lait fournissent 18 kilogr. de fromage, et que chaque brebis donne en moyenne 55 litres de lait et 10 kilogr. de fromage. Dans certains troupeaux, la production du lait est d'un tiers en plus.

Si l'effectif des troupeaux a quintuplé depuis un siècle, le rendement du lait par tête a doublé. Mais ce rendement pourrait encore être augmenté si les brebis étaient réformées plus tôt ; elles vaudraient en outre pour la boucherie 32 ou 35 fr. au lieu de 24 francs.

Enfin, on sait que les vieilles brebis donnent moins de laine que les jeunes. En modifiant le système d'exploitation des troupeaux du Larzac, on obtiendrait une plus-value d'environ 22 millions de francs.

Les fromageries achètent le lait de 25 à 30 fr. l'hectolitre.

Avec la vente de deux agneaux et de 2 kilogr. de laine, on estime qu'une brebis rapporte annuellement de 31 à 36 francs.

Il y a 50 ans, la fabrication du Roquefort était de 4.500.000 kilogr. ; aujourd'hui, elle provoque un mouvement de fonds de 22 millions de francs.

Les fromages fabriqués au commencement de la campagne valent 150 à 160 fr. les 100 kilogr. ; ceux d'arrière-saison 245 à 265 fr. Au 1er avril 1903, ils valaient aux Halles de Paris : ceux de la Société des Caves, 200 à 230 fr. ; les autres, 100 à 160 francs.

On appelle fromages persillés ceux dont la pâte est marbrée de veines verdâtres, constituées par un champignon appelé Penicillium glaucum.

Pour le Roquefort, on mélange au caillé de la poudre de pain moisi qui produit des sporules destinées à déterminer dans la pâte le développement du penicillium, agent de maturation de ce fromage et qui produit le persillage.

La qualité du fromage de Roquefort est due aux caves naturelles ou artificielles creusées dans le calcaire. Un courant d'air y entretient la température constante qui est nécessaire.

Les résultats obtenus dans les caves de Roquefort ont donné l'idée, dans le Puy-de-Dôme notamment, d'utiliser certaines excavations naturelles pour y faire des fromages façon Roquefort, avec du lait de brebis ou de vache. Bien que ces fromages soient de bonne qualité, ils sont loin de valoir ceux de Roquefort, et se vendent moitié moins cher, comme nous l'avons dit.

En dehors du Larzac, les moutons *caussinards* ne sont exploités que comme animaux de boucherie. Les uns sont engraissés sur les montagnes d'Auvergne, les autres, après avoir passé la belle saison sur les garrigues du Gard et de l'Hérault, sont engraissés en automne à la bergerie avec des marcs de raisin. Ces animaux, qui approvisionnent le marché de Paris, sont très estimés à cause de la saveur de leur chair. On a cherché à les améliorer en les croisant avec les variétés anglaises, mais par suite des conditions climatériques et du système de culture, on ne pouvait réussir.

Franche-Comté.

Les montagnes du Jura, qui ont donné leur nom au système jurassique où il prédomine, s'étendent dans les départements de l'Ain, du Jura et du Doubs.

En partant de l'ouest, ces montagnes s'élèvent en plateaux successifs jusqu'à une altitude de 1.700 m.; du côté de la Suisse, elles forment des plateaux escarpés, au pied desquels on trouve des dépôts glaciaires.

Le Jura français forme 4 régions agricoles :

1° La région basse, où l'on cultive la vigne et le maïs jusqu'à 400 m. de hauteur ;

2° La région moyenne comprise entre 400 m. et 700 m. environ d'altitude ; il n'y a plus ni vigne ni maïs, mais les céréales y réussissent bien. Les essences forestières sont le chêne et le hêtre ;

3° La région de montagnes, de 700 m. à 1.100 m. environ ; on n'y cultive que l'orge et l'avoine. Les chênes et les hêtres sont remplacés par les sapins ;

4° La région des pâturages ; l'herbe y est d'autant plus abondante qu'il tombe davantage d'eau.

Le versant français est plus riche que le versant suisse, parce que les vapeurs amenées par les vents d'ouest s'y condensent au contact des sommets.

Dans le Doubs et le Jura, le lias se trouve à la base des montagnes et est couvert de riches prairies.

En Franche-Comté, les différents étages de l'oolithe produisent de belles prairies arrosées par des sources nombreuses. Ils sont riches en carbonate de chaux et magnésie ; quant à l'acide phos-

phorique, son abondance est proportionnelle à celle des polypiers
qui s'y trouvent. La potasse est rare partout, sauf dans les marnes. L'acide sulfurique manque totalement, ce qui rend nécessaire
l'emploi du plâtre dans presque tous les terrains jurassiques.

M. Risler donne le résultat d'expériences d'engrais analyseurs,
faites sur des prairies par M. Collin, dans sa ferme des Miroirs,
près Pontarlier, sur un sol jurassique sec, légèrement argileux,
exposé au S.-E.

	Produit moyen à l'hectare	Excédent dû à l'engrais	Prix du quintal d'excédent
	kg.	kg.	fr.
1º Engrais complet intensif.	3.547	1.364	5 90
2º — complet........	3.333	1.150	4 52
3º — sans minéraux.	2.917	734	3 62
4º — sans azote.....	3.258	1.075	3 90
5º — sans potasse...	3.028	845	3 65
6º — sans phosphates	2.367	184	19 60
7º Sans engrais...	2.183	»	»
8º Cendres de hêtre lessivées...............	2.567	384	2 15
9º Cendres de hêtre non lessivées...........	2.983	800	2 09
10º Bouses de vaches......	2.830	650	1 54
11º Chaux grasse...........	1.000	déficit	»

« On voit d'après la dernière colonne que la bouse de vache et
les cendres, lessivées ou non, donnent seules du foin à un prix
rationnel. Quant aux engrais chimiques, ils sont trop chers.
Mais il n'en résulte pas moins un enseignement utile de cette
analyse indirecte du sol jurassique, car elle prouve que l'élément
le plus important des engrais est le phosphate de chaux; l'engrais sans potasse n'a guère donné plus que la parcelle sans
engrais, tandis que la privation d'azote et de potasse n'a pas eu
des conséquences aussi graves. Ce fait serait encore devenu plus
évident, si M. Collin avait, sur une parcelle, essayé le superphosphate de chaux seul; peut-être se fût-il montré rémunérateur.

« L'engrais sans potasse a donné, en 1868, un excédent de
1.616 kilogr. par hectare sur la partie sans fumier. En 1869, l'excédent n'était déjà plus que de 1.000 kilogr. et en 1870, ils'était

transformé en déficit. Ainsi, les deux premières années, il y avait dans le sol assez de potasse assimilable pour subvenir à l'accroissement de production amené par l'azote et les phosphates des engrais. Mais, en 1870, la provision était épuisée et M. Collin en conclut, avec raison, que, pour les prés secs du Jura, il faut ajouter de la potasse aux phosphates que l'on emploie.

« Le tableau ci-dessus montre que l'engrais sans azote a donné des produits presque égaux à l'engrais complet 2. M. Collin remarque que, dans ce carré sans azote, le trèfle de montagne blanc et rouge a pris peu à peu le dessus sur les graminées, et comme il a plus besoin de minéraux que d'azote, la privation de cet azote ne lui a rien fait.

« En 1870, M. Collin a fait répandre du sulfate d'ammoniaque sur une moitié de chacune des parcelles 1, 2, 3, 5 et 6. Cette addition a fait beaucoup de bien, et surtout dans les parcelles 1, 2 et 5, où l'on avait employé le plus de phosphate en 1868. Il semblerait donc que, au moment où les expériences ont commencé, en 1868, il y avait dans le sol assez d'azote pour subvenir, avec les apports naturels que font chaque année les pluies, aux besoins d'une végétation modérée, comme celle qui a lieu sur les prés non fumés. Mais, quand une fumure riche en phosphate vient surexciter la production du sol, il se produit peu à peu pour l'azote le même fait que M. Collin a signalé pour la potasse. Comme il faut toujours que le foin récolté contienne l'azote et la potasse dans la même proportion que l'acide phosphorique, la terre reste en arrière pour l'azote et la potasse, et il est bon de venir à son aide pour rétablir la proportionnalité des divers éléments nutritifs...

« M. Collin a essayé sur une terre argilo-calcaire très compacte le sulfate d'ammoniaque seul avec le sulfate de chaux. Il en a obtenu un résultat magnifique. On en peut conclure que ces terres argileuses sont naturellement plus riches en phosphates et en potasse que les terres calcaires plus légères sur lesquelles ont été faits les principaux essais.

« Comme prix de revient, et, en définitive, c'est toujours à cela que doit revenir l'agriculture, les cendres, et surtout le fumier conservent la première place.

« MM. Pillichody et Mathieu-Doret ont fait, de 1869 à 1871, sur les prés de la propriété de Beauregard, près du Locle, dans le canton de Neuchâtel, en Suisse, des expériences avec de la poudre d'os, des cendres, du compost, etc.

« Les prés de Beauregard sont à une altitude presque égale à celle de l'Armont, dans les monts du Jura, mais leur sol n'appartient pas au même étage ; il fait partie du bathonien.

« Voilà la moyenne du foin obtenu par hectare en 1869-1870 et 1871.

	Par hectare	Excédent sur la parcelle sans engrais
	kg.	kg.
550 chars de composts	4.027	2.111
400 pieds cubes de fumier de vache	3.819	1.903
60 tonneaux de purin	3.069	1.153
250 kg. de poudre d'os (printemps 1869)	3.000	1.084
1.500 kg. de cendres	3.914	1.028
500 kg. de poudre d'os (automne 1868)	2.608	764
70 chars de marne	2.500	584
300 kg. de plâtre	2.013	97
Rien	1 916	»

« Si l'on compte la poudre d'os employée au printemps (250 kilogr. par hectare) à 22 fr. les 100 kilogr., l'excédent de foin qu'elle a produit (1.084 kilogr. par hectare) revient à un peu plus de 5 fr. par 100 kilogr. Il est probable que le superphosphate de chaux aurait donné des résultats encore plus avantageux, mais son action aurait été plus vite épuisée, tandis que la poudre d'os aurait donné encore après 1871 un excédent sur la parcelle sans engrais.

« Par contre, 500 kilogr. de poudre d'os par hectare paraît avoir été une dose trop forte. L'excédent du foin ainsi produit revient trop cher. »

Dans le Jura et la Suisse, on trouve, superposés au jurassique, des dépôts formés par les anciens glaciers. Ce sont par conséquent des débris de toutes les roches des Alpes, pauvres en chaux, mais riches en potasse.

D'après M. Boitel, inspecteur général de l'agriculture, les prairies des terrains jurassiques du Bugey contiennent, moitié de graminées, 3/10 de légumineuses et 2/10 de plantes diverses. Le rendement moyen en première coupe n'est guère que de 2.000 kg. à l'hectare. Dans la Dombes, on trouve au contraire très peu de légumineuses, à cause de l'absence de chaux dans les moraines.

« Il faut croire aussi que les graminées obtenues en sol calcaire sont substantielles et plus nutritives. On ne peut s'expliquer autrement la supériorité des animaux nourris au foin et à l'herbe des montagnes sur ceux de la plaine siliceuse ; si ces derniers sont chétifs et rabougris, on doit attribuer cet état à la mauvaise qualité de l'herbe, qui renferme peu de légumineuses, et dont les graminées, quoique composées des mêmes espèces, n'ont pas les qualités nutritives des plantes croissant en montagne sur des terres essentiellement calcaires.

« A quelques kilomètres d'Artemare, et à l'altitude de 700 m., la même qu'à La Balme, en pleine formation jurassique, les eaux sont tellement calcaires que les plantes en sont incrustées. Ces eaux, laissées longtemps inutiles pour les prairies sur lesquelles elles faisaient plus de mal que de bien, sont devenues bienfaisantes après qu'elles ont été battues à l'air par des chutes successives et enrichies de purin et de fumier de ferme. Il suffit alors de les rassembler dans de vastes réservoirs et de les lancer avec vitesse sur les surfaces à irriguer, en ayant soin qu'elles ne séjournent nulle part sur le gazon qu'elles fument et qu'elles humectent. Une grande prairie en sol calcaire et pierreux, traitée de cette façon, n'a pas tardé à se couvrir de bonnes espèces, et à atteindre un rendement en foin des plus satisfaisants. Examinée sur pied, la prairie est composée comme il suit : graminées 5/10 ; légumineuses 4/10, plantes diverses 1/10. »

Les eaux chargées de calcaire sont non seulement défavorables aux prairies lorsqu'elles y séjournent, mais encore elles font maigrir le bétail et tarir les vaches.

Dans le Jura, les eaux ne sont abondantes que dans les vallées ; sur les montagnes, on est dans l'obligation de les recueillir dans des citernes.

Au sud, le système jurassique, interrompu par l'étage tertiaire de la rive gauche du Rhône, reparaît dans le Dauphiné, où il entoure les hauts sommets granitiques des Alpes. Les montagnes secondaires du Vercors, du Diois et du Dévoluy sont presque exclusivement constituées par le jurassique.

Le lias, rare dans le Jura, atteint dans les Basses-Alpes une grande puissance. Il se montre sous forme de calcaires feuilletés, colorés en noir par des matières charbonneuses et du fer sulfuré. Ce sol peu résistant est raviné et entraîné dans les vallées par les eaux qui recouvrent les terres d'un dépôt tenace et dur qui empêche l'action de l'air sur les racines et arrête complètement la végétation. Le reboisement serait le seul moyen de remédier à cette situation. Ainsi que le dit M. Risler : « l'état précaire de ces champs décourage la population ; elle abandonne la charrue et fonde toutes ses ressources dans les troupeaux. Mais les troupeaux hâtent la ruine du pays, qui périra par cette ressource même. Chaque année, leur nombre diminue, faute de pacages.

« Le chiffre des bêtes à laine, qui était de 53.000, il y a 20 ans, n'est plus que de 36.000. Une commune qui en nourrissait 25.000 il y a 15 ans, n'en nourrit plus que 11.000. Ainsi les habitants, qui sacrifient tout leur sol aux troupeaux, ne laisseront pas même ce dernier héritage à leurs descendants.

« Quelles sont les fautes qui ont amené cet état? les déboisements qui ont commencé sur les flancs des montagnes, et de là ont remonté peu à peu jusqu'aux cimes les plus inaccessibles. Après les déboisements sont venus les défrichements et les dépaissances. On défrichait les terrains les plus voisins des habitations. On lâchait les troupeaux partout où il était incommode ou impossible de transporter les araires. Cette marche, commencée depuis bien des siècles, accélérée par les désordres de la Révolution, a produit ces inévitables fruits, et les habitants portent durement aujourd'hui la peine de l'imprévoyance de leurs pères. »

Il faudrait donc reboiser, gazonner les pentes, endiguer les torrents par des clayonnages et des barrages. L'Administration forestière a déjà obtenu d'importants résultats, mais les crédits dont elle dispose sont insuffisants, et il est bien difficile de faire renoncer les habitants à la vaine pâture.

Le système jurassique s'étend vers le sud jusqu'à la Méditerranée. Ce sont partout des calcaires plus ou moins compacts; l'élevage est sans intérêt dans cette région aride.

Population bovine.

La race bovine jurassique, qui prend de jour en jour une plus grande extension, comprend plusieurs variétés que l'on considère souvent comme des races particulières et auxquelles on a donné le nom des contrées qu'elles occupent. Telles sont les variétés de Simmenthal et de Fribourg en Suisse, de Pinzgau en Autriche, et en France celles appelées bressane, comtoise, fémeline, montbéliarde et charolaise. Toutes ces variétés résultent des influences de milieu, et présentent les mêmes caractères spécifiques. C'est le Bos frontosus de Nilson et de Rutimeyer, dont les ossements ont été trouvés dans les cités lacustres des lacs de Suisse.

La variété comtoise, qui peuple les parties hautes du Jura, du Doubs et de la Haute-Saône, est aussi connue sous les noms de Tourache et de Montbéliard. Les bœufs sont bons travailleurs, mais mous, et leur viande est médiocre. Après avoir été employés aux travaux de la culture, ils sont envoyés en grand nombre dans les sucreries et les distilleries du Nord de la France et en Belgique où on les engraisse : les meilleurs proviennent des environ de Montbéliard. Leur rendement à la boucherie est d'environ 0,55.

Les vaches des fruitières du Jura donnent en moyenne 1.800 litres de lait par an. On compte 1 litre de crème pour 14 litres 5 de lait; 1 kilogr. de fromage pour 11 litres 5 et 1 kilogr. de beurre pour 2 litres 8 de crème.

Les animaux sont conduits à la montagne dans les premiers jours de juin par troupeaux de 5o à 200 têtes; le beurre et le fromage sont fabriqués dans le châlet au compte de l'association de la fruitière.

Les ressources fourragères ne permettant pas d'entretenir pendant l'hiver le bétail que la montagne peut nourrir, on loue des vaches pour la saison d'été : elles sont rendues à leurs propriétaires au retour de la montagne.

En résumé, la variété de Montbéliard est bonne ; on l'améliore constamment par la sélection et l'importation de reproducteurs de la variété fribourgeoise plus lourde et plus massive. Le comice de Montbéliard fait les plus grands efforts pour hâter le progrès sans avoir recours aux croisements qui détruiraient le type et produiraient des métis peu rustiques.

La variété dite fémeline, qui peuple les vallées du Doubs, de l'Oignon et de la Haute-Saône a un squelette moins grossier, et les formes sont plus parfaites. Les animaux sont d'une douceur qui est passée en proverbe.

Comme dans toute la Franche-Comté, les procédés d'élevage sont défectueux; les étables sont malsaines et malpropres, la nourriture d'hiver est insuffisante; enfin on castre trop tardivement les taureaux.

La variété fémeline, qui tendait à disparaître, s'est reconstituée grâce aux primes accordées aux reproducteurs depuis 4o ans.

« L'engraissement de cette race, dit M. Guillegoy, se fait toujours à l'étable et jamais à la pâture, parce qu'elle y devient grasse trop vite et ne grossit pas. Ce sont des spéculateurs qui engraissent les bœufs fémelins. Ordinairement, ces bœufs sont gardés par le propriétaire jusqu'à l'âge de 4 ou 5 ans, parce que c'est seulement à cette époque qu'ils ont atteint leur développement, aussi cette race est-elle réputée peu précoce. Le bœuf fémelin gras se vend sur place à des marchands qui le transportent à Lyon, Nancy, Reims, Châlons-sur-Marne et même à Paris. »

D'après M. Cornevin, il a été vendu à Lyon, en 1876, 7.350 bressans ou fémelins dont le poids vif moyen était de 560 kilogr. et le rendement de 0,54. Si le maximum de qualité de la viande est représenté par 10, celui des fémelins serait de 6.

M. Thuriau donne les chiffres suivants d'un bœuf fémelin, sans indiquer l'âge, ce qui ne permet pas d'établir les coefficients.

	kg.
Poids vif	600
Poids net	288
Poids du suif	45
Poids du cuir	40

Le poids net nous paraît bien faible, car son rapport au poids vif n'est que de 0,48.

MM. Corblin et Gouin disent qu'à l'école d'agriculture de Saint-Rémy le rendement moyen est de 0,58, et qu'il a dépassé 0,60 chez des animaux de concours.

Les vaches fémelines sont moins laitières que celles de la montagne et ne sont pas exploitées de la même façon. Leur lait est consommé dans les fermes.

La nourriture des vaches se compose en été de fourrages verts, principalement de maïs, et en hiver de betteraves coupées, mélangées de foin haché.

Industrie laitière dans le Jura.

L'organisation des fruitières du Jura est calquée sur celle des fruitières de Suisse. On sait qu'une fruitière est une association coopérative ayant pour objet l'exploitation en commun d'un certain nombre de vaches et la fabrication du fromage avec le lait apporté par les participants. Chaque associé reçoit une part proportionnelle à la quantité de lait fournie.

L'été, les vaches sont expédiées dans la montagne; chaque

troupeau comprend de 5o à 2oo têtes. On compte un berger pour
2o bêtes, et un fruitier pour 8o. La montagne pouvant nourrir
beaucoup plus de vaches qu'il n'y en a dans le pays, les habitants du Jura en louent chaque année4 à 5.ooo en Suisse, moyennant une redevance de 25 à 5o fr. par tête. Ces vaches sont très
laitières et supérieures comme conformation à celles du Jura français.

« Cela tient, dit M. Julien, à ce qu'une distribution régulière
de 15o grammes de sel relève chaque jour la nourriture de la
vache suisse, tandis que la vache indigène en est à peu près entièrement privée. »

Nous aurons l'occasion d'examiner ultérieurement le fonctionnement des fruitières et la fabrication du fromage de Gruyère.

Population chevaline de Franche-Comté.

La variété comtoise appartient à la race germanique.

Le cheval comtois jouissait autrefois d'une certaine réputation
pour le trait, mais il a beaucoup perdu de son mérite et de son
importance numérique, depuis que son élevage a cessé d'être
rémunérateur.

La division du sol, la vaine pâture, la rigueur du climat, la
constitution montagneuse du pays sont peu favorables à la production chevaline; sur les pentes, les travaux culturaux se font
plus facilement avec des bœufs. L'emploi des chevaux est donc
très limité.

L'Administration des Haras, voulant, malgré des conditions
aussi contraires, obtenir des chevaux de selle, a peuplé ses dépôts
d'étalons de toutes les races, de toutes les variétés, de tous les
genres.

Ainsi, l'effectif du dépôt de Besançon comportait en 1894 :
1 pur sang anglais, 27 demi-sang normands, 1 demi-sang vendéen, 7 norfolks-bretons, 19 percherons et 2 boulonnais.

Il est inutile d'ajouter que ces croisements ont été désastreux, car les chevaux ont perdu les qualités de leur race sans en acquérir d'autres. Les éleveurs, ne trouvant pas à vendre leurs mauvais produits, renoncent à l'élevage du cheval. C'est là le résultat le plus clair de l'intervention des Haras.

Le dépôt de remonte de Mâcon, dont relève la Franche-Comté, ne fait pas d'achats dans cette région.

III. — SYSTÈME CRÉTACÉ.

Les formations jurassiques que nous venons d'étudier ont à peu près partout les mêmes caractères; il n'en est plus ainsi pour le système crétacé qui, dans le Midi, ressemble à l'oolithe supérieure. Pendant que ses dépôts se formaient au fond de la mer, le Nord de la France était émergé; il ne fut de nouveau immergé que plus tard, lorsque le sol s'abaissa.

Le crétacé est constitué par des calcaires durs, des marnes, des argiles, des sables et par la craie, substance blanche formée d'organismes microscopiques. Il comprend 4 sous-étages :

1º Le Cénomanien qui doit son nom à la ville du Mans (Cénomani);

2º Le Turonien, ainsi appelé parce qu'il prédomine en Touraine;

3º Le Sénonien, ou craie blanche de Sens;

4º Le Danien, ou craie du Danemark.

Le Perche.

Dans le département de la Sarthe, le cénomanien couvre une surface de 170.000 hectares. Ce sont des sables, parfois recouverts d'argile à silex, au milieu desquels on trouve en s'avançant vers le nord et l'est, des dépôts de craie de plus en plus abondants.

Aux environs du Mans, la base du cénomanien est formée par une argile glauconieuse caractérisée par un seul fossile, l'Ostrea vesiculosa, quelques nodules de phosphates et des minerais de fer. A l'ouest du département, on voit au-dessus de cette argile, des sables et des grès à ciment calcaire.

Mais l'assise principale est formée par les sables quartzeux du Maine et du Perche, très ferrugineux dans les vallées de la Sarthe et de l'Huisne. Près des centres, les engrais permettent d'utiliser ces sables pour la culture, mais ailleurs on ne voit que des plantations de sapins, des bruyères et quelques taillis de chêne. L'élevage n'a aucune importance dans cette zone.

Dans le Perche et une partie des départements de l'Orne et du Loir-et-Cher, le mélange d'argile à silex. de craie glauconieuse, de sables tertiaires et de limon quaternaire, forme des terres argilo-calcaires, humides, fertiles, très favorables aux prairies. Entre Nogent-le-Rotrou, Mondoubleau, la Ferté-Bernard et Mortagne, la contrée est bien arrosée et couverte de bons herbages où l'industrie dominante est l'élevage du cheval.

« Le Perche, dit M. Risler, a un assolement de 4 ans qui lui est spécial. (1) Blé. (2) Avoine et quelquefois orge, avec semis de trèfle et de graminées. (3) Trèfle et graminées, en partie fauchés, le reste pâturé. (4) Pâturage au printemps, puis rompaison et soit jachère, soit betteraves, pommes de terre et choux.

« Pourquoi, au lieu d'avoir deux céréales de suite, ne sème-t-on pas le trèfle dans le blé, et ensuite l'avoine après la rompaison du pâturage ? On répond à cela qu'au printemps les terres emblavées en froment sont souvent trop dures et trop compactes pour qu'on puisse y semer les fourrages avec autant de succès que dans un sol récemment ameubli pour l'avoine.

« Cette objection disparaîtrait, sans doute, si les semis de blé étaient faits en ligne, de manière à permettre de sarcler dans les intervalles. Mais il y en a une autre qui semble le point fondamental. Si l'on faisait l'avoine après le trèfle, on n'aurait pas le

pâturage du printemps qui précède la jachère ou les plantes sarclées ; or, ce pâturage est précieux pour les animaux ; il permet
de les nourrir au grand air, tout en laissant pousser la première
coupe du trèfle et des prairies, destinée à faire la provision de
foin pour l'hiver.

« On pourrait dire enfin que dans cet assolement le trèfle revient
trop souvent dans les mêmes terres. Mais n'en est-il pas de même
dans le célèbre assolement du Norfolk que suivent beaucoup
d'excellents cultivateurs en Angleterre ? Comme on ajoute des
graminées au trèfle, c'est tantôt les unes, tantôt l'autre qui se
développent avec le plus de vigueur, et l'emploi des phosphates,
qui tend à se généraliser dans le Perche, contribuera à conserver
à ses terres l'aptitude à produire des légumineuses.

« Depuis 1871, on a commencé à joindre au trèfle de l'Anthyllis
vulneraria, qui fait un excellent fourrage. »

La contenance des fermes du Perche ne dépasse guère 3o hectares ; chacune d'elles a plusieurs poulinières de la race percheronne qui font les travaux culturaux, des vaches normandes plus
ou moins pures, enfin quelques porcs craonnais.

Toutes les terres du Perche ont assez de potasse, mais sont
pauvres en acide phosphorique. Le superphosphate de chaux y est
donc très efficace.

Au nord du Perche, on retrouve l'étage jurassique et un ilôt
de transition couvert par la forêt de Perseigne.

Le cheval percheron.

La race chevaline percheronne est autochtone, car on a trouvé
ses ossements dans les dépôts post-pliocènes de l'Ile-de-France.
Un crâne complet, découvert dans les sables de Grenelle, et
actuellement au Muséum, montre bien que les caractères crâniologiques de la race ne se sont pas modifiés. La race percheronne
est donc adaptée aux terrains argilo-calcaires ; elle ne saurait
nécessairement atteindre tout son développement sur un sol moins

riche et on ne peut que considérer comme une boutade la phrase de M. Bouvier-Desvaux : « Avec un terrain clos et du son, je m'engagerais à faire le cheval percheron partout, même en Limousin. » Il est cependant certain, faisant la part de l'exagération, qu'on pourrait élever la race percheronne dans beaucoup de régions du Centre de la France, et l'y substituer aux populations chevalines qui lui sont inférieures.

Certains hippologues prétendent que la race percheronne est d'origine arabe ; l'influence du milieu aurait causé l'augmentation de la taille et du volume. Pour détruire cette opinion, il suffit d'observer que le cheval percheron est dolichocéphale, et le cheval arabe brachycéphale. Au xviiie siècle, cependant, aux environs de Bellême, les juments percheronnes ont été croisées avec les étalons arabes du marquis de Mallard.

Le percheron est par excellence le cheval de trait léger. On ne l'a modifié que pour répondre aux besoins. L'ancien cheval de poste est devenu le cheval d'omnibus, puis les demandes des Américains ont fait produire le cheval de gros trait. Le type naturel a donc perdu de sa légèreté au profit de la masse.

D'autres modifications encore moins heureuses ont été tentées par l'Administration des Haras en vue d'améliorer (?) le percheron, et d'obtenir l'éternel demi-sang. « A cette époque (vers 1845), dit M. Fardouët, fondateur du Stud-book percheron (1), j'entendais dire à mon père que les haras de l'Etat détérioraient la race percheronne par leurs chevaux de demi-sang, au lieu de l'améliorer comme ils le prétendaient..... Les éleveurs ont renoncé aux poulains, soi-disant améliorés, pour ne plus prendre que des poulains sortant de gros chevaux bien proportionnés et purs d'origine..... Il est bien vrai qu'il était malheureusement resté longtemps une trace de ce croisement, surtout dans les contrées où les Haras ont le plus persisté..... On peut dire hardiment que si le cœur du Perche, c'est-à-dire les environs de Nogent-le-Rotrou,

(1) Le stud-book percheron comprend aujourd'hui 45.000 inscriptions.

a conservé le type pur, c'est grâce aux éleveurs et aux étalonniers du pays. »

Malgré l'insuccès des étalons de sang, l'Administration des
Haras ne persiste pas moins dans ses utopies qui, il est bon de le
dire, n'ont aucun succès auprès des éleveurs du Perche. Voici ce
que conseille M. Gayot, ancien Inspecteur général, directeur des
Haras.

Après avoir exposé que le cheval réclamé par les Américains
n'est plus l'ancien percheron, que ce dernier est devenu un cheval de gros trait, qu'il faut rendre plus léger, plus apte à traîner
rapidement une lourde charge, il engage les éleveurs à suivre la
méthode du Norfolk, « manière empirique s'il en fut et qui exige
un grand tact chez ceux qui l'appliquent, car ils ne s'astreignent
à aucune règle. Les théories, rigides ou préconçues, les touchent
peu et ne les gênent pas. Ils observent, méditent, et conforment
leur pratique, d'une part aux éléments qu'ils mettent en œuvre,
et, d'autre part, au résultat qu'ils entendent réaliser. Ils savent
toujours ce qu'ils veulent, là est leur véritable force. Ils opèrent
leur mélange en toute connaissance de cause, sachant, mieux que
nous, ce que doit leur donner l'union réfléchie de tel étalon avec
telle poulinière. Voilà comment ils obtiennent un produit égal,
ayant même conformation et mêmes aptitudes, en mariant un
reproducteur de pur sang ou d'un degré de sang quelconque,
tantôt avec une carrossière, tantôt avec une jument de chasse, ou
bien une jument de trait no blood, ou déjà améliorée par un premier croisement..... Voilà les sexes en présence. De leur union
naîtra un demi-sang. Ne le regardez pas de trop près, ce n'est
qu'un point de départ, un premier pas. Tel quel, élevez-le sans
mauvaise humeur et sans regrets, on ne peut rien sans lui ; c'est
indispensable, c'est la pierre fondamentale de l'édifice.

« S'il est mâle, ce demi-sang fécondera des poulinières de la
famille maternelle, des juments de trait par conséquent ; s'il est
femelle, c'est l'étalon de trait pur ou no blood qu'elle réclamera
et qui la servira. De ces nouvelles alliances sortira le 1/4 de sang
anglais.

« A partir de cette seconde génération, mariez entre eux les produits : s'ils vous donnent satisfaction, ce sera peut-être l'exception. Mais le métissage peut prendre une des deux directions indiquées ci-après.

« En livrant au 1/2 sang les 3/4 sang, on obtiendrait des animaux ayant 37 centièmes 5 de sang anglais, et ces derniers, alliés à des 1/4 de sang, donneraient une génération tombée au 0,31.

« Trouvez-vous ceux-ci trop près de la ligne paternelle constituée par le pur sang, ou, cela revient au même, trop éloignés de la souche maternelle (la bête de trait), revenez au 1/4 de sang, et vous n'aurez plus à la 5e génération que 0,28 de sang anglais. Comptez : 1re génération 0,50 ; 2e génération 0,25 ; 3e génération 0,375 ; 4e génération 0,31 ; 5e génération 0,28.

« Cette branche vous paraît-elle trop riche en sang anglais (pour moi, c'est incontestablement la mieux douée, celle qui donnerait son titre le plus exact au type du cheval de trait léger ou rapide) faites autrement. A partir de la 2e génération, revenez au cheval de trait pur ; il vous donnera 0,125. Mais, livrez ceux-ci au 1/4 sang, et vous remonterez à 0,18.

« Comptons une seconde fois : 1re génération 0,50 ; 2e génération 0,25 : 3e génération 0,125 ; 4e génération 0,18. Rien de plus simple assurément. »

C'est en effet si simple qu'on ne saurait assez conseiller aux éleveurs de ne jamais mettre en pratique les théories des Haras, qui ont été si funestes à l'élevage du cheval en France.

Si le métissage se généralisait, comment trouverait-on d'ailleurs le type no blood, base de tout le système ? Qu'on aille par exemple chercher aujourd'hui en Normandie des reproducteurs de l'ancienne race germanique. Il en serait bientôt de même dans le Perche si on suivait les conseils de M. Gayot. Après ce dernier, comptons à notre tour, et établissons la proportion des succès et des insuccès.

1re génération : un produit manqué. Il n'y a que le premier pas qui coûte, paraît-il.

2ᵉ génération : les bons chevaux sont l'exception.

Le second pas coûte donc presque autant que le premier.

3ᵉ génération et suivante : M. Gayot répond lui-même : « Il ne faut pas croire d'ailleurs que le procédé aboutisse toujours à la réussite. On admire son résultat quand il donne l'animal visé; on ne parle pas de ceux qu'on n'a pu mener à bien, et chaque fois qu'il en est ainsi, on ne va pas le dire à Rome. »

Est-il nécessaire d'ajouter que la production du demi-sang ne peut, dans de pareilles conditions, être rémunératrice, car on obtient à peine 5 o/o de sujets réussis accidentellement et les autres ont peu de valeur. Nous établirons ultérieurement les résultats financiers de l'opération.

Au lieu de détruire la belle race percheronne par des croisements irrationnels, n'est-il pas plus simple de produire par la sélection le type ou les types réclamés en France et à l'Etranger? Autrefois on voulait le cheval de poste, on l'a eu ; ensuite est venue l'ère des omnibus, on a fait le cheval d'omnibus; les Américains ont réclamé le mastodonte, on le leur a fabriqué. Aujourd'hui, on revient au type de trait léger, l'élevage s'y conformera, parce que la race a conservé son élasticité.

Qu'arriverait-il si l'on appliquait la méthode du Norfolk? Au lieu d'être en grande majorité, les bons chevaux seraient l'exception. On aurait, il est vrai, des sujets de tous modèles, depuis le cheval de réserve jusqu'au cheval d'artillerie, mais ceux-là ne valent qu'un prix modique, tandis qu'un étalon percheron se vend de 1.800 fr. à 8.000 fr. et même plus. Enfin, si les Américains paient aussi cher les reproducteurs percherons, c'est qu'ils sont de race pure; le cheval métis n'aurait pas de débouchés.

Chaque région du Perche a sa spécialité ; on fait naître dans le Perche-Gouët et dans l'arrondissement de Mortagne ; on élève dans le centre, à Longny, à Regmalard, à Corbon, à Villiers, à Saint-Langis, etc.

Après le sevrage, les laitons, qui valent de 500 fr. à 600 fr., vont dans cette dernière région ou en Beauce. La 1ʳᵉ année, ils mangent 4 litres d'avoine ; ceux de 2 ans, 8 litres, sans compter l'orge cuite et le son. Ces rations font comprendre le prix élevé qu'atteignent les sujets d'élite.

Mais les chevaux ainsi nourris sont une minorité ; le plus grand nombre ne mange pas d'avoine et est vendu à 18 mois dans les régions voisines, le centre, etc.

« Ce mode d'élevage, dit M. du Hays, représente la division du travail qui donne de si heureux résultats dans les manufactures, et ses avantages ne peuvent être bien appréciés que par ceux qui, ayant élevé des chevaux, savent quels embarras donne une réunion de juments et de poulains de tous les âges et de tous les sexes. »

Après avoir travaillé en Beauce, où ils se sont développés sous l'action d'une bonne nourriture et d'un travail modéré, les chevaux sont achetés par le commerce et l'industrie.

Les étalons de prix proviennent, comme nous l'avons dit, de la région de Regmalard, Coulimer, Longny, etc.

Le Perche ne peut produire la quantité énorme de poulains réclamée par la Beauce. Cette région en emprunte un grand nombre à la Bretagne, au Nivernais, à l'Anjou, et même à la Belgique. Ces animaux, soumis au même régime que les percherons, se développent comme eux, et leur ressemblent quant à la taille et au volume ; les caractères spécifiques seuls diffèrent, mais on s'en occupe peu en général.

Les Américains, ayant acheté beaucoup d'étalons perchisés qui se reproduisaient très inégalement, se persuadèrent que la race percheronne n'existait pas, et qu'on appelait ainsi en France tous les chevaux de trait ; ils cessèrent leurs achats, et essayèrent du Clydesdale, qui ne donna que de mauvais résultats. L'Etat d'Illinois se décida alors à étudier la question de près. M. Dysart, directeur de l'Agriculture, se rendit en France, visita le Perche, consulta l'Administration des Haras, M. le marquis de Dampierre, président de la Société des Agriculteurs de France, s'entoura de renseignements de toutes sortes, et rédigea un rapport qui fut publié dans la Breeder's Gazette de Chicago ; ce rapport concluait en faveur de la pureté de la race percheronne.

Après de vives controverses, les conclusions de M. Dysart furent adoptées, mais afin de mettre fin aux fraudes, on décida la création de deux Stud-books, l'un dans le Perche, l'autre à Chicago.

Ces livres généalogiques ont rendu la confiance aux acheteurs, et redonné une vive impulsion à l'exportation. On comprend quelle est l'importance de ce résultat pour le Perche qui, chaque année, vendait des centaines de reproducteurs aux Américains à des prix variant de 2.500 fr. à 8.000 fr. et même 15.000 fr. Malheureusement cet important débouché fait parfois défaut. Les grandes villes d'Amérique employaient un grand nombre de chevaux pour les tramways ; la traction mécanique ayant remplacé la traction animale, les éleveurs américains ne savent que faire de leurs produits. Pendant quelques années, ils ne nous ont rien acheté, mais depuis 2 ans on leur vend en moyenne 700 étalons. Il serait prudent de rechercher une autre clientèle, car les demandes faites par l'Allemagne, la Russie et la Belgique sont trop peu importantes.

On sait que, dans le Perche, on ne fait pas castrer les chevaux, ce qui présente des inconvénients. Ainsi, au service des omnibus de Paris, on a constaté que le cheval entier est celui qui résiste le moins, puis viennent la jument et le cheval hongre ; ce dernier résiste le mieux des trois.

D'autre part, les Anglais ne veulent pas de chevaux entiers, et achèteraient beaucoup de chevaux hongres dans le Perche s'ils en trouvaient ; il faudra vraisemblablement modifier la coutume afin d'ouvrir un débouché en Angleterre. Dans ce pays, la couleur grise est peu estimée, mais sous ce rapport on est en bonne voie. Nous lisons en effet dans le *Journal d'agriculture* du 9 avril 1903, à propos du Concours hippique, la déclaration suivante de M. Aveline à M. Vallée de Loncey :

« Jusqu'en 1880, tous les étalons faisant la monte dans le Perche étaient gris ; l'on y rencontrait bien quelques étalons noirs, mais en petite quantité. Ce n'est qu'à partir de cette date que, sur la

demande pressante des acheteurs des Etats-Unis d'Amérique, les
étalonniers du Perche choisirent des étalons noirs. Seulement, je
vous ferai observer que c'est uniquement par sélection et sans
aucun emprunt à un sang étranger (comme il a été dit bien à
tort) que nous sommes arrivés dans l'espace d'une vingtaine
d'années à donner la robe noire ou gris très foncé, à la majeure
partie des chevaux percherons. Aussi, actuellement, est-il aussi
facile de trouver un bel étalon noir qu'un gris. »

Un cheval percheron de 4 ans revient à un prix élevé lorsqu'il
est bien nourri.

	Dépenses	Recettes
	fr.	fr.
Achat du poulain : en moyenne....	600	
Avoine, 7.300 kg. à 17 fr. les 100 kg.	1.241	
Son, 800 kg. à 12 fr. —	96	
Foin, 8.760 kg. à 6 fr. —	522	
Paille, 10.000 kg. à 4 fr. —	400	
2 années de travail (240 jours par an à 3 fr.)......................		1.440
Fumier (37 tonnes à 10 fr.)........		370
Total............	2.859	1.810

Dans le Perche, on ne nourrit ainsi que les futurs étalons; les
sujets communs, destinés à la Beauce et vendus à 18 mois, n'ont
coûté que :

	fr.
Achat......................................	500
Pâturage........................	100
Fourrages...............................	490

En Beauce, les chevaux de travail reçoivent par jour.

	fr.
6 kg. d'avoine...........................	1.02
6 kg. de fourrages......................	0.30
0 kg. 800 de son........................	0.10
8 kg. 500 de paille......................	0.34
Prix de la ration journalière.............	1.76

Vte de Villebresme. — L'Élevage.   14

La Champagne.

On appelle craie blanche, le troisième étage du crétacé ; elle est très abondante dans le bassin de Paris, mais dans l'Ile-de-France, le Soissonnais, la Brie, la Beauce et l'Ouest de la France, elle n'apparaît que sur les escarpements, car les plateaux sont recouverts de dépôts tertiaires.

Dans l'Est, au sud du département des Ardennes, au nord de Laon, dans certaines parties de l'Oise, de la Somme, du Pas-de-Calais et du Nord, la craie est encore mêlée à des dépôts diluviens ; elle ne se trouve à la surface avec tous ses caractères que dans la Champagne.

« La craie de Champagne paie mieux que la plupart des autres terres les fumiers qu'on lui confie, dit M. Delbet. Pas de déception à craindre, pas d'insuccès possible ; il faut du fumier, c'est la condition *sine qua non* de toute récolte, mais avec du fumier la récolte est assurée. On peut l'escompter, il n'y a pas d'exemple qu'elle ait fait défaut.

« Vienne la sécheresse, qui partout ailleurs grille le sol et les moissons, qu'importe ? La craie offre à la plante son inépuisable réservoir d'humidité, et sous le soleil le plus ardent, cette plante verdit et prospère, à confondre toute expérience acquise en d'autres contrées.

« Tombe-t-il des pluies diluviennes, qu'importe ? La craie absorbera ces pluies indéfiniment pour en dispenser plus tard la bienheureuse action à mesure des besoins de la plante. Aussi ne craignons-nous pas de répéter : du fumier, du fumier dans la Champagne, et nous défions les saisons les plus contraires ; du fumier, et jamais nos moissons ne manquent ; du fumier, et quelque temps qu'il fasse, quand ailleurs les récoltes seront insuffisantes, nous nourrirons six départements avec l'excédent de nos produits. »

On a tiré un excellent produit de la plaine du camp de Châlons

au moyen des fumiers dont on dispose en abondance. En 1857,
les 14.000 hectares étaient des savarts incultes; dix ans après, les
recettes dépassèrent de 120.000 fr. les dépenses.

Malheureusement, la plaine de Champagne manque d'eau. Les
villages sont donc concentrés dans les vallées dont les thalwegs
sont couverts de prairies. Les champs occupent les pentes près des
habitations et s'étendent à mesure qu'on dispose de plus de fumiers. « Plus loin, dit M. Risler, la jachère est nue, c'est le
sombre après lequel vient le seigle ou le blé, et en 3e année on
sème tantôt de l'orge ou du sarrasin, suivant que la terre est en
plus ou moins bon état, tantôt du trèfle, de la luzerne ou de l'esparcette. L'avoine succède à ces fourrages, qui fournissent, avec
les prés, les foins pour l'hivernage des troupeaux. Au delà de
cette zone, on trouve une sorte d'assolement semi-pastoral ; tous
les 4 ou 5 ans, quelquefois seulement tous les 8 ou 10 ans, on
laboure, on fait quelques maigres récoltes d'avoine ou de seigle,
puis on y sème un peu d'esparcette qui forme un pâturage pour
les moutons ; c'est ce qu'on appelle les *triaux*.

« Plus loin encore, s'étendent à perte de vue les savarts, terres
incultes des plateaux de craie, où les moutons seuls peuvent trouver quelque nourriture, et faire de longs parcours sans être
abreuvés. L'herbe y est rare mais d'excellente qualité. Quelquefois, aux mois de juillet et août, il ne reste plus rien à manger :
tout est desséché; il faut alors ramener les bêtes soit sur les triaux,
soit à la ferme et leur donner du foin comme en hiver. Mais la
plus grande partie de l'année, les troupeaux se nourrissent très
économiquement; ils vont eux-mêmes chercher cette nourriture
sur les savarts et ils ramènent l'engrais sur les terres voisines de
la ferme où ils parquent pendant la nuit...

« Les savarts sont souvent des propriétés communales et des
règlements municipaux fixent le nombre de bêtes que chacun peut
y envoyer en raison de la quantité de terres qu'il cultive; la règle
la plus générale paraît être, par hectare, une brebis et son agneau
suivant, jusqu'au 11 novembre.

« Dans les vallées, le sol est divisé à l'infini, mais le morcellement diminue avec le prix des terres, lorsqu'on monte sur les plateaux.

« On estime le capital d'exploitation de 150 à 250 fr. par hectare.

« Le cheptel vivant se compose des chevaux de labour et de quelques poulains que l'on élève pour recruter l'écurie, de quelques vaches qui fournissent au personnel le lait, des génisses qui sont destinées à les remplacer (les veaux mâles sont engraissés) et principalement de moutons, 3 ou 4 têtes par hectare de terres en cultures.

« Grâce à ce mode d'exploitation économique et aux produits d'excellente qualité qu'ils en obtiennent, la plupart des cultivateurs champenois sont riches, malgré la pauvreté apparente de leur sol. Dans le département du Nord, au contraire, et dans les Flandres belges, il y a beaucoup de pauvres, malgré la richesse des terres. Cela montre que le bien-être des populations agricoles dépend moins de la fécondité des terres sur lesquelles elles vivent que des conditions économiques dans lesquelles elles se trouvent et entre autres de leur densité. »

Les savarts de Champagne se vendent 100 fr. l'hectare, et rapportent 300 fr. par an lorsqu'on les fume, dit M. Delbet, mais ces fumiers ne donnent pas à la terre la potasse qui manque à la craie. M. Ponsard a démontré que 200 kilogr. de sulfate de potasse coûtant 28 fr. augmentent d'un tiers le rendement de la luzerne, et l'effet s'en fait encore sentir l'année suivante.

Dans la craie de Champagne, on emploie du plâtre, des cendres pyriteuses, des rognures d'os, des urines et des chiffons de laine.

La nature crayeuse de la Champagne ne convient pas à la production chevaline, aussi trouve-t-on relativement peu de chevaux.

Pour se faire une idée de ce qu'est cette population, il suffit de voir comment est composé l'effectif du dépôt de Montier-en-Der : 1 pur sang, 63 demi-sang normands, 5 vendéens et saintongeois, 1 norfolk-breton, 10 percherons, 11 boulonnais et 12 chevaux de trait ordinaires.

La Champagne a besoin du cheval de trait léger ; on peut l'obtenir, soit en améliorant la race indigène, qui dérive de la race belge, soit, si l'on veut faire vite, en élevant le percheron. Mais les métis de sang ne peuvent convenir.

Dans les départements formés de l'ancienne Champagne, la remonte n'achète que des chevaux de trait et d'artillerie.

La population bovine est très disparate ; on y trouve des animaux de toutes les races voisines et des métis. L'exploitation des bovins présente en Champagne très peu d'intérêt.

Il n'en est pas de même de l'espèce ovine qui est représentée par une variété de la race de la Loire. La conformation est bonne, la poitrine ample, la croupe et les reins larges.

Le poids des animaux n'est guère que de 30 kilogr. et celui de la toison de 2 kilogr. Cette population primitive a été remplacée presque partout, dans la première moitié du XIXᵉ siècle, par des troupeaux mérinos purs ou métis champenois-mérinos, principalement producteurs de laine fine.

Lorsque l'importation des laines du Nouveau-Monde causa l'effondrement des cours, l'élevage changea de direction et, en vue d'obtenir de bons animaux de boucherie, on pratiqua des croisements avec le dishley et le southdown. Aujourd'hui, les éleveurs avisés cherchent, par la sélection du mérinos, à réaliser un type précoce, viandeux et fournissant la qualité de laine réclamée par l'industrie. Ce but a été atteint dans le Soissonnais et le Châtillonnais, c'est-à-dire, sur un sol plus fertile que celui de la Champagne crayeuse, où les races exigeantes ne peuvent que suivre les progrès de la culture.

Dans la Saintonge, l'Aunis, l'Angoumois et le Périgord, le crétacé repose sur le calcaire oolithique et couvre de vastes étendues entre la Vendée et le massif granitique du Limousin.

Dans la partie septentrionale de la Charente, le sol est recouvert de groies pierreuses appartenant au turonien ; c'est ce qu'on appelle la petite Champagne. La grande Champagne où se fabrique la fine Champagne, occupe la partie méridionale de la Saintonge, sur le sénonien.

A l'est du Périgord, le sénonien succède au jurassique et fournit dans la Dordogne des terres qui sont, les unes pierreuses et sèches, les autres marneuses et plus fertiles.

Sur les terrains crétacés de la Dordogne, on suit en général l'assolement biennal ; (1) froment ; (2) maïs, racines fourragères et pommes de terre. Les engrais sont en trop petite quantité pour une culture aussi épuisante, et les rendements sont très faibles. De temps en temps, on fait reposer la terre en semant du sainfoin qui dure 3 ans, du trèfle et de la luzerne. Ces prairies couvrent le 7ᵉ environ des terres arables. Les prés naturels sont rares, mais d'excellente qualité.

Dans certaines régions on fait des betteraves qui donnent 25 mètres cubes à l'hectare environ. Les métairies sont en moyenne de 8 hectares.

Le cheptel comprenait autrefois 4 bœufs de travail : depuis que les herbages ont été augmentés, c'est-à-dire depuis 40 ans, on n'a plus que 2 bœufs de travail, mais 4 à l'engrais, ce qui représente une augmentation d'un tiers. On dispose par conséquent de davantage de fumier, et les rendements sont meilleurs.

Les bœufs gras se renouvellent 2 fois par an ; on engraisse en plus par ferme 24 moutons et 3 porcs par an.

La quotité du bétail dans la Dordogne est de 225 kilogr.

Au sud de la Garonne, l'étage crétacé n'apparaît que dans la Chalosse ; partout ailleurs, il est recouvert de dépôts tertiaires.

Dans les Corbières et le Gard, le crétacé est représenté par des calcaires compacts et des grès ; tous ces terrains sont secs et infertiles.

Au sud du Vaucluse, les calcaires compacts et les grès du crétacé sont couverts de dépôts de lagunes, ce qui prouve qu'à la fin de la période crétacée la région de la Provence ne se trouvait plus au fond d'une mer profonde.

Dans le Dauphiné et les Alpes-Maritimes, le crétacé a les mêmes caractères qu'en Savoie et en Suisse, ainsi que nous le verrons ultérieurement, afin de n'avoir pas à nous répéter.

Dans son ensemble, le système crétacé est relativement fertile dans les régions humides du Nord, stérile et sec dans le midi.

CHAPITRE III
Terrains tertiaires.

A l'époque tertiaire, le continent européen commence à prendre sa configuration actuelle. En France, le sol est presque entièrement émergé et au lieu des immenses dépôts formés au fond des mers profondes, il n'y a plus que ceux provenant du séjour d'eaux saumâtres ou douces dans des lacs plus ou moins marécageux.

On a partagé l'étage tertiaire en trois grandes divisions : l'éocène, le miocène et le pliocène. Chacune de ces divisions constitue des régions entières portant un nom spécial, comme la Picardie, la Brie, la Sologne, la Brenne, la Beauce, etc. Nous les examinerons successivement en laissant de côté les pays où les dépôts tertiaires ont peu d'importance.

I. — TERRAINS ÉOCÈNES.

Flandre. Picardie. Pays de Caux

Dans le Nord les terrains tertiaires sont superposés à la craie et recouverts par des limons quaternaires ; le crétacé n'est complètement à découvert qu'en Champagne. Dans la région comprise entre la Belgique et la Seine, l'étage tertiaire est constitué par l'argile à silex et l'argile plastique qui reposent tour à tour sur la craie.

L'épaisseur de l'argile à silex est très variable. Il en est de même du limon quaternaire qui lui est superposé ; celui-ci a plusieurs mètres d'épaisseur sur les plateaux, et ne forme ailleurs qu'une couche mince que la charrue mélange au sous-sol.

Lorsque le limon fait défaut, le sol est infertile, difficile à cultiver, couvert d'eau après la pluie, trop dur après la sécheresse.

Mêlée au limon, l'argile à silex devient plus meuble et plus fertile, bien qu'il y ait toujours pénurie de chaux et d'acide phosphorique ; la potasse seule est assez abondante. Lorsque la craie se trouve à la surface, plus ou moins alliée à l'argile et au limon, la valeur des terres s'en ressent, et le régime des eaux se modifie.

L'argile permet d'établir des mares pour abreuver les bestiaux ; quant à l'eau nécessaire aux habitants, elle est fournie par des puits très profonds.

Dans la Picardie et l'Artois, l'ancienne jachère a été remplacée par le trèfle, les racines et les fourrages verts. Les betteraves à sucre donnent un produit brut de 900 fr. en moyenne ; les pulpes, additionnées de tourteaux, servent à engraisser des bœufs et des moutons qui fournissent de grandes quantités de fumiers pour la culture. Les matières azotées et minérales retournent ainsi à la terre. Il est vrai que l'azote de l'atmosphère n'est pas fixé par cette culture, mais on y remédie par l'apport des engrais azotés.

Les rapports des primes d'honneur dans le département du Nord nous montrent les systèmes de culture unités dans cette région.

Domaine d'Orgival (Prime d'honneur en 1864).

Le domaine d'Orgival, exploité depuis 1843 par M. Georges, son propriétaire, a une contenance de 130 hectares. Il se trouve à 20 kilomètres de Saint-Quentin et de Cambrai, et à 26 kilomètres de Péronne.

Le sol est argilo-siliceux ou calcaire sur les points élevés ; dans les vallées, ce sont des alluvions de composition variable.

Ces terres ont exigé des drainages considérables et il a fallu marner 80 hectares de terres non calcaires. La production annuelle de fumier est d'environ 2.500.000 kilogr.; à cela on ajoute le parcage exécuté annuellement sur 5 ou 6 hectares; 400.000 kilogr. d'écumes de défécation; 20 à 30.000 kilogr. de déchets de laine, le purin, des vidanges, etc.

Voici les étendues moyennes de chaque culture :

Plantes fourragères	h.	Plantes alimentaires	ha.
Betteraves	33	Blé	38,50
Vesce d'hiver, trèfle	11	Seigle	2,50
Luzerne	13	Orge	4,50
Prairies naturelles	6	Avoine	13,50
		Légumes	1

Le capital d'exploitation a suivi la progression suivante :

	fr.
1843	50.228
1847	79.719
1852	88.729
1864	144.623

qui se décomposent ainsi, dans cette dernière année :

	fr.
Bétail	56.920
Mobilier et matériel	11.850
Denrées en magasins	35.658
Avances sur récoltes en terre	30.195
Capital de roulement	10.000
Total	144.623

La ferme d'Orgival possède 15 chevaux de trait et 6 ou 8 bœufs de travail.

La nourriture des chevaux se compose de coupage auquel on ajoute de l'avoine aplatie, et du son. Les bœufs travaillent au collier, ce qui leur permet de tirer, même en tournant. Le blé rend en moyenne 26 à 30 hectolitres.

M. Georges a expérimenté tous les problèmes agricoles afin de se rendre compte du meilleur parti à tirer des terres. Il a reconnu que la vache à l'engrais rapporte plus que le bœuf et l'industrie laitière ; il conserve cependant un troupeau de vaches flamandes afin de diviser les risques d'accidents ou de maladies. Chez lui, le mouton est le moins avantageux de toutes les espèces, comme bête d'engrais, à cause de la cherté du maigre et du manque d'aptitude à s'engraisser ; mais depuis 20 ans, cette race ovine a été améliorée par le croisement dishley-mérinos.

Les vaches laitières sont nourries économiquement ; le prix de leur ration ne coûte que de 0 fr. 40 à 0 fr. 60, suivant les saisons. En hiver, on leur donne le matin 3 kilogr. de fourrage sec ; à 10 heures 8 à 18 kilogr. de betteraves mêlées de balles ou de coupage ; à 4 h. du soir, 12 à 15 kilogr. d'un mélange de paille, de pulpes, de feuilles et collets de betteraves, plus 1 kilogr. de tourteau et 500 gram. de son.

La porcherie fournit de 70 à 80 porcelets de race indigène, croisée avec les races anglaises. Les animaux sont mis à l'engrais à l'âge de 6 à 7 mois et livrés à la consommation à 9 ou 10 mois.

Le petit lait, le résidu de la fromagerie, les eaux grasses des cuisines, etc., sont parfaitement utilisés pour les porcs.

M. Georges tire ses taureaux des meilleures étables de Flandre ; il élève de 6 à 8 jeunes bêtes bovines, et engraisse une certaine quantité de bêtes à cornes. L'engraissement des vaches lui paraissant plus avantageux, il en achète de toutes races prêtes à mettre bas ou fraîches vêlées. Une bonne alimentation leur fait produire beaucoup de lait ; dès qu'elles commencent à tarir, elles reçoivent une nourriture d'engraissement, et en peu de temps elles sont bonnes pour la boucherie. La ration d'engraissement consiste au début en pulpes, balles de céréales, coupage, tourteaux de colza, et, à la fin, en tourteaux d'œillette, son, farine ou grain cuit.

Les agneaux dishley-mérinos sont engraissés à l'âge de 11 mois après le parcage, et vendus à 14 mois ; ils pèsent alors 45 à 50 kilogr. sans la toison.

Le cheptel, qui se composait de 58 têtes en 1843, était en 1864 de 175 têtes ramenées à l'unité de 500 kilogr.

Les bénéfices nets de l'exploitation ont été en 1863 de 19.125 fr. ou 147 fr. par hectare.

La comptabilité étant incomplète, on ne peut connaître exactement les revenus des autres années.

Dans son étude sur l'agriculture du département du Nord, M. Barral donne la comptabilité d'une ferme de la commune de Rexpoëde, à 4 kilomètres de Dunkerque.

Le sous-sol imperméable a nécessité des drainages importants. La comparaison des rendements des terres drainées avec celles qui ne le sont pas fournit les différences suivantes pour le blé.

	kg.	
Partie drainée et sous-solée.....	2.197	à l'hectare.
Partie drainée seulement.......	1.740	—
Partie non drainée...........	1.355	—

La ferme a une contenance de 18 ha. 05 ares 95 cent. ou 41 mesures du pays (mesure = 44 ares 4 cent.).

La valeur foncière est de 82.000 fr.; le loyer de 2.050 fr.

Les pâturages ont une superficie de 3 ha. 35 ares 90 cent. et les terres labourables de 14 ha. 70 ares 05 cent.

Le rendement moyen du blé est de 26 hectol. à l'hectare.

Le produit moyen des différentes cultures est de 703 fr. 98 par hectare; au total 10.376 fr. 67.

Pendant 170 jours, les pâturages nourrissent 9 bêtes à cornes, dont 5 vaches à lait.

On estime la production d'une vache à 140 fr. ou 150 fr. de beurre pendant la saison.

Les 4 autres bovins augmentent par jour de 1 kilogr.

Le produit des 3 ha. 35 ares est de : laiterie 720 fr.; viande 612 fr. Total 1.337 francs.

Le revenu de la ferme est donc de 11.714 fr. ou 650 fr. 78 par hectare.

Le prix de la ration des 2 chevaux de travail est de 2 fr. par jour et par tête; la ferrure coûte 20 fr. par an et par tête. Le fumier produit chaque jour par cheval est de 0 fr. 16.

Le bétail est nourri à l'étable pendant 195 jours ; le prix de la ration journalière est de 1 fr. 18; au total 2.070 fr. 80. Le fumier est estimé à 0 fr. 25 par jour et par tête : total : 438 fr. 75.

	fr.
Valeur des chevaux : 700 fr. par tête.......	1.400
Valeur des bêtes à cornes.................	3.150
Cheptel inerte..........................	1.850
Capital d'exploitation..............	6.400

Soit 355 fr. par hectare. Il faut y ajouter :

Achat d'engrais 610 fr. ; valeur des pailles et semences 2.143 fr. 60. Le capital d'exploitation du fermier est donc de 508 fr. 54 par hectare.

Le produit brut se décompose ainsi :

	Totaux	Par hectare
	fr.	fr.
Produits végétaux.............	7.543	419
— animaux.............	2.027	113
	9.570	532

Dans la ferme de Masny, à 8 kilom. de Douai, on prenait primitivement en pension les bœufs des bouchers de cette ville ; ceux-ci payaient 0 fr. 45, et fournissaient 3 kilogr. de tourteaux d'œillette par tête et par jour.

Pour une durée d'engraissement de 120 jours, le bénéfice était estimé à 9 fr. par tête. La ration fournie par le fermier consistait en 30 kilogr. de pulpes et 3 kilogr. de paille.

Recettes.

	fr.	
Fumier (28.592 jours à 0 fr. 25)......	7.148	
Frais de pension (28.592 jours à 0 fr. 45).	12.866	80
Divers...........................	91	90
	20.106	70

Dépenses.

	fr.
Pulpes (845.119 kg. à 1 fr. 32 le quintal).	11.117 10
Paille (129.988 kg. à 36 fr. les 1.000 kg.)	4.679 55
Personnel..............................	1.380 35
Transport des pulpes et tourteaux......	1.362 50
Divers................................	67 50
	18.607 00

Les animaux pesaient à l'entrée de 450 à 500 kilogr. et à la sortie de 570 kilogr. à 620 kilogr. Le kilogramme de viande revenait donc aux bouchers à 0 fr. 90.

Le fermier de Masny se mit plus tard à faire l'engraissement à son compte. Pour un total de 141 têtes, le compte s'établit ainsi en 1864-1865, années très favorables.

Recettes..........	176.215 40
Dépenses..........	167.667 30
Bénéfice..........	8.548 10 ou 60 fr. par tête.

Augmentation moyenne du poids par jour, 1 kilogr. 360.

Mais en général l'engraissement ne rapporte presque rien malgré le bas prix des pulpes, si l'on ne compte pas la valeur du fumier.

En France, et contrairement à ce qui se passe à l'Etranger, les propriétaires des grandes étables n'aiment pas à montrer les comptes de leur exploitation. Il est donc très intéressant de consulter la monographie de M. Barral sur la ferme de M. Vandercolme, arrondissement de Dunkerque. On y voit particulièrement ce que coûte à élever un taureau durham de concours. Cet animal, né en 1860, se trouvait dans d'excellentes conditions pour atteindre tout son développement.

Débit.

	fr.
Valeur à sa naissance....................	100
Lait de la mère........................	70
Pain..................................	20
Herbe (juin à octobre)	25

Nourriture du 1er nov. 1860 au 20 mai 1861 :

Fèves concassées.........................	78	
Tourteau de lin..........................	26	
15 kg. de pulpe par jour.................	34	50
Foin de ray-grass.......................	20	

Frais de concours de Beauvais en 1861 :

Transport...............................	50	
Nourriture, 5 jours......................	15	
Frais divers............................	50	

Pâturage du 28 mai au 31 octobre 1861 :

Loyer de 44 ares d'herbage.............	70	

Nourriture à l'étable du 1er nov. au 20 mai 1862 :

4 kg. de fèves concassées par jour.........	57	50
Ray-grass...............................	25	

Frais de concours d'Arras en 1862 :

Transport...............................	36	
Nourriture, 5 jours......................	15	
Frais divers............................	50	
Pâturage du 1er juin au 31 octobre 1862....	70	

Nourriture à l'étable du 1er novembre 1862 au 8 juin 1836 :

6 kg. de fèves concassées par jour.........	310	
Tourteaux de lin........................	45	
30 kg. de pulpe par jour.................	69	
Foin de ray-grass.......................	29	

Frais de concours de Lille en 1863 :

Transport...............................	32	
Nourriture, 5 jours......................	15	
Frais divers............................	32	50
Nourriture au pâturage jusqu'en novembre, moment de sa vente....................	70	
Total.............	1.693	80

Crédit.

	fr.	
1er prix à Beauvais (1861)................	600	
51 saillies à 2 fr. l'une en 1861.............	102	
2e prix à Arras (1862)....................	500	
72 saillies en 1862.......................	144	
1er prix à Lille (1863)...................	600	
76 saillies en 1863.......................	152	
Prix de vente..........................	800	
Recettes.........	2.898	
Dépenses.......	1.693	80
Bénéfice........	1.204	20

Si l'on déduit les dépenses et les prix des concours, nous trouvons :

Dépenses : 1.693 fr. 80 — 296 fr. 50 = 1.397 fr. 30
Recettes : 2.898 fr. — 1.700   = 1.198
Déficit.....   199 fr. 30

Pour que l'élevage d'un tel animal soit rémunérateur, il faut donc qu'il obtienne des primes considérables.

Remarquons que ce taureau a été élevé économiquement, car il n'a consommé que pour 70 fr. de lait, ce qui, à o fr. 12 c. le litre, ne fait que 583 litres. Pour un allaitement de 4 mois, c'est seulement 4 litres 8 par jour. De plus, il a mangé souvent des pulpes qui sont d'un prix très peu élevé dans le Nord. Ailleurs, il faut les remplacer par des aliments plus chers.

Si l'on considère le bilan de l'étable de durham de M. Vandercolme, composée de 15 animaux, on voit qu'en 12 ans le bénéfice a été de 2.842 fr. 20, plus la valeur de 4 animaux non encore vendus et estimés 3.000 francs.

Actif de l'étable......................   21.887
Débit   — 19.044 80
Bénéfice.........   2.842 20

Dans l'actif, sont compris 7.000 fr. de prix obtenus dans les concours. Par suite, le déficit serait de 4.158 fr. 20 si M. Vandercolme n'avait pas eu d'animaux très bien conformés et susceptibles d'être primés.

Dans les herbages, on compte une tête par mesure, du 15 avril au mois d'octobre. Les bouchers passent en juillet et août ; ils achètent le chargement, soit à tant le kilogr., soit en travers. A partir de ce moment, l'herbage appartient au boucher qui peut à son gré disposer des animaux, en ôter ou en remettre suivant l'abondance de l'herbe.

Les bœufs précoces sont bons à vendre en juin et juillet ; on les remplace par des vaches ou des jeunes bœufs qui sont finis à l'étable l'hiver suivant. Comme en Normandie, pour qu'il y ait bénéfice, il faut au moins o fr. 20 d'écart entre le prix du maigre initial et celui du gras final.

Le département du Nord est celui qui a la plus forte quotité de bétail (312 kilogr. à l'hectare), et cependant il ne vient que le 25e pour la proportion de la surface consacrée aux cultures fourragères (26 hectares p. 100). Cela s'explique par les ressources provenant des cultures dérobées et des pulpes de betteraves ; de plus, les cultivateurs achètent beaucoup de tourteaux pour nourrir leur bétail composé, principalement de vaches et de bœufs à l'engrais.

Dans le pays de Caux et la Picardie, comme dans l'Artois et la Flandre, on trouve à la surface du crétacé l'argile à silex, et au-dessous, l'argile du gault qui permet l'établissement des puits artésiens. Le limon des plateaux ne se voit que sur les points les plus élevés. Cet ensemble constitue une série de plateaux séparés par les vallées creusées par les érosions des eaux. Ces plateaux n'ont ni sources, ni centres de population, mais dans les vallées les eaux sont abondantes.

Les rapports des Primes d'honneur nous fournissent des exemples d'améliorations faites en Picardie.

Ferme de Lœuilly (1875).

La ferme de Lœuilly, située dans le canton de Roisel (Somme) et appartenant à M. Vion, avait en 1847 une superficie de 122 hectares. En 1875, M. Vion exploitait 250 hectares, dont 200 lui appartenaient et 50 étaient loués.

Les terres de Lœuilly offrent de grandes différences dans leur composition ; la moitié de la surface est argileuse et l'autre moitié se divise à peu près par parties égales, en terres calcaires rougeâtres avec silex et en marnettes calcaires. La couche arable repose sur un sous-sol généralement assez perméable. Le relief du terrain, qui occupe un plateau sillonné de vallons ondulés, présente les conditions d'une culture facile.

« M. Vion a eu surtout à lutter contre l'infertilité naturelle

d'une grande partie de son domaine. On appréciera facilement
les difficultés qu'il eut à vaincre sur ces terres, dont la valeur
vénale au début de ses opérations (en 1847) ne s'élevait qu'à
120 fr. par hectare. C'est par l'application des fumures abondantes et fréquemment renouvelées, par l'emploi d'engrais provenant
de la sucrerie, par des transports de terres considérables, par des
labours profonds, que M. Vion est parvenu à transformer son
sol, à le rendre productif, et à élever la valeur des marnettes de
120 fr. à 2.400 fr. par hectare.

« Ces résultats remarquables n'ont pas été obtenus sans peine
et sans des sacrifices importants ; mais, dès le début de sa culture,
le fermier de Lœuilly a su suivre une marche prudente et progressive. Il a d'abord été obligé de conserver l'ancien système de
la jachère ; puis il y a substitué la culture des plantes oléagineuses ;
plus tard, la betterave est venue apporter à Loeuilly un puissant
moyen de fertilisation. La réussite de la culture de cette plante fit
prendre à M. Vion une grande résolution qui amena l'événement
dominant de sa carrière.

« Dès 1857, il réclame le secours de ses voisins, et 27 cultivateurs répondent à son appel : ils appliquent ensemble, les premiers, la vraie formule de la sucrerie agricole, par la création
d'une société en commandite par actions, avec obligation de fournir des betteraves.

« L'usine a travaillé cet hiver 33 millions de kilogr. de betteraves pour produire 19.000 sacs de sucre, en moins de 90 jours
de travail.

« Cette situation exceptionnelle a procuré à M. Vion des ressources considérables pour l'alimentation de ses animaux, et des
engrais en abondance, ce qui a eu pour résultat d'amener rapidement sa terre à un haut degré de fertilité. Les rendements des
betteraves sont arrivés de 25.000 kilogr. à l'hectare, en 1857, à
50.000 kilogr. en 1873, à 55.000 kilogr. en 1874, avec une
moyenne de 40.750 kilogr. pour les 7 dernières années. Le rendement moyen du blé dans cette période a été de 34 hl. 50.

« Mais c'est principalement à l'influence des engrais, surtout de ceux produits par le nombreux bétail entretenu dans la ferme, que Loeuilly doit ses grands rendements. En 1847, on n'y trouve que 76 têtes de gros bétail pour 122 hectares. En 1874, ce nombre s'élève à 233 têtes représentant 181.000 kilogr. de poids vif, ce qui équivaut à 362 têtes du poids moyen de 500 kilogr. pour 281 hectares, ou 1,28 tête par hectare. A la masse du fumier produit par ces animaux, il faut encore ajouter tous les engrais provenant de la fabrique de sucre, que M. Vion a enlevés seul pendant plusieurs années ; maintenant il les partage avec ses associés, mais son sol n'y a rien perdu, car aujourd'hui il fait venir annuellement plusieurs bateaux de déchets ou de chiffons de laine qui sont conduits directement sur les terres, et des tourbes qui servent à étancher le purin des bergeries, des vacheries et le contenu des citernes. On comprend qu'avec une si grande quantité de fumier M. Vion se serve peu d'engrais chimiques.

« L'écurie contient 30 chevaux de trait appartenant aux races flamande et boulonnaise. Ils sont nourris avec un mélange de fourrages et de paille hachée, plus 9 litres d'avoine concassée et 3 litres de son par tête, le tout légèrement humecté. En dehors des travaux de la ferme, ce sont eux qui font presque tous les transports de la fabrique.

« Les bœufs proviennent généralement du Nivernais ; les travaux annuels étant achevés, une partie est engraissée, ainsi qu'une soixantaine de vaches.

« La bergerie est remplie, presque en tout temps, d'un troupeau d'engraissement de 1.000 à 1.200 bêtes, qui est renouvelé plusieurs fois dans l'année. »

Ferme d'Assainvilliers.

La ferme d'Assainvilliers, exploitée par M. Triboulet, est située dans le Santerre, à 4 kilom. de Montdidier (Somme).

Les terres exploitées par M. Triboulet ont une surface de 395 hectares, dont 52 hectares lui appartiennent ; le reste est loué à raison de 94 fr. l'hectare.

Les terres sont argilo-calcaires ou argilo-siliceuses. Il n'existe sur l'exploitation ni sources ni cours d'eau. Les puits ont 40 m. ou 45 m. de profondeur.

Le capital d'exploitation est de 540 fr. par hectare. Autrefois, l'assolement était triennal ; jachère, blé et avoine. Mais M. Triboulet, ayant traité avec une fabrique de sucre, s'engagea à cultiver chaque année 20 hectares de betteraves. Le succès ayant répondu à son attente, M. Triboulet augmenta d'année en année cette culture jusqu'à avoir 66 hectares en 1866. Il fallut alors adopter l'assolement de 5 ans : (1) betteraves fumées ; (2) blé d'hiver ; (3) trèfle, vesce, etc. ; (4) blé ou betteraves ; (5) avoine.

Une sole de luzerne d'une étendue variable est faite en dehors de la rotation. Cette légumineuse est semée ordinairement dans l'avoine qui suit les betteraves ; on la laisse durer en moyenne 3 années. Les récoltes qui suivent son défrichement sont : (1) avoine ; (2) betteraves ; (3) blé.

Chaque sole, d'après cette succession de cultures, doit occuper de 50 à 60 hectares.

La vesce d'hiver donne 11.200 kilogr. de fourrage sec à l'hectare ; le trèfle 6.000 kilogr. ; la luzerne et le sainfoin 4.500 à 5.000 kg.

On utilise pour le travail des chevaux et des bœufs. Les chevaux sont achetés dans le Boulonnais entre 3 et 5 ans, et revendus avec bénéfice lorsqu'ils sont bien dressés. Ils reçoivent par jour 12 litres d'avoine pendant les grands travaux, 9 kilogr. de fourrages hachés et 4 litres de carottes ou 2 litres de son. La ration est préparée d'avance et la répartition se fait avec ordre et économie. Le prix de cette ration est de 2 fr. 50 à 2 fr. 90. Lorsqu'on donne du fourrage vert au lieu de hachis, le prix de revient arrive à 3 fr. et même 3 fr. 50.

Les bœufs sont charolais ; ils reçoivent par jour en hiver environ 15 kilogr. de foin et de paille hachée, plus 30 kilogr. de pulpe ; en été, on leur donne du fourrage vert avec un supplément de tourteau et de son. Cette alimentation revient de 1 fr. 60 à 2 fr. par jour. Les bœufs les plus âgés sont engraissés après les travaux.

Les animaux de rente comprennent une dizaine de vaches flamandes destinées à fournir le lait, le beurre et le fromage nécessaires à l'exploitation. L'excédent du lait sert à engraisser les veaux destinés à la boucherie à 2 mois et demi ou 3 mois. Ceux-ci pèsent alors 175 kilogr. à 180 kilogr., et sont vendus 0 fr. 94 le kilogr. Le lait se trouve valoir ainsi 7 à 8 centimes le litre.

M. Triboulet s'est surtout attaché à améliorer l'élevage et l'engraissement des moutons. Son troupeau se compose de mérinos dishleys, dont 300 à 350 brebis provenant des environs de Laon. L'agnelage a lieu en octobre, afin de pouvoir vendre les agneaux mâles en janvier pour l'approvisionnement du marché de Paris, à raison de 24 à 25 fr. Les agnelles sont conservées et remplacent les brebis réformées; elles sont nourries avec de la pulpe fermentée et de la menue paille.

Les brebis donnent 6 kilogr. de laine, et sont engraissées après avoir donné 2 agneaux. Pendant l'agnelage, on les nourrit avec des carottes mêlées de menue paille, de son et d'avoine.

Le poids moyen de la toison des béliers est de 8 kilogr., et celle des antenais de 7 kilogr. à 7 kilogr. 500.

Voici le prix de revient d'un agneau de 6 mois.

Un troupeau de 250 agneaux consomme par jour :

Du 15 novembre au 15 janvier :

					fr.
Avoine..............	15 kg.	à 18	fr. les 100 kg.		2 70
Tourteau de lin.......	7	—	25	—	1 75
Hivernache..........	25	—	8	—	2
(Seigle et vesce d'hiver).					
Luzerne..............	60	—	5	—	3
Carottes.............	36	—	2 50	—	0 90
Son.................	75	—	13	—	9 75
Paille..............	90	—	4	—	3 60
			Total...........		23 80

Pendant la 2ᵉ période, *du 15 janvier au 15 mai :*

						fr.
Avoine	10 kg.	à 18 fr. les 100 kg.				1 80
Tourteau de lin	12	—	25	—		3
Hivernache	50	—	8	—		4
Luzerne	60	—	5	—		3
Carottes	75	—	2 50	—		1 87
Son	100	—	13	—		13
Paille	90	—	4	—		3 60
			Total			30 27

Ainsi, du 15 novembre au 15 janvier, la nourriture revient par jour et par tête à 0 fr. 0912, soit pour deux mois 5 fr. 472.

Du 15 janvier au 15 mai, elle coûte 0 fr. 1246 par jour et par tête, soit, pour 4 mois, 14 fr. 95.

Nourriture totale de 6 mois, 20 fr. 42.

On estime le fumier produit journellement par un mouton à 0 fr. 03 ; pour 6 mois 5 fr. 40.

Il en résulte que chaque animal revient au 15 mai à 15 fr. 02 ; il vaut alors de 25 à 30 francs.

Le troupeau d'engraissement se compose, du mois d'août au mois de mai, de 1.000 à 1.200 moutons qu'on renouvelle à mesure des ventes ; ils proviennent des Ardennes et des environs de Vervins.

Jusqu'au 15 novembre, les animaux vont au parc établi sur les trèfles ordinaires qui précèdent le blé d'automne. En hiver, on leur donne de la pulpe fermentée et mélangée de menue paille, avec addition de 165 gr. de son et 250 gr. de tourteau d'œillette, par tête.

Voici le prix d'engraissement d'un mouton.

Le 1ᵉʳ mois on lui donne par jour :

		fr.
3 kg. de pulpe à 12 fr. les 100 kg.		0,036
200 gr. de tourteau à 15 fr.	—	0,030
4 gr. de sel à 5 fr.	—	0,0004
500 gr. de paille à 4 fr.	—	0,020
		0,0864

Le 2e mois le prix de revient s'élève à o fr. 10 ou o fr. 12, selon que l'on ajoute de la pulpe, de la recoupe, de la mouture ou des otons de blé.

Un berger soigne 3oo têtes et coûte 1.100 fr. environ, nourriture comprise ; chaque mouton supporte donc par jour une dépense de o fr. 01.

La nourriture des chiens revient par jour et par bête à laine à o fr. oo3.

Les bœufs à l'engrais reçoivent leur ration ordinaire additionnée de son et de 1 à 3 kilogr. de tourteau par jour et par tête ; ils arrivent à peser en moyenne 8oo kilogr.

Effectif du cheptel.

35 chevaux ; 16 bœufs ; 12 vaches ; 1.522 moutons ; 3o porcs.

De 1843 à 1867, M. Triboulet a vendu 11.062 moutons.

Le poids vif des animaux au 2 novembre 1866 était de 141.425 kilogr., soit 532 kilogr. par hectare.

Dans l'exercice 1864-1865, le bénéfice a été de 103 fr. 4o et en 1865-1866, de 134 fr. 5o par hectare.

Tout compte fait, l'intérêt du capital de roulement est d'environ 9 p. 100.

(Extrait du rapport des Primes d'honneur 1865.)

Variété bovine de Picardie.

La population bovine qui peuple la Flandre, l'Artois, la Picardie et le pays de Caux appartient à la race des Pays-Bas. Par suite de la différence de qualité des herbages, il y a des centres de production meilleurs que les autres, mais, en général, la variété flamande ne diffère pas des beaux types hollandais.

On distingue les variétés marollaise, boulonnaise, artésienne, Saint-Polaise, nampennoise, berguenarde, cauchoise, etc., dont les distinctions sont peu sensibles.

Les vaches ont une grande largeur relative du train postérieur, manquent de profondeur de poitrine et sont un peu hautes sur jambes. On est parvenu déjà à améliorer la conformation des animaux par un choix judicieux des reproducteurs; la création d'un herd-book ne fera que hâter les progrès.

Les meilleurs individus se trouvent aux environs de Dunkerque et d'Hazebrouck; la taille et le volume décroissent dans les Flandres belges et du côté de l'Ouest où le pelage, ordinairement rouge, est mêlé de larges taches blanches, indice de croisements.

Les vaches flamandes sont très laitières, et donnent en moyenne 3.800 litres pour une durée de lactation de 340 jours. Elles vivent dans les pâturages pendant 7 mois, et le reste du temps à l'étable, où elles reçoivent du foin, de la paille, des féverolles bouillies, des drèches, etc. Leur lait contient 4,22 p. 100 de beurre et 3,15 de caséine sur 13,33 p. 100 de matière sèche.

Les bovins flamands sont remarquablement précoces et aptes à l'engraissement. M. Sanson cite des vaches qui avaient à deux ans leurs deux pinces permanentes et quatre incisives avant leur 30e mois.

Le poids d'une belle vache flamande maigre est de 450 à 550 kilogr.; grasse, 600 à 700 kilogr. D'après M. Lefour, les bœufs de 3 ans atteignent souvent 700 à 800 kilogr., et ont un rendement de 60 à 62 p. 100 de viande nette.

Dans un concours de boucherie à Lille, on a constaté les poids suivants sur 2 bœufs de 4 ans :

	Nᵒ 1	Nᵒ 2
	kg.	kg.
Poids vif	796	750
Poids net	488	470
Poids du suif	109	112
Poids du cuir	47,5	37

Cela fait :

	Nᵒ 1	Nᵒ 2
Coefficient du poids vif	16,54	15,62
Coefficient de poids net	10,16	9,77
Rapport du poids net	0,63	0,62

MM. Corblin et Gouin citent un bœuf flamand qui a donné :

	kg.
Poids vif	982
Poids net	617,5

Age : 49 mois.

Cet animal a des coefficients très élevés :

Coefficient du poids vif	20
Coefficient du poids net	12,59
Rapport du poids net	0,62

D'après les mêmes auteurs, un veau de 4 mois pesant 184 kilogr. a fourni 68,89 p. 100 de viande nette.

En Belgique et en Picardie, on a cherché à améliorer la conformation des animaux flamands au moyen du croisement avec le durham, mais on abandonna ce système déplorable, qui détruit la race ; de plus, les métis sont souvent tuberculeux.

Dans le Nord de la France, les vaches sont en très grande majorité ; on ne garde guère que le cinquième des mâles ; les autres sont envoyés à la boucherie, lorsqu'ils ont 15 jours, ou vendus hors de la région pour être élevés. Comme on a peu de bœufs, on abat surtout les génisses de 2 ans et demi à 3 ans.

On a la mauvaise habitude de faire saillir les vaches trop jeunes, parfois à un an. Les taureaux sont aussi trop peu nombreux ; par suite ils sont fatigués, et souvent inféconds.

Après avoir tété le colostrum pendant une semaine, les veaux sont habitués à boire au seau du lait écrémé auquel on ajoute des farines et des mucilages, à mesure que les animaux grandissent, mais en général leur nourriture est parcimonieuse.

Variété chevaline boulonnaise.

La variété chevaline dite Boulonnaise appartient à la race britannique dont l'aire géographique s'étend des deux côtés du détroit du Pas-de-Calais ; en Angleterre, dans les comtés de Norfolk, de Suffolk, d'Essex, de Lincoln et de Cambridge ; en France, dans les départements du Pas-de-Calais, de la Somme et de la Seine-Inférieure. Cette race est donc adaptée aux terrains argilo-calcaires à climat maritime; elle ne formait évidemment qu'un seul groupe lorsque la France était réunie à l'Angleterre.

La variété française tire son nom du Boulonnais, car c'est dans cette région qu'elle atteint tout son développement.

Autrefois, avant les chemins de fer, le type était plus petit et plus léger. Dans son cours d'hippologie, M. Vallon rappelle qu'alors les juments boulonnaises, dites mareyeuses, transportaient le poisson à Paris en faisant 100 à 120 kilom. à la vitesse de 4 lieues à l'heure. C'est peut-être beaucoup dire, mais en tous cas ces juments étaient très bonnes trotteuses et avaient un fond remarquable.

Aujourd'hui, on recherche surtout la taille et le volume en choisissant les reproducteurs les plus puissants, parce que les conditions économiques se sont modifiées. Non seulement l'industrie, mais aussi l'agriculture réclament des chevaux d'une grande force; sous ce rapport, le boulonnais est sans rival. L'Administration des Haras ne pouvait manquer de chercher à en faire un cheval de selle, et M. Gayot cite comme exemple à imiter une remonte fournie il y a 40 ans à un régiment de lanciers par le dépôt de Hesdin. « Ces chevaux étaient les produits de juments boulonnaises, artésiennes, flamandes, un peu plus légères que les autres, alliées avec les étalons de l'État. » M. Gayot ne parle bien entendu que des sujets réussis qui étaient cependant restés un peu lourds, mais non des autres, les plus nombreux nécessairement.

A sa théorie du croisement et de l'allégement du type par le sang anglais, des agriculteurs de la région du Nord opposèrent les objections suivantes :

. « Dans beaucoup de conditions, l'agriculture de notre département ne peut se passer facilement de ces colosses. A cette assertion qui vous est échappée, nous vous opposerons, pour justifier de la nécessité du poids, du volume et de la force de ces animaux,

la lourdeur de nos terres, les difficultés que présentent nos chemins argileux, glaisés, défoncés, dans lesquels nos gros animaux
s'embourbent dans les ornières; où tous les appareils agricoles,
en rapport avec nos terres, nos chemins et l'abondance de nos
récoltes, sont volumineux et pesants; où il faut sortir des champs,
aux époques souvent pluvieuses de l'année et pendant une partie
de l'hiver les immenses quantités de betteraves qui alimentent
nos nombreuses usines, et donnent l'existence à notre population
ouvrière qui, sans cette ressource, serait inoccupée et bien malheureuse à cette époque.

« Nos gros chariots flamands pèsent de 1.800 à 2.000 kilogr.
On charge dans les champs de 1.500 à 2.500 kilogr. de betteraves
pour 2 chevaux, et de 2.500 à 3.400 kilogr. pour 4 chevaux.

« Avec nos gros chevaux, deux suffisent toujours pour une
charrue, et rarement en emploie-t-on trois pour l'extirpateur.

« Quand vient la moisson, l'attelage de deux suffit toujours pour
un chariot de blé ou d'avoine; il n'y a que pour la betterave, qui
se récolte en octobre ou novembre, qu'un 3e cheval est quelquefois utile, bien que le tombereau soit substitué au chariot. Il
faudrait 4 chevaux de moindre taille pour sortir d'un champ
humide un tombereau pesant 1.800 ou 2.000 kilogr. tout compris,
et les 4 chevaux tireraient inégalement et briseraient souvent leurs
traits. Deux de nos chevaux suffisent à ce travail, à moins que la
terre ne soit fort détrempée et que les roues n'enfoncent jusqu'aux
moyeux,

« Mes chevaux pèsent de 700 à 800 kilogr. et reçoivent 22 litres
d'avoine dans les grands travaux... »

« Un chariot flamand pèse de 1.800 à 2.000 kilogr., dit M. Donay,
de Solesmes. Par le beau temps, en plein champ, et avec 5 chevaux, on enlève 8.000 kilogr. de betteraves. Mes chevaux, de race
boulonnaise, pèsent de 700 à 900 kilogr.; ils consomment 22 à
24 litres d'avoine pendant les grands travaux.

« L'un de mes frères, résidant dans la même commune, emploie des chevaux d'un moindre volume. Il en tient le même nom-

bre et son occupation est d'un cinquième moindre que la mienne ; il met un tiers en betteraves, lesquelles rapportent un cinquième de moins en poids sur une même surface déterminée. Les engrais sont les mêmes, mais je donne des labours plus profonds de o m. 10. J'emploie facilement la demi-révolution de M. Demesmay, avec trois chevaux, là où mon frère est obligé d'en mettre au moins quatre, souvent cinq, pour vaincre la même résistance : quant à la nourriture, elle est à peu près la même dans les deux écuries. Où est donc l'avantage d'avoir des chevaux moins forts ? La révolution de M. Valleraud, cet engin de progrès agricole, est une machine qui exige l'emploi de la force de 12 bœufs. Combien faut-il de chevaux moyens pour la bouger de place ? Dans notre pays, en chargeant davantage, ou débarrasse plus vite le champ. Deux voitures en valent généralement trois. Il y a économie de chevaux et d'hommes ; tous les travaux se trouvent plus tôt terminés, et les terres peuvent être mieux préparées pour les récoltes suivantes ; le temps économisé en agriculture comme en toutes choses étant toujours précieux, il ne faut rien négliger de ce qui peut l'épargner.

« Autre exemple : M. Donay est occupé en ce moment à charrier du silex pour l'empierrement d'une route. Avec 5 chevaux, il mène à 7 kilomètres de distance 5 mètres cubes de silex. Chaque mètre pèse environ 1.500 kilogr., soit 7.500 par voyage. Le même attelage fait 2 voyages par jour ; il est payé 3 fr. 50 par mètre, soit 31 fr. 50 pour 5 chevaux ou 6 fr. 30 par cheval. L'équipage est employé 8 heures de la journée. La route à parcourir est très accidentée et une terrasse de 500 mètres est à traverser, ce qui fait que les entrepreneurs de charrois qui ne sont pas outillés en lourds équipages ne peuvent entreprendre de conduire que 3 mètres cubes ou 3 mètres cubes 1/2, soit en moyenne 3 mètres cubes 25 qui, au prix de 3 fr. 15, donnent 20 fr. 50 pour 2 voyages faits dans la journée, ce qui ne produit que 4 fr. 10 par chaque cheval au lieu de 6 fr. 30. Différence en moins, de 2 fr. 20 par chaque cheval.

« La même puissance est nécessaire pour les chevaux de brasseurs, vidangeurs, entrepreneurs, industriels ; mettez le double d'animaux légers plus ou moins imprégnés de sang, nerveux, irritables, vous aurez sans doute une somme de force plus considérable, mais vous n'arriverez pas au même résultat. »

Le cheval boulonnais répond donc bien aux besoins actuels de l'agriculture et du commerce. Son élevage est prospère et rémunérateur ; alléger le type serait une faute à tous points de vue.

La loi de la division du travail zootechnique est la règle générale en Artois et en Picardie ; dans les centres producteurs comme le Boulonnais, on fait naître annuellement 2.500 à 3.000 poulains, qui sont vendus dans les pays voisins à 6 mois ou à 18 mois, suivant les ressources dont dispose l'éleveur. Dans le Vimeu, on élève des étalons ; dans le pays de Caux, des chevaux pour les transports.

Lorsque les animaux ont 5 ou 6 ans, ils sont vendus dans les grandes villes pour l'industrie et le commerce.

Les Américains ont acheté de vrais boulonnais, mais aussi un grand nombre de métis ayant en proportions diverses du sang anglais, normand et boulonnais ; par suite de ces trois atavismes, ces reproducteurs ont donné des produits disparates. Il en est résulté, comme dans le Perche, que les Américains ont cessé leurs achats pendant un certain temps. Pour mettre fin aux fraudes, un stud-book a été créé en 1886.

Population ovine d'Artois et de Picardie.

On distingue dans cette région trois variétés de la race du Danemark, mais elles diffèrent peu entre elles ; ce sont celles de Flandre, d'Artois et de Picardie. Souvent, comme nous l'avons vu, elles sont croisées avec le dishley, ou avec le mérinos.

La taille de ces animaux est élevée ; ils ont la poitrine étroite, les côtes peu arquées, les membres longs, la laine grossière et dure.

Le poids atteint souvent 70 kilogr. avec un rendement net de
0,50 ; la viande manque de saveur.

L'Ile-de-France

Dans l'Ile-de-France, l'étage tertiaire est représenté par le calcaire grossier qui s'étend entre la Champagne, à l'est, la Picardie
au nord, et la Normandie à l'ouest.

Cette roche fournit des terres chimiquement pauvres, sèches
et peu profondes, qui deviennent fertiles lorsqu'elles sont recouvertes de limon quaternaire.

Sur les plateaux du Soissonnais, on a suivi, jusqu'au commencement du xixe siècle, l'assolement triennal ; la seule industrie
était la culture du blé, et l'élevage des moutons nourris sur les
jachères et les chaumes. En hiver, les troupeaux devaient se contenter de paille, mais l'introduction du trèfle et de la luzerne a
permis d'améliorer leur alimentation et de perfectionner la race
mérinos.

Au milieu du xixe siècle, la fabrication du sucre de betteraves
transforma la situation économique du pays et permit d'obtenir
des revenus de 450 fr. par hectare.

Avec les pulpes, on put engraisser des bœufs charolais qui,
après avoir rentré les betteraves, étaient revendus avec un bénéfice de 150 fr. à 180 fr. par tête.

Cette ère de prospérité prit fin vers 1880 par suite des fluctua-
tions de notre régime économique ; les fermages ont considérablement diminué, et beaucoup de terres restent incultes. On cherche à remédier à cette situation, compliquée par l'augmentation
de la main-d'œuvre, en améliorant les rendements au moyen
d'apports d'acide phosphorique et en faisant davantage de cultures fourragères.

Au nord de Paris, dans l'Aisne et l'Oise, on trouve au-dessus
de la craie, des sables glauconnieux, et de l'argile plastique

noire contenant des pyrites que l'on utilise en Flandre pour les prairies. Les cendres pyriteuses coûtent 3 fr. l'hectolitre ; il en faut de 5 à 7 hectolitres par hectare.

Dans toute la région de calcaire grossier qui commence près de Beauvais, Compiègne, Noyon, La Fère et Laon, des sables nummulitiques, souvent humides à cause de leur mélange avec l'argile plastique, forment une zone plus ou moins large ; avec le drainage, on peut y obtenir de bonnes prairies.

L'élevage présente peu d'intérêt, car les bovins proviennent du Nivernais ou du Maine ; on les engraisse comme dans la Picardie après les travaux.

Malgré les encouragements des Sociétés d'Agriculture, la production du cheval est délaissée ; la plupart des propriétaires et des fermiers préfèrent acheter des chevaux dans le Perche, le Boulonnais, les Ardennes et la Belgique, afin de n'avoir pas les risques de l'élevage.

Dans l'Oise, on recommande en ce moment la méthode du Norfolk afin d'obtenir des chevaux de trait léger. Cet essai ne peut, croyons-nous, donner que des déceptions.

Dans ce département, M. Dufay, membre de la Société des Agriculteurs de France, a transformé 100 hectares en prairies de 2 à 4 hectares, closes avec 3 rangs de fil de fer, suivant le système adopté en Lorraine. Il achète ses animaux maigres à tout âge et en tous pays. En mars, il paie les génisses en moyenne 320 fr., les bœufs 425 fr., et les revend en juillet ou août après engraissement 700 fr., 800 fr. et même 900 fr. Il engraisse 1 bête 3/4 par hectare. Les animaux sont nourris l'hiver avec des fourrages ensilés mélangés avec de la paille, puis du son et du sang desséché. Ces mélanges se font ainsi : 5 kilogr. de paille par 40 kilogr. de fourrage ensilé, et 25 litres de son pour 10 litres de sang. Le sang n'entre dans la ration que pour 50 grammes environ au commencement, puis pour 100 ou 150 grammes au maximum. Ce régime a donné 22 kilogr. d'accroissement en 11 jours.

(Congrès agricole de Nancy, Rapports.)

La région qui nous occupe est peuplée d'une variété de mérinos remarquable par la qualité de la laine et de la viande, ainsi que par la disparition des plis de la peau. Ces perfectionnements ont été obtenus par la sélection et une bonne alimentation.

Le poids vif des brebis est de 65 kilogr., celui des béliers de 90 à 100 kilogr. Les animaux sont engraissés avec des pulpes, et envoyés en grand nombre sur le marché de Paris.

Les toisons sont étendues, très tassées, et pèsent au moins 6 kilogr. ; les mèches ont de 0 m. 08 à 0 m. 12 de longueur, et le diamètre des brins ne dépasse pas 0 m. 022.

La Brie.

L'étage éocène est représenté en Brie par le calcaire à meulière, les marnes à ostrea et les sables dits de Fontainebleau.

Les marnes vertes fournissent l'eau à la plupart des puits de la Brie, et forment dans les vallées une zone humide favorable aux prairies permanentes. Au-dessus de ces marnes, on trouve un calcaire siliceux qui passe à la meulière ; le calcaire a disparu des cellules de cette roche qui prend une apparence cariée. Au-dessus, on rencontre des lits d'argile ferrugineuse, de sable et de gravier, contenant des masses isolées de meulières caverneuses utilisées pour la construction. Lorsque la meulière est couverte de limon quaternaire, la fertilité du sol est proportionnelle à l'épaisseur de ce dépôt qui contient assez de potasse, mais manque d'acide phosphorique et de chaux.

La Brie forme un plateau horizontal où les eaux séjourneraient si les cavités de la meulière n'en absorbaient une partie ; le reste est dirigé vers les vallées au moyen de fossés ou de rûs creusés de main d'homme.

La culture de la Brie se fait par fermes d'une contenance de 50 à 150 hectares. Le prix moyen des terres est de 1.500 fr. à 1.600 fr. ; elles se louent généralement 60 francs.

Toute la population vit de l'agriculture ; l'aisance est générale ;

les salaires sont élevés et presque tous les ouvriers agricoles sont petits propriétaires.

Les prairies occupent dans le département de Seine-et-Marne 35.000 hectares contre 27.000 hectares en 1850 ; elles se trouvent surtout dans les vallées de la Seine, de la Marne et du Grand-Morin. Celles des plateaux à meulière sont fertiles quand elles sont assainies.

Le département élève peu de chevaux ; presque tous appartiennent aux races percheronne et bretonne. Les asiniens diminuent progressivement. Les bêtes à cornes sont aujourd'hui au nombre de 75.000 têtes; elles appartiennent aux races flamande, hollandaise et normande. Le lait qu'elles produisent se vend en nature à Paris, ou sert à fabriquer les fromages de Brie, de Coulommiers et de Meaux.

Les troupeaux se composent presque tous de mérinos ; les moutons qu'on veut engraisser avec les pulpes des sucreries proviennent du Berry ou de la Champagne.

Nous emprunterons au compte-rendu des Primes d'honneur pour 1872 un exemple de culture améliorée en Brie.

Les fermes de Crisenoy et de Champigny, à 8 kilom. de Melun et d'une contenance de 333 hectares, sont exploitées depuis 1854 par M. Caille.

Le capital d'exploitation est de 1.200 fr. par hectare. Un nombreux bétail fournit 3.200 tonnes de fumier; comme engrais complémentaire, on emploie le sulfate d'ammoniaque, le nitrate de soude, les superphosphates de chaux, etc.

La marne a été employée pour assainir le sol, et le préparer à une culture fourragère étendue.

Le plâtre, que l'on utilisait pour les luzernes et le sainfoin, est devenu inutile, depuis que les terres sont profondément labourées et richement fumées.

Le parcage n'est plus en usage sur les terres de M. Caille, parce que les bêtes à laine reçoivent pendant l'été à la bergerie des fourrages verts.

Vte de Villebresme. — L'Elevage.   16

L'assolement est alterne et libre ; on prend soin seulement de ne pas faire succéder une céréale à une autre céréale de même nature.

Les terres sont cultivées en betteraves, blé, avoine et fourrages.

Les fourrages comprennent des sainfoins, du trèfle incarnat et des luzernes ; ces dernières ne durent que 2 ou 3 ans, car elles sont envahies par l'herbe. Il y avait, en 1869, 60 hectares de luzerne et de sainfoin, soit, avec les prairies naturelles, 150 hectares consacrés à l'alimentation du bétail et 180 à la culture.

Les 30 chevaux de travail sont de race percheronne. Ils reçoivent par jour 18 litres d'avoine, et 10 kilogr. de foin de luzerne. En hiver, on abaisse la ration d'avoine à 15 litres, et en été on donne à chaque cheval 6 litres de son.

Les 20 bœufs de travail proviennent du Morvan, où ils sont achetés au mois de septembre ; on n'en conserve que 12 après le mois de novembre ; les autres sont engraissés et livrés à la boucherie.

La ration d'un bœuf de travail est de :

	kg.
Pulpe et menue paille....................	65 à 70
Paille...........................	Mémoire

Les bœufs à l'engrais reçoivent :

	kg.
Pulpe et menue paille.................	90
Farines........................	1 à 6

On commence toujours par 1 kilogr. pour arriver progressivement au maximum de 6 kilogr. de farine.

De temps en temps, on donne un peu de fourrage sec pour varier l'alimentation.

Les vaches sont de race normande et ont le même régime, bien que dans des proportions plus faibles ; elles vivent en stabulation permanente, comme les bœufs à l'engrais.

M. Caille spécule aussi sur l'élevage et l'engraissement des moutons. Ces animaux sont des mérinos ou race de Brie à laine fine. Le poids vif est de 4o à 45 kilogr. sans les toisons, qui pèsent 4 à 5 kilogr.

On livre à l'engraissement les brebis de rebut et les gandins. Chaque hiver, on achète dans les foires 9oo moutons de races différentes. On a ainsi, du mois de novembre à la mi-juin, 1.8oo moutons à nourrir, dont 1.ooo à l'engrais, et 8oo autres à la ration d'entretien.

Le régime d'été consiste dans l'usage du vert à la bergerie, avec un peu de paille le matin. En hiver, les animaux reçoivent 6 kilogr. de pulpe et de paille. On donne aux bêtes à laine d'élevage 4 kilogr. de pulpe mélangée de 3 à 4oo grammes de foin.

Vers la fin de leur engraissement, les moutons reçoivent en outre de 5o à 7o centilitres d'avoine.

Les agneaux mangent chacun un demi-litre de son et un demi-litre d'avoine. Ils naissent au mois d'octobre; à cette époque, les mères ont une bonne alimentation rafraîchissante. Les moutons gras sont vendus en bloc et au prix moyen de 1 fr. 6o le kilogr. Leur poids varie de 45 à 6o kilogr.

Depuis l'usage des pulpes, le sang de rate se présente moins souvent et sans autant de gravité.

En 1869 le cheptel comprenait :

        2 chevaux de voiture ;
       3o chevaux de trait ;
     12 à 3o bœufs de travail;
     15 à 2o vaches ;
        6 béliers ;
      446 brebis ;
      448 antenais ;
      9oo à l'engrais.

Le poids total de ces animaux était en moyenne de 14o.ooo kg., soit 42o kg. à l'hectare.

(Extrait du rapport de la Prime d'honneur, 1872.)

Ferme d'Arcy-en-Brie.

M. Nicolas a obtenu, en 1887, la Prime d'honneur du département pour sa ferme d'Arcy-en-Brie. Ce domaine a une contenance de 482 hectares, dont 8o en bois, et 25 de parcours. Le prix d'achat a été de 1.755 fr. l'hectare pour les bois, et de 1.017 fr. pour les terres plus ou moins labourables.

A cette somme, il faut ajouter le prix du drainage (312 fr. 36) et celui des constructions (605 fr.) ; soit au total 1.934 fr. l'hectare.

M. Nicolas dut défoncer et extraire plusieurs milliers de mètres cubes de pierres qui gênaient la culture, creuser des fossés, créer des chemins, etc.

En 1878, « il n'hésitait pas, dit le rapport, à avouer que son acquisition de la terre d'Arcy était une affaire pitoyable et qu'avec les moyens ordinaires et les ressources propres d'Arcy il ne parviendrait jamais à suffire aux besoins du sol, et à lui faire rendre tout ce qu'on est en droit d'espérer d'une terre bien fumée et bien cultivée ».

Il eut alors l'idée de vendre à Paris du lait garanti pur, au prix de 0 fr. 70 le litre. Cette opération était facilitée par le voisinage de la gare de Verneuil, distante de 5 kilomètres. Il réalisa ainsi une somme de plus de 300.000 fr. par an, sans aucun frais que le transport, et put tirer un intérêt considérable de son capital d'exploitation qui s'élève à 1.042 fr. par hectare. Son succès provient de ce qu'il a su profiter d'une situation avantageuse, et régler l'alimentation de ses vaches de manière à obtenir un lait abondant et de bonne qualité.

Les vaches de la ferme d'Arcy sont en stabulation permanente ; voici quelles sont leurs rations.

Pendant les mois de janvier, février, mars et avril : 8 kilogr. de paille ; 5 kilogr. de fourrages secs ; 40 kilogr. de betteraves ; 1 kilogr. de son et remoulage ; 3 kilogr. de tourteaux.

Prix de la ration par jour et par tête : 1 fr. 90.

Mai : paille, 8 kg. ; trèfle, 35 kg. ; son, 1 kg. ; tourteaux, 2 kg. 500.

Prix par jour : 1 fr. 25.

Juin : paille, 8 kg. ; trèfle, 35 kg. ; son, 2 kg. ; tourteaux 1 kg. 500.

Prix : 1 fr. 24.

Juillet : paille, 7 kg.; luzerne verte, 35 kg.; son, 1 kg. ;
tourteaux, 2 kg.

Prix : 1 fr. 21.

Août : paille, 7 kg. ; luzerne, 35 kg. ; son, 1 kg. 500; tourteaux, 2 kg.

Prix : 1 fr. 29.

Septembre : paille, 7 kg. ; fourrages secs, 2 kg. ; maïs vert,
42 kg.; son, 2 kg.; tourteaux, 3 kg. ;

Prix : 1 fr. 53.

Octobre : paille, 7 kg.; fourrages secs, 2 kg. 500 ; maïs vert,
40 kg. ; son, 2 kg.; tourteaux, 3 kg.

Prix : 1 fr. 54.

Novembre et décembre : paille, 8 kg. ; fourrages secs, 5 kg. ;
betteraves, 40 kg.; son, 1 kg.; tourteaux, 3 kg.

Prix : 1 fr. 90.

Production annuelle.

Mois	Nombre de vaches	Lait par jour	Moyenne par tête
		litres	litres
Janvier........	182	1.691	9,29
Février........	180	1.690	9,40
Mars..........	179	1.690	9,44
Avril..........	173	1.697	9,81
Mai...........	168	1.106	10,75
Juin..........	161	1.409	8,75
Juillet........	145	1.223	8,43
Août.........	133	1.224	9,20
Septembre.....	132	1.035	7,84
Octobre.......	123	1.020	8,29
Novembre.....	150	1.294	8,63
Décembre.....	174	1.610	6,25

La moyenne générale est de 9 litres 15, par conséquent égale
à celle obtenue, dans les herbages de Normandie, des vaches de
même race.

Le maximum de rendement correspond à la nourriture verte.

On fait en sorte que la plupart des vaches vêlent à la fin de
l'automne, car la consommation du lait à Paris est plus grande
en hiver qu'en été.

Voici les résultats de l'analyse du lait d'Arcy

Densité à 16°......................	1,032	
Beurre......................	45,50	pour mille
Albumine......................	13,84	—
Caséine......................	16,16	—
Sucre......................	55,49	—
Sels......................	8,01	—
Eau......................	897,00	—

Nous emprunterons maintenant à M. Fosse (1) quelques détails particulièrement intéressants sur la culture et l'élevage en Brie.

Les salaires des ouvriers agricoles, pour les divers travaux de l'année, sont de : charretier, 600 fr.; berger, 800 fr.; vacher, 700 fr.; bouvier, 550 fr.; servante, 420 fr. A ce prix il faut ajouter la nourriture estimée en moyenne 425 fr. par tête et par an.

Les journaliers sont payés 2 fr. 50 par jour en hiver, et 3 fr. en été.

« La petite propriété, voisine de la grande, avec laquelle d'ailleurs elle s'accorde assez bien, comprend les domaines de 4 à 15 hectares; la moyenne propriété, ceux de 40 à 50 hectares, et enfin la grande propriété qui possède 100 hectares et plus. Cette division existe particulièrement au nord de la Brie ; vers le sud, les grands domaines se partagent le sol.

« C'est à ces derniers que sont dues les améliorations faites depuis quelques années; la grande culture est seule capable en effet d'entreprendre un grand nombre de transformations, telles que celles ayant rapport aux amendements et au bétail.

« Dans ces grandes propriétés, on trouve plusieurs modes de faire valoir, c'est :

« 1° Le faire-valoir direct qui n'existe que très peu, ou alors avec le concours d'un régisseur intéressé.

« 2° Le fermage.

« Le propriétaire cultivateur possède certainement une position avantageuse s'il a une connaissance assez étendue des choses agricoles, et si, en outre, il possède un capital d'exploitation suf-

______

(1) **Une ferme en Brie.**

fisant... » S'il a recours au fermage, les conditions sont moins bonnes, « car, vers les dernières années de bail, le fermier n'a qu'un but, tirer le plus possible du sol, afin de rentrer dans les frais qu'il a pu faire pendant les premières années... Pour obvier à cet état de choses, il serait de toute justice que le propriétaire accordât une indemnité au fermier sortant, pour les améliorations faites dans la propriété »... Mais « cette amélioration apportée dans le fermage offrirait peut-être de graves inconvénients lorsqu'il s'agirait de calculer la plus-value de l'exploitation, et, dans ce cas, il n'y aurait guère que les longs baux qui pourraient permettre d'atténuer les fâcheux effets de cette situation.

« La Brie agricole peut se diviser en deux grandes régions : la Brie française au sud, où la culture industrielle prend chaque jour des proportions plus grandes, et la Brie champenoise au nord, à laquelle nous pouvons donner comme capitale Meaux, qui s'occupe plus spécialement de la fabrication des fromages.

« Ces deux régions possèdent à peu près les mêmes avantages sous le rapport des débouchés, mais, depuis quelques années, la culture industrielle a donné la supériorité à la première.

« Dans la partie du sud, l'industrie laitière disparaît devant l'engraissement du bétail, mais cette dernière opération ne se fait pas en Brie comme dans la Normandie, dans le Nivernais ou autres régions essentiellement herbagères ; là, tous les animaux sont nourris à l'étable.

« Si nous nous approchons un peu vers Paris, nous trouvons la culture essentiellement commerciale ; les animaux y sont réduits au bétail de trait, indispensable aux travaux des champs ; plus d'engraissement ; les produits, au lieu d'être consommés à la ferme, sont conduits directement à Paris.

« De là, deux modes de culture bien tranchés, car le dernier système peut rentrer dans le second ; il n'en diffère d'ailleurs que par le mode de destination des produits ; le cultivateur doit, selon qu'il appartient à l'une ou à l'autre de ces régions, se conformer aux méthodes générales déjà suivies dans chacune d'elles, qui du reste s'accordent parfaitement avec les données économiques.

« En Brie, l'assolement triennal à base de jachère, suivie de deux céréales, est le plus en usage.

« Ce mot jachère ne doit pas être pris à la lettre, car, en réalité, on n'accorde qu'un repos relatif à la terre puisque, dans cette période, elle doit encore porter des trèfles, des maïs, des vesces, des betteraves, des pommes de terre, etc. Le mot jachère signifie donc plutôt nettoiement que repos du sol. La jachère se présente sous trois formes, suivant la richesse de la culture :

« 1° La jachère nue, qui devient de plus en plus rare, mais que l'on rencontre encore cependant dans les terrains médiocres disséminés çà et là ; celle-ci se borne aux façons culturales avec fumure ;

« 2° La jachère verte, qui a l'avantage de fournir au bétail une abondante nourriture, est pratiquée surtout dans la Brie du nord ; là, en effet, le bétail est le plus nombreux et la culture de la betterave à sucre n'est pas pratique, car il faut compter avec les questions de débouchés et de transports ;

« 3° Les plantes sarclées enfin occupent aussi les terres en jachère : c'est principalement la betterave à sucre. Cette dernière réclame un sol riche, beaucoup d'engrais et une culture excellente...

« En ce qui concerne les prairies, la Brie ne porte et ne peut porter sur son plateau des prairies naturelles ; le climat trop sec, malgré la présence d'un sol riche, ne tarde pas à les faire disparaître.

« L'expérience a démontré que la Brie, au point de vue de la production fourragère, était un pays à prairies artificielles... Il n'existe de prairies naturelles que le long des petits cours d'eau.» Après avoir passé en revue les différentes cultures de la Brie, M. Fosse examine spécialement la ferme de Bouissy, située dans la commune de Blandy-les-Tours, arrondissement de Melun.

L'étendue des terres labourables est de 70 hectares et le sol silico-argileux. Le sous-sol est formé par une marne argileuse imperméable ; il a donc fallu drainer pour se débarrasser de l'ex-

cès d'eau. La marne verte, se trouvant à 3 ou 4 m. de profondeur,
sert de niveau d'eau pour tous les points de la région.

« Le défaut principal de ces terres, c'est le manque de calcaire,
celui-ci n'y étant à la surface qu'à l'état cristallin et par conséquent insoluble. On y remédie avantageusement par le marnage,
opération peu coûteuse, puisque nous trouvons, dans le sous-sol
même, la marne ou glaise verte, très riche en chaux, dont l'application produit de bons effets.

« L'épandage du plâtre pendant la durée de l'assolement, principalement aux plantes réclamant une assez forte proportion de
chaux, complète l'apport de cet élément dans nos terres. »

Tenant compte de la nature du sol, du capital d'exploitation
disponible et des conditions économiques de la région, M. Fosse
adopte une rotation de 7 ans, avec 10 hectares par sole.

		Hect.		Rendant à l'hectare.
				kg.
1re sole	Betteraves fourragères...	5		45.000
	Carottes fourragères.....	2		
	Pommes de terre........	3		18.000
2e sole	Blé...................	10	Grain	25 hl.
			Paille	4.500
3e sole	Avoine................	10	Grain	35 hl.
			Paille	3.500
4e sole	Luzerne...............	5		6.500
	Trèfle violet...........	5		28.000 en vert
5e sole	Luzerne...............	5		
	Blé...................	5		
6e sole	Luzerne...............	2 1/2		
	Seigle, fourrage et vesce..	2 1/2		15.000 en vert
	Trèfle incarnat.........	2 1/2		
	Navets en culture dérobée.	2 1/2		15.000 de racines et 5.000 de feuilles.
7e sole	Avoine................	10		

On obtient ainsi, en transformant en foin normal, 328.700 kilogr.

Or, il est admis qu'une tête de bétail consomme $\frac{1}{30}$ de son poids
journellement, les nourritures étant ramenées à la valeur de foin

sec. Une tête de 45o kilogr. consomme donc 5.475 kilogr. de foin ou l'équivalent.

Les 328.700 kilogr. de fourrages récoltés à Bouissy peuvent par suite nourrir 6o têtes.

Cheptel.

	kg.	kg.
8 chevaux pesant............	6oo	4.8oo
10 vaches —	45o	4.5oo
35o moutons —	45	15.75o
3 béliers —	7o	21o
3 porcs —	9o	27o
Basse-Cour............		45o
		25.98o

En divisant ce nombre par 45o, on obtient le chiffre de 58 têtes de bétail.

Les ressources moyennes de la ferme se trouvent donc en excédent; il reste pour l'imprévu de quoi nourrir deux têtes.

Prix des chevaux (percherons) de 8oo à 1.ooo fr.

		fr.
	6 kg. d'avoine valant........	1,02
Rations des chevaux	6 kg. de fourrages..........	o,3o
	o kg. 8oo de son............	o,1o4
	8 kg. 5oo de paille..........	o,34o
	Prix de la ration journalière..........	1,764

Les vaches sont de la variété flamande afin d'obtenir une grande quantité de lait qui se vend en nature. « Nous préférons la vache flamande à celle de race normande, dans ce système de spéculation, pour 4 raisons principales :

« 1o Elle donne une plus grande quantité de lait ;

« 2o Elle se prête mieux à la vie en stabulation ;

« 3o Elle conserve en général bien plus longtemps le lait après le vêlage ;

« 4o Elle peut être vendue comme vache parisienne à des prix plus rémunérateurs ; en tenant compte que le lait de la flamande, quoique moins butyreux, est assez apprécié.

« Quant à la question d'engraissement, la flamande est préférable. »

Les vaches sont achetées avant leur deuxième vêlage, pour être revendues ordinairement, comme vaches parisiennes, avant leur 5ᵉ ou 6ᵉ vêlage.

On ne fait pas d'élevage à cause du prix élevé du lait et du manque de prairies naturelles. Il est plus économique d'acheter une belle vache en lactation ; du reste, il est impossible de conserver l'aptitude laitière chez une race dépaysée.

Alimentation des vaches.

		kg.
Hiver Du 1ᵉʳ novembre au 15 mai	Betteraves	25
	Fourrages	6
	Son	1
	Paille d'avoine	9
	Carottes	7

Prix de la ration, 1 fr. 161. Equivalent en foin, 21 kg.

		kg.
Eté Du 15 mai au 15 novembre	Fourrages secs	6
	Son	1
	Paille d'avoine	9
	Fourrages verts	30

Prix de la ration : 1 fr. Equivalent en foin, 19 kg.

L'étable de 10 vaches donne en moyenne 8 veaux. Une vache fraîche vêlée produit de 12 à 25 litres, en moyenne pour toute l'année 8 litres 4. Le lait porté à domicile à Melun se vend 0 fr. 20 le litre.

Le troupeau se compose de southdowns ; 2 béliers ; 195 brebis ; 156 agneaux. Ces derniers sont vendus à un an, et chaque année on réforme 40 brebis.

L'alimentation du troupeau est la suivante :

		kg.
Hiver	Betteraves	3
	Fourrages	0,500
	Paille	0,500

Prix de la ration : 0 fr. 07.

Même nourriture pour les agneaux du 1er mars au 25 mai, puis du 1er novembre à l'époque de leur vente.

Les brebis et les béliers reçoivent une ration supplémentaire de 1 kilogr. de carottes pendant 90 jours, et les agneaux, de 0 kilogr. 200 pendant 40 jours.

Du 1er avril au 15 mai, les mères nourrices ont, à la place de la ration de fourrage, 5 kilogr. de seigle-fourrage.

Avant leur vente, et pendant 40 jours, on donne aux agneaux 0 kilogr. 100 d'avoine et à l'engraissement 0 kilogr. 150 de tourteau de lin.

Le régime d'été du troupeau (15 mai au 1er novembre) consiste en fourrages verts, à raison de 6 kilogr. par jour.

Prix de cette ration 0 fr. 054.

Les 6 porcs reçoivent :

	kg.
Pommes de terre	6
Remoulages	1
Eaux grasses	»

Prix de la ration : 0 fr. 32.

Au printemps, les porcs ont en plus du trèfle incarnat.

COMPTE DES ANIMAUX.

Chevaux.

Débit		Crédit.	
	fr.		fr.
Frais de nourriture, divers et amortissement	9.586	Fumier	720

Différence 8.866 fr., soit une dépense par cheval de 1.108 fr.; en admettant 280 jours de travail, la journée revient à 4 fr.

Vacherie.

Débit.		Crédit.	
	fr.		fr.
Nourriture, frais divers. Intérêts	5.619	Fumier, vente du lait. Bénéfices sur vaches vendues. Vente de 8 veaux à 40 fr., etc..	6.390

Bénéfice net : 771 fr.

Bergerie.

Débit.   Crédit.

fr.

Nourriture et frais divers........... 9.553 } Fumier, vente de 157 agneaux gras à 38 fr. et de 39 brebis grasses à 45 fr. Laine.. 10.501

Bénéfice net : 948 fr.

Porcherie.

Débit.   Crédit.

fr.   fr.

Nourriture, etc..... 1.127 } Fumier............... 40 Vente de 12 porcs.... 1.240

Bénéfice net : 113 fr.

Bénéfice sur les animaux : 1.832 fr.

Bénéfice sur les cultures : 3.957 fr., dont il faut défalquer le prix du marnage : 500 fr. par an.

L'industrie laitière en Brie.

La Brie fournit une grande partie du lait consommé à Paris; cette consommation varie suivant les saisons de 550.000 à 600.000 litres par jour. Sur cette quantité, 370.000 litres proviennent des grandes laiteries des environs de Paris, dans un rayon de 100 kilomètres, et 230.000 litres des vacheries intra et extra-muros.

Le lait est payé en moyenne aux cultivateurs, par les Sociétés d'approvisionnement, 24 fr. les 100 pintes (la pinte = 2 litres), soit 0 fr. 12 le litre. Par suite des frais de transport, des pertes résultant de la « tourne », les 100 pintes reviennent de 39 fr. à 40 fr. dans Paris, où, suivant les saisons, le lait est revendu de 40 c. à 45 c. la pinte aux détaillants. Les nourrisseurs intra-muros vendent le lait de 0 fr. 50 à 0 fr. 75 et même 1 fr. trait sur place.

Pour donner une idée du mouvement commercial résultant de la vente du lait à Paris, nous emprunterons quelques chiffres à M. Pouriau.

Un des nombreux dépôts appartenant à la Société des Fermiers réunis, celui de la rue de Clichy, reçoit les laits des lignes du Havre et de Gisors.

Exercice 1893.

Achat de lait................	13.163.446 litres
Valeur.....................	1.622.901 fr.
Moyenne par litre...........	0,1234 —

En 1893, la Société des Fermiers réunis a acheté pour plus de 9 millions de lait, au prix moyen de 0 fr. 12.

Pour toutes les sociétés laitières de Paris, le total s'est élevé dans le même exercice à 21 millions de francs.

Les vaches préférées pour la laiterie sont les flamandes, les schwitz, les normandes et les hollandaises.

Spécimens de rations pour les vaches laitières de 500 à 600 kilogr. de poids vif.

Rations d'hiver.

Substances.	I	II	III	IV
	kg.	kg.	kg.	kg.
Betteraves...........	15	15	15	15
Paille ou foin hachés.	3	3	6	»
Drèche de brasserie..	51	»	»	»
Drèche de distillerie.	»	5	»	»
Farine de cocotier...	2	»	»	»
Cosses de fèves.....	»	2	»	»
Cosses de pois......	»	»	4	»
Radicelles d'orge germées...........	»	»	2	»
Maïs concassé.......	»	»	»	3
Cosses ou foin haché.	»	»	»	3
Tourteaux..........	»	»	»	3
Son................	»	»	»	5
Sel................	0,060	0,060	0,060	0,060

La farine de cocotier, à raison de 750 gr. à 1 kilogr. par 500 kilogr. de poids vif, augmente sensiblement la production du lait.

Rations d'été.

Substances.	I	II	III
	kg.	kg.	kg.
Carottes, déchets de légumes....	30	»	»
Paille hachée................	5	»	»

Drèches............................	5	5	»
Fourrages en vert..............	»	35	4o
Cosses de fèves................	»	»	3 .
Son...............................	5	5	5
Sel...............................	o,o6o	o,o6o	o,o6o

On voit que la base de ces rations est en hiver la betterave et le son ; en été le son et les fourrages verts.

Voici maintenant un type de ration forte pour les vaches des nourrisseurs de Paris, d'après M. Rouchès, directeur du dépôt de Clichy.

Substances.	Poids des aliments	Equivalent en foin.
	kg.	kg.
Regain de luzerne...............,	5	4
Gros sons.....................	4 à 5	5
Betteraves.....................	ro à 15	5
Drèche de distillerie............	5	3
Maïs concassé, tourteaux ou farine de cocotier......................	2	2,5oo
Cosses de fèves ou de pois.......	5	1,5oo
Remoulage en boisson...........	2 litres	2,5oo
Sel.............................	o,o6o	

Cette ration, qui exige beaucoup de pesées, donne un rendement égal à celui des vaches vivant dans les meilleurs herbages. Elle coûte 2 fr. 25 par jour, ce qui, pour un rendement moyen de 15 litres, met le litre à o fr. 15.

Avec les frais divers, loyers, etc., le lait revient, intra-muros, de o fr. 25 à o fr. 3o c. le litre.

M. Rouchès indique encore cette autre ration, qui correspond à o,o45 du poids vif de l'animal.

	kg.
Foin.............................	5
Paille d'avoine..................	5
Farine de maïs..................	5
Drèche..........................	5
Betteraves......................	15
Son.............................	15
Sel.............................	o,o6o

Fromages de Brie.

Ce fromage comprend trois qualités : 1° les fromages gras, ordinaires ou de choix ; 2° les fromages demi-gras ; 3° les fromages maigres.

Les fromages gras sont fabriqués avec du lait non écrémé ; les plus estimés sont ceux d'automne, dits fromages de saison ou de regain. Les fromages de choix sont additionnés de crème douce d'une traite précédente.

Les fromages demi-gras sont faits avec deux traites, dont l'une a été plus ou moins écrémée.

Enfin, les fromages maigres sont obtenus avec du lait écrémé.

« Le Brie, dit M. Pouriau, est un des fromages dont la maturation s'accomplit sous l'influence de deux sortes de micro-organismes ; à l'extérieur, les mucédinées ; à l'intérieur, les microbes. La mucédinée, qui se développe habituellement à la surface des fromages de cette catégorie, est le Penicillium glaucum, qui s'attaque de préférence aux acides organiques et notamment à l'acide lactique du sérum retenu par le caillé et prépare, en brûlant cet acide, le terrain alcalin favorable au développement des microbes de la caséine.

« Parmi ceux-ci, les uns sont d'actifs producteurs de caséose, les autres se nourrissent de cette caséine dissoute, en fournissant à leur tour d'autres produits sapides et odorants qui donnent à la pâte une saveur caractéristique.

« Ce sont ces phénomènes qui constituent la maturation des fromages et qui, lorsqu'ils dépassent une certaine limite, fournissent des fromages *couleux* ou d'autres, piquants au goût et à l'odorat, par suite d'une action trop avancée des microbes, qui a pour conséquence le développement dans la pâte d'acides gras volatils et l'ammoniaque. »

Il faut 18 ou 19 litres de lait pour fabriquer un fromage gras grand moule pesant en moyenne 2 kilogr. 600, et valant 6 fr. la pièce, ce qui met le lait à 0 fr. 31 le litre.

Voici le prix des fromages de Brie aux Halles de Paris le 20 mai 1903.

	fr.	
Haute marque................	48 à 58	la douzaine
Grand moule................	25 à 48	—
Moyen moule...............	20 à 42	—
Petit moule................	12 à 24	—
Laitiers...................	15 à 25	—

Les fromages façon Brie se fabriquent aux environs de Coulommiers, ainsi que d'autres plus petits, ayant ordinairement 0,13 de diamètre et qui sont dits de Coulommiers. On les obtient avec du lait pur, et ils se consomment frais ou affinés.

M. Convert cite l'exploitation de M. Decauville, où des vaches normandes donnent 3.700 litres de lait par an, et un produit brut annuel de 1.000 fr. par tête.

Une partie du lait est vendue en nature 0 fr. 30 le litre. L'été, on fait des petits fromages mous qui valent *blancs* à Coulommiers 0 fr. 10 à 0 fr. 30 la pièce, suivant la richesse en crème. Le reste du lait est, pendant la saison, transformé en fromages affinés de Coulommiers, du poids de 450 gr. environ. Chacun d'eux exige 4 litres de lait et se vend 1 fr. 75.

Dans la Marne et la Meuse, il y a aujourd'hui un grand nombre de fromageries, dans lesquelles on fabrique des quantités considérables de fromages façon Brie ou Coulommiers. Ces fromages, dont la durée de fabrication est d'un mois, pèsent :

	kg.
Grand moule....................	2,500 à 2,600
Moule moyen...................	1,700
Coulommiers...................	0,400

500 litres de lait rendent en moyenne 75 kilogr. de fromage, mais à cause de la dessiccation, on ne compte que 1 kilogr. de fromage pour 7 litres de lait.

M. Bailleux, fabricant de fromages dans la Marne, dit que le litre de lait, payé 0 fr. 12 aux cultivateurs, revient, après transport et manipulation, etc., à o fr. 15. Les 7 litres nécessaires pour faire un fromage de 1 kilogr. valent donc 1 fr. o5.

D'autre part, 1 kilogr. de fromage se vendant de 1 fr. 20 à 1 fr. 25, le bénéfice est de o fr. 15 à o fr. 20 par kilogr., sans compter le petit lait et un peu de beurre.

Pendant les grandes chaleurs, de juin à septembre, le fromage ne se vend que 1 fr. le kilogr.; la fabrique serait en perte s'il n'était pas stipulé dans les marchés que, dans cette période, le lait ne sera payé que o fr. 10.

Dans les fromageries, on utilise le petit lait pour l'élevage des porcs. Voici, d'après M. Pouriau, le compte d'une porcherie pour 1894-1895.

Les gorets sont achetés à 18 semaines; on en a 48 en hiver et 20 en été. Tous frais payés, les 68 reviennent à 2.563 fr., soit par tête 37 fr. 70. Leur poids total est de 1.400 kilogr. environ. La ration d'engraissement se compose de petit lait additionné de son, grains moulus ou cuits, et pommes de terre en quantités variables, suivant l'âge des sujets et la saison. L'été, on remplace les pommes de terre par une quantité égale de riz.

Pendant les 3 premiers mois, les gorets sont purgés tous les 15 jours.

Rations

MOIS	PETIT LAIT	SON	POMMES DE TERRE	ORGE	BLÉ CUIT	RIZ	PRIX POUR LE LOT
	litres	kilogr.	kilogr.	kilogr.	kilogr.	kilogr.	francs
1	15	0,250	»	»	»	»	60
2	20	id.	1	»	»	»	142
3	30	id.	2	»	»	»	223
4	30	id.	3	0,250	»	»	385
5	à volonté	id.	3	0,250	0,350	»	465
6	id.	id.	3	»	id.	»	465
7	id.	id.	»	»	id.	0,500	445
8	id.	id.	»	»	id.	0,500	445
							2.630 fr.

A ce total il faut ajouter :

3oo fr. pour les gages du porcher ;

3oo fr. pour cuisson d'aliments et mortalité de 1/20 ;

2.563 fr. pour prix d'achat des animaux.

A 114 fr. les 100 kilogr., le prix de vente = 8.68o francs.

Bénéfice = 4.100 fr. ou 60 fr. par tête.

La Beauce.

Le sous-sol de la Beauce est constitué par un calcaire oligocène appelé travertin et la couche arable par le limon des plateaux, dont l'épaisseur moyenne est de o m. 3o.

« Débarrassée de tout dépôt superposé, sauf une mince couche de limon, dit M. de Lapparent, la Beauce est trop sèche, trop voisine de la Loire et trop progressivement inclinée vers ce fleuve pour que des cours d'eau aient pu s'y établir et y creuser des vallées. Aussi n'offre-t-elle à l'œil qu'une surface unie, s'étendant de tous côtés, sans changement perceptible de niveau. Les champs, uniformément couverts de céréales et de fourrages artificiels, ne sont divisés ni par des haies ni par des fossés.

« On remarque la rareté des arbres, ainsi que l'absence presque complète d'habitations isolées. Cette concentration des maisons est la conséquence de la perméabilité du sol qui empêche l'établissement des mares, et oblige à chercher, par des puits profonds et bien outillés, l'eau nécessaire aux hommes et aux animaux. »

Les calcaires de Beauce produisent des terres sèches et brûlantes, mais les dépôts de limon modifient les caractères physiques de la surface. D'après M. Masure, les terres du canton de Voves (Eure-et-Loir) ont la composition suivante :

P. 100

43	à	46	d'argile ;
4o	à	42	de sable ;
8,5	à	9,3	de terreau ;
1,2			de calcaire pulvérulent.

Le carbonate de chaux étant en trop faible proportion dans la couche arable, il est nécessaire d'employer les marnages, surtout pour les prairies artificielles.

Quant aux prairies permanentes, on ne peut en faire que dans les thalwegs de quelques rivières comme le Loir et l'Aigre.

On suit généralement l'assolement triennal : (1) jachère bien fumée avec betteraves, pommes de terre, trèfles et vesces ; (2) blé d'hiver ; (3) avoine ou orge.

Un cinquième des terres est en luzerne et esparcette. Le manque de prairies naturelles ne permettant pas d'élever des chevaux et des bêtes à cornes, les spéculations principales sont :

1º Cultures de betteraves pour les sucreries, dont les pulpes servent à nourrir et à engraisser le bétail ;

2º Elevage et engraissement de moutons ;

3º Industrie laitière dans le voisinage de Paris et des villes ;

4º Dans toute la Beauce, on achète au sevrage des poulains percherons ou bretons qui travaillent à partir de 18 mois. Ces animaux, soumis à un travail modéré et bien nourris, se développent beaucoup, et sont revendus à 5 ou 6 ans aux omnibus et au camionnage avec un bénéfice important.

Voici quelques types d'exploitations agricoles en Beauce.

La ferme de Villevêque, commune de Villamblain, arrondissement de Pithiviers, a obtenu la Prime d'honneur du département en 1868; sa contenance est de 325 hectares, dont 100 appartiennent au fermier M. Thibault, et 225 à différents particuliers qui lui louent leurs terres par baux de 9 ans. Par suite de l'adjonction régulière de la luzerne et de l'esparcette à la rotation triennale, celle-ci peut être considérée comme une rotation de 18 ans.

(1) Pommes de terre, vesce d'hiver et trèfle incarnat avec fumier et parcage ; (2) blé ou betteraves ; (3) avoine ; (4) vesces d'hiver, lupuline, trèfle incarnat avec fumier et parcage ; (5) blé ou escourgeon ; (6) orge de printemps ; (7, 8, 9, 10) luzerne ; (11) avoine ou blé ; (12) avoine ; (13) jachère nue avec fumier ou par-

cage ; (14) blé, seigle, escourgeon ; (15) avoine, orge ; (16) vesces d'hiver, trèfle incarnat, avec fumier et parcage ; (17) blé, seigle, escourgeon ; (18) avoine, orge.

Le blé donne en moyenne 20 à 22 hectolitres à l'hectare, la luzerne 4.800 kilogr. à la 1re coupe et 2.000 kilogr. à la seconde.

Chaque année, M. Thibault fume 18 hectares à raison de 30 tonnes à l'hectare et fait parquer 54 hectares. Il achète 2.500 quintaux de son ou d'avoine, qui s'ajoutent aux 30 tonnes de betteraves et aux 400 ou 450 tonnes de foin pour l'hivernage de ses animaux.

Les travaux sont faits par 20 chevaux percherons, achetés au sevrage, et vendus à 5 ou 6 ans. Ils reçoivent : en été, 16 litres d'avoine, 2 litres d'orge concassée, et 2 kilogr. 500 de foin ; en hiver, 16 litres d'avoine, 10 kilogr. de carottes et 2 kilogr. 500 de foin ; au printemps, trèfle à discrétion.

La vacherie comporte : 14 vaches, 1 taureau et 8 ou 10 élèves de race normande pure, vivant en stabulation permanente. On n'élève que les meilleures génisses pour remplacer les vaches âgées ou mauvaises laitières ; les autres veaux sont engraissés.

En pleine lactation, les vaches donnent 18 à 20 litres de lait, qui est transformé en beurre. 100 litres de crème fournissent 20 à 22 kilogr. de beurre, vendu en moyenne 2 fr. 65 le kilogr. Chaque semaine on en fait 20 kilogr.

Avec le lait écrémé, on fait des fromages maigres pour la consommation du personnel : le surplus est vendu.

RECETTES DE LA VENTE DU BEURRE, DU FROMAGE ET DES VEAUX

	1865	1866	1867
	fr.	fr.	fr.
Beurre...........	2.006	2.608	2.555
Fromages........	900	900	900
Veaux...........	438	507	560
	3.344	4.015	4.015

Les vaches reçoivent : hiver ; 30 kilogr. de betteraves avec de la menue paille, et 1 kilogr. de son; été et printemps : fourrages verts à discrétion; en septembre et octobre, on leur fait pâturer les regains de luzerne.

TROUPEAU

Les bêtes à laine ont une grande importance à cause des bénéfices qu'elles donnent.

Ces animaux appartiennent à la race mérinos pure, améliorée par une sévère sélection et une très abondante nourriture. Les fanons et les plis de la peau ont disparu, mais le poids des toisons a diminué assez sensiblement. Le poids moyen des animaux est de : béliers, 95 kilogr.; brebis, 65 kilogr.; gandins, 55 kilogr.; agneaux de 6 mois, 40 kilogr. Poids des toisons : béliers, 7 kilogr.; brebis, 5 kilogr. 500; agneaux de 6 mois, 1 kilogr. 500.

100 kilogr. de laine en suint donnent 33 kilogr. de laine en blanc. Dix ans auparavant, le rendement ne dépassait pas 28 p. 100.

Les brebis sont saillies en juin afin que les agneaux naissent à la Toussaint. Ces animaux ont l'année suivante la force voulue pour résister à la faible végétation des plantes en juillet.

Effectif du troupeau.

Béliers	30
Brebis	400
Antenais	150
Agneaux	350

Les brebis reçoivent en hiver :

	gr.
Betteraves coupées	560
Avoine	250
Son	250
Luzerne	1.000
Paille à discrétion.	

Cette ration est celle que consomment les agneaux depuis le 15 janvier jusqu'au moment où le trèfle incarnat peut être fauché.

Alors tout le troupeau est abondamment nourri avec ce fourrage vert.

Les agneaux mâles qu'on ne conserve pas comme béliers sont châtrés de bonne heure, et vendus successivement à la boucherie d'Orléans à 6 mois et après la tonte, au prix de o fr. 85 le kilogr. Ils donnent de 17 ou 18 kilogr. de viande nette ou 45 p. 100 de leur poids vif.

Recettes de la bergerie.

	1865	1866	1869
	fr.	fr.	fr.
Béliers vendus........	12.515	10.675	14.750
Animaux gras........	3.649	4.848	9.259
Laine (2 fr. 50 le kg.).	9.267	9.352	7.477
Peaux	275	332	350
	25.706	25.207	31.836

PORCHERIE

On engraisse annuellement 10 à 12 porcs craonnais avec le lait de beurre, le petit lait, des pommes de terre, de l'orge concassée et des eaux grasses. (Extrait du compte-rendu de la Prime d'honneur.)

Dans l'arrondissement de Châteaudun, M. le marquis d'Argent a obtenu en 1869 la Prime d'honneur du département pour son exploitation du château de Douville, près Cloyes.

En 1830, ce domaine se composait de 3 fermes d'une contenance de 227 hectares rapportant 4.550 francs.

A cette époque, M. le marquis d'Argent, voulant se livrer à la culture progressive, congédia ses trois fermiers et entreprit l'exploitation directe du domaine qui, par suite d'achat et d'échanges, était en 1835 de 272 hectares de terres labourables et 6 hectares de prairies naturelles situées dans la vallée du Loir.

M. d'Argent défricha certaines parties incultes, défonça les terres en pacage et les mit en valeur au moyen de fumiers achetés à Châteaudun. Il remplaça l'assolement triennal par une succession de cultures à base de plantes racines et de prairies artificielles, puis créa une sucrerie de betteraves qu'il devint nécessaire de supprimer après la loi de 1844 sur les sucres indigènes.

En 1847, M. Charles d'Argent, qui, depuis 10 ans, secondait son père, prit pour son compte la direction du domaine de Bouville et continua les améliorations commencées.

Avant 1830, les terres de Bouville étaient louées 20 fr. l'hectare; en 1847, elles rapportaient 47 fr. Depuis 1864, ce prix a été élevé à 50 francs.

Les terres de Bouville sont argilo-siliceuses et argilo-calcaires; l'ensemble est de qualité médiocre.

La marne se trouve en plusieurs points de la propriété à une profondeur de 1 m. 50. On marne chaque année 15 à 20 hectares à raison de 40 mc. par hectare. Chaque marnage dure 18 à 20 ans et chaque mètre cube revient à 1 fr. On met aussi annuellement 16.000 kilogr. de plâtre.

Le troupeau parque du mois de juin au mois de novembre, mais seulement pendant la nuit afin qu'il ne souffre pas de la chaleur.

En 1867, le capital engagé s'élevait à 115.781 fr. ou 415 fr. par hectare, savoir :

	fr.
Chevaux	19.460
Vaches	19.615
Moutons	31.033
Porcs	1.820
Matériel	27.191
Avances aux cultures	14.832
Grains en magasin	1.830

« La contrée doit à M. d'Argent l'importation du chou branchu, cultivé annuellement à Bouville depuis 1848 sur une étendue de 6 hectares. Les produits qu'il fournit servent pendant l'hiver à la nourriture des vaches laitières et des vaches à l'engrais.

« Chaque année, 10 hectares sont réservés à la betterave globe jaune et à la betterave disette d'Allemagne. Les luzernes ne durent

pas plus de 5 ou 6 ans : les sainfoins sont généralement défrichés
au bout de 18 mois.

« M. d'Argent sème chaque année de la lupuline ou minette,
qu'il fait pâturer de bonne heure par les moutons. Les vesces
semées en automne sont fauchées en vert à la fin du printemps.
Les pois et maïs fournissent des fourrages verts pendant l'été. »

Tous les chevaux employés à Bouville sont percherons ou perchisés ; il y en a ordinairement 26. Achetés à 18 mois, ils sont
revendus à 5 ou 6 ans. Les prix de vente varient de 900 à 1.200 fr.
pour les chevaux de trait et de 1.800 à 2.000 fr. pour les étalons.

Le bétail de rente se compose de : 30 vaches durham-coten-
tines ; 1 taureau durham ; 17 animaux destinés à la boucherie.

Les vaches sont en stabulation permanente : l'été, elles reçoivent différents fourrages verts, et en hiver : luzerne ou sainfoin
5 à 6 kilogr. ; choux 25 à 30 kilogr. ; betteraves fermentées 25 à
30 kilogr.

Le lait est converti en beurre pour la consommation du château
et de la ferme, ou en fromages maigres. M. d'Argent élève presque toutes les femelles, et vend les plus beaux mâles à 1 mois,
70 fr. à 80 fr. ; il fait saillir les génisses à 2 ans, garde les meilleures et vend les autres quand elles sont pleines.

L'engraissement ne se fait que du 1ᵉʳ novembre à la fin de mai ;
la ration est la suivante.

	kg.
Foin	3 à 4
Choux..............................	40 à 50
Betteraves fermentées.................	40 à 50

Dans l'espace de 10 ans, on a vendu à la boucherie 205 bœufs
ou vaches au prix de 1 fr. 35 à 1 fr. 50 le kilogr.

Le troupeau de Bouville se compose de 600 métis mérinos. Les
meilleures agnelles sont conservées pour remplacer les brebis
réformées. On engraisse les moutons pour la boucherie à 3 ans.

Les brebis sont saillies par un bélier dishley-mérinos. La tonte
a lieu en juin ; chaque toison en suint pèse 5 à 6 kilogr.

La nourriture se compose en hiver de 1 à 2 kilogr. de foin de prairie artificielle, et de 3 à 4 kilogr. de betteraves fermentées. L'été, le troupeau pâture les chaumes et les minettes.

« La betterave joue à Bouville un rôle très important dans l'alimentation de l'espèce ovine, en arrêtant le développement du sang de rate, cette terrible maladie qui décime les troupeaux du plateau de la Beauce.

« Les bergeries d'élite ont réalisé de gros bénéfices en élevant des béliers et des brebis pour l'exportation, mais il n'en est pas de même pour les éleveurs se consacrant à la production de la laine. Aussi M. d'Argent a-t-il cherché une nouvelle voie dans les croisements avec la variété dishley qui, étant pure, ne rencontrerait pas en Beauce des conditions favorables. »

« La porcherie renferme 12 animaux de la race craonnaise, et quelques yorkshires.

« Le bétail de Bouville reçoit journellement dans ses aliments 10 à 15 grammes de sel par tête.

« D'après la comptabilité de Bouville, qui est tenue en partie double et avec beaucoup de détails, les résultats financiers ont été les suivants :

	fr.
De 1847 à 1867, l'excédent des recettes sur les dépenses a été de 138.198 fr., déduction faite du fermage au taux de 50 fr. l'hectare...........	138.198
Emblavures et récoltes...............................	16.062
L'inventaire qui était au moment de l'entrée en jouissance de...............................	43.000
S'élevait au 31 décembre 1867 à................	99.120
Soit une différence de...........................	56.120
Ce qui donne un bénéfice de......................	210.980
En 20 ans, soit par an..........................	10.594

Le capital d'exploitation étant de 116.000 fr., l'intérêt ressort à 9 o/o.

(Extrait du compte-rendu de la Prime d'honneur, 1869.)

Depuis que la baisse des prix de la viande, de la laine et des céréales a beaucoup restreint les bénéfices de l'agriculture en Beauce, les fermiers pratiquent des spéculations particulières, ainsi que nous l'avons dit; ceux qui suivent l'ancienne routine s'endettent.

Autrefois ils ne voulaient pas admettre l'utilité des phosphates ; cependant leurs terres manquent d'acide phosphorique ainsi que le montrent les analyses de M. Joulie.

Terres calcaires mélangées de limon, des communes de Toury (Eure-et-Loir) et de Chilleurs-aux-Bois (Loiret).

PROPORTION POUR MILLE.

		Azote	Chaux	Magnésie	Potasse	Ac. phosph.
Toury	Terre à betteraves.....	1,22	23.18	1,32	2,68	0,52
	Sol.........	1,84	31,15	4,46	2,31	1,16
	Sous-sol.....	1,17	21,12	5,13	3,41	0,96
Chilleurs	Sol.........	3,53	217,51	4,78	1,91	0,76
	Sous-sol....	1,51	401,94	4,38	0,96	0,22

Cette pénurie d'acide phosphorique tient à la nature du sol, ainsi qu'aux exportations faites par les céréales et les moutons.

Le fumier ne peut donner aux terres des éléments qui lui manquent. Il faut donc que les cultivateurs beaucerons se décident à acheter des phosphates.

Aux environs d'Epernon, et dans la plaine de Trappes, le travertin se charge de silice et passe à la meulière. Les argiles ne deviennent alors fertiles que si elles sont recouvertes d'une couche épaisse de limon dont le drainage, le chaulage et les engrais font des terres excellentes.

La Prime d'honneur du département a été décernée en 1881 à M. Ernest Gilbert pour sa belle exploitation de Manet, commune de Montigny-le-Bretonneux.

Le sous-sol de cette ferme de 298 hectares est imperméable dans certaines parties ; dans d'autres, il se compose de marnes qui fournissent des amendements.

L'assolement est triennal avec adjonction d'une sole de sainfoin, de lupuline et de luzerne qui dure 3 ans : (1) betteraves et un peu de maïs-fourrage; (2) blé ; (3) avoine.

Les betteraves alimentent une distillerie et rendent 5o.ooo kilogr. à l'hectare ; le blé donne 35 hectol., et l'avoine 45. Avec les fourrages et les pulpes, on engraisse en hiver 700 à 800 moutons.

Les travaux sont faits par 12 chevaux percherons et 60 bœufs charolais ; ces derniers, achetés à 4 ou 5 ans, sont engraissés après avoir rentré les betteraves et fait les labours.

Une nombreuse basse-cour utilise les menus grains.

La sole de betteraves recevant 40 ou 50 tonnes de fumier à l'hectare, les animaux de la ferme n'en produisent pas une quantité suffisante. M. Gilbert en achète chaque année 1.ooo tonnes à Versailles, ainsi que des gadoues. Il emploie en plus pour les betteraves 3oo kilogr. de superphosphate de chaux, 3oo kilogr. de plâtre, et 200 kilogr. de nitrate de soude par hectare ; pour le blé 25o kilogr. de sang desséché et 3oo kilogr. de superphosphate ; pour l'avoine, 100 kilogr. de nitrate de soude et 200 kilogr. de plâtre.

A ces abondantes fumures s'ajoutent le parcage des moutons, des composts, etc.

Le capital d'exploitation est de 788 fr., par hectare ; le prix de fermage de 45.ooo fr. (151 fr. par hectare).

Malgré toutes ces dépenses, M. Gilbert recueille de larges bénéfices.

Contrairement aux notions scientifiques modernes on a l'habitude en Beauce de donner aux chevaux de labour une ration excessive d'avoine. Il en résulte que si les animaux ont une énergie exubérante qui se dépense inutilement, ils sont très sujets aux congestions dont on semble ignorer la cause. C'est en somme ce qu'on appelle, à la Compagnie des Omnibus de Paris, *la maladie du lundi*, qui se produit lorsque la ration n'est pas diminuée les jours de repos. Le foin et l'avoine fournissent à poids égal la même quantité de protéine, principal élément de la ration, c'est-à-dire environ 10 o/o. Par conséquent, la ration normale pourrait être indifféremment composée de foin ou d'avoine, s'il n'y avait à tenir compte que de la relation nutritive. Mais l'avoine a un effet

spécial : elle provoque la surexcitation du cheval et sa contractilité musculaire, ce qui diminue le travail disponible et épuise
sans profit le sujet. L'avoine est inutile aux chevaux de trait et
n'est indispensable qu'aux races du nord travaillant en mode de
vitesse.

Nous donnerons ultérieurement le résultat des expériences faites
à la Compagnie des Omnibus. Elles démontrent qu'un cheval de
trait peut être nourri économiquement, en substituant à l'avoine
des succédanés d'un prix moins élevé.

II. — TERRAINS MIOCÈNES

La Sologne.

La Sologne est constituée par des sables et des argiles miocènes
qui ne contiennent aucun fossile. Il est probable que, lors de leur
dépôt, l'abondance de l'acide carbonique s'opposait à la vie organique, et aujourd'hui encore, les plantes trouvent difficilement
dans ce sol les éléments qui leur sont nécessaires. Les parties
sableuses sont trop sèches, et le manque de pente s'oppose à l'as-
sainissement des argiles. Parfois même, des cailloux agglutinés
ne se laissent pas traverser par les racines des arbres. La culture
se trouve donc en présence de toutes les difficultés réunies.

Au point de vue chimique, les sables et les argiles de Sologne
sont pauvres en tout, et la marne est presque toujours à une trop
grande profondeur pour qu'on puisse l'exploiter.

« Ces diverses natures du sol, dit M. J. de Saint-Venant, ne sont
pas circonscrites par localités, ni même par la déclinaison d'un
même champ ; elles se transforment de l'une à l'autre par passa-
ges insensibles, et souvent dans une très petite surface. De là
vient la variété extraordinaire de la Sologne, sous le rapport de
l'aspect et de la fertilité. »

Différents sondages ont été exécutés en 1845. La marne a été rencontrée :

	Mètres
A la Guérinière, commune de Sennely, à.......	56
A Vannes..........................	36
A Marcheval, près Neuvy..................	18

Mais cette marne est coulante et on ne peut y creuser de galeries ; d'ailleurs, les frais d'épuisement de l'eau et ceux d'extraction à de telles profondeurs mettraient la marne à un prix excessif.

On n'en trouve de gisements exploitables à ciel ouvert qu'à Saint-Cyr-en-Val, dans la commune de Mézières (Loiret), à Theillay (Loir-et-Cher) et à Blancafort, commune d'Aubigny (Cher).

Les résultats obtenus dans la ferme de Saint-Aignan-le-Gaillard, près de Sully, montrent l'effet de la marne dans les terres de Sologne.

Cette ferme, exploitée par M. Boniface, a une contenance de 270 hectares. Grâce à la marne, les sables et les argiles sont devenus fertiles, et la betterave a si bien réussi qu'une distillerie importante a été établie.

Le cheptel de la ferme comprend maintenant : 12 chevaux percherons ; 20 bœufs de travail ; 65 bêtes à cornes à l'engraissement, et 450 moutons.

Tout ce bétail est nourri avec les pulpes. La ferme vend 2.400 tonnes de pommes de terre. Le rendement du blé est de 20 hectolitres à l'hectare. Il y a 50 hectares de prairies artificielles.

Par suite de l'imperméabilité des argiles, la Sologne serait inondée en hiver si on ne facilitait pas l'écoulement des eaux au moyen de fossés nombreux. Des soins incessants sont nécessaires ; c'est ce qui explique les alternatives de prospérité et de détresse de la Sologne, suivant qu'elle a été très peuplée ou désertée par ses habitants.

On voit, dans les anciennes chartes, qu'au xiiie siècle cette région était très morcelée. Nous avons peine à croire cependant qu'on y cultivait le chanvre, comme certains écrivains le prétendent ; il ne peut être évidemment question que du val de la Loire ; mais la vigne couvrait le quart de la Sologne, les céréales un autre quart ; le reste était en bois. La période de prospérité correspond au règne de Louis XII, qui avait fixé sa cour à Blois, et au temps où François Iᵉʳ faisait construire Chambord.

François Le Maire, conseiller au Présidial d'Orléans, en 1546, dit dans son Histoire des antiquités d'Orléans : « Si la Beauce se trouve privée de tant de choses, la Sologne la récompense, car elle est abondante en prez, pastils, bois de haute futaie, buissons, étangs et rivières, terres labourables portant bléd, méteil et seigle ; elle abonde aussi en bestial et gibier et en toute sorte de chasse. »

Cent cinquante ans plus tard, la décadence était complète.

Un auteur anonyme, cité par M. Denizet, écrivait en 1823 : « Dans les années communes, le sol ne fournit pas une assez grande quantité de seigle pour subvenir à la subsistance de ses habitants ; c'est alors qu'ils sont obligés de se pourvoir dans les marchés circonvoisins, après avoir épuisé la provision d'un végétal connu sous le nom de blé noir, carrabin ou sarrasin. C'est avec ces substances qu'ils composent leur pain, base principale de leur nourriture... On n'y rencontre le plus souvent que des visages secs, pâles, hâves et décharnés. Les animaux eux-mêmes prouvent dans tout leur ensemble qu'ils vivent sur un sol ingrat. »

Tel était l'état de la Sologne quand, en 1859, se fonda « le Comité central de la Sologne », qui entreprit sa renaissance agricole.

Nous avons vu qu'au xvıₑ siècle cette contrée était très peuplée et bien cultivée. Peu à peu, les terres délaissées furent envahies par les bruyères, et, à un certain moment, elles n'étaient affermées que o fr. 75 l'hectare. Il n'y avait plus de petite culture, et les fermes avaient jusqu'à 250 et 300 hectares, dont un cinquième environ était cultivé en seigle et en blé noir. Les terres fortes étaient couvertes d'étangs et de mauvaises prairies.

Il fallait choisir entre le système intensif ou le système extensif, avec le boisement, le pâturage et la jachère, associés à la culture. On donna la préférence à ce dernier mode.

Sous l'action du Comité, les propriétaires se mirent à l'œuvre. On dessécha les étangs, et on eut même le tort de ne pas conserver ceux qui, ayant une profondeur suffisante, rapportaient plus en poisson qu'en culture ; on sema des sapins, on marna les terres, on améliora le matériel agricole : avec les fumures, le blé, l'avoine et l'orge réussirent dans des fonds qui n'avaient jamais produit que du seigle et du blé noir.

En même temps, la carotte, la betterave et les rutabagas fournirent une bonne alimentation au bétail pendant l'hiver.

Les prés furent nivelés, fumés, et irrigués en beaucoup d'endroits ; les terres marnées permirent de faire des prairies artificielles qui sont fauchées pendant deux ans, et pâturées durant deux autres années ; on obtient même des maïs.

Par suite de l'abondance des pâtures, la Sologne a toujours été un pays d'élevage, mais, ainsi que l'écrivait M. Beauvallet en 1844 : « Il y a peu de contrées en France où le bétail soit descendu à un si fâcheux degré d'imperfection qu'en Sologne. Les chevaux et les bêtes à cornes, qui sont dans un état continuel de maigreur, y développent les formes les plus irrégulières et les moins parfaites qu'on puisse voir. Il est vrai que ces animaux sont en quelque sorte abandonnés à la nature, et le plus souvent à une bien triste et malheureuse nature. Des logements infects et malsains, que l'on nettoie seulement quelquefois par an, les abritent, et encore néglige-t-on d'y faire rentrer les chevaux. »

Pour améliorer le bétail, il fallait donc commencer par construire des étables et des écuries. Aujourd'hui les fermes en ont, de trop belles même parfois, pourrait-on dire. En Angleterre, les bâtiments annexes des fermes sont établis à beaucoup moins de frais, plus simplement, et renferment cependant des animaux très perfectionnés.

Autrefois, le cheval n'était pas utilisé pour les travaux de la culture et on n'attelait que les bœufs ; aujourd'hui, les bœufs ont disparu : on n'emploie plus que des percherons ou des chevaux perchisés, achetés poulains et revendus à 4 ou 5 ans, avec un bon bénéfice. Il ne saurait être question de faire naître et d'élever le cheval fin, de race exigeante : tous les essais ont échoué et, du reste, que ferait-on d'un cheval de sang pour les travaux culturaux, et dans un pays où les prairies, peu nourrissantes, ne sont pas closes? Cependant, l'Administration a mis dans ses stations des étalons de pur sang et de demi-sang qui ne peuvent rien donner de bon.

On parle maintenant des norfolks, qui produisent très inégalement, puisque ce sont des métis. Avec des juments percheronnes, les poulains seront soumis à 3 atavismes, c'est-à-dire que le nombre des sujets réussis sera insignifiant. Par suite, l'élevage de ces animaux ne peut manquer de se traduire par une perte : on y renoncera bientôt.

La seule race qui puisse convenir est la race percheronne, et encore à la condition de faire comme en Beauce, où l'on achète les poulains à un an. En cherchant à faire naître, on n'obtiendrait que des produits dégénérés.

La population bovine de Sologne est à l'état de variation : les animaux sont petits; leur squelette est grossier, et leur conformation défectueuse. Après avoir amélioré les fourrages, on pourrait profiter du voisinage d'Orléans, et même de Paris, pour faire de l'industrie laitière. Les vaches devraient être en stabulation comme en Beauce et en Brie.

Pour la production de la viande, la Sologne se trouve dans de très mauvaises conditions. Cependant, dans les bonnes exploitations, on nourrit d'excellents animaux. Ainsi, dès 1849, M. le marquis de Béhague a obtenu dans sa terre de Dampierre des nivernais remarquables.

Bœuf n° 1.

Poids à sa naissance......................	30
— à 1 an.............................	368
— à 2 ans............................	615
— à 30 mois.........................	655

Coefficient d'accroissement : 21.

Vte de Villebresme. — L'Élevage. 18

Bœuf nº 2.

	kg.
Poids à sa naissance	32
— à 1 an	382
— à 2 ans	700
— à 36 mois	904

Coefficient d'accroissement : 25.

Bœuf nº 3.

	kg.
Poids à sa naissance	26
— à 1 an	330
— à 2 ans	657
— à 39 mois	968

Coefficient d'accroissement : 24.

Le domaine de Dampierre n'ayant pas de pâturages, les animaux étaient élevés en paddock. Ils recevaient en été de la luzerne, du trèfle, des vesces et du maïs en vert; en hiver, du foin, des betteraves, des choux et des rutabagas.

Un autre bœuf de Dampierre, âgé de 36 mois, a donné :

	kg.
Poids vif	940
Poids net	665
Poids du suif	105,05
Poids du cuir	55
Coefficient du poids vif	26,95
— — net	18,47
Rapport du poids net	0,68

La chair était persillée et de qualité supérieure.

« Il n'est guère possible de rien faire de plus parfait comme bête de boucherie (1). »

M. Trasbot, directeur de l'École vétérinaire d'Alfort, a étudié avec soin le mouton solognot. Voici ce qu'il en dit :

« Nous possédons une race à viande remarquable non par sa conformation, qui laisse beaucoup à désirer, ni par la précocité

(1) Marquis de Dampierre.

qui lui manque, mais par la qualité de sa chair, sa rusticité, et
on pourrait même dire sa voracité. Le mouton solognot, en effet,
se contente d'une nourriture médiocre ; il s'entretient bien là où
des races perfectionnées mourraient de faim.

« Il faut, par conséquent, le conserver avec soin, mais en
même temps il faut chercher à l'améliorer en le débarrassant
autant que possible de ses défauts, sans lui rien faire perdre de
ses précieuses qualités. C'est en s'inspirant de ces idées que le
comité central de la Sologne a institué le concours de béliers qui
se tient à la Motte-Beuvron, dans les premiers jours de septembre.

« En dehors de l'alimentation, qui joue un rôle fondamental
lorsqu'il s'agit de la production de la viande, deux moyens peuvent être mis en usage sur une race quelconque pour la perfectionner : l'un a un effet rapide, c'est le croisement ; l'autre plus
lent dans ses résultats, c'est la sélection. Ce second moyen n'a-
mène que des changements graduels, peu visibles d'abord, mais
qui s'accroissent toujours sans retour en arrière, et sans causer
aucun mécompte ; c'est celui que le Comité central agricole de la
Sologne, sans rien préjuger pour l'avenir, croit devoir conseiller
aujourd'hui. »

Dans la Sologne de la rive droite de la Loire, M. de Béhague
a mis en valeur son domaine de Dampierre, grâce à une culture
progressive et à un nombreux bétail. Il chaulait tous les 6 ans
à raison de 50 à 100 hectolitres et employait en outre des phosphates des Ardennes à la dose de 600 à 800 kilogr. par hectare
sur les défrichements ;

M. de Béhague commença par élever des chevaux de sang et
des durhams, mais l'essai fut malheureux. Il choisit alors la
variété bovine nivernaise, et nous avons vu les remarquables résultats qu'il obtint. Ces animaux lui fournirent d'excellents bœufs
de labour ; il renonça aux chevaux quand il eut reconnu que
l'heure de travail de ces derniers lui coûtait 0 fr. 207 et celle des
bœufs 0 fr. 125 seulement.

L'effectif du bétail était de 83 bêtes à cornes et 2 550 moutons, soit 289 kilogr. de poids vif par hectare, ce qui est considérable pour un terrain aussi pauvre.

Le troupeau fut l'objet d'une opération intéressante. Sachant que, sur un pareil sol, les moutons anglais ne pouvaient réussir, M. de Béhague fit venir des béliers southdown qu'il croisa avec des brebis berrichonnes achetées sur le marché au moment le plus favorable. Ces brebis, bien nourries, gagnaient du poids tout en allaitant les agneaux, d'où un écart important entre le prix d'achat et de vente des brebis.

Les agneaux, bien qu'inégalement précoces, le sont toujours beaucoup plus que les berrichons purs. La plus grande précocité se rencontrait chez les produits des brebis bonnes laitières, aussi réformait-on après le sevrage du 1er agneau, celles qui ne l'étaient pas.

M. de Béhague établit de la façon suivante le compte financier de l'élevage de 100 agneaux.

« Les 100 jeunes moutons étaient nés en mars, et j'ai commencé à les livrer à mon acheteur le 8 décembre ceux de la dernière livraison du 28 décembre avaient donc 20 jours de plus d'engraissement. Malgré cette différence, le tableau montre une diminution dans le poids, et aussi dans le prix moyen en argent.

	8 déc.	12 déc.	15 déc.	18 déc.	22 déc.	28 déc.
	kilogr.	kilogr.	kilogr.	kilogr.	kilogr.	kilogr.
Poids vif......	403,80	394,600	378	485,800	514,300	488
Poids net......	210	204,700	195,500	246,100	257,100	248
Valeur moyenne	42 fr. 02	40 fr. 98	38 fr. 97	37 fr. 49	38 fr. 93	37 fr. 73

« Produit moyen pour 100 moutons = 38 fr. 94. A cela, il convient d'ajouter le prix de 19 kilogr. 500 gr. de laine à 2 fr. 10 le kilogr. = 39 fr. 97.

« On ne doit pas attribuer ces résultats à d'autres causes que celles-ci : la plus ou moins grande aptitude de ces jeunes moutons à plus ou moins profiter de la ration, et, par conséquent, à leur précocité qui, elle, doit être attribuée, en grande partie, aux qualités laitières des mères.

« Il résulte de mes observations que l'éleveur qui veut obtenir de la précocité, seul et unique moyen de produire de la viande à bon marché, doit, avant tout, choisir ses béliers dans les familles laitières, et pousser, autant qu'il le peut, les mères à produire beaucoup de lait, fait considérable, et qui a influé sur toute la spéculation.

« A chaque livraison on a fait choix, dans les 100 jeunes moutons, livrant chaque fois les plus gras et les plus avancés, par conséquent les mieux conformés et les plus aptes à prendre la graisse et qui se sont trouvés aussi les plus forts. Les derniers ont naturellement été les moins bien disposés et les moins propres à assimiler avec profit la ration ; si tous eussent été de la qualité des premiers, et qu'ils aient tous été vendus le 8 décembre au prix de 42 fr. 02, les 100 moutons eussent produit 4.200 fr., tandis que la vente n'a produit que 3.894 fr., ce qui a abaissé le prix moyen de chaque mouton à 38 fr. 94. Et si l'on compare la vente des premiers, au prix de 42 fr. 02 à celui des derniers, 37 fr. 73, on trouve une différence de 2 fr. 29. A ce chiffre de 2 fr. 29, il faut ajouter le prix de la nourriture de 20 jours,

fr. 23. Total de la différence, 5 fr. 52, que l'on doit avec certitude, comme nous le disions ci-dessus, attribuer à la plus ou moins bonne qualité laitière des mères.

« Une forte alimentation dans le jeune âge développe chez l'élève ses facultés d'absorption, et l'on remarque que généralement les bêtes fortement nourries dans leur jeune âge s'entretiennent mieux et tirent un meilleur parti de la ration que les bêtes élevées avec parcimonie.

« De tout ceci il résulte que, pour produire à bon marché, il faut obtenir une grande précocité, et que l'on ne peut espérer y parvenir qu'en nourrissant fortement les mères pendant l'allaitement, et l'élève, depuis le jour du sevrage jusqu'à son départ pour la boucherie.

« L'animal qui consommera le plus en moins de temps sera toujours celui qui présentera le plus de profit à l'éleveur. »

La ration des 100 moutons a été par jour de :

Maïs : 15 kg. 400 (20 litres), à 20 fr. les 100 kg. ;
Seigle et petit blé : 28 kg. (40 litres), à 16 fr. les 100 kg. ;
Tourteau de colza : 5 kg. à 15 fr. les 100 kg. ;
Betteraves : 240 kg. à 16 fr. les 100 kg. ;
Luzerne : 60 kg. (12 bottes), à 5 fr. les 100 kg. ;
Trèfle : 20 kg. (4 bottes), à 5 fr. les 100 kg.
Nourriture par tête et par jour, 0 fr. 016.

Pour l'exercice 1873-74, les agneaux southdown-berrichons de Dampierre ont donné les résultats généraux suivants :

	fr.
Dépenses	30.558 89
Recettes	34.544 85
Bénéfice	3.985 96

La viande, très réputée, se vendait de 2 fr. à 2 fr. 25 le kilogr., frais de transport à la charge de l'acheteur. Les moutons étaient tués à Dampierre et expédiés prêts à être mis à l'étal. Les issues servaient à faire des fumiers.

La variété porcine de Sologne est marcheuse et peu précoce : il serait facile d'obtenir de meilleurs animaux en élevant la race craonnaise pure, qui partout rapporte des bénéfices importants. Les porcelets de 8 ou 9 semaines valent toujours de 20 à 25 fr., et on les vend à de plus hauts prix comme reproducteurs. Une truie donnant au moins 12 petits par an, et sa nourriture ne coûtant presque rien, c'est un bénéfice net de 250 fr., sans compter la valeur de la mère.

Malheureusement le prix de vente des porcelets varie beaucoup dans le cours d'une année. Les pommes de terre sont si abondantes en Sologne qu'on pourrait sans grande dépense attendre un moment favorable, en admettant même qu'on ne laisse pas les animaux chercher une partie de leur nourriture en liberté.

L'élevage des porcelets nuit à celui des veaux, mais en Sologne les bovins ne rapportent presque rien ; il serait plus avantageux de développer l'élevage des suidés dans les exploitations ordinaires, et d'engraisser un grand nombre de porcs pour le marché de Paris : ce serait, de toutes les industries agricoles, la plus rémunératrice dans cette région.

Les cultivateurs solognots auraient tout intérêt à restreindre leurs cultures afin de consacrer une plus grande quantité de fumiers, d'engrais et de marne à la surface cultivée ; ils obtiendraient ainsi des rendements très supérieurs à ceux que donne une mauvaise culture sur des terres trop étendues. En même temps, le bétail, mieux nourri, s'améliorerait.

La Brenne.

Dans le département de l'Indre, on trouve au nord le jurassique ; au sud les marnes du lias ; au centre, des argiles bariolées, et des sables argileux tertiaires qui constituent la Brenne. Ces dépôts sont aussi pauvres en chaux et en acide phosphorique que les sables et les argiles de Sologne, mais le calcaire est à une faible profondeur, et peut être exploité facilement pour les amendements.

Sur la ligne de partage des eaux de la Creuse et de la Claise, les grès tertiaires sont couverts de bois ; dans les vallons, les eaux forment de nombreux étangs qui rendent le pays insalubre ; sur les pentes s'étendent des landes ; les champs cultivés se trouvent autour des fermes.

« En 1850, dit M. Risler, l'hectare de brande se vendait de 75 à 200 fr. suivant sa qualité. Les terres cultivées valaient 150 à 300 fr. l'hectare, et 400 fr. au plus, quand elles étaient marnées... A part les manœuvreries ou petites propriétés qui entourent les villages, la plupart des fermes sont cultivées par des métayers et ont une grande étendue, de 50 à 200 hectares, et même 300 hectares. Mais la moitié, souvent même les 3/4 de cette surface sont en brandes.

« Le reste est cultivé en assolement triennal ; jachère avec une partie en trèfle ou en pommes de terres, et une petite fumure d'environ 10.000 kilogr. à l'hectare ; puis, en 2ᵉ année, dans les bonnes terres, froment qui rend en moyenne 12 hectolitres à l'hectare, et dans les sols légers, méteil ou seigle qui ne donnent pas beaucoup plus ; enfin, avoine ou orge, dont le produit est très irrégulier.

« Ajoutez à cela 4 ou 5 hectares de prés, ordinairement situés autour des étangs, et vous aurez une idée de l'ancienne culture de la Brenne, culture qui ne rendait au propriétaire que 7 ou 8 fr. par hectare et faisait tout juste vivre le métayer, sans pouvoir jamais l'enrichir. »

Pour défricher les bruyères, l'écobuage est la pratique habituelle ; la 1ʳᵉ récolte de blé est assez abondante, mais le terrain est vite épuisé.

Les travaux se font avec des bœufs du pays, de race vendéenne, ou des Limousins ; dans chaque ferme, on engraisse 2 ou 3 paires par an.

Les chevaux de la Brenne, ou brennous, sont de petite taille, avec une encolure mince et courte. Ils vivent à l'état demi-sauvage et acquièrent ainsi une grande rusticité. La remonte ne trouve qu'un petit nombre de sujets ayant assez de taille pour la cavalerie légère.

Les terres humides de la Brenne causent la cachexie aqueuse dans les troupeaux. Aux environs de Châteauroux et d'Issoudun, on fait venir les moutons de la région calcaire du nord du département, et ils s'engraissent en 2 ou 3 mois sur l'herbe fine de la lande.

La Prime d'honneur du département de l'Indre a été décernée en 1882 à M. Thimel pour sa ferme de Bouesse. Lorsque M. Thimel l'acheta en 1855, il n'y avait que 7 hectares de mauvaises prairies et environ 60 hectares de terres labourables qui donnaient

7 à 8 hectolitres de seigle; le reste comprenait des étangs, des marais et des brandes. Le bétail étant peu nombreux, M. Thimel acheta des fourrages et des engrais, améliora les vieilles terres avec le marnage, défricha les landes qu'il fuma fortement avec du noir animal ou des phosphates de chaux, après les avoir drainées, et créa 56 hectares de prairies.

Aujourd'hui, ce domaine se compose de 14 hectares de bois, 56 hectares de prairies et 132 hectares de terres arables où le blé donne 30 hectolitres à l'hectare.

Le cheptel comprend des animaux parthenais croisés avec le limousin, et un troupeau de 4 à 500 moutons berrichons-southdowns qui ne sont plus sujets à la cachexie aqueuse depuis que les terres ont été drainées et assainies.

M. Macquelin a obtenu en 1864 la Prime d'honneur du département pour son domaine de Treuillant, canton de Châteauroux, et d'une contenance de 225 hectares. M. Macquelin acheta ce domaine en 1854 et l'administra à partir de 1858. Son but a été la production fourragère, l'élevage et l'engraissement des moutons, la culture et la distillation de la betterave, enfin la production du blé.

La réalisation de ce programme était basée sur le voisinage de Châteauroux, la proximité du chemin de fer, l'abondance et le bon marché de la main d'œuvre.

Le sol est silico-argileux, et le sous sol calcaire.

Le domaine a été divisé en 6 soles de même étendue, soumises à un assolement de 6 ans : (1 et 2) betteraves ; (3) blé ; (4) trèfle ; (5) blé ; (6) fourrages. Cet assolement peut se résumer en 3 termes : 1/3 betteraves ; 1/3 blé ; 1/3 fourrages.

Les prairies naturelles occupent 15 hectares 60 ares.

Les travaux se font concurremment avec des bœufs et des chevaux. Les bœufs achetés dans le pays sont bons travailleurs et s'engraissent ensuite facilement, pourvu qu'ils n'aient pas été surmenés.

Les chevaux sont des percherons ou des poitevins achetés de 3 à 4 ans.

Le domaine possédait, en 1864 : 16 chevaux et 24 bœufs de travail ; 6 vaches ; 42 bœufs à l'engrais ; 758 moutons.

Cette même année, on a acheté et revendu 42 bœufs ou vaches ; on a acheté 200 moutons et vendu 500. L'écart entre le prix d'achat et de vente des bœufs n'est pas considérable parce que ces animaux sont presque toujours des bœufs de trait achetés au moment des travaux, et qu'il faut remettre ensuite en bon état.

Le nombre des bêtes à laine s'est élevé en 1864 à 1.379 têtes. Les agneaux, berrichons-southdowns sont engraissés et vendus à 14 ou 15 mois à des bouchers de Paris. Le prix de vente moyen a été de 35 fr. 50.

On achète aussi sur les foires des moutons berrichons au prix de 18 fr. à 20 fr. ; cinq mois après, ils sont revendus à Paris 25 fr. et 30 francs.

Cette quantité de bétail représente 0, 88 tête de gros bétail à l'hectare.

Le capital employé en achat, construction de bâtiments et de chemins, chaulages, améliorations, etc., a été de 516.341 fr. 36, et la recette de 20.983 fr. 65, soit un intérêt de 4 o/o.

(Extrait du compte-rendu des Primes d'honneur.)

Aux environs de Neuvy-Saint-Sépulcre, on trouve des terrains de toutes natures, depuis le lias jusqu'aux sables miocènes. Les parties les plus mauvaises sont plantées en bois, le reste est en culture et en prairies. Le système extensif est le plus usité, surtout dans les grands domaines, avec l'assolement quinquennal.

(1) Blé; (2) avoine ou orge ; (3 et 4) trèfle ou jachère ; (5) betteraves, carottes et pommes de terre.

La contenance des grandes fermes varie entre 50 et 80 hectares ; celle des petites, de 2 à 15 hectares ; quelques-unes sont louées 35 fr. à 50 fr. l'hectare, mais, en général, elles sont exploitées à moitié fruit.

Dans les grands domaines, il y a un fermier général qui est à moitié avec les tenanciers.

D'après le contrat à louage partiaire, le propriétaire a à sa charge les impôts, le cheptel vivant et mort; le métayer paie les « menus suffrages », c'est-à-dire une somme qui représente l'intérêt de la part des bestiaux.

Suivant l'étendue, il y a dans les grands domaines 4, 6 ou 8 paires de bœufs de travail, de la race vendéenne plus ou moins croisée avec les races limousine et charolaise; des bouvillons et des veaux pour remplacer les bœufs; 6, 8 ou 10 vaches qui nourrissent leurs veaux pendant 6 mois; 2 juments poulinières qui, d'après les baux, ne doivent pas travailler 6 mois avant et 6 mois après leur mise bas. En dehors de ce temps de repos, elles hersent et font les charrois. Les poulains se vendent généralement à 18 mois.

Les bœufs sont engraissés à 7 ans avec du foin et des racines.

Il y a presque toujours un troupeau de 50 à 70 têtes, tant brebis qu'agneaux. Ces derniers sont vendus à 6 mois ou l'année suivante, après avoir été engraissés. Enfin, 4 ou 5 mères truies, suivies de leurs portées, sont conduites au champ avec les moutons.

Les petites locatures possèdent : 2 ou 3 vaches, 2 chèvres; de 8 à 25 agneaux achetés sur le marché pour être engraissés; une ânesse qui produit chaque année.

Dans sa terre du Lys-Saint-Georges, M. le comte de Danne a introduit la variété charolaise pure qui lui fournit d'excellents bœufs de travail et de boucherie. Un bon taureau est acheté tous les 2 ans dans la Nièvre ou l'Allier.

Les veaux mâles issus de ce taureau et des vaches du faire-valoir sont vendus comme reproducteurs ou placés dans les métairies du domaine.

Les taureaux sont lâchés avec les vaches dans le courant du mois de mars; celles-ci mettent bas en liberté, et sont saillies à la première chaleur. Les animaux ne sont rentrés qu'à la fin de novembre, sauf les veaux d'élite qui sont mis à l'étable en septembre.

Le choix des bouvillons et des génisses se fait à l'âge de 18 mois.

M. de Danne n'a que des juments percheronnes et un étalon de même race, qui saillit les juments de la propriété et celles du pays.

Les verrats et les truies proviennent du Craonnais ; les meilleurs porcelets, tant mâles que femelles, sont vendus comme géniteurs.

M. de Danne a eu pendant longtemps un troupeau southdown. Les agneaux mâles étaient vendus comme béliers. En raison des soins à donner à ces animaux, qui exigent une riche alimentation, les bénéfices étaient nuls. On les a remplacés par des moutons berrichons.

La Crau.

La plaine caillouteuse tertiaire de la Crau a une superficie de 53.000 hectares et se trouve comprise entre Arles, Lamanon et Foz. Le sol est formé par des matériaux empruntés aux vallées des Alpes, tributaires du Rhône et de la Durance. D'après M. Gastine, il contient en poids.

Pierres au-dessus de o m. 15 et gros galets.	45,8
Graviers et pierres menues....................	7,5
Terre fine....................................	46,7
	100

Il y a en moyenne 40 à 50 o/o de terre fine contenant o,6 pour 1.000 d'azote et o,45 pour 1.000 d'acide phosphorique. La potasse est en quantité suffisante. Il faut, donc employer des engrais phosphatés et azotés.

L'aridité de la Crau ne résulte pas seulement de la constitution des dépôts tertiaires, mais aussi de la sécheresse du climat. Comme il ne tombe généralement que o m. 500 d'eau, le soleil brûlant de l'été et le mistral ont bientôt fait évaporer le peu d'humidité qui était restée de la saison des pluies. On ne voit alors que quelques graminées clairsemées et desséchées, au milieu des cailloux de la plaine. Mais, après les pluies, il pousse une herbe très nourrissante, qui fournit une excellente alimentation pour les moutons.

On compte que ces pâturages pierreux nourrissent 2 moutons par hectare du 1er novembre au 1er juin; alors, l'herbe fait défaut et les troupeaux transhument sur les pâturages des Alpes.

« Ordinairement, dit M. Risler, les troupeaux se composent de 1.000 brebis avec 1.200 élèves d'un an et de 2 ans, 40 à 50 béliers et quelques boucs. Ils appartiennent à des capitalistes ou bayles, qui ont sous leurs ordres plusieurs bergers et qui, suivant la qualité des terres et la proportion de prairies qui y sont adjointes, paient un fermage de 3 fr. à 5 fr. par hectare aux propriétaires des coussons. Avec la location de la chasse, ces coussons rapportent de 5 fr. à 7 fr. par hectare. Ils se vendent de 200 fr. à 300 fr. l'hectare et ils ont en général un millier d'hectares de surface. »

L'utilisation des coussons de la Crau est donc liée à celle des pâturages des Alpes.

Chaque mouton rapporte 1 fr. 50 par hectare aux premiers et autant aux seconds.

La transhumance présente le grand inconvénient de s'opposer au reboisement des montagnes, mais la Crau ne peut nourrir les troupeaux pendant l'été. Les irrigations enrichiraient la Crau; malheureusement la Durance n'a plus d'eau depuis que la transhumance a dénudé les montagnes. C'est un cercle vicieux dont il ne paraît pas possible de sortir.

Le canal creusé au xvie siècle par Adam de Craponne, puis celui des Alpines construit en 1786 ont permis de mettre en valeur 20.000 hectares. Les terrains, irrigués par des colmatages successifs, portent de magnifiques prairies qui donnent 10.000 kilogr. de foin à l'hectare et valent 3.000 francs.

Près de Salon, des prairies, qui datent de l'origine des irrigations, se trouvent sur une couche de limon de 0 m. 35 ; elles donnent trois coupes d'excellent foin, et le pâturage d'hiver se loue 40 fr. par hectare.

Les limons de la Durance sont argilo-calcaires, tenaces, et craignent à la fois la sécheresse et l'excès d'eau. Pendant les premières années de leur dépôt, ils sont absolument stériles et infertiles à cause de la finesse de leurs éléments et de l'absence de matières organiques. Il faut donc faire des labours fréquents et créer de l'humus au moyen de fumures abondantes. Aujourd'hui, on semble préférer l'irrigation au colmatage, qui exige une plus grande quantité d'eau.

M. Risler cite comme modèle de culture intelligente le domaine de Sulauze appartenant à M. Paul et situé entre Miramas et Istres. La contenance est de 12.000 hectares, dont une partie est en dehors de la Crau. M. Paul a planté sur les coteaux de molasse 30 hectares de vignes qui lui donnent un bénéfice de 22.000 fr., puis des amandiers et des oliviers.

Le troupeau, dont l'effectif varie de 1.800 à 2.300 têtes, est logé dans 4 bergeries et paît dans la Crau du 1er novembre au 20 juin. Il consomme aussi les regains de 90 hectares de prairies arrosées par le canal de Martigues, et 80.000 kilogr. de bas fourrages.

La litière des bergeries est fournie par 1.400 ballots de banque achetés 1 fr. 15 le ballot.

Dans le dernier exercice, il a été vendu :

751 agneaux de lait ;
197 agneaux d'un an ;
293 vieilles brebis ;
3.224 kg. de laines à 185 fr. les 100 kg. ;
412 kg. de laines agnelines à 1 fr. 80 le kg.;
Diverses peaux et autres, soit un produit total de 19.000 francs.

Les bêtes jeunes et vieilles se vendent sur les marchés de Salon, Arles et Aix.

L'exploitation annuelle a coûté 19.041 fr. Dans cette dépense se trouvent compris :

fr.

Le montant de 80.000 kg. de fourrages à
    6 fr. les 100 kg...................... 4.800
Le montant des herbes d'hiver........... 2.000

Les intérêts à 3 o/o du capital de 20.000 fr.
    représentant la valeur du troupeau......   1.200
Usure du matériel....................   150
                                          ————
                                          8.150

Le chapitre troupeau se solde donc par un bénéfice net de 10.000 francs.

Au lieu d'élever du bétail avec l'excédent de fourrages produit par les prairies, on les vend sous forme de balles comprimées.

La population ovine des Pyrénées-Orientales, de l'Aude, de l'Hérault, du Gard, du Vaucluse, des Bouches-du-Rhône, des Basses-Alpes, du Var et des Alpes-Maritimes appartient à la race mérinos, qui a été principalement répandue par les anciennes bergeries nationales d'Arles et de Perpignan.

En général, par suite des conditions de milieu, les animaux sont hauts sur jambes, et à corps peu étoffé. Cependant, aux environs d'Arles, on voit des troupeaux qui, sélectionnés et bien nourris, ont une meilleure conformation et des toisons plus fines. Le défaut général est de considérer les mérinos comme exclusivement producteurs de laine, et de les conserver trop vieux.

Le essais de croisement avec le southdown, pour obtenir des animaux de boucherie, ont nécessairement échoué.

L'Aquitaine.

Nous avons vu qu'au Sud de la Garonne l'étage crétacé n'apparaît que dans la Chalosse. Partout ailleurs, il est recouvert par des dépôts tertiaires et quaternaires sur lesquels s'exerce la culture.

La plaine d'Aquitaine est une suite de plateaux séparés par des vallées peu divergentes, dont la pente générale vers l'Ouest résulte du soulèvement de la chaîne des Pyrénées. Ce soulèvement produisit des ondulations parallèles qui ont arrêté les eaux des montagnes, et formé des lacs, au fond desquels se sont déposés des sables, des argiles et des calcaires lacustres. Ces derniers, particulièrement dans le Gers, sont recouverts d'un limon sableux, riche en matière organique, que M. Jacquot compare au tchernozem de la Russie méridionale.

L'étage lacustre de l'Armagnac n'a d'importance qu'à partir de Laverdens et d'Auch ; sur les confins des Hautes-Pyrénées, il couvre les collines, les mollasses sableuses deviennent prédominantes, et bientôt le calcaire disparaît.

Dans le département de la Haute-Garonne, entre les vallées du Tarn et de la Garonne, les plateaux sont constitués par des argiles plus ou moins calcaires et sableuses, des marnes, des mollasses et des sables. Le mélange de ces éléments produit des terres complètes, favorables aux prairies artificielles.

Le domaine de Rangeuil, d'une contenance de 97 ha. 26 a., situé à 4 kilom. de Toulouse, a été acheté en 1820 au prix de 250.000 fr. par M. de Sahuqué, qui l'a cultivé de 1840 à 1858. A sa mort, Rangeuil fut attribué à son fils pour une somme de 390.000 francs.

Le sol est silico-argileux et fertile, le sous-sol, perméable. La création de prairies artificielles a permis d'augmenter considérablement le cheptel et le revenu de la terre. M. de Sahuqué spécule principalement sur la production d'animaux d'élite, gascons et garonnais.

Les vaches du pays n'étant pas laitières, il fit venir quelques vaches hollandaises et d'Ayr qui sont soumises à la stabulation permanente ; elles sont nourries avec des fourrages verts, du mois d'avril au mois de novembre ; le reste de l'année, avec un mélange fermenté de betteraves coupées et de paille hachée. Le tout est jeté dans des cuves, et le 3e jour, alors que la fermentation est très active, on le donne au bétail, qui en est très friand. On ajoute à cette ration 4 kilogr. de foin, et de la paille d'orge à discrétion.

Presque tous les animaux sont vendus comme géniteurs.

Le troupeau se compose de 160 moutons de la variété du Lauraguais. Les agneaux sont vendus à Toulouse âgés de 5 semaines, et à raison de 10 fr. l'un. Dans l'intervalle de 2 portées, les brebis donnent du lait vendu 18 fr. 75 les 100 litres. Le bénéfice sur le troupeau est de 4.300 fr. Un autre troupeau de 40 têtes appartenant aux races southdown, mérinos et lauraguaise n'est composé que de sujets d'élite destinés à la reproduction et aux concours.

La quotité du bétail à l'hectare était en 1867 de 390 kilogr. Le revenu, qui n'était que de 9.461 fr. 45 en 1861, a atteint 28.539 fr. 45 en 1866.

Voici les étendues occupées par les cultures en 1861 et 1866:

Céréales.

	1861	1866
	ha. a.	ha. a.
Blé.	28,15	15,18
Maïs.	24,97	8,40
Avoine.	2	6,10
Orge.	0	5,56
Seigle.	3,01	4,75
Fèves.	0,75	1,05
	58,88	41,04

Plantes fourragères.

	1861	1866
	ha. a.	ha. a.
Pommes de terre.	1,05	4,13
Betteraves.	0	3,13
Fourrages annuels.	5,82	16,83
Luzerne, sainfoin.	4,09	22,27
Prairies naturelles.	1,02	1
	11,98	47,36

Par suite des progrès de la culture, et de l'augmentation des plantes fourragères, le capital d'exploitation s'est accru considérablement.

	fr.	
1861	349	par hectare.
1862	366	—
1864	492	—
1866	742	—
1868	848	—

Vte de Villebresme. — L'Elevage.

Du 31 décembre 1866 au 31 décembre 1868, il a subi les modifications suivantes.

	1866 fr.	1868 fr.
Bétail....................	3o6,5o	39o
Mobilier..................	13o,6o	99,20
Denrées en magasins........	264,3o	3o6,3o
Capitaux en caisse.........	70,6o	52,5o
	772,00	848,00

Les travaux sont faits par des chevaux et des bœufs gascons et garonnais.

Le bétail a suivi les progrès de la culture :

	1861	1867
Bœufs de travail..	6	14
Vaches.........................	4	21
Taureaux......................	»	15
Génisses......................	»	11
Chevaux et mulets...............	4	6
Bêtes à laines..................	15o	166
Porcs.........................	5	8

Soit en, 1867, un poids total de 33.784 kilogr. représentant 84 têtes de gros bétail du poids de 4oo kilogr. et une tête pour 93 ares de terres labourables. (Extrait du rapport de la Prime d'honneur, 1868.)

Le miocène est représenté dans le Bas-Armagnac par des marnes d'eau douce qui occupent le fond des vallées; sur les pentes, ce sont des sables, et, sur les plateaux, des argiles bigarrées. Il résulte de cette disposition trois zones différentes de culture : les prairies dans les vallées ; les céréales et le maïs sur les pentes ; les vignes sur les parties élevées. Cette région peut donc nourrir beaucoup de bétail pour améliorer la culture avec les fumiers.

A l'époque quaternaire, les eaux des Pyrénées creusèrent les vallées qui divergent autour du plateau de Lannemezan, en s'infléchissant vers l'Ouest, et amenèrent des sables, des cailloux ou des limons. Ces dépôts, très pauvres en chaux, formèrent dans les vallées des terrasses qui s'élèvent parfois à 60 mètres au-dessus du niveau actuel des eaux, sur une largeur de plusieurs kilomètres ; ce sont des terres compactes, froides, qu'on améliore avec le calcaire lacustre.

Le fond des thalwegs est formé d'alluvions dont les éléments sont empruntés aux collines ; elles sont par conséquent de diverses natures, mais généralement riches en chaux. Les irrigations y produisent un excellent effet, comme on le voit dans le domaine de Palaminy, situé sur d'anciens lits de la Garonne.

Lorsque M. le marquis de Palaminy prit la direction de cette exploitation, en 1863, il y avait 60 hectares en céréales, 15 en prairies naturelles et artificielles, 23 en pâtures, 17 en vignes, 61 en landes et jachères : au total, 176 hectares.

Aujourd'hui, il y a 43 hectares de terres labourables, 46 de prairies naturelles irriguées avec les eaux du canal de Saint-Martory ; 52 de vignes ; 6 de bois ; 2 de pépinières ; 17 de pâturages et 10 de rives.

Le prix de revient des prairies et des irrigations s'est élevé à 435 fr. par hectare ; le rendement est de 8.000 kilogr. de foin et regain, plus le pâturage.

Le cheptel comprend 57 animaux normands, dont 37 vaches, qui donnent annuellement 85.767 litres de lait (environ 2.300 litres par tête) et 2.575 kilogr. de beurre.

On nourrit 20 porcs avec les résidus de la laiterie, et 150 moutons avec les regains. Les travaux sont faits par 16 bœufs gascons et 7 chevaux. Le bénéfice de la laiterie est de 9.700 fr.

Les 45.000 kilogr. de bétail produisent annuellement 586.600 kg. de fumiers ; les prairies sont améliorées avec des composts.

	fr.
En 1863, le capital d'exploitation était de..	13.851
En 1883, il s'est élevé à.................	84.616
La valeur du capital foncier était en 1863 de	371.560
— — en 1883 de	534.299
Le revenu net est de....................	31.189 24

(Extrait du rapport de la Prime d'honneur, 1885.)

« Depuis longtemps, lit-on dans le *Journal de la Haute-Ga-ronne*, l'assolement triennal, blé, maïs, jachère, est en usage dans l'arrondissement de Villefranche, dans la partie de l'arrondissement de Toulouse qui est située sur la rive droite de la Garonne, et dans celui de Muret, qui s'étend sur la rive gauche du fleuve. Partout ailleurs, la rotation biennale est en vigueur, et la jachère intervient après chaque récolte de blé ou de seigle. » Autrefois il fallait se contenter des jachères pour nourrir le bétail, et, en été, l'herbe était brûlée par la sécheresse.

Les moutons du pays (variété de Lauraguais) étaient rustiques et sobres, mais difficiles à engraisser. Le principal revenu provenait du lait des brebis. Comme bêtes à cornes, on n'avait que des bœufs de travail garonnais, qui étaient très éprouvés par les épizooties.

Les porcs vivaient par troupeaux sur les jachères, puis étaient engraissés avec des farines de maïs et de seigle.

Depuis 40 ans, la quantité de bétail a triplé, grâce au trèfle, au sainfoin, au maïs-fourrage et à la luzerne. En même temps, la quantité de fumier a augmenté, et le rendement du blé est passé de 12 hectolitres à 18 hectolitres par hectare.

Les prés naturels sont rares dans le Lauraguais ; on n'en trouve qu'au fond des vallons, mais les fourrages y sont acides et il serait nécessaire de les améliorer par le plâtrage.

Dans la Haute-Garonne, une partie du Gers, de l'Ariège et des Hautes-Pyrénées, on suit l'assolement triennal avec jachère : (1) blé ; (2) maïs ou avoine ; (3) jachère. D'après l'enquête agricole de 1882, le dixième de ce territoire est en jachère.

Dans le Gers particulièrement, dont la superficie est de 628.000 hectares, il n'y a que 62.500 hect. en prairies naturelles, et 33.200 en prairies artificielles, soit 95.700 hectares pour nourrir 170.500 bêtes à cornes, 119.000 moutons, 25.000 chevaux, et fournir du fumier à 346.000 hectares de céréales et de vignes.

L'Ariège comprend trois régions distinctes : la plaine, les collines, et les montagnes. Son sol s'élève de 222 m. à 3.079 m., par gradations successives.

Voici un exemple d'une exploitation améliorée :

Le domaine de Royat, siège de la ferme-école de ce département, est situé dans la plaine comprise entre Pamiers, Saverdun, et la rivière de l'Hers.

Exploitée par des colons partiaires, cette terre était couverte de ronces, le fourrage y était presque inconnu, et le bétail peu nombreux.

Après l'organisation de la ferme-école, en 1849, sous la direction de M. Lefèvre, on enleva d'abord les cailloux qui rendaient impossible l'établissement de prairies artificielles ; ces cailloux, mis en tas, servirent plus tard aux drainages. Ensuite les terres furent marnées. Ces travaux préliminaires améliorèrent graduellement le sol argilo-siliceux ; celui-ci repose sur un sous-sol de sable et de cailloux roulés qui assainit la couche arable, mais augmente les effets de la sécheresse.

A l'assolement biennal ou triennal, de la contrée, M. Lefèvre substitua un système de culture alterne, combiné avec l'extension progressive des prairies artificielles : (1) colza, racines et plantes fourragères ; (2) blé avec trèfle sur la moitié de la sole ; (3) trèfle et fourrages annuels ; (4) avoine et maïs. Un tiers des terres arables est consacré aux prairies artificielles, telles que luzerne et sainfoin, conservées de 2 à 6 ans, suivant leur nature. Chaque année, on renouvelle un quart de la sole.

Le trèfle ne revient sur la même terre qu'après une période de 10 ans.

Sur l'ensemble, 2/5 de terres arables sont consacrés aux céréales, et 3/5 aux fourrages ou plantes sarclées.

Les rendements sont les suivants :

Betteraves......................	45.000 kg. par hectare
Fourrages secs..................	6.000 —
Blé............................	20 à 24 hl. —
Avoine de printemps............	35 à 40 hl —

Les travaux sont faits par 5 chevaux et 16 bœufs gascons; ces derniers sont réformés à 9 ans, et mis en chair pour la boucherie.

Les animaux de rente comprenaient, en 1865, 4 bœufs à l'engrais; 9 vaches bazadaises, dont 5 suitées, 2 vaches hollandaises, 5 génisses ou bouvillons ariégeois et bazadais.

La race locale manquant de précocité et d'aptitude à l'engraissement, M. Lefèvre a cherché à la perfectionner par la sélection et une bonne alimentation. Lorsque le sol fut suffisamment amélioré, M. Lefèvre n'eut plus que des animaux bazadais qui, tout en étant bons travailleurs, s'engraissent facilement.

Un taureau et 8 vaches de race pure ont permis de donner aux animaux indigènes plus de précocité et de volume.

La porcherie contient 2 verrats, 10 truies des races anglaise ou gasconne, et 42 jeunes animaux. Le croisement des races gasconne et berkshire a donné de bons produits qui gagnent un an sur ceux de race gasconne pure.

Le poids vif des animaux par hectare de terre labourable est de 430 kilogr.

Le capital engagé à Royat s'élève à 160.373 fr., savoir : prix d'achat, 100.000 fr.; capital d'exploitation, 60.373 fr. Le revenu moyen annuel a atteint, de 1857 à 1867, 7 fr. 25 p. 100 des capitaux engagés. (Extrait du rapport de la Prime d'honneur, 1867.)

En remontant vers le Nord, on trouve dans le Tarn deux régions différentes par le climat et la constitution géologique La partie orientale, froide et humide, est formée par les monts de Lacanne qui relient la Montagne Noire au Plateau Central, et forment une sorte de golfe où sont venus s'accumuler les dépôts tertiaires et quaternaires, sillonnés par les vallées du Tarn et de ses affluents. Ces dépôts sont constitués par des sables, des argiles à graviers, des calcaires lacustres éocènes, d'une fertilité médiocre. Cependant, les prairies sont de bonne qualité quand elles sont assainies par des drainages, et enrichies par des scories de déphosphoration.

Dans cette région, le bétail constitue un des principaux éléments de la richesse agricole : la quotité de bétail est de 194. kilogr. par hectare dans le Tarn, et 284 kilogr. dans l'Ariège.

La prime d'honneur du département du Tarn a été décernée en 1866 à M. Paul Olombel, pour son domaine de Bertalaï, situé dans l'arrondissement de Castres. Lorsque M. Olombel acheta cette propriété, en 1853, elle comprenait 19 hectares en prairies naturelles, et 41 en terres labourables. Les champs et les prés étaient dans le plus mauvais état de culture, et en grande partie marécageux. D'autres acquisitions, faites en 1860, élevèrent la contenance à 72 hectares 50 ares.

Le domaine est divisé en 2 parties distinctes : la plus étendue, située sur les dernières pentes de la Montagne-Noire, est silico-argileuse sans aucun élément calcaire. La seconde partie est au fond de la vallée d'Arnette ; le terrain est sablonneux et dépourvu de principes fertilisants. Il a donc fallu marner toutes les terres.

Les engrais sont produits par 80 bêtes à cornes. On a irrigué 32 hectares ; cinq réservoirs et une fosse à purin recueillent les liquides des écuries, des étables, et les eaux du drainage.

M. Olombel a adopté l'assolement triennal : (1) récoltes sarclées ; (2) céréales ; (3) trèfle ou vesce, ou maïs-fourrage. Chaque sole a une étendue de 10 hectares.

En dehors de l'assolement 10 hectares sont consacrés à la luzerne ; les prairies naturelles occupent 32 hectares.

Il résulte de cet aménagement que les 20 hectares consacrés à la culture des plantes sarclées et des céréales reçoivent le fumier provenant de la consommation de 52 hectares de fourrages auxquels s'ajoute encore le produit d'une importante culture dérobée de navets.

Le produit du froment est de 32 hectol. à l'hectare ; celui du seigle, de 34 hectol. Les pommes de terre donnent 40.000 kilogr. et la luzerne 20.000 kilogr. en 3 coupes : la 4e est pâturée. Les travaux sont faits par 4 bœufs.

Le cheptel a une grande importance. Après avoir essayé de la race d'Angles (variété d'Aubrac), puis des Salers, et enfin des hollandais, M. Olombel s'arrêta à la race de Schwitz, qui a une grande aptitude au travail, et est très laitière;

Le cheptel comprend 84 vaches, génisses, bœufs ou taureaux, représentant 1,18 tête de gros bétail par hectare. Son revenu net a été de 14.610 fr. en 1864.

Le lait se vend o fr. 20 le litre à Mazammet, et o fr. 15 à la ferme.

La moyenne du lait fourni par une vache schwitz est de 8 à 9 litres en hiver, et de 12 à 15 litres au printemps. Le bétail reçoit l'alimentation suivante : du 1er janvier au 10 avril (à l'étable) : foin de luzerne, de trèfle et de prés. Les vaches ont en plus 15 kilogr. de turnips.

Du 10 avril au 25 mai : pâturage, et 6 kilogr. de foin en rentrant à l'étable.

Du 25 mai au 25 juillet (stabulation complète); abondante ration de vesce, et 6 kilogr. de foin.

Du 25 juillet au 31 décembre : pâturage, et à la rentrée à l'étable, forte ration de maïs-fourrage.

Si l'on déduit du revenu général en 1864 l'intérêt du capital foncier et du capital agricole, on trouve que le bénéfice net qui rémunère le propriétaire de son industrie s'élève à 13.026 fr. ou à 196 fr. par hectare. (Extrait du rapport de la Prime d'honneur.)

Dans les fermes ordinaires, les travaux sont faits avec les vaches, qui sont robustes, nerveuses, mais mauvaises laitières, et impropres à l'engraissement. Une ferme de 50 hectares nourrit 7 à 8 paires de vaches.

Dans les grandes exploitations, on a des troupeaux nombreux de la variété ovine du pays.

Région des Pyrénées.

La région des Pyrénées comprend 3 zones : sur les sommets on trouve les roches granitiques; plus bas, l'étage de transition; en

dessous, les plateaux jurassiques dont les couches ont été redres-
sées par les soulèvements de la chaîne centrale.

Les plateaux de la rive gauche de la Garonne sont sillonnés par
des vallées nombreuses, dont les thalwegs, recouverts de dépôts
amenés par les eaux, sont fertiles et bien cultivés. Sur les montagnes, il n'y a que des forêts et des pâturages où les troupeaux
sont conduits pendant l'été.

Comme dans les Alpes, la transhumance est la règle générale,
et permet de nourrir le bétail alors que les plaines sont desséchées par la chaleur.

A l'Est de la chaîne des Pyrénées, les causses privés d'eau et
les aspres ne produisent qu'un peu d'herbe pour les moutons ; au
centre, dans le bassin de la Garonne, le sol est, ainsi que nous
venons de le voir, formé par des dépôts tertiaires et quaternaires
superposés au crétacé.

A l'Ouest, dans le département des Basses-Pyrénées, les terrains
éocènes, comprenant des calcaires, des marnes, des calcaires
sableux et des grès à ciment calcaire, s'étendent de Biarritz et
Bayonne vers l'Est, entre le gave de Pau et l'Adour.

Le crétacé, que ces dépôts recouvrent partout, n'apparaît que
dans la Chalosse, au sud de l'Adour, depuis Mauléon jusqu'à
St-Jean-de-Luz. Dans cette dernière région, les lacs miocènes ont
déposé des marnes et des molasses identiques à celles du Gers ;
à l'Ouest, elles ont été remplacées par les sables et les glaises
bigarrées de la mer pliocène.

Les vallées actuelles ont été creusées par les glaces et les eaux
des montagnes, qui ont déposé au bas des pentes les matériaux
empruntés aux sommets. Telle est l'origine du plateau de Lannemezan, et des blocs erratiques qui se voient aux environs de
Tarbes et de Pau.

Les fermes disséminées sur les plateaux ont une contenance de
20 à 30 hectares. Il y a 50 ans, on n'en cultivait qu'une petite
partie, et le reste était couvert de landes (Touyas) ou de bois.
Mais cette pauvre agriculture a été améliorée au moyen des

marnes miocènes qui se trouvent au-dessous des dépôts quaternaires, et aujourd'hui on obtient du maïs, du trèfle et des racines, ainsi qu'un bon rendement des céréales.

Tous les animaux sont nourris avec du maïs, aussi bien les bêtes à cornes que les porcs, les chevaux et les mulets.

Au Nord de Pau, le vaste plateau de formation glaciaire qui se rattache à celui de Lannemezan est couvert de landes parfois marécageuses. Le sol est riche en azote, mais manque d'acide phosphorique.

Le système de culture des Basses-Pyrénées est bien adapté aux conditions économiques de la région. Les touyas fournissent une abondante litière, et, par suite, les engrais nécessaires à la culture des parties défrichées; en outre, elles servent pendant 4 mois de pâturage au bétail quand il revient de la montagne où il a passé 4 mois d'été.

Si les touyas étaient défrichées, les Basses-Pyrénées ne pourraient occuper le 3ᵉ rang parmi les départements français pour la quotité de bétail à l'hect. (3o5 kilog.). Il est vrai que, pendant les 8 mois que les animaux sont dans la montagne et les touyas, ils ne font pas de fumier, et les fourrages manquent pour les nourrir pendant l'hiver à l'étable.

Cette existence en plein air rend le bétail du Béarn rustique et sobre; pour améliorer ses aptitudes à l'engraissement, il faudrait augmenter les prairies artificielles.

On peut prendre comme type la ferme de 14 hectares sur laquelle il y a 7 hectares de terres labourables autour de l'habitation, 1 hectare de prairie naturelle, et 6 hectares de touyas.

Le cheptel se compose d'une paire de bœufs de 5 à 6 ans, et d'une autre paire plus jeune.

Les labours sont faits par ces animaux, car les terres sont trop fortes pour se servir du mulet comme dans les Landes. Une vache fournit un veau qu'on vend à la boucherie : de temps en temps on élève une génisse. Enfin, on nourrit 2 porcs dont l'un est vendu, et l'autre sert à la consommation de la ferme.

Avec les 6 ou 7 hectares cultivés en blé, maïs, haricots, et les touyas, un fermier de la Chalosse obtient un bénéfice net de 400 ou 450 francs.

Quelques vignes augmentent un peu ces faibles ressources.

Races et variétés d'Aquitaine.

ESPÈCE BOVINE

On trouve dans le bassin de la Garonne un grand nombre de variétés des trois races bovines, des Alpes, d'Aquitaine et Ibérique.

1° La première est connue dans le Haut Languedoc et la Gascogne sous le nom de races gasconne, ariégeoise et saint-gironnaise. Ce sont des variétés de la race des Alpes.

« De son propre mouvement, dit M. Sanson, la race des Alpes se fût assurément limitée aux contrées alpestres, car elle est essentiellement une race de montagnes, habituée aux altitudes élevées, à l'humidité des lacs et des brouillards. Mais l'industrie humaine intervenant, avec ses traits de génie et ses idées fausses, lui a fait prendre en outre une extension artificielle, qui s'est cependant beaucoup restreinte. »

Les vaches, soumises aux plus rudes travaux et dépaysées, ont perdu les aptitudes laitières de leur race.

Les bœufs travaillent jusqu'à 9 et 10 ans, et sont nécessairement difficiles à engraisser.

M. Baudement cite cependant un bœuf gascon abattu à Poissy, qui a donné.

	kg.
Poids vif.	890
Poids net.	598
Rendement.	67,17 o/o

2° La race Ibérique, qui se trouve dans le Maroc, en Algérie, en Espagne, dans le bassin de l'Adour, en Corse et en Sardaigne, a dû apparaître à l'époque où le détroit de Gibraltar n'existait pas encore. C'est ce qui expliquerait sa présence dans l'Afrique du Nord et l'Espagne.

On rencontre dans l'ancien royaume de Navarre deux variétés de la race Ibérique : la basquaise et la béarnaise.

Les animaux basquais les plus estimés sont ceux des vallées d'Aspe et de Baretons. Ils sont étoffés, larges et amples. Ces avantages sont dus à des conditions de milieux favorables.

Les bœufs sont excellents travailleurs et très agiles. Bien que peu laitières en général, les vaches nourrissent bien leurs veaux qui, après le sevrage, sont vendus dans les plaines de l'Est; après avoir travaillé quelques années, ils sont engraissés pour la boucherie.

Un bœuf basquais a remporté le prix d'honneur au Concours général de Paris en 1882. Il a donné :

	kg.
Poids vif.....................	855
Poids net.....................	564
Suif..........................	73,500
Cuir..........................	51,700

Sa viande contenait 42,66 p. 100 de matière sèche nutritive, proportion très supérieure à celle des animaux anglais.

La variété landaise a été beaucoup améliorée depuis 40 ans, et diffère peu de la précédente. Les bœufs n'atteignent pas un fort poids, mais leur rendement proportionnel est très élevé. Ainsi, un bœuf du Concours général de 1881 et âgé de 47 mois a donné :

	kg.	
Poids vif..	715	
Poids net..	468,500, dont :	184 kg. 300 de 1re catégorie.
		132 kg. de 2e —
		131 kg. 600 de 3e —
Coefficient de poids vif..................	15,21	
— — net.................	9,97	
Rapport du poids net..................	0,65	

Sa viande contenait 73 kilogr. 5 de matière comestible et 30 kilogr. 11 de matière sèche nutritive pour 100. Le suif pesait 86 kilogr. 500 et le cuir 46 kilogr. 500.

M. Cornevin estimait le rendement moyen à 55 p. 100, mais celui-ci a été beaucoup amélioré depuis 3o ans.

3° Nous avons vu que la race d'Aquitaine peuplait aujourd'hui le Limousin, où elle forme une variété remarquable par ses aptitudes.

Vers le Sud, la race d'Aquitaine s'est répandue jusqu'aux Pyrénées ; elle y est représentée par les variétés agenaise, garonnaise, de Lourdes et d'Urt.

La variété agenaise fournit des animaux bien conformés, bons travailleurs et très aptes à l'engraissement. Comme chez toutes les races du Midi, les vaches sont peu laitières, et nourrissent à peine leurs veaux.

Suivant la nourriture qu'ils ont reçue, le poids des bœufs varie beaucoup.

Deux bœufs de concours ont donné :

N° 1 (46 mois).

	kg.			
Poids vif....	674	Coefficient de poids vif..		14,65
Poids net....	425	—	— net..	9,23
Suif........	55	Rapport du poids net..		0,63
Cuir........	53,200			

N° 2 (47 mois).

	kg.			
Poids vif...	1.088	Coefficient de poids vif..		23,14
Poids net...	683	—	— net.	14,61
Suif........	81	Rapport du poids net.		0,63
Cuir.......	68			

Cet animal exceptionnel a, comme on voit, un coefficient de poids vif égal à celui des races les plus perfectionnées.

« Ces rendements en viande nette indiquent des animaux très gras. La moyenne de ceux qui se rapportent à l'engraissement commercial ne dépasse guère 55 p. 100. On voit clairement, par la faible proportion du suif, que l'accroissement de poids est dû, pour la plus forte part, à l'accumulation de la graisse interstitielle ou musculaire. Aussi la variété fournit-elle une viande excellente qui, parmi les viandes françaises, se place au premier rang » (Sanson).

La variété garonnaise de la Haute-Garonne, de Tarn-et-Garonne et de la Gironde se distingue par une charpente osseuse très forte, et un trop faible développement du train antérieur.

Les bœufs sont bons travailleurs, et de grande taille. Ils sont moins fins que les agenais, par suite plus tardifs, mais atteignent des poids très élevés. Le rendement en viande des animaux est faible, car on les engraisse à un âge trop avancé; d'après M. Cornevin, il ne dépasse pas 53 p. 100.

Un bœuf de 6 ans, primé au concours de Poissy, a donné, d'après MM. Corblin et Gouin :

	kg.		
Poids vif	1.030	Coefficient de poids vif.	14,30
Poids net	705	—　　— net.	9,79
Cuir	56	Rapport du poids net.	0,63
Suif	87		

Ainsi que le dit M. Gouin dans son intéressante monographie de la variété garonnaise, « on remarque, quant au régime alimentaire, un usage qui était adopté avant que les agronomes n'en eussent fait l'objet de leurs recommandations : on introduit depuis longtemps la paille dans la nourriture des animaux au moyen de mélanges variés. La paille constitue dans le pays une nourriture assez substantielle. Grâce à l'habitude où l'on est de moissonner avec la faucille et de couper le blé au milieu de la tige, la partie donnée aux animaux est la plus nutritive et la plus riche en principes azotés.

« Les cultures de fourrages artificiels sont échelonnées de façon à pouvoir fournir constamment de la nourriture verte aux animaux à peu près du 15 mars au 15 novembre. Du 15 mars au 15 avril, on fait consommer du seigle en herbe et mélangé avec de la paille hachée. Cette céréale précoce, semée en octobre sur un sol bien fumé, fournit à la sortie de l'hiver un fourrage nutritif, abondant et sain. Du 15 avril au 1er mai, on coupe avant la sortie de l'épi, et on administre de la même façon l'orge, que l'on a eu le soin de semer tardivement en novembre, et à différents intervalles. Du 1er mai au 15 juin, les graminées sont remplacées par une légumineuse, le trèfle incarnat qui, employé soit en vert, soit en sec, constitue une très bonne nourriture pour le bétail.

« Afin de pouvoir obtenir des coupes considérables de ce fourrage pendant un mois et demi, on sème à plusieurs reprises et à quelques jours de distance, pendant les derniers jours d'août et les premiers jours de septembre, après le blé et sur un simple labour. Coupé et fané avant la pleine floraison, il se conserve très bien, et donne un foin excellent.

« Du 15 juin au 15 août, on substitue au trèfle incarnat un mélange de vesces et d'avoine, dont on a préparé différentes coupes par des semis opérés à intervalles convenables. Ce fourrage, semé en mars ou en avril sur les guérets préparés, offre pendant les grandes chaleurs une nourriture très rafraîchissante. Vers le 15 août, arrive le maïs, très estimé qui fournit une ressource précieuse jusqu'à la mi-novembre. Cette plante est semée au printemps, sur le terrain même, dont on a tiré le seigle et l'orge ; 11 ares semés en maïs suffisent pour contribuer à la nourriture de 2 vaches pendant 2 mois. La récolte est évaluée de 15 à 18 fr. On utilise également les feuilles et les panicules de millet cultivé en grand. Dans tous les cas, on les recueille précieusement, et si les autres fourrages sont suffisamment abondants, on les conserve pour l'hiver. Pendant les quatre mois d'hiver, on donne au bétail du trèfle incarnat et du trèfle de Hollande secs. »

Les variétés de Lourdes et d'Urt peuplent les vallées du Bigorre où la propriété est très divisée. Par suite, la petite culture prédomine et les vaches font tous les travaux de la culture ; leur rendement en lait est d'environ 1.3oo litres par an.

On confond souvent ces variétés avec celles de la race Ibérique, ce qui montre la nécessité de bien déterminer les caractères spécifiques afin d'éviter toute confusion.

M. de Castarède dit, dans son étude sur l'agriculture des Basses-Pyrénées : « Cette race d'Urt est une race bonne pour le travail, suffisante pour le lait, excellente pour la boucherie. Quoiqu'elle soit de création récente, on n'en connaît pas l'origine, et son beau pelage blanc déroute fort les chercheurs..... Le pays lui-même n'a pu la créer, par la raison qu'en 1814, lors de l'invasion de cette région par les armées alliées, tous les bestiaux furent réquisitionnés et mangés.

« D'après une légende du pays basque, il n'y serait resté que 3 vaches dans la commune de Saint-Barthélemy. Seulement, comme l'armée anglaise payait bien ce qu'elle prenait, les cultivateurs purent acheter de nouveaux animaux qu'ils durent évidemment aller chercher un peu partout. C'est de là que date cette admirable race d'Urt qu'on ne saurait conserver avec trop de soin, et qu'on ne doit chercher à améliorer que par la sélection, ce qui lui donnera la qualité qui lui manque encore, la fixité. »

Il est évident que, d'après ses caractères spécifiques, le nouveau bétail a été emprunté à la partie Nord du bassin de la Garonne. La réduction du type tient aux conditions de milieu, au mode d'alimentation et à la transhumance.

Quant au manque de fixité, il provient des croisements avec les races Ibérique et des Alpes, dont on pourra supprimer les effets par la sélection des reproducteurs.

La pénurie des fourrages oblige à les distribuer parcimonieusement aux animaux. Voici, d'après M. le marquis de Dampierre, comment on procède.

Nous avons vu que le bétail de la région des Pyrénées transhume pendant 4 mois, et vit durant 4 autres mois sur les touyas.

« Pendant l'hiver seulement, on donne aux animaux qui travaillent un peu de foin ; aux autres, de la paille de blé ou du maïs. Dans un grand nombre de métairies, dans celles de la Chalosse surtout, les bœufs sont nourris à la main. Plusieurs guichets sont pratiqués dans le mur de la pièce de la maison qui donne sur la cour entourée d'abris et de barrières où le bétail vit

toujours en liberté ; c'est par ces guichets que toutes les personnes de la maison présentent à tour de rôle, bouchée par bouchée,
la nourriture aux animaux, et Dieu sait si l'industrieuse économie
préside à la formation de chaque bouchée, qu'on introduit avec
soin jusqu'au fond du gosier de l'animal qui ne peut ainsi la
rejeter ; on le tente par la vue d'une feuille de maïs encore verte,
de quelque brin de foin appétissant ou d'un morceau de navet,
mais ces apparences sont trompeuses, et la pauvre bête n'avale
qu'une paille bien sèche qui fût restée intacte dans son ratelier,
ou lui eût servi de litière sans la supercherie de ses gardiens.

« Cette méthode de soigner le bétail prend un temps énorme et
absorbe presque les nuits des pauvres laboureurs, dont le jour
tout entier est réclamé par les travaux des champs ; mais il est
merveilleux de voir avec combien peu de fourrages, de la plus
médiocre qualité, on entretient dans un excellent état des bœufs
qui, cependant, exécutent les labours les plus pénibles et les plus
répétés.

« Les vaches, beaucoup moins fortes que les bœufs, ne résis-
tent pas moins bien qu'eux à la fatigue ; on les soumet à un dur
travail, pendant même qu'elles nourrissent leurs veaux, sans
leur donner aucun supplément de nourriture, et sans que cela
paraisse en rien les faire souffrir. »

Autour des stations d'eaux, on a cherché à développer l'aptitude
laitière de la variété de Lourdes, en croisant les vaches avec des
taureaux de Simmenthal, mais on y a renoncé, à cause de la difficulté de se procurer de bons reproducteurs : on est parvenu au
même résultat et d'une façon plus rationnelle, par la sélection,
les soins, et une bonne alimentation. Le rendement en lait est
d'environ 1.8oo litres ; on fait en sorte que les vaches soient en
pleine lactation pendant la saison balnéaire. Une vache donnant
8 litres rapporte par jour 1 fr. 6o.

Aux environs de Pau, on a beaucoup de vaches bretonnes qui
sont amenées à peu de frais par mer. Elles s'acclimatent bien, et
ne perdent pas leurs aptitudes. Il n'en est pas de même pour les

Vte de Villebresme. — L'Élevage. 20

vaches hollandaises, cotentines, suisses, etc., qui dégénèrent dès la première génération.

Population chevaline de la région des Pyrénées.

La variété chevaline de la région des Pyrénées est d'origine arabe. Il est probable que, comme la race bovine ibérique, elle s'est répandue dans le Midi de la France, alors que le détroit de Gibraltar n'existait pas encore. En tous cas, on a retrouvé ses ossements dans les grottes paléolithiques, associés à ceux du mammouth, du renne et des races actuelles du pays.

On sait que l'homme primitif des Pyrénées vivait des produits de la chasse. Les animaux étaient dépecés sur place, et les troglodytes n'apportaient dans les cavernes que les parties charnues, les os longs et les crânes qui fournissaient la moëlle et la cervelle, dont nos ancêtres étaient friands. Il en résulte qu'on n'a pu rencontrer un seul crâne suffisamment conservé pour en déterminer les caractères.

Cependant, d'après certains indices, on est autorisé à penser que ces ossements appartiennent bien aux variétés actuelles. En ce qui concerne particulièrement le cheval, les os sont de petite taille, et des sculptures sur os de rennes, découvertes dans les grottes du Mas d'Azil, de Lourdes, etc., rappellent les caractères de la race chevaline arabe.

Il est difficile d'identifier ces ossements, car leurs dimensions sont les mêmes que celles des ossements d'asiniens très abondants dans les débris de repas. Or, en l'absence de crânes, on ne peut différencier un Equus caballus de petite taille d'un Equus asinus.

Les découvertes récentes faites par M. Piette au Mas d'Azil mettent en évidence un fait très important. Sur des os de rennes, il a trouvé des gravures au trait, remarquablement interprétées, représentant des têtes de chevaux et de bovidés pourvues d'une sorte de licol ou chevêtre.

Dans les grottes de Lourdes, M. le marquis de Vibraye et M. Lartet ont aussi rencontré des gravures sur os représentant des bovidés porteurs d'une couverture. A l'âge du renne, les troglodytes des Pyrénées avaient donc déjà domestiqué les animaux. Il était admis jusque-là que ce progrès datait de l'époque néolithique.

L'invasion sarrasine du viiie siècle a introduit de nouveaux contingents des races chevalines asiatique et africaine ; c'est pour cette raison que l'on voit, tantôt des chanfreins droits, tantôt des fronts bombés, dans toute la région du Midi.

Le cheval dit Navarrin a joui d'une grande réputation, mais, à la fin du xviiie siècle, on se plaignait de sa dégénérescence : on y remédia sous l'Empire et la Restauration en introduisant dans le pays des étalons syriens qui produisirent ce qu'on appelle aujourd'hui le cheval de Tarbes. Ce type a l'encolure légère, un poitrail large, une croupe puissante, des membres courts et bien musclés, un bon tempérament, et beaucoup de rusticité ; c'est un cheval de cavalerie légère incomparable ; il s'acclimate bien dans les régiments, et la proportion des déchets est infiniment moins considérable que pour les chevaux du Nord de la France. Dans la cavalerie française, la mortalité des chevaux de sang arabe n'est que de 23,33 pour mille ; elle atteint 50,57 pour les métis anglais de réserve.

Malheureusement l'Administration des Haras a poursuivi dans le Midi son éternelle utopie du cheval à deux fins. L'effectif du haras de Tarbes fera voir immédiatement de quelle façon l'Administration prétend améliorer la production chevaline.

En 1894, cet effectif comprenait :

19 Pur sang arabes :
30 Pur sang anglais ;
42 Anglo-arabes ;
35 Demi-sang du Midi ;
 8 Demi-sang normands ;
 4 Norfolks.

Il en résulte que l'ancienne race a complétement disparu, et a été remplacée par une population disparate, présentant les caractères du cheval anglais à des degrés divers.

Dans le Bigorre, les produits ont été si mauvais qu'il **a** bien fallu revenir à l'étalon arabe.

On trouve aujourd'hui dans le pays de Tarbes des produits de pur sang anglais, d'anglo-arabes, de demi-sang normands et saintongeois, de norfolks, etc. Le mélange est tel qu'il serait difficile de revenir à la sélection, seul moyen d'améliorer une variété.

Le sang anglais a donné de la taille, mais presque tous les produits sont décousus, irritables et manquent de membres.

Ainsi que le disent très bien MM. Jacoulet et Chomel, vétérinaires de l'armée, « la région pyrénéenne est un pays de prédilection pour le cheval fin, aux formes sveltes, aux contours gracieux, aux tissus denses, au tempérament bien trempé. De tout temps notre cavalerie légère et les petits attelages y ont fait de nombreuses et excellentes recrues. Mais les éleveurs ont trouvé les débouchés insuffisants; ils ont voulu faire plus grand, puis plus fort pour augmenter le nombre de leurs acquéreurs, et ils ont malheureusement rencontré des encouragements dans cette voie; l'Administration des Haras a mis à leur disposition des étalons de pur sang anglais, des demi-sang normands ou anglais (Norfolks). Les résultats ont été défavorables et il ne pouvait en être autrement, car on ne doit pas demander l'ampleur des formes, l'élévation de la taille aux seuls ascendants, mais surtout aux conditions de milieu. Les chevaux pyrénéens sont les meilleurs chevaux légers de la production française, mais il ne faut pas perdre de vue qu'il existe un rapport direct entre leurs qualités d'énergie, de rusticité, et la modicité de la taille sous laquelle ils se présentent. Les encouragements ne doivent pas viser à l'augmentation de celle-ci par à-coup, mais à son accroissement progressif dans les limites compatibles avec les conditions de milieu et les progrès agricoles réalisables.

« Le plus efficace consisterait à acheter dans la région pyrénéenne la plus grande partie de nos chevaux de cavalerie légère, en n'attachant qu'une importance secondaire à la taille, du moment qu'elle atteindrait 1 m. 46. »

Le croisement du pur sang anglais et des juments indigènes n'a donné de résultats satisfaisants que dans les vallées fertiles, et chez les éleveurs qui donnent une riche nourriture aux chevaux, encore faut-il s'en tenir au premier croisement, et revenir au sang arabe. M. Champetier dit à ce sujet, « nos méthodes de reproduction dans ce pays ont été ainsi un éternel recommencement, chaque génération s'appliquant à corriger les erreurs de celle qui l'a précédée ».

Le pur sang anglais ou les demi-sang doivent, suivant les idées de l'Administration, améliorer la population chevaline du Midi. On ne saurait réussir, car il est impossible de conserver intacte une variété sélectionnée sortie de son aire géographique, ni obtenir une variété fixe avec des métis. Les primes n'y feront rien, et encore moins les courses, en vue desquelles on augmente de plus en plus la proportion de sang anglais. Les chevaux du Midi n'étant pas utilisés pour les travaux de la culture, les éleveurs n'en tirent aucun profit jusqu'au moment de la vente. Si le sujet est réussi, il procure un léger bénéfice; dans le cas contraire, qui est le plus fréquent pour les métis, l'éleveur est en perte, et il lui suffirait pour s'en assurer de calculer la valeur des fourrages consommés et les frais divers. Fort heureusement pour la remonte on ne le fait pas.

La race arabe pure fournit une très grande proportion d'individus réussis, et les non-valeurs sont rares ; le contraire se produit pour les métis, qui en plus sont exigeants pour la nourriture : il n'y a donc aucun avantage à les élever, ainsi que nous l'établirons ultérieurement.

Par là même que le cheval anglais ne trouve pas dans le Midi un milieu favorable, ses produits nés dans cette région, se développent beaucoup lorsqu'ils sont élevés dans le Nord.

Les éleveurs du Midi pourraient donc se contenter de faire naître leurs poulains de sang, puis les envoyer après le sevrage dans le Nord de la France. Ce serait en somme appliquer la loi de division du travail zootechnique qui, dans les conditions économiques actuelles, s'impose pour toutes les espèces.

L'élevage du cheval étant peu rémunérateur dans la région des Pyrénées, la production mulassière a pris beaucoup d'importance, surtout dans les parties les plus pauvres. Les animaux sont principalement vendus en Espagne.

La variété asine est moins grande et moins étoffée que celle du Poitou, aussi les agriculteurs avaient-ils l'habitude d'acheter des baudets dans cette dernière contrée ; ils en trouvent difficilement de bons depuis que la production mulassière est en décadence dans le Poitou.

Race ovine.

La nombreuse population ovine du S.-O. de la France appartient en entier à la race des Pyrénées, qui est représentée par plusieurs variétés dont les caractères secondaires seuls diffèrent, suivant les conditions de milieu. Sur tout le versant français des Pyrénées, les troupeaux passent l'été sur les pâturages des montagnes, et ne descendent dans la plaine pour hiverner qu'à l'apparition des premières neiges.

Par suite de la transhumance, les animaux ne sont pas seulement influencés par la nature du sol, mais aussi par les brusques changements de température, et les longues marches. Ils doivent donc être très rustiques, ce qui exclut les croisements.

Le lait des brebis sert à fabriquer un fromage consommé dans le pays.

Ces moutons sont durs à engraisser, et pèsent vifs de 35 à 40 kg. Leur viande est assez estimée, mais la toison, qui pèse de 1 kg.500 à 3 kilogr., est rude et de peu de valeur.

Le nombre des moutons ne cesse de décroître : on trouve plus avantageux de les remplacer par des bêtes à cornes.

Porcs et chèvres.

La variété porcine des Pyrénées appartient à la race ibérique. Elle se distingue par sa couleur noire, la rareté des soies et sa rusticité. Ces animaux sont assez précoces ; engraissés avec du maïs, ils atteignent un fort poids. Leur chair a beaucoup de finesse et de fermeté; elle sert à faire les jambons de Bayonne.

La variété caprine a un pelage constamment brun. Au lieu d'être exploitée comme dans les Alpes et en Auvergne, elle vit pendant l'été sur les hauts sommets des Pyrénées, sous la conduite des chevriers basques. L'hiver, ces troupeaux descendent dans les vallées.

Le lait de chèvre se vend en nature dans le pays, et ne sert pas à fabriquer de fromage.

Souvent, des petites bandes de chèvres sont conduites dans les villes de l'Ouest, et jusqu'à Paris, où les consommateurs font traire le lait en leur présence. Chaque chèvre fournit 2 litres vendus o fr. 65 l'un.

III. — TERRAINS PLIOCÈNES

Landes de Gascogne.

Le sol des Landes est constitué par des sables quartzeux déposés à la fin de l'époque tertiaire. Les uns proviennent des roches éruptives du Plateau central et des Pyrénées, les autres, des terrains éocènes et miocènes qui entourent le bassin de la Garonne. Ces sables sont humides par suite de la présence à une faible profondeur d'un banc de grès imperméable (alios) résultant de l'agglutination des grains par un ciment organique et ferrugineux.

Nous regrettons que les limites de cette étude ne nous permettent pas de citer les recherches si intéressantes de MM. Daubrée et Faye sur la formation de l'alios et du fer limoneux des marais sous l'action de la pourriture végétale sur les oxydes de fer.

L'analyse des sables et de l'alios montre qu'ils sont pauvres en tout. Sur les sables un peu profonds, on voit le pin, la brande, l'ajonc et quelques graminées ; lorsque l'alios est près de la surface, il ne pousse que des joncs.

La terre se vendait autrefois dans les Landes à la huchée, comme en Champagne à la holée. Cette vieille coutume remonte au temps des Gaulois. Les propriétés n'ayant pas de limites fixes, le vendeur marchait jusqu'à ce que l'acquéreur lui « huchât » de s'arrêter. Il y a moins d'un siècle, le prix ne dépassait pas 5 fr. l'hectare. « Aujourd'hui, comme autrefois, dit Edmond About dans son « Maître Pierre », l'hectare de landes fournit, dans une année, la nourriture d'un mouton. Autant d'hectares, autant de moutons. Un homme qui possède un hectare afferme son terrain à un homme qui possède un mouton. Au bout de l'année, le possesseur du mouton paie un fermage de dix sous au propriétaire de l'hectare.

« Les avez-vous vus, nos moutons ? Leur laine est bonne à bourrer des matelas ; leur viande n'est pas riche, et l'on ne s'est jamais amusé à faire du fromage avec le lait des brebis.

« Pauvres créatures ! Avec quoi donc nourriraient-elles leurs agneaux ? Quand on les mène au marché, la plus jolie bête du département vaut 12 fr., pas davantage. Ajoutez que quelquefois le mouton vient à crever avant d'avoir mangé son hectare. Quelquefois, c'est le fermier qui meurt avant d'avoir vendu son mouton.

« En résumé, si l'on trouvait le moyen de nourrir le mouton sans lui faire manger un hectare, et d'employer un hectare à quelque chose de mieux que la nourriture d'un mouton, les hectares et les moutons auraient meilleure mine. »

M. Chambrelent, ingénieur des Ponts et Chaussées à Bordeaux, a trouvé la solution en plantant le pin maritime.

Dans les Landes, la culture n'est que le complément des troupeaux et des pinadas; elle fournit à peine le seigle et le sorgho nécessaires à la nourriture de la population, dont la densité n'est que de o,32 tête par hectare.

Pour obtenir ces faibles récoltes, il faut même concentrer sur un hectare les éléments fertilisants fournis par la végétation spontanée de 25 ou 3o hectares.

On compte habituellement 3o moutons par hectare de terre cultivée et 3o hectares de lande.

Depuis la loi du 19 juin 1857 sur le boisement des landes, les troupeaux disposent de parcours moins étendus. Dans les départements des Landes et de la Gironde, il y avait 942.000 moutons en 1862 ; il n'y en a plus que 640.000, mais le nombre des bêtes à cornes est passé de 215.000 têtes à 264.000. Si les bras et l'argent ne faisaient pas défaut, on pourrait améliorer le sol au moyen des phosphates : on obtiendrait des racines et des prairies temporaires qui permettraient de mieux nourrir le bétail.

La nature du sol se modifie dans la Maremne, partie S.-O. des Landes, et dans l'arrondissement de Bazas. L'argile, les glaises bigarrées, la craie et les faluns rendent l'agriculture plus productive, et le bétail s'en ressent.

Dans le Marsan, partie argileuse des Landes, M. le marquis de Dampierre, ancien Président de la Société des Agriculteurs de France, possédait le domaine du Mineur, d'une contenance de 425 hectares et pour lequel il a obtenu la Prime d'honneur en 1865.

Ce domaine est situé sur des coteaux séparés par le vallon de Lagraire ; les coteaux sont formés de sables pliocènes argileux, surmontés d'argiles bigarrées. A la partie inférieure du vallon se trouvent des marnes, des mollasses et des poudingues à ciment calcaire, d'origine lacustre.

Lorsque M. de Dampierre prit possession du Mineur, en 1849, les deux tiers de la plaine étaient en touyas; dans la vallée, il n'y avait que des fondrières et des halliers impénétrables. M. de Dampierre commença par draîner la plus grande partie de la

propriété, opéra des défoncements, des marnages, sema des trèfles et des luzernes, ce qui lui permit d'avoir un nombreux bétail,
et beaucoup de fumier. En même temps qu'il améliorait les terres
de son faire-valoir, le reste du domaine était cultivé par des
métayers qui ne tardèrent pas à suivre l'exemple de leur propriétaire.

IV. — TERRAINS QUATERNAIRES

La Bresse et la Dombes.

Au commencement de l'époque quaternaire, le nord de l'Europe, jusqu'à la latitude de Londres, était recouvert d'une calotte
de glaces ; en même temps, des glaciers, résultant de l'extrême
humidité de l'atmosphère, descendaient des Alpes jusqu'à Lyon
et des Pyrénées jusqu'à Lourdes. Mais, en dehors de cette zone et
du voisinage immédiat des moraines frontales, la température
était sub-tropicale, ainsi que le prouve la présence des éléphants,
des hippopotames et des rhinocéros, dont les ossements se trouvent dans ce qu'on appelle improprement le diluvium.

Les glaciers ont eu deux périodes d'extension ; la phase inter-
glaciaire est caractérisée par l'apparition de l'homme dans l'Europe
occidentale. Il est à remarquer que, dès cette époque, les crânes
humains présentent des caractères très différents ; les uns appartiennent à des races dolichocéphales, les autres à des races brachycéphales.

Les premiers habitants des Gaules étaient contemporains d'un
certain nombre d'espèces disparues ou émigrées : parmi les premières se trouvent le mammouth, le rhinocéros tichorinus, le
grand cerf d'Irlande, l'ours des cavernes, etc. Les espèces émigrées sont : l'auroch, le bœuf musqué, le renne, le lion, etc.

A la seconde période glaciaire, correspond l'âge du renne,

ainsi nommé parce que cet animal peuplait la Gaule jusqu'aux Pyrénées.

Les matériaux empruntés aux Alpes, aux Pyrénées, aux monts d'Auvergne et aux Vosges, entraînés par les eaux résultant de la fusion des glaciers, ont recouvert les alluvions tertiaires et formé dans certaines régions des dépôts de limons dont la composition varie selon leur provenance.

Ces limons quaternaires ne constituent pas des régions agricoles distinctes, car ils sont généralement peu épais et la charrue les mélange au sous-sol. Toutefois, dans la Bresse et dans la Dombes, ils présentent assez d'importance pour que la couche arable soit considérée comme leur appartenant.

La Bresse proprement dite n'a pas été atteinte par le glacier qui descendait jusqu'à Lyon. Le sous-sol de cette région est constitué par des calcaires jurassiques, auxquels sont venus se superposer des mollasses miocènes, puis des dépôts pliocènes, enfin un limon quaternaire ou lehm, à éléments très fins et remarquable par l'uniformité de sa composition. Cependant l'élément calcaire augmente à mesure que l'on s'avance vers le Jura et la Côte-d'Or, où se trouvent par suite les meilleures terres à blé.

Les marnages et surtout les chaulages sont nécessaires dans le sol compact de la Bresse. Ainsi que le dit M. Puvis, « si l'on ne change rien au système de culture suivi dans les champs chaulés ; si les récoltes de trèfle ne se multiplient pas ; si les fourrages de toutes espèces n'y sont pas introduits ; si les récoltes épuisantes se succèdent sans intervalles ; si les racines, les raves après la moisson, les betteraves sur la jachère, ne viennent pas ajouter à la masse des fourrages comme à la masse des engrais, la grande fécondité que nous voyons apparaître ne durera qu'un moment ; c'est en vain qu'on cherchera à la rappeler par de nouvelles doses de chaux, notre sol aura perdu sa vigueur première, et en voyant des récoltes d'un tiers inférieures à celles qu'on avait vues naguère, on dira que la chaux enrichit les pères et ruine les enfants. Il y aura exagération dans ce reproche, parce que le sol chaulé aura bien encore de la supériorité sur le sol argilo-siliceux primitif, mais nous serons loin de l'état de prospérité où des soins et un travail convenable auraient pu soutenir notre agriculture. »

D'après M. Battanchon, le diluvium de Bresse est ainsi composé :

Terre fine....	95,70 o/o
Calcaire...........................	0,04
Azote.............................	0,50 pour mille.
Potasse...........................	0,73 —
Acide phosphorique...............	0,40 —

L'assolement le plus généralement suivi en Bresse est biennal ; le blé revient tous les 2 ans, et alterne avec le maïs, le trèfle, les pommes de terre, les fèves, les betteraves et les vesces. On fait souvent trois récoltes en deux ans au moyen de récoltes dérobées. Pour soutenir cette production intensive, on a une surface de prairies au moins égale à celle des champs. Mais pour obtenir des rendements de blé supérieurs à 16 ou 17 hectolitres, qui représentent la moyenne en Bresse, il faudrait employer des phosphates puis du nitrate de soude en couverture.

« On a beaucoup augmenté la récolte de foin, dit M. Risler, en donnant aux prairies :

kg.
150 de sulfate d'ammoniaque ;
100 de chlorure de potassium ;
125 de superphosphate ;
100 de phosphate précipité.

« Mais la dépense de ces engrais n'a pas été payée par l'augmentation de la quantité de foin, passée de 2.820 kilogr. à 4.390 kilogr.

« Pour le blé, au contraire, 1.300 kilogr. de scories du Creusot et 100 kilogr. de chlorure de potassium en automne, puis 150 kilogr. de nitrate de soude au printemps ont donné un bénéfice net de 285 fr. par hectare. »

	Sans engrais	Avec engrais
	kg.	kg.
Grain.................	1.820	3.025
Paille................	3.040	6.010
Poids de l'hectol.....	76	79.500

La Dombes, partie méridionale de la Bresse, est une vaste moraine dont les éléments, liés par une boue argileuse, proviennent des Alpes. Ces deux régions étaient autrefois couvertes d'étangs : ceux de la Bresse sont presque tous desséchés, tandis que ceux de la Dombes ont été conservés. D'après M. le Dr Brocchi, leur revenu net est le même que celui des terres, c'est-à-dire environ 40 fr. par hectare. Mieux aménagés et peuplés de bonnes espèces, ils pourraient donner beaucoup plus.

Les terres de la Dombes sont pauvres en tout, et difficiles à travailler. Voici deux exemples d'améliorations que nous empruntons à M. Risler.

M. Bodin père acheta, en 1833, le domaine de Montribloud, d'une contenance de 565 hectares, et situé à 25 kilomètres de Lyon. Il se composait de :

Etangs...................	116 hectares.
Bois.....................	167 —
Terres arables et vagues..........	256 —
Prés.....................	18 —
Chemins, bâtiments.............	8 —
	565 hectares.

Les étangs rapportaient environ 40 fr. par hectare, ainsi que les bois, soit au total 11.320 francs.

Les terres et les prés étaient répartis entre 5 métairies, dont les tenanciers ne disposaient que de faibles ressources. Un tiers de la surface était inculte et suppléait à l'insuffisance des prairies ; un autre tiers était cultivé, et le dernier tiers en jachère. Les 5 fermes donnaient un revenu total de 5.480 fr. « En joignant à cette somme la rente des étangs et des bois, c'était pour le propriétaire un revenu total de 16.800 fr., soit une rente moyenne de 30 fr.

environ par hectare de superficie, défalcation non faite de l'impôt... Grâce au produit élevé des étangs et des bois, c'était là, et dès cette époque, un revenu supérieur à la rente moyenne actuelle du sol en Dombes...

« Définitivement fixé sur la terre de Montribloud, M. Bodin voulait en élever le revenu; il fallait pour cela abandonner le système de culture ancien. Son plan fut bientôt conçu : il consistait dans le desséchement des étangs et dans leur conversion systématique en prairies. Ce fut l'œuvre capitale de ses opérations agricoles. Les prés devaient nourrir un nombreux bétail, et permettre une culture plus riche et plus productive. Les prairies sont en quelque sorte la base de l'entreprise agricole. Elles occupent le tiers du domaine. S'il est bien prouvé maintenant que leur établissement est véritablement pratique, il n'est pas moins démontré qu'il exige beaucoup de soins... Les engrais ne sont pas seulement une nécessité des premiers moments; on ne peut jamais s'en passer, si l'on veut maintenir des rendements satisfaisants... C'était alors une règle admise en Dombes, qu'il suffit, pour maintenir et même accroître la fertilité des prés, de leur accorder la moitié de la fumure que l'on obtient par la consommation des fourrages qu'ils produisent. »

Non seulement M. Bodin utilisa tous ses fumiers, mais chaque année il acheta 800 mc. d'immondices de la ville de Neuville-sur-Saône, distante de 8 kilom., ainsi que 350 hectolitres de cendres lessivées et 5 à 6.000 kilogr. de chaux.

Le domaine du château, d'une contenance de 100 hectares, était divisé en deux soles; l'une, consacrée au froment, l'autre aux betteraves, carottes, pommes de terre, maïs-fourrage, vesces, trèfles, etc.

Cet assolement ne diffère de celui du pays que par l'utilisation complète de la sole de jachère.

Le froment rend en moyenne 24 et 25 hectolitres à l'hectare ; le maïs-fourrage 50.000 kg. Le trèfle réussit bien grâce aux chaulages, mais la luzerne est plus chanceuse.

En 1875, le bétail de Montribloud se composait, comme animaux de trait, de 8 chevaux et de 10 bœufs. Comme animaux de rente, de 24 vaches du pays, quelques élèves, et 25 porcs. Le lait était payé 0 fr. 15 le litre par la fabrication de fromages façon Mont Dore.

Cette même année, le capital d'exploitation de la ferme du château s'élevait à 400 fr. par hectare, et le produit brut à 340 fr. Les frais s'élevant à la moitié du montant des recettes, le produit net était de 170 fr. par hectare.

En dehors de cette réserve, les fermes et les bois rapportaient 65 fr. par hectare.

Dans sa terre de Versailleux, près de la station de Villars, M. E. de Monicault a mis en bois les plus mauvaises parties, desséché les étangs les moins profonds, créé des herbages dans les meilleurs fonds, et réduit la culture du blé à des limites rationnelles. La réserve qu'il cultive est de 90 hectares.

Les prés, établis sur l'emplacement d'anciens étangs, sont colmatés en hiver, et irrigués en été au moyen des eaux d'un étang qui se trouve au-dessus d'eux. Entretenus avec du lizier, des engrais chimiques et des composts, ils donnent par hectare 4.000 kilogr. de foin, et fournissent en automne un pâturage pour les bœufs.

« En général, dans la Dombes, la plupart des prairies ne durent pas longtemps : la mousse ne tarde pas à s'y établir. Il en est tout autrement lorsqu'au lieu de les faucher on les fait pâturer ; elles s'améliorent de plus en plus, surtout si l'on donne au bétail une ration supplémentaire de tourteaux. C'est ce qui a décidé M. de Monicault à faire des prés d'embouche.

« Outre ces 26 hectares de pâturages permanents, M. de Monicault a toujours 6 ou 8 hectares de pâturages temporaires, pour lesquels il sème un mélange de graminées avec du trèfle blanc, du trèfle hybride et de la minette. Il emploie 400 kilogr. de superphosphate d'os, 300 kilogr. de chlorure de potassium, 150 kilogr. de nitrate de soude, et 150 kilogr. de plâtre phosphaté par hectare pour les 7 ou 8 hectares de maïs-fourrage qu'il fait chaque année, et qu'il ensile comme nourriture d'hiver pour le bétail. Il obtient ainsi des récoltes de 5o.ooo kilogr. à l'hectare.

L'exemple donné par M. de Monicault, surtout celui des herbages, trouve de plus en plus d'imitateurs. A mesure que l'on a plus de fourrages, on croise avec les charolais les anciennes bêtes à cornes dombistes qui avaient le mérite de travailler dur, et de vivre de peu, mais qui ne paient pas aussi bien une riche nourriture que les races plus perfectionnées, et les amis de la Dombes se réjouissent déjà de voir leur cher pays devenir, grâce aux engrais chimiques et aux herbages, un petit charolais. »

Remarquons que le bétail de la Dombes appartient, comme la variété charolaise, à la race jurassique. Ces animaux ont dégénéré par suite du manque de soins.

V. — TERRAINS MODERNES

La Camargue.

L'île de la Camargue, entourée par le grand Rhône et le petit Rhône, a une superficie de 75.ooo hectares. La forme est triangulaire ; à la base du triangle se trouve l'étang de Vaccarès et des lagunes dont la superficie est de 8.ooo hectares.

Depuis 1849, et sous la direction d'un Syndicat, on travaille à endiguer les terres émergées afin d'abaisser le niveau général des eaux de la Camargue, et d'empêcher les eaux salées de la mer d'entrer dans les étangs.

Le sol de la Camargue, qui appartient, comme celui du marais poitevin, aux formations modernes, est constitué par les éléments empruntés aux bassins hydrographiques du Rhône, de la Saône et de la Durance, c'est-à-dire aux roches calcaires, aux granites des Alpes centrales et des Cévennes, enfin aux régions volcaniques du Vivarais et de l'Ardèche. Les terres résultant de ce mélange sont donc complètes, et seraient très fertiles si elles ne contenaient en excès le sel marin.

Le cheval de la Camargue, qui vit en troupes ou manades, est d'origine asiatique. Par suite des conditions de milieu, sa taille ne dépasse pas 1 m. 34. La tête est forte, l'encolure grêle, le dos saillant, la croupe tranchante et courte. Ce cheval est très énergique, rustique et sobre. Il doit ses qualités à son origine, car, dans les mêmes conditions, le cheval du marais poitevin est mou et lymphatique.

L'étalon arabe donne d'excellents produits, mais les métis anglais, il est inutile de le dire, sont peu rustiques, haut montés sur des membres insuffisants, étiolés, et atteints d'une irritabilité maladive.

Les poulains vivent à l'herbage toute l'année avec les poulinières ; après le sevrage, ils reçoivent, à certaines époques de l'année, 1 litre de riz par jour. Le cheval de la Camargue atteint rarement la taille de cavalerie légère. Pour le rendre propre aux services de guerre, il faudrait le grandir par une meilleure alimentation et des soins.

La population bovine indigène est une variété de la race asiatique, et la seule qui existe en France. Sa taille est petite par rapport à la moyenne de la race ; la poitrine est étroite, la croupe serrée et mince.

On ne peut améliorer ce bétail qu'en suivant les progrès de la culture ; actuellement, la variété de la Camargue a peu de valeur et dans les bonnes exploitations on ne l'utilise pas.

La variété ovine mérinos de la Camargue ne diffère pas sensiblement de celle de la Crau.

La prime d'honneur du département a été attribuée, en 1862, à M. F. Maiffredy, pour son domaine du Mas de Vert, situé au sommet du delta, et à quelques kilomètres d'Arles.

Voici, sur les améliorations qu'il y avait faites, quelques détails empruntés au rapport de M. de Labaume.

« Ce domaine se composait, en 1847, quand M. Maiffredy en

fit l'acquisition au prix de 560.000 fr., de 380 hectares, dont
216 en terres labourables, 20 en prairies, et le reste en pâturages,
vignes, oseraies; 100 hectares de marais et 78 en pâturages,
achetés depuis lors au prix de 86.000 fr., ont porté sa contenance
totale à 560 hectares.

« Le sol du Mas de Vert, généralement formé de terres d'alluvions profondes, argileuses, est bien loin d'être partout uniforme.
Il offrait sur beaucoup de points une surface onduleuse, tour-
mentée, hérissée de tamaris, de salicornes, de soudes frutescentes
et de staticées, plantes qui caractérisent les terrains salés.

« Pour niveler un espace aussi vaste par les moyens ordinaires,
il eût fallu d'énormes dépenses, probablement disproportionnées
avec les améliorations qu'elles devaient produire. M. Maiffredy
y parvient par un procédé très économique et fort ingénieux. Il
commence par écroûter, c'est-à-dire soulever à l'aide de la charrue la couche limoneuse de o m. 20 à o m. 25 d'épaisseur qui
recouvre et fixe le sable mouvant sur ces nombreuses élévations,
ces buttes appelées *montilles* dans le pays; et il attend qu'il plaise
au mistral de souffler avec une certaine violence, ce qui n'est
que trop fréquent dans cette localité. Alors il fait chaque fois
attaquer à la herse ce sable dénudé que le vent saisit, et se charge,
sans autres frais, de voiturer dans les bas-fonds où M. Maiffredy
le mêle avec le sol, et l'y retient par un fort coup de charrue...

« Pour faire disparaître les efflorescences salines qui en remontant à la surface rendent le sol infertile, M. Maiffredy retourne
son terrain à une profondeur de o m. 60, et met ainsi à la place
de la couche arable, le sous-sol toujours moins salé.

« Après une année de jachère indispensable, pendant laquelle
cette terre, si fortement remuée, a reçu la bienfaisante influence
de tous les agents atmosphériques et le lavage des pluies d'automne et d'hiver qui ont dissous et entraîné le sel dont elles ont
pu s'emparer, on sème une avoine pour première récolte.

« Lorsque le sel résiste à cette première attaque, lorsque de

larges taches viennent encore révéler son voisinage trop rapproché, on se hâte de couvrir la semence avec une mince couche de
roseaux (Arundo phragmites) fournis par les marais du domaine.
Ce léger écran abrite la surface labourée contre les rayons du
soleil, et empêche le sel de monter, jusqu'à ce qu'une végétation
vigoureuse se charge de l'étouffer sous son épais matelas, ou de
le forcer à redescendre dans les profondeurs du terrain...

« Au Mas de Vert, l'assolement est libre, comme il doit l'être
dans tout domaine en cours de grandes améliorations.

« C'est aussi par la supériorité de ses cultures fourragères que
M. Maiffredy se distingue de ses concurrents. Nous avons vu
chez lui 20 hectares de barjalade (vesce et avoine) d'une grande
beauté, 10 hectares de jarosse, 8 hectares de beau sainfoin, et
65 hectares de luzerne, donnant 5 coupes et quelquefois 6. »

« Afin de parvenir à arroser au moins une fois par mois ses
belles luzernes, M. Maiffredy a établi, sur l'une de ses principales
prises d'eau, 4 pompes aspirantes et foulantes qui sont mises en
mouvement par une locomobile, et fournissent 200 litres d'eau
par seconde. Dix-neuf chevaux et mulets, de races diverses,
grands et bien étoffés, et 28 bœufs de la robuste race d'Aubrac,
tous en parfait état d'entretien, garnissaient les écuries de M. Maiffredy au jour de notre visite.

« Le labourage à l'aide des bœufs est encore une des innova-
tions utiles, introduites dans le pays par cet agronome si judicieux et si zélé; on ne croyait pas que ces animaux pussent résister
à nos rudes travaux, rendus beaucoup plus pénibles par les brûlantes chaleurs de l'été. Un régime bien choisi et des soins assidus
et intelligents sont venus à bout de cette première difficulté.

« Depuis le commencement de juin jusqu'à la fin d'octobre, on
leur donne de la barjalade coupée à mi-grain, fourrage très nourrissant, et bien moins échauffant que la luzerne. Pendant les
fortes chaleurs, on ajoute pour chaque bœuf une ration de maïs
ou de sorgho. Cette alimentation et le repos qu'on a soin de mé-
nager chaque jour, de midi à quatre heures du soir, ont éloigné la

mortalité à tel point que, dans l'espace de 12 ans, M. Maiffredy n'a perdu que 3 bœufs.

« Mais un second obstacle, auquel on ne devait guère s'attendre, fut la résistance obstinée des laboureurs du pays qui croiraient déroger en labourant avec des bœufs! Il fallut en faire venir du Dauphiné et de l'Auvergne.

« Les bêtes ovines constituent une des principales richesses de la Camargue, mais leur entretien entraîne des risques et des dépenses considérables.

« Dès le commencement de juin, les pâturages que le soleil va dessécher, et la crainte de la cachexie aqueuse obligent les propriétaires des 250.000 moutons des environs d'Arles à les faire partir pour les Alpes, où ils séjournent jusqu'à la fin d'octobre.

« On évalue à 2 fr. 25 par bête les frais de route et de séjour de cette transhumance, pendant laquelle, grâce à l'incurie et à l'improbité de quelques bergers qui abusent de leur éloignement de toute surveillance, on doit estimer à 5 o/o au moins les pertes à subir ; mais si, comme cela arrive quelquefois, la clavelée ou le piétain se déclare dans ces troupeaux, on ne sait plus où s'arrête la mortalité...

« Obvier à ces graves inconvénients a été une des plus constantes préoccupations de M. Maiffredy.

« Pour pouvoir garder chez lui son troupeau toute l'année, il a dû commencer par le réduire à 1.000 bêtes au lieu de 2.000 ou 2.500 qu'il pourrait entretenir par la méthode ordinaire. Il a dû chercher ensuite à remplacer ses métis mérinos par des animaux moins délicats, et plus capables de résister à la chaleur et aux maladies. Il y est parvenu, après plusieurs essais, en croisant ses béliers avec des brebis de la Basse Provence appelées Puyricardes.

« Cette race robuste a le lainage long, et un peu grossier, mais nous avons vu les produits du 2e croisement parfaitement acclimatés et présentant une laine qui, sans perdre de son poids, s'était adoucie au point qu'il a été possible de la vendre aussi cher que la laine des métis-mérinos. Leur toison pesait 2 k. 500

au lieu de 2 k. au plus que donnait chaque bête du troupeau primitif.

« Ce bétail va maintenant toute l'année chercher sa nourriture aux pâturages, et ne reçoit une ration de luzerne à la bergerie que lorsque la pluie l'empêche d'en sortir.

« Le lait des brebis, dont on a vendu les agneaux, vient se transformer chaque jour dans une fromagerie bien établie, et dont les produits sont fort appréciés.

« Vingt-trois porcs de la race Hampshire croisée complètent les animaux de rente de cette ferme. »

Nous aurions dû placer dans les terrains modernes le marais du Poitou, mais il n'était pas possible de le séparer de la région jurassique qui confine et a les mêmes races chevaline et bovine.

CHAPITRE IV

Europe centrale et septentrionale.

Iles-Britanniques.

Les roches primitives et de transition constituent l'Ecosse, les Comtés de Westmoreland et de Cumberland, le pays de Galles, le Devonshire, le Cornwall et l'Irlande.

L'Ecosse comprend trois régions qui diffèrent par leur constitution géologique et leur agriculture. Toute la partie Nord, c'est-à-dire les Highlands, est granitique, montagneuse et stérile ; on n'y voit que des « moors », vastes étendues de tourbières et de bruyères où pâturent les moutons black-faced, la race bovine de West-Highland, et une variété chevaline très réduite de la race irlandaise.

Tous ces animaux, petits et rustiques, vivent toute l'année dans les bruyères, exposés aux intempéries.

Les moors sont loués pour la chasse des grouses, et rapportent ainsi beaucoup plus que s'ils étaient en culture. Les rivières s'afferment également à des prix très élevés, pour la pêche du saumon et de la truite.

Au sud des Highlands, se trouvent les Lowlands ou terres basses, dont les schistes houillers sont recouverts de limons quaternaires.

Dans la vallée de la Clyde et autour d'Edimbourg, la contrée des Lothians est extrêmement fertile, et la culture y atteint un haut degré de perfection, ainsi que dans le Forfarshire et quelques parties du Perthshire et de l'Aberdeenshire, centre d'élevage de la variété bovine d'Aberdeen-Angus. Les villes de Glascow et d'Edimbourg fournissent d'immenses débouchés pour tous les produits agricoles.

En 1902, les principales cultures ont donné dans les Lothians les rendements suivants par hectare. Blé 41 hl. 15. — Orge, 39 hl. 29. — Avoine, 38 hl. 11. — Fèves, 33 hl. — Pommes de terre, 20.580 kilogr. Turnips et betteraves, 41.627 kilogr. — Mangolds, 42.310 kilogr. — Foin de prairies artificielles, 7.624 kilogr. — Foin de prairies permanentes, 4.500 kilogr.

Les terres se louent en moyenne 140 fr. l'hectare.

Au sud, le Border Ecossais appartient à l'étage de transition. C'est un pays de collines, coupé de vallées où la culture est semi-pastorale. La variété ovine des cheviots peuple les montagnes de ce nom, qui séparent l'Ecosse de l'Angleterre, et la variété bovine d'Ayr a son centre d'élevage à l'ouest, sur les bords du Firth of Clyde. Les formations primaires se continuent à l'ouest de la Pennin-chain, dans les comtés de Cumberland, de Westmoreland, le Pays de Galles, le Devonshire et le Cornwall.

Dans le S.-O. de l'Angleterre, l'étage primitif présente les mêmes caractères qu'en Bretagne et dans le Cotentin : toutes ces régions appartiennent au même soulèvement, et ont dû être séparées par une convulsion géologique.

Depuis un siècle, l'agriculture a fait beaucoup de progrès dans le S.-O. de l'Angleterre ; presque partout les bruyères ont été défrichées, les tourbières assainies, les champs entourés de fossés et de talus qui abritent les récoltes et le bétail contre les grands vents d'ouest. En même temps que la culture, les races indigènes se sont améliorées, et l'élevage a pris un grand développement. Voici, d'après les statistiques du « Board of agriculture », quel était, en 1870 et en 1902, le nombre des animaux dans quelques comtés.

Bêtes à cornes.

Comtés	1870	1902	Augmentation
	Têtes	Têtes	
Cardigan...............	55.429	70.239	26,72 o/o
Cumberland...........	121.695	149.551	22,89 —
Westmoreland........	58.485	68.799	17,64 —
Cornwall.............	138.954	204.459	47,14 —
Devon................	196.520	278.692	41,81 —

Moutons.

Cardigan...............	49.159	80.478	63,75 o/o
Cumberland...........	497.903	588.489	18,19 —
Westmoreland........	342.405	373.572	9,10 —
Cornwall.............	377.109	393.871	4,44 —
Devon................	874.093	821.969	5,96 —

Le système dévonien, qui tire son nom du Devonshire, où il est très développé, comprend des grès rouges (old red sandstone), des grès siliceux (tilestones) et des calcaires dolomitiques (cornstones). Ces calcaires produisent une terre infertile, tandis que les loams résultant de la décomposition des grès conviennent aux céréales et aux racines. Les terres argileuses les plus humides (rab) du dévonien sont consacrées aux prairies.

En 1902 les rendements à l'hectare dans le Devonshire ont été

	hl.
Blé........................	25,85
Orge.......................	29
Avoine.....................	32.5
Fèves......................	26.31

	kg.
Pommes de terre.............	26 690
Turnips et betteraves........	38 070
Mangolds...................	61.000
Foin (prairies artificielles)......	3.477
Foin de prairies permanentes....	3.117

Terrains houillers.

Les terrains houillers traversent diagonalement l'Angleterre, depuis Newcastle jusqu'au sud du Pays de Galles. Ces terrains reposent sur le vieux grès rouge du dévonien, et forment plusieurs couches :

1° Un grès feldspathique anthracifère (millstonegrit).

2° L'étage houiller (Coalmasure).

3° Un calcaire carbonifère (mountain limestone), d'origine marine et très favorable aux herbages. Il affleure dans le comté de Durham, où la variété bovine shorthorn a été obtenue en sélectionnant l'ancienne variété Teeswater. De là, les Shorthorns se sont répandus dans les régions voisines de même formation.

L'assolement le plus généralement suivi est : (1) turnips ou jachère avec fumier ; (2) avoine ; (3) trèfle avec fenasse. Il se forme alors un pâturage qui dure environ 15 ans. Après sa rompaison, on fait une avoine avant les turnips.

Parfois le mountain limestone passe au millstonegrit, grès feldspathique qui, dans certaines parties du Yorkshire, du Pays de Galles et de l'Irlande, fournit un sol pierreux et sec.

Ainsi, la formation houillère produit tantôt des terres humides et froides qui exigent des labours profonds, des drainages et des chaulages, tantôt des terres légères que le climat humide rend souvent fertiles.

Les grès bigarrés du trias (new red sandstone) sont abondants dans les comtés de Cheshire, Shropshire, Yorkshire, et Devonshire. Ils sont entremêlés d'argiles et de marnes rouges (new red marl), terres compactes et froides, sur lesquelles on fait principalement des herbages ; dans les fermes, il n'y a guère qu'un quart de la superficie en culture.

« Les fermes du Chester, dit M. Risler, ont en général une contenance de 60 hectares. Il y a 40 vaches, les élèves destinées à les remplacer et les chevaux nécessaires pour la culture. Suivant sa qualité, et surtout suivant celle de l'herbage qui la nourrit, chaque vache rend de 120 à 200 kg. de fromage et un peu de beurre fait avec le petit lait. On estime qu'en moyenne la vente du fromage paie le fermage, qui est assez élevé (90 fr. à 110 fr. par hectare), tandis que les autres produits de la laiterie, et le grain couvrent les frais de culture et les intérêts du capital d'exploitation, laissant un bénéfice qui a beaucoup grandi depuis que les fermiers ont drainé, et surtout depuis qu'ils ont largement employé la poudre d'os comme complément de leur fumier.

« Il paraît que l'exportation continuelle de phosphates, sous forme de fromage et de bétail, avait épuisé les faibles provisions que les terres en renfermaient. Dans certaines fermes, on a trouvé que le drainage et l'emploi de la poudre d'os doublent la production de fromage, tout en améliorant sa qualité. On emploie par hectare de 2 1/2 à 4 tonnes d'os, en général des os dégélatinés qui sont plus faciles à pulvériser. On les répand en automne, assez tôt pour que l'herbe puisse encore les recouvrir avant l'hiver. Leur effet principal est le développement du trèfle dans les pâturages ; la qualité des graminées s'améliore d'ailleurs également.

« Cette influence dure 10, 15, quelquefois 20 ans ; on peut même dire qu'une terre qui a reçu un bon « *dressing* » de poudre d'os s'en ressent à tout jamais. »

On sait que la laiterie est l'industrie principale du Cheshire : voici de quelle façon sont réparties les cultures de ce Comté.

	ha.
Superficie totale	214.482
Céréales	32.324
Racines	16.160
Prairies artificielles	31.510
Prairies naturelles	133.709

Nombre des animaux.

	Têtes
Chevaux	27.080
Vaches laitières	104.000
Bovins de 2 ans	12.313
— d'un an	29.370
— moins d'un an	28.987
Moutons	93.044
Porcs	67.148

Cela fait plus de 500 kilogr. de poids vif à l'hectare.

Terrains jurassiques.

En Angleterre, les terrains jurassiques ont le même faciès que sur le continent, mais on y trouve plus de sables au milieu des calcaires, et l'humidité de l'atmosphère fertilise des sols crétacés qui sont improductifs dans le midi de la France.

Les terrains jurassiques présentent en Angleterre la forme d'un triangle, dont la base se trouve entre Lyme Bay (Dorset) et Ramsgate; le sommet à Scarborough (Yorkshire).

Les argiles et les marnes du lias sont couvertes d'herbages ; dans les meilleurs, on engraisse; les autres nourrissent des vaches dont le lait est vendu en nature dans les villes, ou converti **en** fromages de Stilton, de Leicester et de Glocester. Parfois aussi on élève des reproducteurs destinés à l'exportation.

En général les herbages du lias doivent être drainés, mais ils n'ont pas besoin de phosphates, comme ceux du grès rouge.

Les calcaires oolithiques produisent une terre sèche, pierreuse; contenant peu de matière végétale. La couche arable n'est épaisse que sur les plateaux où l'on cultive les céréales, les racines, et les prairies artificielles.

On suit généralement sur les terrains jurassiques l'assolement quinquennal : (1) turnips ; (2) orge ; (3) mélange de trèfle et de ray-grass fauché ; (4) pâturage ; (5) blé.

Il y a souvent, en dehors de l'assolement, un dixième des terres en sainfoin, qui donne de 3.500 à 4.000 kilogr. de foin ; le regain est pâturé. Lorsque le rendement en foin diminue et tombe à 2.000 kilogr., on ne fauche plus, et on garde le pâturage 1 ou 2 ans avant de le rompre. Les fermes ont un troupeau de south-downs dont les agneaux valent à un an 5o fr. ou 6o fr. et des génisses qui, achetées dans le Buckinghamshire, sont revendues prêtes à vêler.

L'école d'agriculture de Cirencester, fondée par une société de propriétaires, est située dans le comté de Glocester. La contenance des terres est de 3oo hectares.

Le directeur, qui est toujours un clergyman, est assisté de six professeurs techniques. Le programme comprend la géologie, la chimie organique, la botanique, la zootechnie, la culture, le charpentage, la mécanique agricole, la maréchalerie, etc. Les 150 élèves paient une pension de 3.750 fr. La période d'instruction est de 2 ans.

Une petite partie des terres est réservée aux champs d'expériences et au jardin botanique. Le reste est loué à un tenancier qui exploite à ses risques et périls, en payant un fermage de 80 fr. par hectare. Chaque élève lui verse une indemnité de 75 fr. pour avoir le droit de compulser sa comptabilité et de parcourir les cultures.

Le cheptel comprend des chevaux de pur sang et de trait, des bêtes à cornes de toutes les variétés anglaises, un troupeau southdown et des porcs.

La culture est très soignée et pratiquée suivant les méthodes les plus nouvelles.

Dans ces terres sèches et calcaires, on obtient d'excellents résultats d'une légumineuse, le Latherys silvestris, qui donne trois coupes par an.

Ainsi qu'on le voit, on donne à l'école de Cirencester l'instruction théorique et pratique, système qui est abandonné en Allemagne et en France comme susceptible de fausser le jugement des élèves.

Terrains crétacés.

Le Sud-Est de l'Angleterre ressemble géologiquement au Nord de la France. Les bancs de craie s'étendent depuis le littoral jusqu'au Yorkshire ; en s'avançant vers le nord, la craie est recouverte par des dépôts d'argiles à silex, qui modifient les caractères agricoles de la surface.

Ces dépôts sont rares au Sud de l'Angleterre, et cette région ne différerait pas de la Champagne pouilleuse, si l'humidité de l'atmosphère ne fertilisait pas les nombreuses vallées qui la sillonnent.

Sur les plateaux, la violence du vent et la pauvreté du sol rendent la culture difficile. C'est là que se trouvent les pâturages à moutons (Sheepwalks). Dans les dépressions, la craie désagrégée (white land) fournit de bonnes récoltes de céréales, de sainfoin et de turnips. Les sources faisant défaut, on recueille l'eau de pluie dans des citernes.

La variété des moutons southdowns est originaire des downs du Sussex, où elle a été améliorée à la fin du XVIIIe siècle par John Ellmann.

Les downs sont entourés de terres plus fortes qui fournissent les fourrages d'hiver. Quelle que soit la rigueur de la saison, les moutons vont y parquer et manger les turnips sur place.

Près de Salisbury, se trouve l'école d'agriculture de Downton, fondée comme celle de Cirencester par une société de propriétaires. La contenance est de 220 hectares, dont 180 hectares de downs où pâturent les moutons.

Le reste est en culture avec l'assolement suivant : (1) seigle, orge d'hiver ou trèfle incarnat consommé sur place au printemps et suivi de turnips précoces et de betteraves ; (2) orge ou avoine ; (3) trèfle ; (4) blé ; (5) vesce mangée en vert et suivie de turnips tardifs ; (6) turnips précoces ; (7) blé ; (8) orge.

Une ligne sur 3 de turnips est rentrée à la ferme pour les vaches ; le reste est mangé sur place par les moutons, qui reçoivent en outre de 500 à 700 gr. de tourteau de lin, des fèves et des grains concassés.

On nourrit 25 vaches dont le lait est vendu à Londres ; 1.100 à 1.200 brebis et agneaux en été ; 700 en hiver (1).

Ces moutons appartiennent à la variété de Southdown dite Hamspiredown, réputée pour sa précocité et la qualité de sa laine.

_____

(1) Risler, *loc. cit., passim.*

Le bétail.

Dans aucun pays, les différentes espèces domestiques n'ont été améliorées avec autant d'habileté, d'esprit de suite et de succès qu'en Angleterre.

L'espèce bovine est représentée dans les Iles Britanniques par plusieurs races et de nombreuses variété.

1° RACE DES PAYS-BAS.

Cette race, qui s'est répandue à une époque inconnue dans la partie orientale de l'Angleterre, comprend plusieurs variétés auxquelles on donnait autrefois le nom des contrées qu'elles occupaient ; on distingait principalement le bétail Teeswater et celui de Leicestershire. C'est ce dernier, le plus imparfait de tous, que le célèbre Bakewel entreprit d'améliorer vers 1760, dans sa ferme de Dishley-grange, comté de Leicester, en même temps que la variété ovine du pays.

Bakewel prit, dit-on, les plus grandes précautions pour cacher ses procédés ; en tous cas on ne tarda pas à les connaître, car il eut de son vivant de nombreux imitateurs.

On ne peut douter que pour créer la variété bovine de New-Leicester ou Longhorns, il eut recours aux croisements in and in, à la consanguinité la plus rapprochée. Son but était de faire exclusivement de la viande en diminuant le squelette, et en développant le lymphatisme ; il réussit et obtint des animaux dont la réputation fut immense.

Certains auteurs s'étonnent que Bakewel ait choisi pour la perfectionner une variété aussi grossière que celle de Leicester ; pour agir ainsi, il avait d'excellentes raisons. En prenant une autre variété, celle de Teeswater par exemple, il eût certainement échoué, car le mountain limestone de la vallée de la Tees est beaucoup plus fertile et riche en acide phosphorique que les alluvions et le calcaire de la ferme de Dishley. Bakewel a donc opéré sagement en dirigeant ses efforts sur l'amélioration de la variété indigène ; de cette façon, il n'a pas eu à lutter contre l'influence d'un milieu défavorable.

Les variétés locales sont toujours les plus avantageuses à améliorer, à moins qu'on n'en emprunte à une région plus méridionale moins riche. Le contraire est une opération irrationnelle, en opposition avec les lois naturelles : on l'oublie trop souvent.

La consanguinité, prétend-on parfois, a pour effet de diminuer la taille des animaux et d'affaiblir leurs qualités prolifiques. En ce qui concerne la taille, il ne peut en être autrement, puisque le perfectionnement consiste à diminuer le squelette. Les animaux améliorés sont donc nécessairement moins hauts sur jambes, et plus trapus.

Quant à la diminution de la fécondité, elle résulte du développement excessif du lymphatisme, car, dans les pays où la consanguinité est appliquée depuis un temps immémorial à la reproduction des races indigènes, comme en Auvergne, par exemple, la fécondité ne subit aucune atteinte.

Le seul danger de la consanguinité, ou plutôt du développement exagéré du lymphatisme par la consanguinité, est d'affaiblir les facultés prolifiques, la constitution des animaux, de les rendre peu rustiques et sujets à la tuberculose. Enfin, dans les familles très améliorées, les vaches perdent pour la même raison une partie des aptitudes laitières de la race. Ainsi, les durhams ordinaires donnent 3.500 litres, les autres, de 2.200 à 2.500 litres par an.

Bakewel a exploité très habilement la renommée de ses animaux, en mettant en usage la location des taureaux ; cette coutume s'est généralisée depuis en Angleterre : il louait ses taureaux pour la saison de 5 à 30 guinées (125 à 750 fr.).

La variété New-Leicester étant peu répandue aujourd'hui, on n'a pas fait d'observations sur ses rendements à la boucherie.

D'après MM. Corblin et Gouin, « le lait des vaches longhorns est considéré comme étant plus riche que celui des durhams ».

Une expérience comparative sur la qualité de leur lait eut lieu il y a une quinzaine d'années au mois de juin.

Six des meilleures vaches durhams de M. S. Craven Pilgrin de Burbrage, près de Hincley, provenant du sang de Bates, élevées dans le but du développement de leur aptitude laitière, furent mises en comparaison avec six vaches longhorns appartenant à M. Chapman. Les vaches shorthorns produisirent 69 kilogr. de lait, et les longhorns 61 kilogr.

Le poids du caillé des dernières fut de 9 kilogr. 532, et pour les durhams de 6 kilogr. 508.

Au mois de septembre, 36 vaches durhams du troupeau de M. Pilgrin furent de nouveau mises en comparaison avec 39 vaches longhorns de celui de M. Chapman.

Elles donnèrent :

	Durhams	Longhorns
	kg.	kg.
Poids du lait.............	274	250,500
Poids du caillé..........	30	31,257

Il existe un herd book pour la race longhorns, et une Société, récemment formée pour la conservation et l'amélioration de cette variété, cherche à continuer l'œuvre de régénération commencée par Bakewel il y a plus d'un siècle.

VARIÉTÉ SHORTHORN OU DE DURHAM.

La population bovine, dite Teeswater, était déjà renommée quand les deux frères Charles et Robert Colling, amis de Bakewell, entreprirent d'appliquer sa méthode. Robert, l'aîné, se fixa à Brampton, tandis que Charles s'établit à Ketton, près de Darlington, comté de Durham.

Jusqu'en 1785, Charles Colling éleva dans les mêmes conditions que ses voisins, mais, cette année-là, il acheta le taureau Hubback, dont il avait su discerner les extraordinaires aptitudes à l'engraissement. Il le réserva aux vaches de son troupeau, et obtint des produits remarquables.

Engraissé outre mesure, Hubback devint improductif, et il fallut le remplacer par son fils Bollingbroke, qui ne tarda pas aussi à être infécond. Le développement du lymphatisme menaçait de faire disparaître la fécondité du troupeau quand, Favourite, un peu moins fin que son père Bollingbroke, se montra d'une vigueur remarquable, et fit la monte à Ketton pendant 16 ans.

A partir de ce moment, la méthode d'amélioration par la consanguinité produisit tout son effet, et Charles Colling obtint un troupeau composé de sujets d'élite. On cite entre autres le bœuf Durham-Ox qui, en 1801, fut vendu à 5 ans 3.500 fr. Il pesait vif 1.370 kilogr., soit un coefficient de poids vif = 22,83. Cet animal fut promené comme objet de curiosité dans toute l'Angleterre, et revendu 25.000 francs.

On n'avait jamais vu jusqu'alors des animaux aussi précoces que ceux de Ketton : des bœufs de 2 à 3 ans pesaient plus de 700 kilogr. Aussi, quand Charles Colling vendit son étable, en 1810, les 47 bêtes qui la composaient, dont 12 au-dessous d'un an, atteignirent le prix de 178.000 fr., ou 3.790 fr. l'une. En 1818, les animaux de Robert se vendirent en moyenne 3.214 francs.

Plus tard, les deux troupeaux de MM. Booth et Bates acquièrent une grande réputation. Le bétail du sang Booth passe pour être moins fin que celui de sang Bates, mais les vaches sont plus laitières.

En résumé, l'amélioration d'une race par la consanguinité consiste à choisir des géniteurs aussi aptes que possible à l'engraissement, à les nourrir au maximum ainsi que les produits, que l'on croise entre eux dans le degré de parenté le plus rapproché.

Mais si ce système est le meilleur pour obtenir une variété de boucherie, il affaiblit le tempérament, et rend les animaux sujets à la tuberculose. Partout, l'introduction du durham a répandu cette maladie, qui est très commune en Angleterre. Sur ce point, les observations de M. Nocard ne permettent de se faire aucune illusion. Ainsi, la tuberculose était inconnue en Danemark

il y a un siècle, mais depuis que le durham y a pénétré, sur
45.000 bovidés soumis à la tuberculine en 1894-95, plus de 19.000,
soit près de 40 o/o, ont été trouvés tuberculeux. C'est pourquoi,
dans ce pays, on n'élève plus guère que les variétés indigènes.

Le durham passe pour produire plus de viande qu'aucune
autre race; mais, par suite du faible développement des cuisses,
il donne une moindre proportion de morceaux classés en France
dans la 1re catégorie, et une quantité de graisse-déchet non
comestible, qui s'accumule sous la peau et autour des viscères;
il en résulte que la chair n'est pas persillée et manque de saveur.

Enfin, la matière sèche contenue dans sa viande ne dépasse
pas 30 o/o, ce qui la rend peu nourrissante.

Voici le résultat des pesées faites sur des durhams de concours.

Âge	Poids vif	Poids net
Mois	kg.	kg.
35	895	582
46	900	594
47	900	579
47	980	653
47	940	630
54	1.030	716
60	1.058	698
329	6.723	4.452
Moyenne 47	960	636
Coefficients moyens	20,42	13,56

Rapport moyen du poids net au poids vif = 0, 664. On voit
d'après ce tableau que les durhams sont adultes vers 3 ans et
qu'après cet âge ils n'augmentent plus sensiblement de poids.

En Angleterre, et particulièrement dans le Yorkshire, où les
vaches sont exploitées pour la production du lait, les shorthorns
donnent de 3.000 à 3.550 litres par an, ce qui les classe parmi les
bonnes laitières. Si, en France, leur rendement est moins élevé,
cela tient non seulement au climat, mais encore à ce que les animaux appartiennent à des familles dans lesquelles l'aptitude à
l'engraissement a été trop développée.

La variété shorthorn improved s'est répandue dans le monde entier et y réussit nécessairement plus ou moins bien selon les conditions de milieu. Elle a été importée en France pour la première fois en 1822 par M. Brière d'Azy, dans le Nivernais ; ensuite le gouvernement en introduisit pour fonder les étables du Pin, de Poussery, du Camp, de Fouilleuse, de Pompadour, de Corbon, etc., supprimées depuis 1871. Les départements qui possédaient le plus de durhams étaient en 1875 :

Mayenne	71	éleveurs
Maine-et-Loire	20	—
Cher	27	—
Finistère	41	—
Ille-et-Vilaine	22	—
Nièvre	26	—

On remarquera que le durham n'est répandu que dans les départements où l'on cherche à obtenir des animaux de boucherie ; partout le nombre des étables diminue rapidement ainsi que M. de Lapparent l'a démontré par des statistiques.

M. Coates a fait paraître à Londres, en 1822, le premier volume du herd-book de durham : depuis, cette publication est faite par la Société Royale d'Agriculture. Ce livre généalogique est resté ouvert et les animaux nés d'un reproducteur 3/4 sang y sont admis, d'après le principe reçu en Angleterre qu'après quatre générations le sang étranger est éliminé. Cependant, les effets de l'atavisme se font sentir beaucoup plus longtemps. En fait, les Anglais avaient besoin, pour suffire aux demandes, d'augmenter le nombre des animaux inscrits au herd-book et ils n'ont pas hésité devant les moyens. Lorsqu'on achète un géniteur en Angleterre, il faut donc examiner avec le plus grand soin son pedigree, pour ne pas s'exposer à avoir un métis au lieu d'un animal pur.

Le herd-book français offre des garanties plus sérieuses.

Autrefois, en Angleterre, certains shorthorns atteignaient des prix exorbitants, mais aujourd'hui ils ne se vendent en moyenne que 1.100 fr. Les vaches se paient plus cher que les taureaux,

car on pense qu'elles impriment plus sûrement leurs caractères
à leur descendance. C'est pour cela que les animaux inscrits au
herd-book sont groupés par familles portant le nom des mères.

Race britannique.

La race sans cornes, appelée britannique par M. Sanson, méri-
terait plutôt le nom de race de Scythie, car elle paraît être originaire de cette région d'où elle aurait été introduite en Grande-
Bretagne par les invasions. Ainsi, Tacite dit « que le bétail
« abonde en Scythie, mais le type en est petit. Les bœufs mêmes
« y semblent dégénérés, et leur front est privé de sa parure ».

La race sans cornes a aujourd'hui disparu du continent ; on
n'en connaît plus qu'un troupeau, conservé depuis un temps immémorial, dans un domaine appartenant aux Princes de Lichsten-
tein, en Autriche.

Le principal centre d'élevage de la race sans cornes se trouve
au nord de la Tees ; elle y a été grandement améliorée par sélection dans les comtés de Forfar et d'Aberdeen. Voici ce qu'en dit
M. Baudement :

« La conformation des Angus perfectionnés est celle du meil-
« leur type de boucherie. La poitrine et l'arrière-main sont en
« parfait accord, développées autant que les races les plus renom-
« mées de l'Angleterre. Le dessus du corps est large, horizontal,
« bien suivi. L'ossature est fine, la tête est légère et affilée ; les
« membres sont courts et déliés.

« La culotte est plus développée que chez les durhams. La peau
« est souple, délicate, élastique, couverte d'un poil soyeux. Tous
« les caractères qui dénotent une grande aptitude à l'engraisse-
« ment s'associent à ceux qui annoncent un poids vif considéra-
« ble et un rendement élevé en viande nette. Les muscles sont
« partout également développés, compacts et fermes, bien
« marbrés de graisse, quand l'engraissement est convenable. Ils
« prennent sur toute la région dorsale, en particulier, une épais- .

« seur qui donne une grande valeur aux animaux d'un pays où
« le rostbeaf est recherché. La chair des Angus est d'un goût ex-
« quis, fort estimée en Angleterre, comme l'est d'ailleurs celle de
« toutes les races écossaises, et payée à Smithfield un peu plus
« cher que les autres. La graisse, s'étendant en couverture épaisse
« sous la peau, ou se déposant entre les masses musculaires, est
« elle-même d'un tissu serré et fin, pleine de saveur et d'arôme.
« Les qualités des Angus comme consommateurs complètent ces
« qualités de conformation et de structure. La marche de leur
« développement est rapide ; ils ne le cèdent qu'aux durhams
« en précocité. »

L'avantage de la précocité chez les durhams ne compense pas
la supériorité de la qualité de la viande des Angus.

Voici en effet les poids moyens constatés au concours du Smithfield Club, en 1901 et 1902, d'après le « Live stock manual »
de M. H. J. Baxter.

	Bœufs de moins de 2 ans	Accroissement journalier	Bœufs de moins de 3 ans	Accroissement journalier
	kg.	kg.	kg.	kg.
Aberdeen-Angus.	669	1,009	906	0,833
Shorthorns......	660	1,023	875	0,819

Les croisements Angus-durham donnent des produits précoces
qui conservent les caractères des Angus, « tant la force reproduc-
trice de ces derniers, dit M. de la Tréhonnais, prime celle des durhams »

Le perfectionnement de la race, au point de vue de la production
de la viande, a très sensiblement diminué les facultés laitières des
vaches ; en pleine lactation, elles ne donnent guère que 15 litres
de lait.

D'après MM. Corblin et Gouin, les vaches Angus de concours
pèsent :

	Poids vif	Poids net	Rendement
	kg.	kg.	
Génisse 2 ans 8 mois.....	780	548	69,38 o/o
Vaches 4 à 7 ans........	900	571	63,83 —
— 3 à 5 ans........	803	507	62,98 —

La race sans cornes comprend encore les variétés Red Polled et Galloway.

La première est aussi appelée race de Suffolk ou de Norfolk, car c'est dans ces comtés qu'elle se trouve, mais on lui préfère le nom de Red Polled, pour la distinguer des Aberdeen Angus ou Black Polled.

La variété Red Polled est remarquablement robuste, sobre et rustique; elle supporte très bien les froids rigoureux, et sa période de lactation dure sans discontinuer d'un veau à l'autre. Nous en parlerons avec détails au chapitre des Etats-Unis.

La variété Galloway est plus petite, et tend à disparaître. Très médiocre laitière, elle est exploitée pour la boucherie, et les animaux sont envoyés à cet effet dans le Norfolk à l'âge de 2 ans ou 3 ans; après l'engraissement, ils contribuent à approvisionner le marché de Londres où leur viande est très estimée.

Des taureaux Red Polled ont été introduits en Normandie par un philanthrope, qui rêvait le désarmement de l'espèce bovine. Ces animaux, croisés avec des vaches normandes, donnèrent des produits qui furent conservés lorsqu'ils n'avaient pas de cornes, et alliés entre eux. Ils formèrent une famille connue sous le nom de race Sarlabot, qui n'eut qu'une durée éphémère.

Beaucoup d'éleveurs anglais, reconnaissant les avantages de l'absence des cornes chez les Angus, en font souvent l'ablation aux autres races.

La Société Royale protectrice des animaux recommande la pratique suivante, due au Professeur Robert. Lorsque les cornes commencent à pousser, le « velours » est rasé et la corne lavée avec de l'eau, du savon et de l'ammoniaque, afin de dissoudre la sécrétion graisseuse. Ensuite, avec un pinceau on étend une solution de potasse caustique sur le noyau, et on répète 5 ou 6 fois l'opération. Une légère croûte se forme à la surface de la protubérance de la corne qui tombe au bout d'un mois, laissant le chignon absolument lisse. Le moment le plus favorable est quand l'animal a de 3 à 6 semaines.

Race germanique.

La race germanique, introduite en Angleterre par les invasions,
est représentée dans ce pays par la variété de Hereford, qui tire
son nom du comté de Hereford, où se trouve son principal centre
d'élevage. Ailleurs, elle ne se rencontre que par troupeaux isolés.

Jusqu'à la seconde moitié du xviiie siècle, le bétail hereford n'était
guère utilisé que pour ses aptitudes laitières ; en 1769, un simple
vacher, Benjamin Tomkins, remarquant que deux des vaches de son
étable avaient de grandes dispositions à l'engraissement, s'en servit
pour créer des familles perfectionnées, suivant la méthode de Bakewel. Le résultat fut le même que pour les Longhorns et les Shorthorns, c'est-à-dire que les animaux devinrent précoces, amples et
larges ; nécessairement les aptitudes laitières s'affaiblirent, tout en
restant satisfaisantes.

D'après M. Thomas Duckham, qui a créé le herd-book de la variété hereford, les animaux de race pure doivent avoir le chanfrein, la gorge, la poitrine, les jambes, la crinière et le bout de
la queue d'un blanc éclatant, une petite tache rouge au-dessus
des yeux, et une autre tache ronde de même couleur sur la gorge,
au milieu du blanc. Les cornes sont couleur de cire, presque toujours plus foncées vers la pointe.

Les bœufs sont bons travailleurs, mais on préfère les engraisser de bonne heure dans les herbages où ils réussissent mieux
que les Shorthorns. Les principaux pays d'engraissement sont les
comtés de Warwick, Wilts, Somerset, Glocester, Worcester,
Dorset, Surrey et l'Irlande.

Le hereford est excellent consommateur, ainsi que le prouve
l'expérience faite en 1828, et rapportée par M. de Guaita dans *le
Journal d'Agriculture*.

On choisit 3 bœufs durhams et 3 herefords, qui reçurent, du
2 décembre au 2 mai, 36 litres de turnips et de la paille à discrétion ; ils furent mis alors au pâturage jusqu'au 2 novembre ; ren-

trés à l'étable, on leur donna des turnips et du foin à discrétion.
Chaque lot a consommé :

	kg.	kg.
Durhams................	26.921	2.070
Herefords...............	21.139	1.294
Différence...............	5.782	776

Les pesées faites à la fin de chaque période ont donné :

	Herefords	Durhams	Herefords	Durhams	Herefords	Durhams
	kg.	kg.	kg.	kg.	kg.	kg.
Poids.	443,9	482	596,1	653,2	655,9	735,6
—	393,2	431,2	532,7	634,2	608,8	739,3
—	355,2	456,6	545,4	649,9	608,8	732
	1.192,3	1.369,8	1.674,2	1.937,3	1.873,5	2.206,9

Ces deux lots se sont vendus à Smithfield.

	fr.
Durhams......................	2.425
Herefords.....................	2.400

Les Herefords ayant consommé moins de nourriture se trouvent
avoir fourni un meilleur rendement économique.

Des bœufs herefords, primés au concours de Smithfield, ont
donné des résultats remarquables.

Ainsi, l'un d'eux, âgé de 35 mois, pesait :

	kg.		
Poids vif........	912	Coefficient.....	26,5
Poids net........	637	Coefficient.....	18,2

Proportion du poids net : 0,69.

Les pesées comparatives faites par M. Baudement ont démontré
que les herefords fournissent le meilleur rendement à la boucherie.
D'après le « Live stock Manual » de M. Baxter, les herefords du
concours de Smithfield Club pèsent en moyenne.

	Bœufs de moins de 2 ans	Bœufs entre 2 et 3 ans	Vaches de moins de 3 ans
	kg.	kg.	kg.
1901.............	634	860	679

Race Irlandaise.

La race irlandaise est représentée en Angleterre par les variétés de Kerry, d'Ayr, de Devon.

La variété Kerry est la plus petite de toutes, et se trouve dans les régions pauvres d'Irlande. La taille ne dépasse pas 1 mètre. Les vaches sont excellentes laitières et leur rendement varie de 1.200 à 1.500 litres ; ce lait est très riche en butyrum.

Dans les contrées où la culture est plus avancée, les animaux ont été améliorés, et portent le nom de race de Dexter ; très souvent on rencontre des métis de hereford ou de durham plus volumineux, plus précoces, mais dont la rusticité et les facultés laitières sont très amoindries.

Les bœufs Dexter, primés au concours du Smithfield Club, pèsent en moyenne, au-dessous de 2 ans, 362 kilogr.400 et entre 2 et 3 ans, 453 kilogr. (Baxter).

Au commencement du xixe siècle, le Ayrshyre était une des régions les plus misérables et les plus infertiles de l'Angleterre. On n'y voyait que des landes et des marécages, où le bétail vivait en liberté toute l'année. La variété bovine indigène était donc petite et rustique. Depuis que des routes ont été ouvertes dans le Ayrshire, l'agriculture a fait de rapides progrès ; les animaux étant insuffisants, on croisa les vaches avec des taureaux durhams, et aujourd'hui le type primitif a été remplacé par des métis chez lesquels on retrouve tour à tour les caractères spécifiques des 2 races ; les animaux diffèrent donc entre eux comme couleur de pelage, taille, volume et aptitudes.

Grâce au climat et à la qualité des herbages, les vaches donnent en moyenne 1.900 litres de lait renfermant, pour 16,252 de matière sèche totale, 5,704 de beurre, 5,374 de caséine et d'albumine o/o. La durée de la lactation n'est que de 280 jours.

La viande du bétail d'Ayr est de mauvaise qualité, car la graisse s'amasse sous la peau et autour des viscères, comme chez le

durham. On exploite donc principalement cette population pour
la laiterie. Les bœufs primés au concours de Smithfield pèsent
en moyenne, à 2 ans 475 kilogr., et à 3 ans, 611 kilogr.

On a introduit à différentes reprises des animaux d'Ayr en
France, mais sans aucun succès, ce qu'il était facile de prévoir.
Des métis ne peuvent que retourner à un des types d'origine, et
des animaux transportés au sud de leur aire géographique dégénèrent toujours.

La variété du Devonshire est plus grande et mieux conformée
que les autres, surtout dans les régions où l'apport de la chaux
a permis d'améliorer la culture. Les terrains de transition et le
climat humide du Devon sont très favorables aux prairies, qui
ressemblent à celles du Cotentin. Le beurre qu'on y produit est
excellent et recherché sur le marché de Londres. Les vaches, dit
M. Risler, sont louées à des entrepreneurs de laiterie 225 fr. à
250 fr. par an, et nourries à l'herbage.

Autrefois les bœufs travaillaient jusqu'à 6 ans avant d'être
engraissés; leur précocité a été augmentée considérablement,
depuis qu'on leur donne des tourteaux et une abondante alimentation. Des bœufs primés au concours de Smithfield atteignent en
moyenne 498 kilogr. à 2 ans et 678 kilogr. à 3 ans, ce qui donne
comme coefficient de poids vif 20,75 à 2 ans, et 16,04 à 3 ans. Les
animaux ordinaires sont loin d'atteindre ces chiffres, mais fournissent une viande persillée et très fine.

On a essayé d'acclimater la variété de Devon dans certaines
contrées de la France, et particulièrement dans le Cantal, et en
Limousin. Au bout de peu d'années la phtisie pulmonaire a mis
fin à cette expérience coûteuse, en atteignant non seulement les
animaux importés, mais aussi les produits métis.

Race Ecossaise.

La race écossaise, ou de West-Highland, peuple la région granitique d'Ecosse, les Orcades, et les Shetlands. De petite taille

(1m. 20 environ), elle est extrêmement rustique, et sa viande est très recherchée à Londres à cause de sa saveur. Les vaches donnent une petite quantité de lait très butyreux. Les variétés de cette race ne diffèrent que par un développement plus ou moins grand ; la plus belle et la plus forte est celle du comté d'Argyle où les pâturages sont de meilleure qualité. Elle aurait aussi été améliorée au XVIIIe siècle par un des ducs d'Argyle.

Des croisements sont parfois opérés avec des reproducteurs de durham, afin d'augmenter la précocité, mais les métis manquent de rusticité et ne peuvent vivre sur les bruyères des Highlands.

La race écossaise descend sans doute de la race blanche des forêts, dont il reste quelques spécimens vivant à l'état sauvage dans les forêts du duc de Sutherland.

Des animaux de West-England ont été introduits en France vers 1852 ; les uns ont été placés à l'Institut impérial agronomique de Versailles, les autres à la ferme-école des Recoulettes, dans la Lozère. Cette expérience était sans objet, et on n'a pas été tenté de la continuer.

David Low dit que les animaux de la race écossaise reprennent immédiatement, lorsqu'on les laisse en liberté, les habitudes sauvages, l'instinct farouche, l'agilité, la précaution des mères de cacher leurs petits. Dans les forêts de pins qui subsistent au Nord de l'Ecosse, les vaches abandonnées se font chasser comme des bêtes fauves. Quelquefois même la couleur de l'auroch reparaît, et il naît des individus blancs, qui présentent jusqu'aux marques des oreilles de l'ancienne race sauvage.

Autrefois, les montagnes des Highlands étaient couvertes de forêts, et les indigènes possédaient de grands troupeaux. Un géologue anglais a découvert, en 1786, sur nombre de sommets escarpés, des enceintes parfois doubles et concentriques dans lesquelles les populations trouvaient asile contre les invasions. Le rempart, de forme elliptique, a en général 250 m. sur le grand axe et 180 sur le petit, mais ces dimensions varient selon la grandeur du plateau.

Lorsqu'il y a deux enceintes, la distance entre les deux murs est d'environ 12 m.; chacun d'eux a une épaisseur de près de 2 m.

Ces enceintes présentent cette particularité remarquable qu'elles forment une seule masse vitrifiée.

On ne peut s'expliquer comment ces singulières constructions ont été édifiées. Il est probable qu'après avoir élevé un mur de pierres siliceuses on obtenait là fusion au moyen d'un feu intense et d'une base telle que la chaux.

Il existe des ruines d'enceintes semblables à Péran, près de Saint-Brieuc, à Sainte-Suzanne (Mayenne) et dans l'Eure.

M. le général de la Noë pensait que ces fortifications remontent à une époque antérieure à l'émigration des Bretons en Domnonée au v⁰ siècle de notre ère.

Population chevaline du Royaume-Uni.

Dès l'époque la plus reculée, le goût de l'équitation et de l'élevage a été très répandu dans la Grande-Bretagne. César raconte dans ses Commentaires que la cavalerie et les chars de guerre des Bretons jetèrent souvent le désordre au milieu de ses légions.

Fitz Stéphen, qui écrivait au xii⁰ siècle, rapporte que de son temps il y avait à Smithfield des courses qui passionnaient la population de Londres. Cette institution, qui a été réglementée par Charles Iᵉʳ, remonte sans doute aux invasions saxonnes, car en Allemagne, à l'époque du bronze, les courses de chevaux montés ou attelés étaient très fréquentes.

L'ancienne population chevaline du Royaume-Uni comprenait les races autochtones irlandaise et britannique, puis les races germanique, frisonne et belge, introduites par les invasions. Enfin, les races asiatique et africaine ont été importées à l'époque moderne. Jusque-là aucune race ne jouissait d'aptitudes remarquables, et les chevaux de course ne pouvaient avoir que des qualités individuelles.

Les premiers chevaux arabes ont été introduits en Angleterre par le roi Jacques Ier et le duc de Buckingham. L'un de ces étalons, Fairfax's Morocco, était barbe ; les deux autres, The White Turk et The Helmsley Turk, provenaient de Turquie. Leur descendance n'est pas connue, car le Stud-book ne commence qu'à Darlay Arabian qui fut importé de Syrie au commencement du xviiie siècle.

Nous n'avons pas à suivre la célèbre descendance de cet étalon, ni celle de Godolphin Arabian, acheté à un porteur d'eau de Paris par lord Godolphin. Qu'il nous suffise de rappeler que ces deux reproducteurs et ceux qui ont suivi donnèrent naissance à la variété anglaise de pur sang obtenue, non par l'adaptation de la race arabe au sol et au climat d'Angleterre, car on n'a jamais introduit de juments, mais par le croisement continu d'étalons arabes avec les juments indigènes, leurs filles et petites filles. Ainsi qu'il arrive après 5 ou 6 générations, le type maternel a disparu et a été remplacé par le type arabe qui a acquis, sous l'influence du milieu et de la gymnastique fonctionnelle, plus de taille et de volume. Le croisement continu ayant été suivi avec persévérance et le plus grand soin, la variété anglaise de la race arabe est fixée depuis longtemps, et se reproduit intégralement dans un milieu favorable.

Le cheval de pur-sang anglais est plus grand que le cheval arabe ; ses formes sont plus allongées, mais il est moins souple dans ses mouvements. Comme on a surtout développé chez lui l'allure du galop, il en est résulté à la longue, ainsi que l'a constaté M. Sanson, une déviation héréditaire de la direction de ses fémurs. « Cette direction du fémur, qui est moins oblique pour une longueur égale, allonge la cuisse, redresse le coxal, élève la croupe, et leur communique des formes qui sont tout à fait particulières au cheval anglais et à ceux de ses métis qui en ont hérité. »

Le cheval anglais, avec plus de distinction encore que son ancêtre oriental, a son énergie et sa vigueur, mais il manque de rusticité. Ses qualités sont dues au climat et au sol de l'Angleterre, ainsi qu'au mode d'élevage; si ces conditions sont différentes, le type se réduit et on n'obtient qu'un criquet plus irritable qu'énergique.

Ainsi que le disait Percival à l'Université de Cambridge « la cause dominante du succès obtenu est le soin apporté à l'élevage. Nous avons découvert une race pure, de qualité supérieure, et nous l'avons constamment perfectionnée par l'alimentation, la sélection la plus attentive et la gymnastique fonctionnelle. Ces trois facteurs ont eu plus d'influence que les qualités des parents. »

Avant que l'élevage du cheval anglais n'ait eu pour but unique l'extrême vitesse, le type était beaucoup plus puissant et étoffé qu'aujourd'hui.

Youatt, dont la compétence est indiscutable, déplore les errements actuels : « Nos chevaux de course sont incontestablement plus rapides qu'autrefois; ils sont plus longs, mais moins musclés et moins résistants. Avant la moitié de la course, sur 15 ou 20 concurrents, deux ou trois seulement conservent leurs moyens. La lutte terminée, le cheval d'autrefois était prêt à recommencer, tandis qu'aujourd'hui une épreuve comme celle du Derby le rend fréquemment incapable de courir jamais, bien que la distance ne soit que de 1 mille et demi..... Lorsque les gros enjeux sont gagnés, le vainqueur est emmené les flancs ensanglantés par l'éperon, les tendons forcés, le corps couvert de sueur. Bien souvent sa carrière s'arrête là, car il a rempli sa tâche et ne peut recommencer.

« Il est incompréhensible que des hommes honorables, d'habiles éleveurs s'entendent ainsi pour altérer le type du cheval de course, et par suite celui de toutes nos races... Celui qui élevait autrefois des chevaux pour le turf pouvait se dire avec satisfaction qu'il travaillait pour son pays..., mais aujourd'hui la recherche de la vitesse a diminué l'endurance, et il a fallu réduire de moitié les distances... Si les éleveurs voulaient réfléchir, ils pourraient encore réparer leurerreur... mais comment lutter contre la puissance de la mode !... On ne fait pas assez attention aux conséquences des courses sur de petits parcours. Avec l'ancien système, la puissance assurait le succès au meilleur cheval, tandis que dans les courses actuelles le jockey joue un rôle prépondérant dans la lutte. » (Youatt, *The Horse*, passim.)

Le cheval anglais a pénétré dans le monde entier, mais il est principalement utilisé pour les croisements, le type pur n'ayant que peu de débouchés. Les produits métis sont rarement bien conformés et leur élevage n'est pas en général rémunérateur. Que ce soit en Allemagne, en Russie, ou en France, il ne se maintient qu'artificiellement au moyen de subventions et de primes.

RACE IRLANDAISE

La race irlandaise est représentée dans le Royaume-Uni par plusieurs variétés. La plus grande se trouve en Irlande ; la plus petite, dans les Highlands d'Ecosse. En Islande et aux îles Shetland, où ils se nourrissent de lichens et de débris de poisson, les poneys ne dépassent guère la taille d'un grand chien de Terre-Neuve ; ils sont couverts d'une épaisse fourrure brune, qui les préserve des froids excessifs de ces régions et disparaît lorsque les animaux sont transportés dans un pays tempéré. Doués d'une énergie et d'une rusticité remarquables, ils fournissent une somme de travail disproportionnée avec leur taille minuscule.

En Irlande, les chevaux sont généralement plus grands que dans le pays de Galles. Tous les individus de cette race ont la tête carrée et camuse, l'épaule droite, les membres larges, secs, et couverts de crins, l'encolure forte avec une épaisse crinière, la croupe courte et très musclée, le corps, fortement charpenté et près de terre.

Par suite de leur conformation, ces chevaux ont des allures peu allongées, mais ils sautent remarquablement, et d'une façon toute spéciale.

Les croisements des juments irlandaises avec des étalons de pur sang ou de demi-sang donnent des produits ayant plus de ligne et de distinction ; on en trouve nécessairement de toutes les tailles et de tous les modèles.

La principale foire aux chevaux dans le sud de l'Irlande se tient à Cahirmec, centre d'une région importante d'élevage. Des chevaux primés dans les concours atteignent parfois £ 250, ou 6.250 fr., mais le prix moyen est de 90 à 100 livres. Les carrossiers ne sont pas meilleurs que les anglo-normands, mais les chevaux de selle sont très supérieurs, et se vendent cependant moins cher. On ne saurait reprocher aux métis irlandais qu'un excès d'énergie. Extrêmement impressionnables et ardents, le bruit les affole, et ils deviennent assez souvent dangereux.

En Irlande comme en Angleterre, l'élevage est prospère, et en aucun pays on ne produit une telle proportion de bons chevaux. Cela tient à la richesse des herbages, au climat et à l'habileté des éleveurs, peut-être aussi à ce que l'Etat ne fait pas concurrence à l'industrie privée, qui s'exerce en toute liberté.

Les poneys de polo, qu'il ne faut pas confondre avec les criquets de sang utilisés souvent pour ce sport, sont élevés dans les monts Cambrians (Comtés de Westmoreland et de Cumberland) ; le principal centre de production est le Lake district.

Ces chevaux sont des irlandais purs dont la taille ne dépasse pas 13,2 hands (1 m. 32).

Les monts Cambrians sont constitués par le limestone qui produit un sol aride, sec et pierreux. Dans cette région désolée, balayée par le vent, couverte de neige dès la fin d'octobre, les poneys et les moutons black faced sont les seuls animaux qui puissent subsister, car il n'y pousse qu'une maigre bruyère. Habitués à chercher leur nourriture au milieu des rochers escarpés, les poneys ont une sûreté de pied très remarquable.

Lorsque l'hiver est trop rigoureux, ils descendent par bandes, et on leur permet de séjourner dans les prairies entourées de murs des vallées relativement abritées. A la fin de septembre, les poneys de 2 ans sont conduits en grand nombre à la foire de Brough Hill, où ils se vendent de £ 20 à £ 45 (5oo à 1.125 francs) lorsqu'ils ont un bon pédigree.

On a essayé des croisements avec le hackney, mais les métis sont peu rustiques, et il faut leur construire des abris où ils reçoivent du foin. Malgré cela, ils sont toujours maigres, alors que les « fell poneys » restent gras en ne mangeant que de la bruyère.

Les produits de l'étalon pur avec la jument hackney sont meilleurs que ceux de l'étalon hackney avec la jument irlandaise.

Certaines familles de « fell poneys » ont un pedigree qui remonte à 13 générations. On a vu des poneys de bonne origine faire le mille au trot en moins de 3 minutes, avec un cavalier montant à 12 stones (76 kilogr.).

RACE BRITANNIQUE

La race britannique se trouve en Angleterre dans les comtés de Norfolk, de Suffolk, de Lincoln et de Cambridge.

Suivant les régions, la richesse des pâturages et le régime auquel ils sont soumis, ces chevaux sont plus ou moins volumineux, en général de taille moyenne, mais on obtient parfois de véritables colosses, très recherchés par les brasseurs de Londres, qui les paient jusqu'à 8.ooo fr. et 10.ooo francs.

La variété de Suffolk est connue sous le nom de Suffolk punch, à cause de ses formes massives, et celle de Norfolk, sous celui de black-horse, parce qu'elle est le plus souvent de couleur noire.

On appelle aussi cheval de Norfolk, des métis provenant du croisement du cheval de sang avec des juments de toutes provenances, germaniques, britanniques, belges, frisonnes et même bretonnes. Beaucoup de poulains vendus comme Norfolk sont nés en France, en Belgique, en Hollande, en Danemark et dans le Holstein ; on reconnaît facilement ces derniers à leur tête busquée. Ce qu'on appelle trotteur du Norfolk est en général un métis de jument britannique et d'étalon de sang ; c'est donc un demi-sang chez lequel prédomine l'un des deux atavismes, et qui n'a aucune fixité.

Le croisement des étalons Norfolk avec des juments de trait n'améliore pas les produits, mais avec des juments près du sang et trop minces, il leur donne du gros. On ne peut cependant compter sur une forte proportion d'individus réussis, plusieurs atavismes se trouvant en présence.

« Les trotteurs de Norfolk, dit M. Gayot, sont le produit de métissages très divers. Ceux qui les produisent s'y prennent avec art, et réussissent sans trop suivre la même route. Ils sont le résultat d'intelligentes combinaisons pratiques entre l'étalon de pur sang et diverses variétés carrossières, de chasse ou de trait, améliorées par des alliances antérieures...

« C'est l'idéal de la force, unie à l'activité. Ce cheval est ensemble et compact, gros, épais, trapu, corpulent, membru ; il respire l'énergie ; ses mouvements sont libres et rapides ; il est doué d'une grande résistance au travail... Comme père, il donne plus de gros que de distinction ; il transmet sa bonne et solide structure, mais il n'est pas assez confirmé dans sa propre nature pour se soutenir à sa hauteur sans le secours d'une femelle d'élite... C'est le cheval moyen dans toute l'acception du mot, et plus encore par la modération de ses exigences propres que par la nature et la quantité du travail qu'il donne. »

En résumé, les Norfolks sont des métis soumis à différents atavismes ; ils ne peuvent donc avoir que des qualités individuelles non transmissibles.

VARIÉTÉ CLYDESDALE.

La variété Clydesdale appartient à la race frisonne. L'uniformité du type montre bien que cette variété ne résulte pas du métissage des juments indigènes avec les étalons flamands introduits en Ecosse au XII° siècle, comme certains auteurs le prétendent. Les Clydesdales sont répandus dans toute l'Angleterre et utilisés pour le labourage des terres fortes.

La « Clydesdale Society » encourage l'amélioration de cette variété, et s'occupe de lui créer des débouchés.

Ainsi que nous l'avons dit, les Américains ont essayé d'acclimater le Clydesdale, et en ont importé pendant plusieurs années, mais comme ils étaient loin de valoir les percherons, ceux-ci ont conservé le premier rang.

VARIÉTÉ CLEVELAND BAI

La race germanique, importée en Angleterre par les Angles et les Saxons, y a pris le nom de Cleveland, son principal centre de production, dans le Comté d'York. La variété Cleveland ne diffère pas des variétés de l'Allemagne du Nord, mais elle disparaît de plus en plus par l'effet des croisements avec les étalons de pur sang. Ces métis ressemblent par conséquent à nos anglo-normands, puisqu'ils sont formés des mêmes éléments : on les appelle Clevelands ou carrossiers du Yorkshire.

Ce cheval, trop près du sang, dit Houatt, n'a pas les qualités nécessaires pour faire un service un peu dur : il manque de membres, et son allure est trop allongée.

Les individus réussis, peu nombreux, font ces beaux carrossiers bais à longue encolure, aux formes puissantes, si recherchés à Londres.

En résumé, les Anglais ont créé la variété de pur sang par le croisement continu de l'étalon arabe ; pour toutes les autres races, ils pratiquent souvent le métissage avec l'étalon de pur sang.

Malgré leur habileté, et la qualité des herbages, le nombre des chevaux décousus est considérable. C'est le résultat habituel des croisements.

Taille et poids des chevaux anglais.

Chevaux légers	Taille	Poids
		kg.
Cleveland bai....	1 m. 60 à 1 m. 62	550
Hackney........	1 m. 50 à 1 m. 60	450
Thoroughbred...	1 m. 50 à 1 m. 90	400
Yorkshire Coach.	1 m. 60 à 1 m. 62	600

Chevaux lourds	Taille	Poids
		kg.
Clydesdale......	1 m. 60 à 1 m. 64	750
Shire..........	1 m. 62 à 1 m. 65	790
Suffolk........	1 m. 58 à 1 m. 60	700

Poneys	Taille	Poids
		kg.
Exmoor	1 m. 10 à 1 m. 25	300
Highland.......	1 m. 05 à 1 m. 12	250
New-forest.....	1 m. 12 à 1 m. 20	300
Shetland.......	0 m. 85 à 1 m.	200
Welsh.........	1 m. à 1 m. 20	350

Espèce ovine.

Aucune des races ovines d'Angleterre n'y a été introduite à l'époque historique, si ce n'est la race germanique, qui a dû être amenée par les invasions saxonnes.

RACE GERMANIQUE.

Jusqu'au milieu du xviiie siècle, la race germanique, qui peuplait le Comté de Leicester et la région avoisinante, était tardive, haute sur jambes, et à squelette grossier. C'est alors que Bakewel entreprit de l'améliorer en même temps que la variété bovine Longhorns, dans sa ferme de Dishley-grange. De là le nom de dishley donné à la variété ovine améliorée.

La méthode suivie par Bakewel a été la même pour les deux espèces, c'est-à-dire qu'il sut découvrir des reproducteurs ayant de grandes aptitudes à l'engraissement, aptitudes qu'il développa par la consanguinité la plus rapprochée. Le succès fut si rapide et si complet qu'en 1787 Bakewel vendait trois béliers pour 30.000 fr. et entreprenait de louer ses reproducteurs, industrie qui lui rapporta de grands bénéfices.

Aujourd'hui, la variété dishley à la poitrine et les reins larges, la croupe courte, mais les gigots un peu minces; bien que les animaux soient de grande taille, le squelette est très réduit, les os n'ayant qu'un petit volume.

Les dishleys souffrent beaucoup de la chaleur, à cause de l'épaisse couche de graisse qui se forme sous la peau, surtout à la base de la queue, lorsque les animaux sont gras. En revanche, ils supportent mieux l'humidité que les autres races ovines.

La toison, longue et grossière, pèse de 3 kilogr. à 3 kilogr. 500. La viande est de médiocre qualité, chargée de graisse, et a le goût de suif; c'est pourquoi le dishley est remplacé peu à peu par le southdown dont la chair est de qualité supérieure.

Les dishleys atteignent souvent 100 kilog. de poids vif avec un rendement net de 60 à 65 kilogr. Chez des sujets du concours de 1881, dit M. Sanson, le poids vif moyen a été de 65 o/o ; sur 617 grammes que pesait leur 6ᵉ côtelette, il y avait 445 gram. de graisse, et seulement 37 grammes de noix, dont 19 gr. 175 de matière azotée. Dans la graisse, il n'y avait que 48 o/o d'acide oléique.

Dans les environs de Lincoln et de Hull, le type est plus grand et plus volumineux ; les béliers atteignent jusqu'à 130 kilogr. La toison pèse de 5 kilogr. 500 à 6 kilogr. et la laine, très longue, sert à fabriquer des alpagas. La viande a les mêmes défauts que celle du dishley.

La variété dishley a été introduite en France vers 1845, au moment de la crise causée par les laines du Nouveau Monde. Le croisement dishley-mérinos, est surtout pratiqué en Beauce.

RACE DES PAYS-BAS.

La variété anglaise de la race des Pays-Bas, qui peuplait le Comté de Kent, était connue, au commencement du xixᵉ siècle, sous le nom de race Romney-Marsh. Ces animaux étaient tardifs, hauts sur jambes et mal conformés.

Vers 1825, Sir Richard Goord, de Coleslil (comté de Kent), entreprit d'améliorer les Romney-Marsh par la méthode de Bakewel. La nouvelle, variété qui prit le nom de New-Kent, ne diffère de celle de dishley que par les caractères spécifiques, et lui ressemble sous tous les autres.

Toutefois, la viande des New-Kent n'a pas un goût de suif aussi prononcé que celle du dishley; la laine est également moins grossière.

C'est en croisant des brebis métisses avec le bélier New-Kent que M. Malingié a obtenu le type zootechnique connu sous le nom de « race Charmoise ».

RACE DES DUNES (Southdowns).

La race ovine, qui peuplait la région de collines calcaires du sud de l'Angleterre, d'où elle a tiré son nom, s'est répandue sur les sols analogues des Iles Britanniques et du Continent.

La race des Dunes comprend les variétés de Hampshiredown, de Shropshiredown, et de Southdown; cette dernière est celle qui s'éloigne le moins du type primitif. Jusqu'à la fin du xviiiᵉ siècle, les southdowns étaient petits, rustiques et tardifs, ils ne dépassaient guère 30 kilogr. Leur toison pesait 1 kilogr. 500 seulement, mais ils étaient très recherchés pour la qualité de leur viande.

Cette variété a été améliorée, suivant la méthode de Bakewel, par John Elmann, de Glynde, près de Lewes, puis par Jonas Webb, de Babraham, dans le Cambridgeshire, qui l'amena au degré de perfection qu'elle a atteint depuis un siècle.

Aucune variété ne lui est comparable pour l'ampleur du corps et la finesse du squelette. A un an, les mâles pèsent en moyenne 90 kilogr. et les femelles 65 kilogr. Le rendement en viande nette dépasse 60 o/o.

Les southdowns sont rustiques. Ils se contentent, plus facilement que les autres variétés améliorées, d'une nourriture médiocre et se sont bien acclimatés en France, particulièrement sur les sols calcaires du Nord et du Centre.

Bien que les Hampsdiredowns et les Westdowns se trouvent dans une région plus fertile que celle des Dunes, ils sont moins fins que les Southdowns, et n'ont pas été améliorés au même degré. Tous ces animaux ont la tête noire, et leur viande est plus estimée que celle des races à tête blanche.

Dans les Highlands, le type black-faced s'est réduit par l'effet du rude climat de cette région : le poids ne dépasse pas 40 kilogr.

La variété du comté de Shropshire, améliorée depuis peu, est la plus lourde de toutes. A un an, les béliers atteignent jusqu'à 115 kilogr et les brebis 85 kilogr. ; la toison pèse de 3 à 4 kilogr,, mais la chair est moins fine que celle des Southdowns.

Les essais d'importation des Shropshire en France n'ont pas réussi ; ces animaux supportent mal l'humidité, et sont loin d'être aussi rustiques que nos mérinos.

RACE DU DANEMARK.

Cette race se trouve dans le Nord de l'Ecosse, à côté des blackfaced. Vivant à l'état demi-sauvage dans les bruyères et les marais de cette région granitique, elle est extrêmement rustique, et supporte aussi bien les plus grands froids que l'humidité. On procède le plus souvent à la tonte par arrachement ; les toisons ne fournissent pas plus de 700 grammes de laine épaisse et grossière. La viande est estimée à cause de son goût de venaison. Cette race a une faible valeur économique, et tend à disparaître ; elle n'est à sa place que dans les régions où aucune autre ne pourrait subsister.

RACE BRITANNIQUE

Cette race, très rustique, est originaire du comté de Glocester et adaptée aux grès dévoniens de cette région montagneuse ; de là, elle s'est répandue dans les comtés de Hereford, de Leicester, de Worcester, de Northumberland, et sur les monts Cheviots.

Les principales variétés sont actuellement celles de Glamorgan, de Pembroke, de Cotswold, du Buckinghamshire et des Cheviots. Avant d'être améliorée, la race britannique n'était recherchée que pour la blancheur de sa laine relativement fine ; elle a conservé cette particularité, mais le corps est devenu plus ample. Les animaux améliorés, engraissés pour les concours, pèsent à 9 mois de 75 à 100 kilogr. ; la toison donne de 5 à 6 kilogr. de laine.

Dans les régions plus riches, comme les comtés de Leicester et de Buckingham, la race acquiert un plus grand développement, et les individus dépassent souvent 120 kilogr.

La variété des Cheviots est la plus petite ; elle fournit au marché de Londres de grandes quantités de viande, plus estimée que celle des grands moutons précoces nourris dans les champs de turnips de la zone calcaire.

Les moutons cheviots pèsent au maximum 40 kilogr. et leur toison 1 kilogr. 500.

Alimentation des bêtes à cornes.

Le n° 79 de la publication du Board of Agriculture fournit de longs détails sur la nourriture des animaux de ferme, la proportion des matières protéiques, grasses et non azotées des différentes rations, calculées d'après les tables de Wolff. Voici les types de rations recommandées.

RATIONS QUOTIDIENNES DES VACHES LAITIÈRES

En mai, un bon pâturage contient 1/4 de matières albuminoïdes, et pendant les deux mois qui suivent, 1/7 ; cette dernière relation a besoin d'être resserrée au moyen de tourteau de coton décortiqué, comme suit :

<pre>
                              kg.
Herbe (en août).......   47,112 (1) ⎰ Relation 1/5,7 environ.
Tourteau décortiqué...   1,132   ⎱
</pre>

On commence par donner 0 kilogr. 453 de tourteau par jour en juillet, pour arriver progressivement à 1 kilogr. 132 à la fin d'août.

Ce supplément n'est pas nécessaire pour les vaches qui ont vêlé en hiver ou qui sont à la fin de leur lactation.

Le pâturage en juin donne un beurre coulant ; l'adjonction du tourteau augmente sa consistance.

Cette ration doit nécessairement être modifiée selon la race des vaches, leur poids et les ressources dont on dispose.

Il est bon de remarquer qu'un petit animal consomme proportionnellement plus qu'un grand.

Lorsqu'on récolte des pois et des fèves qui sont riches en protéine, il faut toujours peser avec soin ces aliments au commencement ; après en avoir constaté l'effet, il suffit de les mesurer.

Dans la pratique, les racines et le foin sont distribués approximativement. On donne la paille à volonté, surtout le soir et aux animaux les plus robustes : ce qui reste au matin est mis en litière.

Il est toujours nécessaire d'observer les points suivants :

1° L'alimentation ne doit pas être monotone ; il faut la modifier de temps en temps, mais graduellement.

2° Les betteraves, mangolds, navets, choux, carottes et panais sont également favorables aux vaches laitières ; toutefois, les panais, les carottes et les mangolds produisent le meilleur beurre.

Afin d'éviter la coloration du lait, les racines et la nourriture verte ne doivent être donnés qu'après la traite.

3° Le mélange de deux ou plusieurs aliments concentrés est

(1) Les poids étant transformés en unités décimales, il semble que les rations sont calculées avec une extrême précision. Bien entendu, il n'en est pas ainsi.

plus économique qu'un seul de ces aliments. La quantité de nourriture concentrée doit être réglée d'après le lait fourni, de telle sorte que les vaches en lactation disposent de 4 [à 5 kilogr. de tourteaux et de grains; on réduit en proportion les vaches sèches.

4° L'eau doit être abondante et pure.

5° Un morceau de sel est toujours mis à la disposition des animaux.

6° L'appétit est influencé par la température. Il faut aérer les étables, tout en évitant les courants d'air; l'étable doit être à 55° ou 60° Fahrenheit == 17° centigrades environ.

7° Il importe de distribuer la nourriture régulièrement et dans le même ordre.

8° La qualité et la quantité du lait produit par une vache dépendent plus de la race et des aptitudes individuelles que de la nourriture; celle-ci ne fait que développer la sécrétion, et par suite le total de beurre et de fromage. Les rations qui suivent seront modifiées selon les éléments dont on dispose.

Rations d'hiver des vaches laitières

Ferme à cultures.

(1)   25 kg. de betteraves;
    9 kg. de paille d'avoine;
    2 kg. 500 tourteau de coton décortiqué.

(2)   25 kg. de betteraves;
    7 kg. 200 paille d'avoine ;
    1 kg. avoine écrasée;
    2 kg. tourteau de coton décortiqué.

(3)   19 kg. de betteraves ;
    9 kg. paille d'avoine;
    1 kg. 812 avoine concassée;
    2 kg. 491 tourteau de coton décortiqué.

(4)   12 kg. 684 mangolds ou carottes;
    9 kg. 966 paille d'avoine;
    2 kg. 033 avoine écrasée;
    2 kg. 500 tourteau de coton.

Dans les fermes où la culture prédomine, il y a beaucoup de racines et de paille comparativement au foin. Les rations 1 et 2 contiennent une proportion de betteraves qui sont favorables à la production du bon beurre. La ration 2 est spécialement propre à une ferme dont les terres légères donnent une paille courte. La ration 4 convient au commencement de l'année, quand les betteraves sont épuisées et les mangolds mûrs ; elle est utile aussi pour une ferme qui dispose de beaucoup de paille, de mangolds et de carottes au lieu de betteraves.

Ferme moitié culture et prairies.

(5)   16 kg. de betteraves ;
     3 kg. de foin ;
     6 kg. paille d'avoine ;
     1 kg. 500 farine de maïs ou 1 kg. 812 d'avoine écrasée ;
     2 kg. tourteau de coton décortiqué.

(6)   13 kg. 500 de betteraves ;
     3 kg. de foin ;
     6 kg. paille d'avoine ;
     1 kg. 812 tourteau de coco ;
     2 kg. 491 farine de fèves.

(7)   12 kg. 700 mangolds ;
     3 kg. de foin ;
     6 kg. paille d'avoine ;
     1 kg. 812 maïs ou farine d'orge ;
     2 kg. tourteau de coton décortiqué.

(8)   5 kg. 500 betteraves ;
     2 kg. 750 foin ;
     5 kg. 500 paille d'avoine ;
     2 kg. grains écrasés ;
     1 kg. 359 tourteau de coton décortiqué.

(9)   12 kg. 700 mangolds ;
     2 kg. 718 foin ;
     4 kg. 500 paille d'avoine ;
     1 kg. 812 farine de froment ;
     3 kg. 624 farine de fèves.

La ration n° 5 s'est montrée toujours la meilleure dans les fermes du Cumberland et du Westmoreland pour la production du lait.

La ration n° 9 se compose d'aliments poussant vigoureusement sur les argiles et les loams : elle convient aux fermes dont les terres sont fortes, et présente l'avantage de ne pas nécessiter l'achat de fourrages.

La ration n° 6 s'adapte aux fermes n'ayant qu'une petite quantité de betteraves.

La ration n° 7 sera employée de préférence au printemps. Si le prix de l'avoine était bon, et celui du maïs et des grains secs peu élevé, il serait préférable de vendre l'avoine et d'acheter des autres.

Fermes dont le tiers est en culture.

(10) 12 kg. 700 betteraves, choux ou mangolds ;
   6 kg. 350 foin ;
   3 kg. 175 paille d'avoine ;
   1 kg. 812 maïs ;
   1 kg. 812 tourteau de coton ou 2 kg. 265 middlings ou
      2 kg. 265 avoine écrasée.

Dans ce genre de ferme, il y a plus de foin que dans les précédentes, mais moins de racines et de paille. En conséquence, la ration n° 10 a 2 parties de foin, et une de paille, avec une petite quantité de racines.

Fermes d'herbages.

(11) 12 kg. 700 mangolds ;
   12 kg. 700 foin ;
   1 kg. 812 tourteau de coton.

(12) 13 kg. 590 foin ;
   2 kg. 718 son ;
   0 kg. 916 tourteau de coton ;

(13) 12 kg. 700 foin ;
   4 kg. 530 grains écrasés ;
   0 kg. 226 mélasse.

Pour la ration n° 13, on dissout la mélasse dans 9 litres d'eau chaude, on mélange avec le grain, et on donne le lendemain.

(14) 13 kg. 500 foin ;
   0 kg. 906 maïs, orge ou farine de froment ;

o kg. 906 farine de pois ;
o kg. 906 tourteau de coton ;
o kg. 226 graine de lin.

Verser le soir 4 litres 1/2 d'eau bouillante sur la graine de lin, mélanger avec la farine et le tourteau, puis donner le lendemain en ajoutant du sel.

Alimentation des vaches citadines.

(15)   10 kg. 872 foin ;
         o kg. 906 farine de maïs ;
        18 kg. 120 grains frais (mouillés).

Dans les villes, on emploie peu les racines, à cause de leur prix élevé ; elles ne sont pas nécessaires du reste pour la bonne santé des vaches laitières ayant un bon appétit.

Les farines de germe de maïs et de gluten produisent un excellent effet pour les vaches laitières, à raison de 1 kilogr. 800 à 2 kilogr. par tête et par jour avec tourteau.

RATIONS D'ENGRAISSEMENT POUR LE BÉTAIL ADULTE

La qualité des aliments influe considérablement sur l'engraissement des animaux. Beaucoup de fermiers augmentent avec des tourteaux et des grains la valeur nutritive de la paille et du foin, mais quelques-uns se contentent d'en donner de grandes quantités·

Dans les rations qui suivent, on peut remplacer les betteraves p ar des turnips blancs ou jaunes, et en automne par les choux, au printemps par les mangolds.

L'engraissement dure environ 4 mois. On augmente progressivement la proportion d'aliments concentrés, de telle sorte que l'animal reçoive de o kilogr. 900 à 1 kilogr. 359 de tourteaux et de grains par jour pendant le 1er mois, et de 4 kilogr. 500 à 5 kilogr. pendant le dernier.

La meilleure relation a été trouvée $= 1/8$, de sorte que l'animal dispose de 1 kilogr. 120 de matières protéiques digestibles, et de

8 kilogr. 154 de matières non azotées. Les rations suivantes sont
établies sur cette base.

(1)   45 kg. betteraves.
         7 kg. 248 paille d'avoine.
         o kg. 906 tourteau de coton décortiqué.

(2)   45 kg. betteraves ;
         6 kg. 342 paille d'avoine ;
         1 kg. 935 tourteau de coton décortiqué.

(3)   25 kg. 368 betteraves ;
         9 kg. 060 paille d'avoine ;
         1 kg. 925 avoine écrasée ;
         1 kg. 132 tourteau de coton décortiqué.

(4)   19 kg. 026 betteraves ;
         3 kg. 171 foin ;
         6 kg. 342 paille d'avoine ;
         1 kg. 925 farine de maïs ou 2 kg. 265 orge écrasée ;
         1 kg. 132 tourteau de coton décortiqué.

(5)   12 kg. 684 betteraves ;
         6 kg. 342 foin ;
         1 kg. 132 grain écrasé ;
         1 kg. 359 tourteau de lin.

(6)   12 kg. 684 betteraves ;
         6 kg. 342 foin ;
         4 kg. 530 paille d'avoine ;
         1 kg. 925 tourteau de coco ;
         1 kg. 585 orge écrasée ou 1 kg. 359 de farine de maïs.

(7)   13 kg. 590 mangolds ;
         3 kg. 624 foin ;
         7 kg. 248 paille d'avoine ;
         2 kg. 151 farine de maïs ;
         1 kg. 585 farine de fèves.

(8)   12 kg. 684 foin ;
         2 kg. 265 farine de maïs ou 2 kg. 718 farine d'orge ou de
                   riz ;
         o kg. 906 grains écrasés ou 1 kg. 132 poudre de malt ;
         o kg. 114 graine de lin.

Les rations n°ˢ 1, 2 et 3 sont calculées pour les fermes de culture ; les 2 premières sont spécialement propres à l'Ecosse où les
betteraves et la paille sont plus nourrissantes qu'au sud. La
ration 4 convient à une ferme moitié en cultures et en prairies.

Les rations 5 et 6 sont propres aux fermes ayant 1/3 de terres labourables ; le n° 7 est adapté aux fermes à terres fortes n'achetant rien en dehors. Enfin, le n° 8 concerne les fermes en herbages.

On remarquera que le tourteau de coton décortiqué contient plus de matières protéiques que les autres ; il faut donc lui adjoindre plus de paille. Il donne davantage de qualité au beurre que le tourteau de lin. Ce dernier est préférable pour terminer l'engraissement; avec les autres tourteaux, la viande a moins de « fleur » et de « maniement ». Il convient également au bétail d'un an, et aux moutons de 6 à 7 mois.

Dans les districts où l'on cultive l'orge, la paille de cette céréale prend la place de celle d'avoine ; mais comme elle est moins digestible que cette dernière, il faut augmenter la proportion de farine.

Pour le rapide engraissement des animaux de boucherie, il est absolument nécessaire, comme pour les vaches laitières, d'avoir recours aux aliments hachés, mélangés avec les pulpes de racines et arrosés de mélasse : on y ajoute des condiments. La farine de riz, quand elle est pure, est une nourriture saine et économique pour l'engraissement; on la donne avec le tourteau à dose de 1 kilogr. 812 à 2 k. 266 par jour. Le son d'orge est également employé avec grand avantage.

On engraisse très souvent les animaux dans des cours (strawyards) où chaque bête dispose d'environ 30 mètres carrés. Lorsque ces cours ne sont pas couvertes, il y a une dépense importante résultant de la déperdition de chaleur et de la consommation de litière. Si, au contraire, elles sont couvertes, les animaux souffrent moins des intempéries mais le fumier est trop sec.

Parfois encore, l'engraissement se fait dans des stalles placées sous un hangar, et contenant chacune deux bœufs. Chaque éleveur a du reste un système différent qu'il modifie selon les résultats observés, mais on tend de plus en plus à employer les aliments cuits et les fourrages hachés.

Les veaux doivent recevoir du lait nouveau pendant les deux premiers mois : ensuite on peut leur donner un mélange de lait nouveau et de lait écrémé. Après la 4e semaine, ils commencent à mâcher un peu de foin et ont 9 litres de lait écrémé, additionné de 56 grammes d'huile de foie de morue.

A 10 semaines, on supprime l'huile et on donne progressivement un peu de tourteau de lin, de farines et de pulpes de betteraves en hiver, d'herbe en été. On cesse le lait à 6 mois.

A un an, l'animal dispose par jour de 0 kilogr. 453 à 0 k. 679 d'un mélange de tourteau de lin et de farine, avec au moins 1 kilo 812 de foin et de 1 kilogr. 359 à 4 kilogr. 350 de betteraves (herbe en été), ce qui donne une relation nutritive de 1/4,5 à 1/5.

Dans les fermes où l'on fait de l'industrie laitière, il n'est pas avantageux de donner du lait écrémé : on le remplace par des équivalents, mais ces aliments sont loin de valoir le lait. Voici des types de ces rations de substitution.

(1)   14 parties en poids de farine de tourteau de lin ;
         5   —   lin écrasé ;
         2   —   fleurs de froment ;
         2   —   farine de caroubes.

On mélange 1 kilogr. 359 avec 6 litres d'eau chaude et on saupoudre avec 7 grammes de sel. Donner 3 farines au-dessous de 3 mois, et 2 farines après cet âge.

(2)   2 parties de farine de tourteau de lin ;
         2   —   d'avoine ;
         1   —   lin écrasé.

Chauffer 1 kilogr. 132 avec 6 litres d'eau avant la nuit, agiter et faire bouillir 10 minutes le matin ; ajouter du sel et 50 grammes de sucre.

Une petite quantité de lait écrémé est préférable, comme dans la ration suivante :

(3)   8 parties de farine d'avoine ;
        1   —   lait écrémé.

Chauffer 1 kilogr. 132 de farine avant la nuit avec 3 litres d'eau ; faire bouillir 10 minutes le matin ; ajouter 3 litres de lait écrémé, et 7 grammes de sel ou 58 grammes de sucre.

Les veaux sevrés à l'herbage ne demandent pour être en bonne condition que o kilogr. 380 à o kilogr. 410 de tourteau de lin mélangé avec de la farine, en plus de l'herbe.

Les jeunes bœufs d'un an ont la même nourriture que les vaches laitières. A 15 mois, on leur donne la ration (4), puis entre 18 et 20 mois, la ration (5). La relation nutritive est de $\dfrac{1}{5,5}$.

(4)   9 kg. 513 betteraves.
        3 kg. 171 foin.
        o kg. 906 avoine.
        1 kg. 358 tourteau de lin.
(5)   16 kg. 765 betteraves ;
        4 kg. 530 paille d'avoine ;
        1 kg. 358 maïs, orge ou froment ;
        1 kg. 358 tourteau de lin ;
        o kg. 906 tourteau de coton décortiqué.

Les bouvillons et les génisses à l'herbe n'ont besoin qu'à l'automne d'une nourriture de choix. En hiver il faut aux animaux une large ration de turnips avec, suivant la force, de o kilogr. 906 à 1 kilogr. 812 de tourteau de coton et de farines.

Voici des types de rations d'hiver.

(6)   19 kg. betteraves ;
        6 kg. 342 paille d'avoine ;
        1 kg. 359 farine de maïs ou 1 kg. 812 d'orge écrasée ou
                farine de riz ;
        1 kg. 812 tourteau de coton ou 2 kg. 265 de tourteau
                de lin.
(7)   19 kg. choux ou turnips jaunes ;
        3 kg. 131 foin ;
        2 kg. 718 paille ;
        1 kg. 906 avoine écrasée ;
        2 kg. 718 grains écrasés ou 1 kg. 359 avoine écrasée ou
                2 kg. 265 grains secs ou o kg. 150 lin.

On voit que les produits d'une ferme à cultures suffisent presque à l'alimentation des animaux.

RATIONS DES MOUTONS

En Ecosse et dans une grande partie du Nord et de l'Ouest de
l'Angleterre, les moutons passent l'hiver dans les pâturages où ils
se contentent d'un peu de foin avec des mangolds et des turnips
qu'ils consomment sur place. Comme les agneaux ne tardent pas
à naître, on leur donne à 3 mois des betteraves, des mangolds, de
la paille de fèves ou de pois, un mélange de foin et de paille
d'avoine ou d'orge, du tourteau de lin, de l'avoine, du son, etc.
Les rations qui suivent sont calculées pour une brebis par
semaine. La relation nutritive $= \dfrac{1}{6}$.

(1) 54 kg. betteraves;
   3 kg. 163 foin et paille d'avoine;
   1 kg. 359 orge écrasée;
   0 kg. 906 tourteau de coton décortiqué.

(2) 54 kg. betteraves;
   0 kg. 906 paille de pois;
   0 kg. 906 foin;
   2 kg. 718 pois.

(3) 36 kg. 240 mangolds;
   2 kg. 718 foin;
   2 kg. 718 avoine;
   2 kg. 265 son;
   0 kg. 906 tourteau de coton décortiqué.

Lorsqu'au printemps les brebis et les agneaux sont mis dans
un bon pâturage, il faut cependant continuer à leur donner de
l'avoine pendant quelque temps. Quand le lait des brebis diminue, on donne après le mois de juillet 0 kilogr. 453 de tourteau
de lin ou des pois cassés, pour 7 agneaux par jour. Lorsque les
brebis et les agneaux sont mis dans les luzernes, cette nourriture
leur suffit.

Les variétés des Downs du Sud de l'Angleterre ont ordinaire

ment les agneaux en janvier. Après l'agnelage, les brebis et les agneaux sont parqués dans les champs de racines où les brebis reçoivent environ o kilogr. 453 à o kilogr. 600 de sainfoin ou de foin de prairie par jour, et une petite quantité de tourteau de lin, pois, recoupe, grains ou avoine. Pendant le printemps, les moutons sont conduits dans les champs de seigle, de trifolium et de navette, et reçoivent une ration de mangolds. En été, le troupeau a des vesces et du ray-grass ; en automne, de la navette, et est parqué dans les prairies closes. Comme les agneaux n'ont plus besoin de lait, la nourriture concentrée des brebis est graduellement réduite, et remplacée par des grains secs, du malt en poudre et de la paille d'avoine.

ENGRAISSEMENT DES MOUTONS

Pour réussir dans l'engraissement des moutons, il importe d'observer les points suivants : 1º le mélange de deux ou plusieurs aliments concentrés vaut mieux qu'un seul de ces aliments ; 2º la ration de tourteau et de grain doit être graduellement augmentée en commençant par o kilogr. 900 par tête et par semaine, pour finir avec 2 kilogr. 700 à 4 kilogr. 500, suivant la grosseur du mouton ; 3º une nourriture monotone est à éviter, car l'accroissement est proportionnel à la quantité d'aliments consommés.

Les moutons d'un an sont engraissés extensivement pendant l'hiver avec des turnips et des betteraves. L'expérience a démontré que ce système d'engraissement est le plus économique et augmente le rendement à la boucherie, quand la nourriture sèche est donnée avec les racines coupées au préalable.

Un jeune mouton consomme par tête et par semaine, pour l'engraissement ordinaire de boucherie, 45 kilogr. à 72 kilogr. de racines ou nourriture verte, comme choux ou navette, ainsi que 1 kilogr. 359 à 3 kilogr. 600 de foin et paille. La nourriture concentrée est en moyenne de 2 kilogr. 600 par semaine et par tête.

Les types de rations qui suivent sont très employés pour les Hampshire Down ou Leicester. Leur relation nutritive $= \dfrac{1}{6,6}$.

> 54 kg. betteraves ;
> 3 kg. 163 foin et paille d'avoine ;
> 1 kg. 359 orge écrasée ;
> o kg. 906 tourteau de coton décortiqué.

Les rations ci-dessous sont des mélanges avantageux de nourriture concentrée à ajouter à la ration verte (y compris les racines) et le foin, ou le foin et la paille. Les quantités sont convenables pour un mouton par semaine, et représentent une moyenne pour la période d'engraissement.

> { 1 kg. 359 farine de riz ou de maïs ;
> { 2 kg. tourteau de coton décortiqué ;
>
> { 1 kg. 359 grains secs ;
> { o kg. 906 tourteau de coton décortiqué ou de lin ;
>
> { o kg. 906 poudre de malt ;
> { o kg. 906 farine de maïs ou orge écrasée ;
> { o kg. 453 tourteau de coton décortiqué ou de lin ;
>
> { 1 kg. 359 froment écrasé ou o kg. 916 froment et o kg. 453 ;
> { 1 kg. 359 tourteau de coton décortiqué ;
>
> { 1 kg. 359 pois ;
> { o kg. 906 grains secs ou farine de coco.

Dans certaines parties de l'Ecosse, les moutons sont engraissés sans addition de foin et de paille à la nourriture ordinaire de turnips, tourteau, etc. L'excellente qualité des racines de ces districts contribue largement au succès de ce système. Dans les régions où le foin est cher, il est avantageux de le remplacer en partie par des grains écrasés et de la paille.

RATIONS DES PORCS

Les rations ci-dessous sont calculées pour des porcs de dix semaines pendant une période de 18 à 20 semaines. La proportion des matières azotées est de $\frac{1}{6}$ et consiste en aliments convenant aux fermes ordinaires.

La ration doit être réglée d'après l'âge et le poids des animaux.

(1) 2 kg. 718 farine de maïs avec 4 lit. 5 de lait écrémé;
(2) 0 kg. 906 farine de maïs avec 0 kg. 453 de farine de pois;
(3) 2 kg. 718 middlings avec 0 kg. 453 de farine de pois;
(4) 2 kg. 718 pommes de terre bouillies avec 1 kg. 359 d'avoine et 4 lit. lait écrémé;
(5) 2 kg. 265 avoine, avec 0 kg. 453 farine de pois et 4 lit. 5 de petit lait;

La farine est bouillie avec le lait ou avec de l'eau au moment d'être donnée.

Dans beaucoup de contrées, les porcs de bonne vente pèsent 75 kilogr. et ont environ 8 mois.

Les porcelets sont sevrés à 2 mois, et arrivent à être en bonne condition en 3 mois.

Types de rations pour les porcs sevrés.

(1) Lait écrémé ou lait de beurre, farine de maïs, son ou recoupe. Pour 4 lit. 5 de lait écrémé, on met la farine et le son dans la proportion de 5/1 ;
(2) Lait pur ou écrémé, farine de maïs, de fèves ou de pois. Dans 4 lit. 5 de lait on met 4 litres de farine.
(3) Lait pur ou écrémé, farine de maïs ou de froment, savoir : 3 parties de maïs pour 1 de froment ;
(4) Petit lait ou lavures, farines d'orge, de fèves, de pois. Pour 4 lit. 5 de liquide, deux parties de farine ;
(5) Petit lait ou lavures avec avoine ;
(6) Débris de brasserie frais, farine d'orge et son ou recoupes.

Comparativement au petit lait, le lait écrémé est beaucoup plus nourrissant. Un mélange de petit lait et de farine de maïs n'est bon qu'à la condition d'y ajouter de l'avoine, des fèves ou de la farine de pois.

Les porcs de 3 à 4 mois ont besoin d'environ 2 kilogr. de nourriture sèche par jour et par 45 kilogr. de poids vif. Cette quantité peut être remplacée par 4 litres de lait écrémé et environ 1 kilogr. 359 de farines.

Quand l'animal a 5 mois, on augmente progressivement la nourriture jusqu'à 8 ou 9 mois, ainsi que la proportion de farine et la consistance du mélange. Un porc de 72 à 80 kilogr. consomme environ 2 kilogr. 700 de farine par jour ou l'équivalent en rebuts de laiterie. Voici des types de rations pour des porcs de ce genre.

(1) 2 kg. 265 farine d'orge ou de maïs; 1 kg. 359 pommes de terre et 4 lit. 5 de lait écrémé ou de lait de beurre;

(2) 2 kg. 718 farine d'orge ou de maïs, 4 lit. 5 de lait écrémé ou de lait de beurre;

(3) 1 kg. 812 farine d'orge ou de maïs avec 0 kg. 906 de farine de fèves ou de pois;

(4) Egales quantités de farines de fèves, de maïs, d'orge et de froment;

(5) Farines d'orge et de froment (cette dernière dans la proportion de 1/5 ou 1/6) avec lait écrémé ou lait de beurre dans la proportion de 3 ou 4 pour 1 de petit lait ou de lavures.

Les porcs sont très sensibles au froid et à l'humidité.

Un bon porc de 8 à 9 mois pèse 90 à 95 kilogr., et donne 70 à 80 p. 100 de chair; il profite d'environ 0 kilogr. 453 par 2 kilogr. 265 de farine consommée.

RATIONS DES CHEVAUX DE FERME

« On a recherché en France et en Angleterre quelle devait être la nourriture d'un cheval de 450 kilogr. vivant au repos ; on a trouvé que la relation 1/8 était suffisante, et fournie par le bon foin. »

Les rations suivantes sont applicables aux chevaux de ferme.

(1) 9 kg. 060 foin ;
5 kg. 436 avoine ;
Relation 1/7,5.

En principe, une semblable ration est insuffisante ; avec une nourriture plus complexe, l'animal fournit davantage de travail, et les dépenses sont diminuées.

Voici des types de rations pour des chevaux de ferme auxquels on demande un travail moyen.

(2)   8 kg. 154 foin ;
         4 kg. 099 maïs ou partie d'orge ;
         0 kg. 906 son ;
         0 kg. 906 fèves.

(3)   5 kg. 436 foin ;
         2 kg. 265 paille d'avoine ;
         2 kg. 718 avoine ;
         2 kg. 718 maïs ;
         1 kg. 369 fèves.

(4)   8 kg. 154 foin ;
         5 kg. 436 avoine ;
         0 kg. 906 fèves.

Une forte ration pendant les grands travaux, est de :

(5)   4 kg. 077 paille d'avoine ;
         2 kg. 718 foin ;
         5 kg. 436 avoine ;
         1 kg. 369 fèves ;
         0 kg. 680 lin.

La qualité de la paille varie considérablement selon les régions : dans les unes on en donne à volonté, dans d'autres, de 6 kilogr. 300 à 11 kilogr.

Voici un bon type de ration pour cheval travaillant peu.

(6)   3 kg. 624 paille d'avoine ;
         2 kg. 718 avoine ;
         2 kg. 265 maïs (ou maïs et orge) ;
         1 kg. 906 fèves.

Les chevaux sont très friands de carottes, de betteraves et des mangolds, mais lorsqu'ils travaillent on ne peut leur en donner plus de 3 kilogr. 500 à 4 kilogr. par jour.

Poids, accroissement et rendement du bétail anglais

Poids moyen des bovins au Concours du Smithfield Club et autres.

Races	Bœufs de moins de 2 ans	Bœufs entre 2 et 3 ans	Vaches de moins de 3 ans
	kg.	kg.	kg.
Aberdeen-Angus........ ...	634	860	724
Ayrshire............	475	611	498
Dexter.................	362	453	407
Devon (North)..........	543	724	588
Devon (South)..........	498	679	543
Galloway..............	588	770	679
Hereford...............	635	860	678
Highland..............	543	679	543
Guernesey..............	475	611	495
Jersey.................	362	453	381
Kerry..................	385	482	430
Longhorn..............	498	635	543
Red Polled............	542	770	635
Shetland..............	360	450	360
Shorthorn.............	656	860	724
Sussex................	635	815	724
Welsh................	611	770	747
Cross-Bred............	635	860	656

Rendement en lait

Quantités moyennes obtenues au Concours of the British-Farmer's Association.

Races	Par jour	Matières solides	Eau	Moyennes sur
	kg.			
Jersey........	13,184	14,69 o/o	85,31 o/o	100 vaches
Guernesey....	13,317	13,90 —	86,10 —	23 —
Red Poll.....	17,600	12,78 —	87,22 —	19 —
Shorthorn.....	22,300	12,99 —	87,01 —	65 —
Kerrie.......	13,084	13,19 —	86,81 —	20 —
Ayrshire......	12,480	13,55 —	86,45 —	14 —
Dutch (holland)	25,178	11,93 —	88,07 —	7 —
Cross-Bred. ..	22,750	13,05 —	86,95 —	19 —

Rendement en viande

Bœufs de moins de 2 ans.

Aberdeen-Angus............ ...	62,74 o/o
Cross-Bred................. ...	62,28 —

Galloway...................	68,83 o/o
Sussex.....................	65,78 —
Welsh.....................	67,04 —

Bœufs de moins de 3 ans.

Aberdeen-Angus.............	68,13 o/o
Cross-Bred.................	63,83 —
Galloway...................	62,20 —
Kerry.....................	64,25 —
Welsh.....................	64,25 —

Vaches de moins de 3 ans.

Aberdeen-Angus.............	68,16 o/o
Cross-Bred.................	65,19 —
Dexter.....................	63,58 —
Sussex.....................	63,59 —

Poids et accroissement journalier de bœufs primés au Concours du Smithfield Club en 1901-1902 (Baxter).

Races	Moins de 2 ans	Accroissement journalier	Moins de 3 ans	Accroissement journalier
	kg.	kg.	kg.	kg.
Aberdeen-Angus....	669	1,010	906	0,833
Dexter............	357	0,588	453	0,394
Devon (N.)........	566	0,830	724	0,643
Devon (S.)........	520	0,747	656	0,588
Galloway..........	702	1,050	811	0,780
Hereford..........	634	0,946	881	0,860
Red-Polled........	542	1,025	795	0,851
Shorthorn.........	660	1,023	878	0,819
Sussex............	598	0,937	1121	0,815
Welsh.............	723	1,010	906	0,964
Cross-Bred........	645	1,123	946	0,946

MOUTONS

Agneaux ayant moins d'un an.

Variétés à longues laines	Rendement en viande	Poids vif
		kg.
Cheviot................	66,89 o/o	58,437
Cross-Bred.............	62,39 —	53
Romney-Marsh..........	67,06 —	113,156
Welsh-Mountain........	65,26 —	43,035
Lincoln................	59,26 —	68,856

Variétés à courtes laines	Rendement	Poids vif
		kg.
Dorset Horn	67,91 o/o	84,711
Hampshire Down	64,03 —	62,967
Oxford Down	63,46 —	94,224
South Down	65,94 —	62,514
Suffolk	66,87 —	73,839
Norfolk Horned	63,33 —	66,591

Poids vif, accroissement journalier et poids de la toison des diffé-rentes variétés de moutons (Baxter).

Races à laines courtes	Agneaux de moins de 12 mois	Gain par jour	Moutons de moins de 24 mois	Gain par jour	Poids de la toison
	kg.	kg.	kg.	kg.	kg.
Costwold	86,070	0,308	144	0,196	4,077
Devon South Hams	77,010	0,280	113,250	0,182	4,077
Leicester	67,950	0,252	108,720	0,168	4,077
Leicester (Border)	58,890	0,224	113,250	0,196	4,077
Lincoln	86,070	0,308	140,430	0,224	6,795
Romney-Marsh	72,480	0,252	117,780	0,196	4,077
Roscommon	67,900	0,252	113,250	0,196	3,624
Wensleydate	58,890	0,224	108,720	0,168	3,624
Dorset Horned	86,170	0,252	122,310	0,140	2,265
Hampshire Down	86,170	0,280	130,840	0,182	3,171
Oxford Down	81,540	0,279	122,310	0,182	3,171
Southdown	67,950	0,224	90,600	0,140	2,265
Shropshire Down	67,950	0,252	108,720	0,168	3,171
Suffolk Down	86,070	0,308	135,900	0,196	4,077
Ryeland	54,360	0,196	81,540	0,168	3,624

Races des montagnes.

Races à laines courtes	Agneaux de moins de 12 mois	Gain par jour	Moutons de moins de 24 mois	Gain par jour	Poids de la toison
Black faced	54,360	0,224	81,540	0,140	5,436
Cheviot	72,480	0,252	113,250	0,168	4,530
Clun Forest	45,300	0,196	81,540	0,140	1,359
Exmoor and Dartmoor	45,300	0,196	77,010	0,168	2,265
Herdwick	45,300	0,168	72,480	0,112	1,812
Limestone	58,890	0,224	90,600	0,168	3,171
Lonks	54,360	0,224	81,540	0,168	3,524

Penistone......	54,360	0,224	86,070	0,168	2,718
Radnor or Tan Face........	45,300	0,196	77,010	0,140	2,265
Shetland.......	27,180	0,140	40,770	0,070	0,906
Welsh Soft Wools.......	45,300	0,196	63,420	0,112	2,265

PORCS

Le Smithfield Club n'a pas établi les rendements des diverses variétés de porcs. Voici les résultats des pesées faites sur 4 animaux.

	N° 1 kg.	N° 2 kg.	N° 3 kg.	N° 4 kg.
Poids vif.........	118,607	88,335	69,309	66,138
Lavé et égoutté...	84,258	67,497	52,548	52,095
Fumé 28 jours...	79,728	62,967	48,924	48,389
Os.............	4,077	3,850	3,171	2,832
Déchets........	0,906	0,906	0,669	0,669
Graisse..	1,122	1,116	0,669	0,906
Pieds..........	1,707	1,812	1,359	1,122
Lard...........	3,740	3,171	2,491	0,928
Rognons.......	1,226	0,270	0,226	0,226
Tête..........	8,049	6,608	4,477	4,024
Steaks.	1,116	1,116	0,669	0,669
Langue.........	0,569	1,122	0,669	0,453
Rebut..........	21,691	19,648	14,443	12,799
Quartiers........	86,976	68,856	54,813	53,454

Production et consommation.

Bien que le sol du Royaume-Uni soit en général peu fertile, l'agriculture de ce pays a toujours été très en avance sur celle du Continent. Dès le xviie siècle, on savait draîner les terres, et obtenir des rendements qui permettaient d'exporter des céréales.

L'élevage était également prospère, mais il prit une importance considérable au xviiie siècle, après l'introduction des racines fourragères importées du Palatinat par Sir Richard Weston, et l'application de la méthode de Bakewel. En moins d'un siècle, dit M. Pothero, le poids moyen des animaux du marché de Smithfield augmenta dans la proportion suivante :

	Année 1710	Année 1795
Bœufs...............	370 livres	800 livres
Veaux...............	50 —	148 —
Moutons.............	20 —	80 —

Les guerres de la Révolution et de l'Empire, en rendant difficile l'importation des denrées alimentaires, procurèrent à l'agriculture anglaise d'énormes bénéfices. En 1812, le blé valait 56 fr. l'hectolitre ; c'est à cette époque que l'on mit en culture la plupart des landes jusque-là improductives.

Après Waterloo, le blé tomba immédiatement à 27 fr. l'hectolitre, et il en résulta une telle crise que le Parlement dut voter une loi interdisant l'importation du blé lorsque les cours seraient inférieurs à 36 francs.

Depuis, la vapeur a modifié considérablement la situation du Royaume-Uni. De producteur et agricole, ce pays est devenu consommateur et industriel. Par suite, il a fallu sacrifier l'agriculture à l'industrie, en ouvrant les frontières aux produits étrangers.

Pendant un certain temps, les propriétaires et les fermiers ont résisté, grâce aux bénéfices accumulés pendant les guerres avec la France, et conservés par les lois successorales, mais les céréales ne rapportant que des profits insuffisants, les fermiers renoncent à la culture. En 1875, le Royaume-Uni produisait 45 millions d'hectolitres de blé ; 27.600.000 en 1890, et 19.764.000 en 1900 ; il en consomme annuellement 90 millions. En 1902, l'importation a été la suivante :

Provenances	Blé	Farine
	kg.	
Algérie............	500	0
	Tonnes	Tonnes
République-Argentine...	215.758	8.215
Autriche-Hongrie.......	260	34.500
Belgique..............	400	5.700
Bulgarie............ ...	43.509	
Chili..........	12.600	550

France...................	680	35.700
Allemagne.............	12.000	800
Roumanie...	120.000	920
Russie..............	330.000	2.850
Turquie..............	17.500	1.600
Etats-Unis.	2.200.000	780.000
Uruguay.............	1.550	45
Hollande.............	80	815
Italie...............		460

Importations de blé provenant des colonies anglaises.

	1898	1902
	Tonnes	Tonnes
Australie................	10.350	208.750
Canada..............	250.000	480.000
Inde................	477.000	440.000
Niger.................	4	795
Nouvelle-Zélande.......	240	7.850

Farine.

	Tonnes	Tonnes
Australie..............	470	1.525
Canada................	100.000	100.000
Inde.................	6	20

Actuellement, la surface consacrée aux céréales dans le Royaume Uni n'est que le cinquième de celle occupée par les prairies et les plantes fourragères.

Céréales...........	3.606.443 hectares en 1902	
Racines. Choux......	1.696.443	—
Prairies artificielles..	2.444.272	—
— permanentes.	11.363.600	—

La superficie totale étant de 31.073.500 hectares, on voit que l'agriculture n'exploite guère que 19 millions d'hectares.

Les propriétaires, après avoir vu leurs fermages diminuer de 15, 25, et même parfois de 60 p. 100, sauf dans les pays où la terre donne de grands rendements, et aux environs des grandes villes où les produits se vendent facilement, en sont réduits à donner leurs fermes à des cultivateurs qui ne consentent pas à signer de baux, épuisent les terres et vont exercer plus loin leur industrie.

Pour subsister et lutter contre la concurrence étrangère, l'agriculture anglaise est obligée d'adapter à chaque terrain une industrie particulière ; dans les sols légers, les céréales ; sur les argiles, les prairies qui nourrissent un bétail très perfectionné ; sur les calcaires, on élève des moutons précoces ; dans les bruyères enfin, vit un bétail de peu de valeur, mais dont l'entretien ne coûte rien.

Le rendement moyen du blé dépasse 31 hectolitres à l'hectare ; dans les autres pays, on a obtenu en 1902 (1).

République-Argentine.	5,7	hectolitres à l'hectare
Australie............	6,3	—
Autriche-Hongrie.....	21	—
Belgique............	32	—
Canada.............	23	—
France.............	17,7	—
Allemagne..........	27	—
Inde	8,1	—
Nouvelle-Zélande.....	16,6	—
Etats-Unis..........	19	—

Si l'on compare les prix de vente et de revient moyens du blé en Angleterre et en France, on voit qu'avec ses grands rendements l'agriculture anglaise recueille plus de bénéfices.

		fr.
Prix du blé indigène en Angleterre......	12,09	l'hectolitre.
— — France.........	18	—
		fr.
Rendement en Angleterre 31 $\times$ 12,09 =	374	79
— France 17 $\times$ 18 =	306	

La culture du blé, telle qu'elle se pratique en France, est donc moins rémunératrice qu'en Angleterre, malgré les droits protecteurs, lorsque l'hectolitre ne vaut pas 21 francs.

Ce fait montre l'inconvénient de cultiver le blé dans des terres

(1) Tous ces chiffres sont empruntés aux « Agricultural statistics » présentés au Parlement par ordre du Roi.

insuffisantes et mal fumées. Si le rendement atteignait en France 31 hectolitres, le revenu par hectare, au cours de 20 fr., serait de 600 fr. Dans l'état actuel de notre culture, il serait souvent préférable d'augmenter les prairies et les cultures fourragères, ce qui permettrait de nourrir un nombreux bétail et de disposer de beaucoup de fumier.

Voici, d'après le « Live stock manual » de H. Baxter la quotité de bétail par hectare en Angleterre.

Nombre de têtes par 40 hectares (moyenne).

	Chevaux	Bêtes à cornes	Moutons	Porcs
Angleterre.........	3,5	15	.48	5,5
Irlande........	2,5	23	21	5,5
Ecosse..........	1	6	38	1
Pays de Galles....	3	15	72	4,5

Aujourd'hui la consommation de la viande ne cesse d'augmenter dans tous les pays, tandis que celle du blé est relativement stationnaire ; d'autre part, l'élevage exige moins de frais de main-d'œuvre que la culture, et le prix de la viande suit une marche ascendante continue.

En Angleterre, la viande en gros sur le marché de Londres s'est vendue :

	1891	1901
Bœuf...	0 fr. 671 à 1 fr. 33 le kg.	0 fr. 71 à 1 fr. 75 le kg.
Mouton.	0 fr. 60 à 1 fr. 65 —	0 fr. 72 à 1 fr. 00 —

Au mois d'octobre 1903, les viandes valaient à la criée, aux Halles de Paris :

Bœuf..............	de 0 fr. 80 à 2 fr. 40 le kg.
Mouton............	de 1 fr. 00 à 2 fr. 50 —

Nous ne pouvons donc vendre en Angleterre que des viandes de 2ᵉ qualité.

Les éleveurs du Royaume-Uni ne luttent contre la concurrence étrangère qu'en obtenant des animaux précoces et des reproduc-

teurs d'un prix très élevé; malgré cela, les bénéfices sont insuffisants depuis que l'étranger envoie des viandes gelées de bonne
qualité.

Prix des viandes des différentes provenances sur le marché central de Londres, en 1902 (d'après le « Meat trades Journal).

Provenances	Bêtes à cornes	
	fr.	fr.
Ecosse, bœufs..............	1,44 à	1,71 le kg.
Angleterre, bœufs...........	1,30 à	1,40 —
Vaches et taureaux anglais....	0,74 à	1,07 —
Amérique, quartiers de derrière (réfrigérant)..............	1,20 à	1,40 —
Amérique, 4 quartiers (réfrigé-rant)...................	0,84 à	1,07 —
Australie, quartiers de derrière (réfrigérant)..............	0,88 à	0,91 —
Australie, 4 quartiers (réfrigé-rant)...................	0,71 à	0,85 —
Nouvelle-Zélande, quartiers de derrière (réfrigérant).......	1,09 à	1,12 —
Nouvelle-Zélande, 4 quartiers (réfrigérant)..............	0,78	

Moutons.

	fr.	fr.
Ecossais..................	1,46 à	1,50 le kg.
Anglais..................	1,42 à	1,55 —
Brebis..................	0,99 à	1,32 —
Du Continent..............	1,43 à	1,45 —
Nouvelle-Zélande (réfrigérant).	0,74 à	0,80 —
Australie —	0,72 à	0,74 —

Agneaux.

	fr.	fr.
Anglais..................	1,76 à	2,09 le kg.
Nouvelle-Zélande (réfrigérant).	1,09 à	1,13 —

Veaux.

	fr.	fr.
Anglais, 1re qualité.........	1,46 à	1,52 —
— 2e qualité.........	1,04 à	2,20 —

Porcs.

	fr.	fr.
Anglais, 1re qualité............	1,46 à 1,52	—
— 2e qualité............	1,09 à 1,37	—

La consommation des viandes gelées est passée, par tête d'habitant, de 6 kilogr. 704 en 1882 à 19 kilogr. 977 en 1902.

Importations d'animaux vivants.

	Année 1885	Année 1902
Chevaux......	13.023 têtes	32.686 têtes
Valeur totale..	4.890.600 fr.	20.894.225 fr.
Bêtes à cornes.	373.078 têtes	419.488 têtes
Valeur totale..	176.162.925 fr.	195.368.825 fr.
Moutons......	750.886 têtes	293.203 têtes
Valeur totale..	40.625.000 fr.	11.360.550 fr.
Porcs........	16.522 têtes	»
Valeur totale..	1.581.200 fr.	»

Importations de viandes

	1882 kg.	1902 kg.
Bœuf frais........	23.400.000	190.300.000
Bœuf salé........	12.000.000	6.700.080
Bœuf conservé....	»	28.920.000
Mouton frais......	9.500.000	185.000.000
Porc frais........	1.175.000	32.800.000
Porc salé........	13.400.000	10.265.000
Bacon..........	117.650.000	254.500.000
Jambons.	27.575.000	74.115.000

Valeur des viandes importées en 1902.

	fr.
Bœuf frais...............	200.000.000
Bœuf salé...............	6.100.000
Bœuf conservé...........	42.760.000
Mouton frais............	175.000.000
Mouton conservé.........	5.165.000
Porc frais.,............	36.250.000
Porc salé...............	7.650.000
Bacon..................	337.500.000
Jambons................	97.600.000

Vte de Villebresme. — L'Élevage.   25

Provenances du bétail vivant importé.

Bovins	Année 1898	Année 1902
	Têtes	Têtes
République Argentine....	89.369	0
Etats-Unis.............	369.478	324.431
Canada...............	108.405	93.674

Moutons	Année 1898	Année 1902
	Têtes	Têtes
République Argentine....	430.073	0
Chili.................	4.304	0
Danemark.............	28.086	4.943
Etats-Unis............	147.021	233.227
Canada..............	42.070	55.033

Provenances principales des viandes abattues importées en 1902.

	Tonnes
République-Argentine..........	125.000
Belgique......................	4.725
Danemark....................	77.680
France.......................	1.525
Allemagne....................	1.375
Hollande.....................	50.000
Russie.......................	2.170
Suède........................	512
Etats-Unis...................	406.200
Uruguay......................	2.900
Australie.....................	25.000
Canada.......................	34,500
Nouvelle-Zélande.............	101.000

Provenances des chevaux importés en 1902.

	Etalons	Juments	Poulains	Total
Algérie.................	2	»	3	5
République Argentine...	77	80	298	455
Belgique..............	»	187	312	499
Danemark.............	»	770	432	1.202
Egypte................	4	»	4	8
France................	1.096	230	368	1.694
Allemagne.............	3	804	2.192	2.999
Hollande..............	36	637	2.149	2.822
Islande et Groenland...	70	1.201	1.175	2.446
Russie................	9	3.672	7.759	11.440
Etats-Unis............	4	3.063	4.079	7.146
Australasie...........	»	3	14	17
Canada...............	4	546	1.319	1.869

Valeur moyenne des animaux importés.

Années	Chevaux	Bœufs	Vaches	Veaux	Moutons	Porcs
	fr.	fr.	fr.	fr.	fr.	fr.
1882.....	600	630	490	115	57	85
1892.....	510	462	362	100	40	82
1901.....	670	446	445	122	40	64

La valeur moyenne des étalons importés en 1901 a été de 2.620 fr. ; celle des juments de 675 fr., et celle des chevaux hongres de 575 francs.

Exportations du Royaume-Uni

Animaux vivants.

	1896	1901
	Têtes	Têtes
Bovins................	4.369	1.648
Moutons.............	9.512	2.761
Porcs................	359	378
Chevaux.............	29.414	27.612

Valeur moyenne	1882	1892	1902
Bovins.........	1.050 fr.	575 fr.	1.000 fr.
Moutons.......	190 —	170 —	192 —
Chevaux......	1.575 —	1.250 —	1.050 —

Valeur et principales destinations des chevaux exportés en 1902

	Étalons	Valeur moy.	Juments	Valeur moy.	Poulains	Valeur moy.
		fr.		fr.		fr.
République Argentine......	2	13.500	12	2.275		
Belgique.......	4	750	3.116	450	12.942	275
Autriche-Hongrie........					7	525
Brésil..........	9	1.715	16	1.900	2	825
Danemark......	38	1.075	79	925	30	800
Egypte	1	5.000	3	2.250	5	1.525
France.........	33	7.625	390	1.150	1.623	1.400
Allemagne	9	900	500	1.425	420	725
Hollande.......	1	1.500	611	750	2.365	200
Japon..........	10	7.500	9	3.750		
Russie.........	11	2.200	11	1.625	22	2.000
Espagne........			3	3.000	9	3.175

Suède.........			9	3.725	9	3.300
Turquie........			1	2.500		
Etats-Unis......	572	2.675	223	3.250	58	1.800
Australie.......	26	6.150	11	6.050	1	5.000
Canada........	197	2.825	9	900	9	1.450
Inde..........	13	6.050	79	2.250	2	2.200
Natal.........	25	2.975	6	2.100		
Nouvelle-Zélande	7	10.200	5	3.375		

Nombre, destination et valeur du bétail exporté en 1902

	Bovins	Valeur moy. fr.	Moutons	Valeur moy. fr.	Porcs	Valeur moy. fr.
République Argentique.....	104	3.000	327	300	9	139
Autriche-Hongrie.........			11	90	1	300
Chili..........	16	2.500	32	445		
France........	2	250	403	62	8	162
Allemagne.....	23	880	429	240	59	247
Hollande.......	4	312	16	245	25	480
Japon.........	15	990			12	370
Russie........	126	840	147	230	71	343
Espagne.......	26	1.100	70	193	37	215
Suède.........	205	292	3	66	9	370
Etats-Unis......	760	910	635	172	86	190
Uruguay.......	17	1.080				
Australie.......	51	2.010	331	347	25	320
Canada........	574	1.040	155	380	103	200
Ascension......	75	533	600	75		
Bonne-Espérance	215	690	62	300	13	340
Natal.........	65	1.170	37	210	29	230
Nouvelle-Zélande	7	1.340	140	350		

Total des exportations dans les pays étrangers. 1.832.725 fr.
— — — colonies anglaises 1.424.150 —

M. Chamberlain ayant basé sa politique sur le Zollverein ou union douanière de la métropole et des colonies anglaises, il n'est pas sans intérêt d'examiner quels seraient les effets de l'application de ce programme.

Le Royaume-Uni exporte dans ses colonies pour £ 117 millions et en reçoit pour £ 108 millions. Mais les colonies anglaises exportent dans les autres pays pour £ 86 millions, et ont intérêt à ne point voir se fermer un marché de cette importance. Tous les avantages seraient du côté de la métropole dont ses possessions ne peuvent combler le déficit alimentaire, tant que leur production ne sera pas suffisante, ce qui exigerait encore bien des années.

Il est douteux, par exemple, que l'Australie et le Canada, colonies à Parlements, acceptent les projets de M. Chamberlain, car leur trafic avec l'étranger est plus important qu'avec l'Angleterre. Le Zollverein apporterait dans leur commerce une perturbation dont on ne peut mesurer d'avance l'étendue et les conséquences.

En ce qui concerne les autres nations, il est probable que les Etats-Unis, la République Argentine, la Hollande, la Belgique et le Danemark perdraient dans un certain nombre d'années leur principal débouché.

La fermeture du marché anglais n'aurait qu'une importance relative pour la France, dont l'agriculture n'est pas en situation d'exporter, et qui ne trouve pas en Angleterre des conditions très avantageuses pour ses produits.

Tableau des exportations françaises en Angleterre (1902).

Chevaux	1.700	têtes
Bœuf frais	150	tonnes
— salé	1,8	—
— en conserves	10	—
Mouton frais	89,5	—
— conservé	0,800	—
Porc frais	103	—
Bacon	76,2	—
Jambons	27,2	—
Beurre	20.000	—
Margarine	1.735	—
Fromages	1.840	—
Lait condensé	16.985	—
— frais	850	—
Œufs	201.652	mille
Blé	680	tonnes
Farine	35.700	—
Orge	30.000	—
Avoine	7.150	—
Maïs	16	—

Fèves......................................	835	tonnes
Pois......................................	200	—
Foin et paille..........................	40	—

Nos importations d'animaux de provenance anglaise ont été en 1902, de :

Chevaux..............................	2.046	têtes
Bovins..............................	2	—
Moutons..............................	403	—
Porcs..............................	8	—

On voit qu'actuellement la France n'achète plus de durhams en Angleterre.

Au sujet du bétail anglais exporté dans le Nouveau Monde, voici ce que dit M. Sagot dans son excellent « Manuel pratique des cultures tropicales » :

« Les échecs nombreux qu'ont subis depuis plusieurs siècles les colons, particulièrement dans les zones équatoriales et intertropicales, tiennent à l'ignorance dans laquelle ils se trouvaient des races bovines à introduire.

« Presque tous furent portés, par une tendance bien excusable, à introduire sur leurs habitations de magnifiques bêtes de races normande et hollandaise, puis plus tard des durhams très perfectionnés... Forcé de me livrer à l'étude et à la recherche des meilleures races laitières, et surtout à l'étude de la résistance des races bovines, je suis arrivé à formuler les conclusions suivantes : la plupart des races bovines d'origine européenne sont absolument inaptes à se perpétuer en tant que races laitières dans toute l'étendue de la zone intertropicale.

« Au bout de quelques générations, la sécrétion lactée est à peu près tarie, souvent même avant que le jeune veau soit arrivé à l'âge où il aurait dû être normalement sevré.

« Parmi les animaux européens, ceux dont la race dégénère le moins vite, sont les animaux des petites variétés de la race dite irlandaise (kerry, bretonne, etc.).

« En tant qu'individus, ce sont également ceux qui donnent le meilleur résultat, et pendant plusieurs années leur sécrétion lactée ne subit qu'une faible diminution...

« Je ne veux pas terminer ces renseignements sans faire remarquer que le durham, dont les croisements sont si dangereux dans les pays froids et humides, par les germes de la tuberculose dont il dote le bétail indigène (il fera disparaître, si l'on n'y prend garde, la race bretonne), paraît beaucoup moins dangereux dans la zone intertropicale, à la condition que l'élève se fasse en liberté dans les savanes. Je n'irai pas néanmoins jusqu'à assumer la responsabilité de conseiller l'introduction des durhams ou autres races très perfectionnées, dans les points de la zone intertropicale où on voudra faire de la viande. Ce sont aussi quelques bêtes de races anglaises, en général, il est vrai, peu perfectionnées, qui ont été introduites d'Australie en Nouvelle-Calédonie, et jusqu'ici la tuberculose n'a pas été spécialement signalée parmi les 100.000 têtes qui sont le résultat de la petite introduction opérée il y a une trentaine d'années. Il est vrai d'ajouter que le bétail, bien loin d'y être soumis à la stabulation, y a vécu jusqu'à ce jour à l'état complet de liberté.

« Dans l'Australie subtropicale, au contraire, la tuberculose fait des progrès notables depuis l'introduction dans ces dernières années de durhams très perfectionnés. L'ancien bétail, introduit dans les premiers temps de la colonisation, et provenant de races relativement peu perfectionnées, avait, grâce à l'élève en liberté, pu rester à peu près indemne de la tuberculose.

« Il y a là un gros danger que les éleveurs australiens feront bien de méditer. Il appartient aux colonies australiennes d'inciter les éleveurs à perfectionner leur bétail par une sélection rigoureuse et continue, au lieu d'importer de la brumeuse et froide Angleterre des animaux portant une tare héréditaire. »

La Grande-Bretagne possède un grand nombre de sociétés coopératives florissantes ayant pour objet les fournitures agricoles, la vente des produits, les secours aux petits fermiers, l'amélioration de l'agriculture et le crédit agricole. Les sociétés coopératives de consommation qui ont servi de modèle à celles du Danemark, d'Allemagne, de Belgique, etc., font une telle concurrence aux intermédiaires que le nombre de ceux-ci est resté dans une juste proportion avec le nombre des consommateurs. Il en résulte qu'en Angleterre il y a beaucoup moins d'écart qu'en France entre le prix d'achat au producteur et le prix de vente au consommateur.

Suisse.

La Suisse comprend trois zones géologiques distinctes.

Au nord, on trouve la formation jurassique, dont les couches ont été relevées par les soulèvements primitifs qui apparaissent sur les cimes, dans la région des neiges éternelles.

En allant vers le sud, on rencontre ensuite une zone de collines arrondies, composées de dépôts miocènes de mollasses, souvent recouverts d'argiles glaciaires et de moraines, sur lesquelles s'exerce la culture. Ces mollasses se prolongent jusqu'en Savoie et dans la vallée du Rhône.

On a donné le nom de mollasse à toute la formation, mais la constitution physique et chimique de cette roche n'est pas partout la même. Généralement, elle se compose de grains agglutinés par un ciment calcaire, et contient des matériaux de toutes sortes, riches en phosphate de chaux, empruntés par les courants de la mer miocène, aux Vosges, à la Forêt Noire et aux Alpes.

Les bancs de mollasse alternent avec des couches de marne, et de grès tendres ; les eaux les traversent facilement et se réunissent sur l'argile pour former, à ses points d'affleurement, des sources très précieuses pour irriguer les prairies, abreuver le bétail et préparer le lizier. Parfois, comme au Righi, on voit au-dessus de la mollasse des couches plus anciennes, ce qui indique un retournement complet par une convulsion géologique.

Les dépôts quaternaires qui recouvrent la mollasse sont postérieurs à l'apparition de l'homme, et de deux sortes.

1° Le limon des plateaux ou diluvium, qu'on a attribué jusqu'à une époque récente au déluge de Noé. On sait aujourd'hui qu'il a été formé par les grands fleuves, les vastes nappes d'eau résultant de la fonte des glaciers quaternaires. Nous avons vu que ce limon recouvre presque partout les plaines jurassiques, telles que la Picardie, la Normandie, le Perche, etc. ;

2° Les dépôts glaciaires amenés par les immenses glaciers qui descendaient des Alpes jusqu'à Lyon. C'est un chaos de blocs de toutes dimensions et d'argiles dont les éléments proviennent des montagnes du bassin. Ainsi, aux environs de Genève, ce sont des roches primitives ou calcaires venues du Nord de la Savoie et de la partie orientale du Valais.

A l'ouverture des grandes vallées des Alpes, les moraines frontales, sous forme de collines, convexes vers la plaine, concaves vers la montagne, indiquent les retraits des glaciers et leurs limites successives.

Les terrains glaciaires varient beaucoup au point de vue physique, car ils sont plus ou moins tenaces et perméables, mais ils se ressemblent chimiquement, les roches des Alpes du Nord étant en général calcaires.

Les argiles glaciaires ne deviennent fertiles qu'après avoir été défoncées profondément, drainées et fumées. Les défoncements coûtent dans les environs de Genève environ 1.000 fr. l'hectare.

Les fumiers, produits par des fourrages récoltés sur les terrains glaciaires, sont nécessairement pauvres en acide phosphorique ; il est donc nécessaire d'y ajouter des phosphates, car la simple restitution au sol des éléments qui lui ont été empruntés ne peut l'améliorer chimiquement.

Au sud de la zone de mollasse, se trouve la 3e région, constituée par des roches primitives qui produisent des terres arides, sèches, riches en potasse. C'est la partie la plus pauvre du territoire helvétique.

La Suisse a une superficie d'environ 4 millions d'hectares, dont un tiers est occupé par des lacs, des fleuves, des routes, des rochers inaccessibles et des glaciers. Les pâturages et les prairies occupent un autre tiers ; le reste est consacré aux forêts et à la culture.

D'après les statistiques, les pâturages alpestres ont une étendue de 8oo.ooo hectares, qui diminue chaque année par suite de la décomposition des roches. M. de Laveleye en donne la preuve suivante : on appelle « Stoss » la quantité d'herbage nécessaire pour nourrir pendant l'été une vache ou son équivalent, c'est-à-dire 2 génisses = 5 moutons = 10 chèvres. Or, dans le canton de Glaris, les règlements de 1636 portent les stœssen à 13.000 ; aujourd'hui, il n'y en a plus que 9.740, ce qui fait une diminution d'un tiers en moins de trois siècles.

Dans le district de l'Oberhasli, on comptait 3.648 vaches en 1786, et 2.298 seulement en 1859, encore faut-il remarquer que. malgré les inconvénients qui en peuvent résulter, on ne recule pas devant l'ueberstossung, ce qui veut dire qu'on met sur une alpe plus de bêtes qu'elle ne contient de stœssen, plus, par conséquent, qu'elle ne peut convenablement en nourrir. Cette pratique fâcheuse accélère encore la destruction des pâturages, car le bétail poussé par la faim, arrache les plantes ou les coupe au-dessous du collet, et détruit ainsi le gazon...

Les alpages entretiennent les trois quarts des bêtes à cornes, la moitié des chevaux, les chèvres et les moutons. C'est la seule richesse des montagnes, dont on ne saurait tirer un autre parti ; leur prix de location varie avec l'altitude et l'époque où ils peuvent être pâturés après la fonte des neiges. Les plus bas, utilisés en mai, fournissent une herbe précoce et succulente; les seconds ou Kühalpen (alpes à vaches) vont jusqu'à 6.000 pieds et les vaches laitières y trouvent une herbe très favorable. Plus haut, ce sont les alpes à moutons et à chèvres (schaafalpen), qui s'étendent jusqu'à la limite des neiges éternelles. Le plus souvent, les animaux y restent sans surveillance; on se contente de leur porter chaque jour du sel.

Lorsque la neige a commencé à fondre, les troupeaux partent pour la montagne. Les animaux appartiennent presque toujours à plusieurs propriétaires qui paient les bergers et les dépenses à frais communs, et se partagent, à la fin de la saison, le produit du fromage et du beurre, au prorata du nombre des vaches.

Il faut 3 hommes pour un troupeau ; un, trait les vaches et fait le fromage ; son aide cherche le bois, confectionne le serret, nettoie les ustensiles et soigne les porcs ; le vacher, enfin, surveille le troupeau.

Dans chaque alpage, il y a un châlet où se fabrique le fromage, et des abris pour le troupeau. Sous la direction de la vache-maîtresse, les vaches viennent deux fois par jour au châlet pour la traite : on leur donne un peu de son et de sel, car cette dernière substance fait toujours partie de la ration, au pâturage comme à l'étable.

Lorsque l'herbe est épuisée autour du châlet, le troupeau monte plus haut, et, à la fin de l'été, il a pâturé tout son alpage. Il commence alors à descendre, et se nourrit de l'herbe qui a repoussé. A la fin de la saison, il est mis dans les regains des prairies basses, jusqu'à ce que les premiers froids obligent à le rentrer à l'étable. La nourriture d'hiver consiste en foin à discrétion ; on ajoute à cette ration des barbottages de farines de maïs, de seigle et d'avoine.

Dans la plaine, on n'envoie à l'alpage que le jeune bétail : le régime habituel est la stabulation. En été, les animaux reçoivent du maïs en vert et de l'herbe ; en hiver, un mélange de betteraves, de farines, de tourteaux et de foin haché, qu'on fait fermenter pendant 36 heures.

Les veaux disposent de 6 à 10 litres de lait, suivant leur âge ; ils sont sevrés à 6 mois. Parfois on leur donne du lait de chèvre, mais alors en plus grande quantité.

Le foin formant le fond de l'alimentation d'hiver du bétail, on le recueille précieusement autour du châlet et sur les escarpements où le mouton ne peut s'aventurer. Celui des prairie bas-

ses est coupé de bonne heure et séché rapidement sur des chevalets qui l'isolent du sol.

Le fauchage de l'herbe des escarpements appartient à celui qui
se présente le premier après le 15 août.

Ces faucheurs de foin sauvage s'appellent wildheuers. Après
avoir été séché et bottelé, ce foin est jeté du haut des pentes ou,
si cela est impossible, on attend que les neiges permettent d'aller le chercher avec des traîneaux.

On estime que les bons alpages donnent un produit brut de
100 fr. par hectare. Ils appartiennent soit à des propriétaires qui
les louent, soit à des communes. Dans ce dernier cas, chaque habitant a droit à un pâturage proportionné au nombre de têtes
qu'il a nourries pendant l'hiver:

Dans chaque canton, il y a plusieurs sociétés qui s'occupent d'a-
méliorer les pâturages et le bétail. Ainsi, dans l'Emmenthal, la
Société de la Haute Argovie a acheté en 1863 les Alpes d'Arni,
d'une contenance de 333 hectares, dont 255 en pâturage, et 78 en
bois. L'altitude varie entre 983 m. et 1.542 m. Autrefois, on y
nourrissait 180 animaux. Grâce aux améliorations faites par la
Société, défrichements de bruyères, drainage des endroits humides, semis de bonnes plantes, fumure avec des liziers et de la
poudre d'os, on y entretient maintenant 250 têtes. Le droit de
pacage est de 40 fr. par tête d'herbage.

Les terres qui entourent les châlets des vallées sont soumises à
l'égartemwithschaft, c'est-à-dire qu'elles sont tour à tour en prairies naturelles ou en prairies artificielles ; ces dernières consistent
en trèfle et en sainfoin, que l'on a fait précéder d'une récolte de
pommes de terre avec forte fumure. Après le labourage de la
prairie temporaire, on fait 2 ou 3 récoltes de céréales avec demi-
fumure, et culture dérobée de raves ou de vesces.

C'est une rotation de ce genre, dit M. Risler, que suit M. Bracher, près de Berthoud. Son domaine comprend 12,5 hectares
de prairies, et 16,5 hectares de cultures ; la terre est riche en
humus et le sous-sol est formé de mollasse sableuse.

Sur ces 29 hectares, M. Bracher nourrit 4 chevaux, 8 à 10 porcs et 20 vaches de la variété de Simmenthal, qui donnent environ 3.500 litres de lait par an. Ces animaux reçoivent d'excellent foin, des racines et des tourteaux de sésame.

Les terrains de mollasse ne sont pas aussi bien utilisés dans la Suisse occidentale. On y pratique encore l'assolement triennal, mais maintenant on fait du trèfle dans la jachère, du sainfoin et de la luzerne en dehors de l'assolement.

Dans la zone granitique, la culture est peu importante, et par suite du manque de fourrages nourrissants, le bétail est plus petit que dans le nord de la Suisse.

La principale industrie des cantons du Tessin et d'Appenzell est la vente ou la location en Lombardie de vaches laitières pour la fabrication du fromage.

La Suisse est le pays d'Europe qui, proportionnellement à sa population et à son étendue (69 habitants par kilomètre carré), récolte le moins de grains, mais elle nourrit 99.000 chevaux, 1.220.000 bovidés, 350.000 ovidés, et 400.000 suidés. Malgré ce nombreux bétail, la Suisse ne produit pas la quantité de viande nécessaire à la consommation ; en 1902, elle a importé de France 13.094 bovins, dont une partie, il est vrai, en transit pour l'Allemagne.

La fabrication du fromage de Gruyère, qui est l'industrie dominante dans les Alpes et le Jura, a nécessité la création de fruitières, ou associations d'un certain nombre d'habitants, qui ne disposent pas du lait nécessaire à la fabrication d'un fromage de 30 à 35 kilogr., ou du matériel indispensable. Chaque associé apporte tous les jours à l'établissement le lait de ses vaches, dont un spécialiste, appelé fruitier, fait du beurre et du fromage. Les produits sont ensuite distribués proportionnellement à la quantité de lait fourni.

Le fromage de Gruyère est le type des fromages dits de chaudière, c'est-à-dire de ceux dont le caillé a subi un commencement de cuisson avant d'être mis en forme.

Voici, d'après M. Dedron, le bénéfice qui résulte de la fabrication des gruyères gras et demi-gras.

Fromages gras.

fr.

1.000 litres de lait fournissent :
Fromage, 85 kg. 710 à 1 fr. 60 le kg........ ° 137
Beurre (6 kg. 922 à 2 fr. 60 le kg.)........ 18
_____
155

Ce qui correspond, pour 1 kilogr. de fromage, à 11 litres 66 de lait, dont on a prélevé 21 p. 100 de beurre seulement. Le litre de lait ressort à 0 fr. 155.

Fromages demi-gras.

fr·

1.000 litres de lait donnent :
Fromage, 71 kg. 428 à 1 fr. 40 le kg........ 100
Beurre, 14 kg. 285 à 2 fr. 60 le kg......... 37
_____
137

Il faut donc pour 1 kilogr. de fromage demi-gras, 14 litres de lait dont on a prélevé 43 p. 100 de beurre. Le litre de lait ressort à 0 fr. 137 et la différence de produit en argent est de 18 francs.

M. Pouriau dit que dans la Comté, où le beurre de crème fraîche se vend à un prix plus élevé qu'en Suisse, il conviendrait de compter le kilogr. à 2 fr. 80 en moyenne, ce qui porterait à 40 fr. au lieu de 37 fr. la valeur du beurre obtenu dans la fabrication des fromages mi-gras; par suite, la différence entre les produits des deux fabrications serait réduite à 15 fr. au lieu de 18 fr., mais une plus-value notable pour la fabrication du fromage gras n'en subsisterait pas moins. Néanmoins, pour que les producteurs de la Comté eussent avantage à adopter cette dernière fabrication, il faudrait qu'ils fussent certains d'obtenir des négociants en gros le prix de 160 fr. par 100 kilogr., et ils se montrent incrédules à cet endroit. »

L'écrémage variant souvent d'une fruitière à l'autre, M. Martin calcule le rendement sur le lait entré à la fromagerie, en

tenant compte de la quantité de beurre faite avec de la crème fraîche d'une part, et celle du petit lait de l'autre. Voici les moyennes
ainsi obtenues :

	Emmenthal %	Comté %	Maigre %
Fromage mûr	8,9	8,3	6
Beurre	»	0,5	3,2
Beurre de petit lait	0,6	0,3	»
Lait de beurre	»	1,1	6,5
Petit lait	84,6	83	75

Les frais de fabrication sont de 0 fr. 007 et 0 fr. 012 par kilogr.,
suivant l'importance de la fruitière et le prix des différentes
fournitures.

La Suisse fabrique aussi du lait condensé, contenant 39 p. 100
de sucre, qui est principalement exporté en Angleterre.

On fait en France du fromage, façon gruyère, dans beaucoup
de départements ; d'après M. Tisserand, les 0,91 de la production
proviennent de l'Ain, du Doubs, du Jura, de la Haute-Savoie
et de la Savoie.

Par suite du développement de la fabrication française, et des
droits protecteurs, la Suisse n'exporte plus en France qu'une
petite quantité de fromage, alors qu'il y a 10 ans elle nous en
vendait plus de 600 tonnes.

Comme pour toutes les denrées de consommation, les intermédiaires font sur les fromages des bénéfices excessifs. Ainsi lorsque les Comtés valent 120 fr. ou 130 fr. à la fruitière, les 100 kilogr.,
ils les revendent 240 francs.

Voici quelles ont été les exportations de la Suisse en 1888 :

Fromage	23.890 quintaux.
Lait concentré	118.971 —
Beurre	7.007 —
Valeur totale (1)	49.715.763 francs.

On estime qu'une bonne vache donne annuellement en moyenne
2.600 litres valant 0 fr. 14, soit une valeur de 364 fr. Les dépenses sont les suivantes :

(1) Corblin et Gouin.

	fr.
Pâturage sur l'Alpe	40
Frais divers	8
Pâturage des prairies basses	20
Nourriture à l'étable	105
Total	173

Bénéfice, 191 fr.

Population bovine.

On trouve en Suisse deux races bovines représentées par plusieurs variétés résultant des différents milieux où elles vivent.

1º Race jurassique, encore appelée race tachetée.

Elle peuple le Jura et les cantons suisses de Berne, de Fribourg et de Neuchâtel. On la trouve aussi en Alsace, dans le duché de Bade, dans le Wurtemberg et en Autriche. En Suisse, on distingue les variétés fribourgeoise et bernoise ou de Simmenthal.

La variété fribourgeoise est la plus lourde et la plus massive. Les bœufs pèsent 1.000 à 1.200 kilogr., s'engraissent assez bien et sont bons travailleurs. Les vaches, exploitées pour la fabrication du fromage de Gruyère, sont médiocres laitières, comparativement à leur poids vif.

La variété de Simmenthal est plus connue en Suisse sous les noms de Saanen et d'Erlenbach. On ne s'accorde pas sur le rendement en lait des vaches, mais la moyenne paraît être de 2.000 litres, comme pour les fribourgeoises.

Les bœufs sont bons travailleurs et s'engraissent facilement.

D'après M. Sanson, le poids des taureaux adultes atteint 900 kilogr. à 1000 kilogr. ; celui des vaches 700 à 800 kilogr. et 900 kilogr. à 1.000 kilogr. après l'engraissement.

La variété de Simmenthal, améliorée par sélection, est surtout apte à l'engraissement.

La race tachetée, dit le Dr Kraener, est celle qui possède la réunion aussi complète que possible, et à titre égal, des qualités laitières, des aptitudes au travail et des dispositions à l'engraissement, des formes vigoureuses et harmonieuses, la précocité et un poids considérable.

Dans certaines exploitations, on cherche à augmenter la lactation par une très forte alimentation ; on obtient ainsi des rendements de 3.000 litres.

D'après M. Cornevin, il faudrait 32 litres de lait des vaches Simmenthal pour faire 1 kilogr. de beurre.

MM. Corblin et Gouin donnent le résultat des pesées faites à l'abattoir sur des animaux de la race tachetée.

Vache castrée fribourgeoise.

	kg.
Poids vif	845
Poids net	485
Rendement	57 %

Bœuf de 18 mois (Concours de Berlin).

	kg.
Poids vif	598
Poids net	360
Rendement	60,2 %
Poids du suif	34
Poids du cuir	39

Il doit y avoir une erreur, car ces poids donneraient pour le bœuf un coefficient de poids vif de 33,22.

D'après les mêmes auteurs, un autre bœuf de 28 mois pesait, en quittant la ferme, 810 kilogr. Au moment de l'abatage, il a donné :

	kg.
Poids vif	737
Poins net	500
Rendement	67,84 %

Le coefficient de poids vif de ce bœuf (26,31) nous paraît encore excessif, car les meilleurs Angus de 2 ans n'ont jamais produit plus de 0 kilogr. 900 gr. d'augmentation de poids par jour ; il est donc peu probable que le bœuf fribourgeois de 28 mois ait donné

876 gr. Du reste, on a publié peu d'observations sur les rendements à la boucherie des bovins suisses, et il est difficile de se renseigner à cet égard.

2° La race véritablement autochtone en Suisse porte les noms de race des Alpes, de race brune ou de race Schwitz. Ses ossements ont été trouvés dans les palafittes, ce qui montre bien qu'elle peuplait la Suisse dès les temps préhistoriques. Elle s'est répandue dans le Wurtemberg, en Bavière, où elle est appelée race d'Allgau, dans la Haute-Autriche, en Piémont, dans la Tarentaise, enfin dans le Languedoc et en Gascogne.

Les variétés Suisses sont au nombre de trois, la grande, la moyenne et la petite. Leurs caractères spécifiques sont les mêmes, mais elles diffèrent entre elles quant à la taille et au volume, suivant les conditions de milieu.

En France, on appelle race de Schwitz la grande variété qui se trouve sur le jurassique et les mollasses des cantons de Lucerne, de Schwitz, de Zug, de Glaris, et dans la partie sud de ceux de Zurich et d'Argovie. Le poids des vaches atteint 750 kilogr.

La variété moyenne peuple les Grisons, et son poids ne dépasse pas 550 kilogr.

La petite variété qui pèse au plus 450 kilogr. est cantonnée sur les granites du Tessin et de l'Appenzell.

Toutes ces variétés, qui se reconnaissent facilement à leur pelage brun et à la coloration noire des muqueuses, fournissent des vaches bonnes laitières, mais dont le rendement varie nécessairement avec le poids vif. D'après M. Wéry, la production annuelle moyenne est de 2.400 à 3.000 litres.

Ce lait, analysé par MM. Vernois et Bocquerel, contient 14,80 de matière sèche ; 4, 08 de beurre et 2, 59 de caséine pour 100. Densité = 1,038.

Comme pour les vaches de la race jurassique, le lait sert à la fabrication du fromage de Gruyère, du lait condensé et du beurre.

Les bœufs sont forts et dociles, mais peu énergiques. On les engraisse tardivement dans la région de mollasse avec du maïs, du seigle, des pommes de terre, des betteraves et des tourteaux de sésame.

Dans la montagne, on n'engraisse que les vieilles vaches réformées. La chair de ces animaux est de très médiocre qualité.

Une vache schwitz de 9 ans, engraissée expérimentalement à Grignon par M. Sanson, a gagné 65 kilogr. en 68 jours, soit o kilogr. 955 par jour. Elle pesait au début 620 kilogr., et à la fin 685 kilogr. Elle a rendu 381 kilogr. de viande nette, ou 55 o/o.

Comme le bétail ne suffit pas à la consommation du pays, on importe des viandes de France et d'Autriche ; par contre la Suisse exporte beaucoup de vaches laitières et de reproducteurs en Allemagne, en Lombardie, en France et dans l'Amérique du Nord. Dans aucun pays on ne prend autant de soins qu'en Suisse de la conservation et de l'amélioration du bétail.

L'administration fédérale a mis en vigueur en 1873 un règlement de police sanitaire qui est appliqué rigoureusement. En dehors de ce qui concerne les bovins provenant de pays contaminés, et qui ne peuvent pénétrer vivants, aucun animal n'est vendu à l'intérieur du pays sans un certificat de santé délivré par l'inspecteur de la région ; à défaut de cette pièce, on ne peut le faire voyager, ni le conduire dans les foires.

Les animaux de race pure sont seuls admis dans les concours et les expositions, de sorte que les croisements ne sont pas pratiqués.

Aucun taureau ne peut faire la monte publique s'il n'a pas été primé et autorisé, et le propriétaire est tenu de le consacrer un an à la reproduction avant de le vendre à l'étranger, sous peine de la suppression de la prime, et d'une amende considérable.

Afin d'empêcher l'exportation des reproducteurs de choix, le minimum de la prime a été fixé à 100 francs.

Un taureau primé ne peut saillir une vache d'une autre race, et afin qu'aucun mélange ne se produise entre la race brune et la race tachetée, les Cantons ont délimité le territoire occupé par chacune d'elles.

Enfin, pour l'appréciation des animaux dans les concours, il est recommandé aux jurys de se servir des tables de pointage, établies pour chacune des 2 races, et approuvées par le Département de l'Agriculture.

Allemagne.

La constitution géologique de l'Allemagne est la suivante :

1° A l'est de la Belgique, le massif de transition des Ardennes se prolonge jusqu'au delà du Rhin par le Hundsrück, l'Eifel, le Taunus, le Westerwald et la Forêt Noire. Les terres, en général très pauvres en chaux, contiennent parfois un peu d'acide phosphorique et de potasse ; on trouve aussi les terrains siluriens et dévoniens traversés par des éruptions volcaniques, dans le Harz, près de Magdebourg, à l'est de la Thuringe, et en Bohême.

2° Le dyas ou système permien se montre autour de l'Odenwald, du Taunus, du Harz, de l'Erzgebirg et du Boehmerwald. Il est représenté par le grès rouge et par le zechstein, remarquable par sa richesse en minéraux. Dans le zechstein se trouvent les bancs de sel gemme de Strassfurt et de Léopoldshalle, qui fournissent d'énormes quantités de potasse.

3° Le trias s'étend de la Souabe jusqu'au Harz, dans l'intervalle compris entre les terrains de transition des bords du Rhin et le Thuringerwald, puis de l'autre côté de la Bohême, dans la Haute Silésie et jusqu'en Pologne.

Les grès du trias sont presque partout couverts de forêts ; dans les vallées seulement, le mélange du sable avec l'argile forme des terres assez fertiles qui sont en culture.

4° Le jurassique apparaît près de Stuttgart. C'est là, sur le lias, que se trouvent le haras de Klein-Hohenheim, et l'école d'agriculture de Hohenheim, fondée en 1817. Cette école comprend un jardin botanique, une ferme de 250 hectares et 60 hectares de prairies.

Afin de fournir aux élèves des exemples de cultures différentes, on a adopté trois assolements : l'un [1] avec luzerne, betteraves à sucre et céréales ; le second de 8 ans, avec betteraves fourragères, fourrages verts, colza et céréales ; le troisième, réservé aux terres les plus pauvres, est soumis au régime semi-pastoral. Le pâturage nourrit un troupeau de moutons.

Le cheptel comprend 10 chevaux de trait, 28 bœufs de travail, 9o vaches et élèves de Simmenthal et 1.ooo moutons de diverses races.

Nous aurons souvent l'occasion de citer les expériences faites à Hohenheim, sur la valeur nutritive des fourrages, l'alimentation des différentes espèces, les croisements, l'emploi de la force motrice des animaux, etc.

L'école de Hohenheim est une des dernières en Allemagne où l'on réunisse les enseignements théorique et pratique. Sous l'inspiration de Liebig, les Universités donnent maintenant l'enseignement théorique, et les élèves vont ensuite apprendre la pratique dans les exploitations particulières. On a reconnu que les fermes-écoles, obligées d'appliquer tous les systèmes dans des conditions économiques défectueuses, faussent l'esprit des élèves. Les écoles d'agriculture les plus florissantes de l'Allemagne sont aujourd'hui des annexes des grandes Universités.

L'étage jurassique traverse toute l'Allemagne jusqu'à Prague ; il présente les mêmes caractères qu'en France.

5o Dans le Nord de l'Allemagne, en Poméranie, dans le Brandebourg et la Prusse orientale, le jurassique est recouvert par des dépôts tertiaires, généralement trop épais pour qu'on puisse extraire le calcaire si nécessaire au sol sableux. Les céréales donnent de faibles rendements ; on y cultive surtout la pomme de terre pour les nombreuses distilleries. Le bétail est rare et chétif ; par suite, le fumier fait défaut, et on le remplace par des engrais chimiques qui coûtent cher, et sont loin de produire le même effet.

Ce qui frappe le plus en Allemagne, c'est la petite quantité de terres réservée aux fourrages; on y voit peu de luzerne, de trèfles et de sainfoin, et les animaux sont nourris avec de la paille et un peu de foin hachés, des féveroles, des pommes de terre bouillies, des drèches et des vinasses; mais les rations sont préparées avec le plus grand soin.

L'élevage offre peu d'intérêt dans la zone tertiaire de l'Allemagne du Nord. Nous emprunterons aux voyages agricoles de MM. Jacquemard et Bémard quelques exemples d'exploitations dans l'Allemagne centrale.

ENVIRONS DE COLOGNE.

Ferme de Muschof. La surface est formée d'alluvions quaternaires.

Contenance, 100 hectares, dont 40 en betteraves. Prix de la location, 150 fr. l'hectare.

Assolement : (1) blé ou seigle ; (2) betteraves à sucre; (3) orge, avoine, blé de mars; (4) trèfle, féveroles, pommes de terre (partie fumée).

Pour les betteraves, on donne un léger labour après la moisson, puis on défonce avant l'hiver à 0 m. 35 avec 4 bœufs.

Le fumier est très consommé, arrosé avec les purins et les vidanges, puis recouvert de terre.

Cheptel : 9 chevaux et 24 bœufs de travail. On engraisse chaque année 100 bœufs wurtembergeois avec des cossettes. Les bœufs sont placés dans des fosses de 1 m.50 de profondeur, où on laisse le fumier s'accumuler. Les auges sont mobiles et remontent à mesure que les fosses s'emplissent de fumier. La ration est de 50 kilogr. de carottes; 1 kilogr. 500 de tourteaux de sésame et 4 kilogr. de son ; comme boisson, de l'eau blanchie.

Les vaches, de la variété d'Ost-Frise, donnent 12 à 14 litres de lait, vendu 0 fr. 14 à 0 fr. 15, à Cologne. Plus près de cette ville, les terres se louent 225 fr. à 240 fr. l'hectare, plus les impôts, qui s'élèvent à 25 francs.

ENVIRONS DE HANOVRE.

L'assolement de 3 ans est le plus général; les prairies n'entrent que pour une faible part dans la culture. (1) On fume les terres qui ont eu l'orge ou l'avoine, et on sème seigle, blé, pommes de terre et féveroles. (2) Ces récoltes enlevées, on prépare la terre qui recevra les betteraves au printemps suivant.(3) Orge et avoine.

Comparaison des rendements avec ceux du Nord de la France, par hectare.

	Hanovre		Département du Nor	
		fr.		fr.
Betteraves.	35.000 kg. à 3o fr.	1.05o	4o.000 kg. à 2o fr.	8oo
Orge ou avoine..	33 quintaux à 2o fr.	66o	25 quint. à 2o fr.	5oo
Blé........	53 hectolit. à 19 fr.	1.007	3o hectol. à 2o fr.	6oo
		2.717		1.9oo

Différence par hectare 817 francs.

Dans la préface de la notice de M. Jacquemard, M. Bernot fait observer que, « le jour où le gouvernement allemand a adopté l'impôt sur la betterave, il a du même coup amené la prospérité de la sucrerie et de la culture qui l'alimente. C'est à cet impôt que l'on doit les magnifiques récoltes en blé et en orge qui font notre envie ».

Dans la ferme de Nordettemmen, le blé semé en lignes distantes de o m. 19 rend de 4.000 à 5.200 kilogr. à l'hectare. En comptant le poids du blé à 77 kilogr. l'hectolitre, cela fait de 51 à 67 hectolitres à l'hectare. Cet énorme rendement est obtenu avec le Sheriff square headed qui ne talle pas et n'a qu'une seule tige rigide qui résiste à la verse. On sème le blé à raison de 25o kilogr. par hectare.

Le blé sheriff est peu estimé par la meunerie à cause de sa faible teneur en gluten; il est payé 1 fr. 25 de moins par 100 kg. que les autres espèces.

Dans les fermes qui, comme celle de M. Beckmann, ont une contenance de 90 hectares,il y a dans le cheptel : 7 chevaux, 3o vaches hollandaises et wurtembergeoises donnant 10 litres de lait ; 4 bœufs de travail ; 9 vaches d'élevage et quelques porcs. Le lait est acheté par la laiterie industrielle de Bork, dont le matériel est très perfectionné, comme dans tous les établissements similaires d'Allemagne. Une locomobile actionne une écrémeuse centrifuge, une baratte et plusieurs pompes. Des réfrigérants, des malaxeuses, etc., complètent l'installation. L'usine traite 3.ooo litres de lait par jour. Il faut 18 litres de lait pour faire 1 kilogr. de beurre vendu 3 fr. 12, car il est de qualité supérieure. Le lait écrémé est converti en fromages du poids de 5oo gr. façon Limbourg, qui se vendent o fr. 25 la pièce.

ENVIRONS DE BRUNSWICK.

Ferme de Zernheim.

Contenance 75o hectares, dont 2oo en prairies.Prix de location : 24o fr. l'hectare : Cheptel : 32 chevaux, 6o ou 8o bœufs ; 115 vaches hollandaises. Troupeau Rambouillet-Southdown.

Les bœufs proviennent de Bavière, et valent 1.5oo fr. la paire. Ils se vendent gras de o fr. 90 à 1 fr. le kilogr. vif.

Leur ration d'engraissement consiste en pulpe à volonté ; 2 kgr.5oo de tourteaux de sésame et 1 kilogr. 5oo de tourteau de coton.

Les bouchers qui donnent des bœufs à engraisser paient une pension de o fr. 6o par kilogr. d'augmentation de poids.

Les 115 vaches donnent par jour 1.2oo litres de lait, soit un peu plus de 10 litres par tête. Ce lait sert à faire du beurre et du fromage ; le petit lait, à nourrir 15o porcelets vendus à 7 semaines 37 fr. 5o la paire.

Une distillerie de pommes de terre fait partie de l'établissement et fournit, pour la nourriture des vaches, des vinasses qu'on mélange avec des fourrages hachés, du tourteau de sésame, de la farine de riz, du maïs, et 15 kilogr. de pulpe.

La spéculation sur le troupeau consiste à faire naître les

agneaux successivement afin de pouvoir engraisser et vendre toute l'année. Ces agneaux pèsent 40 kilogr. vif.

Ferme de Gross-Himstedt (près de Brünn).

Contenance : 70 hectares. Prix de location : 180 fr. l'hectare. Cheptel : 6 chevaux, 40 vaches holstein en été et 60 en hiver, donnant en moyenne 10 litres de lait, dont on fait du beurre et du fromage ; 47 porcs yorkshire-allemands, achetés à 5 mois et vendus à un an, sont nourris avec de la farine d'orge, des féverolles, des tourteaux et des résidus de laiterie. On engraisse en hiver 130 moutons pesant, lors de l'achat, 40 à 45 kilogr. ; ils gagnent 10 kilogr. ; et sont vendus pour l'Angleterre o fr. 90 le kilogr. vif.

Ferme de Steinbruck.

Contenance : 300 hectares. Prix de location : 175 fr. l'hectare. Cheptel : 16 chevaux ; 30 bœufs à l'engrais ; 30 bœufs de travail ; 30 vaches à lait ; 75 truies ; 700 brebis Rambouillet-Oxfordshire. On vend les agneaux à 6 mois o fr. 90 le kilogr. ; ils pèsent alors 40 à 45 kilogr.

700 porcelets sont vendus à 3 mois 25 francs.

HARZ.

Ferme de M. von Heldorf.

Contenance : 600 hectares. Cheptel : 28 chevaux ; 70 vaches hollandaises valant 550 fr. ; 60 bœufs de travail de la variété Vogtland ; 30 bœufs à l'engrais ; 60 porcs yorkshire-allemands ; 900 brebis Rambouillet-Oxfordshire. Les vaches non laitières séjournent constamment dans les fosses à fumier où elles sont nourries avec des fourrages verts et de la paille. Le reste du temps, comme partout ailleurs.

Les bœufs à l'engrais reçoivent des pulpes à volonté ; 3 kilogr. de son ; 1 kilogr. 500 de tourteau de colza ; o kilogr. 750 de tourteau de coton.

On engraisse par an 800 ou 1.000 moutons avec des pulpes,

du maïs concassé et du tourteau de coton. La toison pèse 3 k.5oo
à 4 kilogr. et vaut 1 fr. 55 le kilogr.

Ferme de Dornburg-sur-Saale.

Ce domaine de 35o hectares appartient au duc de Saxe-Wei-
mar ; il y a 2o hectares de luzerne, sainfoin et trèfle, ainsi que
3o hectares de prairies naturelles. Cheptel : 24 chevaux percherons; 14 bœufs de travail de la variété de Thuringe ; 8o vaches
laitières suisses coûtant 525 fr. d'achat et 4o fr. de frais de transport; 1.ooo à 1.2oo moutons Rambouillet-Southdown.

La ration des vaches consiste en paille hachée avec de la luzerne; on y ajoute des tourteaux de palme dissous dans l'eau.

Le beurre se vend 1 fr. 9o à 2 fr. 25 le kilogr., ce qui met
le lait de o fr. 15 à o fr. 18 le litre. Avec le lait écrémé, on fabrique un fromage maigre en forme de saucisse. La porcherie comprend 2o truies et 7o porcelets yorkshire-allemands.

Comme presque partout en Allemagne, on améliore principalement les moutons dans le sens de la production de la viande, à
cause du bas prix de la laine.

Les agneaux gras pèsent 4o kilogr. à 6 mois, et sont vendus à
Londres; les moutons de 1 an à 18 mois pèsent 55 kilogr. et sont
dirigés sur le marché de Paris.

Domaine de Trotka, près de Halle.

Contenance : 1.6oo hectares, répartis en plusieurs fermes, dans
lesquélles il y a 315 vaches ; 2 taureaux; 234 bœufs bavarois;
124 chevaux et 3.ooo moutons.

Deux écrémeuses et deux barattes à vapeur servent à fabriquer
du beurre de 1re qualité avec le lait qui n'est pas vendu en
nature. Le lait complet vaut o fr. 2o ; le lait écrémé o fr. 1o, et le
beurre 2 fr.8o le kilogr. La production journalière est de 3.5oo
litres, soit 11 1/3 litres par vache.

Les terres, louées de 2oo à 25o fr. l'hectare, sont soumises à
l'assolement triennal : blé, betteraves, orge ou avoine.

La ration des vaches est de 45 litres de vinasses, avec 2 kilogr. de son , 20 kilogr. de pulpes et paille hachée.

Le bœufs valent 1.300 fr. la paire, et pèsent 1.400 kilog. Les moutons gras se vendent pour les marchés de Paris et de Londres.

Le labourage se fait à la vapeur, et à une profondeur de o m. 35; on laboure par jour 4 hectares 5o ares.

Après avoir dépassé Leipsick, en se dirigeant sur Prague, on quitte la région jurassique sucrière. Bien que la culture soit toujours très soignée, le sol est surtout favorable aux pommes de terre et au seigle. L'agriculture est nécessairement beaucoup moins prospère dans la zone tertiaire de l'Allemagne septentrionale, où l'on a trop compté sur la théorie pour mettre en valeur des terres naturellement infertiles. Au lieu d'améliorer progressivement le sol par les amendements calcaires et des fumiers abondants, les propriétaires ont cru possible d'obtenir de grands rendements au moyen d'engrais chimiques, et principalement de phosphates achetés en Angleterre. Les résultats financiers ont été déplorables et la plupart des propriétaires sont endettés. Les produits reviennent à un prix trop élevé pour pouvoir soutenir la concurrence des importations étrangères.

Le libre échange ou la protection limitée n'ont leur raison d'être que dans un pays essentiellement industriel et consommateur, comme l'Angleterre, et encore dans ce pays a-t-on dépassé la mesure.

Ce n'est pas impunément qu'on sacrifie la population rurale à celle des villes, car le bas prix des denrées ne profite que partiellement aux consommateurs, restreint le pouvoir d'achat des populations agricoles et toutes les classes en ressentent le contre-coup.

La crise agricole allemande est due en grande partie aux dépenses faites par les propriétaires, afin d'appliquer la culture intensive à des terres trop peu fertiles. Ce système ne pouvait réussir qu'avec le protectionnisme absolu.

Il n'en a pas été de même de l'industrie qui, depuis la guerre de 1870-71, a pris, grâce aux traités de commerce, à l'appui du gouvernement impérial et à une parfaite organisation des débouchés, un développement extraordinaire. Les propriétaires ruraux sont ruinés, la population des campagnes émigre vers les villes ou l'étranger, mais l'industrie a traversé une période de grande prospérité : celle-ci a pris fin avec la surproduction.

De là les progrès du socialisme d'une part et le mouvement agrarien de l'autre.

L'industrie demande le libre échange afin d'avoir les matières premières à bon marché, tandis que les agrariens, se basant sur ce que l'agriculture est la principale richesse du pays, réclament la protection. Leur programme peut se résumer ainsi.

1º Protectionnisme avec droits élevés sur les produits agricoles étrangers; interdiction d'importer du bétail provenant des pays où règnent les épizooties. (On sait que cela veut dire prohibition des animaux vivants).

2º Augmentation des attributions des chambres d'agriculture.

3º Dégrèvement des industries agricoles, et modification de la législation en ce qui concerne les populations rurales et la rupture des contrats de travail.

4º Surveillance des bourses, et suppression des marchés à terme qui faussent les cours.

A ce programme s'ajoute la question des lois successorales qui passionne les petits propriétaires, car les autres ont la faculté d'instituer des majorats, moyennant le paiement d'un droit.

Une ligue puissante s'est formée en faveur de la conservation du bien familial, du « hof ». L'idée d'égalité, si ancrée en France, où elle n'est en somme qu'une forme de l'envie, n'a aucune prise sur l'esprit pondéré des ruraux allemands. Ils tiennent aux vieilles coutumes germaines qui conservent la famille, base de la société, et assurent le bien-être des différentes classes. Le partage, à la mort de chaque individu, a toujours accru le malaise des populations et répandu le socialisme, refuge des inutiles et des déclassés.

La Ligue agraire ne se contente pas de formuler des vœux stériles ; elle agit activement, et organise sur de larges bases la
coopération, ainsi que le crédit agricole. Ses efforts viennent d'être
couronnés de succès par l'adoption du protectionnisme, et la modification des lois successorales. Le gouvernement allemand a compris qu'il ne faut pas, dans l'étude du problème social, concentrer son attention sur les populations urbaines et consommatrices
Ainsi que l'écrivait M. Benoît Malon, « la vraie, la seule question
sociale est la question agraire, la question du sol, toutes les
autres dépendent de celle-là ».

Population chevaline d'Allemagne.

L'Allemagne n'a qu'une seule race chevaline autochtone, la
race germanique, caractérisée par le profil arqué de la tête.

Dès l'époque des invasions aryennes, cette race s'est trouvée en
contact avee la race arabe, particulièrement dans la vallée du
Danube, route habituelle des migrations.

Les fouilles exécutées récemment dans les nécropoles de
Hallstatt, de Matrai, de Watsh, de Sanct-Margarethen, de Klein,
etc., ont fourni de nombreux ustensiles de l'âge du bronze, sur
lesquels sont représentées, au trait et au repoussé, des scènes
pleines d'intérêt pour l'étude des mœurs du peuple bronzifère,
qui possédait beaucoup de chevaux et de bétail.

On y remarque parmi les chevaux deux types bien distincts :
celui à tête busquée, et celui à profil arabe. La race arabe s'est
répandue sur les terres pauvres de la Hongrie et de l'Est de l'Allemagne, tandis que la race germanique s'est maintenue sur le
sol argileux de son aire géographique.

Au temps des croisades et à l'époque moderne, de nombreux
géniteurs arabes ont été importés en Allemagne.

Après la guerre de Trente ans, qui avait épuisé ses ressources
chevalines, l'Allemagne emprunta des reproducteurs à toute l'Eu-

rope, mais le Margrave d'Anspach, le duc de Deux-Ponts, et quelques seigneurs du Hanovre peuplèrent uniquement leurs haras de chevaux arabes.

En 1725, Frédéric-Guillaume de Prusse fonda le célèbre haras de Trakehnen (Prusse orientale), destiné à fournir des chevaux de selle et d'attelage aux écuries royales : il fit venir des géniteurs d'Orient, ainsi que des pur sang anglais, que l'on croisa entre eux pour obtenir le type de selle, et avec la race germanique pour les carrossiers. Par l'effet de croisements répétés et d'une sélection attentive, les caractères spécifiques de la race arabe y prédominent de beaucoup.

La superficie de l'établissement de Trakehnen est de 4.000 hectares, répartis en 13 fermes ; il y a actuellement une quinzaine d'étalons dont 10 de pur sang anglais ; 350 poulinières et 730 poulains de différents âges. Les produits ont beaucoup de distinction, une grande profondeur de poitrine, un bon dessus et des membres irréprochables. Ce sont en somme des chevaux anglais, moins les effets de l'entraînement.

Les poulains nés au haras sont marqués à l'épaule droite d'un bois d'élan à 7 andouillers.

Aujourd'hui il n'y a plus d'étalons arabes ; on a seulement conservé quelques juments qui sont croisées avec des pur sang anglais.

Les étalons du haras saillissent aussi les juments appartenant à des particuliers ; les produits sont marqués à l'épaule droite d'une couronne surmontée d'une croix.

Le haras de Graditz, fondé au xviiie siècle par le roi de Saxe, a été réorganisé en 1824, et peuplé d'étalons et de juments pur sang anglais. L'établissement, situé à 12 kilomètres de Torgau, occupe une superficie de 3.000 hectares. L'herbe des prairies est aromatique et nourrissante : elle convient bien à l'élevage des chevaux. Tous les produits sont marqués sur la fesse gauche des initiales T J J.

Le haras de Boberbeck, dans la Hesse, élève l'ancien type de Neustadt, métis ayant beaucoup de sang arabe.

L'élevage a toujours été florissant dans le Hanovre où, depuis 1714, l'influence des rois d'Angleterre a répandu le goût pour les chevaux anglais. Le haras, situé à peu de distance de Hanovre, continue à élever deux familles célèbres : l'une est blanche, et résulte du croisement de juments anglaises blanches avec des étalons arabes de même couleur. La fixité de la robe est complète, mais les animaux ont souvent une conformation défectueuse ; ils n'ont de remarquable que de brillantes allures.

L'autre famille est isabelle, et ne diffère de la précédente que par une taille moins élevée. Elle aurait pour origine des juments espagnoles et des étalons arabes.

Les autres étalons de Boberbeck sont des pur sang anglais dont les produits se sont répandus dans toute la région ; ils manquent d'ampleur et de substance, bien que, depuis 40 ans, on choisisse les étalons les plus étoffés. Les conditions de milieu ne leur conviennent pas.

Il y a aussi des étalons de gros trait qui ne réussissent pas mieux.

Dans la vallée du Weser, les chevaux descendent d'étalons importés de Hollande, et sont propres à l'attelage.

Le Holstein produit des demi-sang qui rappellent nos normands, car ils ont une même origine, c'est-à-dire des juments germaniques et des étalons de pur sang anglais. Le même croisement a donné dans le Sleswig des animaux trop légers et décousus. Les éleveurs, découragés par leurs insuccès, ont cherché à faire le cheval de trait en important des clydesdales, des percherons, des boulonnais et des belges ; ces mélanges incohérents n'ont rien donné de bon. On essaie actuellement du croisement des juments indigènes avec des étalons du Norfolk. Les poulains sont vendus en Angleterre, où ils sont élevés et revendus ensuite comme Norfolks authentiques.

Le Wurtemberg possède trois magnifiques haras : ceux de Weil,

de Sharnausen et de Klein-Hohenheim. Dans ce dernier établissement, qui se trouve près de Stuttgart, on élève la descendance de
juments et d'étalons asiatiques et africains, importés à différentes
époques, mais principalement en 1817. Dans ce nouveau milieu,
les produits ont pris de la taille et de la substance, tout en conser-
vant la perfection de leurs formes et les qualités du sang oriental.
Cette variété est fixe et homogène, cependant on remarque une
légère différence dans la crâniologie des individus ; les uns, les
plus nombreux, ont le chanfrein rectiligne du cheval asiatique ;
les autres ont le front bombé du cheval africain.

Depuis 1874, on a essayé sans succès le croisement avec des
étalons de pur sang. Les produits sont hauts sur jambes, irritables, et ont des membres insuffisants.

Nous ne pouvons ici passer en revue tous les établissements
impériaux et particuliers de l'Allemagne. Ce que nous avons dit
suffit pour indiquer les tendances de l'élevage dans ce pays, où
le but principal est la production du cheval de guerre. Du reste,
l'Allemagne ne possède pas de races de trait.

Le type arabe prédomine dans l'Allemagne orientale et la
région tertiaire ; la race germanique et ses métis dans la zone
argileuse.

Jusqu'en 1817, on n'a guère fait de croisements qu'entre ces deux
races, sauf dans le Hanovre. Depuis cette époque, le pur sang
anglais a peu à peu gagné du terrain, et s'est répandu dans toute
l'Allemagne ; il est résulté de la surproduction du cheval de selle
que son élevage n'est plus rémunérateur.

Tandis que la population est en augmentation, la production
diminue, ce qui dénote une importation considérable de chevaux
de trait.

Le goût de l'équitation et la connaissance du cheval sont très
répandus en Allemagne, surtout dans l'Est.

L'initiative privée a plus de part à l'élevage qu'en France où
le gouvernement dirige la production. Les étalons de l'Etat sont
peu nombreux ; la plus grande partie appartient à des particu-

liers qui marchent dans la voie tracée par les établissements impériaux. Tous les hippologues allemands, et particulièrement Settegard, conseillent d'élever des chevaux de trait, qui manquent à l'agriculture.

D'autre part, une commission, envoyée en France en 1896 par l'Empereur, constate dans son rapport que nos attelages d'artillerie sont incomparablement supérieurs à ceux de l'artillerie allemande : ces derniers ne sont formés que de chevaux de cavalerie manqués, trop légers et impressionnables ; ce rapport conclut qu'il est nécessaire d'encourager en Allemagne la production du cheval de trait.léger.

Les chevaux de troupe sont achetés par une commission militaire composée d'un président permanent, de deux lieutenants et d'un vétérinaire : ils ont entre 3 et 4 ans, et sont envoyés dans des fermes domaniales où leur entretien coûte 370 fr. par an. Les corps les reçoivent à 5 ans.

Les rations de la cavalerie allemande sont les suivantes :

	Avoine kg.	Foin kg.	Paille kg.
Cavalerie de réserve et artillerie.	5,500	2,500	3,500
Cavalerie légère de la Garde....	5,250	»	»
Cavalerie de ligne.............	5,150	»	»
Cavalerie légère..............	4,750	»	»

Voici ce que dit M. Aureggio de la cavalerie allemande : « Le gouvernement prussien après |de longs efforts, a réussi à améliorer la race de ses chevaux de guerre, à leur donner du sang, trop de sang. Les qualités remarquables qui distinguent la cavalerie prussienne, ont toujours frappé les officiers étrangers qui ont eu l'occasion d'assister aux manœuvres allemandes. Beaucoup d'observateurs militaires ont vanté avec enthousiasme et exagéré ses qualités, en proclamant la supériorité de la cavalerie allemande sur les autres cavaleries de l'Europe. Nous avons depuis 14 ans combattu ces exagérations et soutenu la réputation du cheval de guerre français, plus particulièrement visé dans les exa-

Vte de Villebresme. — L'Éevage. 27

mens comparatifs et critiques qui ont été faits jusqu'à ce jour. S'il est vrai que les chevaux de troupe allemands ont le sang qui donne la vitesse, il est bien reconnu aujourd'hui que leurs membres sont souvent fatigués, qu'ils se blessent facilement par la selle, qu'ils sont extrêmement délicats, et exigent des soins hygiéniques tout particuliers, ainsi qu'une abondante alimentation. Aussi, après les grandes manœuvres, quand les chevaux prussiens sont fatigués, amaigris, blessés, les régiments rejoignent-ils leurs garnisons à petites journées, conduisant leurs chevaux par la figure. C'est ainsi que sont rentrés à Metz, après les manœuvres d'Alsace-Lorraine en 1886, les 9e et 13e dragons. » Les efforts du gouvernement allemand pour obtenir une grande quantité de chevaux de sang n'ont en somme profité qu'à la cavalerie légère ; les chevaux de ligne, et surtout ceux de réserve et d'artillerie, sont beaucoup plus rares qu'en France, et de moins bonne qualité. Quant aux chevaux de trait, ils font presque complètement défaut, et notre élevage peut trouver de ce côté d'importants débouchés.

La population chevaline allemande a augmenté dans la proportion suivante :

1882	1892	1900	Valeur
Têtes	Têtes	Têtes	Millions de francs
3.522.000	3.836.000	4.180.000	2.436

Voici maintenant le tableau des importations et des exportations.

Années	Importation	Exportation	Différence
	Têtes	Têtes	Têtes
1897........	120.334	9.050	111.284
1898........	121.806	8.760	113.046
1899........	118.796	9.591	109.205
1900........	111.336	10.912	100.424

La valeur des 111.336 chevaux importés en 1900 est de 84.036.000 fr., soit 836 fr. en moyenne par tête.

Cette même année l'élevage français n'a vendu en Allemagne

que 6.445 chevaux, d'une valeur moyenne de 1.420 fr. Les autres provenaient de Russie (33.906) ; du Danemark (20.963) ; de Belgique (19.582) ; d'Autriche (16.492),etc.

Espèce bovine.

L'espèce bovine est représentée en Allemagne par plusieurs races.

Dans l'Ost-Frise, le Sleswig-Nord, et le duché d'Oldenbourg, on trouve la race des Pays-Bas, plus volumineuse encore, mais plus grossière que la variété de la province hollandaise de Groningue. Les vaches, très recherchées dans toute l'Allemagne, à cause de leurs aptitudes laitières, sont vendues sous le nom de vaches hollandaises ; elles pèsent environ 600 kilogr. et donnent en moyenne 10 litres de lait.

Les bœufs sont bons travailleurs et atteignent 1.000 kilogr. à 5 ans, soit un coefficient de poids vif de 16,66.

La race germanique comprenant les variétés de Breitembourg, de Wilstermarsch, et du Mecklembourg, peuple les bords de la mer Baltique, le Holstein et le Mecklembourg. Les vaches sont exploitées pour l'industrie beurrière et l'engraissement : ce double objectif est appelé Milch-Mastewirthschaft. Les vaches pèsent au moins 600 kilogr ; engraissées à l'herbage, à 4 ans elles rendent 400 kilogs de viande, soit : coefficient de poids vif = 12,5 ; coefficient de poids net = 8,33. Rapport du poids net au poids vif = 0,67.

Les veaux, largement allaités, se vendent gras ou sont conservés pour faire des animaux de travail qu'on engraisse, comme nous l'avons vu, avec des drèches et des vinasses.

La race des Alpes s'est répandue en Bavière, en Saxe, dans le Mecklembourg et le Wurtemberg. Les vaches donnent 2.600 litres de lait, plus riche en beurre que celui des Hollandaises ; elles pèsent en moyenne 450 kilogr., comme la variété légère de Suisse.

En Bavière se trouve une population métisse connue sous le nom de race d'Anspach, et qui résulte du croisement de taureaux d'Ost-Frise avec les vaches de la race des Alpes. Ces métis sont utilisés pour le travail, puis vendus dans la zone sucrière où ils sont engraissés. Les vaches sont attelées comme les bœufs, et pèsent 600 kilogr.; elles donnent 1.800 à 1.900 litres de lait.

En Pologne enfin, et dans les régions orientales de l'Allemagne, les races germanique et des steppes se rencontrent à l'état de pureté ou de mélange; les métis n'ont qu'une faible valeur économique. Les vaches sont peu laitières; les bœufs, bons travailleurs, s'engraissent difficilement, et leur viande est peu estimée.

On remarquera qu'en Allemagne, dans toutes les régions d'industrie laitière, on conserve avec soin les races pures, sans cependant chercher à les améliorer par une sélection attentive. Les vaches donnent beaucoup de lait; on ne favorise leur aptitude que par une excellente alimentation, et des rations préparées avec soin.

Le système qui consiste à engraisser les vaches lorsqu'elles ont donné deux ou trois veaux (1) procure d'importants bénéfices. Ainsi que le prouve Carl Lehmann, il est toujours avantageux de renouveler souvent les machines à transformation, et de ne pas attendre le moment où elles cessent d'accroître le capital par leur développement, car alors une partie de la valeur du lait est perdue, et ne sert qu'à amortir celle de la vache.

Les régions sucrières manquent de prairies; les bœufs de travail y sont engraissés avec les drèches. C'est donc très exceptionnellement que l'on rencontre des durhams qui ne sauraient augmenter l'aptitude laitière et celle du travail. Les quelques essais tentés n'ont donné que de mauvais résultats; dans le nord, le durham détériorait les races; dans le sud, les conditions de milieu ne lui conviennent pas. On y a donc renoncé, car nulle part on n'élève uniquement en vue de la boucherie.

La quotité de bétail par kilomètre carré est plus élevée en Alle-

(1) C'est ce qu'on appelle die milch-mastewirthschaft.

magne qu'en France. D'après l'enquête agricole de 1882, il y a
par kilomètre carré :

	Allemagne	France
Densité de la population........	83	71
Densité du bétail.............	29,2	24,6

Augmentation du nombre des bovidés en Allemagne :

1883	1892	1900
Têtes	Têtes	Têtes
15.787.000	17.556.000	19.011.000

Importations et exportations des bovidés :

	Importations	Exportations	Différence
	Têtes	Têtes	Têtes
1897........	125.070	6.789	118.281
1898........	107.315	5.973	101.342
1899........	122.464	3.339	119.125
1900........	135.630	4.007	131.623

Ainsi, les importations de bétail en Allemagne ne cessent
d'augmenter; il en est de même pour les viandes abattues, fraîches ou conservées.

Ce déficit alimentaire provient de l'accroissement des populations urbaines, et de la consommation moyenne par tête. Ainsi,
d'après Reussing, de 1847 à 1864, la population de la Saxe s'est
accrue de 1,54 o/o, tandis que la consommation de la viande augmentait de 3,93 o/o. Depuis lors, la progression a été continue.
En France, la population bovine est restée presque stationnaire.
Si nous augmentions notre production, l'Allemagne nous offrirait
un débouché certain, car elle est obligée de combler son déficit
alimentaire au moyen d'emprunts faits à l'Autriche-Hongrie et à
la Russie, dont le bétail fournit une viande de mauvaise qualité.
Malheureusement, nous ne produisons pas assez pour exporter :
en 1902, nous avons importé 43.805 bovins, alors que nous n'en
avons exporté que 35.053.

Espèce ovine.

L'espèce ovine est représentée en Allemagne par les races et variétés suivantes.

I. — La race germanique se trouve dans toute l'Allemagne, où elle est connue sous le nom de Landschaf ou race indigène.

Les variétés ne diffèrent qu'en taille et en poids suivant la nature du sol ; les meilleures se rencontrent en Westphalie. Ces animaux sont hauts sur jambes et osseux ; on en envoie beaucoup au marché de la Villette : ils pèsent de 40 à 60 kilogr. Leur laine est grossière et ne peut être utilisée pour la fabrication du drap.

Dans l'Alb wurtembergeois et le Jura de Franconie, les vallées sont très fertiles. mais les plateaux secs et arides ; près des villages, on suit l'assolement triennal avec jachère nue ; plus loin, c'est l'assolement semi-pastoral ou les friches permanentes.

L'abondance des pâturages dans la montagne permet de nourrir beaucoup de moutons pendant l'été. mais l'hiver on manque de fourrages ; dans les plaines, au contraire, où les prairies sont fauchées, on a plus de ressources en hiver qu'en été. Il en résulte la nécessité de faire transhumer les troupeaux qui sont formés, soit en louant des moutons pour l'été à tant par tête, soit en les achetant. D'après M. Walz, ancien directeur de l'école de Hohenheim, le pâturage sur l'Alb dure 7 mois ; il appartient ordinairement aux communes qui le louent 1 florin (2 fr. 15) par tête. Les communes se réservent le parcage qu'elles vendent 1/2 florin par nuit et par 100 moutons, aux cultivateurs qui ont à leur charge la nourriture du berger.

Pendant un mois, au printemps et à l'automne, les troupeaux sont conduits dans des pâturages moins élevés où ils paient 0 fr. 45 par tête ; le parcage de la nuit est aussi vendu aux cultivateurs.

Pour les trois mois d'hiver, le propriétaire du troupeau loue des étables et achète le foin 4 fr. 50 le quintal. La paille est donnée pour le fumier. Les frais annuels d'un troupeau de 200 têtes sont de 1.584 fr. le produit, en comptant par tête 6 fr. 45 de laine et 2 fr. 45 d'augmentation de poids, est de 1.810 fr. A ce bénéfice de 226 fr., s'ajoute la spéculation sur les moutons.

Les soins n'étant pas les mêmes suivant l'âge des moutons, il y a 4 sortes de troupeaux :

1° Les troupeaux d'engraissement des antenais et des brebis réformées ;

2° Les troupeaux d'élevage, formés d'antenais qu'on garde 1 an ou 2 ans ;

3° Les troupeaux qui font naître et élèvent ;

4° Les troupeaux d'engraissement, qui sont mis dans les meilleurs pâturages, et vendus sur les marchés de Suisse ou de Paris.

II. — La race de Danemark se trouve dans la région tertiaire de l'Allemagne. Elle est très rustique et se contente des plus mauvais pâturages ; pour cette raison, les Allemands l'appellent Haideschnucke (race des bruyères). Les animaux sont hauts sur jambes, marcheurs et osseux ; leur toison est épaisse, mais de mauvaise qualité ; leur chair maigre a un goût prononcé de venaison.

Cette race disparaît peu à peu, cédant la place aux mérinos, à mesure que la culture s'améliore.

III. — La race mérinos a été introduite en Allemagne au xviiie siècle par l'Electeur de Saxe ; les premiers animaux importés d'Espagne ont été la souche de la variété électorale qui se trouve en Saxe, en Silésie, dans le duché de Posen, en Bohême, etc.

Une autre variété, dite Negretti ou de l'Infantado, est répandue en Poméranie et dans le Mecklembourg ; enfin, la variété Rambouillet se rencontre un peu partout, et provient de géniteurs achetés en France. Les moutons de la variété électorale pèsent de 25 à 40 kilogr. ; leur laine est courte et douce, le suint étant très fluide.

La variété negretti est plus près de terre et plus trapue que la précédente ; la toison est plus étendue, à mèches plus longues, mais elle est couverte d'un suint gluant, fortement coloré. Le poids de ces animaux varie de 3o à 45 kilogr. ; la toison pèse 4 kilogr. et perd 45 o/o au lavage.

Les rambouillets se répandent de plus en plus, souvent croisés avec le southdown, ce qui rend les produits beaucoup plus délicats et exigeants. M. Lehmann Nitsche, qui élève dans le duché de Posen des mérinos et des southdowns, dit que ces derniers ne peuvent se développer sur la zone tertiaire, alors que le mérinos y réussit très bien. On est obligé de les nourrir à la bergerie. Quant aux métis, ils dégénèrent rapidement lorsqu'on les soumet aux conditions des mérinos. « Je conseille aux agriculteurs, dit l'auteur cité, lorsqu'ils ne disposent pas de bons fourrages, de se contenter du mérinos qui est rustique et peu exigeant, alors que les moutons à viande ont besoin d'une excellente alimentation. »

L'Allemagne produisait autrefois une grande quantité de laine, et son agriculture en tirait des bénéfices considérables. La concurrence des laines du Nouveau Monde a nécessité la transformation des troupeaux afin d'obtenir des animaux de boucherie, précoces et d'un fort poids. Cette industrie ne peut être lucrative que sur les sols argilo-calcaires de l'Allemagne centrale, où le climat est également favorable aux animaux améliorés et aux métis.

Aujourd'hui, il ne peut être avantageux d'avoir des moutons spécialisés, soit pour la production de la laine, soit pour celle de la viande. La sélection des mérinos offre les meilleures garanties de succès, alors que les croisements n'assurent qu'une plus grande précocité.

La population ovine d'Allemagne, qui était en 1883 de 2.640.000 têtes, dépasse aujourd'hui 3.500.000. Ce pays a dû emprunter à l'étranger 56.357 moutons en 1900.

Indépendamment du bétail vivant, l'Allemagne a importé en 1900, 51.240.000 kilogr. de viandes abattues d'une valeur de 56.716.000 fr. On voit que si notre élevage était en situation d'exporter, il trouverait en Allemagne de larges débouchés.

Suède et Norvège.

La presqu'île scandinave, dont la superficie est de 760.000 kilomètres carrés, est le plus grand massif cristallin de l'Europe. Les granites et les gneiss constituent la chaîne de montagnes qui sépare la Suède de la Norvège ; c'est ce qu'on appelle dans le pays la quille du navire, le kjolen.

Cette vaste région est presque entièrement couverte de forêts de pins exploitées avec le plus grand soin, car c'est avec la pêche la principale industrie. Les bois, abattus dans la montagne, et marqués aux initiales du propriétaire, sont jetés dans les torrents, et parviennent ainsi, en bondissant de roches en roches, jusqu'aux fjords, où des estacades les arrêtent. Là, des scieries les débitent en madriers ou en planches qui sont envoyés par mer dans toute l'Europe.

Sur les montagnes, la terre végétale est trop rare pour qu'on puisse cultiver les céréales ; du reste, la rigueur du climat en rend la maturation impossible ; c'est la région des forêts, des pâturages plus ou moins boisés de bouleaux, des marais, et des cimes désolées.

Au bord des fjords, dans le fond des vallées, on voit quelques maigres prairies. Parfois, entre les rochers, on apporte un peu de terre végétale pour obtenir du foin qui ne peut être coupé que tardivement. Le bétail est donc peu nombreux, et vit à l'étable pendant que la neige couvre la terre, c'est-à-dire de novembre à mai. Au printemps, les troupeaux vont dans la montagne, sous la conduite de bergers qui fabriquent du beurre et du fromage pour la consommation locale. Il y a depuis quelques années des laiteries industrielles qui exportent en Angleterre une assez grande quantité de beurres de bonne qualité. Ces laiteries achètent le lait dans les fermes en se servant de la formule du Dr Nils Engstroom qui permet de payer le lait d'après le cours du beurre

Cette formule est la suivante : $(F - 0,175) \dfrac{84}{100} \times 0,99$ (1).

F désigne la quantité en kilogr. de matière grasse contenue dans 100 kilogr. de lait ; 0,175 est la quantité de matière grasse restant dans le lait maigre ; $\dfrac{84}{100}$ représente la proportion de matière grasse contenue dans le beurre ; enfin, 0,99 est le déchet résultant des pertes de poids.

Ainsi, lorsque le kilogr. de beurre vaut par exemple 2 fr. 75, le prix du kilogr. de lait est, suivant sa richesse :

Matière grasse du lait p. 100.	Prix du kg. de lait.
2,5	0,076
3	0,096
3,5	0,108
4	0,125
4,5	0,141
5	0,158

Cette formule est très utile aussi bien aux fournisseurs de lait qu'aux fabricants, car elle permet de déterminer d'une façon précise la valeur du lait d'après le prix du beurre.

Sur le littoral de la mer du Nord, la pénurie de fourrages oblige à nourrir le bétail pendant l'hiver avec des débris de poisson. Il en est de même dans le Nord de l'Ecosse et en Islande. On sait que cette coutume est fort ancienne, car les auteurs grecs rapportent que les Scythes des bords du Pont-Euxin nourrissaient aussi leur bétail avec du poisson.

La population bovine de Scandinavie est très mélangée et sans caractères fixes ; les vaches sont peu laitières, mais leur lait est butyreux, et d'une saveur exquise. On n'engraisse pas les animaux, et par suite la viande est de mauvaise qualité. L'élevage ne présente donc aucun intérêt dans cette région. Nous signalerons seulement l'excellente installation des étables. Celles-ci, construites comme toutes les maisons avec des troncs de sapins

(1) *Journal d'agriculture*, 1902.

équarris, sont revêtues de plaques d'écorce de bouleau sur lesquelles on place des gazons, la racine en l'air. Bientôt, les toitures sont couvertes d'herbe, de bruyères et même d'arbrisseaux. Les gouttières sont également faites en écorce de bouleau.

Les étables sont claires, fraîches en été, chaudes en hiver. Le plancher est fait de madriers de sapin parfaitement joints. La place où sont les animaux est surélevée d'environ dix centimètres, et la largeur de cette plate-forme est un peu inférieure à leur longueur. Les déjections tombent dans la rigole médiane, sont immédiatement enlevées et portées, non dans la cour de la ferme, mais sur une forme placée au dehors. Les purins sont recueillis avec soin dans des fosses. Le sol des étables, l'intérieur des habitations et les cours sont d'une propreté méticuleuse.

La queue des bovins est attachée à une sangle afin qu'elle ne se salisse pas dans la rigole quand ils se couchent.

L'emploi de la litière, lorsqu'on ne dispose pas de paille en abondance et d'un nombreux personnel, ne vaut certainement pas un plancher bien tenu. La litière ne sert qu'à isoler les animaux du pavé et à absorber les liquides : elle est inutile lorsque le sol est planchéié.

Le prix de revient d'un plancher en madriers de sapin du Nord est d'environ 7 fr. le mètre carré et celui du pavage de 10 fr. au moins. Une étable planchéiée coûte donc moins cher, est infiniment plus saine et permet de réaliser une grande économie sur la paille. On a, il est vrai, moins de fumier, mais il est de meilleure qualité, et immédiatement utilisable, car on n'a pas besoin d'attendre que la paille soit consommée.

Les chevaux norvégiens et suédois sont d'origine arabe, petits, assez doublés et généralement de couleur isabelle. Ils ont le pied très sûr et sont énergiques, bien qu'ils passent l'été dans de mauvais herbages et 8 mois à l'écurie, où ils ne reçoivent qu'un peu de foin. Attelés à des petites carrioles à une place, ils parcourent de longues distances sur des routes très accidentées et même dangereuses.

En Suède et en Norvège, l'usage du fouet est inconnu ; on ne frappe jamais les animaux, qui obéissent parfaitement à la voix du conducteur.

Belgique.

A partir du littoral, le sol de la Belgique s'élève graduellement vers l'Est jusqu'au massif des Ardennes, où le point culminant se trouve à 675 m. d'altitude.

Sur le bord de la mer, aux environs d'Ostende, une ligne de dunes, qui s'avance continuellement, a ensablé les ports de Lombardzyde, Bruges, l'Ecluse, etc. ; on y fait de la culture maraîchère pour le marché d'Ostende.

Au nord de la Flandre orientale, et sur le littoral de la Campine, le riche pays de Wals est constitué par des tourbières desséchées ; ces polders, qui occupent la place d'anciens lacs intérieurs ou moëres, sont défendus par des digues contre l'envahissement des eaux de la mer.

Dans la vaste plaine de la Flandre, comprise entre la Lys, l'Escaut et la mer, les maisons sont rares ; l'hiver, elles sont entourées d'eau et les habitants y vivent avec leurs troupeaux comme dans des îles. L'été, la physionomie du pays change du tout au tout, et on ne voit que de verts pâturages couverts de troupeaux.

Le sol de cette région est formé par des relais de mer, constitués par une argile tenace analogue à celle du marais poitevin. Les meilleurs herbages sont ceux de Furnes et de Dixmude ; on peut y engraisser dans une même saison deux bœufs par hectare.

Les troupeaux sont mis au pâturage de mai à novembre, et même plus tard si la température le permet. Dès qu'une bête est grasse, elle est vendue et remplacée.

La variété chevaline flamande atteint dans cette contrée son maximum de développement. Les poulains sont vendus à 18 mois

à des marchands français, allemands et anglais, qui les paient de
600 fr. à 800 francs.

L'hiver, les cultivateurs ne gardent que les vaches laitières ; ils
les nourrissent avec du foin, de la paille et des féveroles.

Cette zone littorale de la Flandre est un pays de grande culture. Le prix de location des bons herbages est de 150 fr. à 200 fr.
l'hectare; celui des terres labourables de 80 fr. à 100 francs.

« Si le voyageur agricole, écrivait M. de Laveleye en 1875,
veut se faire une idée de la culture de la zone du littoral, il doit
visiter la ferme de M. de Graëve, à Stuyvekenskerke. Elle comprend à peu près 200 hectares, dont moitié en prairies, et moitié
en cultures. Les prairies nourrissent 15 vaches à lait de demi-sang
durham, une quarantaine d'élèves de sang croisé, et 80 à 90 bœufs
de 2 à 3 ans. Les moutons proviennent d'un croisement de la
grosse brebis flamande avec des béliers dishleys. Les attelages
consistent en 20 forts chevaux. Une cinquantaine d'hectares sont
consacrés au froment et à l'orge ; 12 à 13 aux féveroles, autant
au trèfle. Le reste est occupé par de l'avoine, du colza et des betteraves. »

Les croisements ne sont plus guère pratiqués actuellement dans
les Flandres, car on en a reconnu les graves inconvénients. Sous
l'influence des Sociétés d'Agriculture, on revient aux races pures
indigènes et à leur amélioration par la sélection.

Les polders sont d'une grande fertilité et donnent pendant
longtemps des céréales, sans qu'il soit besoin de fumer.

La proportion des chevaux est considérable, car il est nécessaire
de faire rapidement les labours, lorsque l'argile n'est ni trop
sèche, ni trop humide.

A cette bande littorale argileuse, succèdent des dépôts de sables
tertiaires. Ce sol, naturellement infertile, qui ne valait pas plus
de 400 fr. l'hectare il y a 60 ans, a été amélioré par l'industrie de
l'homme ; le prix est maintenant de 3.000 fr. l'hectare. On tire un
excellent parti de ces terres ingrates au moyen d'abondantes
fumures. L'engrais est fourni par le fumier de ferme, produit en

grandes quantités par un nombreux bétail vivant constamment à l'étable; on y ajoute des gadoues, des poudrettes, des curures de fossés, des vases draguées dans les canaux, des vidanges, du guano et des engrais chimiques, pour une somme de 100 fr. par hectare. Le tiers de la surface cultivée est en cultures dérobées, ce qui augmente dans la même proportion les ressources fourragères.

D'après M. de Laveleye, le capital d'exploitation dépasse 700 fr. par hectare ; cet auteur prend comme exemple une ferme de 11 à 12 hectares aux environs de Gand.

	fr.
Mobilier et instruments aratoires	1.812
7 vaches, 3 veaux, 1 cheval, 4 cochons	2.240
Fumiers et provisions en grange	1.382
Récoltes sur pied, etc	3.270
Total	8.704

M. de Lichtervelde compte le capital d'exploitation de la façon suivante, pour une ferme de 20 hectares, ou 44 « mesures ».

	fr.
2 chevaux	907
14 vaches et génisses	2.701
4 porcs	217
Instruments aratoires. Meubles	2.338
Prisée ; engrais ; toit (octobre)	1.708
Avances de journées, engrais, vivres, jusqu'à la prochaine récolte	6.436
Total	14.307

Pour la première ferme, le capital d'exploitation est donc de 790 fr., et pour la seconde, de 715 fr. par hectare. Le produit moyen est de 340 fr. par hectare, ce qui permet non seulement de nourrir la population la plus dense de l'Europe, mais aussi d'exporter.

Dans la zone sablonneuse, 35 à 40 o/o des terres arables produisent de la nourriture pour le bétail, tant en 1re qu'en 2e récolte. En y ajoutant 15 à 16 o/o de prairies permanentes pâturées ou fauchées, on voit que la moitié des terres est consacrée à l'alimentation des animaux et à la production du fumier.

Les prairies permanentes durent peu et sont bientôt envahies par la bruyère. La luzerne ne réussit pas; on y supplée par du trèfle ordinaire mêlé de ray-grass et par du trèfle incarnat.

Il n'y a guère de prairies que sur les bords des cours d'eau; dans les vallées de l'Escaut et de la Lys, elles valent jusqu'à 8 et 9.000 fr. l'hectare et se louent de 300 fr. à 400 francs.

Entre la Meuse et l'Escaut, à la partie inférieure de leurs cours, se trouvent les provinces d'Anvers et de Limbourg, qui constituent la Campine. Cette région, couverte de bruyères, est stérile comme toute la plaine tertiaire qui s'étend sur le nord de l'Europe depuis le Dniéper jusqu'à la Belgique. Ces sables, qui contiennent 95 o/o de silice, ne nourrissent que les plantes les moins exigeantes. Aux environs d'Anvers, les dunes de sable fin se déplacent constamment sous l'action du vent. Dans les dépressions, les eaux de pluie forment des marécages et des fondrières que l'on a entrepris de dessécher.

Parfois le sable est mélangé d'un peu d'argile qui le rend plus fertile, mais souvent aussi on trouve dans le sous-sol une couche de poudingue ferrugineux, semblable à l'alios des landes de Gascogne, qu'il faut briser et enlever lorsqu'on veut mettre la terre en valeur.

Depuis le milieu du xixe siècle, le gouvernement belge, des particuliers et des compagnies, ont entrepris de grands travaux de défrichement, mais la plupart des tentatives n'ont pas été rémunératrices. Les petits cultivateurs seuls ont réussi, en améliorant peu à peu le sol au moyen des engrais fournis par une grande surface de landes. Chaque exploitation a une certaine étendue de bruyères, où le fermier fait paître son bétail, qui est rentré le soir à l'étable. Le fumier, recueilli avec soin, sert à fumer la petite surface cultivée. Nous avons vu que cette méthode a été pratiquée dans toutes les régions pauvres; c'est le système celtique ou hétérositique de M. de Gasparin. Aujourd'hui, la facilité des communications permet l'apport des engrais chimiques, et l'on est parvenu dans la Campine à entretenir 1, 3 tête de gros bétail par hectare de terre labourable ; mais la quotité de bétail par rapport à la surface totale n'est que de 0,35 tête par hectare.

Le fond des étables campinoises est creusé au-dessous du sol ; on y place d'abord des bruyères et des gazons destinés à absorber les liquides, puis au-dessus on met la litière, qui s'élève peu à peu. De temps en temps on ajoute une nouvelle couche de gazon afin que le purin ne se perde pas. On ne vide la fosse que quand elle est pleine. Ce système, mis en pratique à Roville par M. de Dombasle, permet d'obtenir annuellement 40.000 kilogr. de fumier par tête de gros bétail.

Les exploitations de la Campine sont en général de peu d'étendue et ne dépassent guère 30 hectares. Comme dans les Flandres, on fait des cultures dérobées. La spergule, qui pousse en 2 mois, donne 6 à 8.000 kilogr. à l'hectare. On échelonne les semis de façon à avoir toujours un fourrage tendre, dont les animaux sont très friands. C'est une excellente nourriture pour les vaches laitières.

Le trèfle offre l'inconvénient d'exiger une rotation de 7 ou 8 ans ; on le remplace souvent par la séradelle (ornithopus perpusillus).

Le Hainaut, le Brabant et le Hesbaye, c'est-à-dire la région comprise entre la Campine au Nord, la France au Sud, la Meuse à l'Est, et la Flandre à l'Ouest, forment la partie la plus fertile de la Belgique. Cette plaine, légèrement ondulée, est constituée par un limon quaternaire mélangé de sable tertiaire ; comme dans presque toute la Belgique, le sous-sol, qui se trouve à une plus ou moins grande profondeur, appartient à l'étage crétacé. Dans cette zone argilo-siliceuse, il faut moins de fumier que dans les sables de la Campine, mais les labours exigent de forts attelages ; par suite, on a beaucoup de chevaux de gros trait. Une ferme de 100 hectares du Hainaut possède ordinairement 18 chevaux, une dizaine de poulains, 10 ou 12 vaches, autant d'élèves, une vingtaine de moutons et quelques porcs, c'est-à-dire plus de chevaux que de bêtes à cornes.

Au lieu de recueillir avec soin les fumiers, ceux-ci sont trop souvent entassés dans les cours, où ils sont lavés par les pluies et desséchés par le soleil. Il est rare que les purins soient utilisés, et les cultivateurs n'achètent pas d'engrais.

Le bétail étant relativement peu nombreux, les plantes fourragères n'occupent dans l'assolement qu'une faible partie, environ le tiers, de la surface cultivée; ces plantes sont : les fèveroles, le sainfoin, le trèfle blanc, le trèfle violet et la betterave.

Le prix des terres était il y a 30 ans de 4.000 fr. à 8.000 fr. et même 10.000 fr. l'hectare ; il a beaucoup diminué, ainsi que le prix de location, tombé de 100 fr. à 70 et 75 fr. par hectare. La dépréciation est moins considérable près des grands centres où tous les produits se vendent facilement.

Grâce aux Sociétés provinciales d'Agriculture, il y a une tendance marquée à augmenter le nombre des animaux, à les laisser à l'étable afin d'avoir plus de fumiers, et à faire des labours profonds en attelant sur les charrues 3 chevaux au lieu de 2.

La surface réservée aux plantes fourragères est plus considérable; le bétail est mieux nourri, et on abandonne le funeste système des croisements.

Nous lisons dans le Rapport sur l'état de l'agriculture dans la province de Hainaut pour 1902. « Le nouveau règlement institue des primes pour vaches et génisses. Ce sera un progrès considérable, mais sera-t-il suffisant? Il nous est permis d'en douter ! Car si notre code bovin prévoit des récompenses, il omet d'enseigner la manière de juger les animaux. Nous disions, l'an passé, à pareil chapitre de notre rapport, que le Hainaut possède un bétail hétérogène résultant du croisement de la bête indigène avec le taureau durham, hollandais et même flamand. Au point de vue économique, nous devons chercher un bétail résistant aux maladies et au climat, de bonne conformation, laissant à l'abatage un rendement considérable en viande, et capable de produire pendant son existence un lait riche en beurre, l'industrie beurrière étant, dans la majorité des cas, la spéculation la plus lucrative

Vte de Villebresme. — L'Élevage.

avant l'engraissement. Il nous paraît que la conséquence de ces desiderata économiques doit être une règle unique que tous nos jurés doivent posséder, et mettre en pratique lors des expertises.

« Depuis que nous avons écrit ces lignes, une conférence a établi les bases d'appréciation du bétail soumis aux expertises... Sans abandonner nos idées d'individualisme et d'initiative personnelle, nous devons reconnaître que la science zootechnique a des règles fixes auxquelles nous devons nous soumettre ; les combattre par des exceptions, c'est nous exposer à des conséquences fâcheuses. »

Pour les bovins, les Sociétés belges pour l'amélioration de l'élevage font tous leurs efforts afin d'obtenir un bétail homogène, en proscrivant les croisements. Tout métis est exclu des concours, et n'a aucun droit aux primes d'encouragement.

Le même rapport constate que l'élevage du cheval de race pure est prospère ; « quant à celui de race croisée, il est complètement nul... Les poulains destinés à faire des étalons ainsi que les poulains de lignée sont très demandés par les Allemands.

« Les Américains du Nord sont revenus, mais ils n'achètent pas nos meilleurs chevaux ; ils se contentent de la seconde qualité, ce qui est plus avantageux pour l'éleveur, les premiers se vendant toujours très bien aux Allemands. »

Le 23 juillet 1901, le Conseil Provincial a voté un règlement présenté par le ministre de l'Agriculture, et d'après lequel la race chevaline doit être améliorée par la sélection et non par les croisements. L'intervention des étalons de sang anglais de l'Administration des haras belges avait donné des résultats si peu satisfaisants que cette Administration elle-même a été supprimée. L'initiative privée a répondu immédiatement à tous les besoins, et fourni les étalons nécessaires. L'Etat a ainsi réalisé une importante économie, et l'élevage est devenu très prospère.

Entre la Meuse, l'Ourthe et la Lesse, la région porte le nom de Coudroz. C'est un pays triste et froid, privé de bois, et balayé par les vents qui tombent des Ardennes. Le sol est ondulé, coupé

de vallons, au fond desquels on voit des ruisseaux bordés de
prairies. Les terres, étant argileuses, deviennent fertiles lorsqu'elles sont drainées et chaulées. Le sous-sol fournit le calcaire
nécessaire.

Le Coudroz est la partie de la Belgique la moins bien cultivée.
Les deux tiers environ de la surface sont en céréales et un tiers
en jachères, pommes de terre et trèfles. La principale céréale est
l'épeautre, qui résiste mieux que le blé aux hivers rigoureux. On
ne sème ni betteraves, ni carottes, ni navets.

L'hiver, les animaux sont parcimonieusement nourris avec du
foin et de la paille. A ce régime, les vaches sont peu laitières ; le
beurre et le fromage ne sont donc que des produits accessoires.

La disproportion entre le nombre des bêtes à cornes et celui des
chevaux est encore plus marquée que dans l'Hesbaye. Ainsi, il
y a, dans une ferme de 100 hectares, 20 chevaux sans compter les
poulains, 8 ou 9 vaches laitières, quelques élèves, et 150 ou 200
moutons. Le fumier n'étant pas produit en quantités suffisantes,
on a recours à la jachère, car on n'achète pas d'engrais.

Le capital d'exploitation n'est guère que de 250 fr. par hectare.

La région des Ardennes est constituée par des terrains cambriens et dévoniens. Elle forme entre les plaines de la Belgique,
de la Champagne et du Luxembourg un massif coupé de vallées
étroites. On y trouve des forêts, des landes, et de vastes marécages appelés fagnes, qui ont donné leur nom à la région comprise
entre Spa, Malmedy et Montjoie.

Le silurien n'est pas représenté dans les Ardennes; on ne le
trouve que dans le Brabant et le Coudroz. Les schistes et les
phyllades du Cambrien, les poudingues, les schistes argileux ou
quartzeux, les grès et les calcaires du dévonien produisent un
sol argileux, pauvre en chaux et infertile, ce qui a obligé la population à se concentrer dans les vallons où la couche arable est
plus profonde.

« Entre les étroites vallées des Ardennes, s'étendent de grands
plateaux couverts de marais et de forêts, où, dit M. de Laveleye,

une vaste étendue de terres vagues et de biens communaux permettent aux cultivateurs d'entretenir un nombre de têtes de bétail beaucoup plus considérable que ne sembleraient le comporter la grandeur et l'étendue de leurs exploitations. Les hautes landes et les pâtis n'offrent point, sans doute, une nourriture très abondante, mais les races sobres du pays s'en contentent, et la seule difficulté est de les empêcher de mourir de faim pendant les longs mois d'un hiver prolongé. A l'automne, on vend une partie de ce bétail. Néanmoins les cultivateurs en gardent encore trop pour la quantité de fourrages dont ils disposent. Aussi, les animaux sont-ils mal nourris pendant la saison froide: ils maigrissent, ils perdent leurs forces ; les vaches ne donnent presque plus de lait, et les jeunes bêtes cessent de grandir. C'est sans doute à ce dur régime que les races ardennaises doivent les caractères qui les distinguent. Au lieu de ces vaches énormes et lourdes, qui paissent dans les grasses prairies des polders, on rencontre ici de petites vaches presque sans pis, la tête affilée, les cornes aiguës, les sabots droits et secs, la jambe fine et nerveuse, aussi agiles que les ruminants des montagnes.

« Le cheval ardennais est petit, mais adroit et robuste ; il a le pied sûr, et résiste admirablement aux privations et à la fatigue. Le mouton lui-même a des formes réduites ; il donne peu de laine et de viande, mais sa chair, d'un goût exquis, rappelle celle du chevreuil. »

Le massif primaire des Ardennes pourrait être amélioré au moyen de la chaux fournie par les calcaires dévoniens, mais il faudrait tout d'abord aliéner les biens communaux que les habitants n'ont aucun intérêt personnel à mettre en valeur.

Les statistiques de l'enquête agricole de 1882 nous permettent de comparer l'importance de l'élevage en Belgique, en France, en Angleterre, en Allemagne et en Hollande :

Densité par kilomètre carré.

	Chevaux	Bovidés	Ovidés
France..............	5,37	24,6	45,4
Angleterre..........	6	32	87,64
Allemagne..........	6,5	29,2	12,8
Belgique...........	9,3	46,9	12,4
Hollande...........	8,2	43,3	22,52

Population bovine.

La population bovine de Belgique est formée par de nombreuses variétés de la race des Pays-Bas, qui s'est modifiée sous l'influence des milieux.

Les plus forts animaux se trouvent dans les Flandres ; puis la taille et le volume se réduisent progressivement et atteignent leur minimum dans la Campine d'une part, dans les Ardennes de l'autre.

La variété wallonne, qui peuple le Brabant et le Hainaut, atteint son plus grand développement aux environs de Mons ; elle compte une grande proportion de bœufs, d'une conformation assez défectueuse, qui après avoir été employés aux travaux de la culture, sont engraissés dans les sucreries et les distilleries.

L'aptitude laitière est peu développée chez les vaches de cette région ; le lait est le plus souvent fourni par des vaches achetées en Hollande.

Dans les Ardennes, le bétail est encore inférieur à celui des sables de la Hollande et du Limbourg.

Sur les plateaux, les vaches donnent 1.200 à 1.500 litres de lait ; il faut environ 40 litres de lait pour faire 1 kilogr. de beurre. Le rendement est meilleur dans les vallées, mais partout les animaux s'engraissent difficilement.

Les tentatives d'amélioration du bétail belge par des croisements avec le durham n'ont pas réussi, et on y renonce, car les métis et même les sujets importés, souvent atteints de la tuberculose, sont peu rustiques.

Les Sociétés d'Agriculture agissent donc sagement en recommandant et en favorisant la méthode de sélection.

Population chevaline.

La race belge est originaire du bassin de la Meuse, et c'est là que les animaux atteignent leur plus grand développement. Elle s'est modifiée en taille et en volume sous l'influence des milieux, et forme deux variétés principales, la brabançonne et l'ardennaise.

Le cheval brabançon est le plus grand et le plus volumineux de tous les belges. On est parvenu par la sélection à obtenir des individus pesant de 900 à 1.000 kilogr. Ce type est donc précieux comme moteur agricole.

Nous avons vu que les croisements avec les étalons de l'Administration avaient été si déplorables qu'on l'avait supprimée. Cette mesure a produit d'excellents résultats, ainsi que le montre le chiffre des importations en Europe et en Amérique.

1890...................... 19.814 chevaux·exportés.
1896.................... 23.165　　　 —

En même temps, le prix des animaux a suivi une progression croissante. D'après M. Leyder, un étalon brabançon valait 600 fr. en 1837 ; 2.400 fr. en 1876 ; 6.000 fr. en 1896. Aujourd'hui, dit M. Cornevin, une bonne jument se vend sans difficulté 4 à 5.000 fr. ; un poulain de 8 mois vaut couramment 700 francs.

. Il y a eu récemment des ventes exceptionnellement avantageuses pour la Belgique ; nous citerons Olympien, bel étalon brabançon de 4·ans, vendu 17.500 fr., et Porthos, de même type et de même âge, vendu 11.000 fr. à l'Allemagne.

Une superbe jument, La Vallière, a atteint le prix de 12.000 fr.

Dans le Hainaut et la province de Namur, on trouve deux variétés résultant de la qualité des fourrages : l'une est exclusivement propre à la traction lente ; l'autre, plus légère, se rencontre principalement dans le Borinage, et fournit des chevaux de trait léger.

La variété des Ardennes, bien que dégénérée par suite du manque de soins et d'une alimentation insuffisante, est pleine d'énergie et de rusticité ; sa taille ne dépasse pas 1 m. 52.

Le croisement avec les étalons anglais n'ayant pas réussi, comme il était facile de le prévoir, et la sélection ne pouvant donner de bons résultats dans une contrée aussi pauvre que les Ardennes, on importe de gros poulains brabançons qui acquièrent de la distinction et deviennent d'excellents chevaux de trait léger.

On trouve dans les Flandres la race frisonne, dont nous parlerons avec plus de détails lorsque nous examinerons la population chevaline de la Néerlande.

La variété flamande atteint une grande taille et un volume énorme, bien que trop souvent le développement des masses musculaires ne soit pas en harmonie avec celui du squelette. Les animaux sont mous et lymphatiques, par suite du milieu dans lequel ils vivent. Les meilleurs sujets sont ceux de la Flandre occidentale, qui reçoivent plus de soins.

Les croisements avec les étalons de sang anglais n'ont donné naturellement que des produits décousus ; ceux avec les étalons boulonnais sont aussi pratiqués sans succès. Il serait préférable d'améliorer cette variété par la sélection et un meilleur système d'élevage.

Néerlande.

En France, on confond généralement sous le même nom la Néerlande et la Hollande. Cette dernière région ne comprend cependant que la presqu'île du Helder, en partie conquise sur la mer au moyen de digues, entre l'Escaut et le Zuyderzée.

On ne trouve aucune roche dans la Néerlande ; tous les terrains sont des dépôts tertiaires, quaternaires ou modernes. Les plus fertiles sont ceux formés sur le littoral par les alluvions de l'Escaut, de la Meuse et du Rhin.

Le niveau des deltas ne peut nécessairement dépasser celui des eaux et ne s'élève pas à plus de 1 mètre au-dessus du zéro de « l'Amsterdamsche peil » ou simplement de l'A. P., qui sert d'étiage à l'Y dans le port d'Amsterdam.

Sur les cartes, les points situés au-dessus de ce zéro portent le signe + ; et les autres, le signe —.

La région la plus peuplée des Pays-Bas est la Hollande proprement dite (Holl land, terre creuse), qui a été gagnée sur la mer. Les premiers travaux, entrepris par les moines, remontent au xiie siècle ; depuis, les digues n'ont cessé de s'avancer et d'accroître chaque année les polders de quelques centaines d'hectares.

La Néerlande passe à tort pour un pays exclusivement d'herbages, car les meilleures terres sont consacrées à la culture ; les prairies ne se trouvent que dans les parties trop humides. Les lacs de Beemster, Wormer, Purmer, Gouda, Amstelland, Rynland, Ablasserwaard, Krempenerwaard, etc., qui occupaient le territoire actuel de la Hollande, ont été desséchés au xviie siècle. Le sol est à 3 m. 50 au-dessous de l'A. P. Ces polders seraient donc recouverts par la mer s'ils n'étaient pas préservés par les digues. Il faut cependant enlever les eaux de pluie et d'infiltration qui n'ont pas d'écoulement ; on le fait au moyen de pompes actionnées par des moulins à vent qui rejettent l'eau par-dessus les digues. Les « droogmakerys », ou marais desséchés, sont administrés par des comités qui répartissent les frais d'entretien des digues et des moulins. Lorsque les dépenses sont trop considérables, l'Etat intervient pour une part.

Les fermes de Hollande ont de 20 à 35 hectares. D'après M. de Laveleye, une ferme de 30 hectares entretient 20 vaches laitières, 12 à 14 élèves, 30 à 40 moutons, 8 à 9 porcs et un cheval.

« Il y a quelques années, l'ancien lac de Beemster nourrissait

6.000 bêtes à cornes et 400 chevaux, ce qui fait environ une tête de gros bétail par hectare. »

M. Convert cite comme type d'exploitation en Hollande la ferme de Badhœve, à 8 km. d'Amsterdam. Ce domaine de 220 hectares a coûté 1.115 fr. l'hectare, ou 525 florins, immédiatement après le dessèchement. Sur ces 220 hectares, 170 sont en herbages et le reste en cultures diverses. On y pratique surtout l'industrie laitière et on n'élève que le nombre de veaux nécessaire pour entretenir le troupeau.

Les autres veaux sont vendus de 11 fr. à 26 fr. 40 (5 à 12 florins) au bout de quelques jours, car le lait qu'ils consommeraient se vend 0 fr. 148 le litre à Amsterdam.

Lorsque la production journalière, qui s'élève à environ 1.000 litres, ne trouve pas acheteurs, on en fabrique du beurre ou du fromage. Ce beurre est renommé et vaut 3 fr. 30 le kilogr. au printemps, et 4 fr. 40 en été.

L'hiver, les vaches sont nourries avec d'excellent foin, des betteraves, du tourteau de lin, de la farine de seigle, etc. On a renoncé à l'ensilage, car la nourriture fermentée donne un mauvais goût au lait.

Le cheptel de Badhœve comprend en outre une vingtaine de chevaux, quelques poulains et 200 moutons.

L'été, les animaux restent constamment à l'herbage ; en hiver, ils vivent dans des étables tenues avec une propreté méticuleuse. Les cloisons et les plafonds sont en sapin galipoté ; le sol, en briques sur champ ou en bois, est recouvert de sable blanc. Les fenêtres sont garnies de rideaux, les parois ornées d'instruments aratoires en fer poli, etc. Afin que les vaches ne souillent pas les stalles, leur queue est attachée au plafond et les excréments sont immédiatement enlevés. Il y a loin comme on voit de ces étables à celles de France.

La maison d'habitation des cultivateurs, l'étable, la laiterie et les hangars sont réunis sous un même toit de chaume : non seulement tout reluit et brille, mais aussi le mobilier est presque luxueux. Les dressoirs sont couverts de pièces d'argenterie, de porcelaines et de faïences anciennes. Les meubles, en bois souvent incrustés, sont remplis d'objets de prix. A la porte, les gens quittent leurs chaussures et les remplacent par des souliers réservés à l'intérieur.

Pendant l'été, alors que le bétail est dans les herbages, les étables servent d'annexe à l'habitation. Le sol est recouvert de briques vernissées, et les stalles font l'office d'alcôves.

La Zélande est principalement un pays de culture. Les terres se louaient, il y a 50 ans, 160 à 180 fr. l'hectare ; aujourd'hui les prix ne dépassent pas 90.

Dans le Zuid-Beveland, la culture moyenne domine. La contenance des exploitations varie de 30 à 70 hectares. C'est dans cette région que se trouve la plus vaste entreprise de la Hollande, celle de Wilhelmina-Polder, près de Goes. Cette exploitation appartient à une Société de 23 négociants de Rotterdam, qui l'ont créée en 1809, sur des relais de mer, entre l'Ost et le Zuid-Beveland, vendus par l'Etat 1.400.000 fr. La contenance est de 1.434 hectares de terres excellentes.

Les travaux préliminaires, digues, drainages, chemins empierrés, construction des bâtiments, des moulins d'épuisement, des clôtures, etc., ont coûté une somme égale.

L'entretien des digues revient à 40.000 fr. par an ou 30 fr. par hectare ; la contribution foncière est de 12.000 francs.

Malgré l'humidité du climat, les herbages réussissent moins bien que les céréales. A Wilhelmina-Polder, et dans les environs, la culture prédomine et est divisée en 21 soles ; le blé en occupe quatre ; l'orge et l'avoine, deux ; les racines (betteraves, navets) et les plantes fourragères, deux autres. Ces cultures sont coupées par des pâturages de cumin et de trèfle rouge qui durent 2 ans. Le rendement du blé atteint parfois 51 hectolitres ; à cause de sa qualité, il se vend comme semence.

L'orge et l'avoine donnent en moyenne 65 à 70 hectolitres ; les betteraves 60.000 kilogr. ; le cumin rapporte 1.200 kilogr. de graines, valant 64 fr. les 100 kilogr., soit 768 fr. par hectare.

On n'utilise pas la force motrice des bœufs. Les travaux sont faits par 140 chevaux de la race indigène ; cela fait un cheval par 10 hectares. On élève chaque année une dizaine de poulains pour entretenir l'effectif. Les chevaux sont réformés à 14 ou 15 ans, après avoir travaillé 11 ou 12 ans. Le cheptel de cette exploitation compte en plus environ 380 têtes de gros bétail, et 2.000 moutons, soit en tout un équivalent de 750 têtes de gros bétail, ou 1/2 tête à l'hectare. Les fumiers étant insuffisants, on achète chaque année pour 20.000 fr. d'engrais chimiques.

Il a été démontré, dans un rapport adressé au directeur de l'école de Grignon par MM. Dubost, Millot, Mussat et Sanson, qu'en ne se conformant pas à la loi de la division du travail l'exploitation de Wilhelmina, où l'on pratique l'élevage et l'engraissement, ne donne pas les résultats financiers qu'on pourrait obtenir. Le produit brut est de 500 fr. par hectare ; le cheptel y contribue pour 1/7 environ. La main d'œuvre coûte 110 fr. par hectare.

Les parts de propriété qui valaient au début 39.600 fr. représentent aujourd'hui plus du double et rapportent 6 o/o.

Chaque année, Wilhelmina-Polder vend, pour le marché de Londres, 70 à 80 bœufs rendant chacun 4 à 500 kilogr. de viande nette et 500 moutons. Comme la variété durham appartient à la race des Pays-Bas, on a fait venir à Wilhelmina des reproducteurs d'Angleterre, afin d'augmenter la précocité. On a ainsi obtenu des animaux qui rendent 450 kilogr., de viande nette à 3 ans, au lieu de 5 ans, comme ceux de la Zélande, mais les vaches donnent moins de lait, et sont peu rustiques.

Dans les polders, les animaux engraissés à l'herbage ont à leur disposition des résidus de distillerie placés de distance en distance dans des auges ; ce système permet d'engraisser un plus grand nombre de têtes à l'hectare. Parfois aussi l'engraissement est commencé à l'herbage et achevé à l'étable.

Les vaches donnent à 3 ans de 3.200 à 4.800 litres de lait, et à 4 ans, davantage encore. La moyenne dans le Zuid-Beveland est de 3.5oo litres par vache avec une richesse en beurre de 4 o/o.

La période de lactation ne prend fin que peu de temps avant le vélage.

Cette abondante production est due à l'humidité de l'atmosphère et à une nourriture très aqueuse.

En général, on ne garde qu'un veau pour 4 vaches. Le jeune animal boit du lait pur pendant 15 jours, puis du lait écrémé ; à 20 semaines, il rend jusqu'à 130 kilogr. de viande nette.

La principale industrie de la Hollande septentrionale est la fabrication du fromage d'Edam ou Edamsche Kars. 100 litres de lait complet donnent 10 à 11 kilogr. de fromage frais ; le poids se réduit à 8 ou 9 kilogr. lorsque le fromage est affiné.

Dans la Hollande méridionale, on fait le fromage de Gouda ; bien que sa fabrication diffère peu de celle du fromage d'Edam, il est de qualité supérieure. Ces deux fromages se conservent longtemps, même dans les pays chauds.

Avec le petit lait, on fait du beurre de seconde qualité qui, trop souvent, est mélangé avec de la margarine. Cette falsification nuit beaucoup à la vente des produits hollandais.

En général, la moitié des prairies est consacrée aux pâturages ; le reste est fauché, mais on a soin d'alterner chaque année.

Les polders se continuent à l'est du Zuyderzée sur le littoral de la Frise et du Groningue.

Dans cette région, les bovins trouvent d'excellentes conditions pour leur développement : ainsi, après la grande épizootie de 1770, qui détruisit tout le bétail de Frise, on fit venir des petits animaux de la variété de la zone sablonneuse, et dès la 2e génération ils avaient retrouvé l'ampleur et les aptitudes de la grande variété.

Les fermes, qui ont de 30 à 35 hectares, nourrissent 1 cheval et 65 bêtes à cornes ; on compte une vache laitière par hectare et quelques brebis qui fournissent le lait nécessaire à la fabrication de petits fromages gras, très estimés dans le pays.

Les vaches frisonnes grasses rendent environ 400 kilogr. de

viande nette ; les veaux sont engraissés et expédiés en Angleterre.

L'industrie principale de la Frise est la fabrication du beurre. Là aussi les fraudes ont nui à la réputation du produit, qui est peu demandé en Angleterre.

Le fromage dit lappekars s'expédie par le port de Harlingen pour les bassins houillers de l'Angleterre, où il s'en fait une grande consommation.

On trouve sur le littoral de la Frise de nombreux monticules de 4 m. à 5 m. de hauteur appelés « terpen » ou « wierden » ; en Danemark on les nomme « kjokkenmendings », littéralement « débris de repas ». Ces buttes, plus ou moins importantes, sont en effet formées par tous les détritus accumulés autour des huttes habitées aux temps préhistoriques par les Bataves des bords de la mer du Nord. On y trouve, au milieu d'énormes quantités de coquilles marines, des ustensiles et des armes en pierre qui permettent d'en bien déterminer l'époque.

Ces terpens sont utilisés pour les amendements et se vendent aux cultivateurs de l'intérieur. M. de Laveleye dit que certains ont rapporté de 30.000 fr. à 40.000 francs.

En Groningue, la culture est à peu près la même qu'en Frise, mais encore plus prospère ; les gras pâturages y abondent.

L'étendue des fermes est en moyenne de 50 bonniers : on y nourrit 12 bêtes à cornes et 6 chevaux. Ceux-ci sont plus distingués et plus énergiques que ceux de la Frise et de la Hollande. On en a importé beaucoup à Paris il y a une vingtaine d'années.

Le lait du Groningue se vend 0 fr. 20 le litre, et est expédié à Londres en bouteilles cachetées. Cette industrie pourrait être avantageusement pratiquée en Normandie, où le lait ne rapporte que 0 fr. 15.

Le baril de beurre salé de 40 kilogr. se vend sur les marchés 80 francs.

Les vaches fraîches vêlées donnent jusqu'à 25 litres par jour ; en comptant une moyenne de 3.800 litres par an, cela fait un revenu brut de 760 fr. par vache.

Dans une ferme citée par M. le comte de Gourcy, « où l'on tient
52 vaches, leur produit du 1ᵉʳ mai à la fin de septembre est de
160 kilogr. de beurre salé, et de 3oo kilogr. de fromage maigre
par vache ».

Les économistes néerlandais attribuent la prospérité du Groningue à un système d'amodiation très particulier.

« Le beklem-right, dit M. de Laveleye, est le droit d'occuper un
bien moyennant le paiement d'une rente annuelle que le propriétaire ne peut jamais augmenter. Ce droit passe aux héritiers aussi
bien en ligne collatérale qu'en ligne directe. Le tenancier, le
beklem meyer, peut le léguer par testament, le vendre, le louer,
le donner même en hypothèque sans le consentement du propriétaire ; mais chaque fois que le droit change de main par héritage ou par vente, il faut payer au propriétaire la valeur d'une
ou deux années de fermage. »

Le tenancier peut donc entreprendre de coûteuses améliorations : il n'est pas, comme le fermier ordinaire, menacé d'avoir à
payer un fermage d'autant plus élevé qu'il a plus enrichi la
terre.

A la zone argileuse appartient encore la partie inférieure des
vallées de la Meuse et du Rhin, jusqu'où la marée se fait sentir.
La terre est de bonne qualité, mais la culture peu avancée. La
jachère revient tous les 5 ans, et parfois la même céréale deux
années de suite. Presque partout, dit M. Staring, les mauvaises herbes envahissent les cultures ; les fumiers sont négligés et vendus,
les instruments aratoires lourds et mal faits. Les fermes ont une
étendue de 3o à 35 hectares, dont 20 en culture. On y nourrit
6 chevaux, 12 à 15 bêtes à cornes et un troupeau de moutons. Les
chevaux, plus légers que ceux du Groningue, se vendent en
France et en Belgique.

Les prairies, arrosées par les crues, sont d'excellente qualité et
leur foin est assez nourrissant pour engraisser les bœufs à l'étable pendant l'hiver. Elles se louent de 18o fr. à 2oo fr. l'hectare,
et le regain seul 5o à 6o francs.

Les baux des fermes ont une durée de 6 années et sont établis sur le pied de 80 fr. l'hectare. Malgré la fertilité du sol, le rendement du blé est inférieur à la moyenne du royaume.

En dehors de la zone littorale, enrichie par les dépôts de l'Escaut, de la Meuse et du Rhin, le territoire néerlandais est constitué par des sables tertiaires. Cette région, d'une surface presque égale à la première, est naturellement stérile. Dans le Brabant septentrional et le Limbourg, les sables font suite à ceux de la Campine belge. On y pratique tous les systèmes de culture, depuis l'intensive jusqu'à l'exploitation en commun (Essch), ainsi qu'on le voit dans la Drenthe et la Twenthe. Dans l'Yssel, ancienne patrie des Francs-Saliens avant leur conquête de la Gaule, l'assolement est triennal, mais on y ajoute maintenant les turneps en culture dérobée, et on donne une large place à la pomme de terre. Tous les foins proviennent de la vallée de l'Yssel, du Zwartewater, du Wecht et des côtes du Zuyderzée. La contenance des fermes est de 10 à 12 hectares ; chacune possède en location une certaine étendue de « groenlanden » ou terres vertes. En général, il y a 1/3 en labours et 2/3 en prairies. On peut entretenir 7 ou 8 vaches laitières, 3 ou 4 génisses, des veaux, 1 cheval et plusieurs porcs, ce qui fait plus d'une tête de gros bétail à l'hectare.

En se rapprochant des frontières orientales de l'Over-Yssel, les landes couvrent la plus grande partie du sol. Par suite, le bétail se réduit ; s'il est moins exigeant, il est petit et fournit peu de lait.

Il n'y a de bœufs que dans la région sablonneuse, c'est là seulement qu'on utilise la force motrice des bovins, dont l'aptitude est peu développée dans la race des Pays-Bas.

Au sud de la Frise enfin, on trouve une région de prairies tourbeuses traversée par le Dedem waart, et une foule de canaux ; le sol inconsistant ne peut porter toujours des chariots. Le bétail n'est mis dans les herbages qu'après la rentrée des foins qui sont utilisés pendant l'hiver pour la nourriture des animaux, ou vendus dans la région sablonneuse qui en manque. Le prix de location des herbages varie de 5o à 120 francs, suivant que le sol est plus ou moins tourbeux.

En résumé la Néerlande comprend 2 régions : l'une est pauvre et sablonneuse : l'autre, argileuse, se divise elle-même en deux parties presque égales. Dans les Staats-Vlanderen (Flandre des Etats) la culture prédomine ; ailleurs ce sont des terres humides couvertes d'herbages.

Population bovine de la Néerlande.

Le bétail de la Néerlande appartient à la race des Pays-Bas, qui est représentée par plusieurs variétés résultant de la nature du sol et des conditions de milieu.

1° La grande variété. qui peuple le Groningue, la Frise, la Hollande septentrionale et méridionale, ainsi que les terres fortes des provinces d'Utrecht et de Gueldre ;

2° La variété moyenne. qui se trouve dans la Zélande, le nord et le sud du Beveland, et la Flandre hollandaise ;

3° La petite variété de la région sablonneuse.

En fait, il suffit de considérer dans le bétail néerlandais deux types : le grand, dans la partie argileuse ; le petit sur les sables des provinces de Drenthe. Over-Yssel, Gueldre, Utrecht et Limbourg. Cette population se compose surtout de femelles, car la laiterie est la principale industrie.

De toutes les races, celle des Pays-Bas produit le plus de lait ; dans les parties argileuses, les vaches donnent 4.000 litres et la période de lactation ne cesse que quelques jours avant le vélage nouveau.

Cette aptitude et la richesse du lait diminuent nécessairement lorsque les vaches sont transportées au sud de leur aire géographique.

L'analyse du lait des vaches hollandaises a donné à M. Marchand les résultats suivants :

	gr.	
Beurre................	39,99	par litre
Acide lactique........	2,64	—
Lactine...............	50,70	—
Matières protéiques...	22,14	—
Sels..................	7,04	—
Eau...................	909,39	—
Densité...............	1,031,70	—

Le bétail hollandais est assez précoce et s'engraisse facilement, mais sa chair manque de saveur.

Les animaux sont engraissés tantôt au pâturage, où ils disposent de drèches, comme nous l'avons dit, tantôt à l'étable, avec des résidus industriels, des grains concassés ou cuits, mélangés à des racines coupées, du foin haché, etc. On ajoute toujours du sel à la ration.

Les vaches réformées sont engraissées à l'automne et vendues en janvier ; les bœufs achetés au printemps sont prêts en septembre. Ceux mis à l'engrais en été sont vendus avant le printemps.

Voici, d'après MM. Corblin et Gouin, le résultat des pesées exécutées sur deux bœufs hollandais :

Age	Poids vif	Poids des 4 quartiers	Poids du cuir
17 mois............	519	319,5	31,5
51 mois............	812	432,5	54

Cela fait :

	Coefficient du poids vif	Coefficient du poids net	Proportion du poids net
Bœuf de 17 mois.	30	18,76	0,62
— 51 mois.	15,92	8,47	0,53

M. Cornevin donne comme rendement moyen de cette race 56 o/o.

On sait que la variété de Durham appartient à la race des Pays-Bas. Le croisement rendant les animaux moins rustiques, on y a renoncé partout, sauf à Wilhelmina Polder, où l'on recherche surtout l'aptitude à l'engraissement. Quant à la production laitière des vaches durhams et hollandaises, on l'a comparée à la station expérimentale de Pomritz sur des animaux de 6 ans en stabulation, nourris de la même façon et placés depuis un an dans des conditions identiques. Les résultats ont été les suivants pour 100 litres de lait :

	Eté		*Hiver*	
	Durhams	Hollandaises	Durhams	Hollandaises
	livres	livres	livres	livres
Beurre........	3,54	3,11	4,17	3,29
Caséine........	3,33	3,27	3,61	3,28
Sucre de lait...	5,02	4,49	4,80	4,75
Principes minéraux........	0,75	0,77	0,78	0,70
Eau..........	87,36	88,36	86,66	87,98

Excédent	Durhams	Hollandaises
	livres	livres
Beurre.................	4,9	»
Caséine................	»	7,6
Sucre de lait...........	»	39,9
Principes minéraux......	»	6
Eau...................	»	10,882
Quantité de lait par tête et par an...........	6.172	7.308

Il y a lieu de remarquer que ces vaches ne se trouvaient pas dans les conditions habituelles, et n'étaient plus dans leur pays. Dans la province de Groningue, la teneur du lait en beurre est de 4,5 o/o. Le rendement des vaches de 3 ans varie de 3.200 à 4.800 litres, et il est encore plus élevé à 4 ans.

Le poids vif des vaches de la région sablonneuse oscille entre 350 et 450 kilogr. ; celui des bœufs, de 400 à 500 kilogr., avec un rendement net d'environ 54 o/o. Les vaches de la grande variété pèsent 6 à 700 kilogr. ; les bœufs de 5 ans donnent de 500 à 550 kilogr. de viande nette.

On a l'habitude, dans toute la Néerlande, de faire saillir les génisses entre 14 et 16 mois par de jeunes taureaux. Cette méthode paraît favoriser la production laitière, en hâtant le développement et le fonctionnement des mamelles.

Nous aurons l'occasion d'examiner avec plus de détails la production laitière de la race des Pays-Bas, à propos de l'industrie bourrière en Danemark. Un herd-book néerlandais (Nederland Rundwee Stambock) a été institué en 1875 et contribue pour la plus grande part à l'amélioration du bétail par la sélection des reproducteurs. On exporte beaucoup de vaches hollandaises dans toutes les contrées du monde. Chez les nourrisseurs de Paris et de la banlieue, elles donnent en stabulation environ 3.700 litres par an.

Population chevaline.

La race frisonne, qui peuplait la Néerlande, a presque entièrement disparu par des croisements multipliés avec des étalons de toutes provenances. On !avait pour objet d'alléger le type afin d'obtenir des chevaux d'attelage de luxe.

Les résultats n'ont pas été heureux; les chevaux sont mal conformés, manquent de membres et ont le pied plat. De plus, l'élevage dans des prairies humides les rend mous et lymphatiques. Pendant quelques années, vers 1880, beaucoup de ces animaux ont été importés à Paris, où ils ont joui d'une certaine vogue en raison de leur bon marché, et d'un certain brillant, mais on n'a pas tardé à s'apercevoir de leurs défauts, et aujourd'hui on n'en voit presque plus.

L'industrie chevaline est donc peu prospère en Néerlande, et elle ne peut que diminuer d'importance si l'on ne modifie pas les méthodes de production.

Danemark.

Le sous-sol du Danemark appartient à l'étage danien du crétacé, mais la couche superficielle est constituée par des dépôts diluviens dont la fertilité est très variable. En effet, pendant les deux périodes glaciaires, le Nord de l'Europe jusqu'à la latitude de Londres était recouvert d'une calotte de glace, dont les eaux de fusion entraînèrent, aux époques de retrait, les débris de roches empruntés, pour la première période à la Scandinavie, pour la seconde aux régions de l'Est, alors que les glaciers se dirigeaient, non plus du Nord au Sud, mais du Nord à l'Est.

Les matériaux provenant de la Scandinavie ont été lavés par les eaux et sont privés d'argile; ces sables silicieux, infertiles, forment la moitié de la surface du territoire danois, et prédominent dans l'Ouest et le Centre du Jutland. Le diluvium de la seconde phase, au contraire, n'ayant pas subi au même degré l'action des courants, contient des argiles à silex, mélangées de sables et de calcaire, ce qui produit dans les îles et la côte orientale du Jutland une couche arable fertile. Des dunes de formation moderne et des marécages occupent environ le trentième de la superficie totale.

Le climat du Danemark est relativement doux, grâce au voisinage de la mer et à la fréquence des vents d'Ouest. A Copenhague, la température moyenne est supérieure à 7 degrés centigrades, tandis qu'en Russie et sur le même parallèle elle ne dépasse pas 2 degrés.

La moyenne d'eau fournie par les pluies atteint 0^{m}614 pour 156 jours pluvieux par an.

Le Danemark se compose de la presqu'île du Jutland, et des îles de Fionie, Séeland, Laaland, Bornholm, etc.

Le sol, très plat, continue la plaine germanique. La superficie est de 380.200 kilom. carrés; la population comprend 2.272.700 habitants.

Les différentes cultures occupent la proportion suivante par rapport à la surface agricole: céréales diverses, 41,5 o/o; prairies artificielles, 34,5 o/o; prairies naturelles, 9 o/o; jachères 7,9 o/o; racines et pommes de terre, 2,2 o/o.

De 1876 à 1896, la culture du blé a diminué de près de moitié,

parsuite de l'abaissement des prix. Il en est de même pour l'orge,
le sarrasin, les pois et les fèves. La culture de la pomme de terre
est restée stationnaire ; celle des racines, qui occupait 5.516 hect.
en 1871, dépasse aujourd'hui 87.000 hectares. Cette augmentation
considérable résulte de l'extension donnée à l'industrie laitière.
En même temps, la superficie consacrée aux fourrages, qui représente actuellement le tiers de la surface agricole, a progressé
depuis 1875 de 126.500 hectares. Cette année-là, on ne pouvait
donner à chaque tête de bétail que 1.074 unités de fourrages indigènes, mais en 1898 on disposait de 1.923 unités, soit une augmentation de 42 o/o.

Les améliorations apportées à la culture par l'emploi des engrais
chimiques, par une meilleure utilisation des fumiers, puis par
l'accroissement du nombre du bétail et par le développement de
l'enseignement agricole chez les cultivateurs, ont augmenté les
rendements dans la proportion suivante, par tonneau de surface
qui représente o hect. 55 m. en mesure française :

Moyennes de rendement

	Période 1875-79	Période 1894-98
	hectol.	hectol.
Froment	15,30	19,34
Seigle	10,50	11,78
Orge	12,51	13,51
Avoine	14,59	19,31
Pommes de terre	44,48	79,64
Racines	293	333
Foin de prairies naturelles	1.400 kg.	1.500 kg.
— — artificielles	1.650 —	1.950 —

On compte dans les bonnes régions 46 hectares de racines par
1.000 têtes de bétail ; la valeur de cette nourriture est toujours
déterminée d'après la quantité de la matière sèche, dont, comme
on le sait, la proportion varie considérablement. L'évaluation
faite à l'aide des mesures de capacité est considérée comme beaucoup trop inexacte.

La culture des fourrages-racines était presque inconnue en Danemark il y a 5o ans ; malgré les efforts de la Société royale d'Agriculture et des personnes éclairées, elle ne fit que très lentement des progrès, car les cultivateurs reculaient devant les frais de main d'œuvre, alors que le blé se vendait à un prix rémunérateur.

L'introduction de la betterave à sucre, vers 1875, a enseigné la culture des racines, et rendu possible le développement si remarquable de l'industrie laitière.

Les améliorations des différentes cultures résultent également du soin que l'on apporte au choix des semences, depuis que les expériences de Nielsen en démontrèrent l'importance.

Il existe actuellement plus de 100 établissements, sous la direction de l'Etat, pour le contrôle des graines, et on peut dire qu'il n'y a pas un pays où leur commerce soit aussi perfectionné qu'en Danemark.

Sur l'initiative de la Société royale d'Agriculture, toutes les espèces ont été essayées et soumises à des expériences comparatives. Pour le froment, le square-head donne les meilleurs résultats, maintenant qu'il est acclimaté.

Les variétés d'orge à malter les plus avantageuses sont l'orge Prentier et l'orge Chevalier.

Généralement, en Danemark, les propriétaires cultivent eux-mêmes leurs terres ; cependant, quelques-uns les louent à bail, parfois même à bail emphytéotique.

L'étendue des exploitations est très variable. Certaines ont jusqu'à 6oo hectares ; les petites, quelques ares seulement. Cette dernière catégorie, appelée Husmand, forme la transition entre les grandes exploitations et les maisons sans terres, habitées par les ouvriers qui espèrent un jour posséder un husmand.

Les statistiques de 1895 établissent que le nombre de husmands ayant moins de 144 ares est de 120.000. Suivant leur importance, on y entretient quelques vaches ou des chèvres.

Afin de favoriser l'augmentation des husmœnds, des Sociétés

de crédit se sont fondées qui prêtent à l'ouvrier économe 90 o/o
de la somme nécessaire (le taux est de 3 o/o), avec de grandes
facilités d'amortissement. Ces sociétés ont fait 86.290 prêts s'élevant à 67 415 millions ; elles décernent en outre aux meilleurs
cultivateurs des prix et des bourses de voyage. Les récompenses
sont distribuées par un jury de cultivateurs, élus par les Sociétés
d'Agriculture locales ; les primes en argent doivent être employées
à l'amélioration de l'exploitation, suivant les conseils du jury ;
cependant le lauréat conserve toute sa liberté d'action. Les jurys
ont donc pour but principal de guider et de conseiller les petits
cultivateurs. Bien que les husmœnds ne forment guère que 11 o/o
de la superficie totale du territoire, leur utilité est cependant
considérable, car ils nourrissent les familles de beaucoup d'ouvriers, les attachent au sol, et les empêchent d'émigrer.

Les Sociétés agricoles recommandent aux petits cultivateurs les
points suivants :

1º Employer pour les travaux les vaches laitières, car la force
motrice des chevaux revient à un prix trop élevé ;

2º Recueillir avec soin les fumiers et les purins ;

3º Renoncer aux jachères et cultiver le plus possible de racines
pour l'alimentation du bétail pendant l'hiver ;

4º Tenir toujours les vaches en stabulation, afin de mieux les
nourrir et d'obtenir plus de lait et de fumier.

Des sociétés de crédit agricole hypothécaire prêtent à leurs
membres, au taux de 3 o/o, les sommes nécessaires à la dépense
courante. Les avances peuvent s'élever à 69 fr. 50 par tête de gros
bétail, et sont remboursables au bout de 9 mois. Un nouvel emprunt n'est consenti qu'un mois après le remboursement du premier. L'emprunteur ne fournit aucune caution, car les associés
sont solidaires.

Ces sociétés sont administrées par un conseil de 5 membres non
rémunérés et élus par l'assemblée générale.

L'Etat peut avancer à toutes les sociétés hypothécaires, à titre
de fonds de roulement, une somme de 41 fr. 70 par tête de bétail.

Lorsque la caisse n'a plus de fonds disponibles, l'associé doit attendre qu'un remboursement d'autres prêts permette de le satisfaire.

Ces sociétés étaient en 1900 au nombre de 167, et disposaient d'un capital de 6.811.000 francs.

Dans la partie sablonneuse, on utilise toutes les eaux pour l'irrigation des terres. Une société a déjà fait construire une longueur de 400 kilom. de canaux. On se sert de l'argile à silex, qui forme une couche très épaisse dans les Iles et le Juttand oriental, pour améliorer les régions pauvres, auxquelles elle fournit les principes fertilisants qui lui manquent ; on y ajoute de la kaïnite et des phosphates.

La Société des landes, subventionnée par l'Etat, a mis en valeur depuis 30 ans 10.000 hectares de sable et de marécages ; elle a aussi planté en conifères 30.000 hectares, découvert des gisements de marne, encouragé la création de prairies dans les parties basses, les cultures sur les terrains plus élevés, et la sylviculture dans les parties infertiles.

Le matériel agricole a subi une transformation complète depuis 30 ans, grâce à l'impulsion donnée par la Société royale d'Agriculture. Les différentes machines appartiennent aux types les plus nouveaux. L'importance prise par l'industrie laitière a nécessité l'amélioration des bâtiments et des étables. Les anciennes constructions en bois et en pisé, couvertes en chaume, ont disparu. Les laiteries et les étables, bien éclairées et ventilées, sont maintenant en maçonnerie avec charpentes métalliques et toitures en ardoises ou tuiles. Le sol des étables est formé de briques mises à plat dans du mortier de ciment. Les mangeoires sont en béton, de façon à pouvoir abreuver le bétail à l'étable. Le fumier est placé dans une forme en maçonnerie, dont le fond est en communication avec une fosse à purin ; parfois, même, le fumier est recouvert d'un toit léger.

Dans les laiteries, tout le lait est traité au centrifuge, après avoir été stérilisé. Les établissements possèdent des glacières et des wagons frigorifiques. L'emballage du beurre se fait avec le plus grand soin et on tient compte des pertes par évaporation, afin qu'à l'arrivée sur le marché de Londres les poids soient exactement ceux annoncés. C'est un détail auquel les négociants anglais tiennent beaucoup et qui est trop souvent négligé par les expéditeurs français.

Pour compléter l'organisation agricole, des Sociétés coopératives de consommation se sont créées en Danemark sur le modèle de la Société de Rochdale en Angleterre. Elles ont pour objet l'achat de marchandises qui sont vendues aux membres participants ; ceux-ci se partagent les bénéfices proportionnellement au montant de leurs achats. En 1870, ces sociétés étaient au nombre de 44 ; il y en avait 837 en 1900, avec 130.331 membres.

Les coopératives de laiterie ont 1.013 établissements fonctionnant comme des entreprises industrielles ; elles sont pourvues d'installations très perfectionnées. Les participants se partagent, au prorata de la quantité de lait fournie par eux, les bénéfices résultant de la fabrication et de la vente du beurre et du fromage. On compte en moyenne 146 participants et 832 vaches par laiterie, et 26,5 litres de lait pour obtenir 1 kg. de beurre.

Ces laiteries sont administrées par de simples cultivateurs qui tiennent les comptes, et jamais aucune plainte ne s'est produite.

D'autres coopératives ont pour but l'exportation du beurre et du fromage en Angleterre.

C'est grâce à ce système d'associations que les beurres danois ont supplanté les beurres français sur les marchés anglais.

Se basant sur le principe qui avait si bien réussi pour les laiteries, M. P. Bojsen fonda en 1887, à Horsens, un abattoir coopératif au capital de 300.000 fr., souscrit par les agriculteurs de la contrée. Malgré les efforts désespérés des abattoirs particuliers, qui achetèrent plus cher que les abattoirs coopératifs, ces derniers sortirent victorieux de la lutte, en payant d'après le poids et la qualité de la viande abattue. Il y a actuellement en Danemark

25 abattoirs coopératifs, qui en 1899 ont tué 729.000 porcs, et 22.450 bêtes à cornes pour l'exportation.

Beaucoup d'autres sociétés coopératives de moindre importance se consacrent à l'exportation des volailles et des œufs, à l'achat des fourrages, etc.

Le nombre des membres participants aux différentes coopératives est d'environ 370.000.

Le chiffre d'affaires dépasse annuellement :

Laiteries.................	175 millions de francs.
Abattoirs.................	59 —
Exportation d'œufs.........	4 —

L'instruction primaire et supérieure.

Depuis plus d'un siècle, l'instruction primaire est bien organisée en Danemark et ce pays a précédé tous les autres dans la création d'écoles agricoles. Dès 1800, le philanthrope J. F. Classen avait préparé la création d'une école normale agricole pour les fils de cultivateurs au-dessus de 15 ans, mais les écoles supérieures et primaires agricoles ne fonctionnent régulièrement qu'à partir de 1840, et surtout depuis la seconde guerre de Sleswig, en 1864, qui démontra la nécessité d'élever une « génération d'hommes de cœur, de femmes pieuses et fortes ».

Une loi, du 12 avril 1892, assura la situation financière de ces écoles au moyen d'une subvention de 417.000 fr., dont 215.200 fr. réservés aux élèves pauvres.

Les écoles supérieures et les écoles agricoles forment une association qui a fondé, à Askow et à Copenhague, des cours d'enseignement pour les professeurs, ainsi qu'une caisse de retraite pour ces derniers, leurs veuves et leurs orphelins.

Les 70 écoles supérieures populaires ont reçu, pendant l'année scolaire 1898-99, 2.650 élèves hommes et 2.640 élèves femmes ; 2.690 de ces élèves étaient fils ou filles de fermiers, 1.389 de husmœnds, 899 d'artisans, 307 de fonctionnaires, de négociants, etc.

Tous les professeurs sont diplômés par l'Institut royal agricole et vétérinaire.

Voici le tableau de travail des écoles d'agriculture ; les cours durent 20 mois.

Physique, 130 heures ; Chimie agricole, 320 ; Zoologie et Zootechnie, 140 ; Botanique, 150 ; Géologie, 60 ; Machines agricoles, 80 ; Agronomie, 90 ; Culture, 140 ; Elevage des animaux domestiques, 170 ; Laiterie, 130 ; Comptabilité agricole, 40 ; Dessin, 200 ; Arpentage et Nivellement, 300.

L'Etat est secondé par différents conseils qui dépendent les uns du ministère de [l'Agriculture, les autres de la Société royale d'Agriculture :

Conseil d'agriculture de Londres ;
   —   vétérinaire à Hambourg ;
   —   d'enseignement de la Laiterie ;
   —   de zoologie agricole ;
   —   de chimie agricole ;
   —   des maladies des plantes ;
   —   de la culture ;
   —   de l'élevage des animaux domestiques ;
   —   des instruments agricoles ;
   —   d'horticulture.

Ces différents services coûtent à l'Etat environ 208.000 fr. par an.

Les exportations.

Autrefois, les petits fermiers du Jutland élevaient les veaux jusqu'à 2 ans, puis les vendaient aux grands fermiers qui les gardaient jusqu'à 5 ans. Les animaux étaient alors envoyés dans les prairies du Sleswig, où on les engraissait avant de les expédier en Angleterre.

Ce système, peu lucratif d'ailleurs, dut être abandonné à la suite de la guerre de 1864, et céda la place à l'industrie laitière. Le nombre des bœufs a diminué, mais l'exportation du bétail n'a cessé d'augmenter, car les bœufs ont été remplacés par des vaches que l'on engraisse après avoir été utilisées par la laiterie.

Aujourd'hui les vaches constituent les 2/3 de l'exportation en Angleterre.

Jusqu'en 1888, l'Allemagne, qui précédemment exportait du bétail, fut obligée d'en emprunter au Danemark. Quelques années plus tard, l'Angleterre et l'Allemagne prirent des mesures prohibitives contre l'importation des animaux vivants, ce qui obligea le Danemark à ne plus exporter que des viandes abattues.

Le développement de l'industrie laitière a causé la diminution des grandes bergeries ; toutefois, le Danemark vendait encore 80.000 moutons en Angleterre lorsque, en 1892, des mesures sanitaires prises par ce pays arrêtèrent l'exportation des moutons vivants.

Avant 1870, le Danemark n'exportait que 50.000 porcs ; le développement de l'industrie laitière permit d'augmenter la production dans d'énormes proportions. En 1887, on exporta 230.000 porcs pour l'Angleterre, viâ Hambourg, mais cette année-là l'Allemagne prohiba l'introduction des suidés vivants : on y remédia en créant les abattoirs coopératifs. En 1890, l'Allemagne a importé 100.000 porcs, et l'Angleterre, 35 millions de kilogrammes de lard salé danois.

Poids des animaux vivants exportés
(millions de kilogrammes)

	1875-78	1879-82	1883-1886	1887-90	1891-94	1895-98
Bêtes à cornes.....	17	16,34	19	19	19,60	15,12
Moutons...	1,66	2,03	2,24	1,66	0,23	0,05
Porcs.............	13,44	17,63	19.56	7,39	10,13	2,23

Poids des viandes abattues exportées
(millions de kilogrammes)

	1875-78	1879-82	1883-1886	1887-90	1891-94	1895-98
Bovins et moutons.	0,76	0	0,20	0	2,60	8,06
Lard et jambons...	3,47	2,80	12,42	26,26	37,34	60,15
Total des exportations	36,31	38,64	53,43	54,32	69,36	86,11
Valeur des exportations.	francs 52.000.000	francs 54.800.000	francs 61.855.000	francs 75.500.000	francs 96.410.000	francs 119.692.929

Le beurre.

Il y a cinquante ans, le Danemark n'exportait que de petites quantités de beurre, les qualités inférieures en Norvège, les beurres de choix en Angleterre. La création de lignes de steamers directs avec ce dernier pays donna une importance considérable à la fabrication des beurres danois qui provenaient auparavant des laiteries des châteaux. Ils étaient achetés par des commerçants et payés d'après le cours fixé par le syndicat des négociants de Copenhague.

La création des laiteries coopératives permit aux paysans de produire du beurre d'aussi bonne qualité que celui des châteaux, et dans la période 1885-95 l'exportation passa de 13 millions de kilogr à 55 millions 1/2.

On ne consomme guère en Danemark que de la margarine et des beurres inférieurs provenant de Suède et de Russie ; les produits des coopératives sont expédiés en Angleterre une fois par semaine, salés et emballés dans des barils de 50 kilogr.

Depuis quelques années, les laiteries envoient chaque jour en Angleterre des beurres frais, en pains de 0 kilogr. 500, qui font concurrence aux beurres de Normandie; on expédie aussi pendant l'hiver à Paris.

Les beurres danois sont payés plus cher en Angleterre que ceux de tous les autres pays, à cause de la régularité de leur qualité et de leur pureté.

Exportation du beurre (en millions de kg.).

Périodes......	1875-78	1879-82	1883-86	1887-90	1891-94	1895-98
Quantités.....	13,9	12,2	15,9	29	45,6	57,8

Prix moyen du beurre.

	fr.	
1870......................	2,82	le kg.
1875......................	3,66	—
1880......................	3,40	—
1885......................	2,88	—
1890......................	2,66	—
1895......................	2,50	—
1899......................	2,66	—

Fromages exportés.

Périodes..   1875-78   1879-82   1883-86   1887-90   1891-94   1895-98
Quantités. 20.000 kg. 45.000 kg. 125.000 kg. 225.000 kg. 25.000 kg. 65.000 kg.

Le laboratoire spécial de l'Institut royal vétérinaire et agricole a organisé des expositions permanentes pour juger la qualité des produit des laiteries du pays. Les 800 établissements qui prennent part à ces expositions sont tenus, lorsque le laboratoire le demande, d'envoyer sans aucun délai un baril de beurre qui est examiné par un jury de 40 membres, choisis parmi les commerçants en beurre et les conseillers laitiers de l'État. De cette façon, le beurre ne peut être préparé spécialement pour l'exposition et représente la fabrication courante.

Le jury décerne des diplômes aux meilleurs beurres et publie le nom des laiteries qui les ont fournis.

La teneur du lait en matière grasse est déterminée au moyen du centrifuge-contrôleur de Fjord.

Afin d'arrêter les progrès de la tuberculose bovine, introduite en Danemark par les shorthorns, les laiteries ne peuvent délivrer de lait écrémé pour l'alimentation des animaux qu'après l'avoir pasteurisé. On se sert pour cette opération d'un appareil dû à Fjord, et dans lequel le lait est porté à 85°.

Le même inventeur a aussi perfectionné les glacières et établi les proportions qu'elles doivent avoir pour suffire aux besoins des laiteries.

Expériences d'alimentation.

Le laboratoire, qui dépend de l'Institut royal vétérinaire et agricole, a fait de nombreuses expériences sur l'alimentation des vaches laitières. On a opéré, non dans les établissements de l'État, mais dans les fermes des différentes régions.

Ce système présente le double avantage de montrer aux fermiers les résultats d'une alimentation rationnelle pour le bétail, et d'éviter les déceptions lorsqu'on s'en rapporte aux expériences de laboratoire. Voici comment on opère.

Dans le troupeau d'une ferme de 150 ou 200 vaches, on choisit à l'automne 40 ou 50 vaches venant de vêler. On les laisse à l'étable dans les conditions habituelles, en les groupant autant que possible par lots uniformes comme poids et aptitudes laitières.

Pendant cette période préparatoire, qui dure 1 ou 2 mois, les animaux reçoivent en mélange leur nourriture ordinaire et les substances à expérimenter. On procède chaque jour à l'analyse du lait et on prend note de la quantité produite. Tous les 10 jours on établit une moyenne; si l'on constate des différences sensibles entre les groupes, on fait permuter quelques animaux d'une division dans une autre, jusqu'à ce que tous les produits soient égaux. C'est alors seulement que commence la période d'expérience dans laquelle chaque groupe reçoit une alimentation différente.

Dans la période finale enfin, l'alimentation redevient la même pour tous les groupes : on compare alors l'effet des diverses rations.

Les expériences, qui durent deux ans, ont jusqu'ici porté sur les substances suivantes :

Blé et racines ; blé et tourteaux ; blé et son ; blé et maïs ; blé et mélasse ; blé et foin.

Les observations principales établissent que le blé, le son, le maïs et la mélasse, ont à peu près la même valeur pour l'alimentation des vaches laitières. Les tourteaux avec racines fourragères ont donné les meilleurs rendements.

Enfin comme proportion, 10 kilogr. de betteraves $=$ 1 kilogr. de blé $=$ 2 kilogr.500 de foin.

Les changements de nourriture n'ont eu aucun effet sensible sur la quantité de matière grasse contenue dans le lait, mais les tourteaux rendent le beurre plus malléable que le blé et surtout que la mélasse.

Chez les porcs on a remarqué que, pour l'augmentation du poids de l'animal, 1 kilogr. de grain (orge, seigle ou blé) = 1 kilogr. de maïs = 1 kilogr. de tourteau = 1 kilogr. de mélasse = 6 kilogr. de lait écrémé = 12 kilogr. de petit lait. Avec le maïs et les tourteaux, la qualité du lard est inférieure à celle produite par le grain. Les porcs nourris de petit lait sont plus gros que ceux alimentés avec du lait écrémé, mais la chair de ces derniers est plus ferme. Enfin, la qualité du lard produit par l'alimentation avec racines a été très satisfaisante (1).

Voici, d'après M. Rudolf-Schou, les rations données aux trois groupes A, B, C, de bovins pendant la période préparatoire.

Rations de la période d'expériences par vache et par jour.
Blé comparé aux betteraves.

	A	B	C
	kg.	kg.	kg.
Blé......................	2,110	1,560	1,000
Tourteaux................	1,570	1,430	1,300
Son.....................	1,550	1,240	0,930
Betteraves fourragères.........	»	10,750	21,500
Foin....................	3,780	3,780	3,780
Paille à volonté.............	5,980	5,640	5,300

Composition des rations.

	g.	kg.	kg.
Matières protéiques...........	1,380	1,280	1,180
Matières grasses.............	0,400	0,360	0,320
Amidon...................	1,420	1,080	0,740
Sucre....................	»	0,650	1,300
Cellulose.................	3,930	3,800	3,670
Matières indéterminées........	4,570	4,590	4,610
Rendements en lait dans la période de préparation........	12,600	12,600	12,550
Rendements pendant les expériences................	10,900	11,000	11,000
Rendements dans la période finale....................	10,050	9,950	9,900
Différence journalière du poids des vaches pendant les expériences.	+ 0,070	+ 0,110	— 0,110

(1) L'agriculture en Danemark, **par Rudolf-Schou. Passim.**

Blé comparé aux tourteaux.

	A	B	C
	kg.	kg.	kg.
Blé..........................	2,770	1,850	0,930
Tourteaux....................	0,930	1,850	2,770
Betteraves fourragères........	18,030	18,030	18,030
Foin.........................	3,630	3,630	3,630
Paille à volonté..............	5,720	5,910	5,790

Composition des rations.

	kg.	kg.	kg.
Matières protéiques..........	1,080	1,230	1,380
Matières grasses.............	0,310	0,370	0,430
Amidon.......................	1,170	0,780	0,390
Sucre........................	1,120	1,120	7,120
Cellullose...................	3,740	3,740	3,740
Matières indéterminées........	4,580	4,760	4,820
Rendement en lait pendant les expériences...............	10,850	11,450	11,700
Différence du poids des vaches par jour..................	— 0,020	+ 0,020	+ 0,020

Blé comparé au maïs.

	A	B	C
	kg.	kg.	kg.
Blé..........................	2,120	1,060	»
Maïs.........................	»	1,060	2,120
Tourteaux....................	1,300	1,300	1,300
Betteraves fourragères........	14,690	14,690	14,690
Déchets de betteraves à sucre...	3,500	3,500	3,500
Mélasse......................	0,270	0,270	0,270
Foin.........................	4,630	4,630	4,630
Paille à volonté..............	4,740	4,670	4,660

Composition des rations.

	kg.	kg.	kg.
Matières protéiques..........	1,310	1,310	1,300
Matières grasses.............	0,360	0,360	0,370
Amidon.......................	0,900	1,050	1,190
Sucre........................	1,090	1,090	1,090
Cellulose....................	4,300	4,200	4,120
Matières indéterminées........	4,040	3,990	3,930
Rendement en lait pendant les expériences...............	11,750	11,850	11,550
Différence du poids des vaches par jour..................	+ 0,110	+ 0,130	+ 0,170

Expériences sur l'alimentation des porcs.

Comparaison entre le lait écrémé et le petit lait.

1 kg. de lait = 2 kg. de petit lait

Ration d'un animal pendant 10 jours.

	A (kg.)	B (kg.)	A (kg.)	B (kg.)
Grain...............	11,420	11,420	7,300	7,300
Racines.............	»	»	42,340	42,340
Babeurre...........	5,480	5,480	5,070	5,070
Lait écrémé.........	41,570	4,420	38,190	»
Petit lait...........	»	74,310	»	76,380
Croissance en 10 jours.	4,710	4,820	4,220	4,460

Comparaison entre le grain et le lait écrémé.

1 kg. de grain = 6 kg. de lait écrémé

Rations pendant 10 jours.

	A (kg.)	B (kg.)	C (kg.)	A' (kg.)	B' (kg.)
Grain........	12,870	9,650	6,440	9,680	4,920
Racines.......	»	»	»	42,340	42,340
Babeurre.....	5	5	5	5,070	5,070
Lait écrémé...	29,610	48,910	68,220	23,910	52,470
Petit lait.....	»	»	»	»	»
Accroissement en 10 jours.	4,630	4,700	4,530	4,220	4,220

Comparaison entre le grain et le petit lait.

1 kg. de grain = 12 kg. de petit lait.

Ration pendant 10 jours.

	A (kg.)	B (kg.)	C (kg.)	A' (kg.)	B' (kg.)
Grain.........	12,670	9,650	6,440	9,680	4,920
Racines......	»	»	»	42,340	42,340
Babeurre....	5	5	5	5,070	5,070
Lait écrémé..	»	»	1,520	»	»
Petit lait.....	59,220	97,830	133,390	47,820	104,930
Accroissement en 10 jours.	4,760	4,660	4,690	4,600	4,320

Expériences avec racines.
Ration pendant 10 jours.

	Navet d'Eckendorf	Carotte des Vosges Quantité égale de	
		Substances sèches	Sucre
	A	B	C
	kg.	kg.	kg.
Grain	6,510	6,510	6,510
Racines	47,230	49,470	63,030
Babeurre	5	5	5
Lait écrémé	21,560	21,560	21,560
Petit lait	15,260	15,260	15,260

Composition des racines.

	kg.	kg.	kg.
Matière sèche	5,370	5,320	6,790
Sucre	3,050	2,440	3,11
Accroissement en 10 jours	3,960	4,060	4,270

Ration pendant 10 jours.

	Navet d'Elvetham	Carotte James Quantité égale de	
		Substances sèches	Sucre
	D	E	F
	kg.	kg.	kg.
Grain	6,510	6,510	6,510
Racines	40,280	4,120	54,230
Babeurre	5	5	5
Lait écrémé	21,560	21,560	21,560
Petit lait	15,560	15,260	15,260

Composition des racines.

	kg.	kg.	kg.
Matières sèches	5,400	5,280	7,130
Sucre	3,220	2,470	3,320
Accroissement en 10 jours	4,020	4,240	4,570

Population animale du Danemark

Espèces.

Années	Chevaline	Bovine	Ovine	Porcine
	Têtes	Têtes	Têtes	Têtes
1876	352.262	1.348.321	1.719,249	503.667
1888	375.533	1.459.527	1.225.196	770.785
1898	449.264	1.743.440	1.074.413	1.178.514
		dont 1.067.139 vaches		

Nombre des animaux nés par an.

1868......	27.226	698.506	841.843	438.606
1888......	29.680	862.857	679.989	1.255.489
1898......	46.409	967.172	672.437	2.019.943

Proportion des naissances par 100 animaux.

1868......	7,7	58,5	44,9	115
1888......	7,9	59,1	55,5	162,9
1898......	10,3	56	62,6	171,4

Prix de la viande par 50 kg. de poids net.

	1870 fr.	1899 fr.
Bœufs gras...................	69,15	58,86
Taureaux gras...............	57,03	50,70
Vaches grasses..............	59,29	48,88
Vaches ordinaires...........	47,35	31,41
Porcs.......................	58,97	42,21

Voici maintenant quelques types de fermes danoises.

Ferme de Bavudro-Vœnzge (40 hectares).

Les terres sont de qualité moyenne : le cheptel comprend 4 forts chevaux, 40 bêtes à cornes et quelques porcs. Tous les bovins, sélectionnés avec soin, atteignent de hauts prix ; ils pèsent de 450 à 500 kilogr.

En plus de la paille, du foin, du son et de l'orge, les vaches reçoivent 230 grammes de tourteau de palme et 450 grammes de tourteau de coton.

Quantité de nourriture par vache.

Années	Tourteaux	Racines	Fourrages	Quantité de lait
kg.	kg.	kg.	kg.	kg.
1885.........	1.314	1.868	6.125	3.572
1886.........	1.318	2.342	5.740	3.661
1887.........	1.322	5.032	5.927	3.659
1888.........	1.426	5.331	5.653	3.857
1889.........	1.108	4.783	8.373	3.783
1890.........	1.435	4.791	6.017	4.191
1891.........	1.106	4.752	5.543	3.765
1892.........	1.262	5.471	6.453	3.984

Certaines vaches ont eu les rendements suivants :

« Tolly » a donné 3.721 kilogr. de lait à 2 ans; 4.096 kilogr. à 3 ans; 4.414 kilogr. à 4 ans; 5.137 kilogr. à 5 ans; 5.427 kilogr. à 7 ans; 5.889 kilogr. à 8 ans; 5.917 kilogr. à 9 ans.

« Habelé » a donné 5.436 kilogr. à 6 ans; « Anmaette » 5.522 kilogr. à 9 ans, etc., ou 14,6 litres par jour.

Ferme de Thurebylill (295 hectares).

	1886-7	1891-2
Nombre de vaches..........	135	130
	kg.	kg.
Quantité de lait.............	321,951	349,840
Rendement du lait par vache..	2,438	2,681
— du beurre —	83,125	92
— du fromage —	105,956	121
Quantité de lait pour 1 kg. de beurre.............	23	22,900
Quantité de lait pour 1 kg. de fromage.............	5.915	5,700
Prix moyen du kg. de beurre.	2.66	

Ferme d'Andersen-Bros (près Leibôthe).

Les vaches, sélectionnées avec soin et bien alimentées, donnent de 18 à 22 kilogr. 650 de lait par jour; 16 d'entre elles sont abonnées à la beurrerie. Elles ont rapporté :

	fr.	
Janvier.....................	369	74
Février....................	432	29
Mars......................	553	38
Avril......................	529	42
Mai.......................	481	
Juin.......................	405	88
Juillet....................	379	47
Août	347	50
Septembre.................	332	21
Octobre...................	236	20
Novembre.................	315	53
Décembre.................	455	92

Total : 4.941 fr. 37 ou 309 fr. par vache.

Il faut y ajouter 1.193 fr. 35, part au prorata du bénéfice de la beurrerie. Total 6.134 fr. 72 ou 383 fr. par vache.

RATIONS.

A 6 heures du matin, paille pendant la traite, puis farine d'orge ou d'avoine, 900 grammes de tourteau de « sun flower » (1) et 900 gr. de son.

A midi, 22 kilogr. 500 de betteraves et carottes. A 4 heures, son, 450 gr. de tourteau de navette et 1.350 gr. d'égales parties d'orge et d'avoine.

Les vaches restent à l'étable pendant l'hiver ; l'été, elles sont mises au pâturage, sauf en juin et juillet.

ASSOLEMENT.

(1) Jachère, maïs ; (2) blé ; (3) orge ; (4) betteraves, pommes de terre, avoine, luzerne ; (5) luzerne, pâture ; (6) foin et pâtures.

Ventes annuelles de la ferme de Holer (42 hectares).

	fr.
7 bouvillons	4.350
4 vieilles vaches	1.029
5 génisses vides	1.480
9 autres vides	599
17 porcs gras	1.861
2.599 kg. de beurre	7.018
Lait	31
Fromage	278

Les dépenses se sont élevées à 4.145 fr. Benéfice de l'étable 12.471 francs.

La crèmerie de Holer comptait, en 1888, 69 membres, avec 400 vaches, et, en 1893, 177 membres avec 1.400 vaches.

Au début il fallait 12 kilogr. 684 de lait pour faire 453 gr. de beurre ; actuellement il suffit de 11 kilogr. 032 (2).

(1) Tournesol ou grand soleil.

(2) Le directeur de la laiterie touche 6 o/o sur la valeur du beurre en surplus, et a par suite tout intérêt à perfectionner la fabrication.

Le lait étant compté au poids, contrairement à la coutume française, il est facile de transformer en litres au moyen de la formule P $=$ VD. En moyenne D $=$ 1,032.

Population bovine du Danemark.

La race bovine des Pays-Bas qui peuple la Néerlande, le Nord-est de l'Allemagne et le Danemark, est représentée dans ce dernier pays par deux variétés dites, la race rouge et la race pie-noire ou du Jutland.

La variété rouge est spéciale aux îles danoises, mais elle s'est répandue dans presque tout le Jutland par troupeaux isolés.

Ainsi que nous l'avons dit, l'industrie principale du Danemark était, il y a 50 ans, la culture du blé. L'élevage étant alors peu rémunérateur, on ne s'occupait pas du bétail ; les veaux naissaient généralement au printemps, disposaient d'une petite quantité de lait, et étaient mis à l'herbe le plus tôt possible. A 1 an, on les conduisait dans de mauvais pâturages et ils ne rentraient qu'en hiver à l'étable, où ils recevaient du foin et de la paille. Leur nourriture était si insuffisante qu'au printemps les animaux pouvaient à peine marcher et se rendre dans les herbages. Toutefois les vaches donnaient relativement beaucoup de lait, par suite de l'humidité du climat et des aptitudes de la race.

La baisse du prix du blé et l'épuisement du sol obligèrent les fermiers à améliorer le bétail et à transformer l'industrie agricole. Le mouvement devint général après la création des laiteries coopératives et l'apparition des écrémeuses centrifuges en 1880 ; dès lors, le but de tous les cultivateurs fut le développement de la production laitière.

Il eût été trop long d'améliorer le bétail par la sélection. On préféra faire venir du Sleswig des reproducteurs des trois variétés rouges de la race des Pays-Bas qui s'y trouvent sous les noms de : race d'Angeln (partie Nord du Sleswig); de race du Sleswig septentrional, et de race de Ballum (Sleswig occidental).

La variété d'Angeln est la plus petite, mais très laitière ; celle de Ballum est plus grande, mieux conformée et plus viandeuse ; enfin, celle du Sleswig septentrional tient le milieu entre les deux. C'est ce bétail qui permit d'améliorer celui des îles, non par des croisements, mais, nous le répétons, par l'introduction des meilleures variétés de la même race.

Le type dégénéré des îles disparut bientôt : il s'en forma un nouveau, grâce aux soins qu'il reçut et à l'impulsion donnée aux meilleurs procédés d'élevage par l'Etat et les sociétés. L'émulation devint générale entre les fermiers, qui améliorèrent rapidement leurs étables par un choix judicieux des géniteurs, par la sélection des produits, par une alimentation rationnelle et abondante des animaux.

Actuellement, le bétail rouge est homogène et mérite le nom de variété rouge danoise, qui lui est donné depuis 1880.

La couleur de ces animaux est uniformément rouge foncé, avec parfois des taches blanches sous le ventre ; les vaches adultes pèsent en moyenne 450 kilogr. et sont un peu plus grandes en Fionie que dans l'île de Laaland.

Le rendement moyen des vaches adultes est de 3.500 kilogr. = 3.390 litres, mais celles donnant 4.500 kilogr. = 4.360 litres ne sont pas rares et quelques-unes vont juqu'à 6.000 kilogr. ou 15 litres par jour.

On cite, comme particulièrement remarquables, les vaches appartenant aux 25 membres d'une Société de fermiers dont le siège st à Ringe, dans l'île de Fumen. Cette société possède 100 vaches de choix, car on réforme immédiatement celles qui ne sont pas parfaites ; elles pèsent de 500 à 550 kilogr. et se vendent ainsi que leurs produits à des prix très élevés.

La variété du Jutland est plus petite, plus trapue et plus viandeuse que celle des îles, dont elle diffère aussi par son pelage généralement pie-noir.

Au milieu du XIXᵉ siècle, on pratiquait l'élevage et l'industrie laitière dans l'Est, l'engraissement dans l'Ouest de la presqu'île.

Ces deux régions étant l'une sablonneuse, l'autre argileuse, le bétail du Jutland ne présentait pas partout les mêmes qualités, et il avait besoin d'être perfectionné sous tous les rapports ; les bœufs pesaient 450 kilogr. et les vaches ne donnaient que 1.200 kilogr. de lait. Les petits fermiers gardaient les élèves jusqu'à 2 ou 3 ans, et les vendaient aux grands fermiers qui, 2 ou 3 ans après, les revendaient aux châteaux ; là, on les mettait en bonne chair avec des farines, du foin et de la paille, et on les envoyait achever leur engraissement dans les marais du Sleswig. Ce voyage leur faisait perdre beaucoup de poids.

Un pareil système ne pouvait être rémunérateur, car le prix d'un bœuf de 5 ans était alors de 280 fr. ; il ne restait donc qu'une somme annuelle de 50 fr. pour payer les frais divers et la nourriture.

La baisse du prix du blé et l'insuffisance du bétail nécessitèrent, comme dans les îles, une transformation complète de l'agriculture. L'Angleterre demandant beaucoup de viande grasse depuis la création de lignes de steamers, on chercha à obtenir des animaux plus précoces et plus viandeux. A cet effet, on diminua la culture des céréales au profit des fourrages, et on fit venir des reproducteurs shorthorns. Le succès eût été complet si la tuberculose n'était pas apparue. Nous avons eu souvent occasion de constater, que, même en Angleterre, les shorthorns, chez lesquels on a développé outre mesure le lymphatisme, sont très sujets à la tuberculose, mais lorsqu'ils sont changés de milieu, les phénomènes morbides deviennent encore plus fréquents. Il fallut donc revenir à la variété indigène dans les régions où elle n'avait pas disparu, comme dans la partie Ouest du Jutland méridional ; là on conserva les shorthorns et la tuberculose y exerce de grands ravages.

Dès 1880, le Jutland renonça à obtenir une variété de boucherie et l'industrie laitière prit un énorme développement. Les prairies et les cultures fourragères furent améliorées ; les animaux reçurent des soins plus intelligents et une meilleure alimentation, ce qui augmenta leur précocité et leur production laitière. On a aujourd'hui des bœufs de 2 ans qui pèsent 550 kilogr. au moins et des vaches trapues, larges et trèslaitières.

Ces résultats remarquables sont dus aux laiteries coopératives et au soin avec lequel le type indigène a été sélectionné. Pour y parvenir, l'Etat ainsi que les Sociétés agricoles et de contrôle n'ont rien négligé.

Les éleveurs savent maintenant l'extrême importance du choix des bons reproducteurs de race pure, et les Sociétés de contrôle, qui sont au nombre de 110 dans le Jutland, sont très sévères pour les inscriptions au herd-book.

Le volume et la taille des animaux diffèrent nécessairement suivant les régions, mais la variété améliorée est bien homogène, rustique, suffisamment précoce, et elle présente au plus haut degré les aptitudes laitières.

Dans les bonnes fermes, les vaches donnent en moyenne 3.250 kilogr. de lait ; dans les fermes ordinaires de 1.800 à 2.000 kilogr ; c'est le double des anciens rendements.

En 1876, M. H. Branth, de S. Elkje, payait un taureau 830 fr., ce qui parut alors un prix extraordinaire ; en 1899, le même éleveur vendit un taureau de 18 mois pour 2.800 fr. Le prix courant est actuellement de 1.100 fr. pour les taureaux, de 700 à 800 fr. pour les vaches. On voit par là combien le bétail a été amélioré.

Les suidés.

Les suidés danois appartenaient à la race celtique. Ces animaux, qui vivaient en liberté, avaient la peau épaisse, le squelette grossier, le corps long et mince.

Lorsque l'agriculture du Danemark se modifia, l'élevage des porcs suivit les progrès de l'industrie laitière, qui fournit de grandes quantités de lait écrémé pour la nourriture des animaux.

La variété du pays ne pouvant s'améliorer rapidement, on la croisa avec des métis allemands-berkshire, tant que l'Allemagne offrit le principal débouché. Mais l'Angleterre étant devenue, à partir de 1880, le marché le plus important, on opéra les croisements avec le grand porc yorkshire (large white breed), qui s'est répandu dans tout le Danemark, et répond aux exigences de la demande. En Jutland, les porcs sont généralement abattus à 6 ou 7 mois, et atteignent le poids de 90 kgr. exigé par les abattoirs; dans les îles, ils sont plus tardifs d'un mois.

Le croisement avec les porcs anglais donne des produits si délicats, si difficiles à élever que l'on est obligé de n'employer que des truies indigènes de race pure. Il faut s'en tenir au premier croisement et ne pas aller plus loin. On procède méthodiquement, c'est-à-dire que les deux types se trouvent dans des centres différents; il y en a 88 pour les porcs indigènes, et 13 pour les yorkshires. Mais partout on s'efforce de perfectionner la variété danoise, afin de n'avoir plus besoin du yorkshire, qui ne produit rien de stable et n'est utilisé que provisoirement.

Les exportations de porcs vivants ou abattus représentaient, en 1879, une somme de 25 millions de francs, et, en 1899, de 70.253.380 francs.

Nous avons vu que les règlements sanitaires empêchaient l'introduction des moutons vivants en Angleterre. Il en est résulté qu'aujourd'hui la production ovine est sans importance en Danemark.

Population chevaline.

La variété chevaline danoise appartient à la race germanique, mais, dans certaines contrées, elle a été croisée avec des étalons de pur sang anglais.

Dans le Jutland, on a toujours élevé beaucoup de chevaux de trait qui s'exportaient en Allemagne, tandis que dans les îles on ne produisait que le nombre nécessaire à la culture.

Depuis longtemps, un haras royal établi à Frederiksborg, et supprimé il y a 30 ans, a répandu le pur sang dans les îles de

Séeland et de Bornholm. Les produits métis des étalons de cet établissement, connus sous le nom de « race de Frederiksborg », sont formés des mêmes éléments que nos anglo-normands, et par suite ils présentent des caractères identiques.

On obtient parfois des chevaux du type hackney, mais le nombre des sujets manqués est considérable. Les poulains sont souvent envoyés en Angleterre, où ils changent d'état civil et deviennent des Norfolks ; les moins réussis restent dans le pays et sont utilisés pour les travaux de la culture. A 4 ans, les bons chevaux de Frederiksborg valent environ 1500 francs.

La production du demi-sang est de plus en plus restreinte et on revient partout à l'amélioration de la variété indigène par la sélection. Les sociétés agricoles encouragent les éleveurs dans cette voie tracée par le célèbre professeur R. Prosch. Aujourd'hui, le Jutland et les îles n'ont pas moins de 3oo.ooo chevaux de race pure qui sont beaucoup plus recherchés à l'étranger que les métis de Frederiksborg.

L'exportation, qui était en 1878 de 2.6oo chevaux valant en moyenne 56o fr., est aujourd'hui de 9.ooo têtes, du prix moyen de 1.092 fr.

Le cheval danois est énergique, sobre et rustique, sa taille oscille, suivant les régions, entre 1 m. 55 et 1 m. 65 ; son poids entre 5oo kilogr. et 7oo kilogr. C'est un type de trait léger, convenant aux travaux de la culture.

Il existe actuellement en Danemark 18o sociétés coopératives d'élevage du cheval, auxquelles l'Etat accorde 6o.ooo fr. de subventions, à raison de 4oo fr. par étalon.

Ces sociétés mettent à la disposition des éleveurs des étalons de race pure ; les membres associés paient la saillie de 20 fr. à 4o fr., les autres éleveurs 14o francs.

Les étalons danois valent 8.ooo fr. à 9.ooo fr. et les bonnes poulinières de 1.4oo fr. à 2.8oo fr. Les étalons de Frederiksborg ne dépassent pas le prix de 5.ooo francs.

L'Etat n'a plus de haras, et laisse toute liberté à l'élevage ; il

se contente d'accorder des primes qui sont réparties par un jury
de trois membres, dont un est désigné par l'Administration et les
deux autres par les Sociétés.

Un Conseil pour l'élevage du cheval a été créé en 1889; c'est
lui qui tient le registre du stud-book.

La volaille et les œufs.

Les « Sociétés pour l'encouragement de l'élevage de la volaille »,
fondées à Aarhus et à Copenhague vers 1878, ont donné naissance
à une nouvelle industrie qui a pris une rapide extension.

Les volailles indigènes ont été remplacées par la race italienne,
les Minorkas, les Langhans, les Plymouth-Rooks, les Wyandottes
et les Orpingtons.

Les croisements avec les races françaises n'ont pas réussi.

Les deux Sociétés d'Aarhus et de Copenhague, tout en conser-
vant leur indépendance vis-à-vis l'une de l'autre, formèrent en
1891 « l'Association danoise pour l'élevage de la volaille ».
Celle-ci fait des expositions qui répandent les bonnes races, distribue des récompenses aux poulaillers les mieux tenus, établit
des stations d'expériences, publie une Revue spéciale et travaille
à faire adopter un système rationnel d'élevage. Afin d'encourager
la production de gros œufs, cette Société a adopté le mode d'achat
au poids.

Il existe beaucoup d'autres associations moins importantes, dont
les statuts sont copiés sur ceux des grandes sociétés. Il résulte de
cette organisation qu'en 1898 le Danemark a exporté, principalement en Angleterre, 240 millions d'œufs d'une valeur de 19 millions de francs, contre 656.900 en 1865, représentant une somme
de 32.873 francs.

La « Société coopérative danoise d'exportation des œufs » facilite considérablement les transactions. Ses membres, disséminés
dans tout le pays, réunissent les œufs de chaque région et les
envoient à la Société, qui les examine et les emballe.

Chaque membre est tenu de marquer les œufs de son numéro particulier, de sorte que, s'ils ne sont pas frais, on connaît le nom de l'expéditeur.

Les fraudes sont punies d'amende et d'exclusion. Le prix de la vingtaine d'œufs a été de : 1890, 1 fr. 47; 1895, 1 fr. 43; 1899, 1 fr. 61.

La transformation si rapide de l'agriculture et la prospérité de l'élevage en Danemark fournissent un exemple très instructif des effets de l'association dans un pays de vraie liberté, où le Gouvernement apporte tous ses soins au développement de la richesse nationale. L'Etat se borne à mettre à la disposition des agriculteurs tous les moyens d'instruction et d'information; il n'entretient pas à grands frais des étalons de toutes origines, ni des étables d'animaux étrangers; au lieu de faire concurrence à l'initiative privée, il l'encourage au moyen de subventions réparties d'une façon impartiale par des jurys vraiment compétents. De leur côté, les Sociétés coopératives répandent les meilleures méthodes, en surveillent l'application, recherchent des débouchés pour les différents produits, et facilitent les exportations.

C'est ainsi que la culture des céréales a cédé la place à celle des plantes fourragères, et que l'industrie laitière a pris un énorme développement. En même temps, le bétail a été amélioré par la sélection et une alimentation rationnelle.

Ces progrès résultent de ce fait que les éleveurs danois ont une excellente instruction technique et savent que les croisements détruisent sans profit les races indigènes. L'essai fait avec les shorthorns, qui sont cependant aussi de la race des Pays-Bas, leur a montré le danger de dépayser les variétés sélectionnées : il en a été de même pour les chevaux et pour les porcs. Les agriculteurs danois savent ce qu'ils ont à faire pour améliorer leur bétail : s'ils ont besoin de renseignements ou de conseils, les Sociétés les leur donnent.

Il n'en est malheureusement pas de même en France où le Gouvernement ne s'occupe pas de l'instruction agricole des cultivateurs, ou, s'il le fait, c'est sans programme réfléchi, et par l'organe des instituteurs communaux, qui ignorent les premiers éléments de ce qu'ils sont chargés d'enseigner. On voit le ministre de l'Agriculture décerner les primes aux variétés étrangères au détriment des races indigènes, qui sont encore ce qu'elles étaient il y a 100 ans, alors qu'en Suisse, en Belgique, en Hollande, en Danemark, en Angleterre, etc., elles ont été améliorées dans leur aire géographique par la sélection, jamais par les croisements.

Les Comices ne font guère mieux, et on les voit trop souvent préférer les reproducteurs étrangers, voire même les métis, aux animaux indigènes. Partout c'est l'incohérence et le manque de méthode.

L'Angleterre offre d'immenses débouchés aux produits agricoles ; c'est là que nous pourrions comme le Danemark, écouler l'excédent de nos denrées. La Normandie est particulièrement favorisée par sa situation. Cherbourg n'est qu'à 5 heures de Southampton, tandis qu'Esbjœrg, le port danois le plus rapproché de l'Angleterre, se trouve à 34 heures de Grimsby et Copenhague, à 80 heures de Londres. Malgré cela, la Normandie n'a pas su conserver sa place sur le marché anglais parce que ses beurres sont mal fabriqués et trop souvent fraudés.

La création de laiteries coopératives et de sociétés d'exportation remédierait à cette déplorable situation ; mais les Pouvoirs publics n'en ont cure, et ne font rien pour donner l'impulsion nécessaire.

Quant à l'initiative privée, il n'y faut guère compter, car la politique l'entrave immédiatement ; du reste, sauf dans le Marais poitevin et le Jura, on semble ignorer les résultats qu'on pourrait obtenir par l'association, et chacun ne s'occupe que de ses propres intérêts.

Un effort sérieux ne pourrait cependant manquer de réussir si l'on montrait aux cultivateurs français les immenses avantages de la coopération.

On ne saurait mieux comparer le Danemark qu'à la Sologne,

car, dans ces deux régions, le sol est formé d'argiles et de sables tertiaires superposés au calcaire.

En Sologne, les terres valent de 3oo à 5oo fr. l'hectare et se louent 25 fr. en moyenne.

Le prix de vente des terres en Danemark a été de 1.000 fr. en 1898. Cette même année, le tonneau de terre labourable, qui est de o hect. 55 ares 66 cent., a rapporté 134 fr. 13, soit 242 fr. par hect. Il y a par 1.000 tonnes d'herbages ou 551 hectares, 1.003 têtes de gros bétail, grâce aux plantes fourragères, alors qu'en Sologne on n'a pas 100 kilogr. et dans toute la France 196 kilogr. à l'hectare.

Ces quelques chiffres montrent dans quel état d'infériorité se trouve notre élevage par rapport à un pays aussi peu fertile que le Danemark.

CHAPITRE V

Italie. Autriche-Hongrie. Russie.

Italie.

On divise l'Italie en trois régions géographiques ; l'Italie septentrionale du 44e au 47e degré de latitude Nord ; l'Italie centrale du 42e au 44e, et l'Italie méridionale du 38e au 42e degré.

Au Nord et à l'Ouest s'étendent les Alpes, auxquelles se lient les Apennins ; ceux-ci traversent la presqu'île dans toute sa longueur, et projettent de nombreux rameaux secondaires.

Les terrains granitiques prédominent dans tout le Nord de la péninsule, et sont arrosés par les nombreuses rivières qui prennent leur source dans les montagnes.

La chaîne des Apennins est aride presque partout ; dans les plaines qui se trouvent entre les contreforts de la chaîne centrale, de vastes marais où règne la malaria, nourrissent des troupeaux vivant à l'état demi-sauvage. Dans la province de Naples, enfin, le Vésuve a projeté dans toutes les directions ses laves et ses cendres volcaniques.

A l'exception de la Lombardie, l'agriculture est fort peu avancée en Italie. Dans l'Apennin, d'immenses étendues sont complètement incultes, et ne nourrissent qu'un bétail dégénéré. Dans le voisinage des montagnes, on pratique la transhumance, car les plaines sont brûlées et desséchées pendant l'été.

Presque partout, on utilise le travail moteur des bœufs, puis, lorsqu'ils vieillissent, on les envoie à la boucherie sans les engraisser. Dans de pareilles conditions, la viande ne peut être que de détestable qualité, surtout dans les provinces méridionales.

Population bovine.

L'Italie n'a aucune race pure autochtone. La population bovine est formée de variétés des races jurassique, asiatique, ibérique et des Alpes; il faut y ajouter la variété shorthorn, introduite depuis peu, par suite d'un désir irraisonné de progrès, car elle ne peut s'acclimater sous un climat aussi chaud et dans des conditions de milieu défavorables. Le bétail indigène peut seul fournir des animaux de boucherie, s'il est convenablement nourri.

La population bovine italienne, se trouvant le plus souvent à l'état de variabilité, rappelle tour à tour les caractères spécifiques des races qui ont contribué à la former. Ainsi, dans les anciens duchés de Parme et de Modène (Emilie), les types jurassique et des Alpes se distinguent facilement. D'après Ferrarini et Ferragutti, le poids vif des bœufs oscille entre 600 et 680 kilogr., le rendement net entre 50 et 54 p. 100. Les vaches pèsent de 400 à 480 kilogr. et rendent net, de 45 à 49 p. 100. Ce sont donc de mauvais animaux de boucherie.

Les variétés romagnole et bellunoise de la race asiatique (1) sont relativement améliorées et sont mieux conformées que la variété de l'Autriche-Hongrie.

M. Cornevin a examiné à Lyon 8 bœufs romagnols ; le plus lourd pesait 801 kilogr., le moins lourd 700 kilogr. Le poids des vaches est en moyenne de 475 kilogr.

En Toscane, le type jurassique prédomine et on pourrait parfois confondre les animaux du Val de Chiana avec des charolais. Ce bétail est nourri à l'étable avec des fourrages verts et du maïs en été, avec des feuilles de lupin et des fèves en hiver.

Tous les métis italiens pèchent par la grossièreté du squelette, ce qui tient à la pauvre alimentation qu'ils reçoivent et au man-

(1) Introduite par les invasions aryennes.

que de soins. Dans de pareilles conditions, ils ne peuvent s'a-
méliorer et c'est vouloir vaincre les lois naturelles que de chercher à les perfectionner par la sélection des reproducteurs. Le
progrès de la culture doit toujours précéder le progrès de l'élevage.

En Lombardie, la douceur du climat et l'abondance des eaux
permettent d'obtenir de bonnes prairies ; dans cette riche région,
l'industrie laitière occupe une large place. Les vaches appartiennent aux meilleures variétés de la race des Alpes, particulièrement à celle de Schwitz.

Les laiteries sont pourvues d'un excellent matériel et le beurre
centrifuge qu'on y fabrique est estimé sur le marché de Londres.
Autrefois, il était expédié au Havre et vendu en Angleterre comme
beurre normand, mais le discrédit jeté sur les produits français
par suite de leur mélange frauduleux avec la margarine, et de
leur mauvaise qualité, a mis fin à ce commerce.

Actuellement, les beurres de Lombardie sont expédiés directement à Londres ; on en vend aussi des quantités importantes en
Egypte et dans tout le bassin de la Méditerranée.

MM. Corblin et Gouin donnent des chiffres pris dans l'exploitation de M. Ferrari à Boras.

« Ces chiffres montrent quelle importance prépondérante ont
les prés et la production laitière sur tous les autres produits du
sol.

	Recettes	Dépenses
	fr.	fr.
Prés.....................	97.390	37.069
Cultures.................	40.955	21.398

Produits de 107 hectares de prés.

		fr.
Beurre.............	12.828 kg. à 2 fr. 52	32.328
Fromage...........	30.600 kg. à 1 fr. 55	47.610
—	1.809 kg. à 0 fr. 88	1.235
24 vaches et 1 tau-reau réformés....		5.213
122 veaux.........		3.347

Produits de la por-
  cherie..........   7.665
Fumier...........   15.930
                      115.328

Voici la nomenclature des surfaces cultivées.

	ha. a.
Prés en rotation de 3 années..............	98,80
— permanents........................	7,10
Marcites (1).............................	1,30
Froment, avoine, riz, maïs, lin............	83,69
Habitation et dépendances...............	4,19

La rotation adoptée est la suivante :

(1) Prairie fumée avec 45 mc. à l'hectare et 30 mc. de terre;
(2)   —   —
(3)   —   —
(4)   —   —

La prairie est rompue à l'automne.

(5) Lin de printemps, suivi d'une culture dérobée de millet ou de
     maïs quarantain. Dans ce dernier cas, fumure de 15 mc. de
     fumier à l'hectare;
(6) Maïs fumé de 45 mc. de fumier, après cinq labours;
(7) Blé d'hiver sans fumier;

Dans les terres où est pratiquée la culture du riz, l'assolement
est ainsi modifié ;

(1, 2, 3 et 4) Prairies comme précédemment;
(5) Riz ;
(6) Riz ;
(7) Maïs fumé, 45 mc. ;
(8) Blé sans fumure.

Voici le dénombrement du bétail entretenu sur cette ferme.

Taureaux........................	4
Vaches...........................	154
Chevaux.........................	32
Porcs............................	variable.

(1) On appelle marcites les prairies irriguées toute l'année. Elles donnent
jusqu'à 9 coupes d'herbe.

Production par tête de vache.

		fr.
Beurre, 86 kg. 6	209	92
Fromage, 201 kg. 3	317	
Résidus de lait	37	
Veau	21	08
Fumier	108	
	693	00

En Lombardie, le prix moyen des vaches est de 700 fr. Elles vivent en stabulation permanente, et reçoivent exclusivement de l'herbe verte, sauf pendant 2 ou 3 mois l'hiver, où elles ont du foin et du tourteau de lin. Le rendement annuel en lait varie entre 3.000 et 3.600 litres.

Le lait est traité à la ferme ou vendu à des fabriques. On en fait du beurre et des fromages de Parmesan, de Gorgonzola, de Caccio-cavallo. Les fruitières de la montagne, organisées comme celles de Suisse, fabriquent du gruyère et du lait conservé.

Nous n'avons pas à entrer dans les détails de fabrication de ces différents produits : nous nous contenterons d'indiquer, d'après M. Cantoni, cité par M. Gouin (*Jour. d'Agr.* 1887), ce qu'on obtient de la même quantité de lait.

	kg.		fr.	
Gorgonzola	12		18	
Gruyère demi-gras :				
Fromage à 4 mois	8	12		} 17
Beurre	2	5		
Gruyère gras :				
Fromage à 4 mois	9,300	14 90		} 17 10
Beurre	1	2 20		
Caccio-Cavallo :				
Fromage à 6 mois	6,300	15 10		} 18 10
Beurre	1,300	3		
Parmesan (Grana) :				
Fromage à 6 mois	6,200	8 35		} 14 35
Beurre	2,400	6		

Dans le Sud de l'Italie, en Sicile et en Sardaigne, le bétail appartient à la race ibérique, avec plus ou moins de mélange asiatique. Les animaux, épuisés par le travail, sont tardifs, et leur viande est de détestable qualité. Les bœufs pèsent de 23o à 28o kilogr. et les vaches, de 15o à 200 kilogr. Le rendement n'est que de 45 o/o Les vaches donnent au printemps et en pleine lactation 4 ou 5 litres de mauvais lait.

On trouve aussi dans l'Italie méridionale le buffle ou bos bubalus, qui fut introduit au VIIe siècle par le roi lombard Aguilulf.

Les buffles sont principalement utilisés comme moteurs, car leur viande a un goût musqué désagréable. Les femelles ont peu de lait, et se laissent difficilement traire.

Espèce chevaline.

Aucune race chevaline n'ayant l'Italie pour berceau, la population est entièrement composée de métis des races asiatique, belge et germanique. La première prédomine dans le Frioul, la seconde en Lombardie et la troisième, dans la péninsule où elle est connue sous le nom de race des Maremmes.

Les fouilles faites récemment dans les nécropoles de la vallée du Pô ont fourni des ustensiles de l'âge de bronze sur lesquels sont représentés, au burin et au repoussé, des profils d'animaux dont il est facile de reconnaître les caractères. On y voit comme sur les situles de Styrie des chevaux arabes et germaniques, ainsi que des bœufs et des moutons asiatiques.

A l'âge du bronze, ces races avaient donc déjà été introduites en Lombardie par les invasions.

Quant à la race chevaline belge, elle a dû être amenée par les Romains qui l'estimaient particulièrement car, sur les monuments contemporains de l'occupation des Gaules, on remarque que les chevaux présentent les caractères bien accusés du type belge.

Enfin, depuis 3o ans, l'Etat, et quelques particuliers possèdent des étalons arabes et de pur sang anglais dont les produits avec les juments indigènes sont loin d'être satisfaisants. En général les chevaux italiens ne répondent pas aux besoins de l'armée ; ils sont ou trop petits ou trop lourds. Comme pour les bovins, l'élevage a besoin d'être complètement modifié mais, dans l'état actuel de l'agriculture, on ne parviendra pas, sauf en Lombardie, à produire le cheval de cavalerie.

Espèces ovine et porcine.

On trouve en Italie deux races ovines ; l'une, celle de Syrie (O. A. Asiatica), a été amenée par les invasions préhistoriques, l'autre est une variété de la race mérinos (O. A. Africana). Toutes les deux ont une faible importance économique.

La race caprine asiatique est très répandue dans les Apennins et le Midi de la péninsule, où les chevreaux fournissent une grande partie de la viande consommée par la population. Tués trop jeunes, leur chair est fade et fort peu nourrissante.

La race porcine ibérique est représentée en Italie par deux variétés principales, la napolitaine et la toscane. Cette dernière, qui vit à l'état demi-sauvage dans les Maremmes, est haute sur jambes, très marcheuse et tardive ; elle est un peu plus améliorée dans la Campagne romaine.

La variété napolitaine a une grande aptitude à l'engraissement, et atteint des poids élevés : ce sont des verrats de ce type qui contribuèrent, il y a un siècle, à améliorer la variété celtique anglaise et à créer les types actuels.

Par un singulier oubli des lois naturelles, on cherche maintenant en Italie à perfectionner les suidés au moyen des métis anglais, qui n'offrent aucune fixité. Il en est du reste de même, ainsi que nous l'avons dit, pour les chevaux et les bovins. Désirant améliorer leurs animaux, les Italiens se trouvent à leur tour atteints de l'anglomanie et ne réfléchissent pas que les conditions de milieu ne permettent pas d'acclimater les variétés anglaises.

Il est donc irrationnel, et l'expérience le démontrera, de chercher à profiter des progrès réalisés dans la Grande-Bretagne ; le

seul moyen de réussir consisterait à imiter la méthode de
Bakewel, lorsque l'état cultural le permet ; partout ailleurs il n'y
a qu'à s'en tenir aux variétés indigènes et à les conserver pures,
jusqu'à ce qu'on dispose des moyens de leur donner une alimentation suffisante. La pratique des croisements ne pourrait qu'amener la variabilité, et alors toute amélioration ultérieure deviendrait impossible.

Autriche-Hongrie.

L'empire austro-hongrois comprend trois zones géologiques ; en
Bohême, l'étage primitif ; au Centre et au Sud l'étage jurassique,
dont les caractères agricoles sont modifiés suivant les régions, par
le climat et des dépôts tertiaires ou quaternaires. En Hongrie,
les alluvions se relient au tchernozem des steppes russes et sont
d'une grande fertilité, lorsque le calcaire est près de la surface.

Le bétail d'Autriche-Hongrie appartient à 4 races ; en Bohême,
la race germanique ; dans les provinces de l'Ouest, la race jurassique et la race des Alpes qui gagnent rapidement du terrain vers
l'Est ; enfin la race des steppes peuple la Hongrie, la Croatie, la
Carniole, l'Istrie et la Dalmatie. On a essayé d'introduire le
durham pour augmenter la précocité, mais on a dû y renoncer.

La race germanique se trouve principalement en Bohême, où
l'industrie laitière s'exerce concurremment avec l'engraissement.
Ce système, que les Allemands appellent milch-mastwirthschaft,
consiste à engraisser les vaches dès qu'elles ont donné 2 ou 3
veaux et par conséquent à ne pas les conserver après l'âge de 4
ou 5 ans. De cette façon, on a des animaux qui prennent facilement la graisse et donnent, avec une viande d'excellente qualité
et beaucoup de lait, le maximum de rendement économique. En
outre, la tuberculose, si fréquente dans tous les pays chez les
bovins âgés, n'apparaît que tout à fait exceptionnellement.

Les vaches produisent par an 3.500 à 3.700 litres de lait et

75 kilogr. de beurre ; engraissées à l'herbage, elles ont un poids vif de 600 kilogr. et un poids net de 400 kilogr. Ce qui fait à 4 ans : Coefficient de poids vif $= 12,5$. Net $= 8,33$. Rapport $= 0,66$.

La race jurassique est représentée par les variétés de Pinzgau, de Pongau et de Lungau (Alpes de Salzburg). Les individus diffèrent peu comme taille et offrent une bonne moyenne des trois aptitudes : les bœufs s'engraissent bien et sont bons travailleurs ; les vaches donnent de 2.400 à 2.800 litres de lait pour une période de lactation de 240 jours.

Dans le Tyrol, la race des Alpes est représentée par les trois variétés suisses : celle dite de Méran est la plus volumineuse.

La race des steppes est la moins bonne de toutes et sa principale aptitude est le travail. Les bœufs engraissés trop tard ont une viande sèche et dure ; celle des jeunes est meilleure. Quant aux vaches, elles nourrissent à peine leurs veaux et ne sont pas exploitées pour la laiterie. La variété de Hongrie est plus grande que celle de Dalmatie, mais les animaux s'engraissent difficilement et sont toujours tardifs. D'après Wilckens ils donnent environ 350 kilogr. de viande nette, soit, en admettant un rendement de 58 o/o, un poids vif de 600 kilogr. Du contact de ces 4 races résultent des métis dont les caractères varient à l'infini, suivant la prédominance de tel ou tel type.

En Transylvanie, on élève aussi des buffles ; les mâles sont bons travailleurs et les femelles donnent 1.400 à 1.500 litres de lait par an. La viande de ces animaux est peu estimée à cause de son goût de musc.

L'élevage du porc est très prospère en Autriche-Hongrie où l'on fait une énorme consommation de charcuterie, comme dans toute l'Allemagne. La variété indigène appartient à la race ibérique et est connue sous le nom de race mangalika ; ces porcs s'engraissent facilement et leur chair est très estimée pour sa saveur.

Les troupeaux des grandes plaines du Danube sont de la race de Syrie ou de la variété mérinos-negretti. Les moutons s'exportent en grandes quantités sur les marchés de l'Allemagne, de la France et de l'Angleterre.

Élevage du cheval.

Nous avons dit qu'à l'époque du bronze les peuples de la vallée du Danube élevaient beaucoup de chevaux. Les ciselures des ustensiles trouvés dans les nécropoles montrent qu'alors comme aujourd'hui la population chevaline appartenait à la race germanique et à la race arabe ; l'un et l'autre type étaient utilisés pour les courses, l'attelage et comme montures.

Ce sont ces peuples, qui en se répandant en Italie, où ils fondèrent de nombreuses colonies, introduisirent en Toscane la race germanique, représentée aujourd'hui par la variété des Maremmes.

La race germanique a aussi pénétré en Normandie avec les barbares du Nord et en Espagne avec les Vandales ; dans cette dernière région, elle a donné naissance à une variété introduite plus tard par les Espagnols dans le royaume de Naples. Quant à la race arabe, elle a toujours peuplé les vastes plaines de la Hongrie et les provinces adriatiques, en se dégradant plus ou moins.

Ces explications étaient nécessaires pour comprendre l'élevage du cheval en Autriche. En effet, on considère presque toujours comme des races les variétés toscane, espagnole, napolitaine et normande de la race germanique. Si ces variétés se sont modifiées quant à la taille et au volume par l'effet des milieux, elles ont cependant conservé les caractères spécifiques de la race germanique ; par leur mélange elles ne produisent donc pas des métis, mais des animaux de race pure. On ne peut trouver un meilleur exemple de la nécessité d'un classement méthodique des races et des variétés pour s'expliquer les effets de la sélection et du métissage.

Les haras impériaux, répartis sur tout le territoire, ont commencé, dès le xvie siècle, à améliorer en Autriche-Hongrie les deux races indigènes. Depuis cette époque, ils fournissent des géniteurs d'élite aux propriétaires et aux communes ; dans chaque région, ces haras ont imprimé à l'élevage une direction uniforme.

Il suffit, par suite, d'examiner les méthodes suivies dans les principaux haras, pour se rendre compte de ce qui se fait chez les grands et chez les petits éleveurs de ce pays, où les habitants ont la passion du cheval.

HARAS DE MÉZOHÉGYES.

Ce vaste établissement, d'une superficie de 20.000 hectares, situé entre la Theiss et la Maross, dans le comitat de Csananad, a été créé par l'Empereur au xvi° siècle pour reconstituer l'élevage, qui avait beaucoup souffert des longues guerres avec les Turcs.

En 1780, l'effectif comprenait des étalons et des juments achetés en Angleterre, en Espagne, dans le Holstein et dans le Mecklembourg ; il y eut même des animaux de gros trait pour l'exploitation agricole du domaine. Celui-ci fournissait dès le début l'avoine et les fourrages nécessaires, non seulement au haras proprement dit, mais à un dépôt de jeunes chevaux destinés à l'armée, soit plus de 9.000 têtes, sans compter le bétail. A partir de 1815, l'effectif du dépôt de transition fut considérablement réduit et Mézohégyes devint surtout un centre d'élevage de reproducteurs, destinés aux haras impériaux et aux communes. Le haras produit 4 types différents : le pur sang anglais ; l'anglo-normand descendant de l'étalon Nonius ; l'arabe et le demi-sang anglo-arabe.

On a essayé des Norfolks, mais ils ont donné des produits si disparates qu'ils furent réformés immédiatement, ainsi que les races de trait, auxquelles l'herbage ne convient pas.

1° Les étalons de pur sang, importés ou nés en Autriche, sont choisis parmi les plus fortement charpentés. Ils sont croisés avec une grande circonspection avec les juments des autres types.

2° Les étalons Nonius, qui sont de beaucoup les plus nombreux, ont pour auteur Nonius, anglo-normand pris à Rosières en 1815 par l'armée autrichienne. Né dans le Calvados en 1810, il a fait la monte jusqu'en 1838. On lui donna des juments provenant du Holstein, d'Espagne et de Toscane, par conséquent germaniques, dont les produits furent conservés aux haras et unis entre eux. Ils se distinguent par leur homogénéïté, leur tête un peu lourde et busquée, de bons membres et un équilibre général très satisfaisant.

Le type étant un peu trop chargé de substance, on a recours de temps en temps à l'étalon anglais, mais à un degré infiniment moindre qu'en Normandie. Les Nonius ressemblent à nos anglo-normands d'il y a 60 ans, alors que le type germanique prédominait.

En Autriche, on estime avec raison que notre anglo-normand actuel n'est pas fixé et ne jouit pas du pouvoir améliorateur. C'est pour éviter pareil inconvénient qu'à Mézohégyes on n'emploie l'étalon anglais qu'avec une extrême réserve.

3° Les Gidran descendent d'une jument arabe achetée en Syrie, Tifle, et d'un arabe pur Gidran. Les produits ont été croisés constamment entre eux et avec les juments du pays, également de sang arabe, mais on eut soin d'éliminer les animaux de petite taille ou qui n'avaient pas la robe alezane du vieux Gidran. Depuis 1860 ou fait intervenir de temps en temps l'étalon anglais.

Ainsi qu'on le voit, ce système diffère absolument de celui qui est pratiqué dans le Midi de la France, où le sang anglais est répandu sans aucune mesure.

4° Les anglo-arabes de Mézohégyes descendent des étalons anglais Furioso et North-Star, unis à des juments arabes. Leurs produits sont croisés entre eux avec interventions fréquentes de sang arabe pur, afin d'empêcher la dégénérescence et de conserver la prédominance de l'arabe. Les produits, d'un type uniforme, sont bien établis, propres à la selle et à l'attelage léger.

En dehors des poulains nés à Mézohégyes qui recrutent les haras impériaux, on achète chaque année environ 200 poulains aux éleveurs du pays ; à 3 ans on fait un choix ; les meilleurs, environ 20 o/o, sont affectés aux dépôts de l'Etat ; la seconde catégorie est cédée aux communes ; les autres enfin sont cas-

trés et vendus au Tattersall de Buda-Pesth au prix moyen de
1.100 francs.

Le haras cède les étalons aux communes à un prix qui varie
entre 700 et 1000 fr., payables en quatre annuités; la saillie ne peut
dépasser 2 florins. Au bout de 3 ans, les communes deviennent
propriétaires du cheval et peuvent en disposer.

Cet excellent système met à la disposition des éleveurs, et dans
des conditions très avantageuses, des étalons de choix.

L'exploitation de Mézohégyes est administrée comme celle des
autres haras et rapporte un revenu considérable.

Le personnel placé sous les ordres du Colonel-Directeur comprend 2 inspecteurs agricoles, 13 intendants, 23 sous-intendants,
2 médecins, 1 chirurgien, un pharmacien, 4 sages-femmes, 7 instituteurs, 2 institutrices et une population de 7.000 personnes qui
s'augmente, au moment de la récolte, de 3.000 travailleurs.

Les labours des 9 fermes sont faits par 3 charrues à vapeur et
les transports par 2.200 bœufs des steppes, dont la moitié est
engraissée pendant l'hiver avec les pulpes de la sucrerie.

La vacherie comprend 300 vaches de Simmenthal, dont le lait
est transformé en beurre et en fromages. On élève aussi un certain nombre de reproducteurs, qui sont vendus aux cultivateurs
du pays.

Le troupeau compte 2.200 brebis ou béliers négretti et environ 4.000 agneaux, qui sont engraissés et envoyés à Buda-Pesth
ou à Vienne.

Enfin, on nourrit 100 truies qui fournissent 400 animaux de
remplacement et 5.000 porcelets vendus après le sevrage.

HARAS DE BABOLNA.

Cet établissement, d'une superficie de 4.000 hectares, est divisé
en 8 fermes qui produisent des céréales et des fourrages pour le
haras et le bétail. Il a été créé par l'empereur Joseph II, afin d'améliorer la population indigène d'origine arabe.

Après quelques tâtonnements, on n'a employé que des étalons syriens et égyptiens ; par suite les produits tiennent des deux souches arabes. On remarque nécessairement, chez eux, tantôt le profil rectiligne de l'asiatique, tantôt le front bombé de l'africaine. Tous les animaux sont d'une homogénéité parfaite, d'une grande élégance de formes, avec un bon dessus et des membres irréprochables.

Le sol sablonneux et privé de calcaire est enrichi avec des phosphates ; le climat sec et tempéré convient bien à la race arabe ; aucune autre ne pourrait s'y développer. Grâce à une sélection attentive, les animaux sont de grande taille pour des arabes ; celle des juments est de 1 m. 42.

Le haras fournit chaque année environ 50 étalons aux dépôts impériaux. Comme le nombre des naissances est de 120, on voit quelle proportion de sujets réussis on obtient en élevant une race pure.

L'étable comprend 200 vaches et taureaux de Simmenthal. Il y a aussi un troupeau de la variété hongroise, de la race de Syrie, et quelques porcs berkshire, dont les produits s'élèvent difficilement.

HARAS DE KISBER.

Ce haras, créé en 1853, à peu de distance de Babolna, est consacré à l'élevage du pur sang anglais et du demi-sang anglo-arabe.

Les premiers reproducteurs ont été achetés en Angleterre. D'autres importations ont été faites à différentes reprises et l'Etat n'a reculé devant aucun sacrifice pour avoir des étalons ou des juments de grande origine. Ainsi, Bonavista a été acheté 375.000 fr. en 1897 ; ses saillies étaient à 1.000 fr. pour les juments d'Autriche-Hongrie et à 1.700 fr. pour les juments étrangères.

Dunura, par Saint-Simon, a été payé 160.000 fr. ; sa saillie était à 700 fr. et il n'a rien donné de remarquable.

Galaor, acheté 100.000 fr. à une vente de Lupin, produit très irrégulièrement, etc.

Les étalons de Kisber ne sont donnés qu'à des juments de bonne classe. Ainsi que le dit très bien Touchstone, « la démocratisation de l'élevage du pur sang anglais, telle que nous la pratiquons en France, est une anomalie et un danger ; je crois donc qu'au point de vue de l'avenir de la race l'avantage n'est pas à cet égard de notre côté, alors surtout qu'il y a en France une surproduction tout à fait irrationnelle.

« Il y a encore, à un autre point de vue, un avantage pour l'élevage hongrois. On écarte toujours les chevaux dont la conformation est défectueuse, quels que puissent être leurs titres, quelque brillante qu'ait été leur carrière de courses. C'est là un principe que notre administration devrait bien adopter aussi. » On avait pour objectif principal à Kisber d'essayer l'amélioration de la variété indigène arabe par le pur sang anglais. Bien qu'on ait choisi les étalons parmi ceux ayant beaucoup de substance, avec forte structure et un bon tempérament, les métis anglo-arabes ont des membres trop légers, surtout sous le genou. C'est le résultat habituel de l'abus du pur sang anglais.

HARAS DE KLADRUB.

Ce haras, situé à 20 lieues de Prague, appartient à la liste civile de l'Empereur. Créé en 1562 pour fournir des chevaux à l'armée et aux écuries impériales, on y transporta à la fin du xviiie siècle les juments du haras de Koptschau, qui furent la souche des carrossiers Kladrub.

Ceux-ci forment deux familles, la blanche et la noire. La première a pour auteurs Pepoli, étalon napolitain blanc et une jument maremme; la seconde provient d'un étalon napolitain noir, Sacramoso, et d'une jument indigène germanique. Les produits croisés entre eux sont exactement semblables et les deux familles ne diffèrent que par la couleur de leur robe (1).

Les Kladrub, dont la taille est en général de 1 m. 72, ont la tête busquée, l'avant-main chargée, le rein mal soutenu et le corps trop long ; l'arrière-main manque de substance et le garrot est bas. Comme chez tous les chevaux de race germanique, les membres sont trop faibles et les tendons mous.

Ces carrossiers sont réservés aux équipages de gala ; ceux de la famille blanche pour les fêtes, les autres pour les cérémonies funèbres et les deuils de cour. Ils conviennent bien à cette utilisation spéciale, mais n'ont guère d'autre qualité que leur silhouette imposante et un certain brillant.

Une succursale de Kladrub a été consacrée pendant quelques années à la production des chevaux de pur sang, pour le service de l'Empereur ; ce dernier les fait venir maintenant d'Angleterre et le haras produit des demi-sang qui sont envoyés à 6 ans dans les écuries impériales.

HARAS DE LIPPIZA.

Ce haras, situé dans la Carniole, près de Trieste, a été créé en 1580. L'élevage qui y est pratiqué revient au croisement continu de la race arabe avec la race germanique. L'intervention du pur sang anglais a donné de si mauvais résultats qu'on y a renoncé immédiatement.

Les Lippizas sont considérés en Autriche comme formant une variété fixe de la race arabe. Le croisement continu n'a cependant pas encore produit tout son effet, car on remarque, chez quelques individus, certains caractères de la race germanique.

Ces chevaux sont énergiques, fortement établis avec un bon dessus, de la substance, et des membres bien trempés ; la tête est généralement fine, l'encolure un peu courte, mais le garrot bien sorti. Leur robe est presque toujours grise.

(1) On remarquera que les souches des Kladrubs appartiennent à des variétés de la race germanique. De là, leur homogénéité.

Le haras fournit beaucoup de reproducteurs aux autres établissements et des chevaux de selle aux écuries impériales (1).

Ces exemples montrent de quelle façon méthodique et rationnelle l'élevage du cheval est pratiqué en Autriche-Hongrie. Dans aucun pays cependant les conditions ne sont plus défavorables ; les deux races chevalines sont, l'une lymphatique et chargée de substance, l'autre trop petite.

La race germanique a été améliorée par un mélange judicieux des meilleures variétés et une très prudente infusion de sang anglais.

On en a ainsi tiré tout le parti possible, en évitant les dangers du métissage, dont nous voyons les funestes effets en Allemagne et en France.

Certes, les Kladrub ne sont pas parfaits, mais ils conviennent très bien au service spécial pour lequel ils sont élevés. Quant aux Nonius, ils ont conservé une grande homogénéité et le pouvoir améliorateur, parce qu'ils n'ont que peu de sang anglais.

L'élevage du pur sang anglais et du demi-sang à Kisber est moins heureux.

Le pur sang aurait mieux réussi sans doute en Bohême, mais partout les demi-sang ne peuvent manquer d'avoir les défauts des métis, chez lesquels le sang anglais prédomine. Par contre la population d'origine arabe a été grandement améliorée. A Lippiza le succès serait complet si le croisement continu n'avait pas subi quelques intermittences.

A Babolna et haras similaires, le perfectionnement de la race arabe par la sélection a montré ce qu'on peut obtenir de ce système lorsqu'il est habilement pratiqué.

On remarquera que partout le Norfolk a donné de détestables produits.

Quant aux races de trait, les conditions de milieu ne leur conviennent pas. Il semble cependant que le petit percheron devrait réussir sur les terrains tertiaires à sous-sol calcaire.

(1) Touchstone. Le cheval en Autriche-Hongrie. Passim.

Vte de Villebresme. — L'Élevage.

Le système qui consiste à céder aux communes de bons reproducteurs dans des conditions très avantageuses pour elles est un moyen particulièrement efficace pour améliorer la population chevaline, mais on se garde de mettre à la disposition des petits éleveurs les étalons de pur sang anglais.

Les haras impériaux répandent aussi les bonnes races bovines, susceptibles de remplacer avantageusement la race des steppes et de s'acclimater. Enfin ils mettent en pratique les méthodes de culture les mieux appropriées à la région. Sur tous ces points, notre administration aurait d'utiles enseignements à puiser en Autriche-Hongrie.

Les haras ayant pour objet la production du cheval de guerre, il est logique d'en confier la direction à des officiers, comme en Allemagne, en Autriche et en Russie.

Par une singulière anomalie, il n'en est pas ainsi en France, où ce sont au contraire les civils qui imposent à la remonte de l'armée leurs principes instables, modifiés à chaque changement de Directeur. De là l'extraordinaire incohérence qui préside à notre élevage.

Russie.

La Russie d'Europe forme une immense plaine sans aucun massif montagneux; de simples ondulations, dont le relief est à peine sensible, constituent la ligne de partage des différents bassins.

Cette plaine, de 5oo millions d'hectares, comprend deux zones distinctes; celle du Nord, formée par des dépôts tertiaires comme tout le nord de l'Europe, est couverte par une immense forêt entrecoupée de plaines où poussent de maigres récoltes de seigle et de pommes de terre. La zone du Sud, appelée steppe ou tchernozem (terre noire) est entièrement défrichée; elle s'étend d'Oula à la mer d'Azof, à la mer Noire et à la chaîne du Caucase.

Le tchernozem a une épaisseur qui varie de o m. 3o à 1m. ; il est riche en humus et résulte de la décomposition des plantes des lacs d'eau douce qui se formèrent après le retrait de la mer aralo-caspienne. La superficie du tchernozem est de 95 millions d'hectares. Cette région fournit, non seulement les céréales nécessaires aux provinces pauvres et aux grandes villes, mais celles dont l'exportation est indispensable à la vie économique de l'Empire. Le rendement du blé n'est cependant que de 4 à 5 pour 1 de la semence. La production totale de la Russie a été de 693.462.598 hectolitres de grains en 1896, dépassant celle de l'Angleterre, de l'Allemagne et de la France (499 millions d'hectolitres).

Les exportations de blé sont évaluées à 320 millions de roubles, somme qui représente la moitié des autres exportations (642 millions de roubles). Elles ne pourraient atteindre un tel chiffre, si les paysans ne se nourrissaient pas exclusivement de seigle et de sarrasin.

La petite propriété, constituée depuis l'émancipation des serfs, donne les plus faibles rendements. Comme toujours, le morcellement entrave les progrès de la culture et de l'élevage. On ne constate d'améliorations que dans les grands domaines des anciens seigneurs, où l'on met en pratique les méthodes les plus nouvelles.

Élevage.

L'élevage n'est exercé en grand que dans les steppes, où se trouvent de bons pâturages. Les espèces appartiennent principalement aux races asiatiques ; elles diffèrent en taille, en volume et en qualité suivant les régions, le climat et les soins qui leur sont donnés. Dans les contrées septentrionales, la race bovine est rabougrie et sans valeur ; de son côté le race chevaline asiatique, dégénérée, ne fournit que les petits chevaux connus sous le nom de conias. L'utilisation de ces animaux est nécessairement limitée aux besoins locaux.

Dans le tchernozem, la race bovine des steppes est de grande taille (1 m. 5o); elle se fait remarquer par la longueur des cornes, l'élévation du garrot, le peu de développement du train postérieur et l'obliquité de la ligne dorsale. Son pelage gris-souris est plus ou moins clair ; certaines variétés sont presque noires. Cette race n'a pas d'aptitudes spéciales.

En 1882, la population bovine de la Russie d'Europe était de 25.625.200 têtes, soit 0,25 tête par hectare ; depuis cette époque elle diminue constamment.

Dans le S.-O., en Bessarabie, dans les provinces baltiques et chez les Cosaques du Don, où les travaux de la culture se font avec des bœufs, la proportion est restée de 108 têtes de bétail par 100 habitants. Dans le centre au contraire, où le labourage se fait au moyen de chevaux, il n'y a que 12 à 15 bêtes à cornes par 100 habitants. Cette dernière région est la plus pauvre. Malgré les efforts du gouvernement impérial, qui cherche à convaincre les paysans des avantages de l'élevage, le nombre des animaux ne cesse de décroître. Cela tient, comme nous l'avons dit, au morcellement des terres. Un petit cultivateur ne peut améliorer son bétail et comme la race ne fournit qu'une viande sèche et dure, le prix de vente n'est pas rémunérateur. Il faudrait élever les animaux avec plus de soin, les mieux nourrir et les engraisser jeunes. Au lieu de cela , on les tue quand ils sont trop vieux pour travailler, même dans les régions sucrières, où les drèches sont en abondance.

Enfin, les débouchés font défaut, car les paysans ne mangent jamais de viande, et les marchés européens sont fermés au bétail russe, qui passe pour répandre la peste bovine.

Autrefois, les bœufs étaient acheminés par étapes sur les grandes villes et se nourrissaient pendant la route de l'herbe qui pousse sur les chemins. Parfois même on les expédiait attelés à

des chariots de marchandises. Ce moyen économique a été interdit dans la crainte des épizooties. La nécessité de faire voyager
les bœufs par les chemins de fer est une lourde charge pour les
éleveurs et réduit encore leurs faibles bénéfices.

Il y a 5o ans le suif était exporté de Russie en quantités considérables ; depuis l'utilisation du pétrole et les nouveaux procédés
de fabrication de la stéarine, le suif est devenu un article d'importation.

La Galicie est la seule contrée qui achète en Russie quelques
milliers d'animaux pour les engraisser.

En général, la race des steppes est mauvaise laitière et les
vaches nourrissent à peine leurs veaux. Cependant, en Lithuanie,
dans les provinces de Grodno, de Wilna, de Minsk et de Novo-
gorod, l'industrie laitière a, depuis dix ans, pris un grand développement, grâce à l'initiative de M. Nicolas Vereschagin, frère du
célèbre écrivain. Des associations coopératives ont répandu les
procédés de fabrication des fromages de Chester, de Camembert,
de Brie, de Hollande et de Neufchâtel, qui rachètent par leur bon
marché les défectuosités de goût qui leur sont propres. L'Angleterre commence à importer de grandes quantités de ces fromages.

La production beurrière était insuffisante en 1871 ; elle permet
d'exporter maintenant 3oo.ooo pouds par an (poud = 16 kg.
8à5).

En résumé, les raisons que nous venons d'exposer excluent la
possibilité, pour le moment tout au moins, d'augmenter la densité
du bétail, d'améliorer sa qualité et de lui ouvrir des débouchés.

Race chevaline.

La population chevaline appartient presque exclusivement à la
race arabe et est représentée par de nombreuses variétés résultant
des différents milieux. On comptait en 1882 environ 21.2o3.ooo
chevaux, soit o,16 tête par hectare ; ce nombre ne s'est pas sensiblement augmenté depuis.

Les principales variétés sont celles des Kirghises, de la Sibérie, des Kalmouks, des Baskirs, du Don, de l'Ukraine, de Circassie, de Karabagh, d'Esthonie, de Lithuanie et de Finlande. Toutes sont de petite taille et de formes irrégulières avec la tête forte. Elles jouissent des qualités de la race, sont rustiques, sobres, énergiques mais par contre ne conviennent pas pour le trait. On y supplée en utilisant les bœufs dans les terres fortes.

Les seigneurs et le gouvernement s'occupent depuis longtemps d'améliorer la population chevaline. Ainsi, dès 1775, le prince Orloff Tchesmensky fonda dans le gouvernement de Voronèje un haras devenu célèbre, où il créa une variété arabe de trotteurs par le croisement continu. Le premier étalon, appelé Smetanka, de la race africaine, fut donné à une jument danoise très distinguée et très vite au trot. Il en résulta Borca, cheval de taille moyenne, qui couvrait 3 verstes en 4'3o"; puis, pendant 6o ans, on accoupla les étalons arabes avec leurs filles et petites-filles. Le type et l'aptitude se sont ainsi fixés; en même temps, le sang des mères danoises a été éliminé. On a donc employé le même système de croisement continu que pour obtenir le pur sang anglais. Du reste, les deux variétés se ressemblent beaucoup; mais, par l'effet de la gymnastique fonctionnelle, les membres des trotteurs Orloff sont plus conformes à la loi de similitude des angles que chez le pur sang dont les fémurs se sont redressés.

Le gouvernement russe possède un grand nombre de haras répartis sur tout le territoire. Leur organisation étant partout la même, nous nous contenterons de citer celui de Prévaley situé dans la steppe du Don.

Ce haras, dirigé par un colonel, est chargé de fournir aux stanitzas suivant leurs besoins, et ne vend aux particuliers que les animaux réformés.

On sait que les Cosaques doivent le service militaire jusqu'à 45 ans et vont faire tous les 3 ans une période d'instruction dans leur corps. Chaque village ou stanitza doit monter le cavalier qui n'a pas les ressources nécessaires. Les soldats s'équipent à leurs frais et disposent d'environ 15 hectares qu'ils cultivent eux-même; de plus ils peuvent faire paître leurs animaux dans la steppe, dont l'herbe est si nourrissante que les chevaux n'ont pas besoin d'avoine.

La superficie de l'établissement de Prévaley est de 25.000 hectares. Les juments sont indigènes, mais il y a, parmi les étalons, des pur sang anglais, des pur sang arabes, des carabas, des persans et des égyptiens, c'est-à-dire des animaux appartenant aux races asiatique et africaine.

Presque tous les chevaux vivent dans la steppe. Chaque étalon est entouré d'une « cassaque », bande de 15 à 20 juments, aussi appareillées que possible à sa taille.

Après la saison de la monte, les étalons sont repris et rentrés dans les écuries.

Les étalons de grand prix ne sont jamais lâchés ; on leur amène les plus belles juments, qu'on remplace immédiatement après dans les tabouns dont elles font partie.

Lorsque tous les étalons ont été repris, on réunit plusieurs « cassaques » de juments pleines et on en forme un taboun, troupeau d'un nombre quelconque, qui s'accroît des poulains. Ces derniers restent avec leur mère jusqu'à un an, puis on les prend pour les marquer, et on en forme des tabouns d'environ 150 têtes chacun, soit de chevaux, soit de juments.

A 3 ans, les animaux sont envoyés dans les stanitzas, où ils sont soumis à un léger travail jusqu'à 5 ans.

Chaque année, l'administration réforme un certain nombre de juments et de chevaux que les propriétaires des haras particuliers achètent et utilisent pendant quelques années.

Comme nous l'avons dit, le haras de Prévaley sert à la remonte de la cavalerie cosaque du Don.

L'armée régulière achète ses chevaux aux particuliers. Des commissions d'officiers examinent les chevaux présentés, les achètent à 3 ans et les envoient dans les dépôts jusqu'à 5 ans. A ce moment ils sont versés dans les régiments, et reviennent à environ 200 roubles.

Le gouvernement loue les steppes aux éleveurs 10 kopecks ou o fr. 33 l'hectare par an, mais en se réservant le droit de préemption sur les chevaux qui lui conviennent. Le terrain concédé ne peut recevoir qu'un nombre déterminé de bêtes à cornes et de moutons. Enfin le locataire est tenu à fournir, pendant un mois chaque année, les relais de poste à raison de 3 kopecks par verste et par cheval.

Les chevaux de la cavalerie de la garde et de la cavalerie régulière proviennent des provinces occidentales ; ce sont généralement des produits d'étalons anglais ou de race germanique avec des juments du pays. Ces animaux sont grêles de membres et enlevés comme ceux de la cavalerie allemande ; les chevaux d'artillerie laissent particulièrement à désirer.

La Russie ne possédant pas de race de trait, le gouvernement s'efforce d'en introduire une ; la race percheronne a été choisie à cet effet, ce qui assure un débouché important à notre élevage. Le gouvernement russe a acheté un bon nombre de reproducteurs dans le Perche.

Population ovine.

On comptait en 1882, dans la Russie d'Europe, 46.734.700 moutons, soit 9.72 têtes par kilomètre carré et 620 par 1.000 habitants.

Dans le Caucase et les steppes de la Russie méridionale, les moutons indigènes appartiennent à la race de Syrie, caractérisée par les masses adipeuses qui se forment à la base de la queue.

Cette race ne répondant plus aux besoins est remplacée par les mérinos négretti, dont la toison est étendue et fournit une laine de bonne qualité ; elle pèse 4 kilogr. mais perd 40 p. 100 au lavage. Le poids vif de ces animaux varie entre 35 et 40 kilogr.

Marseille reçoit des arrivages considérables de mérinos russes, mais l'importation diminue par suite de la mise en vigueur des

règlements sanitaires et de la concurrence des moutons algé-
riens.

$$1897\dots\dots\dots\dots\dots\dots\quad 35.000 \text{ moutons.}$$
$$1898\dots\dots\dots\dots\dots\dots\quad 29.427 \quad —$$
$$1899\dots\dots\dots\dots\dots\dots\quad 24.059 \quad —$$

Ces animaux sont vendus trop vieux et leur viande a un goût
de suint prononcé. En outre, leur peau est traversée par un grand
nombre d'épilets de graminées, qui cheminent dans la panicule
charnue et déprécient la chair. Ces moutons arrivent maigres et
fatigués par la traversée ; il faut donc les mettre à l'engraissement avant de les livrer à la consommation, ce qui, vu la différence de qualité de la viande, les met sensiblement au même prix
que nos moutons indigènes.

On se fera une idée de la décadence dans laquelle est tombé
l'élevage du mouton dans le Midi de la Russie par ce seul fait
qu'à la foire de Kharkov, où s'établissent les prix de la laine, on
en a envoyé 5oo.ooo pouds en 1884 et seulement 200.000 pouds
en 1894.

En 1896, la valeur de la laine brute exportée était à peine
double de celle des soies de cochon ; 14.85o.ooo roubles contre
7.5oo.ooo.

Espèce porcine.

La population porcine de la Russie était de 9.361.98o têtes en
1882. Elle appartient à la race mongolique, qui est plus apte à
produire de la chair que de la graisse.

Les animaux arrivent à peser 15o à 17o kilogr. ; leurs soies sont
fortes, frisées, et d'un gris jaunâtre. Le corps est épais et ra-
massé.

L'élevage des cochons en Russie est en décroissance depuis 1856.
A cette époque, la proportion était de 15,3 têtes par 1oo habitants ; elle n'est plus que de 11. Malgré cela, la Russie a exporté

700.000 porcs par an, jusqu'au jour où, en 1890, l'Autriche et l'Allemagne ont interdit l'introduction des porcs vivants.

On exporte chaque année 120.000 pouds de soies, représentant une valeur de plus de 6.000.000 de roubles.

Oisellerie.

De toutes les branches de l'élevage, l'oisellerie est la seule florissante, la seule dont le développement soit rapide et continu en Russie.

En 1880, les exportations étaient à peine de 2.800.000 roubles; elles atteignaient, en 1894, 22.500.000 roubles, dont 17.500.000 pour les œufs de poule. Ce chiffre augmente chaque année depuis que l'Autriche-Hongrie et l'Italie ne suffisent plus aux demandes.

Les œufs proviennent principalement des provinces de Kazan, Simbirsk et Tambov, mais ils sont de qualité inférieure et se paient sur les marchés européens 40 ou 45 p. 100 moins cher que ceux de Danemark, d'Italie et d'Autriche. Le bas prix des œufs russes supplée à leur qualité et en assure la vente.

Les exportations ont été les suivantes ;

<pre>
1873..............   3o millions d'œufs.
1894..............   955   —
1er semestre de 1903. 1 milliard 478 millions.
</pre>

CHAPITRE VI
Amérique.

États-Unis.

Le territoire des Etats-Unis est si étendu, il présente une telle variété de terrains et de climats que la culture et l'élevage ne sauraient être examinés avec détails ; on en est réduit à ne considérer que l'ensemble général de la production.

L'Amérique du Nord se divise dans sa partie moyenne en trois régions à peu près parallèles du Nord au Sud.

1° Zone de plissement des Alleghanys ;

2° Zone des grandes plaines du Mississipi, où les couches sédi-mentaires ont conservé leur horizontalité ;

3° Zone de plissements et de dislocation qui s'étend des premiers plateaux des Montagnes Rocheuses aux chaînes du Pacifique.

Une bande d'alluvions ou de drift se trouve sur le littoral occidental, entre New-York et le sud de la Floride ; puis viennent l'étage primaire des Alleghanys, le bassin carbonifère du Mississipi, la grande plaine jurassique des bassins du Missouri et de l'Arkansas, les dépôts tertiaires du Nébraska, le soulèvement primaire des Montagnes Rocheuses, enfin les puissantes alluvions de Californie.

Au Nord, le Canada appartient presque en entier à l'étage de transition.

Ces vastes territoires, compris entre le Tropique du Cancer et le 50ᵉ degré de latitude Nord, jouissent de climats très différents. Les écarts de température sont excessifs dans la partie septentrionale et sur les plateaux du Far-West; lorsque l'hiver commence et que le vent saute au Nord, il y a des différences de plus de 40 degrés en quelques heures. Au Sud, au contraire, dans les plaines basses, la température est inter-tropicale.

Les États-Unis occupent aujourd'hui le premier rang dans le monde pour la production agricole. Leur superficie totale est d'environ 3.600.000 milles carrés (le mille = 1.609 mètres). En excluant l'Alaska, qui n'est pas encore organisé, la superficie est de 2.900.000 milles carrés. Un tiers est partagé entre les fermes dont la contenance moyenne est de 134 acres, en diminution de 50 acres depuis 1860. Il y a une tendance marquée à avoir des exploitations plus petites, et à les cultiver avec plus de soin, mais il n'y a pas de règle fixe : la culture et l'élevage se modifient incessamment pour se conformer à la demande.

L'industrie agricole, au lieu d'être routinière comme en France, est, pourrait-on dire, essentiellement opportuniste, afin de profiter de tous les débouchés qui se présentent.

La proportion des terres défrichées (improved land) à la surface totale des fermes, était de 40 o/o en 1860; de 47 o/o en 1870; de 58 o/o en 1900. Le tiers du territoire est cultivé.

De 1860 à 1880, la culture a reçu une vive impulsion par suite d'une augmentation de 60 o/o dans le chiffre de la population, des dépenses des armées pendant la guerre de Sécession et des demandes de l'étranger, mais ces demandes ont beaucoup diminué et la production a cessé d'être aussi rémunératrice.

D'après les statistiques officielles de 1882, les surfaces cultivées en céréales et les rendements ont été de :

Superficie cultivée	Quantités totales	Produits par hectare	Par 100 habitants
ha.	hl.	hl.	hl.
50.155.783	951.266.622	19,02	1.899

On voit par ces chiffres de quelles quantités de céréales les Etats-Unis disposent pour l'exportation.

De 1890 à 1900, la surface cultivée s'est accrue dans les proportions suivantes :

Milliers d'hectares.

Années	Blé	Maïs	Avoine
1898........	14.615	29.148	10.583
1900........	17.210	33.745	11.083

Production en milliers d'hectolitres.

Années	Blé	Maïs	Avoine
1890........	145.122	541.610	190.338
1900........	189.832	765.213	294.120

Consommation aux États-Unis.

Blé..................	150.000.000	d'hectolitres.
Avoine...............	218.000.000	—
Maïs................	545.000.000	—

Le recensement des animaux en 1890 et 1900 accuse dans cette dernière année une diminution générale, mais, pour le bétail, la quantité a été remplacée par la qualité, ainsi que nous le verrons :

	1890	1900
Chevaux.....	14.213.837 têtes	13.537.524 têtes
Mulets......	2.331.027 —	2.086.027 —
Bovins......	52.801.907 —	44.102.414 —
Moutons....	44.336.072 —	41.883.065 —
Porcs.......	51.602.780 —	50.675.465 —

Ces chiffres sont empruntés à l'Histoire économique de M. Edmond Théry.

Les débouchés pour la vente des produits sont : les grandes villes de l'est, les fabriques de conserves, et l'exportation en Angleterre.

L'excès de production a amené la diminution du nombre des animaux, et, en même temps, la transformation de l'élevage. Au lieu de métis tardifs, on recherche maintenant les races pures, précoces, et les plus perfectionnées.

La Nouvelle-Angleterre, qui comprend les six Etats du Nord-Est, a été colonisée la première. Le sol granitique est médiocre, sauf dans les vallées. Après avoir joui d'une grande prospérité, cette région souffre depuis quelques années de la surproduction. Le bureau de la statistique a établi que, dans le Massachusetts entre autres, beaucoup de fermes où l'on cultivait le blé sont abandonnées. Dans les autres, on a augmenté les pâturages et multiplié les crèmeries et les fromageries coopératives ou industrielles.

Le rendement des céréales est très faible dans les Carolines, la Géorgie et, la Virginie; la population urbaine est moins nombreuse, et les débouchés font défaut. Le climat n'est pas favorable à l'élevage et depuis la suppression de l'esclavage, la culture manque de bras, car les nègres livrés à eux-mêmes ne travaillent que pour gagner strictement leur vie.

Les pays nouveaux de l'Ouest, tels que le Kansas, les deux Dakotas et le Minnesota, ont un sol riche et facile à défricher. A mesure que les villes se fondent, les grandes fermes,qui produisaient d'énormes quantités de céréales, se divisent en exploitations plus petites, où l'on fait des légumes, du lait et de la viande.

Le maïs est la principale ressource d'une partie des Etats-Unis : il sert à l'alimentation de la population, et remplace souvent les autres plantes fourragères. C'est avec lui qu'on engraisse le bétail, les porcs, et qu'on nourrit les chevaux. Il permet aux cultivateurs de l'Ohio, de l'Illinois, de l'Iowa, du Nébraska, etc., d'avoir un nombreux bétail très amélioré.

Dans le Far-West, les concessions pourvues d'eau sont devenues rares ; il faut maintenant creuser des puits munis de moulins à vent pour élever l'eau et faire des irrigations.

La nappe souterraine est du reste à une faible profondeur, et très abondante. C'était, il y a vingt ans encore, la région exclusive du bétail, mais l'industrie des ranchs y est en décroissance et cède peu à peu la place à l'exploitation intensive. Les labours se font le plus souvent au moyen de puissantes charrues à vapeur et à 8 socs.

Aux Etats-Unis, la betterave est cultivée un peu partout, mais la production est insuffisante et on doit emprunter beaucoup de sucre aux Antilles.

La pomme de terre est de bonne qualité et cultivée sur de grandes étendues.

Dans les Etats du Sud on fait des arachides qui servent à l'industrie, à l'alimentation du peuple, et à fabriquer des tourteaux utilisés pour l'élevage du bétail.

Les principales récoltes représentent aux Etats-Unis une somme de 2 milliards de dollars, et le double lorsqu'elles sont manufacturées ou transformées en viande par les troupeaux.

La revue « Kansas state board of Agriculture » estime qu'on pourrait augmenter de 5 o/o ce capital sans même améliorer la culture. En effet, les récoltes transformées en viande donnent plus de bénéfices que la vente en nature. Il suffit d'avoir des animaux meilleurs consommateurs et avec ces machines perfectionnées, on augmentera la valeur de la matière première.

On a observé qu'au bout de 20 ans les agriculteurs qui sélectionnent les plantes et les animaux obtiennent une plus-value de 10 o/o. L'augmentation en 10 ans pourrait donc être égale à la valeur des produits d'une année, soit au moins 3 milliards de dollars. Ce résultat exigerait une dépense inférieure à 1 o/o de la valeur totale, soit 30 millions de dollars, et, dans bien des cas, l'augmentation ne coûterait pas un dixième de 1 o/o de cette valeur.

Le bétail des États-Unis.

Au moment de la découverte de l'Amérique, aucune de nos espèces n'y existait. Le cheval était inconnu dans les deux Amériques, et l'espèce bovine n'était représentée que par le bison, dont les immenses troupeaux vivaient dans la prairie. Le chemin de fer du Pacifique, construit en 1865, a causé sa destruction. L'anéantissement de ce bœuf sauvage, qui fournissait une laine fine et douce, un cuir excellent, et des quantités énormes de viande, constitue pour les Etats-Unis une perte importante.

L'existence en Amérique d'une faune particulière enlève toute valeur à l'hypothèse du peuplement de ce continent par des colonies asiatiques venues par le détroit de Behring. Du reste, les races humaines indigènes des deux Amériques présentent des caractères qui les différencient nettement des autres races, blanche, noire et jaune.

Si l'on admet plusieurs centres de création, on ne peut dire que ce soit en contradiction avec le texte de la Bible, car celui-ci se rapporte uniquement à l'histoire des peuples indo-européens. Sans sortir des textes bibliques, on trouve les preuves de l'existence de peuples non noachides, lorsque les enfants de Noé se dispersèrent pour fonder des nations. Ainsi, la fraction orientale des descendants de Japhet dut, en arrivant dans l'Inde, refouler de puissantes populations dravidiennes.

La race de Misraïm, second fils de Cham, se heurta aussi dans la vallée du Nil à des peuples nègres qu'elle domina sans les refouler jamais complètement.

Les enfants de Chanaan, 3e fils de Cham, rencontrèrent, à leur arrivée dans la terre de Chanaan, les Raphaïm, les Zouzim, les Emim, les Enakim, races de géants auprès desquels les Israélites se comparaient à des sauterelles (Nombre, XIII, 29, 34; Deutéronome, I, 28; II, 10, 11; Josué, XIV, 12; XV, 8, 13; XVII, 15).

Ces peuples ne descendant pas de Noé, il en résulte que le déluge n'a pas été universel, et que les races ne dérivent pas toutes des couples recueillis dans l'Arche.

Si nous sommes entré dans ces détails, qui peuvent paraître étrangers à notre sujet, c'est que l'adaptation d'une race à un milieu déterminé est soumise à certaines lois. Il était nécessaire aussi d'établir que quelques-unes seulement des races actuelles ont été introduites dans le monde par les migrations, et implantées en dehors de leur aire géographique d'origine.

D'après l'observation, la Création a dû être multiple, ou alors il faut admettre la théorie du transformisme, qui est la négation de la puissance divine.

Nous ne considérons jamais que la création quaternaire : elle a cependant été précédée par beaucoup d'autres, dont nous trouvons les vestiges dans les terrains secondaires et tertiaires. A chaque étage géologique correspond sur chaque continent une faune particulière de plus en plus perfectionnée ; cependant Moïse n'en parle pas. Son récit ne concerne donc que la création quaternaire et les races indo-européennes.

Les différentes races chevalines, bovines, ovines et porcines ont été introduites en Amérique par les Conquistadores et se sont modifiées en taille et en volume, suivant les milieux.

Toutes ces races avaient dégénéré, lorsqu'au siècle dernier on a entrepris de les améliorer au moyen de reproducteurs empruntés à l'Europe.

La fin de la guerre de Sécession, et surtout l'ouverture de « l'Union Pacific railway » marquent l'ère de grand développement de l'élevage aux Etats-Unis.

Le gouvernement concéda à la Compagnie, non seulement le sol de la voie, mais aussi une bande de terres sur tout son parcours. C'est là que s'établirent des settlers, attirés par des conditions avantageuses, et que se trouvent les principales exploitations.

Après avoir fait son choix, le settler payait la terre de 1 à 5 dollars l'acre, c'est-à-dire de 5 fr. à 25 fr. les 42 ares. Des institutions spéciales lui fournissaient une maison (350 à 500 dollars), des instruments aratoires, et quelques animaux.

Une vache laitière lui coûtait de 20 à 30 dollars ; une paire de chevaux 100 à 150 dollars. La première récolte d'avoine donnait de 20 à 40 bushels (le bushel = 35 litres). La seconde année, sur simple labour, le blé rendait de 25 à 40 bushels.

Vte de Villebresme. — L'Élevage.   33

Ainsi que le fait observer très justement M. le Baron de Mandat-Grancey, le settler est dans une situation moins avantageuse que le fermier français s'il n'a pas d'avances, car il est obligé d'emprunter aux banques, au taux de 2 o/o par mois, alors que le second tire 6 à 7 o/o de sa ferme, dont le propriétaire fournit la terre, les bâtiments, les plantations et les améliorations de tous genres, moyennant une rétribution d'environ 2,50 o/o par an.

De plus, le cultivateur français connaît son métier pour l'avoir pratiqué toute sa vie, alors que le settler en est le plus souvent à ses débuts. Dans les mêmes conditions, le fermier français ferait fortune où l'Américain gagne péniblement sa vie.

En prenant pour type l'exploitation de 400 acres qui représentait une moyenne aux États-Unis il y a 20 ans, on y trouvait 150 acres en blé, maïs et avoine. Le blé revenait à 8 fr. l'hectolitre. Le maïs était plus avantageux pour élever des porcs, lorsqu'ils se vendaient 4 dollars les 50 kilogr., mais, les prix étant tombés en dessous de 3 dollars, la production s'est trouvée en perte.

Sur le reste de l'exploitation, on avait 300 moutons qui vivaient l'été en liberté, mais qu'il fallait nourrir pendant l'hiver, et un petit troupeau de bœufs, dont une douzaine était vendue chaque année. Un bœuf de 500 à 600 kilogr. valait 30 dollars contre 50 en 1870. En somme, le settler ne recueillait de bénéfices que sur la vente du bétail et sur celle du foin récolté dans la prairie.

En 1868, il n'y avait que 20.000 animaux sur les terres concédées à la Compagnie de l'Union Pacific ; en 1878, on y comptait 700.000 bœufs, 30.000 chevaux et 45.000 moutons.

En 1850, les Blacks Hills, région comprise entre les bouches de la Cheyenne, étaient encore occupés par les Indiens qui ne possédaient que quelques poneys, descendants dégénérés des chevaux amenés par les conquérants. A la suite du refoulement des indigènes, l'élevage s'y est rapidement développé.

1878......................	100.000 bœufs
1882......................	500.000 —
1883......................	800.000 —

Dans le Kansas, le Montana, le Colorado, le Wyoming, le Nébraska, l'augmentation a été aussi considérable.

Les ranchs sont d'importance très variable. Si l'on prend comme type celui dont le ranchman dispose de 100.000 fr., il faut, pour former le troupeau, acheter un millier d'animaux de 2 ans ; on compte un taureau pour 5o vaches.

En 1878, le prix par tête était en moyenne de 70 fr., et en 1885 de 125 fr., car le bétail a été rapidement amélioré.

On estime qu'il faut 8 hectares de prairie par tête de gros bétail.

Lorsque le troupeau est établi sur le ranch, on le laisse se multiplier sous la surveillance des cow-boys ; il y a pour 1.000 têtes, un cow-boy payé 200 fr. par mois ; chaque cow-boy dispose pour son service de 5 ou 6 poneys indigènes.

A l'automne, le troupeau est groupé dans une vallée étroite, afin de castrer et de marquer les veaux de l'année. On met de côté les bœufs de 3 ans qui sont conduits à la gare la plus voisine, et dirigés sur Saint-Louis et Chicago. Quelques ranchmen expédient les animaux abattus et débités par quartiers, ce qui réduit les frais de transport, et supprime la perte de poids résultant du voyage. Cette perte n'est pas inférieure à 1 1/2 o/o du poids total.

Le transport d'un bœuf vivant, du Dakota à Chicago, est de 24 fr., plus 6 fr. pour la nourriture et les frais divers ; le même animal ne coûte que 4 fr. lorsqu'il est abattu.

Voici à quel prix ressort à Chicago un bœuf du Far-West de 65o kilogr.

> Prix de revient, 3o fr. ;
> Perte de poids, 5o kg. ; reste 6oo kg. ;
> Transport et nourriture, 3o fr. ;
> Valeur à Chicago, 170 fr. ;
> Bénéfice du ranchman, 110 fr.

Le bénéfice moyen est singulièrement réduit par la mortalité dans les hivers rigoureux, car les abaissements subits de température éprouvent beaucoup les troupeaux, et, par suite de la conformation de leur pied, les bovins ne peuvent, comme le cheval, gratter la neige pour atteindre l'herbe. Ces pertes sont de 8 à 10 o/o dans les années ordinaires, mais parfois elles ne sont pas inférieures à 80 et même 90 o/o, comme dans l'hiver 1866-67.

Cette énorme mortalité, au lieu de provoquer une élévation des cours, causa leur effondrement. En effet, si tous les jeunes animaux succombèrent, les vieux résistèrent mieux. En plus du stock habituel, le marché reçut tous les animaux dont les ranchmen pouvaient disposer pour se procurer des fonds; il y eut même beaucoup de ranchs qui liquidèrent. A Saint-Louis et à Chicago, on reçut ainsi en peu de temps 7 ou 800 mille bœufs. De 12 sous la livre, la viande tomba à 6 sous (1).

Cette situation eut sa répercussion en France, car les arrivages de viande américaine en Angleterre encombrèrent le marché au détriment de l'exportation française.

Ne sachant que faire de leurs bestiaux, les Américains envoyèrent même au Hâvre des animaux vivants et des carcasses congelées ; pour différentes raisons, l'expérience ne réussit pas. Les bœufs arrivèrent fatigués, amaigris, et il fallut longtemps pour les remettre en état. Leur engraissement se traduisit par une perte. Quant à la viande congelée, on ne peut la vendre que dans le voisinage des magasins frigorifiques, et, en France, peu de personnes consentent à en manger.

M. Eastman, le plus grand exportateur de New-York, disait qu'il a essayé d'envoyer en France à différentes reprises du bétail vivant et des viandes congelées, mais qu'à cause des frais de douane il avait dû y renoncer.

Les exportations américaines se font presque exclusivement avec le Royaume Uni, en été pour le bétail vivant, en hiver pour les viandes abattues. Le fret est de £ 4 ou 100 fr., plus la nourriture pendant le voyage, la commission et l'assurance maritime. Les frais de transport d'un animal abattu sont de 75 fr. La viande

(1) Baron de Mandat de Grancey, *les Montagnes Rocheuses,* passim.

se vend le même prix, et revient à o fr. 49 la livre, mais il y a beaucoup de perte sur celle qui est congelée. Les deux opérations rapportent donc sensiblement le même bénéfice.

Au début, M. Eastman payait 175 fr. pour le fret d'un animal vivant, et perdait de l'argent.

Le bétail indigène, descendant des animaux introduits par les conquérants, a d'abord été amélioré par des croisements avec des taureaux importés d'Angleterre, mais, depuis 15 ans, on n'élève plus guère que des bovins appartenant aux types les plus perfectionnés.

Le Nord de l'Angleterre se trouve sous le 55ᵉ degré de latitude Nord, et les grands centres d'élevage des Etats-Unis sous le 40ᵉ degré. Si l'altitude était égale dans les deux pays, le bétail anglais éprouverait de fâcheux effets du changement en latitude, mais il n'en est pas ainsi, car le relief des Etats-Unis est considérable, sauf dans le Sud, où l'on n'élève pas. Les races anglaises réussissent donc bien.

On peut partager l'élevage américain actuel en 3 zones. Dans l'extrême-Ouest, on trouve les ranchs peuplés encore par des animaux indigènes ou métis. Au centre, la culture a fait de grands progrès, et les troupeaux sont composés d'animaux de races pures que l'on vend en bonne chair aux cultivateurs de l'Est. Dans cette dernière région enfin, on engraisse les animaux dans des paddocks, car la culture est trop avancée pour qu'on puisse disposer de vastes étendues de prairies.

Nous n'avons pas à revenir sur l'organisation des ranchs du Far-West. Ils n'ont plus guère d'importance au point de vue économique et rapportent de faibles bénéfices. Ce bétail indigène, que l'on appelle race mexicaine, fournit une viande peu estimée, et les frais de transport sont trop considérables.

Dans la région du centre, la culture a pris un grand développement, mais il reste de vastes espaces pour l'élevage. On fait beaucoup de luzernes qui donnent trois coupes abondantes et fournissent un bon regain. Les semis manquent souvent lorsque la saison est sèche, mais lorsque les racines ont atteint la nappe d'eau qui est en général à 4 mètres de profondeur, la luzerne pousse avec une vigueur extraordinaire, et étouffe toutes les plantes spontanées. On fait aussi des irrigations au moyen de pompes actionnées par des moulins-à-vent. La quantité de fourrages dont on dispose permet d'entretenir un nombreux bétail, qui est élevé dans des enceintes entourées de 3 rangs de fil de fer. Le foin est disposé en tas le long de l'enceinte, ce qui présente le double avantage d'abriter le bétail contre le grand vent et de supprimer une partie de la main-d'œuvre lorsqu'on distribue le fourrage.

Nous avons vu que les tempêtes de neige décimaient les troupeaux dans les années ordinaires et que, dans certains hivers exceptionnels, les pertes pouvaient s'élever à 80 et 90 p. 100. On y remédie en élevant des abris en planches appelés « wind break », littéralement « coupe-vent », derrière lesquels les troupeaux se réfugient et où on leur donne du foin.

Dans certaines exploitations, on construit même des hangars avec un toit, mais ouverts du côté du Sud. Grâce à ces précautions, la mortalité résultant du froid a été supprimée. Malgré cela, les bénéfices de l'élevage sont très faibles par suite de la surproduction. Ils seraient nuls si les animaux n'étaient pas précoces et excellents consommateurs.

Dans les exploitations du centre, avons-nous dit, les bovins sont mis en bonne chair, puis vendus dans l'Est, où ils sont engraissés avec des maïs et des tourteaux. Partout, l'industrie laitière fait de grands progrès et la production commence à excéder les besoins de la consommation.

L'agriculture aux Etats-Unis se pratique d'une façon très rationnelle. En général, les settlers ne sont pas des professionnels et font de la culture comme ils feraient de l'industrie ; s'ils manquent de la pratique, qui peut du reste s'acquérir rapidement, par contre ils échappent complètement à la routine, si funeste aux progrès. Les nombreuses publications répandues par le ministère de l'Agriculture et les Sociétés particulières les tiennent au courant de toutes les questions, des procédés les plus nouveaux, des débouchés pour les produits, des résultats obtenus avec les différentes races, etc. Nous n'avons rien d'aussi complet en Europe, et particulièrement en France.

Le cultivateur américain ne se consacre pas toujours à la même branche d'industrie, mais à celle qui rapporte pour le moment. Dans une contrée on fait aujourd'hui du blé, et demain de l'élevage. Il n'y a rien de fixe ; tout dépend de l'offre et de la demande ; mais toujours on met en pratique les méthodes les plus perfectionnées, afin d'obtenir le maximum de rendement avec le minimum de dépenses. Depuis 15 ans, on s'est surtout appliqué à obtenir un bétail excellent transformateur, et, sous ce rapport, on ne saurait faire mieux et plus vite. Le succès est dû à ce que les Américains ont profité des améliorations faites en Angleterre depuis 150, ans et que le milieu convient à ce bétail perfectionné.

Dans la région du Kansas, les trois premiers taureaux Aberdeen-Angus furent introduits en 1873. Ces animaux n'eurent aucun succès au début, à cause de leur couleur noire ; on croyait leur réputation usurpée. Croisés avec des vaches du territoire indien, ils donnèrent de bons métis qui présentaient les caractères de la race Angus, c'est-à-dire l'absence de cornes, le pelage noir, l'aptitude à l'engraissement et la rusticité.

Dès 1876, quelques éleveurs se décidèrent à faire venir des taureaux et des vaches afin d'obtenir des troupeaux de race pure, celui de MM. Gudgell et Simpson, d'Indépendance, obtenait tous les prix dans les concours en 1882.

La revue « Kansas state board of Agriculture » dit que la race Angus est la meilleure de toutes pour les fermiers, car les animaux coûtent relativement peu à acheter, et les produits sont faciles à vendre : la demande excède toujours la production. La même Revue donne les prix atteints par quelques animaux primés.

1° Vache « Benton-Bride » ; de 35 mois. Poids 1.821 pounds (1)

(1) Pound = 453 grammes.

A rapporté en prix 3.195 dollars. Vendue 630 dollars.

2° Taureau « Prince Ito » ; âgé de 6 ans. Vendu 910 dollars.

3° Vache « Minx of Glamis » ; 36 mois. Poids 1.792 pounds.

4° Vache « Ju-Ju of Glamis » ; 34 mois 1/2. Poids 1.736 pounds.

Sur le marché de Chicago, un arrivage de 264 animaux a été vendu :

```
92 bêtes pesant 1.422 pounds l'un à 4 dol. 50 p. 100 pounds.
157     —       1.241        —      4 dol. 30         —
 15     —       1.390        —      4 dol. 10         —
```

Un animal de concours a été vendu aux enchères 1 dollar 50 par pound, à condition qu'il ne paraîtrait pas dans les concours en concurrence avec l'étable du vendeur.

Dans la période 1892-1901, il a été vendu dans le Kansas 3.269 vaches et taureaux Angus au prix moyen de 21 dollars 24 par tête.

Les Herefords font moins de poids, mais ils ont un meilleur rendement à la boucherie et passent pour être encore plus rustiques.

Les Galloways sont très appréciés aux Etats-Unis comme animaux de boucherie ; ils sont faciles à élever, parviennent vite à maturité et leur viande est d'excellente qualité. Cette race a l'avantage de fournir des vaches très laitières : aux Etats-Unis aussi bien qu'au Canada, les fermiers la préfèrent à cause de ses nombreuses qualités.

A la « Ontario station », des expériences ont été faites sur des animaux de différentes races jusqu'à l'âge de 2 ans.

Les veaux furent nourris avec du lait complet, sauf les short-horns qui reçurent du lait écrémé ; ensuite, la ration fut composée de fourrages verts ou de foin suivant la saison, de grain moulu, de racines et de tourteaux. Les expériences avaient pour objet :

1° Comparer la dépense d'élevage des veaux avec du lait complet ou du lait écrémé, et les effets de ces 2 modes d'alimentation sur le développement des animaux après le sevrage ;

2° Calculer la dépense moyenne de l'élevage des animaux, depuis la naissance jusqu'à la maturité, soit avec une nourriture ordinaire, soit avec une nourriture intensive ;

3° Comparer la production de la viande par les animaux de races pures améliorées ou par les animaux du pays.

Les bovins soumis à l'expérience furent gardés à l'étable ; ils ne sortaient que pour prendre l'air dans la cour.

On tua les animaux à 2 ans ; l'accroissement de poids fut par jour de

Galloway (lait complet)............	1,84	pounds.
Shorthorn —	1,90	—
Aberdeen-Poll —	1,55	—
Hereford —	1,71	—
Devon —	1,78	—
Holstein —	1,79	—
Accroissement moyen............	1,76	—
Shorthorn (lait écrémé)............	1,76	—
Animaux indigènes (lait écrémé)....	1,67	—

On remarquera que le shorthorn nourri au lait écrémé a eu un développement beaucoup plus faible que celui nourri au lait complet. La ration maximum est revenue à un prix trop élevé.

Le galloway vient au second rang ; il a rapporté 8 dol. 34 pences de plus que les autres animaux ; il est juste de dire qu'il avait consommé moins de lait parce qu'il était plus âgé lorsque les expériences commencèrent.

D'autres comparaisons ont été faites dans le Minnesota sur trois lots de chacun 3 animaux des races galloway, hereford et shorthorn. Ces expériences durèrent 140 jours.

A la fin, le bénéfice fut :

	dol.
Pour les Galloway.....................	47,26
— Hereford.....................	29,16
— Shorthorn.....................	49,68

Les shorthorns ont une légère supériorité sur les galloways, mais sur les 3 bœufs l'avantage n'est que de 2 dol. 42. Du reste, l'expérience a porté sur un trop petit nombre de sujets pour être absolument concluante. En tous cas, les galloways occupent une excellente place. Ils s'engraissent bien à l'étable et produisent beaucoup de viande d'excellente qualité, ainsi que le prouve la préférence dont ils jouissent depuis 3 siècles sur le marché de Londres. Cette viande est persillée et bien pénétrée par la graisse.

Ces animaux sont couverts de longs poils, ce qui leur permet de supporter de grands froids ; ils conviennent particulièrement dans le Minnesota, le Dakota, le Montana et le nord-ouest du Canada. Dans les contrées les moins favorables, les taureaux galloways donnent avec les vaches indigènes des produits meilleurs, dont le cuir remplace celui du bison.

Les prix atteints par les taureaux et les vaches galloways ont été

Années	Nombre	Prix moyen Dollars
1892..........................	99	106,41
1893..........................	18	60,83
1897..........................	40	102,80
1899..........................	120	167
1900..........................	276	124,72
1901..........................	187	125,85
Prix moyen général.........		126,75

La variété red-polled, originaire des comtés de Suffolk et de Norfolk, en Angleterre, est très estimée aux Etats-Unis pour la production de la viande et du lait. La revue « Kansas state board of Agriculture » donne les rendements suivants constatés chez des vaches red-polled.

En				
1892......	90 vaches ont donné	5.605 72	livres de lait.
1893......	91	—	5.116	—
1894......	85	—	5.876 72	—
1895......	86	—	5.540 27	—
1896......	98	—	5.585 34	—
1897......	81	—	6.159 54	—
1898......	75	—	6.473 49	—
1899......	76	—	6.282 99	—
1900......	82	—	6.365	—
1901......	57	—	5.594 76	—

En 1899, on a obtenu à Whitlingham les résultats suivants (le pays est pauvre et très froid) :

						Pounds de lait
Vache n° 1	née en	mars	1890	9 veaux	6.399 1/4
— n° 2	—	octobre	1890	9 —	6.537 1/2
— n° 3	—	mars	1892	7 —	6.061 1/2
— n° 4	—	novembre	1895	3 —	6.120
— n° 5	—	mai	1895	4 —	10.793 1/2 .
— n° 6	—	septembre	1889	7 —	7.158 1/4
— n° 7	—	septembre	1896	2 —	6.652 1/2
— n° 8	—	octobre	1890	9 —	6.040
— n° 9	—	avril	1892	5 —	9.752 1/2
— n° 10	—	février	1888	6 —	6.696 1/2

Dans la même ferme, on a comparé pendant 53 semaines les rendements de 3 races.

	Pounds
36 Red-polled ont donné...............	7.033 45
21 Shorthorn —	7.396 95
39 Jersey —	6.480 08

En 1899-1900, et en 52 semaines.

	Pounds
34 Red-polled ont donné...............	6.895 76
36 Shorthorn —	6.559 2
31 Jersey —	9.335 12

Deux red-polled ont produit de 10.000 à 11.000 pounds et 26 passèrent 6.000 pounds.

Les meilleures shorthorns ont donné 11.606 pounds en 320 jours, et les meilleures jerseys 10.546 pounds en 324 jours.

La durée de la lactation des vaches red-polled est remarquable. L'auteur en cite une qui donne, après un premier veau, 11.178 1/2 pounds en 509 jours ; après son second veau, et une interruption de 21 jours, son rendement fut de 11.450 1/2 pounds en 394 jours. Étant devenue incapable de produire, elle avait donné en 5 ans 50.427 3/4 pounds de lait, ayant un rapport de 4, 3 de beurre.

La vache Hetty a donné 6.340 1/2 pounds en 427 jours de lactation continue.

La vache Linnet, 8.040 3/4 pounds en 693 jours. La vache

The Belle, 11.176 1/2 pounds en 637 jours. La génisse Doris eut son premier veau le 9 septembre 1899, et sa lactation ne diminua pas jusqu'à la fin de 1901, c'est-à-dire pendant 826 jours. La moyenne de sa production fut de 15,80 pounds et le total de 13.052 1/2 pounds.

Nous donnerons plus loin le résultat des expériences faites aux frais du gouvernement du Canada sur les rendements en lait des différentes races dans le Nord-Amérique.

On voit dans la feuille d'informations du ministère de l'Agriculture que les Etats-Unis font de grands efforts pour développer l'exportation des beurres. Un agent a été envoyé en Europe pour étudier les procédés de fabrication, et acheter des échantillons dans les meilleurs pays de production.

Cet agent est revenu avec des beurres danois, français et anglais du Dorsetshire, qui ont été examinés par l'Association des négociants en beurre. Les beurres bretons et du Minnesota ont été classés au premier rang avec 96 points ; ensuite venaient les danois avec 95 et les massachusetts avec 94. Les autres ne dépassaient pas 90 points.

De gros marchands anglais ont alors passé des ordres importants pour des beurres du Minnesota, en offrant de les payer 1 sou par livre au-dessus des plus hauts cours. Ces beurres valent à New-York 15 à 16 sous la livre et pourraient être fournis avec bénéfice à Londres à 19 sous ou 20 sous, c'est-à-dire à un prix inférieur aux beurres danois (21) et aux français (1 fr. 25).

On voit, d'après ces chiffres, qu'avec l'écrémage spontané nos producteurs de beurre ne peuvent lutter sur le marché anglais contre la concurrence des beurres centrifuges du Danemark et de l'Amérique.

Tableau des poids, des âges en jours, augmentation par jour depuis la naissance, des bouvillons de chaque race, âgés de 3 et 4 ans, ayant gagné les 1ers prix à Chicago.

Période de 13 ans, finissant à 1899.

Animaux de 3 à 4 ans.

Races	Poids moyen	Age en jours	Accroissement moyen par jour
	Pounds		Pounds
Hereford......	1.903	1.271	1,50
Shorthorn.....	2.115	1.324	1,50
Angus........	2.312	1.375	1,68
Sussex........	1.960	1.416	1,38
Croisements...	2.140	1.318	1,62

Meilleurs résultats obtenus.

Races	Poids moyen	Age en jours	Accroissement moyen par jour
	Pounds		Pounds
Hereford......	2.350	1.441	1,63
Shorthorn.....	2.400	1.372	1,75
Angus........	2.410	1.426	1,69
Sussex........	1.970	1.392	1,41
Croisements...	2.370	1.406	1,69

Animaux de 2 à 3 ans.

Races	Poids moyen	Age en jours	Accroissement moyen par jour
	Pounds		Pounds
Hereford......	1.642	996	1,65
Shorthorn.....	1.765	978	1,81
Angus........	1.819	992	1,83
Sussex........	1.735	908	1,91
Croisements...	1.793	966	1,86

Meilleurs résultats obtenus.

Races	Poids moyen	Age en jours	Accroissement moyen par jour
	Pounds		Pounds
Hereford......	1.940	1.077	1,80
Shorthorn.....	2.045	1.009	2,02
Angus........	1.995	1.075	1,85
Sussex........	1.735	908	1,91
Croisements...	2.048	1.053	1,94

Animaux de 1 à 2 ans.

Races	Poids moyen	Age en jours	Accroissement moyen par jour
	Pounds		Pounds
Hereford......	1.338	685	1,96
Shorthorn.....	1.389	650	2,14
Angus........	1.413	618	2,28
Sussex........	1.264	632	2,00
Croisements...	1.474	673	2,19

Meilleurs résultats obtenus.

Races	Poids moyen	Age en jours	Accroissement moyen par jour
	Pounds		Pounds
Hereford......	1.545	684	2,26
Shorthorn.....	1.620	645	2,51
Angus........	1.495	710	2,11
Sussex........	1.400	683	2,05
Croisements...	1.640	630	2,60

En résumé, voici les meilleurs résultats obtenus aux États-Unis sur les différentes races ou variétés.

Bœufs de 3 à 4 ans.

Races	Age	Coefficients de poids vif	Accroissement moyen par jour
	Mois		Grammes
Hereford......	48	22	738
Shorthorn.....	44 1/2	24,4	792
Angus........	47	23	765
Sussex........	46	19	638
Croisements...	47	22,4	765

Bœufs de 2 à 3 ans.

Races	Age	Coefficients de poids vif	Accroissement moyen par jour
	Mois		Grammes
Hereford......	36	24,4	815
Shorthorn.....	33	28	915
Angus........	36	25,9	837
Sussex........	30	26	865
Croisements...	35	26,5	879

Dans les animaux de 2 ans, les galloways ont donné un accroissement par jour de 833 gr. 5 ; les aberdeen polls, 702 gr. ; les devons, 809 grammes ; les holsteins, 810 gram. L'accroissement moyen est donc de 797 gram.

Bœufs de 1 à 2 ans.

Races	Age	Coefficients de poids vif	Accroissement moyen par jour
	Mois		Grammes
Hereford......	22 1/2	31	1.023
Shorthorn.....	21 1/2	34	1.137
Angus........	23 1/2	28,6	956
Sussex...	21 1/2	27,9	928
Croisements...	21	35	1.137

La Revue agricole du Kansas recommande, pour former un troupeau, d'acheter des vaches pures, présentant tous les caractères de la race. Il est inutile de les prendre dans des étables renommées, qui les vendent à des prix trop élevés. Mais le taureau doit être de premier ordre, car c'est de lui que dépend le succès. Il faut avec le plus grand soin examiner sa conformation et son pedigree.

Ainsi que nous l'avons dit, les races anglaises s'acclimatent très bien aux Etats-Unis dans les régions froides. Cette constatation est de la plus haute importance, car elle explique pourquoi ces races dégénèrent si rapidement en France et dans les pays plus chauds que le Nord de l'Angleterre, où les meilleures variétés ont été créées.

Nos races sont trop peu améliorées pour être recherchées aux Etats-Unis ; celles qui sont laitières n'ont pas d'aptitude à l'engraissement et celles qui font beaucoup de viande ne sont pas laitières. Dans l'état actuel de notre élevage on ne peut espérer trouver de débouchés pour nos reproducteurs. De plus, nos animaux ont trop souvent du sang étranger, et en Amérique, les reproducteurs de race pure sont seuls estimés.

L'introduction du durham en France a permis de produire de meilleurs animaux de boucherie, mais elle a été funeste à l'élevage, au point de vue de l'amélioration de nos races indigènes.

La vente des reproducteurs permet aux éleveurs anglais de réaliser des bénéfices, malgré des conditions économiques très défavorables : c'est une source de profits qui nous fait défaut, et résulte du manque de méthode dans nos procédés. En cherchant à faire trop vite, on n'obtient rien de fixe et de stable.

Pendant qu'il en est encore temps, notre élevage devrait, comme l'ont fait les Anglais, améliorer le bétail par la sélection ; mais nous ne saurions imiter les Américains ; notre climat ne le permet pas. Ne pouvant emprunter des variétés améliorées à nos voisins, il faut nécessairement les produire nous-mêmes, et pour cela, proscrire les croisements.

Élevage du cheval aux États-Unis.

Nous avons dit que le cheval était inconnu en Amérique lors de l'arrivée des conquérants. On a cependant trouvé dans les terrains post-pliocènes quelques dents de différentes races d'Equus : s'agit-il d'Equus caballus ou d'Hipparion ? Il est impossible de le dire tant qu'on n'aura pas rencontré d'ossements des jambes.

Les chevaux amenés par les conquérants se sont rapidement multipliés et ont produit un type rustique, mais trop faible pour le trait ; sa taille est d'environ 1 m. 52. Il a de bons pieds, de bons membres, bien qu'un peu grêles, et le rein trop long.

Autrefois, on n'élevait que des chevaux de ce genre. Les étalons étaient laissés en liberté ; chaque étalon s'entourait de 60 à 70 juments qui formaient avec les poulains un troupeau de 120 à 150 têtes.

Les besoins de l'agriculture et de l'industrie ayant nécessité l'augmentation du poids et du volume, les Américains importèrent des étalons de trait européens qu'ils croisèrent avec les juments indigènes. Après avoir essayé des clydesdales, des suffolks, des danois, des bretons, des boulonnais et des percherons, les Américains donnèrent la préférence à ces derniers, et en achetèrent un grand nombre à des prix variant entre 2.500 et 15.000 fr. Ils recherchent les animaux les plus lourds, et de robe noire ; en conséquence les éleveurs durent modifier le type. Les percherons pèsent de 550 à 650 kilogr. ; on en fabrique pour l'exportation qui atteignent 800 à 900 kilogr. à 3 ans. La couleur de la race est généralement grise, mais un certain nombre d'animaux a une robe foncée ; on choisit maintenant les étalons noirs, afin d'avoir des produits de cette couleur, que les Américains paient plus cher.

Le percheron s'est donc modifié depuis 40 ans, suivant les exigences de la demande, mais uniquement par la sélection des reproducteurs et une très forte alimentation.

Les métis résultant du croisement de l'étalon percheron avec les juments américaines rappellent les qualités du père ; à la seconde génération, il y a dégénérescence.

Les Américains ont bien essayé de reproduire des animaux de race pure, et ont importé à cet effet des étalons et des juments nés dans le Perche, mais ils n'ont pas réussi.

Le cheval percheron est adapté à un sol calcaire mélangé d'alluvions tertiaires et quaternaires ; il ne peut que se réduire sur des terrains moins riches.

Il est donc probable qu'on n'obtiendra jamais en Amérique que le petit percheron, car les chevaux importés avant l'âge de deux ans, n'atteignent jamais le développement de ceux qui sont élevés dans le Perche. Les produits nés en Amérique ne peuvent manquer de se réduire de plus en plus à chaque génération. Par suite les Américains seront toujours obligés, pour avoir de gros chevaux, de faire venir des étalons de leur pays d'origine.

Le prix considérable des étalons européens ne permet pas de les laisser en liberté ; d'ailleurs ils deviennent féroces à l'état demi-sauvage, et les accidents ont été si nombreux qu'il est interdit dans certains États de les laisser constamment en liberté. On les lâche seulement au printemps, en ayant soin de les faire surveiller par un cow-boy, prêt à les reprendre au lasso s'il en est besoin.

Les poneys indigènes valent de 80 fr. à 150 fr. ; les demi-sang percherons se vendent en général 800 fr. Ces derniers ont de 1 m. 58 à 1 m. 62 et pèsent 600 à 650 kilogr.

Ces chevaux, élevés à l'état demi-sauvage, ne mangent que l'herbe de la prairie. Ils supportent parfois sans en souffrir des froids de —35°, pendant lesquels il leur faut gratter la neige pour trouver un peu d'herbe gelée.

Au-dessous de — 30°, les chevaux se retirent au fond des vallées et restent serrés les uns contre les autres sans chercher à manger. Même dans les hivers les plus rigoureux, les pertes sont peu considérables, parce que l'animal peut avec son sabot enlever la neige pour atteindre l'herbe, ce que le bœuf ne saurait faire.

Les juments américaines vivant en liberté produisent presque tous les ans, et le nombre des naissances atteint en général 85 à 90 o/o. Mais pour obtenir ce résultat, il est nécessaire qu'elles soient non seulement acclimatées, mais habituées à leur pâturage, ce qui demande un an, aussi bien pour les juments américaines que pour les autres. Du reste, on a aussi remarqué que les étalons sont moins prolifiques lorsqu'ils ne sont pas acclimatés. C'est pour cela que certains ranchmen importent de jeunes étalons et ne les mettent en service qu'au bout d'un an.

Afin d'assurer la pureté de la race percheronne, une Société, « The american percheron Association », dont le siège est à Chicago, a fondé un stud-book du percheron américain, et accorde des primes considérables aux reproducteurs de race pure importés ou nés en Amérique.

Les Américains produisent aussi le pur sang anglo-américain et les trotteurs obtenus par le croisement d'étalons Clays, une des meilleures variétés du pays, avec des juments du Colorado. Cet élevage ne se fait pas dans les ranchs, mais suivant le système usité en Europe.

Les Américains sont trop pratiques pour ne pas chercher principalement à développer l'aptitude de la vitesse au trot. Ils considèrent avec raison que le pur sang ne peut leur être utile. Autrefois les trotteurs américains n'étaient que des chevaux jouissant d'aptitudes individuelles. Mais les éleveurs ont obtenu par la sélection des familles de trotteurs, dont la supériorité est telle, qu'elles seules peuvent paraître sur les hippodromes. Les principales sont les Morgans, les Mambrinos, les Pilots, les Hambletonians, les Clays et les Messengers Clays qui, presque toutes, ont un peu de sang percheron.

Ces chevaux sont hauts sur jambes et très longs ; leur conformation générale est peu séduisante, mais ils répondent bien à ce qu'on exige d'eux, la vitesse. Ils sont toujours attelés à des voitures très légères. Leurs performances sont remarquables. Il y a 60 ans, peu de chevaux faisaient le mille en 3 minutes. Aujourd'hui les vitesses de 2'20" ne sont pas rares.

Les chevaux qui ne sont pas assez vites, font d'excellents chevaux de service dont le prix varie de 1.500 fr. à 1.800 fr. Leur élevage tend à diminuer d'importance depuis que la création de nombreuses lignes de tramways à traction mécanique a rendu les communications faciles.

Nous avons vu aussi que la suppression de la traction animale pour les tramways avait privé l'élevage du demi-sang percheron de son principal débouché.

Voici, d'après la « Breeder's Gazette », un des plus importants journaux de l'Amérique du Nord, les performances comparées du trotteur américain et du trotteur Orloff.

	Orloff	Américain
1 mille (1.650 mètres)...	2' 31"	2' 6" 1/4
2 milles...............	5' 1"	4' 46"
3 milles...............	7" 52" 1/2	7' 21" 1/4
5 milles...............	13' 56" 3/4	13'
20 milles..............	68' 53" 1/2	58' 25"

Se basant sur ces chiffres, les Américains assurent que leurs trotteurs sont supérieurs aux Orloffs, qui ne feraient aucun progrès, tandis que les leurs s'améliorent constamment.

Aux Etats-Unis, on n'abuse pas de l'avoine comme en Europe,

et l'alimentation des chevaux est conforme aux notions scientifiques modernes.

L'avoine est un excitant nécessaire aux races du Nord travaillant en mode de vitesse, mais l'excitation qu'elle produit diminue le travail disponible et épuise inutilement l'animal. En conséquence, les Américains ne donnent d'avoine qu'à leurs chevaux fins, et à tous une forte ration de foin dont le ligneux est nécessaire à la réplétion de l'estomac. Les chevaux de course eux-mêmes n'ont jamais plus de 11 litres d'avoine. De cette façon ils ont tout autant de vitesse, plus de muscles et de fond ; ils restent en bonne forme pendant toute la saison, alors qu'avec le système anglais il est très difficile de mettre l'animal en condition pour un jour déterminé. Mais, si les chevaux américains ne sont pas brûlés par l'avoine, ils manquent de l'énergie nécessaire pour un très grand effort. De là, la nécessité du doping, qui consiste à leur administrer avant la course une dose de strychnine, de cocaïne ou de caféine, ces alcaloïdes ayant, comme l'avoine, la propriété d'augmenter la contractilité musculaire.

En dehors de cette pratique, qui n'est pas sans danger pour les facultés prolifiques des animaux, l'hygiène est parfaitement comprise aux Etats-Unis. Ainsi, les chevaux ne sont jamais enfermés dans des boxes chaudes ; ils vivent au grand air et par suite sont très rustiques, bien moins délicats que les chevaux anglais.

Espèces ovine et porcine.

Dans l'Est des Etats-Unis, le développement de la culture ne permet plus d'avoir de parcours pour les moutons ; on ne trouve que de petits troupeaux dans les contrées arides et sèches. A l'Ouest, on manque de débouchés pour la viande de mouton et la laine est le seul revenu des troupeaux. Une toison pèse 5 ou 6 livres et se vend 2 fr. le kilo. Cette spéculation, qui exige peu de capitaux et de personnel, serait aussi avantageuse que celle des ranchs à bœufs, si les maladies épidémiques ne la rendaient très aléatoire.

Les moutons américains sont peu améliorés, car on les entre-tient dans les pâturages les plus secs, qui ne conviennent ni aux bovins ni aux chevaux, ces derniers refusant de manger dans les endroits où sont passés les troupeaux.

Le nombre des moutons est en décroissance aux Etats-Unis.

    1873........................ 33 millions de têtes.
    1888. 35   —
    1890....................... 44   —
    1900....................... 41   —

Il y a donc une diminution importante depuis 1890. Jusque-là, l'exportation des carcasses gelées en Angleterre assurait un dé-bouché, mais la concurrence de la République Argentine, de la Nouvelle-Zélande et de l'Australie a amené la surproduction : les prix ont cessé d'être rémunérateurs.

Il en est de même pour les porcs, qui coûtent plus à nourrir qu'on ne peut les vendre aujourd'hui. Tous les petits settlers qui en élevaient beaucoup avec le maïs qu'ils récoltaient ont dû re-noncer à cette industrie depuis que le prix des 50 kilogr. est tombé de 5 dollars à 2 dollars 50.

La consommation est cependant considérable. La seule maison Armour a tué en 1890, dans ses établissements de Chicago et de Kansas-City, 2.550.000 porcs, 640.000 moutons et 1.100.000 bœufs. Les moutons et les bœufs sont vendus frais, congelés, ou en con-serves. On en fait aussi des extraits solides et liquides, de la pepsine, de la pancréatine, de la margarine, etc., rien n'est perdu.

Les porcs qui appartiennent aux variétés anglaises fournissent des jambons, du lard fumé, des salaisons, des saindoux, etc.

L'exportation de tous ces produits est moins importante aujour-d'hui qu'il y a dix ans; c'est ce qui explique la diminution du nombre des animaux aux Etats-Unis.

En résumé, malgré la densité de la population, les Etats-Unis ne peuvent consommer tous les produits agricoles dont l'excédent manque de débouchés. Les cultivateurs sont donc obligés de rechercher les meilleures machines à transformation, afin de diminuer les prix de revient.

On a reproché aux Américains de manquer d'esprit de suite, et de n'être que d'habiles lanceurs d'affaires. Le reproche n'est pas justifié, car s'ils ne s'attachent pas à une branche d'industrie agricole déterminée, cela tient à la situation économique du pays. A quoi bon, par exemple, cultiver du blé dont la production s'élève à 1.896 hectolitres par 100 habitants, et qu'on ne trouve pas à vendre avec bénéfice, depuisque tous les pays d'Europe, à l'exception de l'Angleterre, ont établi des droits protecteurs? Il en est de même pour les autres produits.

Les Américains sont donc obligés de faire ce qui, dans le moment, procure des bénéfices, et à y renoncer quand la surproduction cause l'effondrement des cours. En un mot, ils ne sont pas routiniers et sur ce point, nos cultivateurs feraient bien de les imiter.

En ce qui concerne particulièrement l'élevage, les Américains ont employé un moyen radical. Leurs animaux étant dégénérés et sans origine, au lieu de s'attarder à en tirer parti au moyen de croisements qui n'auraient rien donné de stable, ils ont importé de toutes pièces des races améliorées, dès que les progrès de la culture l'ont permis. Il est vrai qu'ils sont heureusement favorisés par le climat, mais il reste le sol, moins riche qu'en Angleterre. Il est donc très probable que, dans un temps plus ou moins éloigné, les types se réduiront, si l'on n'emprunte pas des reproducteurs au pays d'origine de leur race. C'est du reste ce qui arrive déjà pour le cheval percheron. Les gros animaux, préférés par les Américains, sont obtenus en France, artificiellement, individuellement, pourrait-on dire, dans un milieu spécial. Ces conditions n'étant plus les mêmes aux Etats-Unis, le percheron américain n'atteindra jamais le même développement, et redeviendra ce qu'il était autrefois, c'est-à-dire un cheval de trait léger. Pour avoir de gros chevaux, il faudra nécessairement faire venir souvent des reproducteurs du Perche, car une variété améliorée ne se maintient que dans le milieu où elle a été sélectionnée. C'est un principe immuable que l'on méconnaît trop souvent en France pour toutes les espèces.

Canada.

Le Canada appartient presque en entier à l'étage de transition. Cette région a une population peu dense, si ce n'est dans l'Est, et son agriculture ne diffère guère de celle des Etats-Unis. On y suit les mêmes méthodes sous l'influence de nombreuses sociétés agricoles.

Afin d'attirer les émigrants, le gouvernement du Dominion loue des lots de 5o.ooo acres, c'est-à-dire de 20.000 hectares, à raison de o fr. 12 l'hectare. On estime que, dans le Far-West canadien, un ranch de 3o.ooo bêtes à cornes doit avoir 3oo.ooo hect., soit 10 hectares par tête. L'entretien d'un animal coûte donc 1 fr.20 par an.

Les fermes ont une moindre étendue. Ainsi, la « Bell farm », près de Regina, a une contenance de 26.000 hectares ; la plus grande partie est en prairies, le reste en cultures de céréales.

Dans la province de Manitoba, qui est la plus fertile, on fait surtout de la culture intensive et de l'industrie laitière. Les exploitations ont de 5o à 6o hectares, et appartiennent aux cultivateurs.

Près des centres et des stations de chemin de fer, la terre vaut 25o fr. ; dans les régions plus éloignées, 25 fr. l'hectare.

Voici le prix de revient d'un hectare de blé :

	fr.
Labourage	24
Semence	20
Ensemencement, hersage	10
Récolte, battage	57
Total	111

Avec un rendement de 20 hectolitres, et lorsque le blé est à 11 fr. 5o, il reste un bénéfice d'environ 118 fr. par hectare.

M. Drouet donne les détails suivants sur une ferme du Manitoba appartenant à M. Motheral, et d'une contenance de 56 hectares, dont 6 en herbages.

Le sol est léger et facile à cultiver. L'hiver est extrêmement rigoureux et dure de novembre à la fin de mars. Il y a presque toujours pendant ce temps 1 mètre de neige.

Les céréales se sèment après la fonte des neiges, poussent rapidement, et sont récoltées 4 mois après.

L'assolement est triennal (1) blé; (2) avoine; (3) prairies artificielles, orge, betteraves, pois, pommes de terre.

Les cultures sont entourées de ronces artificielles pour les préserver du bétail qui est laissé en liberté. Lorsque le blé n'est pas vendu à la récolte, et afin d'attendre un moment favorable, on l'envoie dans des établissements organisés sur le modèle des élévateurs des Etats-Unis. Le fermier reçoit un warrant qui établit la quantité et la qualité du grain. Les droits d'emmagasinage sont de o fr. 125 par hectolitre et pour la saison.

Les moissonneuses sont traînées par des chevaux métis, nés du croisement des juments indigènes avec des étalons anglais de gros trait.

Le bétail est par moitié Hereford et Hollandais, Les vaches donnent 11 litres de lait en moyenne, et sont nourries dans les pâturages de la ferme. Le jeune bétail est mis en pension chez les propriétaires voisins qui disposent de grands pâturages. Le prix de la pension est pour la saison de 7 fr. 5o par tête. Les animaux sont engraissés avec du foin et du maïs; la bonne viande vaut o fr. 77 le kilogr.

Dans tout l'Est du Canada, les fromageries et les beurreries industrielles sont très nombreuses; elles achètent le lait o fr. 105 le litre; c'est là que le bétail est le plus amélioré.

Le bétail indigène descend des animaux introduits jadis par les colons français et est connu sous le nom de race French-Ca-

nadian. Les Anglais ont imité les éleveurs des Etats-Unis, et
importé depuis 3o ans toutes les bonnes races d'Europe. L'industrie laitière ayant une grande importance au Canada, le gouvernement du Dominion a consacré, en 1901, une somme de
75.000 fr. à des expériences sur les rendements des différentes
races bovines. La nourriture des vaches a été calculée, chaque
jour, au prix moyen des fourrages. Après chacune des trois traites, le lait fut pesé, puis mélangé par race : un échantillon de ce
mélange était prélevé, et on prenait note de la quantité de matière
grasse indiquée par le lactomètre. Le lait de chaque troupeau
était transformé en beurre une fois par semaine.

Voici le résultat de ces expériences, d'après la revue « Kansas
state board of agriculture ».

Production of butter-fat

BREED	BUTTER-FAT		COST-FEED	NET PROFIT
	lbs	dollars	dollars	dollars
Guernsey	1.248,69	367,09	136,99	230,10
Jersey	1.234,96	363,22	137,78	225,44
Ayrshire...........	1.219,44	358,66	140,98	217.68
Holstein...........	1.275,85	375,25	164,69	210.56
Red-Polled........	1.141,81	353,83	138,03	197,80
Brown-Swiss......	1.123,15	330,34	147,26	183,08
French-Canadian...	934,11	289,44	113.10	176,34
Shorthorn.........	1.138,85	334,96	162,12	172,84
Polled-Jersey......	948,31	278,91	109,47	169,44
Dutch-Belted......	847,49	249,26	132,22	113,94

Production of churned butter

BREED	CHURNED-BUTTER		COST-FEED	NET PROFIT
	lbs	dollars	dollars	dollars
Guernsey	1.429,43	357,36	136,99	220.37
Jersey	1.409,15	352,29	137,78	214,51
Ayrshire...........	1.415,57	355,89	140,98	212,91
Holstein...........	1.430,28	357,57	164,69	192,88
Red-Polled	1.319,45	329,86	138,03	191,83
French-Canadian...	1.179,65	294,91	113,10	181,81
Brown-Swiss......	1.296,36	324,09	147,26	176,83
Shorthorn.........	1.307,55	326,89	162,12	164,77
Polled-Jersey	1.080,25	270,06	109,47	160,59
Dutch-Belted	977,10	244,28	132,33	111,96

Production of milk solids and live weights

BREED	TOTAL SOLIDS		LIVE WEIGHT		TOTAL CRÉDIT	COST OF FEED	NET PROFIT
			Gain	Value			
	lbs	lbs	lbs	dol.	dol.	dol.	dol.
Holstein.............	4.742,57	426,83	391	11,73	438,56	164,69	273,87
Ayrshire.............	4.185,30	376,68	218	6,54	383,22	140,98	242,24
Shorthorn............	4.086,58	367,79	802	24,06	391,85	162,12	229,73
Brown-Swiss.........	3.943,92	354,95	198	5,94	360,89	147,26	213,63
Red-Polled..........	3.773,73	339,64	349	10,47	350,00	138,03	212,08
Guernsey............	3.774,93	339,74	195	5,85	345,59	136,99	208,60
Jersey..............	3.769,98	339,30	189	5,67	344,97	137,78	207,19
French-Canadian......	3.287,36	295,86	288	8,64	304,50	113,10	191,40
Dutch-Belted........	3.066,47	275,98	376	11,28	287,26	132,32	154,94
Polled-Jersey........	2.831,67	254,85	275	8,25	263,10	109,47	153,63

Production of milk solids.

BREED	TOTAL SOLIDS		COST FEED	NET PROFIT
	lbs	dol.	dol.	dol.
Holstein.............	4.742,57	426,83	164,69	262,14
Ayrshire.............	4.185,30	376,68	140,98	235,70
Brown-Swiss.........	3.943,92	354,95	147,26	207,69
Guernsey............	3.774,93	339,74	136,99	202,75
Red-Polled..........	3.773,73	339,64	138,03	201,61
Jersey..............	3.769,98	339,30	137,78	201,52
Shorthorn...........	4.086,58	367,79	162,12	205,67
Fr. Canadian........	3.287,36	295,86	113,10	182,76
Polled Jersey........	2.831,67	254,85	109,47	145,38
Dutch Belted........	3.066,47	275,98	132,32	143,66

Il est à remarquer que les Red-Polls occupent une position moyenne dans toutes les catégories, mais les Holsteins l'emportent pour le beurre d'une somme de 1,05 dollar en six mois. Quant à la matière solide, les Red-Polls dépassent les Jerseys de 9 cents et les Schwitz l'emportent sur ces dernières de 6,08 dollars. Si l'on considère les trois races qui ont le plus fort rendement en lait et en beurre, on voit que, pour obtenir 100 livres de beurre, chacune coûte en nourriture :

    Red-Polls...................... 10,27 dollars
    Brown-Swiss................... 11,14 —
    Shorthorns.................... 12,10 —

La population chevaline du Canada résulte du mélange des races introduites jadis par les Français, puis par les Anglais. Il n'y a donc pas de race proprement dite.

On peut diviser cette population en 3 types principaux :

1° Le poney ou cheval devenu indigène; il est petit, très rustique, propre à la selle et à l'attelage léger;

2° Le branco est un métis presque aussi rustique que le premier, mais plus grand et plus étoffé. C'est un bon cheval à deux fins, bien conformé, mais un peu grêle de membres. Lorsqu'il est avoiné, il fait un excellent service. Quelques sujets de ce type, qu'on produit aussi aux États-Unis, ont été introduits en France il y a 7 ou 8 ans. Le déchet résultant des accidents du voyage et les droits de douane ont mis fin à cette importation, qui aurait pu nuire à notre élevage ;

3° Les chevaux de gros trait ont été introduits depuis peu. Ils sont représentés par des percherons, des boulonnais, des bretons, des clydesdales, etc. Les uns et les autres vivent en liberté dans d'immenses pâturages où ils ne coûtent presque rien. Les étalons sont lâchés avec les juments de la fin de mai à la fin de juillet, afin que les poulains naissent après les grands froids ; les jeunes chevaux sont castrés à deux ans.

Les chevaux vivent par bandes de 4o à 5o, sous la surveillance de cow-boys qui reçoivent ordinairement 5 fr. par tête d'animal et par an.

Comme aux États-Unis, les animaux ne sont pas rentrés pennant l'hiver: ils sont obligés de gratter la neige pour manger un peu d'herbe, dont la qualité est telle qu'ils restent toujours en bon état.

D'après M. C. Sarcé, un wagon pouvant contenir 18 chevaux coûte de Whitewood à Montréal (2.000 kil.) 198 dollars. Le voyage dure 6 jours. La nourriture des animaux et les gages du palefrenier reviennent à 3o dollars. Total 228 dollars, ou environ 70 fr. par cheval.

Voici, suivant le même auteur, le prix de revient d'un poney de 3 ans :

	fr.
Amortissement de la valeur de la jument estimée 100 fr.	5
Saillie	25
Castration	5
Frais de garde (3 ans à 5 fr.)	15
Total	50

Prix de revient d'un branco :

	fr.
Amortissement de la valeur de la jument estimée 400 fr.	20
Saillie (moitié plus que le poney)	50
Castration	5
Garde	15
Total	90

Compte annuel d'un troupeau de 30 juments brancos :

	fr.
28 poulains à 300 fr.	8.400
De cette somme il faut déduire :	
Amortissement de la valeur des 30 juments.	600
28 saillies	1.400
Reste un bénéfice de	6.400

Un éleveur canadien peut donc vendre avec bénéfice un poney de 3 ans pour 100 fr. et un branco de même âge pour 300 francs.

Quant aux chevaux de gros trait, ils valent de 500 fr. à 1.000 fr.

Si l'on calcule maintenant le prix de revient au Hâvre d'un branco de 3 ans du Far-West canadien, on a :

	fr.
Prix d'achat moyen	400
Transport en chemin de fer	70
Transport par mer	180
Total	650

République Argentine.

Depuis que les Etats-Unis n'offrent plus de terres inoccupées,
si ce n'est loin des centres et des voies ferrées, l'émigration européenne se porte vers les immenses plaines de la République
Argentine, où le sol et le climat sont favorables à l'élevage du
bétail.

La ville de Buenos-Ayres, fondée par les Espagnols en 1580,
ne devint chef-lieu de la Vice-Royauté de La Plata qu'en 1776 ;
jusque-là, elle dépendait administrativement du Vice-Roi de
Lima, et judiciairement de l'Audience de Chuquisaca, en Bolivie.

L'élévation de Buenos-Ayres au rang de Vice-Royauté concen-
tra toute l'activité sur le littoral et les relations avec la Bolivie et
le Pérou devinrent impossibles. La pampa fut abandonnée aux
Indiens et les voyageurs n'osèrent plus s'y aventurer. Cette situation ne prit fin qu'avec la guerre de l'Indépendance, et surtout
avec l'ouverture de la première voie ferrée.

Le sol de la pampa est formé par des alluvions argileuses tertiaires, d'un brun rouge foncé, superposées à un calcaire compact
appelé « tosca », qui se trouve à une profondeur plus ou moins
grande, et établit le niveau des eaux.

Le climat est tempéré ; le thermomètre ne descend guère au-
dessous de — 4°, mais les terribles coups de vent connus sous le
nom de pamperos s'opposent à toute végétation arborescente.

Comme dans l'Amérique du Nord, les chevaux et le bétail ont
été importés au xvie siècle, les chevaux et les moutons par les
Espagnols, les bovidés par les Hollandais. Les trois espèces se
multiplièrent rapidement, mais ne tardèrent pas à dégénérer par
suite du manque de soins et du milieu. Lorsque le refoulement
et la destruction des Indiens, en 1877, permirent de donner une
grande extension à l'élevage, on n'utilisait que la peau et le suif
des animaux ; on chercha alors à en tirer meilleur parti en améliorant au moyen de géniteurs empruntés à l'Europe.

Ces reproducteurs ne pouvaient vivre sans transition dans la pampa dont l'herbe, le gynérium argenteum, est grossière et peu nourrissante. Il fallait, non seulement les acclimater, mais obtenir d'abord des métis suffisamment rustiques pour résister aux intempéries et à la vie dans la pampa. De là sont résultées les diverses étapes de l'élevage.

Pour que les graminées se développent, il est nécessaire que le sol soit piétiné et amélioré par les grands troupeaux de bœufs, de chevaux et de moutons créoles; le gynérium disparaît alors, et est remplacé par un gazon nourrissant.

Actuellement, on peut diviser l'élevage de la République Argentine en 3 zones. La première se trouve dans un rayon de 5 ou 6 lieues autour des villes du littoral. On n'y voit que des petites exploitations de 400 à 450 hectares, appartenant en général à des Basques, qui fournissent aux villes la viande grasse, le lait et le beurre. Les terres valent de 1.000 fr. à 1.500 fr. l'hectare, et se louent 50 à 60 fr.; elles sont couvertes de cultures et de luzernes. Dans la 2e zone, les estancias sont, comme celles de la première, entourées de clôtures de fils de fer. C'est là que se trouvent les grands troupeaux améliorés avec les géniteurs importés d'Europe.

A 10 lieues de Buenos-Ayres, les terres valent de 800.000 à 1.500.000 fr. la lieue carrée de 2.500 hectares, soit 400 à 600 fr. l'hectare.

La location de 200 hectares nécessaires à un troupeau de 2.000 moutons est de 3.000 fr. par an, ou 15 fr. l'hectare. A mesure qu'on s'éloigne de Buenos-Ayres, les prix diminuent, sans tomber au-dessous de 200 fr. Dans le S.-O. et l'Ouest, le sol étant moins bon, les communications plus difficiles, les terres valent de 100.000 à 300.000 fr. la lieue, et se louent de 10.000 à 25.000 fr. Plus loin enfin, on peut acheter des terres fertiles pour 30.000 ou 40.000 fr. la lieue.

Beaucoup d'éleveurs préfèrent ces régions éloignées, car, à prix égal, les troupeaux disposent de plus d'espace, et sont moins sujets aux épizooties.

La troisième zone enfin est peuplée de troupeaux créoles qui préparent le sol pour les troupeaux améliorés.

Tout le territoire de la République Argentine est cadastré et borné. Les terres appartiennent soit à l'Etat, soit à des particuliers. Un éleveur doit donc tout d'abord acheter ou louer l'étendue qui lui est nécessaire.

Une estancia ne peut avoir, dans la pampa, moins de 10.000 hectares.

Lorsque l'acquéreur est en possession de son lot, il l'entoure d'une clôture continue de 5 à 8 rangs de fils de fer, soutenus par des poteaux appelés « chebrados », espacés de 20 mètres, et par des « barrias », poteaux fendus en quatre, destinés à maintenir l'écartement des fils. Les chebrados ont 2 m. de longueur, et sont enfoncés dans le sol de 0 m. 80.

Les barrias ne sont pas enterrés, et n'ont que 1 m. 20 par conséquent. Les rangs de fils de fer sont plus rapprochés dans le bas, à cause des moutons. Parfois même, on met un rang de ronces artificielles en dessous.

Le bois faisant complètement défaut dans la pampa, on le fait venir des provinces de Corrientes et d'Entre-Rio. Chaque chebrado revient à une piastre. La lieue courante de clôture coûte 5.000 fr., mais les frais ne sont pas, on le comprend, proportionnels à l'étendue. En effet, le pourtour d'une lieue carrée isolée est de 4 lieues, tandis que celui de 12 lieues carrées n'est que de 24 lieues ; dans le premier cas la dépense est donc de 20.000 fr. par lieue carrée et dans le 2ᵉ cas de 100.000 fr. pour 12 lieues carrées.

Les grandes enceintes sont partagées en enceintes plus petites afin de séparer les bœufs, les vaches pleines ou mères, les animaux des différentes espèces et races. De cette façon, on évite de grands frais de surveillance et le bétail paît en liberté sans exiger aucun soin. Un homme suffit pour inspecter l'état des clôtures, raidir de temps en temps les fils, et ouvrir les portes pour les voyageurs ou les troupeaux de passage.

Les clôtures terminées, il reste à former le troupeau. A cet effet, l'haciendero achète des animaux aux autres propriétaires, soit « al corte », littéralement « au partage », c'est-à-dire en prenant un groupe entier, bons et mauvais, jeunes et vieux, soit en choisissant les individus. Dans le premier cas, le prix par tête de bovin est de 20 fr. et de 40 fr. dans le second cas.

Le nouveau troupeau est alors conduit dans l'estancia. Les animaux maigrissent, et, dans les années sèches, la mortalité est considérable. Elle a été de 1/6 dans la période 1890-1895. Les survivants ne sont acclimatés qu'au bout d'un an. Trois ans après, le troupeau est généralement doublé, et l'éleveur peut commencer à en tirer un revenu, en vendant les bœufs de 2 ans aux nouvelles estancias ou aux saladeros. Les bœufs créoles ne sont en état qu'à 4 ans, car ils manquent de précocité.

L'excès de la production et le manque de débouchés ont amené la dépréciation du bétail. La viande est presque sans valeur; le suif, qui se vendait, en 1860, 110 fr. les 100 kilogr., est tombé à 40 francs.

Le cuir donne le meilleur revenu, et vaut de 18 à 25 fr. Dans ces conditions, l'élevage des bêtes à cornes ne rapporte presque rien, et diminuerait d'importance si les propriétaires n'avaient pas besoin de tirer parti de leurs terres.

Le principal débouché est la vente aux saladeros, usines où se préparent les salaisons, et le tasajo, viande salée et séchée au soleil. Il y a quelques années, le tasajo s'exportait en grandes quantités aux Antilles et au Brésil, mais les planteurs, ne gagnant plus rien, nourrissent leurs nègres plus économiquement; aussi le nombre des saladeros a-t-il beaucoup diminué.

En 1895, l'exportation de viande salée a été de 55.089 tonnes. Les saladeros ont abattu :

En 1891	844.600 bœufs.
— 1892	759.400 —
— 1893	745.400 —
— 1894	641.100 —
— 1895	736.500 —

Certains saladeros fabriquent aussi l'extrait Liebig. La viande, après avoir été coupée par les « charquadores », est portée sous des hachoirs mécaniques, puis dans des chaudières où la vapeur en extrait les sucs. Le liquide obtenu est ensuite condensé, filtré, refroidi et mis en boîtes. Un bœuf fournit 8 livres d'extrait.

Les résidus, séchés et réduits en poudre, sont exportés en Angleterre pour l'engraissement du bétail. Cette poudre est d'un prix assez considérable, mais les éleveurs anglais la considèrent comme une excellente nourriture intensive.

La principale usine de l'Amérique du Sud se trouve dans l'Uruguay, à Fray-Bentos. Elle transforme chaque année 400 mille bœufs de choix en conserves et en extrait Liebig ; on compte 34 kilogr. de viande pour 1 kilogr. d'extrait.

Avec le cuir, les cornes, les intestins et la graisse, chaque bœuf rend environ 100 francs.

Nous avons vu que le bétail indigène descendait des bovins des Pays-Bas, importés au XVIIe siècle à la Plata par les Hollandais ; le changement de climat, les herbages peu nourrissants et la vie en liberté l'avaient fait dégénérer. Afin de le rendre plus précoce et plus viandeux, on a importé des géniteurs de toutes les races, particulièrement des herefords et des durhams.

Les premiers ont un cuir plus épais et plus estimé, mais les durhams qui sont, eux aussi, de la race des Pays-Bas, donnent avec les vaches indigènes de meilleurs produits.

Les éleveurs argentins, pensant avec raison que les durhams nés et élevés en France s'acclimateraient plus facilement que ceux provenant d'Angleterre, avaient l'habitude d'acheter leurs taureaux dans les meilleures étables d'Anjou. Ils les payaient de 6.000 à 8.000 fr. Cet important débouché est fermé depuis 4 ans.

On sait que la tuberculose fait de rapides progrès ; elle atteint surtout les variétés chez lesquelles on a trop développé le lymphatisme. Dans les pays où les animaux sont très améliorés et vivent en stabulation, le nombre des individus contaminés est de

15 à 55 p. 100. Les populations bovines indigènes, entretenues à l'herbage, sont au contraire presque indemnes. En Danemark, où la tuberculose était inconnue il y a 100 ans, elle a été introduite par les taureaux durhams, et se manifeste, d'après M. Nocard, dans d'énormes proportions ; aussi les éleveurs sont-ils revenus à la sélection de la variété indigène.

En Angleterre, les animaux tuberculeux sont très nombreux ; bien que le service sanitaire fonctionne d'une façon encore moins sérieuse qu'en France, on rebute jusqu'à 14.000 bovins par an ; mais les Anglais se gardent bien de le dire. Il n'y a donc pas plus d'inconvénients pour les Argentins à prendre leurs géniteurs en France qu'en Angleterre ; il y en a même beaucoup moins, si l'on considère que nos animaux sont plus rustiques, et habitués à un climat plus sec et plus chaud que celui de l'Angleterre.

On recherche aujourd'hui les moyens de combattre la tuberculose. En France, la loi du 21 juillet 1881 et le décret du 28 juillet 1888 interdisent la vente des animaux soupçonnés d'être atteints de maladies contagieuses, sauf quand ils sont destinés à la boucherie, car, lorsqu'on les abat, il est facile de voir si la viande est saine ou non. Mais on ne saurait voir si un animal vivant est indemne ou contaminé. La seule ressource pour la tuberculose est l'injection de la lymphe de Koch. Ce procédé, préconisé par M. Nocard, a été l'objet de vives controverses dont on peut tirer les conclusions suivantes :

1° La tuberculine ne guérit pas un animal tuberculeux : tout au contraire, elle donne un coup de fouet à la maladie, et les animaux dépérissent rapidement. M. Nocard affirme cependant que, sur 3.500 bovins inoculés par lui, trois seulement, véritablement phtisiques, sont morts peu après. Il n'a constaté aucune aggravation dans l'état des autres ;

2° Les injections de tuberculine ne peuvent contaminer un animal sain, car le bacille de Koch est inévitablement tué par les manipulations de la fabrication, telles que la stérilisation à 110°.

l'évaporation au bain-marie à 95°, la dilution dans l'eau phéniquée, etc. ;

3° La tuberculine est, d'après l'Académie de Médecine, un agent précieux pour diagnostiquer la tuberculose bovine, et il y a tout avantage à recommander son emploi.

Les injections de tuberculine ne semblent pas avoir un effet constant ; du moins un procès intenté par un éleveur argentin à Mme Grollier en 1898 (1) paraît le démontrer. Un taureau, acheté par cette dernière peu auparavant, ne réagit pas ; elle le vendit donc avec la conviction qu'il était sain, mais à son arrivée à La Plata, l'animal fut reconnu phtisique. Son premier propriétaire l'avait fait inoculer et il avait réagi. Il paraît donc établi qu'un animal ne réagit qu'une fois. S'il en est ainsi, la tuberculine peut faciliter les fraudes, mais le vendeur s'expose à des poursuites.

Les Anglais ont très habilement exploité la situation, et un journaliste à leur solde, M. Serantes, rédacteur à « l'El campo y el sport », mena une campagne, à la suite de laquelle l'introduction des bovins français fut interdite dans la République Argentine.

Les éleveurs argentins ont trouvé depuis quelques années une nouvelle ressource dans l'industrie laitière. Il y a actuellement dans la province de Buenos-Ayres 375.000 vaches laitières qui ont permis d'exporter, en 1895, 495.000 kilogr. de beurre et 52.000 kilogr. de fromages. Ce progrès a pu être réalisé, grâce à la création de vastes étendues de luzerne qui donne 4 coupes et un bon regain.

La luzerne pousse avec une telle vigueur qu'elle atteint parfois 1 m. 30 de hauteur. Il suffit de faire un léger labour, et si la couche de dépôt tertiaire n'est pas trop épaisse, les racines atteignent rapidement la nappe d'eau ; la plante n'a plus alors à redouter la sécheresse. Cependant les semis manquent souvent, car les pluies sont rares.

(1) Voir le *Journal d'Agriculture*, 1898.

L'élevage des bêtes à cornes dans la République Argentine exige de gros capitaux, et les risques résultant de la sécheresse ne sont pas compensés par le petit bénéfice qu'on recueille sur l'ensemble.

Les saladeros n'achètent qu'un nombre relativement restreint d'animaux, et il n'existe aucun autre débouché que le marché des cuirs, et la vente aux nouveaux éleveurs. On a essayé d'exporter des bovins vivants en Europe, mais cette tentative a échoué. Les frais de transport, la mortalité pendant la traversée, les difficultés pour acclimater des animaux épuisés par un long voyage, les droits de douane, etc., font que l'opération se traduit par une perte.

Les carcasses de bovidés soumises à la congélation n'ont guère donné de meilleurs résultats : ce qui est exporté se vend en Angleterre au prix de 5 pennys la livre.

On élève aussi dans la pampa des troupeaux de moutons et de chevaux.

L'introduction des moutons à La Plata remonte à l'époque des premiers établissements fondés par les Espagnols en 1580. Ces moutons, de races mérinos, dégénérèrent par suite de l'état d'abandon dans lequel on les laissa pendant trois siècles. La race mérinos était devenue haute sur jambes, très rustique, mais la viande et la laine étaient de très mauvaise qualité : on l'appelle race criolla ou pampa.

Les croisements avec des béliers Rambouillet, Négretti, Lincoln, Leicester, Romney march et Southdown, ont amélioré la viande et la laine, mais aussi la population ovine est en variabilité, et pour lui conserver ses qualités, il est nécessaire d'importer constamment des reproducteurs achetés en Europe.

En arrivant dans une nouvelle estancia, les troupeaux métis subissent la première année une mortalité de 50 o/o sur les moutons adultes, et pendant 2 ans on ne peut élever aucun agneau. Si un troupeau amélioré était conduit dans « les campos de porvenir », dans « les terres de l'avenir » non encore fertilisées par le séjour du gros bétail et des moutons criollas, il succomberait en entier. Les animaux indigènes sont eux-mêmes très éprouvés par l'acclimatement dans ces régions désolées.

L'amélioration des moutons dans la République Argentine date de la guerre de Sécession. La crise cotonnière amena une hausse énorme sur les laines, et montra aux Argentins quels bénéfices ils pouvaient obtenir de l'élevage du mouton. C'est alors que les frères Gibson introduisirent les variétés anglaises.

La tonte est une opération dangereuse pour les moutons ; une seule journée de pluie ou de gelée suffit pour en faire mourir un grand nombre, car on n'a aucun moyen de les abriter.

Le nombre des bêtes à cornes a sensiblement diminué ; par contre, celui des moutons a augmenté de 11 o/o. Voici les chiffres de l'enquête de 1895 :

Bovins....................... 21.701.526 têtes.
Moutons..................... 74.379.562 —

Pour le territoire de la pampa, on a constaté la progression suivante :

1880....................... 1.600.000 moutons.
1895....................... 53.000.000 —

M. Daireaux établit de la façon suivante le compte d'un troupeau de 2.000 moutons :

Dépenses.

	fr.
Loyer de la terre.....................	3.000
Intérêt du capital d'achat (10.000 fr.)......	1.000
Frais de garde........................	800
Tonte et transport de la laine...........	250
Total.........	5.050

Recettes.

	fr.
Laine.............................	6.300
Augmentation par les naissances.........	2.500
Ventes............................	2.000
Total.........	10.800

Par suite des pertes qui rendent certaines années désastreuses, le chiffre des recettes doit être diminué de 25 o/o. Le bénéfice net est donc de 1 fr. 30 par mouton. Sans ces pertes, une brebis qui vaut 5 fr. donnerait un produit de 5 fr.; le terrain qu'elle occupe, les soins qu'elle exige, représentent une valeur de 2 fr. 50. Il resterait par suite un bénéfice de 2 fr. 50.

La découverte des divers systèmes de congélation, appliqués pour la première fois en Australie en 1880, a amené l'augmentation de la valeur du mouton argentin. Antérieurement, on n'utilisait que la laine et la graisse ; il n'existait pas de marché pour la viande.

En 1884, la République Argentine a fait sa première exportation de 17.000 carcasses congelées de moutons. En 1895, cette exportation a été de 429.946 carcasses. C'est dans la province de Buenos-Ayres que cette importante industrie a pris naissance. Elle y est actuellement exploitée par trois grands établissements. L'un d'eux, celui de Sansineux, occupe un personnel de 300 ouvriers ; on peut y tuer par jour 3.000 animaux.

Presque toute la viande congelée de moutons est consommée dans les villes d'Angleterre où, par suite de cette importation, les prix ont baissé d'une façon continue.

1884......................	6 pennys	la livre.
1886......................	4 —	1/2 —
1894......................	3 —	3/4 —

En même temps, la consommation par tête a augmenté de 1/8.

L'entreprise Campana exporte actuellement en Angleterre 150.000 carcasses de moutons. Voici comment s'établissait, il y a 10 ans, le compte de l'opération par 1.000 têtes :

Dépenses.

	fr.
Achat de 1.000 moutons gras à 10 fr. l'un.	10.000
Abatage, congélation, assurance, commission....................................	14.000
Fret....................................	2.500
Dépenses pour la vente du cuir et du suif.	225
Total............	26.725

Recettes.

	fr.
20.000 kg. de viande (un mouton rend 20 kg. de viande)....................	21.250
1.000 peaux à 4 fr......................	4.000
10.000 livres de suif à 0 fr. 35............	3.500
Total..........	28.750

Bénéfice 2.025 fr. ou 2 fr. par mouton ; aujourd'hui, il n'est plus que de 1 fr. 50.

Les premiers chevaux importés par les Espagnols se sont rapidement multipliés, mais eux aussi avaient dégénéré quand, il y a quarante ans, on a commencé à importer des reproducteurs d'Europe.

Le cheval indigène est petit, sa taille ne dépasse pas 1 m. 54 Il a la tête grosse, l'encolure courte, l'épaule droite, le rein long, la croupe avalée, les membres solides et le sabot petit. Très rustique et énergique, il se contente d'une nourriture grossière et peu substantielle.

Les croisements avec les races d'Europe ont donné des produits de tous modèles, depuis le cheval de trait jusqu'au cheval de sang. Les uns et les autres se vendent difficilement : les plus réussis ne valent guère que 200 fr. et souvent les chevaux indigènes sont tués pour la peau.

En 1875, on a essayé d'importer en France des chevaux argentins pour la remonte de la cavalerie légère, mais on n'a pu en tirer parti. Ces animaux, surexcités par une nourriture à laquelle ils n'étaient pas habitués, devinrent complètement vicieux, et ils finirent leur carrière chez l'équarrisseur. Leur prix de revient en France était d'environ 600 francs.

La population chevaline de la République Argentine est de 4.500.000 têtes.

Avec les plus grosses juments, on fait des mulets qui se vendent dans le monde entier. L'industrie mulassière a pris beaucoup de développement, surtout depuis que la production dans le Poitou a considérablement diminué.

D'après l'enquête de 1895, il n'y a dans la République Argentine que 652.000 porcs ; on n'en exporte donc pas.

Par suite de la densité de sa population, l'Europe occidentale n'a pas assez de bétail pour sa consommation, et doit en emprunter aux contrées moins peuplées.

Il était à supposer que les produits américains envahiraient les marchés européens, et écraseraient l'élevage du vieux monde. Il n'en a rien été. Le bétail ne peut être transporté vivant à de pareilles distances sans des frais considérables. Ces animaux arrivent à destination épuisés et amaigris. Il faut longtemps pour les remettre en état et les acclimater.

Le transport des carcasses congelées nécessite des installations très coûteuses au point d'embarquement, à bord des navires, et au point d'arrivée. Les carcasses de bœufs sont trop volumineuses et se conservent mal; celles des moutons ne présentent pas les mêmes inconvénients, mais leur utilisation n'est possible que dans le voisinage des magasins frigorifiques.

Même en Angleterre, la consommation de cette viande est limitée aux grandes villes. Partout ailleurs, on n'en veut pas. La viande congelée a comblé un vide que l'élevage anglais était impuissant à remplir ; elle permet aux classes pauvres d'avoir une alimentation saine et économique.

En France, la consommation des viandes conservées est insignifiante. Nos classes ouvrières exigent des viandes fraîches, comme elles exigent du pain de première qualité et même de fantaisie.

Les viandes étrangères trouveraient donc peu de débouchés en France, quand bien même les droits protecteurs n'existeraient pas; ces droits sont cependant nécessaires pour donner confiance aux éleveurs qui ont tant de peines à recueillir des bénéfices très insuffisants, pour les rémunérer de leurs peines et de leurs risques.

En résumé, notre élevage n'a pas à redouter la concurrence américaine, tant que les choses resteront en l'état, c'est-à-dire tant qu'on n'aura pas résolu le problème du transport rapide et économique des animaux vivants, afin qu'ils puissent être abattus à leur débarquement, et vendus bon marché : il est douteux qu'on réussisse jamais, car les frets seront toujours d'un prix très élevé, à cause de la valeur des navires et du combustible.

CHAPITRE VII

Les races et les métis. Leur amélioration.

La détermination scientifique des différentes espèces domestiquées, d'après leurs caractères craniologiques et rachidiens, ne
remonte qu'à la seconde moitié du xixe siècle. Jusque-là les équidés, les bovidés, les ovidés, et les suidés en variation étaient
considérés comme appartenant à des races qui portaient le nom
du pays qu'elles occupaient. On appelait par exemple race Mancelle les anciens bovidés du Maine qui résultaient du mélange,
en proportions diverses, de la race vendéenne, de la race bretonne
et de la race normande.

Comme les caractères spécifiques d'une race se reproduisent
intégralement, alors que, chez les métis, les caractères des ascendants apparaissent tour à tour par réversion, la sélection ne peut
être pratiquée sur ces derniers, affectés de plusieurs atavismes.
Une telle population ne saurait être améliorée que par le croisement continu avec une race pure.

Ainsi que nous l'avons dit, chaque race est adaptée à une aire
géographique où elle conserve intégralement ses caractères spécifiques et ses aptitudes. Ces dernières se transmettant aux descendants, le choix de reproducteurs doués de facultés individuelles
permet d'obtenir des familles, des variétés, chez lesquelles ces
facultés affectent un caractère général et permanent.

Les fonctions végétatives des animaux assurent leur conservation et celle de leur espèce. Normalement, leurs aptitudes sont
limitées à cette double fin. Les méthodes zootechniques ont pour
objet de les développer et de les fixer. C'est ce qu'on appelle l'a-

mélioration. Celle-ci se traduit par le perfectionnement de la fonction ou des fonctions économiques que la variété nouvelle doit remplir.

Les méthodes que la zootechnie met en œuvre pour parvenir à ses fins sont :

1° Observation des lois de la géographie zoologique, ou exploitation raisonnée de la race dans un milieu favorable ;

2° Reproduction par sélection ou croisement, de façon à faire fonctionner l'atavisme dans un sens déterminé ;

3° Développement des fonctions au moyen de la gymnastique fonctionnelle ;

4° Application de l'alimentation rationnelle. Celle-ci permet d'obtenir des aliments le maximum d'effet utile, en fournissant aux animaux les principes nutritifs digestibles dont ils ont besoin, suivant leur espèce, leur âge et le but de leur exploitation.

Le volume des animaux et leurs aptitudes sont toujours en rapport étroit avec la richesse du sol et le climat.

Les organes digestifs des animaux ont des facultés d'adaptation très étendues, car les aliments ne diffèrent que par les proportions relatives de leurs principes nutritifs. Il n'en résulte pas qu'on puisse impunément dépayser une race. Si une culture perfectionnée permet de limiter sa dégradation, l'opération est cependant moins lucrative que si l'on exploite avec méthode les animaux indigènes, car il est impossible de remédier à l'action morbide du climat.

Comme exemple d'adaptation digestive, on voit, dans les régions de l'extrême-Nord, les bêtes à cornes et les chevaux se nourrir de poisson et de viande. D'herbivores, ils deviennent carnivores.

Par contre, les races transportées sous un climat plus chaud et plus sec se dégradent infailliblement, et perdent tout ou partie de leurs aptitudes. En appliquant aux races locales la somme d'efforts qu'on dépense pour lutter contre les conditions défavorables du nouveau milieu, les résultats sont beaucoup plus rémunérateurs.

Il peut être avantageux d'exploiter une race dans une région plus fertile et placée sur la même ligne isotherme que l'aire géographique de cette race, mais il est toujours désavantageux de l'exploiter dans un milieu inférieur, tant au point de vue géologique et cultural qu'au point de vue climatérique. Ces règles ne souffrent pas d'exception, quoi qu'en disent les partisans de certaines races étrangères. Ceux-là ne s'arrêtent pas au côté financier de la production, qui doit primer tous les autres.

La sélection zoologique consiste à accoupler deux reproducteurs de même race, afin d'assurer sa conservation.

Considérer les formes et les aptitudes, sans tenir compte des caractères spécifiques, c'est faire de la sélection zootechnique, dont le but est de faire produire des individus susceptibles de remplir à un haut degré certains services : vitesse ou puissance de traction pour les équidés ; viande, travail ou lait pour les bovidés, etc.

Pour améliorer une race par elle-même, il faut donc accoupler des reproducteurs sélectionnés zoologiquement et zootechniquement, c'est-à-dire choisis parmi les individus de cette race présentant les aptitudes qu'on veut développer.

Le croisement de deux races de même espèce donne des métis qui ne jouissent pas dans les premières générations du pouvoir héréditaire, car ils présentent un mélange en proportions variables des caractères spécifiques des deux souches.

Le résultat du premier croisement s'appelle métis du 1er degré ou demi-sang ; celui du 2e croissement, métis du 2e degré ou 3/4 sang ; celui du 3e croisement, métis du 3e degré ou 7/8 de sang.

Les expressions 1/2 sang, 3/4 sang, etc., sont impropres, car on ne saurait apprécier la part qui revient à chaque reproducteur dans le phénomène de la génération. Tous les calculs des théoriciens à cet égard reposent sur des données purement hypothétiques.

Le croisement dit continu ou suivi consiste à accoupler les reproducteurs d'une race avec leurs filles et leurs petites-filles, issues de mères d'une autre race. Le produit du 5e croisement est considéré comme appartenant à la race croisante; il en a tous les caractères spécifiques et jouit de la puissance d'hérédité. C'est pour cela qu'en Angleterre il est inscrit au Stud-Book.

Dans le croisement de femelles métisses avec un mâle de race pure, les caractères de cette dernière prédominent immédiatement et persistent plus ou moins pendant très longtemps. Ainsi les descendants de taureaux Schwitz, introduits dans une partie de l'Anjou au xviiie siècle, ont conservé jusqu'à l'époque actuelle les muqueuses noires et l'ossature de la race paternelle, parce que celle-ci a la puissance d'hérédité, tandis que les vaches mancelles sont métisses et par suite sans pouvoir atavique.

Enfin le croisement de deux reproducteurs métis donne naissance à des produits sans qualités fixes, et dont l'exploitation ne saurait jamais être très lucrative. C'est cependant le système que l'Administration des haras favorise et patronne en peuplant ses dépôts de bourdons.

Le croisement industriel s'arrête généralement à la première génération et ne dépasse pas la troisième. Son objet est d'obtenir des métis de divers degrés, en vue de leur valeur commerciale, mais non des reproducteurs, puisque ces animaux sont sans puissance d'hérédité.

Le croisement suivi ou continu est celui qui va au-delà de la troisième génération. Il permet de remplacer une population insuffisante par une race plus parfaite. Mais cette dernière étant dépaysée, elle se modifie quant à la taille, au volume et aux aptitudes, suivant le milieu.

Le croisement continu met donc à la disposition de l'éleveur le moyen d'obtenir une variété fixe de la race croisante, et des animaux doués d'aptitudes déterminées, par la seule importation des mâles.

L'histoire zoologique contemporaine fournit de nombreux exemples des effets de la sélection, de la consanguinité, du croisement continu et du dépaysement.

C'est par la sélection et la consanguinité des reproducteurs que les frères Colling généralisèrent l'aptitude à l'engraissement de quelques individus de la race Teeswater, devenue la variété de courtes-cornes ou de Durham. Cette variété, créée sous un climat humide et froid, dans une région de riches herbages, se dégrade lorsque les conditions de milieu ne sont pas équivalentes. Il ne saurait en être autrement.

En France, la variété limousine de la race d'Aquitaine, et la variété nivernaise de la race Jurassique ont été rapidement améliorées par sélection et une riche alimentation. Aujourd'hui elles n'ont pas à craindre la comparaison avec les meilleurs durhams élevés en Angleterre,

Les deux variétés bovines du Danemark, peu laitières et peu viandeuses autrefois, ont été améliorées en 20 ans par la sélection et l'alimentation rationnelle, alors que le croisement avec le durham avait rendu les animaux tuberculeux dans la proportion de 54 o/o, ainsi que l'a observé M. Nocard.

La race chevaline arabe jouit de facultés d'adaptation très remarquables. Originaire d'une région aride, chaude et sèche, elle s'est répandue dans toute l'Europe à la suite des migrations préhistoriques, et a absorbé plusieurs populations par la puissance de son hérédité. Des étalons de cette race ont été introduits en Angleterre sous le règne de Charles Ier. Depuis cette époque, le croisement continu de l'arabe avec les juments des différentes races du Royaume Uni a été pratiqué. L'opération ayant été suivie avec le plus grand soin, il en est résulté la variété dite de pur sang, dont on connaît les remarquables aptitudes.

Des résultats identiques ont été obtenus de la même façon, en Russie (variété Orloff) et en Prusse (variété de Trakehnen).

Si la race arabe s'est développée en Angleterre, où elle a acquis de la taille et du volume, son dérivé, la variété de pur sang, est très sensible aux changements de milieu.

Toutes choses égales d'ailleurs, une race s'améliore lorsqu'elle est transportée plus au Nord et se dégrade dans le cas contraire. Elle se maintient dans son aire géographique, si les conditions générales restent les mêmes. C'est là qu'on peut le plus facilement la perfectionner par la sélection des reproducteurs et l'amélioration des cultures fourragères.

Le croisement non continu ou industriel a son utilité pour tirer rapidement meilleur parti d'une population ou d'une race insuffisantes; toutefois, il présente l'inconvénient de détruire les races pures et de nécessiter une grande attention dans le choix de la race croisante, car la plus parfaite n'est pas toujours celle qui donne le plus de bénéfices. Il importe de tenir compte avant tout, du climat, de la nature du sol et des ressources fourragères.

Le croisement des espèces comestibles augmente la précocité et les aptitudes viandeuses, mais aussi les exigences, quant à la qualité de la nourriture. La conformation n'ayant guère qu'une valeur de convention, l'éleveur doit se préoccuper principalement du rendement économique, c'est-à-dire s'assurer que les métis rapportent plus que les animaux de la race locale.

Production chevaline.

Pour l'espèce chevaline, la conformation des individus doit répondre à l'esthétique du moment et aux lois de la mécanique. Les chevaux appartenant à une race pure possèdent des organes assortis et un ensemble harmonieux; ils sont en quelque sorte coulés dans le même moule et sensiblement de même valeur, tandis que le métis est trop souvent formé de pièces et de morceaux disparates. Par exemple, il a un corps volumineux porté par des membres longs et grêles, ou l'avant-main en désaccord avec l'arrière-main, ce qui fait que les bras de levier du squelette ne sont pas parallèles, etc. En général, si les produits d'une jument no-blood avec l'étalon de pur sang ont un bon dessus et de l'énergie, leurs organes locomoteurs sont trop faibles. De là l'énorme proportion des demi-sang mal conformés et usés prématurément. La production du demi-sang ne peut donc être rémunératrice que si les croisements sont pratiqués avec méthode.

Nous avons vu que les Anglais avaient obtenu le pur sang par le croisement continu de l'étalon arabe avec les juments no-blood du Royaume-Uni. La nouvelle variété a conservé les caractères spécifiques de la race arabe, dont la taille et le volume se sont développés par l'action du milieu. Malheureusement le pur sang, étoffé, puissant et membré à l'origine, a été allégé outre mesure en vue des courses, et l'étalon de croisement est introuvable aujourd'hui.

Les Anglais recherchent pour chaque sport un type particulier, hunters, cobs, hacks, carrossiers, etc., qu'ils obtiennent en pratiquant avec un tact et une habileté remarquables le croisement alternatif.

Ce système consiste à augmenter ou à diminuer le degré de sang des produits de juments appropriées au but poursuivi.

Ainsi, le hunter provient de juments irlandaises; le norfolk, de juments britanniques; le carrossier du Yorkshire, de juments germaniques. Ces différents types ont plus ou moins de sang. Si la poulinière manque de distinction, on lui donne un étalon de pur sang ou très près du sang; dans le cas contraire, un demi-sang de la race croisée, mais jamais un étalon doué d'un troisième atavisme. De cette façon, les éleveurs opèrent avec des éléments connus, et il leur suffit de faire fonctionner l'hérédité dans le sens voulu pour avoir bien des chances de succès.

L'élevage français n'ayant pas su créer une variété arabe adaptée au climat et susceptible d'infuser du sang noble à nos populations chevalines, on emploie le pur sang anglais, quelles que soient les conditions de milieu et l'origine des juments. De plus, l'Administration poursuit, malgré tant d'échecs, la chimère zootechnique d'obtenir un type fixe, non par le croisement continu avec le pur sang anglais qui donnerait naissance à une variété trop légère, mais par le mélange de plusieurs atavismes. Cette étrange conception se réfute d'elle-même, lorsqu'on connaît les lois de l'hérédité.

L'espèce chevaline est représentée en France par plusieurs races de trait, trop précieuses pour être modifiées; par des variétés d'origine arabe; enfin par des populations à l'état de variabilité et sans qualités définies.

L'effectif des haras nationaux comprend des étalons de pur sang, presque tous trop légers; un très petit nombre d'arabes purs et une multitude d'anglo-normands, d'anglo-vendéens, d'anglo-saintongeois, d'anglo-bretons, etc.; ces derniers sont désignés, depuis quelques années, sous le nom de norfolks, on ne sait pourquoi.

Les meilleurs étalons de pur sang, réservés aux juments de grande origine, ne profitent en rien à l'élevage ordinaire qui doit se contenter des moins bons; les produits de ces derniers sont en très grande majorité des non-valeurs.

Les éleveurs, découragés par leurs insuccès, ont cru mieux faire avec les étalons demi-sang qui encombrent les stations. Ces bourdons, sans puissance d'hérédité, se reproduisent irrégulièrement parce que trois atavismes au moins se trouvent en conflit. Suivant toutes les probabilités, le produit doit être manqué. Et, conséquence plus grave encore, l'état de variabilité des populations chevalines, au lieu de disparaître ne fait que s'accentuer, sauf dans le Perche et le Boulonnais dont les belles races ont été conservées, grâce au bon sens des éleveurs et malgré l'administration qui a tout fait pour les « améliorer »?

Si la méthode recommandée, préconisée par l'Administration, en vue de faire produire partout le cheval troupier, ou à deux fins, répondait au but poursuivi, il n'y aurait qu'à s'en louer, mais la proportion des chevaux réussis est si faible que, d'après M. le Commandant Stiegelmann, bien placé pour être renseigné, nous disposerions tout au plus de 10.000 chevaux de selle de taille, de 6 à 16 ans, en cas de mobilisation.

Pourquoi, dira-t-on, nos haras nationaux ont-ils des pur sang trop légers et un si grand nombre de demi-sang de toutes origines?

Vte de Villebresme. — L'Élevage. 36

Par la raison que l'abus des courses a fait disparaître le pur sang propre aux croisements.

Quant aux bourdons, si l'Etat n'en achetait pas en Normandie, en Bretagne et en Vendée, la production du demi-sang, qui n'est pas lucrative, céderait la place à celle du cheval de trait. C'est du reste ce qu'on remarque déjà dans beaucoup de régions du Centre où la race percheronne gagne tous les jours du terrain, alors que les étalons de l'Administration sont délaissés.

Notre élevage de demi-sang tourne donc dans un cercle vicieux; il ne peut être lucratif à cause du nombre considérable des non-valeurs, et s'il y a tant de non-valeurs c'est qu'on a trop d'étalons sans puissance d'hérédité, que l'Administration achète pour soutenir artificiellement la production.

Les chevaux que l'on montre dans les concours représentent une élite peu nombreuse et ne témoignent nullement d'une bonne production moyenne. Ils proviennent tous des pays de grand élevage; ailleurs on n'en obtient qu'accidentellement et par l'effet du hasard.

L'élevage anglais est prospère sans le concours de l'Etat, alors que le nôtre subsiste difficilement, malgré des encouragements dont le total atteint un chiffre formidable. Ce fait seul condamne le système actuel, qu'il serait nécessaire de modifier dans tous ses détails, conformément aux principes zootechniques et économiques.

Les étalons de pur sang ne sont à leur place qu'en Normandie et en Bretagne, où les éleveurs savent les employer.

Dans le Midi, la population chevaline d'origine arabe manque de taille et de gros. Le pur sang anglais s'y trouve dans un milieu défavorable et ne donne, avec les juments arabes, que des chevaux de légère pour lesquels les débouchés font défaut. Afin d'obtenir le type à deux fins réclamé par le commerce et la remonte, il faudrait opérer des croisements avec une des races no-blood du Nord. Quelques éleveurs avisés du Gers commencent à suivre cette méthode avec succès.

Dans le Centre enfin, il serait logique de transformer les populations en variation et sans qualités, par le croisement continu, soit avec l'étalon percheron, soit avec l'étalon arabe, qui fourniraient le cheval de trait léger ou le cheval à deux fins. Cette spécialisation de l'élevage dans chaque région rendrait la production du cheval fin presque aussi rémunératrice que celle du cheval de trait de race pure, car, nous le répétons, c'est au métissage pratiqué sans méthode qu'il faut attribuer la proportion excessive des non-valeurs.

Par le croisement continu on diminuerait considérablement le déchet, tout en obtenant, grâce à la différence des milieux, les types nécessaires aux services de l'armée, au luxe, à l'industrie et à la culture.

La France possède environ 241.000 poulinières, pour lesquelles l'Etat dispose de 3.137 étalons, d'après l'effectif de 1902. Dans ce nombre il y a :

      265 étalons de pur sang anglais ;
      101   —   —   arabe ;
      255   —   anglo-arabes ;
      173   —   demi-sang du midi ;
    1.404   —   demi-sang normands et vendéens
      293   —   qualifiés trotteurs ;
       75 étalons norfolks anglais ;
       95   —   norfolks bretons ;
      293   —   percherons ;
       70   —   boulonnais ;
       57   —   ardennais ;
       56   —   bretons.

Total : 3.137 étalons qui ont sailli 162.629 juments.

De plus, 1.436 étalons approuvés, dont 333 pur sang anglais, 496 demi-sang et 606 de trait, ont sailli 68.881 juments.

Enfin, 184 étalons autorisés ont sailli 8.878 juments. Sur ce total, 35.526 juments ont été données à des étalons de pur sang anglais ou arabe ; 127.055 à des demi-sang, 77.807 à des étalons de trait.

On a constaté que, depuis 1900, le nombre des juments présentées a diminué d'environ 3.000 chaque année.

Cette nomenclature met en évidence le défaut capital de notre élevage. Nous avons un nombre très restreint d'étalons de races pures et beaucoup trop de demi-sang sans puissance d'hérédité.

PRIX DE REVIENT DES CHEVAUX.

Un cheval fin avoiné, parvenu à l'âge de 4 ans, a consommé :

6.200 kg. d'avoine valant............	1.020 fr.
14.900 kg. de fourrages...............	694 —
Total.......	1.714

Soit 1 fr. 37 en moyenne par jour à partir du sevrage. Si l'on ajoute les frais du personnel et autres, ce cheval ressort à 2.200 francs.

Un percheron ou un boulonnais coûte encore plus, car, à partir de deux ans, il consomme 12 litres d'avoine, 3 kilogr. de son et 10 kilog. de fourrages secs. Mais le travail étant estimé à 3 fr. par jour, l'animal, tout en gagnant de la valeur, paie plus que l'entretien, depuis l'âge de 18 mois jusqu'à l'époque de la vente.

Prix de la nourriture.......		2.259 fr.	
Valeur du travail.........	1.440 fr.		
Fumier..................	300 —		
Prix de vente.............	1.400 —		
	3.140 fr.	—	2.259 fr.

Bénéfice net, 881.

Il ne s'agit là que d'un bon cheval ordinaire, car un limonier, et surtout un étalon, atteignent des prix plus élevés.

Les chevaux nourris sans avoine donnent un bénéfice inversement proportionnel à leur degré de sang, et ce fait s'explique facilement.

En effet, un demi-sang est peu apte aux travaux de la culture. S'il n'est pas acheté par la remonte, l'éleveur le vend à perte.

Considérons deux lots, dont un de 10 demi-sang et l'autre de 10 chevaux de trait non avoinés de 3 ans 1/2.

On sait que la remonte paie en moyenne 1.150 fr. les demi-sang de taille et achète à peine le dixième de la production ; les autres ne valent pas plus de 500 fr. dans le commerce en moyenne.

On aura donc pour les 10 demi-sang :

```
Valeur du travail (1 fr. 50 par jour)....   7.500 fr.
Un cheval vendu à la remonte........        1.150 —
Neuf chevaux vendus au commerce.....        4.500 —
                                           13.150 fr.
             Frais de nourriture...         9.570 —
Bénéfice 3.580 fr. ou 358 fr. par cheval.
```

Nous n'avons pas tenu compte de l'amortissement de la valeur de la jument poulinière ni des accidents, etc. En résumé la spéculation est détestable. Il ne s'agit pas bien entendu des anglo-normands, car l'élevage en Normandie se pratique avec méthode.

Pour les 10 chevaux de trait on a :

```
Travail (3 fr. par jour)..............      15.000 fr.
Vente en moyenne 800 fr..............        8.000 —
                                           23.000 fr.
Frais de nourriture..................        9.570 —
Bénéfice 13.430 fr. 1.343 fr. par cheval.
```

En estimant la valeur de la force motrice, ce que l'on fait bien rarement, le cheval de trait rapporte donc 1.000 fr. de plus que le demi-sang, mais, déduction faite du travail, les deux types coûtent généralement plus à élever qu'on ne peut les vendre. C'est pourquoi les cultivateurs préfèrent produire le cheval de trait qui leur rend plus de services et se vend facilement. Cette situation ne peut changer, tant que l'Administration ne renoncera pas à ses errements et que l'Etat n'assurera pas des débouchés aux demi-sang par des achats réguliers.

Aujourd'hui même (25 mars 1903), MM. Pédebidon et Tillaye disaient à la tribune du Sénat : « Tous les ans on modifie les cré-« dits, on les conteste, tous les ans on inquiète nos producteurs. « Ces perpétuels changements troublent l'industrie chevaline. Il « faut prendre garde aux conséquences de ces mauvaises prati-« ques ; elles seraient capables de compromettre le recrutement de « notre cavalerie et de placer l'armée, en cas de guerre, en face « d'un déficit considérable, parmi les chevaux disponibles sur le « marché... En réduisant les crédits effectués aux achats de la « remonte, vous ne mettez pas seulement en péril notre élevage ; « vous compromettez la défense du pays. »

Le rapporteur général du budget, M. Antonin Dubost, ne dis-cuta aucun des crédits qui profitent à sa coterie politique, mais se prêta avec empressement à la réduction des dépenses nécessaires à la remonte de l'armée. Il répondit aux interpellateurs par les paroles suivantes, qui en d'autres temps eussent soulevé une réprobation générale : « Tous les intérêts particuliers se couvrent en France du masque de l'intérêt de la défense du pays. » Les crédits ont donc été réduits, alors que l'automobilisme porte un coup funeste à l'élevage. Ce n'était pas le moment.

Nous nous sommes abstenu de rechercher les prix de revient des chevaux de pur sang et des demi-sang trotteurs, car ceux-là ont une utilisation spéciale et n'entrent dans le commerce que s'ils manquent de train.

Une écurie de courses est un luxe qui coûte fort cher, même lorsqu'elle remporte des succès importants et vend des géniteurs à des prix de fantaisie. Mais comme les chevaux de course sont destinés à la reproduction et à l'amélioration des races chevali-nes, il est nécessaire d'examiner leur influence sur l'élevage.

Autrefois les courses se faisaient sur de longs parcours et les premières places revenaient aux chevaux les plus puissants. Depuis cinquante ans, on recherche avant tout une extrême vitesse. Par suite le cheval de course s'est aminci outre mesure et la machine est devenue trop forte pour ses organes. C'est cependant l'animal que la mode considère comme le type améliorateur par excellence, quelles que soient les juments et la région.

Les partisans les plus fanatiques du pur sang anglais, obligés de reconnaître une partie de ses défauts, réclament le type étoffé ; mais les courses, destinées primitivement à l'amélioration chevaline, l'ont fait disparaître, ainsi que le constatent tous les hippologues anglais.

DÉBOUCHÉS DE LA PRODUCTION CHEVALINE.

Voici, d'après les statistiques du ministère de l'Agriculture, quel a été le mouvement commercial des chevaux en France pendant les années 1883, 1899 et 1902 :

	1883		1899		1902	
	Importations	Exportations	Importations	Exportations	Importations	Exportations
Chevaux entiers.....	701	4.234	9.925	977	{ 6.963	{ 12.814
— hongres....	12.848	7.145	12.758	12.316		
Juments...........	3.710	3.936	5.274	5.927	2.307	5.844
Poulains...........	2.808	1.870	936	2.401	1.310	2.076
	19.067	17.185	28.833	21.621	10.580	20.734
Mulets.............	645	18.073	2.814	9.083	1.933	9.594

En 1883 et en 1899, le chiffre des importations de chevaux est plus considérable que celui des exportations ; en 1902 la situation s'est modifiée : les exportations sont de 20.734 et les importations de 10.580 têtes. Quant aux mules et aux mulets, l'exportation a diminué de moitié en 20 ans.

PROVENANCES DES CHEVAUX IMPORTÉS EN 1899.

Chevaux entiers.

Russie 62 ; Angleterre 54 ; Belgique 94 ; Espagne 33 ; diverses 41. Colonies françaises 9.641 ; total : 9.925.

Chevaux hongres.

Russie 1.887; Angleterre 2.602; Hollande 1.385; Autriche-Hongrie 4.315; Italie 548; Etats-Unis 424; diverses 808; Algérie 332; total : 12.738.

Juments.

Angleterre 1.655; Belgique 412, Autriche 2.362; Italie 256; diverses 365; Algérie 91; Tunisie 73; total : 5.214.

Poulains.

Belgique 592; Espagne 144; divers 52; zone franche 87; Colonies 61; total : 936.

Mules et Mulets.

Italie 389; divers 105: Zone franche 327; Algérie 1.887; Tunisie 106; total : 2.814.

Total général des importations: 28.833.

DESTINATIONS DES CHEVAUX EXPORTÉS EN 1899.

Chevaux entiers.

Angleterre 288; Allemagne 40; Espagne 496; République Argentine 39; Colonies 46; diverses 65; total: 977.

Chevaux hongres.

Allemagne 4.302; Belgique 3.966; Suisse 1.871; Espagne 843; Italie 729; Colonies 319; diverses 285; total : 12.316.

Juments.

Allemagne 2.193; Belgique 2.430; Suisse 738; Espagne 293; Algérie 54; diverses 219: total: 5.927.

Poulains.

Total : 2.401; presque tous pour la Belgique et l'Allemagne.

Mules et Mulets.

Espagne 6.227; Algérie et Italie 1.260; divers 1.596; total: 9.083.

On voit par ce tableau que les Etats-Unis ne nous ont pas acheté d'étalons en 1899.

Nous exportons depuis quelques années moins de reproducteurs et plus de chevaux de service. Cela résulte de ce que les étrangers se sont aperçus que nos chevaux, trop souvent métis, se reproduisent très inégalement.

Pour les mules et mulets, le recul est considérable. De 18.000 en 1883, nos exportations sont tombées à 9.083 en 1899. Cette diminution est imputable sans conteste à l'Administration des haras, qui a détruit la race mulassière du Poitou.

D'après les statistiques du ministère de l'Agriculture, on comptait en France en 1902 :

> 2.903.063 chevaux.
> 205.002 mulets.
> 356.239 ânes.

La viande de cheval.

La chair du cheval a été considérée comme un aliment précieux par les peuples asiatiques, qui la préféraient à celle du bœuf. Il en a été de même en Europe jusqu'au jour où le pape Grégoire III l'interdit pour mettre fin aux pratiques païennes des Germains. Il écrivait à ce sujet à saint Boniface, qui évangélisait la Germanie : « Vous me dites que certains mangent du cheval sauvage et du cheval domestique ; opposez-vous par tous les moyens à cette coutume. » Son successeur, Zacharie Ier, fit la même prohibition en 750.

Dans l'ancienne Gaule, le cheval était la nourriture de prédilection, ainsi que le montrent les énormes amas d'ossements calcinés de chevaux, dans les stations paléolithiques et néolithiques.

Les instructions pontificales eurent en Gaule le même effet qu'en Germanie sur les populations devenues chrétiennes, et, depuis, un préjugé presque invincible a persisté contre la viande de cheval, aussi saine cependant, aussi bonne et aussi nutritive que celle du bœuf.

Chaque année il est abattu en France 250.000 chevaux ; 50.000 au plus, morts de maladies, sont impropres à l'alimentation. 30.000 sont consommés dans les grandes villes, mais 170.000 sont perdus ou transformés en engrais.

Chaque cheval fournissant en moyenne 250 kilogr. de viande

nette, c'est un total de 45 millions de kilogrammes qui sont inutilisés, alors que les populations des campagnes ne mangent presque jamais de viande.

Les préjugés contre l'hippophagie commencent à disparaître, mais il est peu probable que la viande du cheval atteigne jamais le prix de celle du bœuf, bien que parfois les bouchers vendent l'une pour l'autre.

On n'élèvera donc jamais le cheval uniquement pour la boucherie ; mais on pourrait utiliser pour l'alimentation la viande de tous les animaux abattus à la suite d'accidents. « On disposerait ainsi journellement, dit Geoffroy Saint-Hilaire, de 2 millions de rations qui permettraient aux populations rurales de réparer la substance musculaire dépensée pour le travail. »

Alimentation du cheval.

Les fourrages contiennent quatre sortes de principes : les matières azotées ou protéiques, les matières grasses, les extractifs non azotés et les matières minérales.

Un aliment est d'autant plus riche en matières minérales, particulièrement en acide phosphorique et en chaux, nécessaires au développement du squelette des animaux, qu'il est riche en protéine.

Les matières azotées forment et entretiennent le muscle ; elles produisent aussi de la force et de la graisse lorsqu'elles sont en excédent.

Les matières grasses et les extractifs non azotés, dont l'ensemble porte le nom de matières hydrocarbonées, se transforment en force et en graisse. Elles ne contribuent pas à la formation ni à l'entretien du muscle.

Par suite, la relation nutritive de la nourriture doit être en rapport avec l'âge de l'animal. Elle sera de 1/4,2 avant le sevrage pour s'élargir progressivement jusqu'à 1/10 à l'âge adulte.

Parmi les aliments considérés comme nécessaires au cheval,

l'avoine blanche de Suède et l'avoine noire contiennent un alca-
loïde dont l'effet est d'exciter le système nerveux de l'animal.

L'avoine étant d'un prix élevé, on a recherché le moyen de la
remplacer dans une certaine mesure par des succédanés.

Voici ce que disait à ce sujet M. Lavalard, directeur de la Compagnie générale des omnibus, au congrès international de l'alimentation rationnelle du bétail en 1900 :

« Autrefois on ne se préoccupait pas beaucoup de la composition chimique des aliments mis en distribution, et encore bien
moins de la relation qui pouvait exister entre les différents principes qui se rencontrent dans la nourriture.

« On considérait comme indispensable l'avoine, le foin et la
paille, et les rations ne variaient guère que par la plus ou moins
grande quantité de ces denrées.

« Il faut arriver jusqu'à Boussingault et Baudement pour voir
appliquer la chimie à l'étude de l'alimentation et pour déterminer
les quantités de carbone, azote, hydrogène, oxygène, phosphore,
soufre, chlore, calcium, fer, etc., qui, sans exception aucune, se
rencontrent dans les aliments mis en consommation...

« Il résulte des expériences de Boussingault sur la ration quo-
tidienne, strictement indispensable aux animaux, qu'un cheval de
500 à 550 kilogr. exige par jour environ 1 kilogr. de matières
azotées et 2 kilogr. 540 de matériaux respiratoires.

« Il a été démontré par MM. Müntz, Lehmann, Grandeau, Le-
clerc, etc., que, si les matières azotées sont utiles pour entretenir
la machine animale, les matières ternaires (fécule, sucre, gomme,
etc.) fournissent l'énergie pour la production du travail.

« Dans un mémoire sur l'alimentation du cheval de trait à la
Cie Générale des Voitures, M. Grandeau dit : « Les substances
protéiques nous paraissent avoir pour rôle principal d'entretenir
dans son intégrité l'instrument du travail qui, chez l'animal, est
le muscle; elles réparent les pertes que celui-ci doit nécessairement subir par un exercice plus ou moins prolongé, s'opposant

ainsi à la destruction de la substance même du muscle pendant le travail...

« Mais la source de la force musculaire réside, pour la plus grande part, sinon entièrement, dans la chaleur développée par la combustion des matières amylacées et grasses des aliments (carbone et hydrogène).

« Cette conclusion de toutes nos expériences se traduit, dans là pratique de l'alimentation du cheval de trait et de service, par un fait économique du plus haut intérêt : l'introduction, dans les rations de la cavalerie, d'une proportion de principes immédiats amylacés, très supérieure à celle qu'on admettait il y a quelques années.

« Le rapport nutritif de la relation du travail doit être beaucoup plus voisin de 1/6,5 que de 1 /4,5, qui était autrefois considéré comme très favorable à la production de la force chez l'animal de trait... »

MM. Müntz et Lavalard, dans leurs recherches à la Cie des Omnibus sur l'alimentation et sur la production du travail des chevaux, ont comparé trois rations qui renfermaient des aliments de substitution et de moins en moins d'avoine, composées de la manière suivante :

	1re série	2e série	3e série
Avoine.....	4 kg. 600	3 kg. 100	1 kg. 500
Maïs.......	3 — »	4 — 500	5 — 500
Fèveroles...	1 — »	1 — 500	1 — 500
Son........	0 — 400	0 — 400	0 — 500
Foin.......	5 — »	3 — »	3 — »
Paille......	5 — »	7 — »	6 — 400

avec le rapport suivant de la protéine à l'extractif non azoté : 1/6,01 ; 1/6,06 ; 1/5,85.

Celui de la protéine à la matière grasse a été : 1/0,28 ; 1/0,25 ; 1/0,37.

Ces différentes expériences avaient pour objet de se rendre compte des économies que l'on pouvait réaliser par les substitutions avec des fourrages autres que ceux qui sont habituellement consommés par le cheval.

« Dans le cas actuel, nous les citons pour donner des exemples du rapport de la matière azotée aux matières ternaires. Nous noterons seulement que les chevaux en expériences se sont parfaitement entretenus avec ces différentes rations et en faisant le même service...

« Notre conclusion est donc qu'il y a une importance très grande à maintenir les relations nutritives entre les matières azotées et les matières non azotées, dans des rapports variant entre 1/6 et 1/10 pour les chevaux adultes devant fournir un travail assez considérable. Que si la relation nutritive 1/3 convient aux jeunes animaux qui constituent leurs organes, elle est trop étroite pour les chevaux adultes qui travaillent. Mais qu'avec le rapport 1/13 et surtout 1/22, comme l'a fait M. Grandeau, on peut provoquer des accidents dont on ne peut se rendre compte qu'à l'autopsie des animaux.

« La ration actuelle des chevaux d'omnibus, dont le poids varie entre 500 et 600 kilogr., est la suivante :

Avoine	3 kg.	938
Maïs	4 —	500
Féveroles	0 —	562
Foin haché	2 —	—
Paille hachée	2 —	—

« Elle donne la ration nutritive 1/7,7. C'est elle qui nous a donné les meilleurs résultats, depuis si longtemps que nous expérimentions sur ce sujet. »

A la séance du Congrès du 22 juin 1900, M. Lavalard a traité la question économique de l'alimentation des chevaux.

« Tout à l'heure, M. Sanson disait que la Cie des Omnibus, comme celle des Petites Voitures, a employé le maïs, parce qu'elles y trouvaient un gros avantage... Messieurs, je n'ose presque pas vous le dire, mais le maïs employé depuis 1874 par la Cie des Omnibus lui a procuré sur sa cavalerie une économie de plus de

3o millions de francs !... et depuis que l'expérience se poursuit, l'alimentation au maïs, pendant 25 années, a donné moins de pertes en chevaux qu'une alimentation de 25 années à l'avoine. Il faut faire entrer dans la ration ce qui ne coûte pas cher, ce que l'on peut se procurer facilement : vous y faites entrer de la fèverole, comme on le disait tout à l'heure, parce que vous y trouvez une économie considérable et cette économie est bien facile à voir : je vais vous en faire le calcul tout de suite. La fèverole contient en moyenne de 22 à 25 o/o de matières azotées ; le maïs et l'avoine n'en contiennent guère que 10 à 11 o/o. Quand vous donnez seulement 400 grammes de fèveroles, vous faites une économie considérable qui se traduit comme suit :

« La fèverole vaut aujourd'hui de 18 à 20 fr., l'avoine 16 à 17 fr. Si vous donnez 400 gr. de fèveroles, mettons 500 gr. pour avoir un chiffre rond, ces 500 gr. coûtent o fr. 10, tandis que le kilogr. d'avoine que vous remplacez ainsi vous aurait coûté o fr. 16 à o fr. 17, d'où une économie de 6 à 7 cent. Si au lieu de fèveroles vous donnez du maïs c'est la même chose, car le maïs coûte 12 à 13 fr. les 100 kilogr. Seulement voici ce qui se produit : en donnant une ration de 1 kilogr. de maïs en remplacement de 1 kilogr. d'avoine, on a tort ; l'avoine en effet donne une amande qui forme à peu près les 60 o/o du poids total du grain ; il se produit donc une déperdition de 30 à 33 o/o du grain que vous donnez, tandis qu'avec le maïs il n'y a aucune déperdition, l'enveloppe étant tellement mince que l'on peut la négliger...

« Lorsqu'on donne le même poids de maïs que d'avoine, on ne donne en réalité que 60 o/o de matières nutritives contenues dans la ration d'avoine, tandis que, dans le cas d'une ration de maïs, on donne 100 o/o ou à peu près de matières nutritives contenues dans le maïs. »

M. Lavalard estime que le meilleur moyen de faire consommer le maïs aux chevaux, « c'est de s'en rapporter à leur excellente mâchoire et de le leur donner tel qu'il est : c'est encore de cette façon qu'ils le préfèrent ».

Un fait important a été constaté à la Cie des Omnibus. Lorsqu'un cheval fortement nourri ne doit plus être employé, il faut immédiatement diminuer la ration ; si on ne le fait pas, beaucoup d'animaux tombent paralysés à leur première sortie. Il est nécessaire de diminuer la ration de moitié à peu près, pendant les jours de repos, afin d'éviter ce qu'on appelle « la maladie du lundi ».

Les rations de la Compagnie des Petites Voitures sont établies sur ces données :

A la ferme d'Arcy-en-Brie, l'introduction de la mélasse dans les rations des chevaux a permis d'abaisser le prix de ration de 2 fr. 19 à 1 fr. 39.

	1re ration		2e ration	
	Poids kg.	Prix fr.	Poids kg.	Prix fr.
Avoine............................	7,500	1,20	»	»
Son..............................	2,000	0,27	6,000	0,81
Foin.............................	8,000	0,48	»	»
Paille...........................	6,000	0,24	6,000	0,24
Balle de blé.....................	»	»	6,000	0,24
Mélasse..........................	»	»	1,500	0,10
Prix de la ration................		2,19		1,39
Relation nutritive...............		$\frac{1}{7}$		$\frac{1}{8,1}$

Les bovidés.

PRODUCTION DE LA VIANDE.

Jusqu'à ce que Bakewel ait découvert en 1770 le moyen d'augmenter la précocité par la sélection des géniteurs, la consanguinité et l'alimentation au maximum, les races bovines n'étaient adultes qu'entre cinq et six ans.

Si cette méthode s'est rapidement répandue en Angleterre, elle n'a pas été suivie dans les autres pays où, pour augmenter la précocité et les aptitudes viandeuses, on a eu recours au croisement avec la shorthorn. Une telle opération n'a pas été sans offrir de graves inconvénients, car elle a compromis la conservation de nos races, et répandu la tuberculose dans le monde entier. Sur ce dernier point, il est bon de rappeler ce que dit M. Nocard dans son ouvrage sur les maladies microbiennes du bétail (tome II, p. 33) :

« En ces derniers temps, la tuberculose s'est répandue dans le monde entier avec le bétail anglais infecté. Les vieilles races du continent européen sont décimées depuis l'importation des durhams; en Suède, en Norvège, en Hongrie, en Russie, en Italie, etc., les mêmes faits sont constatés. La Basse-Egypte, le Japon, le Queensland, le Canada, les Etats-Unis, la République Argentine, le Chili sont contaminés par le même mode. »

Et page 27 :

« En Angleterre certaines familles de courtes cornes sont particulièrement frappées et celles surtout qui sont les plus améliorées et les plus pures ; chez elles la proportion des tuberculeux atteint et dépasse 5o o/o. Les vieilles races non améliorées sont presque indemnes... Wilson (1) a calculé qu'il existe, dans la grande Bretagne, 2.200.000 bovidés tuberculeux, dont 1.600.000 vaches. Les pertes annuelles causées par la tuberculose s'élèvent à 75.000.000 de francs. »

Les éleveurs n'ont pas tardé à constater les dangers des croisements avec le durham ; presque partout en Europe, ils y ont renoncé et ont adopté le système de la sélection des races indigènes, combinée avec une riche alimentation. C'est ainsi qu'en France on a obtenu les belles variétés du Limousin et du Nivernais. En Suisse, en Belgique, en Danemark, etc., les races autochtones ont aussi par ces moyens progressé rapidement.

La précocité est une simple question d'alimentation. La précocité acquise se transmet par hérédité, mais tout animal rationnellement nourri dès sa naissance atteint vers trois ans le maximum de taille et de volume de sa race. Allié avec un autre reproducteur rendu précoce par la même méthode, la maturité hâtive

(1) Wilson. Bovine tuberculosis and its suppression. 1898.

est fixée chez les produits et devient héréditaire. Il suffit par suite d'une seule génération pour obtenir une variété précoce. Les formes s'améliorent ensuite par sélection, ce qui exige plus de temps, mais elles importent peu et n'intéressent qu'une esthétique de convention, lorsqu'elles ne répondent pas à un besoin. Ainsi en Angleterre les morceaux de la culotte étant moins estimés qu'en France, la cuisse des bovins n'a pas été développée, alors que nos variétés sélectionnées se distinguent par le volume des masses musculaires de la fesse, au point que certains animaux gras ont ce qu'on appelle vulgairement « la culotte de zouave ».

Pour produire le maximum de rendement économique, l'alimentation doit être rationnelle, afin que les animaux reçoivent les quantités de matière sèche nécessaires au fonctionnement de leur appareil digestif et les quantités de matière azotée ou de matières hydrocarbonées, dont les animaux ont besoin selon leur âge et le but de leur exploitation.

Trop souvent dans un but d'économie mal entendue, les éleveurs nourrissent leur bétail uniquement avec le produit de leurs terres, bien que les fourrages dont ils disposent aient parfois une valeur nutritive très inférieure à leur valeur commerciale. En les échangeant contre des aliments plus riches, les rations reviendraient au même prix, souvent même à meilleur marché, et seraient mieux utilisées par les animaux qui fourniraient une plus grande quantité de produits zootechniques.

ACCROISSEMENT DES BOVIDÉS EN FONCTION DE LA NOURRITURE.

On a observé qu'en moyenne le veau qui reçoit le sixième de son poids de lait pur a un accroissement égal au dixième du poids du lait consommé. Un animal pesant 60 kilogr. et disposant de 10 kilogr. de lait gagne donc 1 kilogr. Comme 1 kilogr. de lait contient environ 0 kilogr. 0,125 de matière sèche, le coefficient d'assimilation de cette dernière est de 80/100.

En plus du lait, le veau absorbe des herbes, et la quantité de matière sèche ingérée est voisine de 2,4 o/o du poids vif. Avec une bonne alimentation, ce taux reste à peu près le même durant la vie du sujet jusqu'au moment de l'engraissement.

A mesure que l'animal vieillit, son coefficient d'assimilation s'abaisse. De 0,80 dans les deux premiers mois, il passe à 0,08 vers un an et tombe à 0,01 en approchant de l'âge adulte, ainsi que le montre la courbe suivante pour un bœuf précoce.

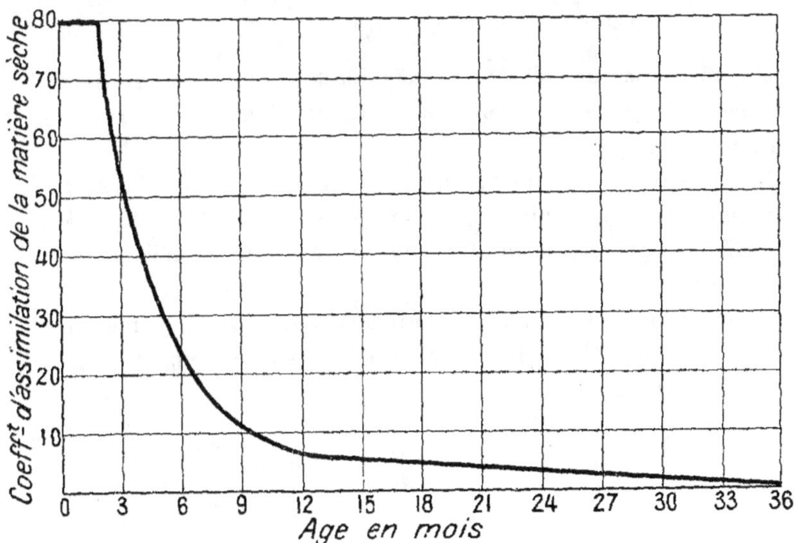

Ces considérations présentent une grande importance dans l'industrie de la production de la viande, car il est bien évident que le bénéfice est d'autant plus grand que les animaux sont plus jeunes et par suite meilleurs transformateurs de la matière sèche.

Supposons en effet que l'on ait 10.000 kilogr. d'élèves d'un an et 10.000 kilogr. de bœufs précoces de 3 ans. Les uns et les autres reçoivent 240 kilogr. de matière sèche (2,4 o/o du poids vif).

Les 10.000 kilogr. d'élèves gagneront journellement 20 kil. de poids vif, alors que l'accroissement des bœufs ne sera que de 2 kilogr. 500.

Si la matière sèche coûte o fr. o4 le kilogr., comme dans le foin à 4o fr. les 1.ooo kilogr., on a, lorsque le kilogr. vif est à o fr. 8o :

	Élèves d'un an	Bœufs
Nourriture........	9 fr. 6o	9 fr.6o
Viande produite...	16 fr.	2 fr.
Bénéfice...	6 fr. 4o Déficit.	7 fr.6o

On voit par là que l'éleveur a tout intérêt à vendre ses animaux très jeunes, et à se conformer à la loi de division du travail zootechnique.

En général, les bœufs de nos grandes races précoces pèsent 65o kilogr. vers 42 mois et ceux des races tardives 65o kilogr. à 6o mois. Les premiers sont donc adultes environ 18 mois avant les seconds.

Divisant le poids vif de ces animaux par l'âge exprimé, un mois, on obtient l'accroissement mensuel moyen que nous appelons coefficient d'accroissement.

$$\text{Bœufs précoces.. ....} \quad \frac{65o}{42} = 15,4.$$

$$\text{Bœufs tardifs................} \quad \frac{65o}{6o} = 1o,8.$$

Mais ces coefficients représentent la moyenne à l'âge adulte; ils varient suivant l'âge. Déduisant 3o k. pour le poids du veau à sa naissance, on a :

Bœuf précoce.

Age	Poids vif	Coefficient d'accroissement moyen	Accroissement journalier moyen
	kg.		kg.
1 an	3oo	22,5	o,73o avant 1 an
2 ans	48o	18,7	o,493 de 1 à 2 ans
42 mois	65o	14,7	o,314 de 2 ans à 42 mois

Accroissement journalier moyen o kilogr. 492.

Bœuf tardif.

Age	Poids vif	Coefficient d'accroissement moyen	Accroissement journalier moyen
1 an	26o	19	o,62o avant 1 an
2 ans	43o	16,6	o,471 de 1 à 2 ans
3 ans	54o	14 ˙	o,3oo de 2 à 3 ans

4 ans	615	12	0,205 de 3 à 4 ans
5 ans	650	10	0,109 de 4 à 5 ans

Accroissement journalier moyen 0 kilogr. 344.

D'après ce qui précède et en ce qui concerne, par exemple, le bœuf précoce, la quantité de matière sèche qu'il consomme aux différents âges, son coefficient d'assimilation et son accroissement sont théoriquement.

	Matière sèche	Coefficient d'assimilation	Accroissement
	kg.		kg.
A 1 an	7 200	0,10	0,720
A 2 ans	11 520	0,04	0,460
A 42 mois	15 600	0	0

Après l'âge adulte, l'animal ne gagne plus de poids qu'en engraissant. Il en est de même pour le bœuf tardif, en tenant compte de la différence du coefficient d'accroissement.

Ces données approximatives permettent d'apprécier l'accroissement des bovidés en fonction de la matière sèche alimentaire, et de se rendre compte de l'utilisation de la nourriture.

Dans le calcul de l'accroissement en fonction de la matière sèche, nous avons supposé que les bovidés la recevaient dans la proportion de 2, 4 0/0 du poids vif, quantité considérée comme une bonne moyenne.

Il nous reste à rechercher dans quelles proportions la matière azotée qui produit le muscle fournit son maximum d'effet.

Boussingault a établi que, par 100 kilogr. de poids vif et par jour, les bovidés devaient recevoir pour le simple entretien 1 kgr. de matière sèche contenant 0 kilogr. 100 de protéine. Avec cette ration le poids vif reste le même.

D'autre part, il résulte des expériences d'Hennebert que, par 100 kilogr. de poids vif et par jour, 3 kilogr. de bon foin donnent à un animal de 2 ans une accroissement de 0 kilogr. 140 (coefficient d'assimilation de la matière sèche 0,03).

Un kilogr. de foin contient en moyenne 0 kilogr. 100 de matière azotée et o kilogr. 5oo de matières hydrocarbonées. Relation nutritive $= 1/5$.

Comme la digestibilité de la ration est sensiblement proportionnelle à la quantité de protéine qu'elle contient, on peut, afin de de fixer les idées, prendre cette substance comme base pour estimer approximativement le rendement économique, en fonction de la qualité de la nourriture.

L'effet des rations est donc sensiblement égal au tableau qui suit :

Protéine de la ration par 10 0 kg. de poids vif. kg.		Protéine utilisée pour l'accroissement kg.	Accroissement. kg.
(1) 0,100 (ration d'entretien).		0	0
(2) 0,150	—	0,050	0,035
(3) 0,200	—	0,100	0,070
(4) 0,250	—·	0,150	0,105
(5) 0,300	—	0,200	0,140

Au-dessus de o kilogr.3oo, une partie de la protéine n'est pas assimilée et il n'y a pas d'avantage à dépasser cette quantité. On remarquera que la ration (5), de 1/3 seulement supérieure, à la ration (3), donne un accroissement double, par conséquent la ration forte est la plus avantageuse.

Si l'on désigne par x la protéine de la ration, l'accroissement est en général voisin de

$$\frac{(x - 0,100)\,2}{3}$$

Ainsi avec o kilogr. 25o on a $\dfrac{(0,250 - 0,100)\,2}{3} = o$ kilogr. 100.

Ce résultat est, comme on le voit, très rapproché de celui du tableau établi d'après les données de Boussingault et de Hennebert.

Désignant par P le prix du kilogr. vif, la viande produite vaudra $\dfrac{(x - 0,100)\,2\,P}{3}$.

Enfin, soit y le prix du kilogr. de matière azotée, pour que l'accroissement paie la nourriture, il faut que

$$\frac{(x - 0,100)\,2\,P}{3} = x\,y.$$

Lorsque les deux termes sont égaux, le compte s'équilibre ; dans le cas contraire, il y a perte ou bénéfice.

On ne saurait enfin négliger la valeur du fumier, qui constitue souvent le seul bénéfice réalisé sur des animaux producteurs de viande.

100 kilogr. de poids vif donnent par an en stabulation 2.500 k. de déjections à 8 fr. la tonne, soit o fr.o5 par jour. Le rendement économique des 100 kilogr. de poids vif est donc :

$$\frac{(x - 0,100)\, 2\text{P}}{3} + 0,05 = xy.$$

En résumé une riche alimentation est la plus avantageuse, à la condition de ne pas dépasser une certaine limite.

Pour s'en assurer, il suffit de comparer deux types de rations dont la matière azotée coûte, par exemple, o fr. 32 le kilogr.

Première ration (par 100 kilogr de poids vif).

Prix de la ration	Accroissement	Valeur de la viande (à 0,75 c. le kg).
o kg. 200 de protéine, o fr. o64	o kg. 070	o fr. o32

Déficit : o fr. o12, en ne tenant pas compte du fumier.

Deuxième ration.

Prix	Accroissement	Valeur
o kg. 3oo de protéine, o fr. o96	o kg. 140	o fr. 1o5

Bénéfice : o fr. oo9.

Lorsque la protéine ressort à o fr. 32, l'accroissement ne paie la nourriture qu'avec la ration maximum, et le seul profit est le fumier. Il importe donc d'employer autant que possible des fourrages dans lesquels la matière azotée ne coûte pas plus de o fr.25 le kilogr. Dans ce cas, la production de la viande en stabulation est rémunératrice.

Première ration.

Prix	Accroissement	Valeur de la viande
o kg. 200 de protéine o fr. 0,25	o kg. 070	o fr. o52

Bénéfice o fr. oo2 + o fr. o5 de fumier = o fr. o52.

Deuxième ration.

Prix	Accroissement	Valeur de la viande
—	—	—

o kg. 3oo de protéine   o fr. o25   o kg. 14o   o fr. 1o5

Bénéfice o fr. o3 + o fr. o5 de fumier = o fr. o8.

Avec 10.000 kilogr. de poids vif, le rendement économique annuel serait :

Première ration.

Accroissement................   73 fr.
Fumier......................   1.825 —

Deuxième ration.

Accroissement..............   1.095 fr.
Fumier....................   1.825 —

Le fumier a donc toujours une valeur supérieure à celle de l'accroissement, lorsque les animaux ont plus d'un an.

PRODUCTION LAITIÈRE.

Le rendement en lait des vaches est fonction de l'état hygrométrique de la région. Sur le littoral Nord, elles donnent 5 à 6 fois leur poids vif de lait par an ; sur les montagnes, de 3, 5 à 5 ; dans les plaines du Centre, en dessous de 3, 5. Toutefois, une alimentation aqueuse et riche en protéine augmente sensiblement la quantité de lait produit.

Les vaches peuvent donc se classer en trois catégories :

Très bonnes laitières : danoises, hollandaises, durhams, normandes, flamandes, jersyaises, bretonnes, ayrshires ;

Moyennes laitières : Simmenthal, Schwitz ; Salers, Lourdes ;

Mauvaises laitières : vendéennes, limousines, gasconnes, ariégeoises, agenaises, mancelles, charolaises.

On sait que le nombre des mulsions quotidiennes influe sur la production du lait et qu'une vache traite trois fois par jour, par exemple, produit plus que si elle ne l'était que deux fois. M. Hegelung, conseiller officiel pour la laiterie, et directeur de l'école de

Ladelung (Allemagne), a soumis les vaches fraîchement vêlées à des traites aussi nombreuses que possible. Des vaches qui ne donnaient avec trois traites que 9 kilogr. de lait auraient produit beaucoup plus avec 8 traites, sans que la ration fût augmentée, et le rendement se maintint quand le nombre de traites fut ramené à trois.

Dans le grand-duché d'Oldenbourg , dit M. Maurin-Beau, on a l'habitude, afin d'augmenter la lactation, de traire toutes les trois heures pendant les deux premiers jours après le vêlage, puis 5 fois par jour pendant 3 ou 4 semaines ; enfin on réduit les mulsions peu à peu, pour les ramener à trois.

L'hérédité laitière du taureau a une influence considérable sur l'aptitude du troupeau. Des expériences faites sur un troupeau de 300 ayrshires ont montré que le rendement des produits est égal à la moitié de la somme des hérédités paternelle et maternelle.

Désignant par A l'hérédité du taureau, et par B celle des vaches, la moyenne chez les descendants est donc $\dfrac{A + B}{2}$

En conséquence, si l'hérédité du taureau est supérieure à celle du troupeau, et s'il appartient à une famille laitière, l'aptitude générale augmente ; dans le cas contraire, elle diminue.

On voit par là qu'il est très important de choisir avec soin les reproducteurs, lorsqu'on veut sélectionner la race dans le sens laitier.

Parmi les recherches faites sur l'alimentation des vaches laitières, nous citerons celles du Comice agricole de Herzèle (Belgique), qui ont été l'objet d'un rapport de M. Misérez, délégué du Comice.

Les conclusions de ce rapport sont les suivantes :

« 1° Dans l'examen comparatif des rations à la relation nutritive différente 1/8, 1/6,5, 1/5, c'est la ration à relation 1/5 qui donne le plus de bénéfice. Cette augmentation affecte autant la quantité du beurre que la quantité de lait. Il y aurait donc utilité urgente pour les cultivateurs de notre région à resserrer la rela-

tion nutritive de leurs rations pour vaches laitières (1/8), de façon
à réaliser celle de 1/5. A cet effet, ils doivent se procurer des aliments concentrés du commerce : c'est le seul moyen de constituer
une ration substantielle à bon compte.

« 2° On peut réduire considérablement le coût d'une ration par
le choix rationnel des tourteaux. Dans la comparaison des tourteaux de lin, de coton et d'arachide entre eux, puis des mélanges
de ces tourteaux, nos essais classent par ordre de mérite :
coton, arachide, lin.

« Comme mélange : arachide-coton, lin-coton, lin-arachide.

« La supériorité du mélange arachide-coton sur les deux autres
se traduit par un bénéfice moyen de 4 centimes par jour et par
vache. Ce bénéfice, ajouté à celui qui résulte de l'introduction d'une ration à $RN = 1/5$, donne au cultivateur un revenu
journalier de 0 fr. 39 + 0 fr. 04 = 0 fr. 43 à l'avantage d'une
ration à $RN = 1/5$, où entre le mélange arachide-coton. Les
chiffres obtenus, ainsi que nos résultats des deux dernières
années, nous suggèrent la conclusion générale suivante :

« Quant au choix des aliments concentrés du commerce, qui ont
fait l'objet de nos expériences (tourteaux d'arachide, de coton,
drêches liquides de distillerie, mélasse), celui-ci, d'après nous, doit
surtout être guidé par la valeur vénale des produits en question.
Nous avons en effet constaté, au cours de nos expériences, que, du
moment où une ration présente la relation 1/5, la nature des aliments concentrés ne semble plus guère exercer une notable
influence sur la quantité de produit; la différence (si différence il
y a) provient du prix de revient de la ration. Quoique le dernier
mot ne soit pas dit à ce sujet, nous croyons cependant que, pour le
cultivateur, il importe de constituer des rations à $RN = 1/5$, en
suivant attentivement le cours des marchés.

« Les mélanges de tourteaux sont préférables aux tourteaux
employés seuls.

« Les drêches liquides de distillerie constituent un excellent aliment pour vaches laitières. Dans l'examen comparatif de la

ration tourteaux arachide-coton, de la ration drèche et de la ration mélasse, c'est la ration drèche qui a produit la plus grande quantité de lait. Nous considérons donc les drèches liquides de distillerie, comme un précieux aliment pour les vaches laitières, alors même que nous comptons leur valeur vénale à o fr. 90 l'hectolitre.

« Les mélasses de sucrerie, additionnées d'une certaine quantité de farine de coton, constituent un aliment hygiénique par excellence et très apprécié du bétail. Il semble, en outre, influencer favorablement la production du lait en quantité et en qualité. En effet, dans l'étude comparative des 3 rations précitées il est classé 1er au point de vue de l'augmentation du lait en graisse et 2e au point de vue de la quantité du lait produit.

« L'introduction, dans la ration, d'une certaine quantité de sucre de mélasse a permis d'élargir quelque peu la R N. 1/5 sans nuire, soit à la production en lait, soit à la production en beurre. »

En Angleterre les vaches laitières reçoivent les rations suivantes (Instructions du département de l'Agriculture).

En mai, l'herbe a une R. N. de 1/4,2 et en été de 1/7. Cette dernière relation a besoin d'être resserrée au moyen du tourteau de coton décortiqué.

On commence par donner o k. 5oo de tourteau par jour en juillet pour arriver progressivement à 1 k. 1oo à la fin d'août. Ce supplément est inutile pour les vaches qui ont vêlé en hiver ou sont à la fin de leur lactation.

Suivant l'assolement et le mode de culture, les vaches laitières ont à l'étable :

Rations d'hiver

	No 1 kg.	No 2 kg.	N° 3 kg.	No 4 kg.	No 5 kg.	No 6 kg.
Betteraves	19 »	25	—	—	—	19
Foin	2 »	—	6,300	13,500	13,500	»
Paille d'avoine	6,500	7 »	3 »	—	—	9
Avoine écrasée	1,800	1,800	—	—	1,800	1,800
Tourt. de coton déc..	1 à 2	»	1,800	0,900	0,900	2,500

Choux.............	—	—	13 »	—	—	—
Maïs.............	—	—	1,800	2,700	—	—
Graine de lin......	—	—	—	—	0,220	—

On estime, en Angleterre, que les vaches donnent en moyenne par an 6,2 fois leur poids de lait. C'est un peu plus que le rendement moyen des vaches du littoral Nord, normandes, bretonnes et flamandes.

Voici des types de rations d'hiver pour vaches laitières en Danemark, pays le plus avancé sous le rapport de l'alimentation du bétail.

	(1) kg.	(2) kg.	(3) kg.	(4) kg.	(5) kg.	(6) kg.
Grains............	1,660	2,110	1 »	1,140	2,320	2,770
Tourteaux.........	1,240	1,570	1,300	0,650	2,140	0,930
Son...............	1,060	1,550	0,930	1,860	—	—
Betteraves........	13,460	—	21,500	7,600	8,150	18,030
Foin..............	3,580	3,780	3,780	3,200	3,220	3,630
Paille............	5,640	5,980	5,300	4,410	5,340	5,720

$$\text{R. N.} = \frac{1}{5}.$$

Dans le centre de la France, la sécheresse du climat ne permet d'obtenir que 4 fois le poids vif en lait avec une nourriture suffisamment azotée, et 2,8 si la R. N. est large.

La sécrétion des mamelles est augmentée par la nourriture verte et les boissons tièdes, mais la richesse du lait en beurre ne varie pas. C'est une aptitude individuelle qu'on ne peut généraliser que par la sélection des reproducteurs mâles et femelles, présentant les caractères beurriers.

Pour une même vache, la proportion de la matière grasse reste la même, quelle que soit la ration. Celle-ci n'influence que la quantité de lait produit, son arôme et le poids vif.

Afin d'apprécier l'effet de l'adjonction d'aliments concentrés à la nourriture du pays sur la production du lait et le rendement financier, M. Laurent, professeur d'agriculture de la Seine-Inférieure, a ajouté 3 kilog. de son ou 3 kilogr. de différents tourteaux. L'expérience a duré 56 jours.

Ration du pays.

Betteraves...................... 12 kg.
Menue paille................... 1 —
Foin de pré.................... 10 —
Paille de blé.................. 2 —

Aliments concentrés 3 kil. ajoutés à la ration du pays.	Lait produit par 4 vaches	Variation du poids vif total	Produit net total
Son de blé à 15 fr. les 100 kg.	2.233 lit. 5	— 58 kg.	211 fr. 30
Tourt. de coton à 16 fr. 50 les 100 kg.	2.462 lit.	+ 116 kg.	333 fr. 70
Tourt. d'arachides déc. à 18 fr. les 100 kg.	2.494 lit.	— 38 kg.	228 fr. 45
Tourt. de sésame à 10 fr. 50 les 100 kg.	2.473 lit. 5	— 24 kg.	224 fr. 40

Le son, si souvent employé pour l'alimentation des vaches laitières, s'est donc montré très inférieur aux tourteaux, et particulièrement à celui de coton décortiqué. L'analyse permettait de prévoir dans une certaine mesure ces différences.

Principes nutritifs digestibles o/o.

	M.a.	M.g.	M.h.	S.u.n.	R.N
Son................	10,6	2,4	44,4	60,8	$\frac{1}{4,7}$
T. de coton déc.......	36,9	12	16,8	82,5	$\frac{1}{1,2}$
T. d'arachides déc.....	40,4	6,5	23,5	79,5	$\frac{1}{1}$
T. de sésame........	33,5	11,5	15,5	76,6	$\frac{1,3}{1}$

3 kilogr. de chacun de ces aliments concentrés contenaient donc :

Son............ 1,824 de principes nutritifs digestibles
T. de coton..... 2,475 — — —
T. d'arachides... 2,385 — — —
T. de sésame.... 2,298 — — —

Dans cette expérience, le tourteau d'arachides, riche en protéine, a donné le meilleur rendement en lait, et le tourteau de coton, riche en matière grasse, a seul augmenté le poids vif.

Rendement économique des vaches.

Le rendement économique des vaches varie pour chaque région suivant le mode d'alimentation et les aptitudes laitières.

On peut considérer deux cas : l'entretien à l'herbage et l'entretien en stabulation.

Nous supposerons que les vaches pesant 550 kilogr. ont une valeur de 550 fr. jusqu'à 8 ans et de 400 fr. à 12 ans.

Par an, les dépenses et les recettes se répartissent ainsi :

	A l'herbage		En stabulation	
	Dépenses fr.	Recettes fr.	Dépenses fr.	Recettes fr.
Intérêt de la valeur à 5 o/o.	27.50	»	27.50	»
Prime d'assurance........	15 »	»	15 »	»
Entretien des bâtiments et assurance..............	»	»	8 »	»
Entretien du matériel de la laiterie..............	2 »	»	2 »	»
Saillie.................	3 »	»	3 »	»
Main d'œuvre (traite et soins)............... .	15 »	»	60 »	»
Nourriture...............	90 »	»	190 fr. (1)	»
1 veau à la naissance.....	»	50	»	50
Fumier (12 tonnes à 10 fr.)	»	»		120
	152 fr. 50	50 fr.	305 fr. 50	170 fr. »

Une vache de moins de 8 ans coûte donc annuellement environ 100 fr. à l'herbage et 135 fr. en stabulation, lorsqu'on estime 10 fr. la tonne de déjections.

Si l'on conserve les vaches au delà de 8 ans, ce qui a lieu presque toujours en France, il faut ajouter au passif 37 fr. d'amortissement annuel.

(1) *Nous comptons* le kilogr. de matière sèche à 0 fr. 04 et la ration journalière à 2,4 p. 100 du poids vif, soit une dépense de 0 fr. 52 pour une vache de 550 kilogr.

Quand le lait est à o fr. 12 le litre, valeur actuelle dans les beurreries coopératives, les vaches payent leur entretien lorsqu'elles produisent :

A l'herbage.................. ....   840 litres
En stabulation....................   1.125 —

Nous avons compté le litre de lait à o fr. 12, mais son prix est très variable, suivant les débouchés.

A la ferme d'Arcy-en-Brie par exemple, le lait se vend en bouteilles cachetées o fr. 75 le litre. La ration des vaches coûte 1 fr. 75 et leur rendement moyen est de 9 lit. 4.

Le fromage gras de Brie fait ressortir le litre de lait à o fr. 45.

Dans le Centre, le beurre se vend souvent 1 fr. 60 le kilogr. et il faut, par l'écrémage spontané, jusqu'à 35 litres pour obtenir 1 kilogr., ce qui met le litre à o fr. 0,045.

L'écrémage centrifuge présente de grands avantages. On admet qne 1.800 litres de lait de qualité moyenne fournissent, par le centrifuge, 77 kilogr. de beurre à 2 fr. 40 et par l'écrémage spontané 6o kilogr. à 2 fr., soit un écart de 53 francs.

La différence de valeur résulte de ce que le beurre du centrifuge est plus pur et se conserve mieux. L'écrémage pouvant se faire immédiatement après la traite, le petit lait est aussi très supérieur à celui des terrines, toujours plus ou moins acide. Enfin, avec le centrifuge, on réalise une grande économie de main-d'œuvre.

Prix de revient des veaux.

Pour qu'un bovin soit précoce et atteigne tout le développement dont il est susceptible, il doit disposer dès sa naissance et jusqu'à 2 mois et demi, de tout le lait qu'il peut absorber. Ensuite, on ajoute à la ration du lait écrémé et des farines.

Trop souvent, afin de conserver la plus grande quantité possible de lait pour la fabrication du beurre et du fromage, on réduit la portion des jeunes et la durée de l'allaitement. Il en est ainsi dans toutes les régions d'industrie laitière. Ailleurs on ne cherche pas à développer l'aptitude des vaches, qui nourrissent insuffisamment leurs veaux.

En comparant l'accroissement des veaux bien allaités avec celui des veaux réduits à la portion congrue, Wilckens a observé que la différence entre eux est dans la proportion de 100 à 84, c'est-à-dire que les premiers pèsent 100 alors que les autres n'atteignent que 84 dans le même temps.

Si le veau est destiné à la boucherie, l'écart est sensible, mais il le devient plus encore, lorsque l'animal doit être élevé, car, pendant toute sa vie, il se ressent d'un allaitement copieux.

La durée de l'allaitement n'a pas moins d'importance que la quantité et la qualité du lait. Un veau sevré hâtivement ne peut digérer suffisamment les farines et les herbes. S'il est bien nourri, son accroissement est, d'après Crusius, de 1.743 grammes par jour en moyenne, par cent kilog. de poids vif.

M. Grollier, dans sa propriété de la Motte-Grollier, près Durtal (Maine-et-Loire), élevait ses veaux durhams au moyen du biberon Massonat et leur donnait, pendant la première semaine, douze litres de lait pur en trois repas.

Au bout de ce temps, le veau était conduit au pâturage et ne rentrait à l'étable que pour ses repas.

A mesure que le jeune animal grandissait, on augmentait la ration de lait pur, jusqu'au maximum de 18 litres.

A cinq mois, on commençait à ajouter du riz cuit, mélangé avec un mucilage de graine de lin, tout en diminuant progressivement le lait. La ration journalière était alors :

     Riz, lin, farine d'orge.................. 6 litres
     Lait................................... 6 litres

Les veaux étaient sevrés à 6 mois 1/2 et recevaient du foin, de la farine d'orge, du son mélangé avec des betteraves ou des navets coupés.

En comptant le prix de ces rations, on voit qu'au sevrage les veaux coûtaient plus de 350 fr. S'ils n'avaient pas été vendus comme géniteurs, le déficit eût été considérable.

Pour des animaux d'élevage ordinaire, une telle alimentation est beaucoup trop dispendieuse ; aussi se contente-t-on de donner aux veaux le sixième de leur poids de lait.

Comme l'accroissement est en général de 1 kilogr. par 10 à 11 litres de lait consommé, il est facile de voir si, suivant la valeur du lait et du kilogr. vif dans la région, il est avantageux d'allaiter largement le veau avec du lait pur ou de le nourrir artificiellement avec du lait écrémé et des farines.

Nous avons dit que, dans les pays d'herbages de l'Europe Occidentale, l'industrie laitière s'exerce au détriment de la production de la viande et du perfectionnement des races bovines. En opérant ainsi, on perd de vue que les produits de laiterie diminuent constamment de valeur, par l'effet de la concurrence, tandis que la consommation et le prix de la viande ne cessent de s'accroître.

La baisse de nos beurres résulte de la diminution des exportations tombées de cent millions de francs en 1875 à soixante-sept millions actuellement.

Pour trouver les causes de cette situation, il suffit d'examiner les provenances des beurres du marché de Londres, notre principal débouché à l'étranger.

Le mouvement des beurres frais de France et de Danemark sur le marché de Londres en 1885 et 1894 a été en quintaux anglais (50 k. 780).

Années	Poids importé qx.	France qx.	Danemark qx.
1885	1.553.000	451.000	377.000
1894	2.430.000	447.000	1.028.000

D'après les statistiques de 1902, les importations en Angleterre des beurres de Russie et des colonies anglaises augmentent dans d'énormes proportions.

Importation totale du marché anglais : 3.970.000 qx.

Provenances.

Danemark................	1.700.000 qx.
Colonies anglaises........	524.080 —
Russie.................	490.000 —
France.............	424.000 —

Actuellement, la Russie et les colonies anglaises (Canada et Australasie) tendent à prendre la première place sur le marché anglais pour les beurres salés ou en boîtes

La proportion des importations françaises est donc descendue de 30 à 10 o/o en dix ans. Notre exportation diminue, alors que celle des autres pays producteurs a triplé et suffit à l'augmentation de la consommation en Angleterre.

La fabrication des différents fromages exige des manipulations qui modifient la valeur du lait traité. A titre d'indication, voici à quels prix ressort le lait :

	fr.	
Brie (gras).....................	0,31	le litre
Camembert.....................	0,29	—
Livarot.......................	0,27	—
Neuchâtel.....................	0,24	—
Mont-Dore....................	0,16	—
Vosges Saulxures..............	0,21	—
— du pays..............	0,12	—
Cantal.......................	0,16	—
Gex.........................	0,17	—
Gruyère (gras)................	0,155	—
Gruyère (demi-gras).............	0,137	—
Port-Salut, Providence, Gautrais, etc.	0,30	—

Veaux blancs.

A l'industrie laitière se rattache la production des veaux blancs dont la viande, très recherchée, s'obtient par un procédé spécial.

On les maintient dans des stalles étroites, obscures et sans litière, où ils ne peuvent prendre aucun exercice, ni absorber un aliment végétal. On les nourrit exclusivement de lait complet, qu'ils reçoivent à heure fixe. On estime que le litre de lait ressort ainsi à 0,14 cent. ; mais cette industrie exige beaucoup de main-d'œuvre et souvent les animaux succombent à l'indigestion, à l'anémie ou à la diarrhée. La spéculation est donc peu rémunératrice.

MM. Dickson et Malpeaux ont fait des expériences à Berthonval (Pas-de-Calais) pour trouver une alimentation moins dispendieuse que le lait. Nous ne citerons que celles dont le résultat a été favorable.

ALIMENTATION AU LAIT ÉCRÉMÉ ET A LA FÉCULE.

Les veaux ont reçu :

	No 1	No 2	No 3
Lait complet, au début..........	5o litres	5o litres	5o litres
Lait écrémé....................	1.080 —	1.092 —	1.046 —
Fécule de pomme de terre.....	54 kg.	54 k. 600	52 k. 500
Valeur du veau à 1 semaine....	45 fr.	45 fr.	5o fr.
Valeur des rations............	93,20	93,75	96 fr. 90
Les poids vifs étaient à l'abatage.	121 kg.	134 kg. 800	129 k. 500

Ces veaux ont été vendus 0 fr.90 le kilogr. vif, le veau de boucherie valant alors 1 fr. 40 c. Le bénéfice a donc été :

No 1...........................	15 fr. 90
No 2...........................	17 fr. 55
No 3...........................	19 fr. 60

« Si à ce bénéfice on ajoute le prix du beurre obtenu par l'écrémage du lait, on arrive à des résultats très avantageux.

« Etant donné, d'après nos expériences sur la richesse du lait en matière grasse, que 33 litres de lait produisent un kilogr. de beurre (moyenne des vaches flamandes), nous avons, pour les 1.080 litres de lait consommés en moyenne par les veaux, 30 kilogr. de beurre, qui, au prix de 2 fr. 50 c. le kilogr., représentent une somme de 75 fr., ce qui met le bénéfice à :

No 1...........................	90 fr. 70
No 2...........................	102 fr. 50
No 3...........................	94 fr. 60

« La qualité de la viande des veaux nourris à la fécule laisse malheureusement à désirer. Il serait nécessaire de terminer l'engraissement avec du lait complet. »

ALIMENTATION AU LAIT ÉCRÉMÉ ADDITIONNÉ DE FÉCULE
ET D'UNE DÉCOCTION DE GRAINE DE LIN.

Poids initial (25 mars)....... = 55 kg.
Poids final (24 juin)......... = 139 —
Différence................. = 84 —

ALIMENTS CONSOMMÉS.

Lait pur (transition)............. 50 litres.
Lait écrémé..................... 1.020 —
Fécule.......................... 43 kg.
Graine de lin (décoction).......... 25 —
Total des dépenses................ 100 fr. 10
Total des recettes................ 214 —
Bénéfice : 113 fr. 90.

« La viande était supérieure à celle des veaux nourris à la fécule, aussi le boucher l'a-t-il payée 1 franc. »

ALIMENTATION AU LAIT ÉCRÉMÉ, ADDITIONNÉ DE FARINE DE RIZ
ET D'UNE DÉCOCTION DE GRAINE DE LIN.

« L'expérience, commencée le 8 juillet, a porté sur deux veaux âgés de 10 à 12 jours et s'est terminée le 14 octobre 1899.

	Nº 1	Nº 2
Poids initial...............	59 kg.	40 kg.
Poids final.................	151 —	134 —
Gain.......................	92 —	94 —
Augmentation journalière....	0,910	0,915

Les veaux ont été vendus 1 fr. le kilogr. Ils avaient consommé :

Lait pur (transition)........ 50 litres.
Lait écrémé................ 1.150 —
Farine de riz............... 46 kg.
Graine de lin............... 30 kg. 500
Dépense pour chacun....... 110 fr. 40
Vente du nº 1.............. 229 fr. 75 Bénéfice 119 fr. 35
Vente du nº 2.............. 212,75 — 112,75

ALIMENTATION NORMALE AU LAIT (POUR COMPARAISON).

	N° 1	N° 2
Lait complet à o fr. 10......	980 litres	980 litres
Lait écrémé à o fr. 02......	240 —	240 —
Valeur du veau à 1 semaine..	45 fr.	40 fr.
Vente à 1 fr. 10............	167,20	165
Beurre 7 kg. à 2 fr. 50.....	17,50	17,50
Le bénéfice est............	37,90	40,70

« Le bénéfice est faible par rapport à celui des veaux nourris à la fécule et à la graine de lin. Lorsque la vente du lait en nature est facile, il y a avantage à nourrir les veaux avec du lait additionné d'une substance farineuse poussant davantage à la graisse. »

ALIMENTATION AU LAIT COMPLET ADDITIONNÉ D'EAU DE MALT ET DE FÉCULE.

« Cette expérience avait pour objet de s'assurer si une vache donnant 16 à 18 litres de lait par jour (rendement normal d'une flamande après vêlage) ne pourrait pas engraisser deux veaux.

« L'expérience, commencée en octobre, a porté sur deux veaux de même âge. L'engraissement a été terminé le 6 janvier, au bout de 90 jours.

	Gain en poids	Augmentation journalière
N° 1 Veau au lait et à la fécule...	77 kg. 200	o kg. 858
N° 2 Veau au lait et au malt.....	84 kg. 700	o kg. 640

« L'alimentation a été réglée de la manière suivante :

Périodes	Jours	Lait complet litres	Eau litres	Fécule n° 1 kg.	Malt n° 2 kg.
7 oct. au 30 oct....	24	174	»	»	»
30 oct. à 15 nov....	16	128	52	2.600	2.600
16 nov. à 6 déc.....	21	152	106	6.300	6.300
7 déc. au 6 janvier..	31	248	232	13.900	16.300
Du 7 oct. au 6 janv.	92	702	390	22,800	25.200

« Les veaux ayant été vendus 1 fr. 10 c. le kilogr. vif, l'opération se traduit par les chiffres suivants :

Dépenses.

Veau n° 1................. = 121 fr. 30
Veau n° 2................. = 124,95

Recettes.

	N° 1 fr.	N° 2 fr.
Viande à 1 fr. 10 le kg........	133,45	149,66
390 litres de lait à 0,10.......	39 »	36 »
	172,45	188,60

Le bénéfice est donc de :
Veau au lait et à la fécule........... = 51 fr. 15
—   au malt.............. = 63,65

« Cette viande était de première qualité.

« Il est préférable d'employer le malt, en raison de sa teneur en matière azotée. »

LAIT ÉCRÉMÉ ADDITIONNÉ D'OLÉO-MARGARINE ET DE SUCRE.

« Les veaux ont reçu du lait pur pendant 5 ou 6 jours, puis un mélange de lait écrémé avec de l'oléo-margarine (30 gr. par litre) et de sucre roux (20 gr. par litre).

« L'accroissement a été de 91 kilogr. en 90 jours ; le prix de vente de 1 fr. le kilogr. vif.

Viande........................	91 kg. à 1 fr.	=	91 fr.
Beurre extrait de 1.000 lit à 0 fr. 084.		=	84,80
	Recettes :		175,80
Lait complet (au début)..	50 litres à 0 fr. 10	=	5 fr.
Lait écrémé...........	1.060 — à 0,02	=	21 fr. 20
Oléo-margarine.........	30 kg. 500 à 1,40	=	42 fr. 56
Sucre roux...........	20 — 200 à 1 »	=	20 fr. 20
	Dépenses :		88 fr. 96
	Bénéfice :		86 fr. 84

« La viande obtenue est d'excellente qualité. L'oléo et le sucre mélangés au lait écrémé, sont favorables à l'engraissement des veaux ; mais leurs prix élevés réduisent le bénéfice qui, dans l'opération, résulte uniquement du beurre produit.

« Ces chiffres ne peuvent évidemment être considérés comme absolus ; mais ils permettent de comparer la valeur de certaines substances comme succédanés du lait. L'engraissement des veaux avec le lait complet, lorsque celui-ci vaut o fr. 10 le litre, ne laisse qu'un très faible bénéfice. Il y a donc avantage à en extraire le beurre, et à le remplacer dans le lait écrémé par diverses substances telles que, la fécule, le malt, la graine de lin, la farine de riz, etc. »

Engraissement des bovidés.

Dans une exploitation, on ne peut avantageusement faire naître, élever et engraisser, car les conditions ne sauraient convenir à la fois aux trois genres de production. C'est pour cela que certaines régions font naître, et vendent leurs élèves dans les pays qui les font travailler, et ceux-ci les revendent aux engraisseurs.

On estime en Normandie, qu'à l'herbage, l'engraissement nécessite :

Herbage de 1re qualité, 35 ares pour un bœuf de grande taille.
    —   2e   —   40 — de moyenne taille.
    —   3e   —   25 — de petite taille.

L'herbe consommée par un bœuf de taille moyenne, pendant la période d'engraissement, équivaut à 3.000 kilogr. de bon foin, soit 2.550 kilogr. de matière sèche avec R. N. 1/5, et 1.395 kilogr. de matières nutritives digestibles. Lorsque l'animal pèse, au début, 650 kilogr., il atteint 800 kilogr. à la fin. Accroissement journalier, o kilogr. 833, soit 1 kilogr. d'augmentation de poids par 17 kilogr. de matière sèche consommée et 9 kilogr. 300 de matières nutritives digestibles.

Le bénéfice dépend de l'habileté professionnelle de l'herbager, ainsi que nous l'avons établi précédemment.

En stabulation, l'engraissement est obtenu avec une abondante nourriture, quelle que soit sa relation nutritive.

Jusqu'à une époque récente, les rations d'engraissement étaient toutes très riches en protéine ; l'abaissement du prix de la viande grasse a nécessité l'élargissement de la relation nutritive par l'emploi des hydrocarbonés, dont le prix est moins élevé.

Ainsi à la Ferme-Ecole de la Faisanderie, M. Girard a engraissé 3 charolais, 3 durhams-manceaux et 3 limousins, en donnant journellement à chaque animal :

Pommes de terre................	25 kg.
Foin haché....................	9 —
Sel marin....................	0,030

Avec des fourrages de qualité moyenne, cette ration contient :

Principes digestibles, 10 kilogr. 281. M.S., 13 k. 900 ; R. N. = 1/9, 4.

Les résultats ont été les suivants :

		Durée de l'alimentation	Poids initial	Poids final	Gain par jour
Charolais.........	1	63 jours	930 kg.	1.061 kg.	2 kg. 070
—	2	71 —	970 —	1.075 —	1,464
—	3	85 —	1.024 —	1.110 —	1,010
Durhams-manceaux.	1	71 —	765 —	840 —	1,056
—	2	71 —	837 —	933 —	1,352
—	3	61 —	832 —	919 —	1,225
Limousins.........	1	71 —	878 —	1.010 —	1,858
—	2	50 —	745 —	833 —	1,760
—	3	71 —	825 —	902 —	1,084

Le poids moyen des charolais était de 3.085 kilogr. ; ils ont gagné 322 kilogr., soit par jour et par tête 1 kilogr. 470 et 1 kilogr. par 9 kilogr. 523 de matière sèche ou 7 kilogr. de principes nutritifs digestibles.

Les durhams-manceaux pesaient 2.562 kilogr. ; ils ont gagné 258 kilogr., soit par jour 1 kilogr. 211 et 1 kilogr. par 11 kilogr. de matière sèche ou 8 kilogr. 400 de P. N. D.

Enfin les limousins pesant en moyenne 2.596 kilogr. ont gagné 297 kilogr., soit 1 kilogr. 546 par jour et 1 kilogr. par 8 kilogr. 977 de matière sèche ou 6 kilogr. 650 de P. N. D.

On remarquera que les charolais pesaient 500 kilogr. de plus que les autres bœufs. Leur ration était par suite beaucoup moins forte.

Les rations d'engraissement en Angleterre ont une relation nutritive très étroite. La durée de l'opération est d'environ 4 mois pour le fin gras. On augmente progressivement la proportion d'aliments concentrés, de telle sorte que l'animal reçoive de 0 k. 900 à 1 kilogr. 300 de tourteaux et de grains par jour pendant le 1er mois ; 4 à 5 kilogr. pendant le dernier.

Types de Rations d'engraissement en Angleterre.

	N° 1 kg	N° 2 kg.	N° 3 kg.	N° 4 kg.	N° 5 kg.	N° 6 kg.	N° 7 kg.
Betteraves......	45	45	26	19	13	13	
Paille d'avoine..	7,3	6,5	9	6,6	6,3	4,5	
Tourt. de cot. déc.	0,900	1,9	1,100	1,130	—	—	0,900 ou
Avoine écrasée..			1,900	—	1,130	—	1,100 de malt
Foin............				3 kg.	6,3	6,3	12,600
Farine de maïs..				1.930	1,360	1,4	2,3 ou 2,7 de far. d'orge
Tourteaux de lin							
Tourt. de coco..						1,900 —	
Graine de lin...						0,110	

Voici, d'après le « Live stock manual » de Baxter, les résultats obtenus dans l'engraissement par 100 livres de poids vif (45 kilogr. 300) :

Reçu par l'animal :		Utilisation de la nourriture :		
Matière sèche	Mat. organ. digestible	Dépensé par chaleur et mouvement	Matière sèche des déjections	Accroissement du poids vif
5 kg. 668	4 kg. 031	3 kg. 091	2 kg. 060	0 kg. 512

Résultats obtenus en fonction de la nourriture :

. Accroissement du poids vif :

Par 45 kg. 3 de matière sèche	Par 45 kg. 3 de mat. organ. digestible
4 kg. 077	5 kg. 755

Soit 1 kilogr. d'accroissement par 11 kilogr. 111 de M. S. ou 7 kilogr. 843 de matière organique digestible.

Ces chiffres sont extrêmement intéressants pour le calcul du rendement économique.

Si l'accroissement du poids vif des bovidés anglais à l'engrais est, par rapport à la richesse de la nourriture, assez peu élevé, cela est dû aux pertes par rayonnement, car l'engraissement se fait sous des hangars non clos (straw yards).

C'est pour la même raison, à laquelle il faut ajouter les pertes par le mouvement, que, dans les herbages de Normandie, les bœufs ne gagnent que 1 kilogr. par 9 kilogr. 300 de matières digestibles.

D'après les statistiques du ministère de l'Agriculture, il y avait en France en 1901.

319.609	taureaux ;
1.488.532	bœufs de travail ;
449.402	bœufs à l'engrais ;
7.819.552	vaches ;
1.132.138	bouvillons ;
1.666.558	génisses ;
1.727.713	veaux.
14.603.504	

Rendement en viande.

Le rendement à l'abattoir, c'est-à-dire la relation entre le poids vif et le poids net, varie avec les races, le degré d'engraissement et l'âge des animaux.

Les variétés et les races diffèrent considérablement entre elles, non seulement par le volume, mais aussi par la quantité proportionnelle de viande, d'os et de graisse-déchet qu'elles fournissent. Ces rendements ont été comparés par M. Baudement, qui a opéré des pesées sur 8 bœufs, dont 6, ayant figuré aux concours de Paris, appartenaient aux races ou variétés normande, charolaise, landaise, durham, angus et hereford ; les 2 autres, un salers et un normand, furent pris sur le marché de Paris comme terme de comparaison entre l'engraissement ordinaire et l'engraissement de concours.

Dans le tableau qui suit, le poids absolu (P. a.) est le poids total des différentes parties, et le poids relatif (P. r.) le rapport des poids à 100 du poids vif.

	LANDAIS 55 mois		NORMAND A 64 mois		CHAROLAIS 90 mois		HEREFORD 39 mois	
	P. a.	P. r.	P. a.	P. r.	P. a.	P. r.	P. a.	P. r.
Poids vif.........	760	100	1.010	100	1.090	100	770	100
Poids net.........	460	60,53	645	63,86	690	63,30	530	68,83
Poids du suif.....	98	12,89	123	12,18	95	8,72	75	9,74
Poids du cuir.....	49	6,45	55	5,45	71	6,51	46	5,97
Poids du sang.....	24	3,15	33	3,27	39	3,58	10,50	1,36
Organes internes..	53,25	7,01	74,39	7,97	80,27	7,36	52,75	6,85
Parties accessoires.	15,50	2,04	78,50	1,83	17,26	1,58	11,75	1,53

	DURHAM 41 mois		ANGUS 57 mois		SALERS DU MARCHÉ 60 mois		NORMAND B DU MARCHÉ 72 mois	
	P. a.	P. r.	P. a.	P. r.	P. a.	P. r.	P. a.	P. r.
Poifs vif.........	850	100	1.215	100	690	100	850	100
Poids net.........	533	62,71	778	64,03	436	63,19	489	57,53
Poids du suif....	129,50	15,54	123	15,06	40	5,80	67	7,88
Poids du cuir.....	45,50	5,35	58	4,77	64	9,28	57	6,70
Poids du sang....	7	2	30	2,47	20	2,90	36	4,24
Organes internes.	61,19	7,20	85,75	7,06	61,74	8,95	87,38	10,28
Parties accessoires.	12,48	1,47	17	1,40	13,80	2	16,49	1,94

On remarquera que le poids relatif des organes internes du Salers et du Normand B est très élevé. Cela tient à ce que, l'engraissement de ces deux animaux n'étant pas poussé, les organes internes sont restés relativement plus lourds.

TABLEAU DES POIDS 0/0 DE LA CHAIR COMESTIBLE, DES OS, ET DE LA GRAISSE-DÉCHET.

Races	Poids de la chair	Poids des os	Poids de la graisse déchet
Landais..........	71,33	11,84	16,83
Charolais.........	69,92	11,70	18,38
Normand A.......	67,12	12,40	20,48
Angus...........	60,77	12,03	27,20
Hereford........	60,31	9,83	29,86
Durham..........	59,54	10,09	30,37
Salers...........	70,37	16,42	13,21
Normand B.......	72,77	13,97	13,26
Moyenne........	66,49	12,31	21,20

« Il résulte de ce tableau que les 3 anglais donnent le plus faible rapport du poids de chair à 100 des morceaux, et que les 3 bœufs indigènes accusent un rapport plus élevé.

« Les nombres qui traduisent ces rapports sont très voisins dans chaque groupe, mais diffèrent d'un groupe à l'autre ; ils sont sensiblement égaux en moyenne à 60 o/o de la totalité des morceaux débités, dans les races britanniques, et à une moyenne d'un peu plus de 69 o/o dans les races indigènes. »

Le boucher et le consommateur n'ont à tenir compte ni du prix de revient, ni de la précocité, mais lorsqu'ils achètent de la viande provenant de telle ou telle race, la proportion comestible n'est pas la même. Ainsi, d'après M. Baudement.

Le hereford donne...	860 gr.	de chair et	140	gr. d'os par kg.		
Le charolais —	857	—	143	—	—	
Le durham —	855	—	145	—	—	
Le normand B —	811	—	189	—	—	

Ces quatre animaux ont fourni :

	Charolais	Normand B	Hereford	Durham
Age...........	90 mois	72 mois	39 mois	41 mois
Poids vif........	1.090 kg.	850 kg.	770 kg.	850 kg.
Poids net.......	653,91	480,36	519 —	543,35
Rendement......	60,61	56,46	67 —	63,89

« Admettant le prix moyen de cette viande à 1 fr. 25 (1), la somme totale payée par le consommateur serait pour chaque bœuf :

667 fr. 3o pour le Charolais qui donne 533 kg. 85 de viande
521 — 10   —   Normand B   —   416 — 9o   —
435 — 4o   —   Hereford   —   364 — 33   —
467 — 9o   —   Durham   —   378 — 35   —

« Prenons comme unité de production de viande le Hereford qui, à 39 mois, donne 364 kilogr., tandis que le Normand B en donne 417 kilogr., c'est-à-dire 53 kilogr. seulement en plus pour une différence de 3 ans.

« Il ne faut pas perdre de vue que la graisse-déchet a été enlevée, et qu'elle était égale à 1/3 du poids total des morceaux chez le Hereford, le 1/7 ou le 1/8 du poids total des morceaux chez le Normand de 72 mois. Celui-ci, à un âge presque double du Hereford, donne 416 kilogr. 900 de viande valant 521 fr. 10.

« Pendant le même temps, on obtiendrait de l'engraissement de 2 Herefords 728 kilogr. 660 valant 906 fr. 25. L'avantage des 2 Herefords est donc de 3o8 kilogr. valant 385 francs.

« Le Charolais a 90 mois, soit plus du double du Hereford. Il a donné 533 kilogr. 85o de viande, valant 667 fr. 3o. Comparé à 2 Herefords, il y a avantage pour ces derniers de 195 kilogr. de viande, valant 243 fr. 75. Le même charolais comparé à 2 durhams de 41 mois perd 223 kilogr., ou 278 fr. 75 (2).

« Le travail peut-il compenser cette différence ?

« D'après les expériences faites à Hohenheim, la journée de travail d'un bœuf coûterait en été o fr. 86 et en hiver o fr. 57. Le bœuf travaille 200 ou 210 jours ; en prenant pour chaque journée un prix moyen de o fr. 70 à o fr. 75, on trouverait que le travail d'un bœuf coûte 140 fr. à 15o francs.

« Dans le même temps les 2 Herefords produiraient pour 385 fr. de plus en viande que le Normand.

(1) M. Baudement écrivait en 186o.
(2) A l'époque où M. Baudement écrivait, la variété charolaise n'avait pas encore été améliorée.

« Il faut donc que le travail du normand dans 2 ans donne une somme égale à la plus-value en viande des deux animaux précoces, soit par an 149 fr. 5o.

« Or, le travail du bœuf coûtant 14o fr. à 15o fr., il resterait comme recette-travail 45 fr. à 4o fr., soit 100 fr. en deux ans. Le travail paraît donc moins avantageux. »

Le conclusions et les chiffres de M. Baudement ne peuvent être considérés comme définitifs, et cela pour les raisons suivantes :

1º M. Baudement a opéré ses pesées sur un charolais et des normands d'un âge trop avancé ;

2º Les données de M. Baudement n'intéressent que le boucher ou le consommateur ; elles ne permettent pas de connaître l'augmentation de poids des animaux d'une race dans l'unité de temps ;

3º La valeur de la viande a beaucoup varié depuis 186o, et les calculs de M. Baudement ne se trouvent plus exacts ;

4º La valeur de la force motrice du bœuf ne peut être estimée que comparativement à celle du cheval, car le prix de la ration est une base trop incertaine.

Coefficients d'accroissement.

Les tableaux dressés par M. Baudement montrent bien que tel animal a donné tant de kilogr. de poids vif, et de poids net, mais les relations de production de la viande restent indéterminées.

Nous avons vu qu'un bovin se développe suivant une progression décroissante assez régulière.

L'accroissement est plus rapide dans les premières années, puis diminue progressivement jusqu'à l'âge adulte, mais, toutes choses égales d'ailleurs, il est le même dans chaque race à un âge donné.

Par conséquent, en divisant le poids vif et le poids net d'un certain nombre d'animaux de même race par leur âge, on obtient la quantité de viande vive ou nette, produite dans l'unité de temps, le mois par exemple.

Divisant ensuite le poids net par le poids vif, on a le rapport de ces deux éléments.

Ces coefficients permettent de voir d'un simple coup d'œil quelles sont les races les plus avantageuses pour l'éleveur ou le boucher.

Il eût été plus exact de compter les coefficients d'année en année, mais les observations sont trop peu nombreuses pour qu'il soit possible de le faire.

Afin de montrer combien il serait important de déterminer exactement l'accroissement dont les différentes races sont susceptibles, nous calculerons d'abord les coefficients d'après les pesées faites par M. Baudement, puis d'après les résultats constatés sur un grand nombre d'animaux.

Il est fâcheux que les observations n'aient guère été faites que sur des sujets de concours, dont l'engraissement excessif altère les rendements moyens de la race.

Coefficients des animaux observés par M. Baudement.

Races	Âge	Poids vif	Coeff. de p. vif	Poids net	Coeff. de p. net
Angus........	57 mois	1.215 kg.	21,31	778 kg.	13,64
Durham......	41 —	850 —	20,73	538 —	13 »
Hereford......	39 —	770 —	19,74	530 —	13,58
Normand A...	64 (1)	1.010 —	15,78	645 —	10,07
Landais.......	55 —	760 —	13,81	460 —	8,36
Charolais.....	90 (1)	1.090 —	12,11	690 —	7,66
Normand B...	72 (1)	850 —	11,80	489 —	6,79
Salers........	60 —	690 —	11,5	436 —	7,26

Valeur relative de ces animaux.

D'après le coeff. de p. vif		D'après le coeff. de p. net.
1	Angus	1
2	Durham	3
3	Hereford	2
4	Normand A	4
5	Landais	5
6	Charolais	6
7	Normand B	8
8	Salers	7

(1) Cet animal ayant dépassé l'âge adulte, il ne gagnait plus de poids qu'en engraissant. Par suite ses coefficients sont très faibles, comparativement à ceux des bœufs anglais.

Prenons maintenant les moyennes obtenues sur un grand nombre d'animaux.

Variétés anglaises (concours de Smithfield).

Aberdeen-Angus......	2 ans	609 kg.	Coeff. de p. vif.	27,875
—	3 ans	824 —	—	22,880
Shorthorn...........	2 ans	660 —	—	27,500
—	3 ans	799 —	—	22,194
Hereford...........	2 ans	635 —	—	26,458
—	3 ans	743 —	—	20,639

Les Angus de 2 ans ont donc un accroissement de 27 kilogr. 875 par mois; ceux de 3 ans, de 22 kilogr. 880, etc.

Les rendements à la boucherie des animaux de 3 ans sont de : Hereford, 0,684; Shorthorn, 0,66; Angus, 0,657.

Variétés françaises (animaux de concours).

		Poids vif	Coeff. de poids vif	Poids net	Coeff. de p. net.
		kg.		kg.	
Nivernais.......	2 ans	650	27	410	17
—	3 ans	830	23	540	15
—	4 ans	1.000	21	660	13,6
Normands......	3 ans	850	23,6	518	14,3
—	4 ans	950	19,7	580	12
Garonnais......	3 ans	790	22	510	14
Salers..........	—	680	19	435	10,96
Limousins......	—	720	20	480	13,3
Vendéens	4 ans	800	16,5	488	10

Rapport du poids net au poids vif.

Nivernais.........	2 ans	0,63	Garonnais	3 ans	0,66
—	3 —	0,65	Salers	—	0,64
—	4 —	0,67	Limousins	—	0,66
Normands.........	3 —	0,61	Vendéens	—	0,61
—	4 —	0,61			

Bœufs du marché (5 ans).

	Poids vif	Coeff. de poids vif	Poids net	Coeff. de poids net
Normands.......	690 kg.	11,5	387 kg.	6,45
Nivernais.......	850 —	14,1	479 —	7,9
Charolais.......	750 —	12,5	458 —	7,63

Agenais	615 kg.	10,25	418 kg.	6,96
Salers	690 —	11,4	436 —	7,23
Vendéen	650 —	10,83	429 —	7,15
Limousin	725 —	12,08	485 —	8,08
Breton	220 —	3,66	141 —	2,35
Fémelin	480 —	8 »	288 —	4,80

Classement des bœufs du marché d'après

	le poids vif	le poids net	le rapport du p. net
1	Nivernais	Limousin	Agenais
2	Charolais	Nivernais	Vendéen
3	Limousin	Charolais	Limousin
4	Normand	Salers	Charolais
5	Salers	Vendéen	Nivernais
6	Vendéen	Agenais	Breton
7	Agenais	Normand	Salers
8	Fémelin	Fémelin	Fémelin
9	Breton	Breton	Normand

Ce tableau montre que la valeur relative des différentes races varie beaucoup selon qu'on considère le poids vif, le poids net, ou le rapport obtenu en divisant le poids net par le poids vif.

Ainsi, parmi les variétés anglaises, l'Angus produit la plus grande quantité de viande dans l'unité de temps, et le Hereford a le meilleur rendement.

En France, le Nivernais vient en première ligne pour le poids vif; l'Agenais, pour le rendement à la boucherie, etc.

A défaut de balance, les coefficients permettent d'apprécier à vue d'œil le poids vif d'un animal d'un âge quelconque, appartenant à une race donnée.

Ainsi, supposons que les bœufs de cette race pèsent, maigres, en moyenne 650 kilogr. à 5 ans.

Les poids seront voisins de :

260 kilogr.	à 1 ans	Coeff. de poids vif	21,6
430 —	à 2 ans	—	17,9
540 —	à 3 ans	—	15
610 —	à 4 ans	—	12,7
650 —	à 5 ans	—	10,8

Un bœuf normal de 42 mois, par exemple, aura donc un coefficient d'environ 13,5, soit 13,5 × 42 = 567 kilogr. Suivant la qualité de l'animal on augmente ou on diminue un peu le coefficient.

Travail et spécialisation.

Certains agronomes estiment qu'une variété précoce rapporte plus de bénéfices en produisant uniquement de la viande que les races tardives par leur travail et leur accroissement.

Il y a lieu tout d'abord de remarquer que cette opinion est purement théorique, car on ne peut nourrir partout des variétés précoces : souvent la constitution du sol, le climat et l'état cultural ne le permettent pas. On doit se conformer à ces conditions et ne pas essayer d'introduire dans une exploitation des animaux qui ne pourraient s'y développer normalement, et dégénéreraient.

Laissant de côté ces considérations, nous allons chercher à établir le compte des bénéfices résultant de l'utilisation de la force motrice des bœufs.

M. de Béhague a constaté, dans son domaine de Dampierre, (Loiret), que l'heure de travail des chevaux lui coûtait o fr. 207 et celle des bœufs o fr. 125.

Soit pour une journée de 10 heures :

$$
\begin{array}{ll}
\text{Chevaux} & \text{2 fr. 07} \\
\text{Bœufs} & \text{1 fr. 25}
\end{array}
$$

D'après M. Durand, ancien régisseur de M. de Gasparin, les bœufs nourris à l'étable pendant neuf mois, et au pâturage pendant trois mois, coûtent en moyenne o fr. 358 par tête et par jour.

Prenons maintenant comme unité le travail du cheval qui, dans les exploitations où l'on élève des animaux précoces, est utilisé à la place des bœufs.

M. Durand estime qu'il faut, pour défoncer 1 hectare de terres fortes, 12 journées de chevaux coûtant 1 fr. 85 l'une, ou 20 journées de bœufs qui, comparativement, ressortent donc à 1 fr. 11.

Considérons comme exemple un bœuf vendéen de 5 ans et un durham de 42 mois pesant chacun 650 kilogr. Leur compte s'établit ainsi :

BŒUF VENDÉEN

	Dépenses	Recettes
Allaitement (4 mois).....................	57 fr. 60	
Nourriture à 0 fr. 16 (8 mois)	38,40	
2.000 kg. de fumier à 6 fr. les 1.000 kg.	—	12 fr.
Nourriture à 0 fr. 25 (1 an)............	91,25	
6.000 kg. de fumier....................		36 »
Travail (90 jours à 1 fr. 13)...........		100 »
Nourriture à 0 fr. 35 (1 an)............	127 »	
Travail (200 jours).....................		222 »
8.000 kg. de fumier....................		48 »
Nourriture à 0 fr. 35 (1 an)............	127 »	
Travail (200 jours).....................		222 »
1.000 kg de fumier.....................		60 »
Nourriture à 0 fr. 35 (8 mois).........	84 »	
Travail (4 mois).......................		133,20
Vente (650 kg. à 0,75).................		487,50
Totaux :	525 fr. 25	1.320 fr. 70

Bénéfice : 800 fr. ou 13 fr. par mois et 0 fr. 43 par jour.

BŒUF DURHAM DE 42 MOIS

	Dépenses	Recettes
Allaitement (4 mois)...................	57 fr. 60	
Nourriture à 0 fr. 16 (8 mois).........	38,40	
2.000 kg. de fumier...................		12 fr.
Nourriture à 0 fr. 25 (1 an)...........	91,25	
Fumier................................		36 »
Nourriture à 0 fr. 35 (18 mois).......	189 »	
Fumier................................		60 »
Vente.................................		487,50
Totaux :	376 fr. 25	595 fr. 50

Bénéfice : 219 fr. ou 5 fr. par mois et 0 fr. 17 par jour.

Il résulte de ces chiffres qu'un bœuf de travail rapporte dans l'unité de temps près de deux fois et demi plus qu'un bœuf précoce élevé au repos.

Un cultivateur doit encore ajouter au passif des bœufs précoces l'amortissement de la valeur des chevaux de travail, qui est annuellement de 80 fr. environ par tête, ainsi que le prix de leur nourriture, plus chère que celle des bœufs; enfin celui de la ferrure et des harnachements. Ces chiffres sont tellement en contradiction avec ce qui est admis par les partisans de la spécialisation que nous croyons nécessaire de compter autrement, et de comparer 2 bœufs de 650 kilogr., l'un précoce, l'autre tardif. Pour simplifier, la ration est comptée au prix moyen de 0 fr. 25.

<table>
<tr><td colspan="2">Bœuf durham de 42 mois</td><td colspan="2">Bœuf vendéen de 5 ans</td></tr>
<tr><td>Nourriture..</td><td>315 fr.</td><td>Nourriture...</td><td>450 fr.</td></tr>
<tr><td>Fumier............</td><td>136 fr.</td><td>Fumier............</td><td>176 fr.</td></tr>
<tr><td>Vente à 0 fr. 75.....</td><td>487,50</td><td>Travail (600 jours)..</td><td>666 »</td></tr>
<tr><td></td><td></td><td>Vente à 0 fr. 75.....</td><td>487,50</td></tr>
<tr><td></td><td>623 fr. 50</td><td></td><td>1.329 fr. 50</td></tr>
</table>

Bénéfice 308 fr. ou 7 fr. 33 par mois, et 0 fr. 24 par jour.

Bénéfice 879 fr. ou 14 fr. 40 par mois, et 0 fr. 48 par jour.

Nous trouvons encore cette fois une différence de 50 o/o en faveur du bœuf de travail.

On remarquera de quelle importance est le fumier dans le compte des bénéfices.

Nous citerons à l'appui de ces calculs ce qu'écrivait Olivier de Serres en 1610 :

« Le bœuf est de facile entretien, despend peu en son vivre ordinaire, mais le cheval est la beste de labourage de plus grande despense que nulle autre en son vivre. »

De son côté, le célèbre agronome Thaër s'exprime ainsi : « En admettant même que 4 bœufs se relayant ne fassent pas plus d'ouvrage que 2 chevaux, ce travail fait avec des bœufs sera cependant de la moitié meilleur marché que s'il eût été fait par des chevaux. »

Enfin, comme nous l'avons dit, M. Durand a constaté que le défoncement d'un hectare de terres fortes se fait avec 4 bœufs en cinq jours, et avec 4 chevaux en 3 jours. Or, d'après lui, un cheval de 700 fr. coûte annuellement :

Amortissement de sa valeur................	77 fr.
Nourriture 1 fr. 5o par jour..............	547,5o
Ferrure....................................	18 »
Entretien du harnachement..	35 »
	677 fr. 5o

Avec cette dépense, on entretient 5 bœufs coûtant o fr. 35 par jour, et on bénéficie en plus de leur accroissement, qui est de 100 kilogr. à 15o kilogr. pour chacun par an, soit, pour les 5, une valeur de 375 fr. à 56o fr., le kilogr. vif étant à o fr. 75 c.

On prétend que les animaux précoces sont meilleurs consommateurs, et produisent beaucoup plus de viande que les races tardives. Personne ne le conteste, mais il est un fait certain, c'est que la viande $+$ la valeur de la force motrice rapportent davantage que la viande produite au repos. En voici une nouvelle preuve. Nous avons établi qu'un bœuf de travail pesant 65o kilogr. à 5 ans procure un bénéfice de 8oo fr. Pour que deux bœufs précoces se succédant donnent le même profit, ils devraient produire en 5 ans 1.596 kilogr., lorsque le kilogr. vif est à o fr. 75 c. En effet viande $+$ fumier $=$ nourriture $+$ bénéfice ; donc $x +$ 176 $=$ 577,75 $+$ 796 : d'où $x =$ 1.596 kilogr.

Ces 1.596 kilogr. en 5 ans représentent un accroissement journalier de o kilogr. 874, résultat qui n'a jamais été obtenu que par des animaux de concours, élevés à grands frais, et ayant un coefficient de poids vif $=$ 26,6.

Ainsi donc, de quelque façon qu'on pose le problème, le bœuf de travail assure des bénéfices beaucoup plus importants que le bœuf précoce élevé au repos.

On peut admettre, sans craindre de s'éloigner beaucoup de la vérité, que les races travailleuses de grande taille donnent un bénéfice net de 1 fr. 8o par mois, et par 100 kilogr., tandis que les variétés précoces élevées au repos ne rapportent que o fr. 85. Ce sont là des chiffres sur lesquels il est bon d'insister, car les cultivateurs abandonnent trop souvent le travail des bœufs. Comme ils ne tiennent pas de comptabilité agricole la production de la viande au repos, et l'utilisation du travail des chevaux leur paraissent préférables. Il leur suffirait cependant, pour reconnaître leur erreur, de remarquer que les pays où l'on fait travailler les bœufs n'ont pas été aussi éprouvés que les autres par la crise agricole.

Lorsque la force motrice des bœufs n'est pas utilisée, on cherche à compenser les frais d'entretien des chevaux en exerçant l'une ou l'autre des deux industries suivantes. En Beauce, et dans la plaine de Caen, par exemple, on achète des poulains au sevrage ou à 18 mois, et on les revend à 4 ou 5 ans avec bénéfice. Nous avons vu les résultats de cette opération.

Ailleurs, on a des juments dont la dépréciation annuelle est compensée par la valeur des poulains. Si l'on considère une ferme possédant 4 juments, de 700 fr. l'une, le compte s'établit ainsi :

	Dépenses fr.	Recettes fr.
Entretien, amortissement etc.	$677.50 \times 4 = 2.710$	
Fumier......................		$60 \times 4 = 240$
2 poulains en moyenne, vendus 400 fr. l'un..............		800
	2.710	1.040

La force motrice d'une jument coûte donc par an 417 fr. et celle du cheval 617 francs.

Dans les régions où les chevaux ne reçoivent pas d'avoine, la dépense n'est que de 55 fr. environ pour une jument, et de 255 fr. pour un cheval, mais les animaux sont incapables de fournir une somme de travail importante.

Il ne faut pas oublier qu'en cas d'accident le cheval n'a d'autre valeur que celle de la peau, tandis que le bœuf peut se vendre à la boucherie.

Prix de la nourriture des bœufs.

Nous venons de voir que le rendement économique des bœufs de travail est toujours supérieur à celui des animaux précoces élevés au repos. Il reste à rechercher dans quelles limites doit se maintenir le prix de la ration journalière pour qu'il y ait bénéfice. Le calcul du prix de la nourriture est assez compliqué, et les cultivateurs ne s'y attardent pas. Il peut donc arriver que l'élevage se traduise par un déficit sans qu'on s'en rende compte. On sait à peu près à la fin de l'année s'il y a perte ou gain sur l'ensemble de l'exploitation, mais les agriculteurs seraient rarement en mesure de dire quel est le compte final de la culture et. de l'élevage pris séparément. Du reste, ce compte varie chaque année selon l'état climatérique; il n'est pas le même dans les années sèches que dans les années humides. On ne saurait dire d'avance quel sera le prix de revient des fourrages; c'est seulement à la fin de l'exercice que l'on peut le connaître. Mais il est cependant possible de calculer le rendement moyen de chaque culture dans une contrée donnée; sur une période de dix ans, par exemple, les augmentations et les diminutions se compensent et constituent une moyenne sur laquelle s'établissent les probabilités.

D'autre part, les fourrages ont une valeur nutritive plus ou moins grande, suivant la nature du sol, et reviennent à des prix différents ; c'est pour cela qu'il serait nécessaire d'établir dans chaque région un tableau des cultures les plus avantageuses, fournissant les principes nutritifs au meilleur marché.

Pour fixer les idées, comptons au même prix la ration journalière des bœufs de travail et des bœufs précoces, soit par exemple o fr. 3o. On voit que la dépense de l'alimentation peut, dans une étable d'animaux tardifs, aller jusqu'à o fr. 3o $+$ o fr. 49 (1) $=$ o fr. 79. tandis qu'elle ne doit pas dépasser o fr. 3o $+$ o fr. 17 $=$ o fr. 47 dans une étable d'animaux précoces, sans quoi il y a

(1) C'est-à-dire prix moyen de la ration journalière $+$ bénéfice par jour.

déficit. Est-il nécessaire de faire remarquer que, dans les années sèches, on ne peut nourrir des animaux pour o fr. 47.

Ces conclusions confirment ce que nous avons dit précédemment. Il suffit du reste de réfléchir un instant pour s'assurer que la précocité ne peut compenser le travail des animaux tardifs.

Il faudrait pour cela estimer la force motrice du bœuf un prix infime. Mais si les bœufs ne sont pas utilisés, on emploie des chevaux; c'est donc la valeur du travail de ces derniers qu'il faut prendre comme unité.

Alimentation du bétail.

On sait que les aliments ne diffèrent que par la proportion de leurs principes; matières azotées; matières grasses, extractifs non azotés et matières minérales.

La transformation de chacun de ces principes dans l'appareil digestif a une action particulière sur l'économie. Les matières azotées produisent et entretiennent le muscle; en excédent elles se transforment en force et en graisse comme les matières hydro-carbonées. Quant aux matières minérales, elles fournissent au squelette et aux différents tissus l'acide phosphorique, la chaux, le fer, la soude, etc.

Par suite, plus l'animal est jeune, plus sa nourriture doit être riche en protéine et en matières minérales. A mesure qu'il vieillit on peut économiser la matière azotée, qui coûte beaucoup plus cher que les matières hydrocarbonées, et élargir la relation nutritive. Avant le sevrage, celle-ci sera de 1/4,2, pour passer progressivement à 1/10 en approchant de l'âge adulte, sauf pour les vaches laitières dont la nourriture doit toujours être très azotée.

Ce rapide énoncé résume toute la théorie de l'alimentation rationnelle, théorie d'après laquelle chaque catégorie d'animaux doit recevoir la quantité de principes digestibles dont elle a besoin selon l'âge et le but de l'exploitation zootechnique.

En règle générale, il importe de réserver les fourrages à relation nutritive étroite aux jeunes élèves et aux vaches laitières. Si les fourrages ont tous une relation nutritive trop large, on rétrécit cette dernière au moyen d'aliments concentrés, tels que les tourteaux, les farines, etc.

L'alimentation routinière ne varie qu'au point de vue quantitatif; elle présente le grave inconvénient de mettre à la disposition de toutes les catégories les mêmes rations, au point de vue qualitatif. Il en résulte que les animaux peu exigents gaspillent la protéine, alors que les autres ont une nourriture insuffisante, l'utilisent mal et ne se développent pas.

Bakewel est le premier qui ait mis en pratique l'alimentation au maximum avec des fourrages très digestibles. Il a ainsi développé la précocité, qu'il fixa par la consanguinité. Un tel système est trop dispendieux aujourd'hui. Comme dans l'alimentation au maximum, les animaux n'assimilent qu'une partie des principes digestibles et que le reste va au fumier, on a déterminé par expérience les quantités de matières nutritives nécessaires à chaque catégorie.

Nous ne pouvons ici exposer dans tous ses détails l'importante question de l'alimentation rationnelle ; celle-ci exige une étude particulière et se trouve exposée dans un grand nombre d'ouvrages spéciaux.

D'ailleurs, nous avons indiqué les types de rations employées dans les différentes régions et particulièrement à l'étranger, où elles ont permis d'obtenir des résultats si remarquables.

Nous résumerons toutefois dans un tableau les données principales sur l'alimentation des bovidés, sans tenir compte de la matière sèche qui peut varier sans inconvénient dans d'assez grandes limites, par exemple entre 2 kilogr. 200 et 3 kilogr. par 100 kilogr. de poids vif.

Table de rationnement des bovidés.

Veaux blancs (par 100 kg. de poids vif).

	Mat. az.	S. U. N.	R. N
20 litres de lait complet..	0 kg. 640	3,360	$\frac{1}{4,2}$

Veaux d'élevage (par 100 kg. de poids vif).

	Mat. az.	S. U. N.	
16 litres de lait complet..			
jusqu'à 2 mois 1/2......	0 kg.,512	2,688	$\dfrac{1}{4,2}$
De 2 mois 1/2 à 6 mois.			
(lait, farines, fourrages)..	0 kg., 430	2,200	$\dfrac{1}{4,5}$

Après le sevrage (par 100 kg. de poids vif).

De 6 mois à 12 mois..	0 kg. 350	1,800	$\dfrac{1}{5}$ à $\dfrac{1}{5,5}$
De 12 mois 18 mois	0 kg., 250	1,650	$\dfrac{1}{5,5}$ à $\dfrac{1}{6,4}$
De 18 — 24 —	0 kg., 190	1,500	$\dfrac{1}{6,5}$ à $\dfrac{1}{7,5}$

Bœufs spécialisés (par 100 kg. de poids vif) (1).

| Au-dessus de 2 ans... | 0 kg. 170 | 1,400 . | $\dfrac{1}{7,5}$ à $\dfrac{1}{8,5}$ |

Bœufs de travail (1).

Poids vif.	Mat. az.		S. U. N.		
kg.	kg.	kg.			
400	0,800 à 1,250		7,200 à 9,100	$\dfrac{1}{8}$ à $\dfrac{1}{6,2}$
500	0,950 à 1,400		8,400 à 10,500	
600	1,050 à 1,600		9,400 à 11,900	
700	1,100 à 1,800		10,500 à 13,200	
800	1,300 à 2,000		11,400 à 14,400	
900	1,400 à 2,150		12,300 à 15,600	
1.000	1,500 à 2,300		13,500 à 17,000	

Bovidés à l'engrais (par 1,000 kg. de poids vif) (2).

	Mat. az.	S. U. N.	R. N.
1re période.....	2 kg. 500	18,700	$\dfrac{1}{6,5}$
2e période......	3 — —	19,200	5,4
3e période......	2 — 700	19,400	6,1

(1) Les chiffres qui suivent sont empruntés à M. Dechambre. Ils se rapportent au minimum et au maximum de travail. Ainsi à un bœuf de 600 kilogr. soumis à un travail faible, on donnera : Mat. az. 1 kilogr. 050: S. U. N. 9, 400, R. N. 1/8, et pour un travail fort Mat. az. 1 kg. 600. S. U. N. 11,900. R. N. $\dfrac{1}{6,2}$

(2) Mallèvre.

Vaches laitières (1).

Poids vifs	Mat. az.		S. U. N.	
kg.	kg.	kg.		
300	0,675 à 1,080		6,100 à 8,100	$\dfrac{1}{7}$ à $\dfrac{1}{4,5}$
400	0,820 à 1,300		7,300 à 9,800	
500	0,950 à 1,500		8,550 à 11,000	
600	1,050 à 1,700		9,500 à 12,700	
700	1,200 à 1,900		10,500 à 14,200	

Les ensilages.

Il est parfois très difficile, surtout dans les contrées du Nord, de faire sécher le foin et de le rentrer dans de bonnes conditions. En Suisse, en Hollande, en Belgique, en Allemagne, en Norvège, etc., on facilite la dessiccation en plaçant l'herbe fauchée sur des chevalets. Mais ce système est encore insuffisant lorsque le temps est froid et pluvieux ; on a donc cherché à conserver l'herbe au moyen de l'ensilage.

On distingue l'ensilage doux, dans lequel on laisse monter la température jusqu'à 60°, et l'ensilage acide, où l'on empêche au contraire la température de s'élever.

L'ensilage doux offre l'avantage d'être facile à faire et de n'exiger aucune disposition particulière. On peut même l'établir sur une simple plate-forme. Il suffit d'opérer lentement, en ajoutant chaque jour une nouvelle couche de 1 m. 50 environ. bien tassée, et répartie également. Lorsque la température monte, on met une nouvelle couche ; en conséquence, le thermomètre doit toujours être le régulateur de l'ensilage doux.

Pour terminer la meule, et lorsque la température atteint 60 à 70° au-dessous de la couche supérieure, on charge avec des pierres et des mottes de gazon placées la racine en l'air, puis on recouvre le tout avec de la terre battue, de telle façon que le poids soit d'environ 500 kilogr. par mètre carré.

(1) On donne la ration minimum avec la relation nutritive la plus large pour une faible lactation.

Pour éviter les pertes résultant du suintement du liquide très riche en matière sèche, on incorpore parfois à la masse ensilée de la menue paille, mais généralement on préfère laisser pleurer la meule, la déperdition étant compensée par un accroissement de la valeur nutritive du fourrage, ainsi que l'a constaté M. Gay, à l'école de Grignon.

La masse n'étant jamais aussi tassée sur les côtés, il y a toujours une quantité assez importante de fourrage avarié. Pour réduire cette perte au minimum, il est bon de tailler les faces latérales avec un couteau à foin, de façon à obtenir une section serrée.

L'ensilage acide est trop dispendieux pour la petite culture ; il offre aussi l'inconvénient de répandre une odeur insupportable.

De nombreux agriculteurs ont adopté les deux systèmes d'ensilage, et tous en sont très satisfaits. Nous citerons entre autres les conclusions de M. Henri Cottu qui, depuis plusieurs années, pratique ce mode d'alimentation dans le département d'Indre-et-Loire.

« L'ensilage est un mode économique de nourrir, et de nourrir bien le bétail.

« Pour tirer le meilleur parti de l'ensilage, il est nécessaire de contrôler la valeur du fourrage ensilé, de la compléter quand il le faut.

« L'ensilage permet de porter à son plus haut point l'utilisation des pailles pour le bétail. C'est un procédé certain pour augmenter dans de notables proportions le chiffre du poids vif nourri à l'hectare, en facilitant la transformation des cultures.

« Je puis affirmer aujourd'hui que l'on peut nourrir pendant longtemps les mêmes animaux de cette façon avec avantage ; à la 7ᵉ année, des vaches ainsi nourries ont donné, au moment du vêlage, des poids toujours supérieurs.

« Les conditions physiologiques du bétail n'ont subi aucune modification pendant cette longue période ; les chaleurs se sont toujours présentées en temps normal, les gestations se sont bien passées, et la fécondité n'a pas été atteinte, loin de là, car dans les deux dernières années, il s'est présenté six parturitions doubles sur 15 mères vaches.

« L'élevage a été satisfaisant, les poids des animaux en font foi ; sur 25 élèves arrivés à l'âge adulte, 23 ont atteint, à l'âge de 15 mois, les poids de 450 à 500 kilogr. : deux ont dépassé ce poids de 500 kilogr. Sans être précoces comme les animaux anglais où cette qualité a été fixée par l'hérédité, tous nos élèves ont été plus précoces que leurs ascendants ; l'un d'eux avait sa dentition complète à 3 ans et quelques mois, les autres ont débouché à 4 ans ; il n'y a donc aucun retard dans la formation du squelette.

« Les génisses ont été fécondées de bonne heure ; elles ont bien supporté leurs gestations, et ont pu donner des produits presque chaque dix mois. Les facultés laitières se sont maintenues dans des proportions satisfaisantes ; la moyenne varie entre 6 et 7 litres par vache.

« Les bœufs ont pu être vendus à la boucherie avantageusement, à des âges variant entre 20 et 26 mois.

« Enfin, la moyenne du prix de la ration par tête, calculée sur ces 7 années, a atteint le chiffre de 0 fr. 615, prix très modéré, si l'on tient compte et des poids obtenus par les animaux, et du rendement en lait.

« Le poids vif total, entretenu aujourd'hui sur cette propriété de 14 hectares, est de 10.890 kilogr. (778 kilogr. à l'hect.) et chaque année une quantité de terres qui n'a pas dépassé 6 hectares a suffi à fournir l'alimentation de l'étable. »

Quoi qu'il en soit, et en ce qui concerne l'herbe, il est toujours préférable d'employer le système de dessiccation. Dans les années humides et froides seulement, il devient alors très avantageux de faire de l'ensilage doux.

Emploi du blé pour l'alimentation du bétail.

Alors que le blé était à très bas prix, et difficile à vendre, on a cherché à l'utiliser pour l'alimentation du bétail, et en particulier pour l'engraissement.

La forme la plus économique consisterait à donner le blé aux animaux sous sa forme naturelle, mais ils n'en assimileraient guère que la moitié. Réduit en farine, ils le mangent avec répugnance, et il coûte fort cher. Le concassage est trop dispendieux dans une petite exploitation, car, d'après M. Ringelmann, il exige de 2 à 3.000 kilogrammètres par kilogramme de grain ; il coûte de 0 fr. 50 à 2 fr. 50, suivant qu'on emploie un concasseur à moteur mécanique ou un concasseur à bras. D'autre part, l'amidon cru s'assimile mal dans l'estomac de l'animal, car il est constitué par des grains à feuillets superposés, dont le centre ne peut être attaqué par les sucs gastriques. Il en est ainsi pour tous les féculents, et c'est pour cela qu'ils doivent être donnés cuits.

Certains éleveurs emploient avec avantage le blé sous forme de pain, ce qui le met à un bon prix.

D'autres préfèrent donner le blé après l'avoir fait crever dans l'eau, puis cuire à la vapeur, jusqu'à ce que l'amidon soit transformé en empois. Ensuite il est refroidi dans des cuves, où il reste 12 à 15 heures. Avant de le distribuer aux animaux, on fait reprendre au blé sa première masse avec un peu d'eau tiède, et on sale légèrement.

M. Marcel Vacher, qui opère de cette façon, indique les rations suivantes pour des bœufs à l'engrais atteignant de 850 kilogr. à 1000 kilogr. :

Foin	6	kg.
Pommes de terre cuites	6	—
Froment cuit	10	—
Tourteaux	1	—

Cette ration ne s'emploie que dans les deux derniers mois de l'engraissement, et donne des augmentations de poids vif de 1 kilogr. à 1 kilogr. 250 par jour. Elle se distribue en deux fois sous forme de breuvage, avec 25 ou 30 litres d'eau.

Mais en comptant le foin à 0 fr. 25, les pommes de terre à 0 fr. 03, le blé à 0 fr. 17 le kilogr., plus les tourteaux suivant le

cours, on arrive à des rations coûtant environ 2 fr. 25, valeur
qui dépasse celle de la viande obtenue.

Pour que la ration de blé ne revienne pas à un prix trop élevé,
M. Pluchet, cultivateur à Roye (Somme), sélectionne sa récolte,
c'est-à-dire qu'il en enlève 15 o/o de petit grain, destiné à la
nourriture du bétail ; de cette façon,il ne vend que du blé choisi.

Si tous les cultivateurs faisaient de même, on ne verrait peut-
être plus le blé tomber à 17 fr. ou 18 fr. l'hectolitre, et une partie de la récolte serait avantageusement employée à faire de la
viande au lieu de pain.

Les Suidés.

L'origine du porc a été l'objet de nombreuses controverses.
Cuvier le fait dériver du sanglier d'Europe, et Geoffroy Saint-
Hilaire du sanglier d'Asie. « Nos sangliers d'Europe, dit ce dernier, ne sont pas les pères des cochons de l'Asie et de l'Egypte,
et ce sont au contraire les cochons d'Europe qui descendent des
sangliers d'Asie. »

D'après Sanson, « ni l'une ni l'autre de ces deux opinions,pas
plus que celle du retour du porc au sanglier, en Amérique,
admise par Pritchard et par Roulin, ne peuvent être admises,
maintenant qu'on sait, depuis nos recherches, que les cochons
domestiques de l'Europe occidentale et méridionale, celui de
l'Asie orientale et le sanglier d'Europe n'ont point le même nombre de vertèbres ».

Nous ferons remarquer, à notre tour, qu'il y a plusieurs races
de sangliers, et rien qu'en France on en distingue au moins
deux, l'une dolichocéphale, l'autre brachycéphale : le fait est bien
connu des chasseurs.

Il est permis de supposer que les races porcines sont celles qui
étaient domesticables, tandis que les sangliers ne le sont pas.
Dans beaucoup d'espèces, il y a ainsi des races réfractaires à la
domestication.

Les sangliers et les porcs ne peuvent pas plus descendre d'un couple unique que les races des autres espèces, car ils diffèrent par les caractères crâniologiques et rachidiens qui ne se modifient jamais.

Les Anglais, qui ont amélioré avec tant de succès leurs races chevalines, bovines et ovines, par la sélection, ont opéré d'une façon toute différente pour les suidés. Il y a un siècle on ne trouvait dans le Royaume-Uni que la race celtique, mais, depuis, on n'a cessé d'opérer des croisements avec la race asiatique et la race ibérique. Il en est résulté des métis sans caractères fixes et dont la nomenclature est la suivante :

Porcs anglais.

Berkshire...............	Poids moyen à un an	174 kg.
Dorset...................	—	181 —
Essex, small Black.......	—	165 —
Large Black.............	—	184 —
Large White (Yorkshire)..	—	204 —
Middle White...........	—	155 —
Small White........ ...	—	127 —
Tamworth...............	—	204 —

Ces métis ont été répandus dans toute l'Europe et le Nouveau-Monde, en vue d'augmenter la précocité des variétés locales.

La chair des porcs anglais présente le grave défaut de manquer de saveur et de fermeté : on ne peut guère l'utiliser que fumée. Les animaux se nourrissent et s'engraissent très facilement, mais ce serait une erreur de croire qu'ils font plus de poids que ceux de la race celtique, dont la supériorité est incontestable. La vogue des porcs anglais n'est qu'une mode irréfléchie, comme tant d'autres dues à l'anglomanie.

En effet, les poids des porcs présentés aux concours généraux des animaux gras montrent que la race celtique (variétés normande, craonnaise et mancelle) ainsi que la race ibérique, représentée par la variété limousine, sont tout aussi précoces que les métis anglais et font plus de poids dans l'unité de temps.

Au point de vue du rendement, des observations ont été faites sur une truie normande de 10 mois et un porc yorkshire de 9 mois 12 jours primés au concours général :

	Truie normande kg.	Porc yorkshire kg.
Poids vif.................	253	231
Matière sèche.............	29,85 o/o	27,525 o/o
Protéine...................	22,66	23,975
Graisse...................	7,19	3,550
Augmentation journalière..	0,843	0,819
Coefficient d'accroissement.	25,29	24,37

La truie normande a donc produit plus de chair et de meilleure qualité. Ajoutons que les métis anglais sont peu prolifiques et les petits difficiles à élever.

RENDEMENT ÉCONOMIQUE DE L'ÉLEVAGE DES PORCS.

L'élevage du porc donne d'importants bénéfices, mais il nuit considérablement à celui des veaux, auxquels on ne donne pas assez de lait afin de le réserver pour les gorets.

L'amélioration des races bovines, qui ne peut se faire sans une riche alimentation des jeunes, est ainsi rendue presque impossible.

La production des porcelets est plus avantageuse que la production du lard. En effet, une truie fournit environ 12 porcelets par an, valant en moyenne 20 fr. l'un et 150 kilogr. de poids vif, d'une valeur de 1 fr. le kilogr. ; soit au total 240 fr. + 150 fr. = 390 francs.

Ces résultats financiers sont d'autant plus remarquables qu'ils s'obtiennent à peu de frais et que les débouchés ne font jamais défaut.

La valeur des porcelets, que l'on doit sevrer au plus tard à 2 mois, varie suivant les qualités laitières de la mère. Le lait des truies étant très riche en caséine, leur alimentation doit être fortement azotée.

M. Heiden résume ainsi le résultat de ses expériences de Pommeritz (Allemagne) sur l'élevage et l'engraissement des porcs.

1º L'effet d'un aliment est différent selon l'âge des animaux ;

2º Les pommes de terre ne fournissent pas à elles seules un aliment suffisant ;

3º La pomme de terre et le petit lait constituent une bonne alimentation, mais non une ration d'engraissement, car ce mélange n'excite pas l'appétit des animaux ;

4º Le petit lait est un bon aliment dans le jeune âge, mais à cause de sa teneur en eau il est insuffisant pour l'engraissement ; les animaux sont obligés d'en absorber une trop grande quantité pour ingérer la matière solide nécessaire, ce qui leur occasionne des troubles digestifs ;

5º L'élargissement de la relation nutritive des grains (orge, maïs, etc.) et du petit lait, par l'adjonction des pommes de terre, a donné de bons résultats à la fin de l'engraissement ;

6º La transformation des aliments est plus ou moins avantageuse selon la race ;

7º La meilleure progression à suivre dans l'alimentation consiste à commencer par l'orge, que l'on remplace le 3e mois par le maïs en mélange avec le petit lait, à raison de 5 litres par tête et par jour jusqu'à la fin du 7e mois. On ajoute des pommes de terre à la fin du 8e mois ;

8º Le petit lait exerce une influence favorable sur la digestibilité des grains et des pommes de terre. »

De leur côté, MM. Dudgeon et Walker ont démontré que la cuisson des aliments augmente considérablement leur digestibilité ; la qualité de la viande est très améliorée par l'alimentation au maïs.

Suivant les débouchés, l'élevage de telle ou telle race est à préférer. Ainsi dans le Midi, où la cuisine se fait à la graisse, la race ibérique est parfaitement appropriée aux besoins du pays. Dans le Nord, au contraire, la race celtique convient mieux pour les salaisons et la consommation des ménages ; quant aux métis anglais, ils ne sont recherchés que par les charcutiers, à cause de la grande quantité de saindoux qu'ils fournissent.

D'après les statistiques du ministère de l'Agriculture, il y avait, en France, 6.740.405 porcs en 1901.

De toutes les espèces, les suidés sont les meilleurs transformateurs de la nourriture. Voici quels sont les résultats constatés en Angleterre pour l'engraissement. Les chiffres sont exprimés en livres anglaises de o kilogr. 453.

Accroissement en fonction de la nourriture.

Espèces	Par 100 livres de matière sèche (livres)	Par 100 livres de matières organiques digestibles (livres)
Bovidés........	9	12,7
Ovidés.........	11	14,3
Suidés........	23,8	29,2

Les Ovidés.

Parmi les 11 races ovines (quatre brachycéphales et 7 dolichocéphales), plusieurs ont été améliorées en Angleterre d'après la méthode de Bakewel. Les principales sont :

1° Race germanique. Variété Dishley ou Lincoln ;

2° Race des Pays-Bas. Variété Romney Marsh ou New-Kent ;

3° Race des Dunes. Variété Southdown.

Dans leur aire géographique, les animaux de concours de ces variétés atteignent les poids suivants.

Variétés	Poids en-dessous d'un an (kg.)	Coefficient	Poids en-dessous de 2 ans (kg.)	Coefficient
Lincoln........	86	7,3	141,4	5,9
Romney Marsh.	72,5	6	117,7	4,9
Southdown.....	68	5,6	91	3,7

Dès le commencement de la crise des laines, on s'est préoccupé en France d'améliorer les races ovines, au point de vue de la production de la viande, par le croisement avec les variétés anglaises ou par voie de sélection.

La sélection des mérinos a donné d'excellents résultats, tant pour la quantité et la qualité de la laine et de la viande que pour la rusticité.

Dans le Châtillonnais et le Soissonnais, on voit des troupeaux qui ne le cèdent pas au Southdown ni au Dishley. M. Sanson cite des brebis du Soissonnais pesant 89 kilogr. à 40 mois, et rendant 62, 9 o/o. Le poids vif moyen des brebis est de 65 kilogr. ; celui des béliers de 90 à 100 kilogr.; celui des moutons, de 70 kilogr. La viande a perdu presque tous les défauts de celle des anciens mérinos. Les plis de la peau ont disparu et la toison fournit 6 kilogr. de laine excellente.

« Parmi les 60 échantillons de laine de mérinos française et coloniale que nous avons mesurés comparativement, dit le même auteur, c'est un provenant d'une brebis soissonnaise, pourvue de 4 dents permanentes à 18 mois et pesant 86 kilogr., par conséquent précoce, qui nous a donné le plus faible diamètre : o mm. 011. Il avait o m. 095 de longueur de mèche et o m. 130 de longueur de brin étendu. »

On a beaucoup discuté sur l'état civil à donner aux moutons dits race de la Charmoise, que Sanson considère comme des métis.

On sait que ce type zootechnique très remarquable a été obtenu par le croisement de brebis métisses avec le bélier New-Kent.

Les crânes diffèrent, c'est incontestable, ce qui milite en faveur de la thèse soutenue par Sanson, mais, d'autre part, on admet qu'un groupe de moutons qui se ressemblent entre eux plus qu'ils ne ressemblent à d'autres moutons constitue une race.

Pour éclaircir la question, il serait nécessaire de comparer la puissance d'hérédité d'une race pure avec celle des moutons de la Charmoise et de voir si elle prédomine également. C'est peu probable, car l'atavisme des charmois doit être faible.

Au dernier concours général des animaux gras, les prix d'honneur ont été donnés à des moutons charmois de 21 mois (races françaises) et à des southdowns de 33 mois (races étrangères). Les uns et les autres pesaient exactement 70 kilogr.

ALIMENTATION DES MOUTONS.

L'accroissement des agneaux est en moyenne de 1 kilogr. par 6 kilogr. de lait de brebis. Comme ce lait contient environ o kilogr.192 de matière sèche, le coefficient d'assimilation est 86 o/o.

Un allaitement copieux est beaucoup plus profitable aux agneaux que des aliments solides. Wilckens a observé les différences suivantes sur des Southdowns mérinos au bout de 85 jours :

	Agneaux allaités	Agneaux nourris d'aliments solides.
Poids vif......................	11.950 gr.	11.950 gr.
Poids net......................	6.450 —	5.290 —
Rapport du poids vif au poids net..	54 —	44 —

La supériorité appartient donc aux agneaux nourris exclusivement au lait ; en outre, leur caillette a une surface d'absorption plus considérable que celle des agneaux recevant des aliments solides.

Pour obtenir la précocité, il est nécessaire de donner aux agneaux tout le lait qu'ils peuvent absorber. Non seulement ils se développent mieux, mais encore ils échappent au muguet causé par un champignon, le saccharomyces-albicans.

En principe, il est préférable, pour la production de la viande grasse de mouton, de se conformer à la loi de division du travail.

Les races précoces sont à préférer, car elles ont un coefficient de digestibilité plus élevé que les autres, mais il faut aussi tenir compte de la saveur de la viande. Ainsi celle du Southdown est supérieure à celle du Dishley.

Des expériences comparatives de rations d'engraissement, faites aux environs de Magdebourg, montrent que la relation nutritive la plus avantageuse doit être comprise entre 1/4,6 et 1/5,4. La relation 1/7,4 n'est pas suffisante pour engraisser et celle de 1/3,9 n'a pas donné de résultats supérieurs à celle de 1/5.

Le Bulletin de la Société d'Agriculture, année 1875, rapporte des expériences comparatives faites aux environs de Posen sur différentes variétés de moutons. Chaque lot avait sensiblement le même poids :

4 Rambouillets pesant................	3o1 livres
4 Moutons anglais pesant............	294,5 —
4 Negretti pesant....................	297,5 —

Du 20 avril au 10 juin, les moutons ont reçu du foin, des navets et du son ; puis, à partir de cette date, des fourrages verts. A la fin, l'accroissement a été :

Rambouillet........................	69,5 livres
Anglais............................	70 —
Negretti...........................	29,5 —

L'augmentation des Rambouillet est la même que celle des anglais, mais ces derniers ont consommé 231 livres d'aliments de plus que le Rambouillet; quant aux Negretti, ils se sont montrés inférieurs sous tous les rapports.

Au point de vue économique, un troupeau doit être exploité coucurremment pour la production de la laine et celle de la viande, car les deux aptitudes se concilient.

Le maximum de bénéfices est fourni par une variété sélectionnée dans son aire géographique ou plus au Nord, car elle utilise mieux qu'une autre les produits du sol et n'éprouve pas les effets morbides d'un climat plus chaud.

M. Sanson démontre, par des chiffres, les avantages de ne pas conserver les brebis lorsqu'elles ont fait 2 portées et exceptionnellement 3 :

Prenons comme exemple un troupeau comptant 100 brebis, et faisons-les renouveler en 8 ans d'une part, et en 3 ans au plus de l'autre.

« Dans les deux cas, le nombre des toisons à vendre chaque année restera toujours le même, et les comptes s'établiront de la manière suivante, pour les sommes encaissées provenant à la fois des toisons, des brebis et des agneaux vendus. Le nombre de ceux-ci sera, bien entendu, moins grand dans le cas de renouvellement triennal des mères, à cause des agnelles qui devront être conservées pour remplacer les brebis livrées au marché.

Premier cas.

100 toisons (500 kg. de laine en suint) à 2 fr. 40 le kg..	=	1.200
12,5 brebis réformées à 45 fr. l'une....................	=	562 50
82 agneaux gris à 35 fr. l'un........................	=	2.870
	Total........	4.632,50

Deuxième cas.

100 toisons..	=	1.200
33,3 jeunes brebis à 60 fr. l'une......................	=	1.998
62 agneaux gris à 35 fr. l'un.........................	=	2.170
	Total..........	5.368

« Dans le second cas, on obtient donc 735 fr. de plus que dans le premier. »

D'après les statistiques du ministère de l'Agriculture, il y avait en France en 1901 :

290.042	béliers.
3.265.248	moutons.
9.017.544	brebis.
7.606.727	agneaux.

La Consommation de la viande.

La consommation de la viande suit dans tous les pays une marche ascendante continue.

En 1840, elle était en France de 19 kilogr. 980 par habitant; en 1902, elle atteint 35 kilogr., après 37 kilogr. il y a 10 ans.

Les prix ont suivi la même progression.

	1840	1900
Bœuf.........................	0 fr. 75 le kg.	1 fr. 80 le kg.
Mouton.......................	0 — 80 —	2 — —
Porc.........................	0 — 80 —	1 — —

La recherche du bien-être étant une tendance des temps actuels, on peut affirmer que la consommation générale de la viande ne cessera pas d'augmenter. L'arrêt qu'elle subit depuis quelques années ne peut être que passager; il tient uniquement à la crise politique et économique que nous traversons.

La consommation de la viande qui sert d'étiage à la richesse d'un pays est proportionnelle à la densité des populations urbaines. Ce sont elles, en effet, qui s'alimentent le mieux. L'habitant de Londres consomme 140 kilogr. de viande; le Parisien, 85 kilogr. (1). Dans les villes de province au-dessous de 10.000 habitants, la consommation est de 58 kilogr. 102, et dans les campagnes, de 26 kilogr. 250. La moyenne totale en France est aujourd'hui de 34 kilogr. 080. On voit, d'après cela, que le campagnard mange rarement de la viande ; mais comme la population des villes ne cesse de s'accroître aux dépens des campagnes, il en résulte que la consommation générale augmente.

Le poids moyen des animaux s'est sensiblement accru depuis 60 ans.

	1840	1900
Bœuf..........................	413 kg.	470 kg.
Vache.........................	240 —	330 —
Veau..........................	48 —	60 —
Mouton........................	24 —	33 —
Porc..........................	90 —	110 —

Les variations numériques sont les suivantes :

	1840	1900
Bovins....................	11.761.500 têtes	12.997.000 têtes
Moutons...................	32.151.430 —	21.000.000 —
Porcs.....................	4.910.721 —	7.200.000 —

Le nombre des moutons a seul diminué.

La population de la France étant de 38 millions d'habitants, pour que chaque individu ait à sa disposition 50 kg. de viande,

(1) A Paris, la consommation par tête a diminué de 5. k. 500 depuis 6 ans ; il en est de même relativement dans toutes les grandes villes de France.

il faudrait livrer chaque année à la consommation 2 milliards de kilogr. ou 4 millions d'animaux pesant 500 kilogr. Notre bétail est donc insuffisant en nombre, et les débouchés ne sauraient manquer, quand bien même la quotité moyenne actuelle de 196 kilogr. à l'hectare se rapprocherait de 450 kilogr., poids considéré comme l'indice d'un très bon état cultural. En admettant qu'il y ait surproduction en France, on ne manquerait pas de débouchés pour les viandes abattues, du côté de l'Angleterre, de l'Italie, de l'Allemagne et de la Suisse qui, ne trouvant pas en France de quoi combler leur déficit alimentaire, sont obligées de s'adresser à l'Autriche-Hongrie, au Danemark, à la Russie, à l'Amérique et à l'Australasie.

Il est hors de doute que notre sol peut nourrir beaucoup plus d'animaux. Un simple coup d'œil sur notre situation agricole permet d'en reconnaître les points faibles. Comparons d'abord la production animale des différents pays d'Europe.

NOMBRE DES ANIMAUX.

Espèces

	Bovine		Ovine		Porcine	
France	12.997.000 têtes		21.000.000 têtes		7.200,000 têtes	
Iles Britanniques	10.097.900	—	28.347.560	—	3.983.427	—
Russie	23.600.000	—	46.700.000	—	9.361.980	—
Autriche-Hongrie	13.000.000	—	13.000.000	—	7.300.000	—
Suisse	1.210.000	—	342.000	—	395.000	—
Belgique	1.382.815	—	365.500	—	646.500	—
Hollande	1.427.936	—	745.187	—	403.618	—
Allemagne	15.786.000	—	19.000.000	—	9.206.195	—

NOMBRE DE TÊTES PAR KILOMÈTRE CARRÉ.

	Bovine	Ovine	Porcine
France	24,6	45	16
Iles Britanniques	32	87,64	9,10
Russie	4,8	9,72	1,90
Autriche	28,6	12,8	»
Hongrie	14,2	28,71	»
Suisse	25	30	31
Belgique	46,9	12,4	21,80
Hollande	43,3	3,22	1,90
Allemagne	29,2	35,52	15,6

Densité des animaux par mille habitants.

	Bovine	Ovine	Porcine
France..	345	632	189
Iles Britanniques........	280	778	112
Russie................	311	620	115
Allemagne....	345	419	203
Autriche.............	388	174	123
Hongrie........	292	587	305
Suisse	425	138	120
Belgique.............	245	662	116
Hollande.............	358	176	95

Ainsi, quant à la densité des bovins par kilomètre carré, la France n'occupe en Europe que le 7º rang avec 196 kilogr. de poids vif à l'hectare, alors qu'un bon état cultural exige au moins 300 kilogr. Il en résulte que le rendement du blé à l'hectare est inférieur à celui de six nations, et n'atteint pas 7 hectolitres par habitant ou 18 hectolitres à l'hectare. Or, un cultivateur ne gagne rien, aux cours actuels, s'il n'obtient pas 20 hectolitres.

D'après l'enquête de 1882, la superficie des terres de labour proprement dites était en France de 25.587.000 hectares.

Sur cette étendue, 39 o/o était cultivé en froment, racines, plantes alimentaires et cultures industrielles; la moitié ne donne qu'un demi-produit; 12 millions d'hectares ou 47 o/o étaient en fourrages et céréales secondaires. Enfin 3.640.000 hectares ou 14 o/o se trouvaient en jachères.

Les terres de la 1ʳᵉ catégorie peuvent être améliorées par l'emploi des engrais chimiques, une plus grande quantité de fumier et une meilleure utilisation de la semence, mais il serait nécessaire d'augmenter le bétail et de réduire la surface consacrée aux céréales, afin de fumer suffisamment. Si enfin on supprimait les jachères en les remplaçant par des cultures fourragères, on pourrait nourrir en plus un bétail valant 400 millions, d'après M. Adolphe Coste.

Il faut bien reconnaître que si la production est restée stationnaire, c'est qu'elle n'est pas assez rémunératrice pour l'éleveur, tous les bénéfices étant absorbés par les intermédiaires. Par exemple, un bœuf de 900 kilogr., payé 630 fr. ou 0 fr. 70 le kilogr. vif à la ferme, se revend au détail à Paris plus de 1.500 fr. Cet énorme écart sert à payer le loyer des boucheries luxueuses et à procurer des profits exagérés aux intermédiaires.

En 1886, ce défaut de corrélation entre la viande sur pied et la vente à l'étal était constaté dans le rapport de la commission des Douanes. « L'écart actuel entre la viande vive et la viande abattue est plus considérable qu'à aucune autre époque. En présence de ces résultats désavantageux pour le producteur et pour le consommateur, il est permis de faire remarquer que la suppression de la taxe sur la viande et l'établissement de la liberté de la boucherie en 1863 n'ont pas réalisé les espérances conçues à cette époque.

« Pour les denrées de consommation, on compte en 1881 par kilomètre carré, 6 intermédiaires de plus qu'en 1861, entre le producteur et le consommateur. Ce sont, en d'autres, termes 3.106.312 intermédiaires de plus qu'en 1861, que les producteurs agriculteurs et industriels ont à faire vivre et même à enrichir. » (Enquête de 1882.)

Le consommateur considère cette situation comme sans remède; il ne cherche pas à se défendre contre les abus dont il est victime, mais proteste énergiquement dès qu'on parle d'augmenter quelque peu les droits de douane afin de protéger, dans une bien faible mesure, les intérêts de l'agriculteur.

On ne peut revenir au régime limité et à la taxe; certains retours en arrière sont impossibles, et, avec les utopies socialistes, on en arriverait bientôt à classer parmi les objets de première nécessité, les logements, le chauffage, les vêtements, les tissus, etc. Il n'y a qu'un moyen pour modifier la situation actuelle, c'est d'opposer l'association coopérative des consommateurs à la coalition des intermédiaires. Nous avons entendu répéter souvent que le caractère français répugne à l'association. On a cependant réussi lorsque l'effort a été sérieux et persévérant. Ainsi, les

Sociétés de consommation sont prospères sur bien des points ; nous pourrions aussi citer les laiteries coopératives qui rendent de si grands services, dans les Charentes, le Jura, et sur quelques points de la Bretagne.

En Angleterre, en Danemark, en Belgique, en Allemagne, en Suisse, en Italie, en Autriche, aux Etats-Unis, les sociétés d'alimentation comptent des milliers de membres et le chiffre de leurs affaires atteint plusieurs milliards.

Ne pouvons-nous en faire autant, et secouer notre torpeur quand l'avenir de notre agriculture et l'intérêt de toutes les classes sont en cause !...

« Il ne s'agit, dit M. Jules Le Conte, que de réunir dans une même société, les producteurs et les consommateurs, en créant entre eux des liens d'intérêt commun ; de supprimer autant que possible les intermédiaires en s'appropriant leurs bénéfices pour les distribuer entre tous les associés, suivant une répartition proportionnelle à la production et à la consommation ; de procurer à tous ses membres la vie à meilleur marché... Mais, en même temps, une mission sociale et plus élevée incomberait aux Sociétés coopératives, celle de réagir contre l'isolement fâcheux de l'artisan et du cultivateur, de développer partout l'esprit d'initiative, de susciter le dévouement des propriétaires et des hommes exerçant les professions libérales, de former les travailleurs à l'administration de leurs affaires, d'élever le niveau moral des classes laborieuses et de créer enfin dans le pays des centres de résistance contre la révolution. »

Conditions de la production.

L'agriculture n'est pas seulement une science des plus difficiles, exigeant des connaissances techniques étendues ; sa prospérité dépend aussi, pour une large part, du régime politique, social et économique.

Un territoire comprend des terres cultivées et des centres urbains, une population productive et une autre consommmatrice.

Les villes achètent les produits agricoles, les consomment ou les transforment. De là, un courant incessant d'échanges dont le sol est la source.

Par extension, certains peuples sont consommateurs et industriels, tandis que d'autres sont producteurs de denrées alimentaires et de matières premières. Théoriquement, il semblerait logique d'ouvrir les frontières pour favoriser les échanges, mais la France, avec ses impôts écrasants, le prix de la main d'œuvre et de la terre, les charges du service militaire obligatoire et égal pour tous, ne peut lutter contre la concurrence étrangère. De là la nécessité du régime protectionniste adopté par les pays où l'agriculture est le principal élément de richesse.

En ce qui concerne le bétail, voici quel a été, en France, le mouvement des importations et des exportations en 1883, 1889 et 1902. Ce tableau met en relief les avantages économiques qui résultent de la réforme douanière de 1892.

	1883		1889		1902	
	Importa-tions	Exporta-tions	Importa-tions	Exporta-tions	Importa-tions	Exporta-tions
	têtes	têtes	têtes	têtes	têtes	têtes
Bœufs.........	76.423	28.416	28.658	18.300	30.393	16.725
Vaches........	62.908	27.486	5.997	10.346	4.991	9.930
Taureaux......	1.904	754	701	657	278	1.041
Bouvillons.....	7.277	347	103	740	418	175
Génisses.......	7.154	3.277	363	1.108	2.216	823
Veaux.........	60.068	8.249	4.583	8.029	5.509	7.159
	215.734	68.529	40.405	39.180	43.805	35.853

Voici maintenant, exprimé en millions de francs, le chiffre des importations et exportations de produits alimentaires.

	1885	1890	1895	1900
Importations......	1.455	1.445	1.035	819
Exportations......	760	879	650	877
Déficit alimentaire..	— 695	— 566	— 385	+ 58

Ces résultats démontrent l'utilité du protectionnisme en France.

Mais beaucoup d'autres contingents influent sur la situation agricole. Ainsi, au nom d'une prétendue égalité, nos légistes, imbus des idées latines, ont gravement compromis les intérêts vitaux de la nation, en instituant des lois successorales qui détruisent la famille, base de la société. Un père de famille sait qu'après avoir travaillé toute sa vie pour augmenter son patrimoine ses enfants partageront l'usine qu'il aura créée, la terre qu'il aura fécondée ; plus la famille sera nombreuse, plus la part de chacun sera petite, et il faudra vendre.

Il est donc nécessaire de restreindre cette division : de là la diminution de la natalité, alors que, chez nos voisins, la population augmente rapidement, grâce au droit d'aînesse ou au droit de tester.

C'est au moyen des lois protectrices de la famille, que les grands propriétaires d'Angleterre, d'Allemagne, d'Autriche et de Russie peuvent pratiquer l'agriculture et introduire des perfectionnements incessants. Ce qu'une génération ne peut mener à bien est achevé par les générations suivantes ; c'est une obligation morale dont hérite le chef de chaque famille, et qu'il a à cœur de remplir.

Les améliorations, les procédés nouveaux se répandent ainsi de proche en proche, et le pays entier en profite.

Si la petite culture permet de mettre rapidement les terres en valeur, elle est incapable de progresser au-delà d'une certaine limite, parce que, seul, le grand propriétaire a l'instruction technique et les ressources financières nécessaires pour sortir de la routine.

Dans toutes les régions où la terre est morcelée, la culture reste nécessairement stationnaire. Elle ne peut faire de progrès que dans les pays où les grands propriétaires ont donné l'exemple, comme le Maine, l'Anjou, la Bretagne, le Nivernais, le Limousin, etc. Les améliorations datent surtout du milieu du siècle dernier, alors que le gouvernement s'intéressait à l'agriculture, et au développement de la richesse nationale. Mais, actuellement, les pro-

Il n'y a plus guère qu'en France où l'on admette parfois encore la possibilité de dépayser les races, et de créer des variétés fixes par le métissage. On commence cependant à reconnaître ces erreurs ; la création des herd-books en est la preuve.

La méthode de croisement, dit M. Sanson, ne peut avoir qu'une place très restreinte.

« Tel n'est point l'avis de quelques enthousiastes, théoriciens de la pire espèce, tout en se défendant comme d'une imputation injurieuse d'être des savants, esprits peu pratiques avec la prétention d'être des praticiens. A les entendre, il faudrait, pour se conformer aux exigences du progrès, introduire partout la variété des courtes-cornes de Durham. afin d'obtenir des métis plus aptes à produire de la viande que ne le sont les sujets purs des autres races.... Nous avons vu l'opération échouer dans le plus grand nombre des cas, réussir dans le plus petit... Son succès relatif s'est manifesté seulement alors que les conditions de milieu, climatériques, agricoles et économiques, étaient favorables, c'est-à-dire ne différaient point sensiblement de celles dans lesquelles la variété s'est formée...

« Il y a quelques cas peu nombreux dans lesquels la méthode du métissage trouve son application nécessaire, non point, bien entendu, pour créer des types intermédiaires, selon la doctrine erronée, qui l'a fait préconiser. Son rôle est de faire fonctionner la loi de réversion dans un sens déterminé, à l'égard de celles qui sont métisses, afin de les amener à l'uniformité du type spécifique.»

Il faut bien le dire, l'élevage français et les industries qui s'y rattachent sont, dans la plupart des régions, en retard d'un siècle par rapport aux pays voisins.

Cela tient à ce que nos éleveurs ont voulu aller trop vite, et profiter des progrès réalisés en Angleterre. Il est vrai qu'à l'époque où le durham a été introduit les lois de la géographie zoologique n'étaient pas connues. On pouvait donc supposer qu'une variété sélectionnée conserverait ses aptitudes et ses qualités au

Sud de son aire géographique, sur un sol moins riche, sous un climat plus sec et plus chaud.

Aujourd'hui la science zootechnique et l'expérience ne permettent plus de douter qu'on a fait fausse route. Il est grand temps de revenir en arrière, avant que les races aient été détruites par les croisements, et de les sélectionner.

Le croisement permet sans doute d'obtenir rapidement d'un bétail peu précoce et peu viandeux de meilleurs animaux de boucherie, mais c'est aux dépens de la pureté de la race, de la rusticité, de l'homogénéité et des aptitudes. La seule production de la viande ne peut être avantageuse que dans certaines conditions. Il est bien évident, par exemple, que les croisements seraient désastreux en Normandie, où l'industrie laitière prédomine, car la variété indigène disparaîtrait. Elle serait alors remplacée par des individus sans aptitudes fixes, rappelant tantôt les qualités du durham, tantôt celles du normand. En continuant le croisement, on n'aurait plus que des durhams plus ou moins dégénérés, suivant les soins dont ils seraient l'objet, et leur exploitation rentrerait dans le métissage, opération aussi aléatoire que difficile à pratiquer.

On cite bien telle ou telle grande étable où les durhams purs et les métis produisent beaucoup de viande et de lait, mais on se garde de donner le prix de revient de ces animaux, obtenus et entretenus à grands frais. On s'abstient soigneusement aussi de fournir la proportion des individus tuberculeux.

Pourrait-on soutenir que dans les fermes, les rendements des durhams et des métis sont supérieurs ou même égaux à ceux de la variété indigène, alors que les soins sont insuffisants? Nous ne parlons pas de la rusticité qui évidemment est beaucoup moindre : ce point a cependant une grande importance dans un pays où le bétail vit à l'herbage.

Si nous avons choisi la Normandie comme exemple, c'est qu'en France aucune région n'est aussi favorable au durham. En descendant vers le Sud, les conditions lui deviennent de plus en plus contraires, et on y renonce partout. Sauf dans le Maine, le bétail n'a été amélioré que dans les régions où l'on a pratiqué la sélection.

La Russie a acheté un bon nombre d'animaux primés au concours de Paris. Avec une réclame bien faite, nos belles variétés ne tarderaient pas à trouver des débouchés, car elles sont infiniment plus rustiques que les anglaises.

Le jour où le courant d'exportation serait établi, on renoncerait complètement aux croisements, et notre élevage n'aurait à redouter aucune concurrence. Malheureusement, il faudra bien du temps pour vaincre le parti pris et la routine qui entravent le véritable progrès. Les faits constatés et les raisonnements restent sans effet et, comme nous l'avons déjà dit, notre élevage est en retard d'un siècle sur celui de nos voisins.

Nous sommes loin de réclamer l'appui de l'Etat à tout propos, et en ce qui concerne l'élevage, son intervention n'a pas été heureuse lorsqu'on en était encore à essayer l'introduction des races étrangères. Il n'en est plus de même maintenant que le principe de la sélection des races indigènes est reconnu comme le seul moyen efficace de les améliorer. Il serait donc à souhaiter que l'Etat prît la direction de l'élevage, en s'inspirant des règlements des gouvernements suisse, danois et belge.

Voici ce que dit très justement à ce sujet M. de Lapparent, Inspecteur général de l'Agriculture.

« Le moyen le plus sûr et le plus rapide d'arriver aux résultats désirables serait, après avoir délimité les contrées où il y a intérêt reconnu à maintenir ou à développer telle ou telle race, d'adopter le système de l'approbation des taureaux, et de la compléter par les primes de conservation. »

Ce système serait parfait, à la condition d'exclure des concours les métis. De cette façon on arriverait vite à faire abandonner les croisements et à concentrer tous les efforts des éleveurs sur la sélection des races indigènes.

L'agriculture est généralement assez avancée en France pour

fournir aux animaux l'alimentation nécessaire à leur perfectionnement.

L'introduction des racines fourragères a permis à Bakewel, aux
frères Colling et à leurs émules de créér les belles variétés anglaises ; nous savons quels procédés ils ont employés ; nous avons
ou nous pouvons avoir en abondance de bons fourrages. Il n'y a
donc qu'à suivre une voie toute tracée.

L'exemple doit venir des grands propriétaires pour lesquels
c'est un devoir social à remplir en même temps qu'une bonne
opération financière, s'ils copient les méthodes si pratiques des
éleveurs anglais, danois, etc.

Nous avons eu soin, en étudiant chaque région, de déterminer
les conditions économiques de l'élevage, ce qui nous dispense de
consacrer à cette question un chapitre spécial. Du reste, on ne
peut mettre en parallèle des éléments influencés par le sol, le
climat, et la situation économique des différents pays. Ces facteurs varient à l'infini, non seulement entre les nations, mais
entre régions très voisines. Ainsi, il existe autant de différence
entre l'élevage des Lowlands et celui des Highlands qu'entre
celui de la Flandre et celui des Ardennes ; entre celui de l'Auvergne et celui des Causses ; entre celui du Limousin et celui du
Poitou. C'est pour cela que nous avons considéré la production
par régions géologiques.

De cette façon, et en procédant par analogie, on peut se rendre compte facilement des progrès réalisables dans un pays moins
avancé qu'un autre, ayant même sol et même climat, mais non
ailleurs.

La question des débouchés n'a pas une moindre influence
sur l'agriculture locale, suivant l'état des voies de communication, la distance des marchés et des stations de chemins de fer.

Les conditions économiques de l'élevage se modifiant constamment, on ne peut donc les comparer ; il n'est possible que de
généraliser les lois qui les régissent.

L'élevage est soumis aux influences du milieu, qui ont aussi une action directe sur les mœurs des habitants. Dans les pays de montagne, la prédominance de l'herbe sur les autres produits spontanés du sol impose le régime pastoral essentiellement communautaire et improgressif. Il en est ainsi dans les Pyrénées, les Alpes et en Corse. « C'est une des lois sociales les mieux établies, dit M. E. Demolins, que l'appropriation du sol est d'autant plus faible, flottante et indécise, que la simple récolte est plus développée et que, par conséquent, le travail est moins intense. »

L'amélioration de la culture devant toujours précéder celle de l'élevage, il en résulte que celui-ci ne peut progresser dans les régions montagneuses. La petite culture des pays de coteaux, et celle des riches vallées d'alluvions, où la propriété est très morcelée, ne sauraient produire les fourrages nécessaires. Là encore l'élevage ne peut prendre d'extension.

La situation est toute différente sur les plateaux ; la grande propriété permet d'y perfectionner les différentes branches de l'industrie agricole, et particulièrement l'élevage, qui est appelé à devenir la principale source de richesse, lorsqu'on aura compris la nécessité de consacrer les terrains légers et fertiles aux céréales, les sols argileux et humides aux productions fourragères.

Mais pour atteindre les résultats désirables, il faut lutter sans relâche contre la routine des paysans, routine qui est le principal obstacle au progrès. Il faut même modifier radicalement les habitudes, les coutumes locales. C'est à ce prix que les améliorations se répandront.

Le grand propriétaire, par son instruction et ses capitaux, est seul en mesure d'imprimer une direction au personnel agricole et de faire son éducation. Cette heureuse impulsion, il ne peut la donner que s'il réside dans ses terres, s'il cultive lui-même ou à moitié avec des métayers.

Le fermage n'offre pas des avantages analogues. Même dans les pays de grande industrie agricole, comme la Beauce, si l'on trouve quelques fermiers parfaitement capables de se conduire, le plus grand nombre n'échappe pas à la routine, et en est encore à contester l'utilité des apports d'acide phosphorique, nécessités par la pauvreté du sol, et les exportations faites par les céréales et les moutons.

En Normandie, la culture est réduite à sa plus simple expression : elle se résume à l'exploitation des herbages. Là encore, le fermage, forme nécessaire, il est vrai, de l'exploitation, a des conséquences fâcheuses. On pratique plus ou moins heureusement l'élevage du cheval, mais, en dehors de cette spécialité, la race bovine et l'industrie laitière ne font aucun progrès, ce qui constitue un recul à notre époque où quiconque s'arrête est immédiatement dépassé par les concurrents. Il faudrait dans ce pays combattre l'isolement du fermier par la coopération.

Le métayage, dit-on souvent, fait reculer le fermage aux époques de crise, et le fermage fait reculer le métayage aux époques de prospérité. Le fait est vrai, mais pour des raisons autres que celles invoquées. Le métayage en effet est l'ultime ressource, lorsque les fermiers sont ruinés par la routine ; il n'est dans ce cas qu'une avance faite au capital d'exploitation, et n'implique aucune direction effective de la part du propriétaire. Que l'exploitant s'appelle fermier ou métayer, que le cheptel lui appartienne ou non, il n'en reste pas moins livré à ses propres forces.

Le métayage doit être compris d'une façon toute différente, et fournir au propriétaire le moyen de diriger l'exploitant, de l'aider de ses conseils.

Cette ingérence est d'abord acceptée avec difficulté par le métayer, toujours convaincu de son savoir-faire. Il se soumet parce qu'il ne peut faire autrement, mais vienne une ère de prospérité, il se hâte de réclamer le fermage. S'il agit ainsi, c'est que, trop souvent, le propriétaire n'en sait pas plus que son métayer. Mais si le premier s'est donné la peine d'observer et de s'instruire, il ne lui est pas difficile de faire sentir sa supériorité et quand le métayer voit qu'il gagne plus d'argent, il ne songe pas au fermage. En un mot, le propriétaire doit être la tête, et le métayer le bras. De cette association résultent des progrès qui profitent non seulement aux deux intéressés, mais au voisinage.

Le fermage n'a jamais amené un seul progrès; l'état cultural est resté stationnaire partout où un grand propriétaire n'a pas donné une leçon de choses en cultivant lui-même, en appliquant sagement les nouvelles méthodes, susceptibles d'être utilisées par les fermiers.

Nous avions donc raison de dire, en commençant, que l'agriculture exige des connaissances étendues, de l'activité, un travail intellectuel constant, beaucoup de réflexion et de coup d'œil; c'est pour cela qu'il est si rare de la voir pratiquer avec méthode.

Lorsqu'on entre dans les détails de notre vie économique, on constate à chaque instant que la population française a hérité des différentes mentalités des races qui, dans leurs migrations vers l'Ouest, semblent s'être donné rendez-vous sur notre territoire. De ces mélanges ethniques résulte un manque d'unité morale, cause efficiente de nos discordes et de l'état d'infériorité où nous nous trouvons, par rapport aux nations homogènes, dans les questions qui exigent une action collective.

C'est à l'unité d'origine des peuples du Nord qu'il faut attribuer leur esprit méthodique et positif, dont les effets se manifestent dans la politique intérieure, extérieure et économique.

En ce qui concerne l'agriculture, les Anglais ont tracé le chemin, mais nous ne pouvons même le suivre après eux. Au lieu d'imiter leurs méthodes, nous voulons arriver rapidement au but par une voie détournée et qui nous semble plus courte; c'est autant de temps perdu, car il faut revenir en arrière.

L'amélioration des espèces nécessite une succession de progrès dont on ne peut intervertir l'ordre; tout d'abord, perfectionnement des cultures par l'augmentation des fumiers, puis, ce résultat acquis, perfectionnement des races indigènes par la sélection et une meilleure alimentation. Mais on ne peut disposer de beaucoup de fumiers si l'on n'a pas beaucoup de bétail et de fourrages.

Le système hétérositique des pays arriérés permet d'enrichir la partie cultivée aux dépens de la partie inculte, appelée à disparaître progressivement.

Dans les contrées plus avancées, les prairies naturelles, puis plus tard les prairies artificielles, fournissent les fourrages nécessaires à l'alimentation des animaux. Le fumier est toujours le facteur principal du progrès ; sans lui, on ne peut rien faire, et c'est cependant ce produit dont on s'occupe le moins.

Nous avons vu qu'en Belgique et en Allemagne les animaux vivaient dans des fosses, et produisaient annuellement 40 tonnes de fumier, ce qui permet d'obtenir d'énormes rendements des céréales ; ailleurs, on emploie d'autres systèmes, mais le principal est que toutes les déjections soient recueillies, mises à l'abri du soleil et de la pluie, avant d'être rendues au sol. Cette restitution est toutefois insuffisante, car les céréales et les animaux exportent une grande quantité d'éléments, entre autres d'acide phosphorique. Les engrais chimiques permettent de combler le déficit annuel, mais il en faut d'autant plus que les fumiers sont moins abondants et moins riches. Lorsque le cultivateur néglige ces derniers, il est obligé, pour entretenir la fertilité du sol, d'acheter des engrais ou d'augmenter le poids vif, dont l'accroissement ne paie guère que l'entretien, et le seul bénéfice est fourni par le fumier.

Nous allons maintenant rechercher quelle doit être la relation entre la quotité du bétail et la surface cultivée d'une exploitation.

D'après l'enquête de 1882, il y a en France :

Espèces	Nombre de têtes	Poids vif (mille kg.)	Valeur (millions)
Chevaline............	2.837.952	1.172.949	1.361,4
Mulassière......... . .	250.673	77.180	107,2
Asine............ ..	395.833	59.838	44,8
Bovine	12.996.984	3.651.251	3.086,4
Ovine...............	23.809.433	645.795	571,9
Porcine.............	7.146.996	587.304	573
Caprine.............	1.851.134	46.114	30,7
	49.289.005	6.240.431	5.775.4

Soit 196 kilogr. de poids vif par hectare, si l'on ne compte que les terres labourables, les prairies et les pâturages, dont la superficie est de 31.844.000 hectares.

Les moyennes par département sont les suivantes :

AU-DESSUS DE 200 KILOGRAMMES :

Seine, 331 ; Nord, 312 ; Seine-Inférieure, 308 ; Basses-Pyrénées, 305 ; Finistère, 291 ; Landes, 290 ; Ariège, 284 ; Pyrénées-Orientales, 281 ; Hautes-Pyrénées, 276 ; Calvados, 276 ; Mayenne, 260 ; Ain, 252 ; Morbihan, 252 ; Manche, 245 ; Gironde, 243 ; Maine-et-Loire, 240 ; Corrèze, 237 ; Isère, 237 ; Rhône, 230 ; Dordogne, 225 ; Saône-et-Loire, 221 ; Lot-et-Garonne, 220 ; Nièvre, 216 ; Jura, 215 ; Ardèche, 213 ; Haute-Garonne, 210 ; Haute-Vienne, 209 ; Haute-Saône, 208 ; Côtes-du-Nord, 207 ; Allier, 205 ; Cantal, 204 ; Ardennes, 202 ; Lot, 202 ; Alpes-Maritimes, 201 ; Aisne, 201 ; Loire-Inférieure, 201 ; Eure, 200 ; Pas-de-Calais, 200.

MOINS DE 200 KILOGRAMMES :

Aude, 199 ; Puy-de-Dôme, 199 ; Sarthe, 197 ; Loire, 197 ; Haute-Savoie, 197 ; Ille-et-Vilaine, 195 ; Doubs, 194 ; Tarn, 194 ; Vendée, 194 ; Creuse, 193 ; Haute-Loire, 193 ; Oise, 192 ; Savoie, 192 ; Aveyron, 192 ; Tarn-et-Garonne, 189 ; Orne, 187 ; Vosges, 187 ; Bouches-du-Rhône, 185 ; Somme, 184 ; Deux-Sèvres, 180 ; Gers, 179 ; Seine-et-Marne, 176 ; Seine-et-Oise, 170 ; Côte-d'Or, 170 ; Drôme, 169 ; Charente-Inférieure, 166 ; Meuse, 165 ; Meurthe-et-Moselle, 164 ; Yonne, 164 ; Eure-et-Loir, 162 ; Charente, 160 ; Gard, 160 ; Loiret, 155 ; Haute-Marne, 152 ; Hérault, 151 ; Marne, 150 ; Indre-et-Loire, 149 ; Indre, 148 ; Vienne, 142 ; Cher, 139 ; Aube, 139 ; Loir-et-Cher, 132 ; Vaucluse, 128 ; Var, 122 ; Lozère, 122 ; Hautes-Alpes, 115 ; Basses-Alpes, 115 ; Corse, 65.

On remarquera que la densité du bétail varie considérablement entre départements limitrophes, paraissant soumis aux mêmes conditions, alors que la quotité est la même dans des départements éloignés, n'ayant ni le même climat ni le même sol.

Ce fait confirme ce que nous avons dit souvent, à savoir que l'accroissement des bovins non utilisés pour le travail ne rapporte rien en dehors des pays d'herbages et de vaine pâture. Ainsi, à l'exception des départements de la Seine et du Nord, dont la situation est particulière à cause du voisinage de Paris pour l'un et de l'industrie sucrière pour l'autre, les poids vifs les plus élevés se trouvent en Normandie, en Bretagne et dans la région des Pyrénées, où la culture est réduite au minimum.

Dans le centre, la densité du bétail est extrêmement faible et comme la culture y prédomine, le fumier fait défaut. On s'explique ainsi que la France n'occupe que le 7e rang pour le rendement du blé par hectare.

En Normandie, par exemple, on nourrit à l'herbage deux têtes de gros bétail pour 120 fr., tandis que la dépense est de 260 fr. environ dans le Maine. Admettant que l'accroissement par hectare soit de 300 kilogr. ; au prix de 0 fr. 75 le kilogr. vif, le bénéfice est de 165 fr. en Normandie et la perte de 35 fr. dans le Maine. Mais dans ce dernier pays le fumier produit en stabulation vaut 200 francs.

Si les cultivateurs tenaient une comptabilité agricole, ils verraient que le fumier compense largement l'augmentation des frais de nourriture ; par suite, ils devraient avoir assez de bétail pour fumer convenablement leurs terres. Le bénéfice n'est pas palpable, il est vrai, et il n'apparaît qu'en estimant le rendement des cultures d'après la fumure, mais personne ne le fait.

En employant des engrais complémentaires, indispensables dans la plupart des terres, il faut au moins 17 tonnes de fumier par hectare fumé. Les animaux produisant annuellement 25 fois leur poids de déjections, un bon assolement consisterait à consacrer 2/3 de la superficie de l'exploitation aux fourrages et 1/3 aux céréales, ce qui permettrait de nourrir 250 kilogr. de poids vif.

Ce chiffre est un minimum et cependant une telle proportion n'est observée que dans 3 ou 4 départements. Ainsi, en Beauce, l'ancien grenier de la France, on n'a que 162 kilogr. La terre s'appauvrit et bien peu de fermiers recueillent un intérêt suffisant du capital d'exploitation, alors qu'en Belgique et en Allemagne les cultivateurs s'enrichissent.

En résumé, si notre agriculture est peu prospère malgré le protectionnisme, cela tient à l'insuffisance de l'enseignement agricole. Dans la plupart des départements, les cultivateurs ne savent

pas plus obtenir de grands rendements des céréales que nourrir
le bétail et l'améliorer. Les animaux sont mauvais consommateurs
et certains fourrages coûtent trop cher. On considère donc le
bétail comme un mal nécessaire, alors qu'il devrait être la source
de bénéfices importants. L'état actuel ne peut se modifier que
par la création de nombreuses sociétés agricoles, qui exciteraient
l'émulation, répandraient les méthodes modernes et mettraient
fin à l'isolement des cultivateurs.

CONCOURS

POUR LE PRIX HENRI SCHNEIDER
(1904)

—

*Extrait du rapport présenté par M. D'ARBOVAL, au nom
de la section de l'Economie du bétail et de
l'Industrie laitière.*

(Assemblée générale de la Société en 1905, séance du 27 mars)

—

Ce n'est pas sans quelque étonnement que nous nous sommes
trouvés, Messieurs, devant un travail fort important, qui a paru
à la majorité de la Commission d'examen devoir être classé avant
l'ouvrage de M. Dechambre et répondre d'une façon plus exacte
aux préoccupations de la Société des Agriculteurs de France.

Il a pour auteur M. le vicomte de Villebresme, et je vous
demanderai la permission de justifier le plus brièvement possible la décision que vous êtes appelés à ratifier aujourd'hui.

La méthode adoptée par M. de Villebresme a séduit dès l'abord
la plupart d'entre nous. C'est le sol lui-même qu'il prend comme
guide et où il suit pas à pas les variations de chaque espèce d'a-
nimaux; c'est d'après la nature des roches qui l'ont formé qu'il
établit les analogies et les dissemblances, qu'il voit se déterminer
les aptitudes et les exigences.

Et vous saisirez, Messieurs, ce que cette méthode a de fécond
en ce qu'elle permettra de rapprocher suivant les besoins, pour

les comparer, des races éloignées géographiquement les unes des autres.

Nous y avons vu aussi une base solide pour toutes les controverses qui ont surgi ou qui peuvent surgir au sujet des questions d'élevage : et, puisque le Conseil avait bien spécifié qu'il s'agissait d'une étude approfondie, il n'était pas pour déplaire à la Commission d'examen qu'il lui fût présenté un véritable ouvrage de haut enseignement dans lequel, au prix de quelques longueurs, la géologie vient justifier les principes qu'il s'agit de faire prévaloir.

L'originalité du travail de M. de Villebresme ne se borne point là, et, au cours de l'examen prolongé qu'il nécessitait en raison de son importance, on était frappé, en dehors de l'étendue des renseignements qu'il contient, du caractère personnel qu'il présentait souvent ; on y sentait l'auteur cherchant à analyser une question où il aurait un intérêt ; à réformer ce qui ne le satisfaisait point ; à éclairer ce qui lui restait obscur, et l'on devinait qu'il devait avoir, avec ceux pour l'utilité desquels il travaillait, des attaches étroites et anciennes.

C'était exact ; le contact constant avec la vie rurale ; des séjours et des voyages en Angleterre, dans le Slesvig, en Hollande, en Belgique, en Italie; des relations personnelles dans les principaux pays d'élevage à l'étranger mettaient M. de Villebresme dans une condition exceptionnellement favorable pour aborder des questions sur lesquelles, au point de vue théorique, il avait avec ses compétiteurs une commune doctrine, l'enseignement du savant Sanson.

La Commission a jugé que la publication de ce livre pouvait avoir une utilité particulière, en ce qu'il est actuel et qu'il n'élude pas les difficultés qui préoccupent l'élevage français. Il remue des idées ; il jalonne des chemins nouveaux...

TABLE DES MATIÈRES

—